C. STARR・C. A. EVERS・L. STARR

スター 生物学

八杉貞雄 監訳

佐藤賢一・澤 進一郎・鈴木準一郎
浜 千尋・藤田敏彦 訳

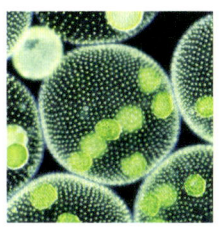

東京化学同人

BIOLOGY: Today and Tomorrow
With Physiology
Fourth Edition

Cecie Starr, Christine A. Evers, Lisa Starr

© 2013, 2010 Brooks/Cole, Cengage Learning.
ALL RIGHTS RESERVED. No part of this work covered by the copyright herein may be reproduced, transmitted, stored or used in any form or by any means graphic, electronic, or mechanical, including but not limited to photocopying, recording, scanning, digitizing, taping, Web distribution, information networks, or information storage and retrieval systems, except as permitted under Section 107 or 108 of the 1976 United States Copyright Act, without the prior written permission of the publisher.

序

　現在は，生物学者にとってはきわめて刺激的な時代である．毎日のように新しい発見があり，気候変動や幹細胞研究といった生物学に関連した話題が新聞の見出しになっている．しかし雪崩のような情報は，科学者以外の人々を混乱させることがある．本書は，生物学を志す学生はもちろん，他の分野に進むかもしれない学生にも役立つように書かれている．将来いろいろな局面で自分の意見をまとめて表明する際に役立つ，基礎的な生物学の知識と科学の進め方を理解できるように，やさしくかつ魅力的にまとめた生物学の入門書である．

わかりやすい記述

　理解というものは，概念と詳細な事実を結びつけることから得られるものである．事実があまりにも少ない教科書は退屈だろうし，一方，事実が多すぎると，学び始めたばかりの学生には過大な負担になるだろう．そこで本書では，事実の量と読みやすさをできるだけバランスよくすることを心がけた．この第4版でも，基礎的な概念の理解にとって必要でない事実をできるだけ除くように本文を修正した．文章もわかりやすく明晰であるようにつとめた．

　この版では，読者が抽象的な概念を理解できるように，身のまわりの出来事との比較を取入れた．たとえば22章では，植物が木部を通して水をくみ上げるようすを，ストローでコップの飲み物を吸い上げることにたとえた．

日常的なこととの関係

　本書では，生物学の扱う内容が日常的なことと関連していることを示す多くの例を盛込んだ．特に生物学的な現象がヒトの健康や環境にどのように影響しているかという説明を与えるようにした．どの章も，その内容と直接関連している日常的な出来事や議論の節で始まっている．たとえば，4章で扱う代謝の概念は，飲酒と酵素についての議論が出発点である．このような導入節の話題は，その章のなかにも取込まれ，また最後の"再考"でも扱われる．"再考"は，その章の内容を整理し，導入節の話題を発展させている．4章の例では，アルコールを分解する代謝経路を示して，その経路で働く酵素と，二日酔いやアルコール依存症，脂肪肝との関係を説明している．

科学と科学者

　科学が多くの人々によって遂行されていることを伝えるために，現在行われている研究の記述や科学者の活動を取上げた．たとえば，1章では，これまで探検されなかった地域で次々に新しい動植物種を発見したチームが取上げられている．本書では，科学者がこれまでになにを発見したかということだけでなく，そのような発見がどのようにしてなされたか，われわれの理解が時代とともにどのように変化したか，現在なにが研究されているかも解説している．

謝　辞

　以下のリストにある学術的助言者を含めて，本書の成立・出版に貢献してくれた多くの方々に

感謝する．Grace Davidson は，多くのファイル，写真，図版の流れを整理し，辛抱強く出版までの日程を調節してくれた．Paul Forkner は，多くのめずらしい写真を探し出してくれて，そのことが本書をユニークなものにした．Anita Wagner と Diane Miller は，文章を明確で簡潔にしてくれた．Cengage Learning 社の Yolanda Cossio と Peggy Williams はいつも変わらず私たちを支えてくれた．

2012 年 3 月

LISA STARR
CHRISTINE EVERS
CECIE STARR

学術的助言者

本書の構成や内容に関し意見を下さった方々

Andrew Baldwin, *Mesa Community College*
Charlotte Borgeson, *University of Nevada, Reno*
Gregory A. Dahlem, *Northern Kentucky University*
Gregory Forbes, *Grand Rapids Community College*
Hinrich Kaiser, *Victor Valley Community College*
Lyn Koller, *Pierce College*
Terry Richardson, *University of North Alabama*

査読して下さった方々

Idris Abdi, *Lane College*
Meghan Andrikanich, *Lorain County Community College*
Lena Ballard, *Rock Valley College*
Barbara D. Boss, *Keiser University, Sarasota*
Susan L. Bower, *Pasadena City College*
James R. Bray Jr., *Blackburn College*
Mimi Bres, *Prince George's Community College*
Randy Brewton, *University of Tennessee*
Evelyn K. Bruce, *University of North Alabama*
Steven G. Brumbaugh, *Green River Community College*
Chantae M. Calhoun, *Lawson State Community College*
Thomas F. Chubb, *Villanova University*
Julie A. Clements, *Keiser University, Melbourne*
Francisco Delgado, *Pima Community College*
Elizabeth A. Desy, *Southwest Minnesota State University*
Brian Dingmann, *University of Minnesota, Crookston*
Josh Dobkins, *Keiser University, online*
Hartmut Doebel, *The George Washington University*
Pamela K. Elf, *University of Minnesota, Crookston*
Johnny El-Rady, *University of South Florida*
Patrick James Enderle, *East Carolina University*
Jean Engohang-Ndong, *BYU Hawaii*
Ted W. Fleming, *Bradley University*
Edison R. Fowlks, *Hampton University*
Martin Jose Garcia Ramos, *Los Angeles City College*
J. Phil Gibson, *University of Oklahoma*
Judith A. Guinan, *Radford University*
Carla Guthridge, *Cameron University*
Laura A. Houston, *Northeast Lakeview–Alamo College*
Robert H. Inan, *Inver Hills Community College*
Dianne Jennings, *Virginia Commonwealth University*
Ross S. Johnson, *Chicago State University*
Susannah B. Johnson Fulton, *Shasta College*
Paul Kaseloo, *Virginia State University*
Ronald R. Keiper, *Valencia Community College West*
Dawn G. Keller, *Hawkeye Community College*
Ruhul H. Kuddus, *Utah Valley State College*
Dr. Kim Lackey, *University of Alabama*
Vic Landrum, *Washburn University*
Lisa Maranto, *Prince George's Community College*
Catarina Mata, *Borough of Manhattan Community College*
Kevin C. McGarry, *Keiser University, Melbourne*
Timothy Metz, *Campbell University*
Ann J. Murkowski, *North Seattle Community College*
Alexander E. Olvido, *John Tyler Community College*
Joshua M. Parke, *Community College of Southern Nevada*
Elena Pravosudova, *Sierra College*
Nathan S. Reyna, *Howard Payne University*
Carol Rhodes, *Cañada College*
Todd A. Rimkus, *Marymount University*
Laura H. Ritt, *Burlington County College*
Lynette Rushton, *South Puget Sound Community College*
Erik P. Scully, *Towson University*
Marilyn Shopper, *Johnson County Community College*
Jennifer J. Skillen, *Community College of Southern Nevada*
Jim Stegge, *Rochester Community and Technical College*
Lisa M. Strain, *Northeast Lakeview College*
Jo Ann Wilson, *Florida Gulf Coast University*

有意義な議論をして下さった方々

Robert Bailey, *Central Michigan University*
Brian J. Baumgartner, *Trinity Valley Community College*
Michael Bell, *Richland College*
Lois Borek, *Georgia State University*
Heidi Borgeas, *University of Tampa*
Charlotte Borgenson, *University of Nevada*
Denise Chung, *Long Island University*
Sehoya Cotner, *University of Minnesota*
Heather Collins, *Greenville Technical College*
Joe Conner, *Pasadena Community College*
Gregory A. Dahlem, *Northern Kentucky University*
Juville Dario-Becker, *Central Virginia Community College*
Jean DeSaix, *University of North Carolina*
Carolyn Dodson, *Chattanooga State Technical Community College*
Kathleen Duncan, *Foothill College, California*
Dave Eakin, *Eastern Kentucky University*
Lee Edwards, *Greenville Technical College*
Linda Fergusson-Kolmes, *Portland Community College*
Kathy Ferrell, *Greenville Technical College*
April Ann Fong, *Portland Community College*
Kendra Hill, *South Dakota State University*
Adam W. Hrincevich, *Louisiana State University*
David Huffman, *Texas State University, San Marcos*
Peter Ingmire, *San Francisco State University*
Ross S. Johnson, *Chicago State University*
Rose Jones, *NW-Shoals Community College*
Thomas Justice, *McLennan Community College*
Jerome Krueger, *South Dakota State University*
Dean Kruse, *Portland Community College*
Dale Lambert, *Tarrant County College*
Debabrata Majumdar, *Norfolk State University*
Vicki Martin, *Appalachian State University*
Mary Mayhew, *Gainesville State College*
Roy Mason, *Mt. San Jacinto College*
Alexie McNerthney, *Portland Community College*
Brenda Moore, *Truman State University*
Alex Olvido, *John Tyler Community College*
Molly Perry, *Keiser University*
Michael Plotkin, *Mt. San Jacinto College*
Amanda Poffinbarger, *Eastern Illinois University*
Johanna Porter-Kelley, *Winston-Salem State University*
Sarah Pugh, *Shelton State Community College*
Larry A. Reichard, *Metropolitan Community College*
Darryl Ritter, *Okaloosa-Walton College*
Sharon Rogers, *University of Las Vegas*
Lori Rose, *Sam Houston State University*
Matthew Rowe, *Sam Houston State University*
Cara Shillington, *Eastern Michigan University*
Denise Signorelli, *Community College of Southern Nevada*
Jennifer Skillen, *Community College of Southern Nevada*
Jim Stegge, *Rochester Community and Technical College*
Andrew Swanson, *Manatee Community College*
Megan Thomas, *University of Las Vegas*
Kip Thompson, *Ozarks Technical Community College*
Steve White, *Ozarks Technical Community College*
Virginia White, *Riverside Community College*
Lawrence Williams, *University of Houston*
Michael L. Womack, *Macon State College*

訳 者 序

　本書は，Cecie Starr，Christine A. Evers，Lisa Starr による，『Biology: Today and Tomorrow』の第4版（2013）の訳である．この著者たちによる生物学の教科書には数種類あって，本書の原著は正確には "with physiology"（生理学を含む）となっている．つまり，この原著以外に，生理学を含まない種類の教科書も出版されている．米国はもとより，世界各国でどの種類もかなり売れているということで，この著者たちによる教科書が定評を得ていることがわかる．

　本書の翻訳は，第3版（2010）について始まった．それぞれの章について，専門の方々に分担をお願いして翻訳を開始した（下記参照）．しかし，最初の原稿が出揃った段階で，出版元から第4版が出版されるという連絡を受け，その対応について訳者と編集部で相談した．その結果，やはり新版に基づいて翻訳するのが，読者に対する責任であろう，ということになった．最初は，第3版から第4版で変更になった部分について注意深く翻訳すればいい，と考えたのだが，実は変更はかなり大幅であり，結局は全く新たに翻訳するのと変わらない労力を翻訳者にお願いすることになった．しかしそれによって，原著に盛込まれた最新の知識やデータを読者にお届けすることができた．また，これだけの書物の訳本を，原著出版からあまり間をおかずに刊行することができた．

　本書は，その構成と内容からみると，比較的オーソドックスな生物学の教科書である．分子細胞生物学，遺伝学，進化系統学，生態学，動物および植物生理学が過不足なく取上げられている．したがって訳者としては，本書が，大学初年時に生物学を履修する学生諸君が知識を整理し，あるいは講義の内容をより深く学びたいときのスタンダードな指針として活用されることを期待している．また，本書の特徴として，常にヒトとの関係が意識されていることがあげられる．とりわけ，ヒトの健康，疾病，環境とのかかわりについて多くの記述がなされている．このことから訳者は，生物学専攻の学生だけでなく，医学や農学，薬学などの分野の学生が，その基礎となる生物の特質について学ぶにも適した教科書であると確信している．

　章末には"まとめ"があり，学習した内容を把握することを助けている．章末の問題（試してみよう）は，一見やさしそうに見えるが，よく工夫されていて，学習の達成度を測るのに適している．

　翻訳を進めるなかで，日本での講義内容や講義時間を考慮して，若干の章を割愛し，また日本人になじみの薄い図や記述を削除した．さらに，第3版の内容をあえて残したところもある．

　訳者と翻訳分担章は以下のとおりである（分担章順）．

八 杉 貞 雄	（京都産業大学）	1, 18～21 章
佐 藤 賢 一	（京都産業大学）	2～5 章
浜 　 千 尋	（京都産業大学）	6～10 章
藤 田 敏 彦	（国立科学博物館）	11, 12, 14 章
澤 　 進 一 郎	（熊本大学）	13, 22 章
鈴 木 準 一 郎	（首都大学東京）	15～17 章

　翻訳者には多くの負担をお掛けした．監訳者として，厚く御礼申し上げるしだいである．ま

た，東京化学同人編集部の橋本純子さんと篠田薫さんには，常に訳者を鼓舞し，第3版と第4版の相違について詳細な比較をしていただき，なにより読みやすい教科書を目指した多くの指摘をしていただいたことに，心から御礼申し上げる．

2013年9月

訳者を代表して　八　杉　貞　雄

要 約 目 次

1. 生物学への招待
2. 生命の分子
3. 細胞の構造
4. エネルギーと代謝
5. エネルギーの獲得と放出
6. DNAの構造と機能
7. 遺伝子発現とその調節
8. 細胞の増殖
9. 遺伝の様式
10. 生物工学
11. 進化の証拠
12. 進化の過程
13. 地球の初期の生命
14. 動物の進化
15. 個体群生態学
16. 群集と生態系
17. 生物圏と人間の影響
18. 動物の組織と器官
19. 免疫
20. 神経系と感覚器官
21. 生殖と発生
22. 植物の世界

目　　次

1. 生物学への招待 ……………………………………………………………………… 1
- 1・1 地球上に隠された生命 …………… 1
- 1・2 生命系の階層 ……………………… 1
- 1・3 生物の共通性 ……………………… 2
- 1・4 生物の世界 ………………………… 3
- 1・5 "種"とは何か …………………… 5
- 1・6 自然の科学 ………………………… 6
- 1・7 実験結果の解析 …………………… 8
- 1・8 科学の本質 ……………………… 10
- 1・9 地球上に隠された生命　再考 …… 11

2. 生命の分子 …………………………………………………………………………… 13
- 2・1 揚げ物のコワい話 ………………… 13
- 2・2 出発は原子 ………………………… 13
- 2・3 原子から分子へ …………………… 16
- 2・4 水素結合と水 ……………………… 17
- 2・5 酸と塩基 …………………………… 19
- 2・6 有機分子 …………………………… 20
- 2・7 糖　質 …………………………… 21
- 2・8 脂　質 …………………………… 22
- 2・9 タンパク質 ……………………… 23
- 2・10 核　酸 …………………………… 25
- 2・11 揚げ物のコワい話　再考 ……… 26

3. 細胞の構造 …………………………………………………………………………… 28
- 3・1 大腸菌も細胞 ……………………… 28
- 3・2 細胞とは何か ……………………… 28
- 3・3 細胞膜の構造 ……………………… 31
- 3・4 原核細胞 …………………………… 32
- 3・5 真核細胞 ………………………… 34
- 3・6 細胞表面の特異化 ……………… 37
- 3・7 生命の本質 ……………………… 38
- 3・8 大腸菌も細胞　再考 …………… 38

4. エネルギーと代謝 …………………………………………………………………… 41
- 4・1 アルコールデヒドロゲナーゼの恩恵 …… 41
- 4・2 生命はエネルギーを消費する …… 41
- 4・3 生命分子がもつエネルギー ……… 42
- 4・4 酵素の作用機構 …………………… 43
- 4・5 拡散と膜 ………………………… 46
- 4・6 膜輸送機構 ……………………… 48
- 4・7 アルコールデヒドロゲナーゼの恩恵　再考 …… 50

5. エネルギーの獲得と放出 …………………………………………………………… 53
- 5・1 二酸化炭素の問題 ………………… 53
- 5・2 光とクロロフィル ………………… 54
- 5・3 糖質にエネルギーをたくわえる … 54
- 5・4 光依存性反応 ……………………… 55
- 5・5 光非依存性反応 …………………… 56
- 5・6 光合成と好気呼吸：地球規模のつながり …… 58
- 5・7 発　酵 …………………………… 60
- 5・8 食物に含まれるさまざまなエネルギー源 …… 61
- 5・9 二酸化炭素の問題　再考 ……… 63

6. DNAの構造と機能 ………………………………………………………………… 65
- 6・1 英雄犬のクローン ………………… 65
- 6・2 染色体 ……………………………… 65
- 6・3 DNAの構造決定——名声と栄光—— …… 67
- 6・4 DNAの複製と修復 ……………… 69
- 6・5 クローン動物をつくる ………… 71
- 6・6 英雄犬のクローン　再考 ……… 72

7. 遺伝子発現とその調節 ... 74
- 7・1 リシンとリボソームの危険な関係 ... 74
- 7・2 DNA, RNAと遺伝子発現 ... 74
- 7・3 転写: DNAからRNAへ ... 75
- 7・4 翻訳時に働くRNA ... 77
- 7・5 遺伝暗号の翻訳: RNAからタンパク質へ ... 78
- 7・6 変異した遺伝子とその産物 ... 80
- 7・7 真核生物の遺伝子調節 ... 82
- 7・8 リシンとリボソームの危険な関係 再考 ... 85

8. 細胞の増殖 ... 87
- 8・1 ヘンリエッタの不死化した細胞 ... 87
- 8・2 分裂による増殖 ... 87
- 8・3 体細胞分裂と細胞周期 ... 88
- 8・4 細胞質分裂の機構 ... 91
- 8・5 核分裂の異常から生じる病気 ... 92
- 8・6 性と対立遺伝子 ... 93
- 8・7 減数分裂と生活環 ... 94
- 8・8 ヘンリエッタの不死化した細胞 再考 ... 97

9. 遺伝の様式 ... 99
- 9・1 危険な粘液 ... 99
- 9・2 形質の追跡 ... 99
- 9・3 メンデル遺伝の様式 ... 101
- 9・4 複雑な遺伝 ... 104
- 9・5 形質の複雑な多様性 ... 106
- 9・6 ヒトの遺伝解析 ... 107
- 9・7 ヒトの遺伝性疾患 ... 108
- 9・8 染色体数の変化 ... 111
- 9・9 遺伝子検査 ... 112
- 9・10 危険な粘液 再考 ... 113

10. 生物工学 ... 116
- 10・1 ヒトの遺伝子検査 ... 116
- 10・2 DNAクローニング ... 116
- 10・3 DNAの研究 ... 119
- 10・4 遺伝子工学 ... 121
- 10・5 遺伝子治療 ... 124
- 10・6 ヒトの遺伝子検査 再考 ... 124

11. 進化の証拠 ... 127
- 11・1 遠い過去の現れ ... 127
- 11・2 生物地理学や形態学の謎 ... 128
- 11・3 新しい理論の台頭 ... 129
- 11・4 化石からの証拠 ... 132
- 11・5 漂流する大陸 ... 135
- 11・6 形態や機能からの証拠 ... 137
- 11・7 遠い過去の現れ 再考 ... 142

12. 進化の過程 ... 144
- 12・1 スーパーネズミの登場 ... 144
- 12・2 突然変異と対立遺伝子 ... 144
- 12・3 自然選択の様式 ... 146
- 12・4 多様性に影響を与える要因 ... 149
- 12・5 種分化 ... 153
- 12・6 大進化 ... 156
- 12・7 系統発生 ... 158
- 12・8 スーパーネズミの登場 再考 ... 160

13. 地球の初期の生命 ... 163
- 13・1 生命の進化と病気 ... 163
- 13・2 細胞が誕生する前の世界 ... 163
- 13・3 三つのドメインの起原 ... 166
- 13・4 ウイルス ... 167
- 13・5 細菌とアーキア ... 172
- 13・6 原生生物 ... 176
- 13・7 真菌類の特色と多様性 ... 181
- 13・8 生命の進化と病気 再考 ... 182

14. 動物の進化 ... 184
- 14・1 初期の鳥類 ... 184
- 14・2 動物の起原と進化の傾向 ... 185
- 14・3 無脊椎動物の多様性 ... 187
- 14・4 脊索動物 ... 195
- 14・5 魚類と両生類 ... 196
- 14・6 水からの解放: 羊膜類 ... 199

14・7　人類の進化……………………202	14・8　初期の鳥類　再考……………………206

15. 個体群生態学 …………………………………………………………………………………208

15・1　増え続けるカナダガン…………208	15・4　生活史のパターン……………………212
15・2　個体群の特徴……………………208	15・5　ヒトの個体群…………………………215
15・3　個体群の成長……………………210	15・6　増え続けるカナダガン　再考………217

16. 群集と生態系 ……………………………………………………………………………………219

16・1　外来のヒアリとの戦い…………219	16・5　生態系の本質…………………………227
16・2　群集を形づくる要因……………219	16・6　生態系における栄養塩の循環………230
16・3　群集における種間の相互作用…220	16・7　外来のヒアリとの戦い　再考………233
16・4　群集はどのように変化するか…225	

17. 生物圏と人間の影響 ……………………………………………………………………………236

17・1　広がる影響………………………236	17・5　生物圏に対する人間の影響…………242
17・2　気候に影響する要因……………236	17・6　生物多様性の維持……………………247
17・3　主要なバイオーム………………238	17・7　広がる影響　再考……………………249
17・4　水界生態系………………………241	

18. 動物の組織と器官 ………………………………………………………………………………251

18・1　幹細胞の可能性…………………251	18・4　器官と器官系…………………………256
18・2　動物の構造と機能………………252	18・5　体温調節………………………………258
18・3　動物の組織………………………252	18・6　幹細胞の可能性　再考………………259

19. 免　　疫 …………………………………………………………………………………………261

19・1　病原性ウイルスとの戦い………261	19・6　後天性免疫応答………………………268
19・2　脅威に対する総合的反応………261	19・7　免疫不全症……………………………271
19・3　表面障壁…………………………263	19・8　ワクチン………………………………273
19・4　先天性免疫応答…………………264	19・9　病原性ウイルスとの戦い　再考……274
19・5　抗原受容体………………………266	

20. 神経系と感覚器官 ………………………………………………………………………………276

20・1　神経系と向精神薬………………276	20・5　中枢神経系……………………………283
20・2　ニューロン………………………276	20・6　感　覚…………………………………285
20・3　動物の神経系……………………281	20・7　神経系と向精神薬　再考……………290
20・4　末梢神経系………………………282	

21. 生殖と発生 ………………………………………………………………………………………293

21・1　生殖補助医療……………………293	21・5　胚期と胎児期…………………………302
21・2　動物の生殖と発生………………293	21・6　出産と新生児…………………………302
21・3　ヒトの生殖系……………………296	21・7　生殖, 発生と健康……………………304
21・4　受精と着床………………………300	21・8　生殖補助医療　再考…………………306

22. 植物の世界 ………………………………………………………………………………………308

22・1　植物と環境問題…………………308	22・3　陸上植物………………………………310
22・2　植物の特徴とその進化…………308	22・4　植物の構造と発生……………………313

22・5　植物の生殖……………………319
22・6　植物の生理……………………322
22・7　植物栄養………………………325
22・8　水や栄養分の輸送……………326
22・9　植物と環境問題　再考 ………328

章末問題（試してみよう）　解答 ……………………………………………………331

掲載図出典 ……………………………………………………………………………333

索　　引 ………………………………………………………………………………337

1 生物学への招待

1・1 地球上に隠された生命
1・2 生命系の階層
1・3 生物の共通性
1・4 生物の世界
1・5 "種"とは何か
1・6 自然の科学
1・7 実験結果の解析
1・8 科学の本質
1・9 地球上に隠された生命 再考

1・1 地球上に隠された生命

人工衛星やGPSがあり，潜水艇や音波探知機があるこの時代に，まだ探検できていない場所が地球上にありえるだろうか．実はまだたくさんあるのだ．たとえば，2005年には，インドネシア ニューギニアのフォジャ山の森林の真ん中に，1組の探検隊がヘリコプターから降りたった．探検隊はまもなく何十種類もの新種を発見した．そのなかには，巨大なツツジや，エンドウマメほどのカエルもあった．また，世界の他の場所では絶滅の恐れのある何百という種や，絶滅したと思われていた種，そしてずっと以前から見つからなかったので忘れられていた種などに出会った（図1・1）．

この森の動物たちは，ヒトを恐れることを知らないので，簡単に近寄って抱き上げることさえできた．いくつかの新種はキャンプ地のすぐそばで発見された．メンバーの一人は，この探検は一生に一度あるかないかの，叫んでばかりの経験だ，と言った．

ある生物が新種であると，どのようにしてわかるのだろうか．そもそも種とはなんだろう，そして，なぜ新種を発見することが科学者以外の人々にも重要なのだろうか．読者は，本書の中でこの質問に対する解答を見つけるだろう．その答こそ，人間が周囲の世界を理解しようとする多くの方法の一つである**生物学**（biology）という，生命の科学的な研究の一部なのである．

地球上における生物のとてつもない広がりを理解しようとすることは，われわれのおかれた位置を知ることにもつながる．たとえば，毎年何百という新種が見つかるが，一方熱帯多雨林だけで毎分20種もの生物が絶滅している．絶滅がこのまま進行すれば，重大な問題が生じるだろう．そしてわれわれはこの絶滅と深くかかわっている．

生物を含む自然は，とても奥深いものだ．読者は，生

図1・1 ニューギニアのフォジャ山に広がる雲霧林．（下左）キノボリカンガルーは2005年の探検で発見された（§1・7）．（下右）キャンプ地で見つかった新種のアマガエル．オスのカエルは興奮すると鼻を膨らませて上に向けるので，"ピノキオカエル"というあだ名がついた．

物学者が何を知っていて何を知らないかを理解し，それによってこの世界における自分の位置についての，自分なりの意見をもってほしい．本書を読むことで，地球上の全生物と，人間，つまり自分自身とのつながりを学ぶことになる．

1・2 生命系の階層

生物学者は過去と現在のすべての生物のすべての側面を研究する．それではわれわれが"生物"とよぶものは，

図1・2　単純なものから複雑なものへの自然の階層．❶原子，❷分子，❸細胞，❹生物（個体），❺個体群，❻群集，❼生態系，❽生物圏．

兆個もの細胞からできている大型の多細胞生物では，細胞が集まって，組織，器官，器官系を構成し，それらの相互作用によって個体の体が正しく働くことができる．一つ上の階層である**個体群**（population）は，ある地域に生息する生殖可能な同種の個体の集まりである❺．さらに上の階層は**群集**（community）で，ある地域のすべての個体群を含む❻．群集は，地域によって大きいものも小さいものもある．次の階層は**生態系**（ecosystem，エコシステム）で，環境と相互作用する群集のことである❼．最も上の階層は，**生物圏**（biosphere，バイオスフェア）で，地球上で生物が存在するすべての領域の地殻，水，大気にまたがっている❽．

正確にはなんだろう．生物はあまりにも多様で，しかも非生物と共通の構成要素からできているので，完全に定義することはむずかしい．生物を非生物から区別する性質を明らかにすると，われわれは生物が段階的に配列された複数の階層から構成され，階層を上がるごとに新しい性質が生じる（**創発** emergence）ことを理解できる（図1・2）．生物も含めて，複雑な性質は，しばしばより単純な部分の相互作用によって生じる．たとえば，下図の"丸い"という性質は，構成要素がある規則で組合

1・3　生物の共通性

すべての生物は非生物にはない性質をもっている．すべての生物はエネルギーと材料を必要とする．生物は周囲の変化を感じ，それに反応する．そして，その機能を果たすためのDNAをもっている．

エネルギーと栄養分

食物はわれわれの体をつくり，機能を維持するためのエネルギーと栄養分を供給してくれる．**エネルギー**（energy）は仕事をする能力である．**栄養分**（nutrient）は生物の成長と生存に必要ではあるが，自分ではつくれない物質である．すべての生物はエネルギーと栄養分を獲得するのに多くの時間を費やすが，種によって異なる源からそれらを得ている．その違いによって，生物を生産者と消費者という大きなカテゴリーに分けることができる．**生産者**（producer）はエネルギーと，環境から直接に得ることのできる単純な材料から自分の食物をつくる．植物は生産者であり，水と空気中の二酸化炭素から糖質をつくるのに太陽光のエネルギーを利用する（**光合成** photosynthesis）．一方，**消費者**（consumer）は自分で有機物をつくれない．他の生物を摂食することで間接的にエネルギーと栄養分を得ている．動物と分解者は消費者である．分解者は他の生物の老廃物や遺骸を摂食する．その残りは環境に捨てられ，生産者の栄養分として役立つ．いいかえれば，栄養分は生産者と消費者の間を

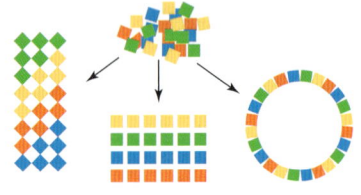

わされないと生じない．異なる構造が同じ基本的構成要素から生じるということは，われわれの世界ではふつうのことであり，生物学でもよくみられる．

この階層は**原子**（atom）から始まる．これはすべての物質の基本的な建築材料である❶．次の階層では，原子が集まって**分子**（molecule）をつくる❷．自然界では，生きた細胞だけが複合糖質や脂質，タンパク質や核酸などの生命分子を合成できる．多くの分子が細胞を構成すると，階層は生命という新しい領域に入る．**細胞**（cell）は，DNA中にある情報やエネルギーや生きていく材料を与えられれば，それ自身で生存し，自己複製できる，生命の最も小さい単位である❸．**生物**（organism）は1個あるいは多数の細胞からなる個体である❹．何十

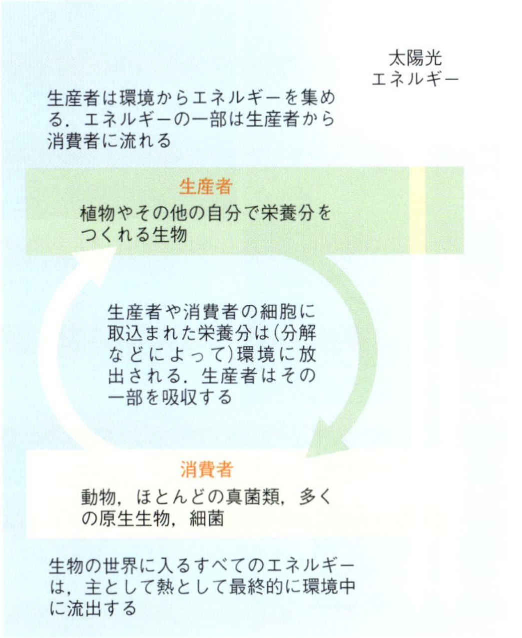

図 1・3 生物界におけるエネルギーの一方通行の流れと物質循環

図 1・4 生物は体の内外の状況を感じてそれに応答する．オランウータンの子もくすぐられると笑う．

循環している．
　一方，エネルギーは循環しない．それは生物の世界を一方向に流れている．つまり環境から生物へ，そして生物から環境に向かうのである．この流れが，個々の生物の複雑さを維持している．これはまた，生物の他の生物や環境との相互作用の基礎になっている．流れが一方向なのは，伝わるごとになにがしかのエネルギーが熱として失われるからである．細胞は熱を仕事に使わない．こうして，生物の世界に入ったエネルギーは，最後には永遠にそこから離れてしまう（図 1・3）．この点については 5 章で考えよう．

生物は変化を感じ，応答する

　生物は，受容体（受容器）を用いて，体内や体外の変化を感じて応答する（図 1・4）．たとえば，食後には食物中の糖質が血流に入る．血液に入った糖質は，体中の細胞が糖質をすばやく吸収するようにする一連の出来事をひき起こし，それによって血糖値は急速に低下する．このプロセスによって血糖値はある範囲内に保たれ，それが細胞の生存と体の機能を助けている．
　血液中の液体は，細胞外のすべての体液からなる内部環境の一部である．内部環境の組成，温度，その他の条件がある範囲内に保たれない限り，細胞は死滅する．すべての生物は，変化を感じて調節することで，内部環境の諸条件を，細胞の生存に適した範囲内に保っている．

これはホメオスタシス（homeostasis，恒常性維持ともいう）とよばれ，生物の重要な特性である．

生物は成長し生殖する

　どの生物でも，同じ分子は，多少の差はあるとしても，同じ基本的機能を果たしている．たとえば，デオキシリボ核酸（deoxyribonucleic acid: DNA）は，生涯を通じて個体の活動を支える代謝活動を支配する．この活動は，最初の単細胞が多細胞の成体になる過程である発生（development），細胞数の増加や細胞の体積の増加である成長（growth），個体が子孫をつくる過程である生殖（reproduction），などを含んでいる．
　自然個体群中の個体は，その体型，機能，行動がどこか似通っている．それは DNA が似ているからである．オランウータンは毛虫とは異なる．それはオランウータンがオランウータンの DNA を保持していて，その DNA がもっている情報が毛虫の DNA と異なるからである．遺伝（inheritance）は DNA が子孫に伝わることである．すべての生物は，単一または複数の親から DNA を受け継ぐ．
　DNA は生物の形態と機能の類似性の基礎である．しかし DNA 分子の詳細は異なっていて，それが生物多様性の源である．DNA の構造にみられるわずかな変異が個体間の差異や，個体群の間の差異を生じるのである．後章で述べるように，このような違いが進化過程の材料となる．

1・4　生物の世界

　生物の形質にはきわめて大きな差異がある．種々の分類体系が，地球の生物多様性（biodiversity）とよばれるこのような差異の全体像を理解するのに役立つ．
　たとえば生物は，細胞の DNA を取囲んで保護する二

重の膜からなる袋である核（nucleus）をもつかどうかによって分類することができる．**細菌**（bacterium, *pl.* bacteria, バクテリアともいう）と**アーキア**（archaeon, *pl.* archaea, 古細菌ともいう）はDNAが核に収められていない2種類の生物である．すべての細菌とアーキアは個体が1個の細胞からできている単細胞生物である（図1・5）．これらの生物は全体として最も多様な生物である．地球上のほとんどあらゆる生物圏で、これらの生物は生産者または消費者である．あるものは砂漠の凍った岩や沸騰する硫酸を含む湖，さらには核施設の廃液中など，きわめて極端な環境中にも生息する．地球の最初の生物も似たような過酷な環境に直面したかもしれない．

原生生物は巨大な多細胞の海藻から顕微鏡的な単細胞生物まで，きわめて多様な真核生物のグループである．現在，生物学者は"原生生物"を互いに遠く離れた大きなグループの集合体であると考えている

真菌類は体外で食物を分解するための物質を分泌する消費者である．多くは多細胞である

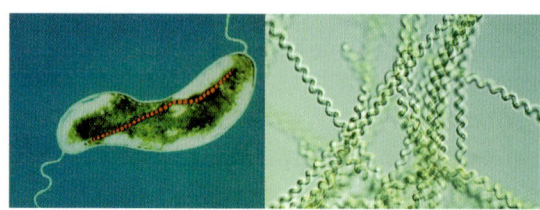

左：微小な磁石として働く鉄をもつ細菌，右：らせん状のシアノバクテリア

動物は他の生物の組織や体液を消化する真核生物である．どれも生涯の少なくとも一時期は活発に移動する

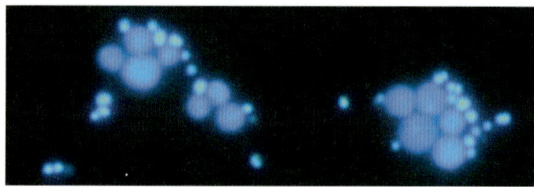

海底の熱水孔に生息する2種のアーキア

図1・5　細菌とアーキアの代表者． 細菌（上）は地上で最も数の多い生物である．アーキア（下）は細菌と似ているが，むしろ真核生物に近縁である．

植物はほとんどが光合成をする真核生物である．ほとんどどれも根，茎，葉をもつ．植物は陸上生態系の最初の生産者である

伝統的に核のない生物は**原核生物**（prokaryote）とよばれてきた．しかしこの名称は非公式のものである．細菌とアーキアは，外見は似ているが，かつて考えられていたほど近縁ではない．実はアーキアは，DNAが核に含まれる生物である**真核生物**（eukaryote）により近縁である．真核生物のあるものは単細胞性で，他のものは多細胞である（図1・6）．典型的な真核細胞は細菌やアーキアより大型で複雑である．

　原生生物（protist）は構造的に最も単純な真核生物である．グループの中には単細胞の消費者から大型で多細胞の生産者まで多様な生物がいる．

　真菌類（fungus, *pl.* fungi, 菌類ともいう）は真核生物の消費者で，食物を体外で消化するための物質を分泌し，分解物から栄養分を吸収する．多くの真菌類は分解者である．キノコを形成するものなど，多くの種類は多

図1・6　真核生物の代表者

細胞であるが，酵母のような単細胞のものもある．

　植物（plant）は主として陸上に生息する多細胞の真核生物である．ほとんどすべてが光合成をする生産者である．植物などの光合成生産者は，自分に栄養分を供給するだけでなく，生物圏の他の生物の食物にもなる．

　動物（animal）は多細胞の消費者で，他の生物の組織や体液を消化する．草食動物は植物を食べ，肉食動物は

図 1・7 異なったレベルで類縁性を示す 5 種の植物のリンネ式分類．それぞれの種はより包括的な分類階級である属からドメインまでのタクソンに割り当てられる．

肉を餌にし，腐食性動物（スカベンジャー）は他の生物の遺骸などを食べ，寄生動物は宿主の組織から栄養分を摂る．動物はいくつかの段階を経て成体になり，ほとんどの種類は少なくともその生涯の一時期には活発に運動する．

1・5 "種"とは何か

新しい**種**（species）が見つかると名前がつけられる．種に名前をつけて分類する科学である**分類学**（taxonomy）は，数千年も前に始まった．しかし，一貫した方法で種に名前をつけることが確立されたのは 18 世紀であった．その当時，ヨーロッパの探検家らは生物の多様性の範囲がどこまで広がっているのかを明らかにしようとしていたが，種にはしばしば複数の名前がつけられていたため，種について議論するのが困難であった．たとえば，ヨーロッパ，アフリカ，アジアに産するヨーロッパノイバラという植物は，英語の名前だけでも，dog rose, briar rose, witch's briar, herb patience など，たくさんの名前でよばれていた．さらに，一つの種に複数の学名が与えられることもあった．学名はラテン語で，説明的ではあるが複雑で長かった．たとえば，ヨーロッパノイバラの学名は，*Rosa sylvestris inodora seu canina*（無臭の森のイヌバラ）と *Rosa sylvestris alba cum rubore, folio glabro*（滑らかな葉がついたピンクがかった白い森のバラ）であった．

18 世紀の博物学者であるリンネ（Carolus Linnaeus）ははるかに単純な命名システムを考案し，それが現在も使われている．リンネ式命名システムでは，すべての種に二つの部分からなる独自の学名が与えられる．最初の部分は**属**（genus, *pl.* genera）の名称であり，それに種を明示する第二の部分が付随している．このようにして，ヨーロッパノイバラには現在，*Rosa canina* という一つの公式な学名が与えられている．

タクソン

同じ種の個体は固有の遺伝的形質を共有する．たとえば，キリンはふつう，長い首をもち，白い毛皮に茶色の斑点をもつ．これらは形態的（構造的）形質である．同種の個体はまた，同じ生化学的形質（同じ分子を産生し利用する）や行動的形質（飢えたキリンが木の葉を食べるように，ある刺激に対して同じように反応する）を示す．

種は他の種と共有するいくつかの形質に基づいてより上位の分類階級にまとめることができる．それぞれの分類階級は**タクソン**（taxon, *pl.* taxa）とよばれ，固有の形質を共有する生物のグループである．種の上のタクソンは属，科，目，綱，門，界，およびドメインであり，それぞれが下位のグループから構成される（図 1・7）．この体系を用いてわれわれはすべての生物をいくつかの大きい分類群に分けることができる（図 1・8）．

オランウータンとトラは，まるで異なっているので，それが異なる種であることは容易にわかる．より最近に共通の祖先から分かれた種を区別するのはもっとやっかいである（図 1・9）．さらに，ある種の個体が共有する形質にはしばしば変異がある．ヒトの眼の色などである．よく似た生物が異なる種に属することはどうしたら決定できるだろう．昔の博物学者は，当時利用可能であった唯一の方法である解剖と分布を研究し，その外見

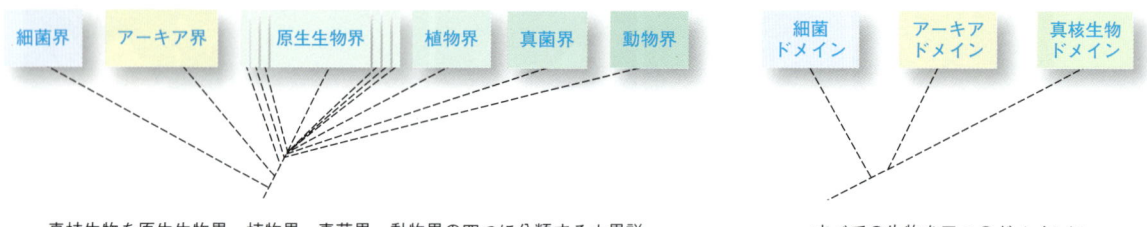

真核生物を原生生物界，植物界，真菌界，動物界の四つに分類する六界説

すべての生物を三つのドメインに分類する三ドメイン説

図 1・8 生物全体の進化と分類についての二つの見方

図 1・9 2種4個体のチョウ．どの個体がどちらの種か．上の列は *Heliconius melpomeme* という種の二つの型．下の列は *H. erato* という種の二つの型．これら2種は決して互いに交雑しない．これらのチョウがひどい味であることを捕食者に警告する共有のシグナルとして，似たような色彩パターンが進化した．

と生息場所から種に名前をつけて分類した．現在の生物学者は，DNAの塩基配列のような，昔の博物学者には知られてさえいなかった形質を比較することができる．たとえばリンネは，植物を生殖器官の数と配置で分類し，その結果トウゴマとマツが一緒になるという奇妙なことが起こった．今日ではより多くの情報によってこれらの植物は異なる門におかれている．

進化生物学者マイア（Ernst Mayr）は，種を，潜在的に生殖して稔性のある子孫を残すことができ，他のグループの個体とは交雑しない個体のグループであると定義した．この"生物学的種"概念は多くの場合に有用であるが，常に適用できるというわけではない．たとえば，離れた個体群の個体は，もし一緒にしたら交雑できるかどうか，常にわかるわけではない．また，個体群は分岐しつつあっても交雑を続けることがあり，したがって二つの個体群が2種に分離した正確な瞬間は決定するのが困難である．種分化とそのしくみについては12章で再び取上げるが，ここでは"種"が，人間が考えた便利な概念であることを記憶しておこう．

1・6 自然の科学

われわれはだれでも，自分でものを考えている，と思いがちである．でも本当だろうか．洪水のような情報のなかでは，疑問なしに情報を受容してしまうと，だれかがあなたの代わりに考えるようになってしまう．

考えるとはどのようなことか

批判的思考（critical thinking）は，情報を受け入れる前にそれを判断する，という意味である．英語の"critical"は，ギリシャ語の"kriticos（判断する）"に由来する．このように考えると，情報の意味するところの先までいって，情報を支えている証拠，情報の偏り（バイアス），そして別の可能性を考えることができる．忙しい学生がどうしたらそのようにできるだろう．それにはいろいろなやりかたがある．たとえば，何か新しいことを学ぶときには，次のような質問を考えてみよう．

- 問われているのはどのようなメッセージだろうか．
- そのメッセージは事実に基づくのか意見に基づくのか．
- その事実の説明には別のやり方はないか．
- 説明している人にはバイアスはかかっていないか．
- 学ぼうとしていることに，自分自身のバイアスは影響していないか．

これらの質問をすることによって，学ぶことにより意識を集中することができる．これにより，新しい情報があなたの信条や行動を導くかどうかを決定することができる．

科学の作業

批判的思考は**科学**（science）の重要な一部である．科学というのは，観察可能な世界についての体系立った研究である．科学研究は多くの場合，ある特定の地域における鳥類の目立った減少などといった観察できることについての好奇心から出発する．ふつう科学者は，**仮説**（hypothesis）を立てる前に，ほかの科学者がすでに発見したことを参照する．仮説というのは，自然現象に関する検証可能な説明である．"この地域で鳥類の個体数が減少したのはネコの数が増えたためである"というの

は仮説の一例である．仮説が正しいとすれば存在するはずの条件を表すのは**予言**（prediction）である．予言を立てることは，"もし……それなら"プロセスとよばれる．"もし"は仮説で，"それなら"は予言である．

次に科学者は予言を検証する方法を工夫する．課題や現象を直接検証することが可能でない場合は，**モデル**（model）あるいはそれに類似のシステムを用いて検証する．たとえば，動物の病気がしばしばヒトの類似の病気のモデルとして使われる．注意深い観察は，仮説から導かれる予言を検証する一つの方法である．また，**実験**（experiment）も重要である．実験は予言を支持するか誤りとするかを明らかにする検証方法である．典型的な実験は原因と結果の関係を明らかにする．

研究者は原因と結果の関係を明らかにするのに変数を用いる．**変数**（variable）は個体ごとに，あるいは時間とともに変化する性質または事象である．生物系は複雑で，独立に研究することの困難な多くの変数を含んでいる．それで生物学の研究者は，しばしば二つの群（グループ）を並べて同時に検証する．**実験群**（experimental group）はある形質をもった，あるいは処置を受けた群である．この群は**対照群**（control group）と比較される．対照群は，検証すべき形質や処置といった一つの変数を除いては実験群と同一のものである．二つの群間の実験結果の違いは，変数を変えたことの効果であるにちがいない．

検証結果は**データ**（data）とよばれ，それが予言と一致すれば仮説を支持する証拠となる．予言と一致しないデータは仮説がまちがっていて，訂正しなければならないことを示している．

結果と結論を一定の様式で，査読者のいる雑誌の論文などとして発表することも科学の重要な一部である．このような発表は，他の科学者が，結論をチェックし，あるいは実験を繰返すことで，その情報を評価する機会を提供する．

観察に基づいて仮説を立て，系統的にそれを検証し，評価し，結果を共有することは，**科学的方法**（scientific method）とよばれる（表1・1）．

研究，特に生物学の研究では，多くの異なるやり方がある．ある生物学者は仮説を立てずにただ観察する．ある生物学者は仮説を立てて，実験は他の生物学者にゆだねる．対象となる出来事は多岐にわたるにしても，科学実験はふつうある一定の方法で行われる．つまり，1変数を変化させた効果を測定できるような方法である．生物学の実験がどのように行われるかを実感するために，すでに発表された二つの実験を要約してみよう．

1996年に米国食品医薬品局（FDA）はOlestra®という

表1・1　科学的方法

1. 自然のある側面を観察する
2. 観察についての説明を考える（いいかえれば，仮説を立てる）
3. 仮説を検証する
    a. 仮説に基づいて予言をする
    b. 実験または情報収集によって予言を検証する
    c. 検証結果（データ）を解析する
4. 検証結果が仮説を支持するかどうかを決定する（結論を出す）
5. 科学界に結果を報告する

物質を食品添加物として認可した．これは砂糖と植物油から生産された脂肪の代替物である．ポテトチップスは米国の市場でOlestraを含む最初の食品であった．すぐに議論が巻き起こった．ある人はこのチップスを食べた後で腸の不調を訴え，Olestraがいけないのだと結論した．2年後，米国ジョンズ・ホプキンズ大学医学部の研究者は，この食品添加物が腹痛の原因になるという仮説を検証する実験を計画した．彼らは，"もし"Olestraが腹痛を起こすとすれば，"それなら"Olestraを食べた人はそうでない人に比べて腹痛を起こしやすいと予言した．

予言を検証するのに，研究者はシカゴ劇場を"研究室"として用いた．13歳から88歳までの約1100人に，映画を見ながら1袋のポテトチップスを食べるように依頼した．全員が368グラムのチップスが入った，何も書かれていない袋を受取った．Olestra入りのチップスをもらった人が実験群で，ふつうのチップスの人が対照群である．変数は，チップス中に含まれるOlestraである．その後，研究者はすべての人と連絡をとり，胃腸の問題があればすべてを記録した．実験群の563人のうち89人（15.8％）が腹痛を訴えた．しかしふつうのチップスを食べた対照群の529人のうち93人（17.6％）も腹痛を感じたのである．この実験は，Olestraを食べると，そうでない人と比べてより腹痛を起こしやすいという予言を否定した（図1・10）．

もう一つの実験は以下のようなものである．翅にある大きくて派手なスポットのせいでクジャクチョウとよばれる昆虫がいる．2005年に研究者は，クジャクチョウが昆虫食の鳥類から身を守ることに役立つ要因を同定する研究を報告した（図1・11）．まず二つの観察を行った．第一に，クジャクチョウは止まっているときは翅をたたむので，暗い裏側しか見えない（図1・11a）．第二に，このチョウは捕食者が近づくと，前翅と後翅を繰返しぱたぱたと広げたり閉じたりする．同時に前翅を後翅の上をスライドさせて，シーッという音やカチカチいう音をさせる（図1・11b）．

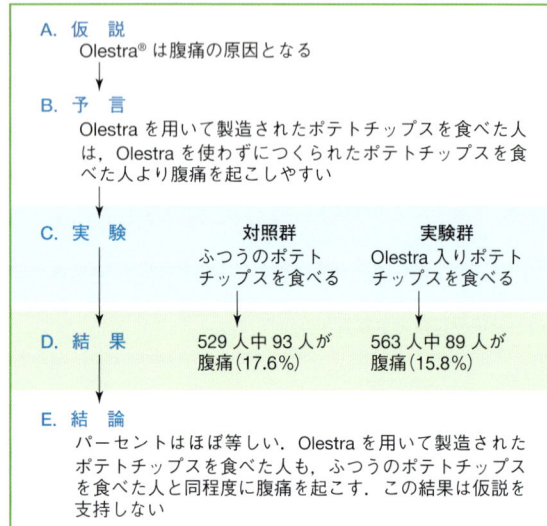

図 1・10 Olestra® が腹痛を起こすかどうかを調べる科学実験のいくつかの段階．この研究は 1998 年に *Journal of the American Medical Association* 誌に発表された．

図 1・11 クジャクチョウの防御．止まっているとき(a)は枯葉のように見える．鳥が近づくとクジャクチョウ(b)は翅を開いたり閉じたりする．これによって目立つスポットがあらわになり，同時にシーッという音やカチカチいう音が鳴る．研究者はこの行動がアオガラ(c)を怖がらせるかどうか調べた．実験結果は表 1・2 にまとめた．

研究者は"なぜクジャクチョウは翅をカチカチいわせるのだろう"という疑問をもった．彼らは以前の研究を調べて，翅をカチカチいわせる行動を説明する，二つの仮説にたどりついた．

1. 翅をカチカチいわせるとおそらく捕食鳥を誘引してしまうだろうが，同時にフクロウの眼と似た目立つスポットを見せることになる．フクロウの眼に似たものはチョウを捕食する小型の鳥類を驚かせることが知られているので，翅のスポットを見せることは捕食者を恐れさせるだろう．
2. クジャクチョウが翅をすりあわせるときのシーッという音やカチカチいう音は，捕食鳥をひるませるだろう．

科学者はこれらの仮説から以下の予言を行った．

1. "もし"クジャクチョウの翅の目立つスポットが捕食鳥をひるませるなら，"それなら"スポットのない個体はある個体より捕食鳥に食われやすいであろう．
2. "もし"クジャクチョウが出す音が捕食鳥をひるませるなら，"それなら"音を出さない個体は音を出す個体より捕食鳥に食われやすいであろう．

そこで実験が行われた．研究者は何匹かのチョウの翅のスポットを黒く塗り，別のチョウの後翅の音を出す部分を切取り，第三のグループではその両方を施した．それぞれのチョウを，腹を空かせたアオガラ（図 1・11c）とともに大きなケージに入れ，30 分間観察した．

実験結果は表 1・2 にある．スポットを変更しなかっ

表 1・2 クジャクチョウの実験結果†

スポット	音	チョウの数		
		最初の数	食われた数	生存した数
あり	あり	9	0	9 (100%)
なし	あり	10	5	5 (50%)
あり	なし	8	0	8 (100%)
なし	なし	10	8	2 (20%)

† *Proceedings of the Royal Society of London, Series B*, 272: 1203–1207 (2005).

たチョウは，音を出しても出さなくても，全部が生き残った．対照的に，音は出せるがスポットを黒く塗られたチョウは半分だけが生存した．スポットもないし音も出せないチョウは，ほとんどがあっというまに食われてしまった．検証結果はどちらの予言も確認したので，仮説を支持することになった．鳥は，クジャクチョウの音にひるむと同時に，翅のスポットにはもっと驚くのである．

1・7 実験結果の解析
サンプリングエラー

研究者があるグループのすべての個体を観察することはまれである．たとえば，§1・1 で紹介した探検では，ニューギニアの人跡未踏の地をすべて調べることはとてもできない．フォジャ山の雲霧森は 8000 km² にわたっ

ている（図1・1）．そのすべてを探検するのは途方もない時間と努力を必要とする．しかも，狭い範囲を歩き回るだけで，微妙な森林の生態系を破壊するかもしれない．

そのような限界があるので，研究者はしばしば自然のうちのある範囲，ある個体群，ある事象，などの一部を観察する．その一部のテストや観察の結果を一般化に用いる．しかし一部から一般化することは，その一部が全体の代表ではないこともあるので，危険を伴う．

たとえば，キノボリカンガルー（図1・1左下）は，1993年にニューギニアの山の頂上にある森林のみで発見された．10年以上の間この種はその生息地以外では見つからず，生息地は人間の活動によって年々縮小されていた．それで，キノボリカンガルーは絶滅危惧種とみなされていた．しかし，2005年に探検隊はフォジャ山の雲霧森ではこのカンガルーがかなり多く見られることを発見した．その結果，生物学者は，少なくとも当面はその未来は安全であると信じている．

サンプリングエラー（sampling error）は，一部から得られる結果と全体の結果に差異があることである．キノボリカンガルーの例が示すように，サンプリングエラーはときには避けがたいことでもある．しかしその原因を知ることは，サンプリングエラーを最小限にする実験を計画するのに役立つ．たとえば，サンプリングエラーは実験例が少ないときには実質的に問題になるので，実験者は比較的大きなサンプル数で実験を始め，またたいていは実験を繰返す．

サンプルの大きさは確率にとって重要である．そのわけを知るために，コイン投げを考えてみよう．結果は二通り，表か裏か，である．1回ごとに表が出るチャンスは二分の一，50％である．しかし実際にコインを投げてみると，しばしば表が何回も続いたり裏が続いたりする．10回投げると，表が出る率は50％から大きく外れるかもしれない．1000回投げると，率は50％に近づくだろう．

確率（probability）は，特定の結果が生じる割合を表す．割合は可能な結果の全数に依存する．ふつうは確率をパーセントで表す．たとえば，もし1千万人がくじ引きに参加すると，1本の当たりくじを引く確率は同じである．つまり，1千万に1回，0.00001％である．

実験データの解析はしばしば確率の計算を含む．偶然に起こったと思われない差をもつ実験結果は**統計的有意**（statistically significant）といわれる．ここで，"有意"とは結果の重要性を意味しない．これは，結果が厳密な統計解析にかけられて，サンプリングエラーによってゆがめられている確率がきわめて低い（通常5％以下）ことを意味している．しかし次節で述べるように，統計的に有意な結果も含めて，すべての科学的結果は正しくない確率ももっている．

データの偏差はしばしばグラフのエラーバーで示される．グラフによって，エラーバーはあるサンプルの組に関するデータの範囲（図1・12）か，2組のサンプル間の差を示す．

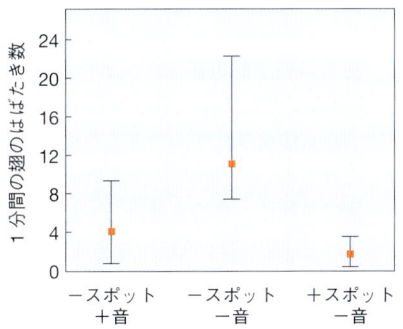

図1・12　グラフにおけるエラーバーの例．このグラフは前節のクジャクチョウに関する研究から引用している．研究者は，それぞれのチョウが鳥に襲われたときに何回翅をはばたいたかを記録した．オレンジの四角は実験群のチョウが翅をはばたいた回数の平均値である．四角から上下にのびている黒いエラーバーは，それぞれの群のデータの範囲，つまりサンプリングエラーを示している．

結果の解釈におけるバイアス

たった一つの変数をもつ実験は，特にヒトの研究ではしばしば困難である．たとえば，Olestra®実験に参加した被験者はランダムに選ばれたので，性，年齢，体重，服用している薬などの条件は揃っていない．このような変数が実験結果に影響することは十分考えられる．

人間はその本性からして，主観的であり，科学者も例外ではない．研究者はその結果を自分が見いだそうとしている結果に基づいて解釈する危険をもっている．したがって科学者は，多くの場合，客観的に測定したり計算したりできる数量的な結果が得られる実験を計画する．数量的結果はバイアスを最小限に抑えることができ，また他の科学者が実験を再現してその結論をチェックすることを可能にする．この最後の点から，われわれは科学における批判的思考の問題に戻る．科学者は相互に，仮説を検証するために，バイアスを排除することを心掛けなければならない．もしある科学者がこのような態度をとらなければ，他の科学者がそうするであろう．なぜなら，誤りを明白にすることは優れた洞察と同様に有用だからである．科学者の社会には，他人のアイデアを厳しく批判的にみる人が多い．理想的にいえば，科学者全体

の努力によって科学が正しい方向に進むことが望まれる．

1・8　科学の本質

何年も検証した後に仮説がまちがっていることが証明されなかったとしよう．仮説は，それまでに収集されたすべてのデータと矛盾がなく，他の現象についても有効な予言を立てるのに貢献する．仮説がこれらの基準に合致すると，それは**科学的理論**（scientific theory，表1・3）と考えられる．たとえば，科学者はいまではすべての物質が原子から構成されていることを検証するのに時間を浪費したりしない．200年に及ぶ研究で，原子以外のものから構成されている物質は決して見つかっていないからである．この仮説は現在，**原子説**（atomic theory）とよばれていて，物質に関する他の仮説の提唱に用いられている．

科学的理論は自然界に関する最も客観的な記述である．しかしそれが完璧に証明されることはない．なぜなら，証明するためにはあらゆる可能な状況で検証しなければならないからである．たとえば原子説を証明するには，宇宙の全物質の構成要素を検査しなければならず，それは決して達成できることではない．

理論と合致しないたった一つの観察や結果は，理論の改訂を要求する．たとえば，もし原子から構成されていない物質をだれかが発見したとすれば，原子説は改訂されるだろう．長い時間をかけてある生物の系統に変化が生じるという進化説は，1世紀にも及ぶ検証と調査を経て，依然として成り立っている．すべての科学的理論と同様に，進化説がすべての状況下で成り立つという確信はないが，われわれはそれがまちがっていないという確率がきわめて高いということができる．もし進化と合致しない証拠が出現すれば，生物学者はこの理論を修正するだろう．

"理論"という用語を，推測的な考えに適用することを耳にしたことがあるかもしれない．"それは理論にすぎないよ"というぐあいである．推論はかならずしも証拠によって支持されていない個人的な確信，つまり意見とか信条とかいうものである．科学的理論は意見ではない．定義からして，それは膨大な証拠によって支持されていなければならない．

科学的理論とは異なり，多くの信条や意見は検証可能ではない．検証されない考えは反証することもできない．個人的な信念は，生活においてきわめて重要ではあるが，科学的理論とは同じでないのである．

科学的理論は，自然の法則とも異なっている．**自然の法則**（law of nature）は，どのような状況でもかならず起こることが観察されているが，現在のところ完全な科学的説明がなされていない現象をさす．エネルギーを記載するための熱力学の法則がその例である．われわれはエネルギーがどのようにふるまうかは知っているが，なぜそのようにふるまうかは知らないのである．

科学の範囲と限界

科学は，われわれが自然を観察するにあたって客観的であることを保証してくれるが，それは科学には限界があるからである．たとえば，科学は，"なぜ自分は存在するか"といったような質問には答えない．このような質問へのほとんどの解答は主観的である．解答は，個人的な経験やわれわれの意識を形づくる精神的なつながりの総和として，心の内部から現れるものである．主観的な解答に価値がない，という意味ではない．人間社会の個人が，たとえ主観的なものであっても，判断を下すための基準を共有しない限り，人間社会は長期にわたって機能できないからである．モラルや美学，そして哲学的基準は社会ごとに異なるが，どれも何が重要で善であるかを決定することを助けている．どれもわれわれの人生に意味を与えている．

科学はまた，"自然を超えた"ことがらについても解答を与えない．科学は超自然的な現象が起こることを肯定も否定もしない．ただ，科学者は，超自然的と考えられることがらについて自然的な説明を見いだすときには，議論をするだろう．社会のモラルの基準が自然の理解と混ざり合う場合には，そのような議論がしばしば起こる．たとえば，コペルニクス（Nicolaus Copernicus）は，天体を観測して，1540年に地球は太陽を周回すると結論した．今日では彼の結論は自明であるが，当時はそれは異端であった．当時広く認められていた信条で

表1・3　科学的理論の例

理論	主要な内容
原子説	すべての物質は原子から構成されること
ビッグバン説	宇宙が爆発によって生じ，拡大し続けていること
細胞説	すべての生物が1個または複数の細胞から構成されること，細胞は生命の基本的単位であること，すべての細胞はすでに存在する細胞から生じること
進化説	個体群の遺伝的性質は世代を経ると変化が生じること
地球温暖化説	人間の活動が地球の平均気温を上昇させること
プレートテクトニクス説	地殻がいくつかの断片に分かれていて，互いに位置を変えていること

は，地球が宇宙の中心にあった．もう一人の天文学者 ガリレオ（Galileo Galilei）は，1610年にコペルニクスの太陽系に関するモデルの証拠を見いだし，その発見を著した．彼は投獄され，その著書を公衆の面前で撤回することを余儀なくされ，一生自宅に軟禁された．

ガリレオの例からもわかるように，科学的見地から自然界についての伝統的な見方を研究することは，モラルにも疑問をもっていると誤解されるかもしれない．科学者の集団は，決して非モラルでも非合法的でも非精神的でもない．しかし，科学者の仕事は全く別の基準に従っている．その説明は，だれでも繰返すことのできるように，検証可能でなければならない．

科学は偏りなしに経験を伝えることができるので，共通の言語をもつこととさわめて近い．たとえば，重力の法則は宇宙のどこでも成り立つことを，われわれは確信している．遠く離れた惑星の知的存在も重力の概念を同じように理解するだろう．われわれは重力などの科学的概念を使って，どこのだれとも対話することができるだろう．しかし，科学の重要な点は，宇宙人と対話することではない．この地球上で，共通の基盤を見いだすことである．

1・9 地球上に隠された生命 再考

地球上には1千万を超える生物種が生息していると考えられている．まだ続々と発見されているので，この数字は見積もりにすぎない．たとえば，フォジャ山への探検の帰途にもマウスの大きさのオポッサム，ネコほどのラットなどが見つかった．さらに，最近新たに発見された種としては，ボルネオのヒョウ，エジプトのオオカミ，オーストラリアのイルカ，米国カリフォルニア州のクモ，テネシー州の巨大なザリガニ，フィリピンのネズミを食べる植物，南極の近くの肉食性カイメン，などがある．これらの新たに発見された種は，われわれがこの惑星に生息する生物のすべてを知っているのではないことを教えてくれる．われわれは探すべきものがあといくつあるかさえ知らない．これまでに知られているおよそ180万種については，多くの共同作業によって維持されているオンラインの文献である生命の百科事典（Encyclopedia of Life，http://eol.org）で情報が得られる．

まとめ

1・1 生物学は生命を体系的に研究する学問である．われわれは地球上に生息する生物のごく一部しか知らない．それは生物の生息地域のごく一部しか探検してこなかったからでもある．

1・2 生物学者は，生命が種々の階層から構成されていると考える．上位の階層では新しい性質が生じる．生命は細胞という階層から始まる．すべての物質は原子から成り立ち，原子は分子を形成する．生物は1個あるいは多数の，生命の最小単位である細胞でできている．個体群は，ある地域のある種の個体の集合体である．群集はある地域のすべての種の個体群である．生態系（エコシステム）はその環境と相互作用する群集のことである．生物圏（バイオスフェア）は生命が存在する地球上のすべての地域を含んでいる．

1・3 生命は，すべての生物が類似の性質をもっているという意味で，基礎的な統一性を有している．1) すべての生物は自分を維持するためにエネルギーと栄養分を必要とする．植物のような生産者は光合成によって自分の栄養分を産生する．動物などの消費者は他の生物やその老廃物，あるいは遺骸を食べる．2) 生物は内部環境の条件を細胞の許容範囲に保っている．これはホメオスタシスとよばれる．3) DNAは生物の形態と機能，発生，成長，生殖を制御する情報を含んでいる．DNAが親から子へ伝わることは遺伝とよばれる．

1・4 現在地球上に生息する多くの生物種は，形態や機能の細部で大きく異なっている．生物多様性は，生物間の差異の総体を意味する．細菌とアーキアは原核生物で，DNAが核に含まれない単細胞生物である．単細胞あるいは多細胞の真核生物（原生生物，植物，真菌，動物）のDNAは核の中に存在する．

1・5 それぞれの種は，属名と種小名という二つの部分からなる学名をもっている．分類学では，種は共有する形質によって，しだいに大きくなる分類階級，つまりタクソンに位置づけられる．

1・6 批判的思考は，情報の質を判断する行為で，科学の重要な一部である．一般的に科学者は，自然界におけるある現象を観察し，仮説（検証可能な説明）を立て，仮説が正しいとすれば起こるであろうことを予言する．予言は観察，実験，あるいはその両方によって検証される．ふつう実験は実験群を対照群と比較することで行われる．実験結果，あるいはデータに基づいて結論が導かれる．データに合致しない仮説は修正されるか，排除される．

生物系はしばしば多くの相互に関連した変数によって影響される．研究者は変数を変化させてその効果を観察する．これによって科学者は，複雑な自然の体系における原因と結果の関係を研究することができる．

1・7 サンプル数が少ないと実験結果のサンプリングエラーの可能性が増大する．このような場合，全体を代表していないグループが検証されてしまうかもしれない．研究者は，サンプリングエラーとバイアスを最小限にするように注意深く

実験を計画する．また，結果の統計的有意性をチェックするために確率を用いる．科学者は互いにその研究をチェックして検証する．

1・8 科学は自然の観察可能な側面のみに関与する．意見や信条は人間の文化では価値をもつが，科学の対象とはならない．科学的理論は長い間確立されてきた仮説で，他の現象についての予言をする際に有用なものである．自然の法則は，必ず起こることを記述するものであるが，なぜそれが起こるかについての科学的説明は不完全である．

試してみよう（解答は巻末）

1. すべての物質の基本的な構成要素は ____
    a. 細胞   b. 原子   c. 生物   d. 分子
2. 生物の最小単位は ____
    a. 原子   b. 分子   c. 細胞   d. 種
3. DNA が子孫に伝わるのは ____
    a. 生殖   b. 発生   c. ホメオスタシス   d. 遺伝
4. 生物が子孫をつくるプロセスは ____
    a. 生殖   b. 遺伝   c. 発生   d. ホメオスタシス
5. 生物は自分を維持し，成長し，生殖するには ____ と ____ を必要とする．
    a. 太陽光，エネルギー   b. 細胞，原材料
    c. 栄養分，エネルギー   d. DNA，細胞
6. その生涯のうち少なくともある時期に運動するのは ____
    a. 生物   b. 植物   c. 動物   d. 原核生物
7. DNA は ____
    a. 成長と発生をもたらす   b. 核酸である
    c. 親から子へ伝達される   d. a～c のすべて
8. チョウは ____（正しいものをすべて選べ）
    a. 生物である   b. 界である
    c. 種である   d. 真核生物である
    e. 消費者である   f. 生産者である
    g. 原核生物である   h. 形質である
9. 細菌は ____（正しいものをすべて選べ）
    a. 生物である   b. 単細胞である
    c. 動物である   d. 真核生物である
10. 細菌，アーキア，真核生物は三つの ____ である．
    a. 生物   b. ドメイン   c. 消費者   d. 生産者
11. 対照群とは ____
    a. ある形質をもつ，あるいはある処置を受けた個体群
    b. 実験群を比較すべき，標準群
    c. 結論的な結果を与える実験
12. ランダムに選んだ 15 人の学生は身長が 170 cm 以上であった．研究者は学生の平均身長は 170 cm 以上であると結論した．これは ____ の一例である．
    a. 実験の誤り   b. サンプリングエラー
    c. 主観的な意見   d. 実験のバイアス
13. 左側の用語の説明として最も適当なものを a～g から選び，記号で答えよ．

    ____ 生命   a. 仮説から考えられる記述
    ____ 確率   b. 生物のタイプ
    ____ 種   c. 細胞の階層で生じる性質
    ____ 科学的理論   d. 長く検証されてきた仮説
    ____ 仮説   e. 検証可能な説明
    ____ 予言   f. 機会（チャンス）の割合
    ____ 生産者   g. 自らの栄養分をつくる

2 生命の分子

2・1 揚げ物のコワい話
2・2 出発は原子
2・3 原子から分子へ
2・4 水素結合と水
2・5 酸と塩基
2・6 有機分子
2・7 糖　質
2・8 脂　質
2・9 タンパク質
2・10 核　酸
2・11 揚げ物のコワい話 再考

2・1 揚げ物のコワい話

　先進諸国の人々が1日に食べている脂肪の量は，健康を保つのに十分な量（大さじ1杯分）をはるかに超えている．脂肪は肥満をもたらし，肥満はさまざまな病気の危険性を増大させる．また，健康のことを考えるなら，脂肪の種類も重要である．脂肪はわれわれの体に単に蓄積する不活性の分子ではない．脂肪は細胞膜の主要成分として，細胞の働きに大きな影響力をもつ．

　典型的な脂肪分子は，それぞれが互いに構造が少し異なる長い炭素原子の鎖からなる脂肪酸を三つ含んでいる．炭素鎖中で水素原子がある特定の配置をしている脂肪を**トランス脂肪酸**（trans fatty acid）とよぶ．トランス脂肪酸は天然成分として赤身の肉や乳製品に少量含まれるが，われわれが摂取しているトランス脂肪酸のほとんどは，部分的に水素を付加（水素添加または水添という）した植物油，つまりは人工食品からのものである．

　水添植物油はラードやバターよりも安価な固形の食用油として販売されるようになり，いまだに多くの加工食品やファーストフードに使われている．

　過去数十年の間，水添植物油は動物脂肪よりも健康によいと考えられていた．しかし，いまでは1日当たりわずか2gの水添植物油の摂取が，アテローム性動脈硬化症（いわゆる動脈硬化），心筋梗塞，そして糖尿病のリスクを増大させることが統計的にわかっている．そして水添植物油で調理したわずかな量のフレンチフライ（フライドポテト）には，トランス脂肪酸が5gも入っている．

　すべての生物は同じ種類の分子から成り立っている．しかしその分子の集まり方の少しの違いが，生物に大きな影響を及ぼす．このことを念頭におき，生命の化学の世界に踏み込んでみよう．この化学の世界はわれわれそのものであり，われわれの体を単なる分子の集合体以上の存在にしてくれている実体である．

2・2 出発は原子

　生命に特有のいろいろな性質は，異なる**原子**（atom）がもつ性質の違いがもとになっている．原子は砂粒の2000万分の1よりも小さいが，その中にはさらに小さな亜原子粒子群が含まれている．正の電荷をもつ**陽子**（proton）p^+と電荷をもたない**中性子**（neutron）は，原子の中心すなわち**核**（nucleus）にある．この核のまわりを動いているのは負の電荷をもつ**電子**（electron）e^-である（図2・1）．**電荷**（charge）とは電気的性質を表す言葉である．正負の電荷は引き合い，同じ電荷は反発し合う．

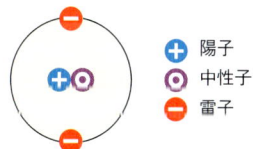

図2・1　原子の模式図．原子は陽子と中性子からなる核（原子核）と，そのまわりを動く電子とからなる．実際には電子は核のおよそ1万倍もの広がりのある，広大な三次元空間を動いている．

　一般に原子はほぼ同数の電子と陽子をもつ．一つの電子がもつ負電荷と一つの陽子がもつ正電荷は同じ大きさであるため，二つの電荷は互いに打消される．そのため電子と陽子の数が同一である原子は電荷をもたない．

　ある原子の核に存在する陽子の数を**原子番号**（atomic number）といい，その原子または元素の性質を決定する．**元素**（element）とは，原子核に同じ数の陽子をもつものだけからできた純（粋）物質のことをいう（図2・

2).たとえば,炭素の原子番号は6である.すると原子核に6個の陽子をもつものは,電子や中性子がいくつであれ,すべて炭素ということになる.炭素という物質は炭素原子だけからできており,その構成原子はすべて陽子を6個もっている.既知の118元素は,それぞれ一般にラテン語やギリシャ語の名称に基づいた記号がつけられている.炭素の記号はCで,ラテン語で石炭(coal)を意味する単語carboに由来している.石炭はほとんどが炭素でできている.

図 2・2 元素の一例: 炭素原子

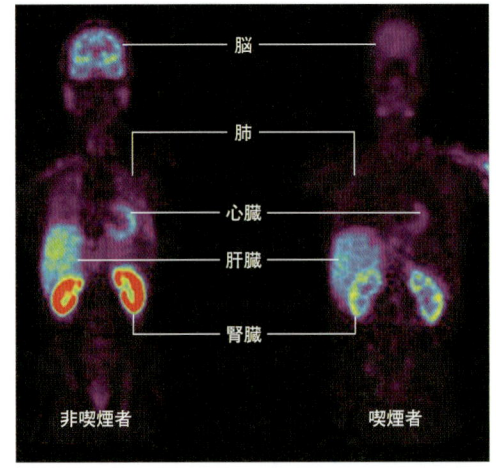

図 2・3 放射性トレーサーのPETスキャンによる生体内過程のデジタル画像化.このPETスキャン像は非喫煙者(左)と喫煙者(右)の体内におけるMAO-Bという分子の活性を示している.活性は赤(高活性)から紫(低活性)の色で表されている.

炭素やほかの元素には,異なる数の中性子をもつ**同位体**(isotope)が存在する.同位体の種類は,陽子数と中性子数の和に基づく**質量数**(mass number)という数字で示すことができる.この質量数は,元素記号の左側に上付数字で示される.たとえば,最もありふれた炭素の同位体^{12}Cは陽子6個と中性子6個をもち,^{14}Cは陽子6個と中性子8個をもっている(6+8=14).

^{14}C(炭素14)は,**放射性同位体**(radioisotope)の一種である.放射性同位体の原子は,自発的に壊変を起こす不安定な核をもつ.核は壊変すると放射線という亜原子粒子あるいはエネルギー,またはその両方を放出する.この**放射性壊変**(radioactive decay)といわれる過程により,放射性同位体は個々に決まった速度で壊変し,決まった別の元素に変わる.たとえば,^{14}Cでは,一つの中性子が一つずつの陽子と電子に分裂する.このとき核は電子を放射線として放出する.このようにして,^{14}C原子(陽子6個と中性子8個をもつ)は,^{14}N原子(陽子7個と中性子7個をもつ)になる.

放射性同位体は,常に一定の速度で壊変するので,岩石や化石の年代測定に用いられている(§11・4).また,放射性同位体は**トレーサー**(tracer),すなわち検出可能な分子標識として利用される.放射性トレーサー,たとえば^{14}Cを細胞や生体,あるいは生態系のなかに導入することにより,物質代謝の速度などを検出することができる.たとえばPET(陽電子放射断層撮影法,positron emission tomographyの略)は生体機能や代謝を"見る"方法として活用されている.この方法では被験者の体内に放射能をもつ糖やその他のトレーサーを注入する.被験者の体内で異なる代謝活性をもつ細胞があれば,トレーサーもまた異なる速度でその細胞に取込まれる.スキャナーを使って体内のどこでトレーサーの壊変がみられるかをとらえ,得られたデータをもとに画像処理を行う(図2・3).

なぜ電子が問題か

電子は本当に小さい.電子の大きさをリンゴにたとえると,われわれの大きさは太陽系の広がりの3.5倍になってしまう.日常的な物理学の知識では小さすぎる電子のふるまいは説明できない.たとえば電子は不連続なエネルギーをもつ.つまり電子がエネルギーをもつようになるにはある決まった量のエネルギーを吸収したときに限られる.同じように電子は決まった量のエネルギーを放出したときに初めてエネルギーを失う.このことはあとで細胞がエネルギーを獲得したり失ったりする過程を学ぶときに役立つので覚えておこう.

電子が原子に集まる様子は,**殻模型**(shell model,図2・4)を使うとわかりやすい.この模型では,同心円が殻を表し,外側ほどエネルギー準位が高い.陽子数と同じ数の電子(赤い点で示す)が,最も内側の殻から順番に埋めていく.たとえば,一番内側の殻は最もエネルギー準位が低く,ここが最初に電子で満たされる.最も単純な原子である水素では,この殻を1個の電子が占めている.ヘリウムは電子を2個もっており,この最初の殻を満たしている.より大きい原子では,余剰(3個目以降の)電子が今度は2番目の殻に入る.2番目の殻

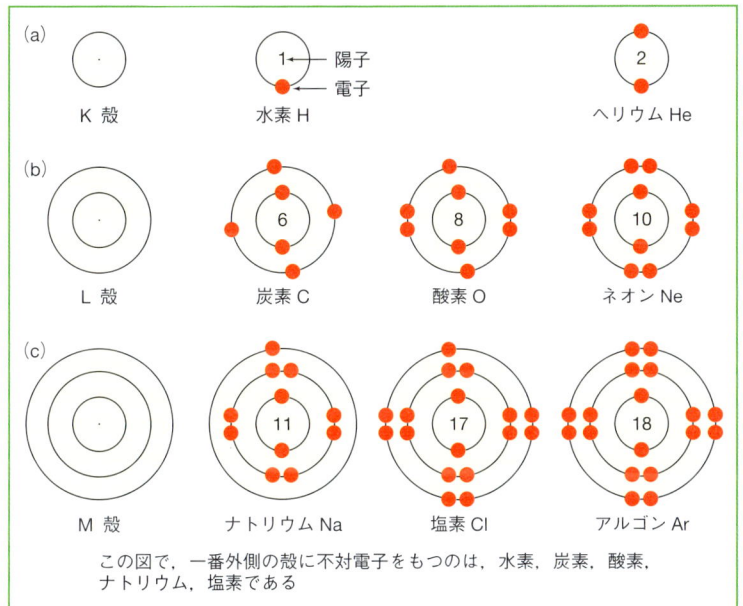

図 2・4 電子殻模型．図中の円は，それぞれあるエネルギー準位の殻を表す．この模型では最も内側にある殻から始めて，原子がもつ陽子の数と同じになるまで電子を入れる．それぞれの殻模型にある数字は，陽子の数である．(a) 1番目の殻(K殻)は最もエネルギー準位が低く，電子を2個もつことができる．水素は陽子が1個なので，空きが一つある．ヘリウムは陽子が2個なので，空きはない．(b) 2番目の殻(L殻)は2番目のエネルギー準位で，電子を8個もつことができる．炭素は陽子が6個なので，K殻は満たされている．L殻には4個の電子があり，4個分の空きがある．酸素は陽子が8個で，電子2個分の空きがある．ネオンは陽子が10個で，電子殻に空きはない．(c) 3番目の殻(M殻)は3番目のエネルギー準位で，電子を8個もつことができる．ナトリウムは陽子が11個なので最初の二つの電子殻は満たされており，M殻に電子が1個ある．つまり電子7個分の空きがある．塩素は陽子が17個で，電子1個分の空きがある．アルゴンは陽子が18個なので空きはない．

この図で，一番外側の殻に不対電子をもつのは，水素，炭素，酸素，ナトリウム，塩素である

がいっぱいになると，次は3番目の殻に電子が入る．

　ある原子の最外殻が電子で満たされると，空きがないことになる．ヘリウムはその一例である．そのような状態にある原子は安定である．逆にある原子が最外殻に他の電子を受け入れる余地を残している場合，空きがあるといえる．水素原子には一つの空きがある．空きのある原子は他の原子と相互作用する傾向にある．たとえば，ナトリウム原子は電子8個を収納できる最外殻に電子1個をもつ．この電子7個分の空きがあることで，ナトリウム原子は化学的に活性であると予想できる．

　実際ナトリウム原子はきわめて活性が高い．殻模型によるとナトリウム原子には不対電子1個があり，不対電子をもつ原子は**フリーラジカル**（free radical）とよばれる．いくつかの例外を除き，フリーラジカルはほかの原子と相互作用しようとする傾向がとても強く，反応性が高い．また，そのことで生命に対する危険性がある．ナトリウムのフリーラジカルは容易にその不対電子を放出し，電子で満たされた2番目の殻が最外殻となるため空きがなくなる．原子にとってこの状態が最も安定であり，実際に地球上の大部分のナトリウム原子はこの状態，すなわち陽子11個と電子10個をもっている．

　陽子と電子の数が異なる原子は**イオン**（ion）という．イオンには全体としての電荷（総電荷ともいう）がある．ナトリウムイオン Na$^+$ は電子を失って正に荷電する原子の好例である（図2・5a）．逆に電子を受け入れることで負に荷電する原子もある．たとえば，塩素原子は陽子17個と電子17個をもつため電荷がない．この原

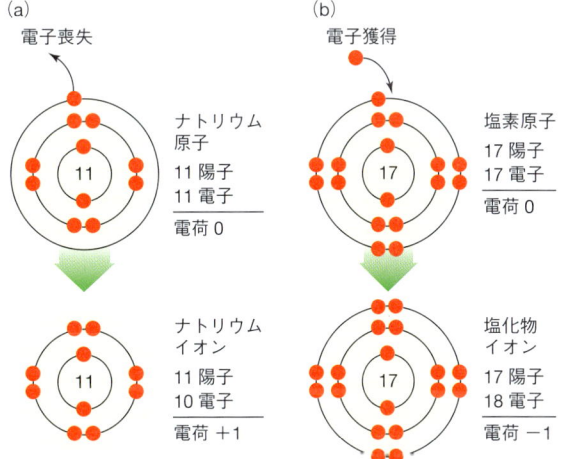

図 2・5 イオン形成．(a) ナトリウム原子は3番目にある最外殻の電子を失うと，正の電荷をもつナトリウムイオン Na$^+$ になる．このとき2番目の殻が電子で満たされた（空きのない）最外殻ということになる．(b) 塩素原子は電子を獲得して，その3番目にある最外殻を満たすと負の電荷をもつ塩化物イオン Cl$^-$ になる．

子の最外殻（3番目の殻）は，電子を8個入れることができるが，電子が7個しかないため一つ空きがある．そのため塩素原子は他の原子から電子を引抜いて，その空きを埋めようとする．そうすると，陽子17個と電子18個をもつ塩化物イオン Cl$^-$ となり，全体として負の電荷をもつようになる（図2・5b）．

　ヘリウムやネオン，そしてアルゴンなどの原子は陽子

と同数の電子をもつとき，空きはない．これらの元素は単体で，かつ電荷をもたない原子として地球上に存在している．

2・3 原子から分子へ

原子はほかの原子と化学結合をつくって空きをなくすことができる．**化学結合**（chemical bond）は二つの原子の間で電子の相互作用があるときに生じる引力の一種である．化学結合によって結びついた原子は**分子**（molecule）をつくる．いいかえると，分子は決められた数で集まり化学結合で結びついた原子によってできている．たとえば水分子は酸素原子1個に水素原子2個が結合している（図2・6）．水分子は**化合物**（compound），すなわち2種類あるいはそれ以上の種類の元素からなる物質である．化合物以外の分子は，たとえば空気中の成分として存在する酸素分子のように，1種類の元素のみでできている．

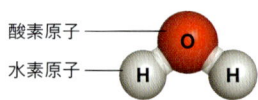

図2・6 水分子．水素原子二つとその両方に結合する酸素原子一つからなる．

結合という用語は原子間のあらゆる相互作用に用いられるが，その性質の違いからほとんどの結合をイオン結合，共有結合，あるいは水素結合に分類することができる．これらの結合は関与する原子の種類によっている．

イオン結合

二つのイオンは互いに逆の電荷で引き合うことで一つに結びつくことがある．この結びつきかたを**イオン結合**（ionic bond）という（図2・7）．イオン結合には強力なものがある．卓上塩である塩化ナトリウム NaCl はナトリウムイオンと塩化物イオンがイオン結合し，格子状に並んでいる．イオンはイオン結合にかかわっているときも，それぞれの電荷を保持している．つまり，イオン結合している分子の一方の端は正の電荷，もう一方の端は負の電荷をもつ．このような正と負の違いに電荷が分かれることを**極性**（polarity）という．

共有結合

共有結合（covalent bond）では，二つの原子が1対の電子を共有し，それぞれの原子の最外殻の空きが部分的に満たされた状態になる（図2・8）．共有結合はイオン

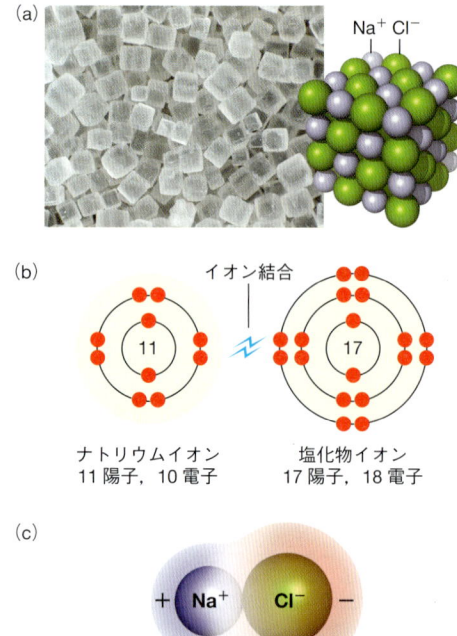

図2・7 イオン結合の例 塩化ナトリウム NaCl．(a) 食塩の結晶はその一つひとつが多数のナトリウムイオンと塩化物イオンがイオン結合でつくる立体格子型のまとまりでできている．(b) ナトリウムイオンと塩化物イオンがもつ互いに反対の電荷が両イオンを強く引き合うことによりイオン結合が形成される．(c) イオン結合をつくるイオンはそれぞれに電荷を保持しており，分子全体として極性をもつ．すなわちナトリウムイオンは正に荷電し（紫），塩化物イオンは負に荷電している（赤）．

結合よりも強い場合があるが，いつもそうとは限らない．

表2・1に共有結合の表し方をいくつか示す．構造式では，二つの原子を結ぶ1本の線は一つの共有結合，つまり二つの原子が1対の電子を共有していることを表している．一例として水素分子 H_2 では，二つの水素原子 H－H の間に共有結合が一つある．原子間で電子を共有するときに二重，三重，さらには四重の共有結合がつくられることもある．共有結合の数は原子間の線の数で表される．たとえば，二重結合の酸素分子は O＝O，三重結合の窒素分子は N≡N である．

原子の位置や相対的大きさを構造模型で立体的に表すとき，二重結合や三重結合は単結合と区別しない．結合は二つのボール（原子）を結ぶ棒で表し，元素の違いは異なる色で表す．

水素分子
H—H

陽子を1個もつ水素原子二つが電子を2個共有して非極性の共有結合を形成する

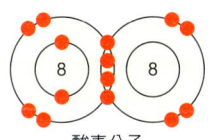
酸素分子
O=O

陽子を8個もつ酸素原子二つが電子を4個共有して二重の共有結合を形成する

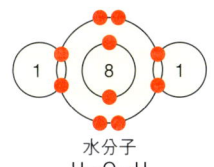
水分子
H—O—H

水素原子二つと酸素原子一つが電子を共有して二つの共有結合を形成する.酸素原子の共有電子を引きつける力が水素原子よりも強いため,この共有結合には極性がある

図 2・8 共有結合は空きのある原子どうしが電子を共有することで生成する.個々の共有結合では二つの電子が共有されている.共有が等しく行われている場合,その結合に極性はない.一方の原子が他方の原子より強く電子を引きつけている場合は結合に極性が生じる.図中の数字は各原子の陽子数である.

表 2・1 分子の表し方		
一般名称	水	ふつうの呼称
化学名	一酸化二水素	元素の組成に基づいている
化学式	H_2O	元素の不変な割合を示している.下付数字は1分子当たりの原子数を表す.数字がない場合はその原子数は1である
構造式	H—O—H	原子間の1本線は共有結合を表す
分子模型		個々の原子の位置と相対的な大きさを表す
殻模型		共有結合内の電子対の共有状態を表す

極性のある共有結合では原子間の電子は不均等に共有されている.水分子における酸素原子と水素原子の結合はその一例である.この場合,一つの原子(酸素)が電子を少し強く引きつけるため,この原子はわずかに負に荷電している.もう一方の原子(水素)はわずかに正に荷電するようになる.化合物内の共有結合は通常極性をもつ.一方,非極性の共有結合にかかわる原子は電子を等しく共有する.そのため分子としては電荷はもたない.水素分子 H_2,酸素分子 O_2,そして窒素分子 N_2 などがその例である.

2・4 水素結合と水

生命は水中で進化した.すべての生物はそのほとんどが水でできており,多くの生物は依然として水中で生活している.またすべての生体内の化学反応は水を主成分とする液体中で起こる.水がこれほど生命にとって重要なのはなぜだろうか.

水の液体としての特性は,分子内にある極性をもった二つの共有結合によっている.分子全体としては電荷はないが,酸素原子はわずかに負の,そして二つの水素原子はわずかに正の電荷をもつ.このため水分子は極性をもつ(図2・9a).

個々の水分子がもつ極性によって水分子どうしは互いに引き合う.ある水分子内でわずかに正に荷電している水素原子が別の水分子内でわずかに負に荷電している酸素原子と引き合う.このような結びつき方を**水素結合**(hydrogen bond)という.水素結合は共有結合に使われている水素原子と,極性のある共有結合にかかわっている別の原子との間に働く引力である(図2・9b).イオン結合と同様に,水素結合は反対の電荷が互いに引き合う作用である.しかし,水素結合は新たな分子をつくることはなく,その意味では化学結合ではない.

水素結合は数ある原子間相互作用のなかでも弱いほうに属しており,共有結合やイオン結合に比べるとはるかに容易に生成し,また切断される.それでも,多くのものが水素結合を形成し,それらがまとまることで全体としての結びつきは強固なものになる(図2・9c).これからみていくように,DNAやタンパク質のような生体

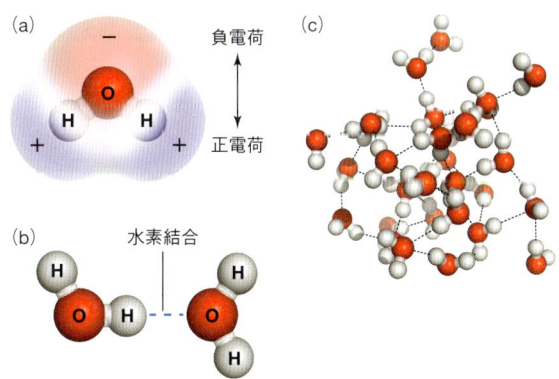

図 2・9 水分子間の水素結合.(a) 水分子の極性.水分子内で,水素原子はわずかに正に荷電し(紫),酸素原子はわずかに負に荷電している(赤).(b) 水素結合は水素原子と極性のある共有結合にかかわっている離れた原子の間に起こる引力的相互作用である.(c) 多くの水素結合(図中の点線部分)は水分子が互いに集まるのを維持する.このことで,液体としての水の特殊な性質が生まれる.

分子の独特の構造を安定に保っているのは水素結合である．液体としての水が生命活動を可能にする特別な性質をもつのは，水分子どうしがつくるおびただしい数の水素結合のおかげである．

水は優れた溶媒である

水は分子として極性があり水素結合をつくることができるので，優れた**溶媒**（solvent）である．溶媒とは多くの物質を容易に溶かすことのできるものである．水に容易に溶ける物質は**親水性**（hydrophilic，水になじみやすい性質）である．塩化ナトリウムのようなイオン性の固体は水に溶ける．水分子内でわずかに正に荷電した水素原子が負に荷電したイオン（塩化物イオン）と引き合い，同じくわずかに負に荷電した酸素原子が正に荷電したイオン（ナトリウムイオン）と引き合う．このとき水分子の数が圧倒的に多いので，水素結合の強さは全体として，二つのイオンが結びついている結合（イオン結合）のそれを上回る．そのため水分子がイオンを引き離し，イオン性固体は水に溶ける．

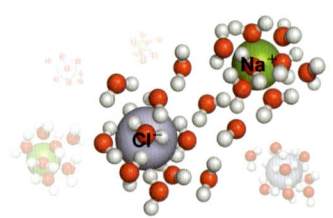

塩化ナトリウムのような物質は，水に溶けるときに水素イオン H^+ や水酸化物イオン OH^- とは異なるイオンを生成するため**塩**（salt）とよばれる．NaCl のような物質が溶けると，その構成イオンは液体分子のなかに一様に拡散し**溶質**（solute）になる．食塩水のように均一な組成をもつ液体を**溶液**（solution）という．溶質分子と溶媒分子の間で化学結合は生じない．そのため，これら二つの物質の溶液内での割合は一様ではない．

砂糖のような非イオン性の固体も，水分子と水素結合をつくるため容易に水に溶ける．物質が水との間につくる水素結合はその溶けた物質の共有結合を切断することはない．水素結合はむしろ物質を構成している個々の分子を互いにばらばらに保つ働きがある．

水は油のような**疎水性**（hydrophobic，水となじみにくい性質）の物質とは相互作用しない．非極性の分子でできている油は，水と水素結合をつくることがない．このことは，水とサラダ油が入った瓶をよく振ってからテーブルに置き，どうなるかを見てみるとわかりやすい．瓶をよく振ると水分子の間にある水素結合が少し壊れる．しかし，水分子はすぐに集まり始め，新しい水素結合ができていることを示す水滴になってしまう．水素結合は油の分子を排除して，油滴状態にまとめて水の表面より上に向かって押しやる．同じことは細胞内外の水分子を隔てている薄い油でできた膜構造でも起こっている．膜については，3章でもっと詳しく解説するが，細胞膜はこのような水と油の相互作用によって成り立っている．

水は温度を安定に保つ

温度（temperature）は，分子の運動のエネルギーを測定する尺度である．分子は絶えず揺れ動いており，熱が加えられればその動きは速くなる．水分子の運動は，自身が大量にもつ水素結合によって制限されている．つまり他の種類の液体に比べると，水はより多くの熱を吸収しないと温度が上がらない．温度安定性はホメオスタシスにおける重要な一要素である．ほとんどの生体内の分子は，ある限られた範囲内の温度でしか機能できないからである．

0 ℃以下になると，水分子は運動をやめて水素結合が固定され，固い格子状の形状をもった氷になる（図 2・10）．このとき，個々の水分子は液体中にあったときよりも低い密度で固まっていく．このため，氷は水に浮く．気温が氷点下になると，池，湖，そして川の水面が氷で覆われることがある．この氷が，そのすぐ下の液体の水にとっての"毛布"がわりになり，魚や他の水生生物が凍らずにすむ．

水は凝集性をもつ

いくつかの物質を構成する分子には，互いが離れにくい性質，すなわち**凝集性**（cohesion）とよばれる性質をもつものがある．水が凝集性をもつのは，その水素結合が全体として個々の分子を引きつけているからである．水の凝集性は表面張力にみられる．液体の水がつくる表面は弾力性のあるシートのようにふるまう．

凝集性は多細胞体制を維持する多くの現象の一つである．一例をあげると，水分子は蒸気として液体の水の表

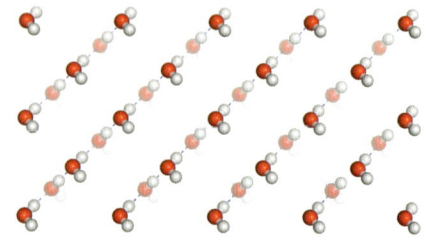

図 2・10 氷．氷の中では水素結合が水分子をきっちりとした格子構造に固めている．この格子構造内では水分子は液体のときよりも低い密度でまとまっている（図 2・9c 参照）．このため氷は水に浮く．

面から常に離散しており,この過程を**蒸発**（evaporation）という．蒸発は水分子がつくる水素結合によって抑えられている．つまり，水がもつ凝集性を取除くにはエネルギーが必要である．蒸発により液体の水から熱エネルギーが取除かれ，水面温度が下がる．暑く乾燥した天気のもとで，われわれは汗をかく．このときに水が蒸発で失われる作用が体温を下げるのに役立っている．汗は99%が水でできており，その蒸発によって熱くなった肌を冷ましている．

凝集性は生体内でも役に立っている．植物は成長するときにどうやって土中から水を吸収しているのかを考えてみよう．水が葉から蒸散し，代謝物が根から上に引っ張られる．凝集性のおかげで管状組織の狭い道管を根から葉へ水が上がることができる．木の種類によっては，この道管が土中から100 m以上も伸びている（§22・8参照）．

2・5 酸と塩基

濃度（concentration）とはある溶液の体積当たりに溶解している特定の溶質の量のことをいう．ただし水素イオン H^+ の濃度は特殊な場合で，その測定には**pH**という単位を使う．水分子のいくつかは自発的に水素イオン H^+ と水酸化物イオン OH^- とに分かれる．これらのイオンが合体すると，また水分子になる．水素イオンの数と水酸化物イオンの数が同じであるとき，その溶液のpHは7，あるいは中性であるという．pHが1下がるのは水素イオン量が10倍に増えたことを意味し，逆に1上がるのは10分の1に減ったことを意味する（図2・11）．pHの幅を実感するには，たとえば製パン用の重曹水（pH 9），純水（pH 7），レモンジュース（pH 2）などを味わってみるとよい．

塩基（base）は水素イオンを受け入れる性質がある物質で，その溶液のpHを上昇させ，塩基性あるいはアルカリ性にする（pH 7以上）．**酸**（acid）とよばれる物質は水に溶けたときに水素イオンを遊離し，その溶液のpHを下げて酸性（pH 7以下）にする．

ほとんどすべての生体反応はpH 7付近で行われている．ふつうの状態では，細胞内および体内の液体は緩衝作用によってpHが一定の範囲に保たれている．**緩衝液**（buffer）にはpHに影響を与えるイオンを供給あるいは受容することで溶液のpHを一定に保つ化学成分が含まれている．たとえば二つの化学物質，カルボン酸と炭酸水素塩は，血液のpHを7.35〜7.45の間に保つホメオスタシスに一役かっている．二酸化炭素が血液の液体成分に溶けるとカルボン酸が生じる．カルボン酸は水素イオンと炭酸水素イオンに分かれ，次にまた再結合してカルボン酸になる．

$$H_2CO_3 \longrightarrow H^+ + HCO_3^- \longrightarrow H_2CO_3$$
カルボン酸　　　　　炭酸水素イオン　　　　カルボン酸

血中に過剰量の水酸化物イオンがあるとカルボン酸から水素イオンを放出させ，それが水酸化物イオンと結合して水をつくり，pHの変化を防ぐ．血中の過剰な水素イオンも，炭酸水素イオンと結合するのでpH変化をもたらさない．

緩衝作用は限られた量のイオンしか中和できない．その限度を少しでも超えてしまうと，pHは劇的に変化してしまう．緩衝作用の破綻は生物系に悲惨な結果をまねく．なぜなら生体分子のほとんどは狭い範囲のpHでしかきちんと働けないからである．たとえば，急に呼吸不全になった場合，組織中に二酸化炭素がたまり，血中に

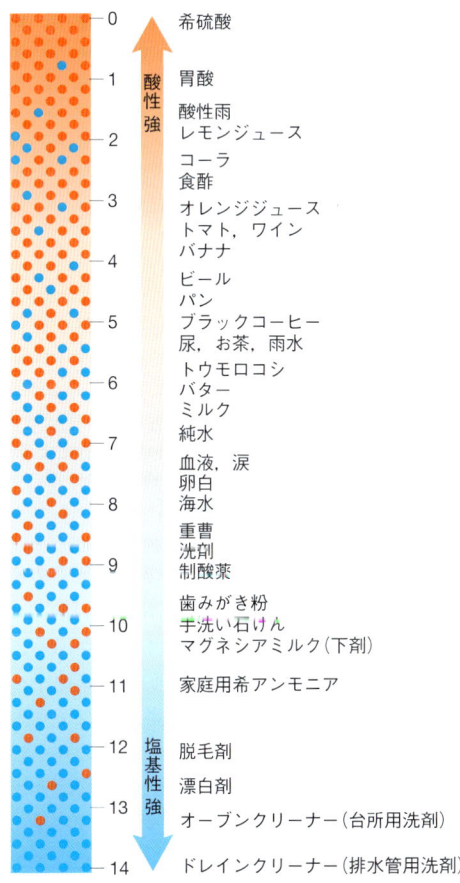

図2・11　pHスケール．左の帯で，赤い点は水素イオン H^+ を，青い点は水酸化物イオン OH^- を表している．右には，なじみのある品々の（溶液の）おおよそのpH値を示す．pHの範囲は，0（最も酸性）から14（最も塩基性）である．pH値の1単位の違いは，水素イオン量の10倍の変化に相当する．

大量のカルボン酸が生じる．その結果，血中pHが下がり，昏睡状態に陥る．

石炭などの化石燃料を燃やすと硫黄や窒素の化合物が生じる．これらは雨や雪などのpHに影響を及ぼす．雨水は緩衝力がないため酸や塩基によって劇的な影響を受ける．化石燃料の放出物が多い地域では，雨水や霧が食酢より酸性が強くなることもある．酸性雨はまた，土中や湖，そして小川の水のpHを変えている（§17・5）．

2・6 有機分子

生物と非生物はいくつかの同じ元素を含んでいるが，その組成は異なっている．たとえば砂や海水に比べ，人体は炭素をずっと多量に含んでいる．それは人体は砂や海水と異なり，炭素原子を多くもつ生体分子，すなわち複合糖質や脂質，タンパク質や核酸を含んでいるからである．基本的に炭素と水素でできている分子を**有機物**（organic substance）という．この用語は，有機物は生物のみからつくられると考え，非生物過程でつくられる無機物と対比させていた時代から使われている．

生命における炭素の重要性は，その結合状態の多彩さによっている．炭素原子は1個当たり四つの共有結合をつくることができ，いろいろな種類の原子と結合できる．有機化合物の多くは炭素原子が鎖状につながった主鎖（骨格）をもち，そこへ他の原子が結合する．この主鎖の両端部分が結合すると，一つないし複数の環状構造をとるようになる（図2・12）．

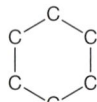

図2・12 **炭素環**（カーボンリング）．炭素がもつ多様な結合様態により，環状を含む多様な構造をつくることが可能になる．

有機化合物の機能を決定するのはその構造である．有機化合物の多くはその構造がとても複雑（図2・13a）なので，簡素化してわかりやすく示す場合がある．このようなとき，炭素の主鎖に結合している水素原子やほかの原子は省略される．炭素による環状構造は多角形で表されることがある（図2・13b, c）．構造式の角や棒の一端に原子が書かれていない場合，そこには炭素があると考えてよい．低分子有機化合物を表すのに球棒模型が使われる（図2・13d）．空間充填模型は大きな分子の全体像を表すのに適している（図2・13e）．タンパク質や核酸はリボン構造で表されることが多い．

構造から機能へ

すべての生物体は等しく有機化合物でできているが，

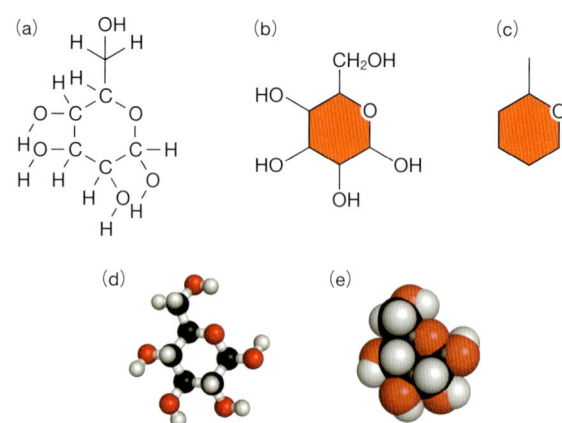

図2・13 **グルコースの構造モデル**．(a)の構造式は原子と結合を表す．(b), (c)の構造式では，環構造の角にある炭素原子など，いくつかの原子の表記が省略されている．(d) 球棒模型は原子の配置を三次元的（立体的）に表す．(e) 空間充填模型は分子全体の構造を表す．

個々の分子の実体は生物種ごとに異なっている．結合する原子の数や構成によって異なる分子ができるように，有機化合物がつくる単純な構造単位が異なる数，異なる構成でまとまることで生命分子の多様性が生じている．

細胞は低分子有機化合物から複合糖質，脂質，タンパク質，および核酸を合成している．単糖，脂肪酸，アミノ酸，およびヌクレオチドといった低分子有機化合物は，より大きな分子の構成成分となることから**単量体**（monomer，モノマー）とよばれる．複数の単量体で構成される分子は**重合体**（polymer，ポリマー）という．細胞は単量体から重合体をつくり，また重合体を分解して単量体を遊離させている．このように分子の状態が変

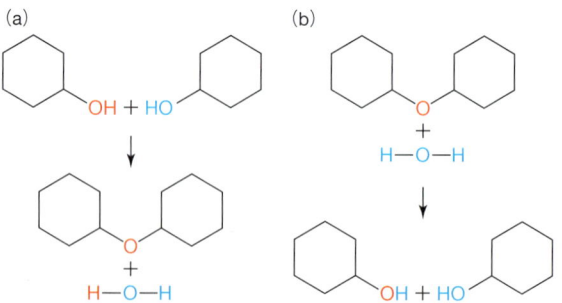

図2・14 **代謝：細胞内有機化合物の合成と分解にかかわる二つの反応**．(a) 縮合．細胞は縮合反応により，低分子から高分子を合成する．この反応で酵素は，一方の分子からヒドロキシ基を一つ除き，他方の分子の水素原子一つを除く．二つの分子が共有結合を形成すると，水が生成する．(b) 加水分解．細胞は水を必要とする反応（加水分解）により，高分子を低分子にする．この反応で酵素は分子の切断部分にヒドロキシ基一つと水素原子一つ（水に由来する）を付加する．

わる過程を**反応**（reaction）という．

　反応が絶え間なく起こるおかげで細胞は生きて，成長し増殖することができる．細胞が有機化合物を合成あるいは分解し，エネルギーを獲得あるいは使用するための反応やそのほかの働きを**代謝**（metabolism）という．代謝活動は**酵素**（enzyme）を必要とする．酵素は代謝にかかわる多くの反応を速くする働きをもつ．たとえば，**縮合**（condensation）という代謝反応では，酵素は二つの単量体を共有結合で結びつける（図2・14a）．縮合の逆反応である**加水分解**（hydrolysis）では，酵素は有機化合物の重合体を構成単位の単量体に分解する（図2・14b）．

2・7　糖　質

　糖質（carbohydrate，炭水化物ともいう）には炭素，水素，および酸素の各原子が1:2:1の比で含まれている．最も単純な構造の糖質は単糖である．糖（saccharide）という言葉は，砂糖の意味をもつギリシャ語に由来する．一般に単糖は5〜6個の炭素原子からなる主鎖をもつ．その多くは水溶性であるため，生物の体液中を容易に輸送される．核酸のDNAやRNAの構成要素である単糖は炭素原子を5個もつ（五炭糖）．同じく単糖で，炭素原子を6個もつ六炭糖の**グルコース**（glucose，ブドウ糖ともいう）は細胞活動のエネルギー源として，あるいは高分子をつくるための素材として用いられる．二糖は単糖二つからなる．食卓にある砂糖はスクロースという二糖で，グルコースとフルクトースという単糖が一つずつ結合している．

　複合糖質（complex carbohydrate），あるいは**多糖**（polysaccharide）とよばれるものは，糖単量体が何百あるいは何千と，まっすぐ，あるいは分岐してつながってできている．多糖を構成しているのは1種類あるいは多種類の単糖である．代表的な多糖であるセルロース，デンプン，グリコーゲンはグルコースのみを単糖としてもつが，その性質は大きく異なっている．その理由は，グルコースを結びつけている共有結合のパターンの違いにある．

　植物の主要成分である**セルロース**（cellulose）は，生物圏に最も大量に存在する有機化合物である．隣り合うグルコース鎖をつなぐ水素結合が，セルロースを密で頑丈な束として安定に保っている（図2・15a）．この強固なセルロース繊維は建造物がもつ鉄筋のように，風や他の機械的ストレスによって植物の幹が折れ曲がらないようにしている．

　セルロースは水に溶けにくく分解しにくい．細菌や真菌類のなかにはセルロースを構成糖に分解できるものがいるが，ヒトや他の哺乳類はできない．食物繊維は，野菜類に含まれるセルロースや他の消化できない多糖類のことである．シロアリあるいはウシやヒツジなど草食動物の腸にすむ細菌は，これらの生物が植物に含まれるセルロースを消化するのを助けている．

　デンプン（starch）は，セルロースとは異なる共有結合パターンによってグルコースがつなぎ合わされ，分子全体がらせんを描いている（図2・15b）．デンプンはセルロースと同様に水に難溶であるが，セルロースよりは分解されやすい．そのためデンプンは植物細胞内のような水と酵素でみたされた場所における理想的なエネルギー

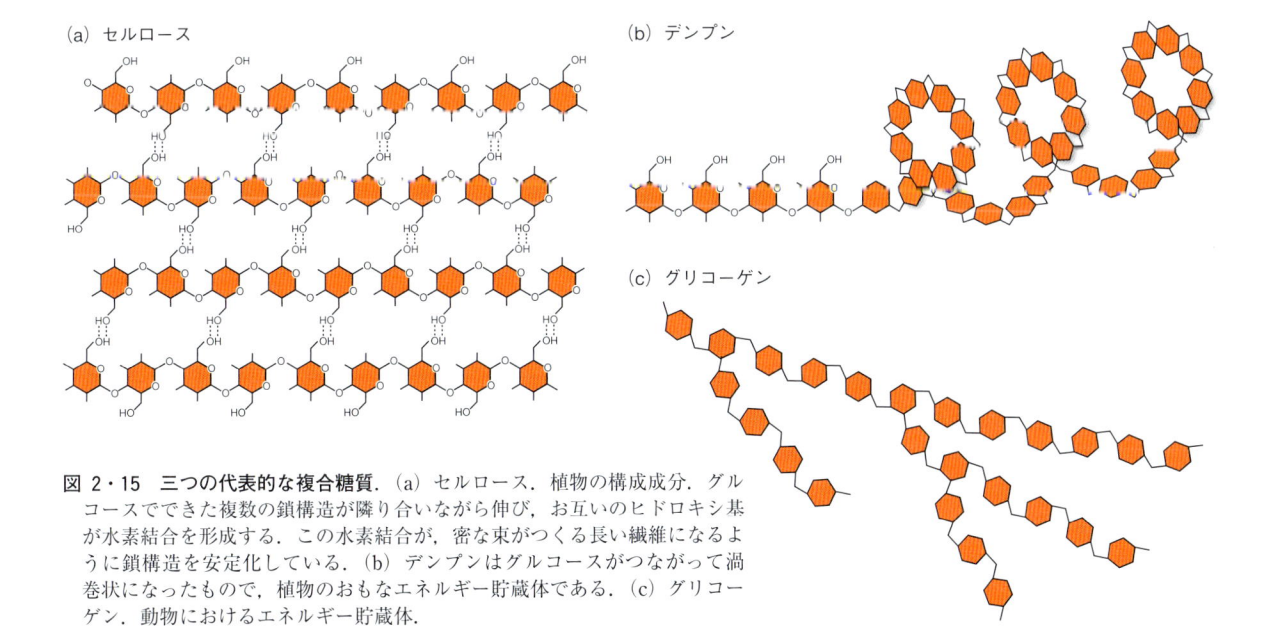

(a) セルロース

(b) デンプン

(c) グリコーゲン

図2・15　三つの代表的な複合糖質．(a) セルロース．植物の構成成分．グルコースでできた複数の鎖構造が隣り合いながら伸び，お互いのヒドロキシ基が水素結合を形成する．この水素結合が，密な束がつくる長い繊維になるように鎖構造を安定化している．(b) デンプンはグルコースがつながって渦巻状になったもので，植物のおもなエネルギー貯蔵体である．(c) グリコーゲン．動物におけるエネルギー貯蔵体．

貯蔵体である．一般に植物は自身の需要をはるかに超えた量のグルコースをつくる．この過剰につくられたグルコースは根，幹，葉の細胞中にデンプンとして貯蔵される．しかしデンプンは難溶性であるため，細胞の外に出して他の場所へ運ぶことはできない．糖が不足すると，加水分解酵素が働いてデンプンをグルコースの単位にまで分解する．こうしてできたグルコースは水に溶けて，細胞の外へ運び出される．ヒトもデンプンを加水分解する酵素をもつため，デンプンは重要な食料成分である．

グリコーゲン（glycogen）のグルコース鎖は多数の枝分かれをする（図2・15c）．動物では，グリコーゲンが糖の貯蔵体である．筋肉や肝臓の細胞はグリコーゲンをたくわえて，グルコースの必要時に備えている．これらの細胞はグリコーゲンを分解してグルコースをつくる．

2・8 脂　質

脂質（lipid）は脂肪，油，あるいはワックス（ろう）のような性質をもつ有機化合物である．脂質の多くは脂肪酸（fatty acid）という，酸性の頭部と炭素鎖の尾部をもつ低分子有機化合物を含んでいる．脂肪酸の長い尾部は疎水性で，頭部のカルボキシ基は親水性である（図2・16）．脂肪酸は石けんの主成分なので，その性質はよく知っているだろう．石けんに含まれる脂肪酸の疎水性の尾部が汚れをつかまえ，親水性の頭部がつかまえた汚れを水に溶かす．

飽和脂肪酸（saturated fatty acid）はその尾部に単結合しかない．つまり，炭素鎖は水素原子で完全に満たされている（飽和している，図2・16a）．飽和脂肪酸の尾部は可動域が広く，自由にくねくね動くことができる．**不飽和脂肪酸**（unsaturated fatty acid）の尾部には一つ以上の二重結合があるため，その可動域は限られる（図2・16b, c）．この二重結合には，まわりの水素原子の結合の仕方に応じてシス（cis）またはトランス（trans）の2種類がある（図2・16d, e）．

脂　肪

脂肪酸の頭部にあるカルボキシ基は容易に他の分子と

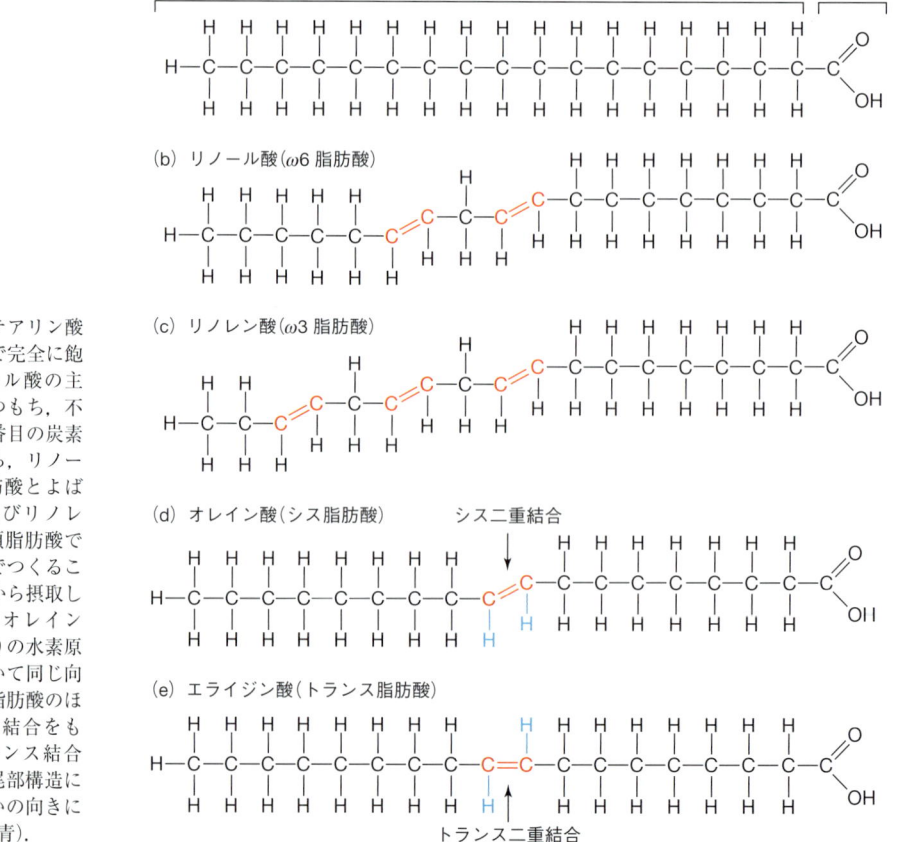

図2・16 脂肪酸．(a) ステアリン酸の主鎖（骨格）は水素原子で完全に飽和している．(b) リノール酸の主鎖（骨格）は二重結合を二つもち，不飽和である．末端から6番目の炭素に二重結合があることから，リノール酸はω6（オメガ6）脂肪酸とよばれる．(c) (b)のω6およびリノレン酸（ω3脂肪酸）は，必須脂肪酸である．この脂肪酸は体内でつくることができないため，食物から摂取しなければならない．(d) オレイン酸にある二重結合のまわりの水素原子（青）は，尾部構造において同じ向きにある．天然の不飽和脂肪酸のほとんどはこのようなシス結合をもつ．(e) 水添処理はトランス結合を多量につくる．これは尾部構造において水素原子が互い違いの向きに並んだ構造のことである（青）．

(a) ステアリン酸（飽和脂肪酸）
(b) リノール酸（ω6脂肪酸）
(c) リノレン酸（ω3脂肪酸）
(d) オレイン酸（シス脂肪酸）
(e) エライジン酸（トランス脂肪酸）

共有結合をつくる．アルコールの一種であるグリセロールと結合した場合，脂肪酸は親水性を失い脂肪になる．**脂肪**（fat）は脂質の一種で，1個のグリセロールに脂肪酸が1～3個結合したものである．脂肪酸の尾部を3個もつ脂肪を**トリグリセリド**（triglyceride，トリアシルグリセロールともいう）という．トリグリセリドは全体として疎水性であるため水には溶けない．例としてバターや植物油のような中性脂肪がある．トリグリセリドは，脊椎動物の体内に最も多量に存在する最も豊かなエネルギー源であり，体の保温やクッション（緩衝材）として働く脂肪組織に濃縮されている．

バターやクリームなど動物性の高脂肪物質は飽和脂肪酸の含量が高い．すなわち，これらは大部分が三つの飽和脂肪酸尾部をもつトリグリセリドでできている．ほとんどの植物油は不飽和脂肪酸でできている．すなわち，これらは大部分が一つあるいは複数の不飽和脂肪酸尾部をもつトリグリセリドでできている．不飽和脂肪酸の二重結合があるところは固くねじれた構造をつくる．ねじれのある尾部は密にまとまらない．そのため不飽和脂肪酸は室温ではたいていの場合液状である．ただし，§2・1で取上げた部分水添した油は例外である．この場合，特殊なトランス形二重結合が脂肪酸の尾部を真っすぐにするため飽和脂肪酸のような密な構造をとる．

リン脂質

リン脂質（phospholipid）は，二つの脂肪酸尾部と一つのリン酸を含む頭部からなる（図2・17a）．その尾部（脂肪酸の部分）は疎水性だが，頭部は極性の大きいリン酸をもつため高度に親水性である．リン脂質は脂質二重層から構成されている細胞膜の主要成分である（図2・17b）．リン脂質の性質によって，その片側の脂質層の頭部は細胞内の水性環境に接しており，もう片方は細胞外の液体環境に接している．このような**脂質二重層**（lipid bilayer）において，すべての疎水性領域は二つの頭部にはさまれた状態になっている．細胞膜の構造については3章でさらに詳しく説明する．

図2・17 細胞膜構成成分であるリン脂質．リン脂質からなる脂質二重層は細胞膜の基本構造である．

(a) リン脂質分子　(b) 脂質二重層
親水性頭部
2本の疎水性尾部
1層の脂質
1層の脂質

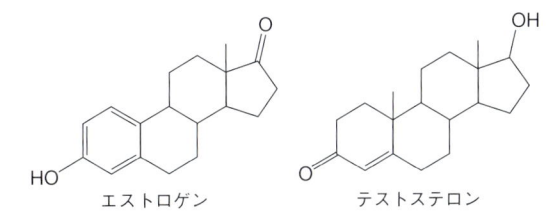

図2・18 エストロゲンとテストステロン．これらのステロイドホルモンは，アメリカオシドリなど多くの生物種で性差による違いを生む原因として働いている．

ステロイド

真核生物のすべての細胞膜に含まれる**ステロイド**（steroid）は四つの炭素環を主構造にもち，脂肪酸鎖をもたない脂質である．動物細胞の膜に含まれる最も一般的なステロイドはコレステロール（cholesterol）である．動物の体内にはまた，コレステロールを他の化合物に変える働きがある．たとえば，脂肪の分解を助ける胆汁塩や歯や骨を丈夫にするビタミンD，そして性的特徴の発現や他の有性生殖の過程を制御するステロイドホルモンであるエストロゲンやテストステロンなどがある（図2・18）．

2・9 タンパク質

すべての生体分子中で，**タンパク質**（protein）は構造と機能の上で最も多様性がある．構造タンパク質は細胞の各部分や，組織の部品として多細胞体を支えている．羽毛，ひづめ，毛，さらに腱も大部分が構造タンパク質でできている．構造をつくるものも含めて，おびただしい種類の異なるタンパク質が生命を維持するすべての過程に活発にかかわっている．代謝反応をつかさどるほとんどの酵素もまたタンパク質である．タンパク質は物質を動かし，細胞間の連絡を助け，そして体を防御している．

タンパク質は重合体であり，細胞は必要とする何千もの異なるタンパク質をわずか20種類の**アミノ酸**（amino acid）とよばれる単量体からつくっている．アミノ酸は低分子有機化合物で，アミノ基を一つ，カルボキシ基を一つ，そして一つ以上の原子から構成される側鎖"R基"からなる．ふつう，これら三つの基はすべて同

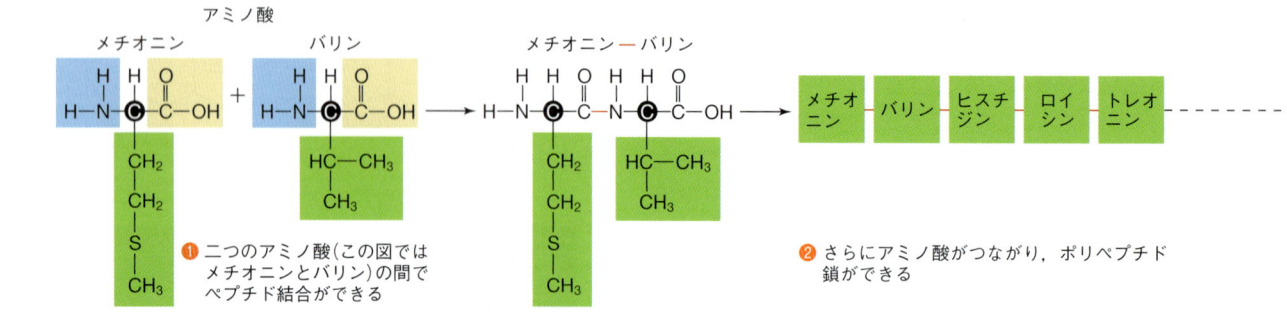

図 2・19 **タンパク質の構造**. 7 章でタンパク質合成について再び取上げる.

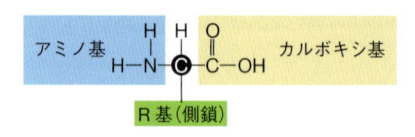

タンパク質合成には，アミノ酸を共有結合で鎖状に結びつける過程が含まれる（図2・19）．2個のアミノ酸の間につくられる結合のことを**ペプチド結合**（peptide bond）という❶．この過程が何百，何千と繰返され，**ポリペプチド**（polypeptide）とよばれるアミノ酸の長い鎖ができる❷．ポリペプチド中のアミノ酸配列のことをタンパク質の**一次構造**（primary structure）という．

生物学上の基本的な考え方の一つに"構造が機能を規定する"というものがある．タンパク質の機能はその構造に依存している．タンパク質の構造はアミノ酸配列に基づく高次元のいくつかの段階により決まる．タンパク質の合成途上にアミノ酸どうしで水素結合がつくられるため，ポリペプチドにほぼ例外なくコイル構造やシート構造ができる．このような構造が組合わされてタンパク質の**二次構造**（secondary structure）ができる❸．

過度にねじれたゴムバンドが裏返って輪になるように，タンパク質中のコイルおよびシート構造は，本来であれば離れた関係にあるアミノ酸を結びつけている水素結合があるおかげでさらに小さくまとまったドメイン構造をつくる．"ドメイン"はタンパク質全体の**三次構造**（tertiary structure）を構築する❹．立体構造があるおかげでタンパク質は機能分子として役立つ．たとえば，タンパク質のコイルあるいはシート構造がまとまり，筒状の形をとることがある（左図参照）．筒状のドメイン構造は細胞膜でしばしばみられる，小さい分子が通過するためのトンネルとして働くことがある．酵素がもつ球状ドメインは化学的に活性をもつポケットとなり，他の分子間の結合や分解に働く．

多くのタンパク質はまた，**四次構造**（quaternary structure）をもつ．これは二つ以上のポリペプチドが密に集合，あるいは共有結合で結びついた状態をいう❺．ほとんどの酵素はこの状態にあり，複数のポリペプチド鎖が集まって球体に近い形状をとっている．

繊維状タンパク質は何千ものポリペプチドが凝集して，とても大きな束状やシート状の構造をつくる．一例として毛髪のケラチンがある❻．繊維状タンパク質は細胞や組織の構造や構成に役立つものもあれば，他方で筋細胞内において細胞自身や細胞のある部分，そして多細胞体全体を動かすのに役立つものもある．

糖が付加されたタンパク質は糖タンパク質，脂質が付加されたタンパク質はリポタンパク質という．いくつかのリポタンパク質は脂質とタンパク質が共有結合で結びついてできる．タンパク質と脂質がさまざまな割合や種類で凝集してできるリポタンパク質もある．

タンパク質構造の重要性

タンパク質の構造は，多くの水素結合や他の相互作用に依存しているが，それは熱，いくつかの塩，pH の変化，あるいは界面活性剤によって壊されてしまう．コイルがほどけたり三次構造が失われたりするタンパク質の構造変化を**変性**（denaturation）といい，変性によってその機能も失われることがある．

変性の過程は，卵を調理するとよくわかる．アルブミンは卵白の主要なタンパク質成分である．熱はアルブミンの一次構造の共有結合を壊さないが，その形状維持に働いている弱い水素結合を壊してしまう．半透明な卵白が不透明になるのは，アルブミンが変性するためである．ごくまれにもとの条件に戻すことで変性が解除されるタンパク質があるが，アルブミンはそうではない．加熱後に卵をもと通りにする方法はない．

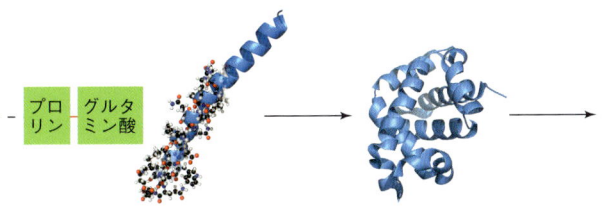

❸ ポリペプチド鎖のある場所で水素結合が形成されることにより，二次構造ができる

❹ 三次構造は，らせんやシート構造が折りたたまれてドメインをつくることで生じる．グロビン鎖のらせん構造が集まり，ポケット構造をつくっている

❺ タンパク質には二つ以上のポリペプチド鎖をもつものがある．ヘモグロビンは四つのグロビン鎖（緑および青）でできている．個々のグロビンのポケット構造は，ヘム（赤の部分）をもつ

❻ 繊維状タンパク質は数千分子以上が凝集して，より大きな構造をとる．毛髪のケラチンタンパク質がその例である

図 2・19（つづき）

ウシの狂牛病（ウシ海綿状脳症，BSE），ヒトの変異型クロイツフェルト-ヤコブ病（vCJD），ヒツジのスクレイピーといったプリオン病は，構造が変化したタンパク質がもたらす恐ろしい結果である．これらの感染性疾患は遺伝することもありうるが，その多くは突発的に発生する．どれもすべて罹患者から精神的および肉体的能力を無残にも奪い取り，最終的には死に至らしめる．

すべてのプリオン病は，哺乳類に通常みられるタンパク質が発端となっている．PrP^C というこのタンパク質は，体中の細胞膜に存在するが，その実体はまだよくわかっていない．ごくまれに，PrP^C タンパク質の折りたたみが突然おかしくなり，コイル状の構造が失われてしまうことがある．折りたたみ異常のタンパク質分子が一つ存在すること自体は，特に大きな問題をひき起こさない．しかし，このタンパク質は折りたたみがおかしくなると，プリオン（prion）という感染性のタンパク質になる．折りたたみ異常型（変形型）PrP^C の構造が，なぜか正常 PrP^C の構造も異常にしてしまう．こうしてできる折りたたみ異常型タンパク質も感染性となるため，プリオンは指数関数的に増えていくことになる．

異常型 PrP^C タンパク質は，密に集まり長い繊維構造をつくる．プリオンタンパク質がつくる繊維は大きな擾水性の斑点として脳に蓄積し，脳の機能を侵し，錯乱や記憶障害，協調運動障害などの症状が出る．細胞が死ぬと脳に微小な穴ができる（図 2・20）．最後には多くの空隙が生じて，脳はスポンジのようになってしまう．

2・10 核　酸

ヌクレオチド（nucleotide）は低分子有機化合物で，それぞれがエネルギー担体，補酵素，化学伝達物質，あ

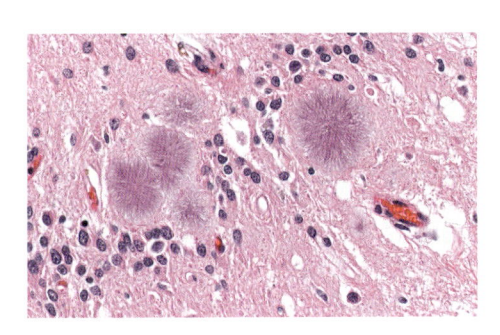

図 2・20 変異型クロイツフェルト-ヤコブ病（vCJD）患者の脳組織の切片像．この病気に典型的なプリオンタンパク質の放射状繊維構造が見える．

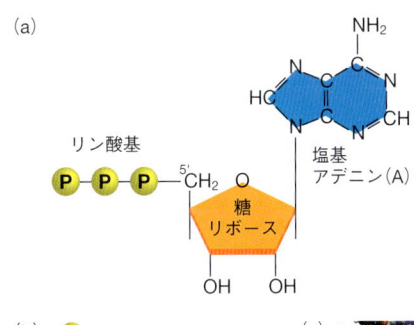

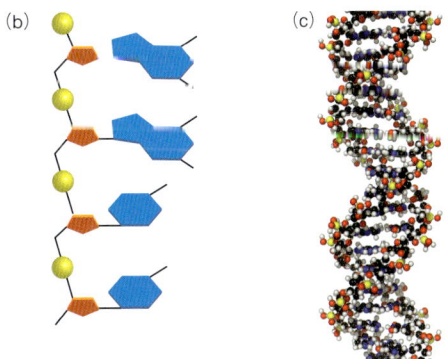

図 2・21 核酸．(a) ATP は RNA のヌクレオチド単量体の一つであり，多くの代謝反応の重要な一員でもある．(b) ヌクレオチドの一本鎖は核酸である．一つのヌクレオチドにある糖は隣のヌクレオチドのリン酸基と共有結合し，糖-リン酸骨格をつくる．(c) DNA はヌクレオチドの二本鎖でできている．この二本鎖は，水素結合でつながった状態で，二重らせん状に折れ曲がっている．

るいは DNA や RNA のサブユニットといった機能をもつ．ヌクレオチドは五炭糖からなる環構造が，窒素原子を含む塩基と一つないしそれ以上のリン酸基と結合した構造をもっている．ヌクレオチドの一種，**ATP**（アデノシン三リン酸 adenosine triphosphate）はリボースという糖に三つのリン酸が並んで結合した構造をもっている（図2・21a）．ATP がその一番外にあるリン酸を他の分子に転移すると，エネルギーも転移する．4章および5章で，リン酸基転移反応の実体とその代謝活動における重要性について述べる．

核酸（nucleic acid）は，ヌクレオチドの糖が別のヌクレオチドのリン酸基と結合することでできる重合体である（図2・21b）．**RNA**（リボ核酸 ribonucleic acid）はその一例で，リボースという糖を成分とする．RNA は4種類のヌクレオチド単量体で構成されており，ATP はそのうちの一つである．RNA 分子は，7章で取上げるタンパク質合成の実行役である．

DNA（デオキシリボ核酸 deoxyribonucleic acid）は，デオキシリボースという糖を成分とする．DNA 分子は，二重らせん状にねじれた2本のヌクレオチド鎖でできている（図2・21c）．2本のDNAをつないでいるのは水素結合である．

どの細胞も，親細胞から受け継いだ DNA をもとにして生命活動を始める．新しく細胞をつくるためのすべての情報，そして多細胞生物の場合はその個体づくりのためのすべての情報が DNA に備わっている．細胞は DNA の配列，すなわち DNA がもつ核酸塩基の並び方をもとにして RNA やタンパク質をつくる．DNA 分子の構成要素は全生物で同一かほぼ同じだが，DNA 配列は生物種ごとに，また個体ごとに独特である（6章で再び DNA の構造と機能を説明する）．

2・11 揚げ物のコワい話 再考

トランス脂肪酸は生鮮食品にはまれにしかみられない成分である．生物進化の観点から考えれば，われわれがこの物質を効果的に処理する酵素をもたないのは当然であろう．シス脂肪酸を加水分解する酵素がトランス脂肪酸を加水分解しにくいことも，トランス脂肪酸が病気の一因となる理由である．いま米国ではすべての加工食品にトランス脂肪酸の含量を表示することが義務づけられている．しかし，たとえ"ゼロ"と表示されていても，ひと盛り当たり 0.5 g 未満のトランス脂肪酸が含まれている可能性がある．

まとめ

2・1 すべての生物は，同じ種類の分子から構成される．分子の集まり方のわずかな違いが，生体内では大きな違いを生み出すことがある．

2・2 原子は正の電荷をもつ陽子と電荷をもたない中性子，そしてこれらがつくる核のまわりを動き，負の電荷をもつ電子とからなる．元素の種類を決めるのは陽子の数（原子番号）であり，中性子の数が異なる元素は互いに同位体という．陽子数と中性子数の和は質量数である．放射性同位体は自発的に壊変して粒子とエネルギーを放出する性質をもち，トレーサーとして利用できる．原子の殻模型は電子のエネルギー準位を同心円状に表している．多くの原子は電子を獲得あるいは放出することで空きをなくし，イオンになる．フリーラジカル（不対電子をもつ原子）は化学的活性が強い．

2・3 原子は化学結合により分子になる．化合物は二つないしそれ以上の種類の元素でできている．反対の電荷をもつイオンが互いに強く引き合うことをイオン結合という．原子は共有結合により電子対を共有することができる．電子が均等に共有されていないとき，その共有結合には極性があるという．

2・4 水分子には二つの極性のある共有結合があるため，分子全体として極性をもつ．おびただしい数の水分子どうしの間にある水素結合が，水がもつ特殊な機能，すなわち塩や他の極性をもつ溶質に対する溶媒としての働きや温度変化に対する抵抗性，そして凝集性などのもとになっている．親水性の物質は水に容易に溶けて溶液になるが，疎水性の物質は溶けない．

2・5 溶液の濃度は，ある容量の液体に含まれる溶質の量で表す．pH はある溶液中の水素イオン H^+ の数を示す単位である．中性 pH 7 では，水素イオン H^+ と水酸化物イオン OH^- の量は同じである．酸は水素イオンを放出し，塩基はそれを受取る．緩衝とは，溶液の pH をある適切な範囲内に維持する作用のことである．生命分子は狭い範囲の pH 領域でしか働くことができないため，細胞や体液のほとんどが緩衝されている．

2・6 生命をつかさどる分子は有機物であり，大部分が炭素原子と水素原子とでできている．細胞は複合糖質，脂質，タンパク質，および核酸をつくるとき，それぞれ単糖，脂肪酸，アミノ酸，およびヌクレオチドといった単純な構造をもつ単量体を利用する．このような重合体を生成あるいは分解する反応は酵素を必要としており，代謝の一部である．

2・7 酵素の働きによって，単糖からセルロース，グリコーゲン，およびデンプンのような複合糖質（炭水化物）がつくられる．細胞は炭水化物をエネルギー源および構造素材として利用している．

2・8 細胞はエネルギー源および構造素材として脂質も活用している．脂肪には脂肪酸の尾部があり，トリグリセリドは三つの尾部をもつ．飽和脂肪はたいていの場合は飽和脂肪酸3個からなるトリグリセリドである．不飽和脂肪はたいていの場合は不飽和脂肪酸を1個あるいはそれ以上もつトリグリセリドである．リン脂質を主とする脂質二重層はすべての細胞膜の構造基盤である．ステロイドは細胞膜に存在する脂質で，変化して他の分子になる場合がある．

2・9 タンパク質の機能の源はその構造にある．タンパク質の構造はアミノ酸がペプチド結合でつながったポリペプチドの直線配列がもとになっている．ポリペプチドはループ状やシート状およびコイル状などに折れ曲がり，ドメイン構造をつくる．二つ以上のポリペプチドからできているタンパク質もある．繊維状タンパク質は凝集してより大きな構造をつくる．タンパク質はpHや温度の変化，あるいは界面活性剤との接触などにより変性して，機能を失う．プリオン病は異常な折れたたまれ方をしているタンパク質が原因の病気である．

2・10 ヌクレオチドは糖，窒素を含む塩基，そしてリン酸基からなる．ヌクレオチドは核酸であるDNAやRNAの構成単位である．ヌクレオチドにはほかの機能をもつものがある．たとえばATPはリン酸基の転移により多くの種類の分子にエネルギーを与える．DNAには，細胞がもつタンパク質やRNAに関する遺伝情報が書き込まれている．RNAはタンパク質合成の実行役である．

試してみよう（解答は巻末）

1. 次の記述のうち，誤っているものはどれか．
   a. 同位体どうしは原子番号が等しいが，質量数は異なる
   b. 原子は陽子とほぼ同じ数の電子をもつ
   c. イオンはすべて原子である
   d. フリーラジカルはエネルギーを放出するため危険である
   e. 炭素原子1個につき，最大4個の他の原子と電子を共有できる

2. 陽子1個をもち，中性子をもたない原子の名前は何か

3. 原子が____結合により分子として結びつくのは，反対の電荷どうしが互いに引き合うからである．
   a. イオン   b. 水素   c. 極性共有   d. 非極性共有

4. 次の3種の結合について，極性の強さで順位をつけるとどうなるか．1が最も弱く，3が最も強いものとして記号で答えよ．
   ___1   a. イオン結合
   ___2   b. 極性共有結合
   ___3   c. 非極性共有結合

5. ____の物質は水をはじく．
   a. 酸性   b. 塩基性   c. 疎水性   d. 極性

6. 水に溶けたとき，____は水素イオンを放出し，____は水素イオンを受取る．
   a. 酸，塩基   b. 塩基，酸
   c. 緩衝液，溶質   d. 塩基，緩衝液

7. ____は単純な糖類（単糖）である．
   a. グルコース   b. スクロース   c. リボース
   d. デンプン   e. aとc   f. aとbとc

8. 不飽和脂肪酸の尾部には一つないし複数の____がある．
   a. リン酸基   b. グリセロール
   c. 二重結合   d. 単結合

9. a～fに示す用語のうち，その他の分子すべてをまとめているのはどれか．
   a. トリグリセリド   b. 脂肪酸   c. ワックス
   d. ステロイド   e. 脂質   f. リン脂質

10. ____はタンパク質を，____は核酸をつくる原材料である．
    a. 糖，脂質   b. 糖，タンパク質
    c. アミノ酸，水素結合 d. アミノ酸，ヌクレオチド

11. 変性したタンパク質は____を失う．
    a. 水素結合   b. 構造   c. 機能   d. a～cのすべて

12. DNAにないものは次のどれか．
    a. アミノ酸   b. 糖
    c. ヌクレオチド d. リン酸基

13. 左側の用語の説明として最も適当なものをa～fから選び，記号で答えよ．
    ___ 親水性   a. 陽子＞電子
    ___ 原子番号   b. 核内の陽子数
    ___ 水素結合   c. 極性，水に容易に溶ける
    ___ 正電荷   d. 総体として強い
    ___ 温度   e. 陽子＜電子
    ___ 負電荷   f. 分子運動の尺度

14. 左側の分子の構成成分として最も適当なものをa～hから選び，記号で答えよ．
    ___ タンパク質 a. グリセロール，脂肪酸，リン酸
    ___ リン脂質   b. グリセロール，脂肪酸
    ___ 脂肪   c. ヌクレオチド単量体
    ___ 核酸   d. グルコース単量体
    ___ セルロース e. 糖，リン酸，塩基
    ___ ヌクレオチド f. アミノ酸単量体
    ___ ワックス   g. グルコース，フルクトース
    ___ スクロース h. 脂肪酸，炭素環

3 細胞の構造

3・1 大腸菌も細胞
3・2 細胞とは何か
3・3 細胞膜の構造
3・4 原核細胞
3・5 真核細胞
3・6 細胞表面の特異化
3・7 生命の本質
3・8 大腸菌も細胞 再考

3・1 大腸菌も細胞

細菌は深い海の底，高い空の上，数キロメートルもの深さの地底といった，観察できるほぼすべての場所に生息している．一般に哺乳類の腸もまた，おびただしい数の細菌のすみかである．しかし，細菌は密航者のように単に潜んでいるわけではない．腸内細菌は哺乳類が自分でつくることのできないビタミンをつくり，危険な微生物を体外に排出する．ヒトの体内と体表に生息する細菌の数はヒトの細胞数の10倍にも及ぶ．

大腸菌 *Escherichia coli* は内温動物の腸にすむ最も一般的な細菌である．数百種類ある大腸菌株のほとんどは無害である．有害なものとして知られている少数の菌株は有毒タンパク質を産生し，ヒトの腸に深刻な傷害を与える．たった10個ほどの細胞を体内に取込むことで，ヒトは10日間にわたって腹痛や血便を伴う病状に悩まされることになる．場合によっては，腎不全，失明，麻痺が起こり，死に至ることもある（図3・1）．

大腸菌の毒産生株はウシ，シカ，ヤギ，ヒツジなどの他の動物の腸にもすみつくが，これらの動物に対する病原性はない．ヒトはこれら動物の排泄物と接することで大腸菌に感染する．たとえば，排泄物が混入したひき肉を食べたり，動物の排泄物と接触した生の果物や野菜を食べることで毒産生株の細菌に感染する．大腸菌は粘着性が高いため，水洗いで取除くことはできない．

いまでは精肉や加工品には販売前に病原菌試験が行われているものがある．また食品流通過程の管理方法を改善することによって，菌が混入した原因を早く正確にとらえることができるようになっている．

3・2 細胞とは何か

§1・2で生命の最小単位が細胞であることを学んだ．ここでは，その細胞の構造と機能の詳細をみていく．

細 胞 説

過去数百年にわたる細胞の構造や機能の研究によって，"細胞とは何か"という問いに対する解答が得られた．**細胞**（cell）とは最も小さな生命単位として，単独で，あるいはもっと大きな生物のなかで，代謝活動を行い，ホメオスタシスを示し，自己複製することができる．この定義から，すべての細胞は多細胞生物の一部であってもそれ自体が生きており，すべての生物は1個あるいは複数の細胞から成り立っているということができる．われわれはまた，すべての細胞が他の細胞の分裂という自己複製によって生み出されてきたことも知っている．8章で細胞分裂の過程を詳しく解説するが，ここでは細胞が分裂するときに遺伝物質であるDNAを娘細胞に渡す，ということだけは知っておいてほしい．以上述べてきた四つの考え方は**細胞説**（cell theory）とよばれ，現代生物学の基盤となっている（表3・1）．

すべての細胞にある構成要素

細胞がもつ形や働きは多種多様である．しかし，すべての細胞には共通する構造的および機能的特徴，すなわ

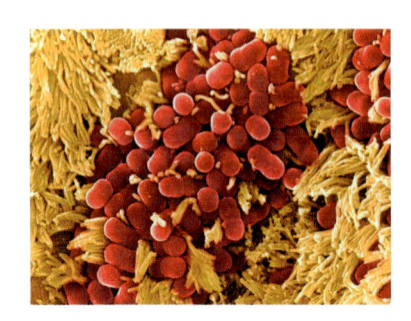

図 3・1 小児腸内の大腸菌 O157：H7 株細胞（赤）

表 3・1 細胞説

1. すべての生物は一つ以上の細胞でできている
2. 細胞はすべての生物における構造的および機能的な単位である．細胞は最も小さな生命単位であり，個々の細胞は独自に，あるいは多細胞生物の場合にはその一部として，生きている
3. すべての生細胞は，すでに存在している細胞の分裂によって生じる
4. 細胞は遺伝情報をもち，細胞分裂のときにそれを子に受け渡す

ち細胞膜，細胞質，およびDNAがある（図3・2）．

細胞はすべて**細胞膜**（cell membrane, plasma membrane, 形質膜ともいう）をもつ．これは細胞を囲む膜で，細胞の内容物と外部環境を隔てている．細胞膜には特定の物質に対する選択的透過性があり，細胞内と外部環境の間での物質の交換を制御することができる．リン脂質（§2・8）は細胞膜に最も豊富に存在する脂質である．§3・3で述べるように，多くの異なるタンパク質が脂質二重層に埋められ，あるいはその表面に付着して膜機能に貢献している．

細胞膜は，**細胞質**（cytoplasm）とよばれる水や糖質，イオン，そしてタンパク質でできたゼリー状の混合物を包み込んでいる．細胞質は細胞が行う多くの代謝活動の場であり，また**細胞小器官**（organelle, オルガネラともいう）を含む細胞内の構成要素が存在する場でもある．細胞小器官は，細胞の中で固有の代謝反応を実行する構造体である．細胞小器官は膜構造をもつため，物質の生成や修飾，および貯蔵といった仕事を分業して行うことができる．

すべての細胞は最初DNAをもっているが，成熟する過程でDNAを失うタイプの細胞がいくつかある．真核生物の細胞だけが，**核**（nucleus, *pl.* nuclei）という二重膜でできた細胞のDNAを封入する細胞小器官をもつ．いくつかの細菌にはDNAを封入する脂質二重層があるが，その構造は一般的な核膜とは異なっている．ほとんどの細菌やアーキアでは，DNAは細胞質中にむきだしになっている．

細胞の大きさ

ほぼすべての細胞は肉眼で見えないくらいに小さい．なぜだろう．細胞の生存戦略にその答がある．生細胞はその代謝反応にみあう速さで，外部環境との物質交換を行わなければならない．この物質交換は，細胞膜を通して行われるが，細胞膜は一度に限られた交換しかできない．細胞膜を介する物質交換のスピードは，細胞膜の表面積に依存する．すなわち，面積が大きければ一定時間内により多くの物質が膜を通過できる．こうしたことから，細胞の大きさは**容積に対する表面積の比**（surface-to-volume ratio）とよばれる物理的な要因によって制限される．この比で計算すると，細胞の容積は直径の3乗で増加するのに対し，表面積は直径の2乗でしか増加しない．

容積に対する表面積の比の計算を球形の細胞にあてはめてみよう．図3・3は，細胞の直径が大きくなるとその容積が表面積よりも高い割合で増えていくことを示している．球形の細胞がもとの大きさの4倍の直径をもつまで大きくなったと仮定する．するとその細胞の容積は4の3乗倍，すなわち64倍になる．ところが表面積は4の2乗倍，すなわち16倍しか増えない．こうなると細胞膜は単位面積当たりそれまでの4倍（$64 \div 16 = 4$）の細胞質分の交換をしなくてはならなくなる．つまり細胞が大きくなりすぎると，細胞膜を通しての栄養物の流入と老廃物の排出が十分な速度で行えなくなり，細胞は生存できなくなる．

容積に対する表面積の比はまた，細胞の形にも影響を

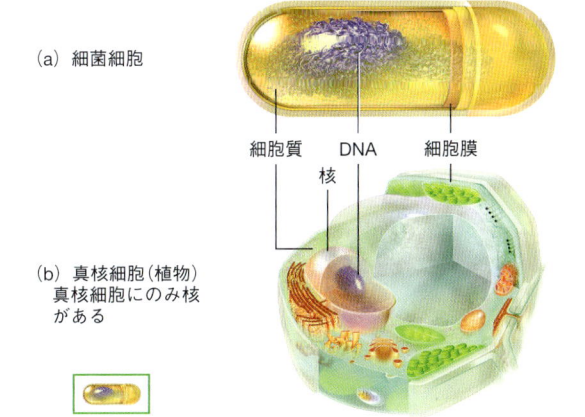

(a) 細菌細胞

(b) 真核細胞（植物）真核細胞にのみ核がある

図 3・2 細胞．アーキアの全体構造は細菌と似ている．両者とも真核細胞よりもずっと小さい．もしもこの図で細菌の細胞と真核細胞を同じ拡大倍率で描いたとすると，細菌の細胞は囲み内くらいの大きさになる．

直径 (cm)	2	3	6
表面積 (cm^2)	12.6	28.2	113
容積 (cm^3)	4.2	14.1	113
容積に対する表面積の比	3:1	2:1	1:1

図 3・3 **容積に対する表面積の比の例**．容積と表面積が増加するとき，互いに物理的関係があることによって細胞の大きさが制限され，その形状もまた影響を受ける．

3. 細胞の構造

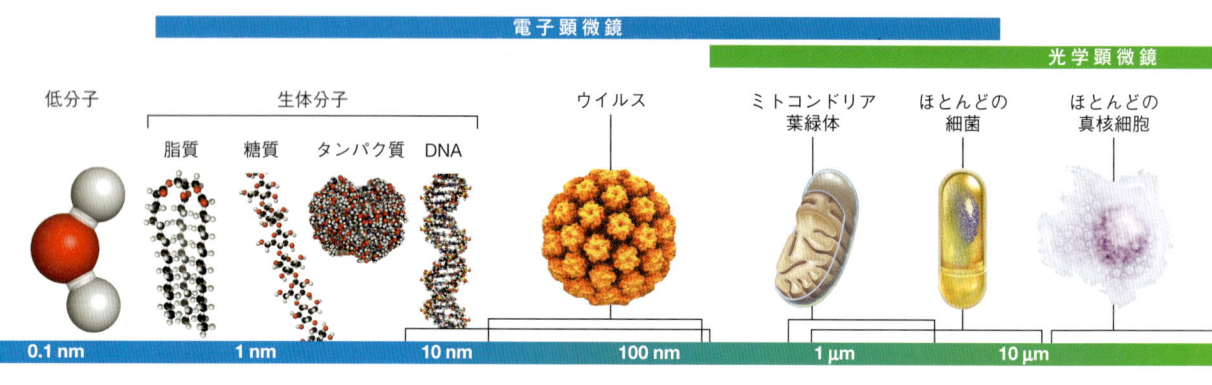

図 3・4 相対的な大きさ. ほとんどの細胞の直径は 1〜100 μm の範囲にある. 長さを表す単位の換算表は表 3・2 に示す.

及ぼす. たとえば, われわれの大腿部にある筋細胞の長さは筋肉そのものと同じくらいに長いが, 一つひとつはとても細い. そのため筋細胞はまわりの組織液と効率的に物質交換ができる.

細胞を見る方法

ほとんどの細胞は直径が 10〜20 μm であり, われわれの裸眼で認識できる最小のものの 50 分の 1 以下である (図 3・4). このため顕微鏡が発明されてからもしばらくの間は細胞の存在に気づかなかった. 当時の顕微鏡と同様に, 現在使われている多くの顕微鏡は, 物体に可視光を当てることを基本条件としている. 5 章で述べるように, すべての光は波動である. この性質のおかげで, 光は湾曲したガラスレンズを通ると屈折する. 光学顕微鏡では, 標本を透過した, あるいは反射した光をレンズで焦点を結ばせる.

光学顕微鏡は標本に光を透過させて使う. ただし, 細胞のほとんどは透明な構造をもっているので, そのままではその内部の詳しい構造は見ることができない. そのため, 観察する前に細胞の特定の場所を染める色素で処理する (染色という). また, 染色せずに生きた細胞を見るために, 位相差顕微鏡という細胞の屈折率の違いを検出する顕微鏡も用いられる (図 3・5a). 細胞表面の微細構造は反射光を使えば明らかにできる (図 3・5b).

蛍光顕微鏡は, 細胞や分子を蛍光のような光エネルギーを発する物質で標識しておき, それらに適した波長のレーザー光線を照射することで観察する. 自然に蛍光を発する分子もいくつかあるが (図 3・5c), 観察したい細胞や分子に蛍光を出す物質 (トレーサー, §2・2)

表 3・2 長さを表す一般的な単位

単位		換算
センチメートル	cm	1/100 m
ミリメートル	mm	1/1000 m
マイクロメートル	μm	1/1,000,000 m
ナノメートル	nm	1/1,000,000,000 m
メートル	m	100 cm
		1,000 mm
		1,000,000 μm
		1,000,000,000 nm

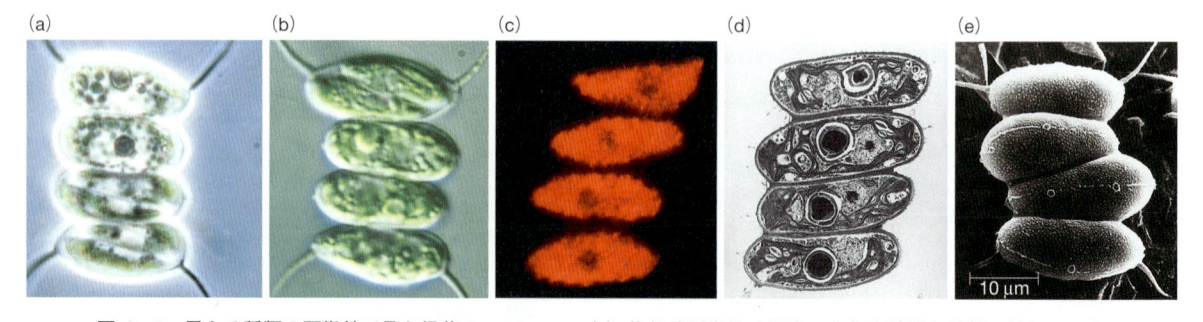

図 3・5 異なる種類の顕微鏡で見た緑藻 *Scenedesmus*. (a) 位相差顕微鏡は細胞のような透明な試料に対して, 高いコントラスト像を得る. 暗い部分は色素を含んでいる. (b) 反射顕微鏡は不透明な試料からの反射光をとらえる. (c) 蛍光顕微鏡像. 細胞内のクロロフィル分子から放出される蛍光が見える. (d) 透過型電子顕微鏡像. 細胞内の微細構造が詳細に見える. (e) 走査型電子顕微鏡像. 細胞表面や構造の詳細が見える. 特定の部位を着色して, その微細構造を強調することがある.

図3・4（つづき）

を標識して観察するのがより一般的である．

さらに詳細を見るのに適した顕微鏡には，たとえば可視光の代わりに磁場を利用して電子線を試料に照射する電子顕微鏡がある．電子の動きの波長は可視光のそれに比べてはるかに短いため，電子顕微鏡の解像度は光学顕微鏡の数千倍に達する．透過型電子顕微鏡は薄い標本に電子線を透過させる．その結果，標本がもつ詳細な構造が画像上の陰影としてとらえられる（図3・5d）．走査型電子顕微鏡は標本上の金属でコーティングされた表面上を通るように電子線を走査させる．その結果得られる標本表面の像は，金属から放出された電子とX線の両方を画像化したものである（図3・5e）．

3・3 細胞膜の構造

すべての生物の細胞膜はリン脂質を主成分とする脂質二重層でできている（図3・6a）．リン脂質の極性をもつ頭部は親水性で，水分子と相互作用する．非極性の尾部は疎水性で，水分子とは相互作用しない．これらの性質によりリン脂質は水の中では非極性尾部のすべてが極性頭部に挟まれた二重層になるように自然と集まる（図3・6b）．細胞の基本構造は，脂質二重層の膜の内部が液体で満たされたようなものである．

細胞膜の脂質二重層には，コレステロールやタンパク質などの他の分子が埋込まれ，あるいは結合し，かなり自由に膜の間を移動している．細胞膜はいろいろなものから構成される二次元的な液体のようにふるまう．このふるまいを**流動モザイク**（fluid mosaic）という．ここで"モザイク"は，膜が脂質やタンパク質などのいろいろな組成からなることをさしている．膜の流動性は個々のリン脂質が互いに強く結びついていないからである．リン脂質一つひとつの疎水性および親水性の結びつきはさほど強くないが，それが多数まとまることで，二重層として安定な状態に維持されている．リン脂質は二重層の中で横方向に漂流し，かつその長軸を中心にして回転する性質があり，尾部もまた細かく動く．

細胞の種類が異なると，その膜に使われている脂質の種類も異なっている．アーキアは，リン脂質のなかに脂肪酸がない．その代わり反応性の高い側鎖構造をもつ分子を利用しており，そのおかげでリン脂質の尾部は共有結合を形成する．この強固な架橋性により，アーキアのリン脂質は漂ったり，回転したり，あるいは細かく動くということがない．このようにアーキアの膜構造は細菌や真核生物のそれと比べて強固にできており，過酷な環境で生き残るのに適している．

膜タンパク質

細胞膜は細胞内外の環境を物理的に隔てているが，機能はそれだけではない．多くの種類のタンパク質が細胞膜に存在し，それぞれが固有の機能をもっている．タンパク質の種類の違いによって，細胞膜の性質に違いが生じる．たとえば，細胞膜タンパク質のあるものは内膜には存在しない．**接着タンパク質**（adhesion protein）は動物組織で細胞どうしを結びつける．**認識タンパク質**（recognition protein）は個体あるいは種レベルの個性を示す身分証としての働きをもつ（図3・6c）．自己を認識できるということは，非自己（外来性）の細胞や粒子を認識できるということである．**受容体タンパク質**（receptor protein）は，細胞外にあるホルモンや毒素などの特定の物質，あるいは別の細胞の膜上にある分子などに結合する（図3・6d）．受容体への物質の結合は，代謝，運動，分裂，そして細胞死も含む数々の細胞活動の引金になる．異なる受容体が異なる細胞に配置され，ホメオスタシスに働く．

すべての細胞膜には酵素を含む他のタンパク質も存在する．**輸送タンパク質**（transport protein）は一般に細胞

(a) リン脂質は真核細胞膜に最も豊富に存在する構成要素である．リン脂質分子は，親水性の頭部を一つと疎水性の尾部を二つもつ

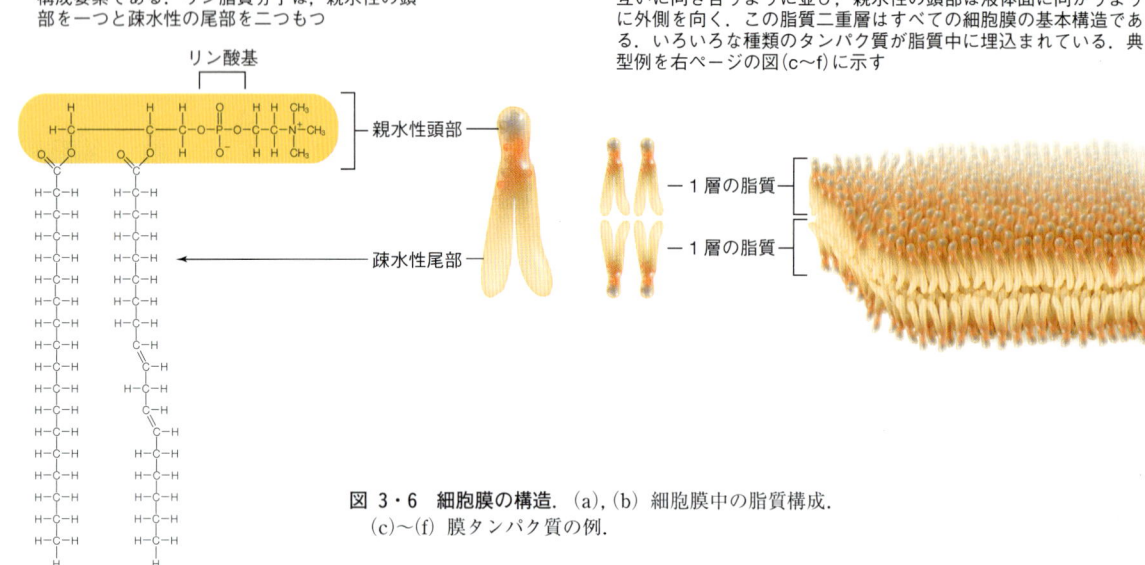

(b) 水性環境下でリン脂質は自然に2層になる．疎水性の尾部が互いに向き合うように並び，親水性の頭部は液体面に向かうように外側を向く．この脂質二重層はすべての細胞膜の基本構造である．いろいろな種類のタンパク質が脂質中に埋込まれている．典型例を右ページの図(c〜f)に示す

図 3・6 細胞膜の構造．(a), (b) 細胞膜中の脂質構成．(c)〜(f) 膜タンパク質の例．

膜にチャネル(管状の通路)をつくり，特定の物質の細胞への出入りを助ける(図 3・6e, f)．細胞膜の脂質二重層はイオンや極性分子などを含むほとんどの物質に対して透過性がないため，輸送タンパク質の存在は重要である．自力で細胞膜を通過できる物質のための開放型のチャネルもあれば，エネルギーを使って物質を能動的に輸送するものもある．膜透過については次章で取上げる．

3・4 原核細胞

すべての細菌とアーキアは単細胞で，核をもたない．外見がよく似ているため，アーキアは細菌の変種と考えられていた時期があった．両者は原核生物(prokaryote)に分類される．この言葉は"核ができる前"を意味している．1977年までにアーキアが細菌よりも真核生物により近い生物であることが明らかにされた．このためアーキアには独自のドメイン(§1・5参照)が与えられている．

全体として，細菌とアーキアは最も小さく代謝的に最も多様な生物集団である．これらの生物は地球上の，とても過酷な場所を含むあらゆる環境に生息している．この二つの細胞には構造と代謝の面で違いがある(13章)．

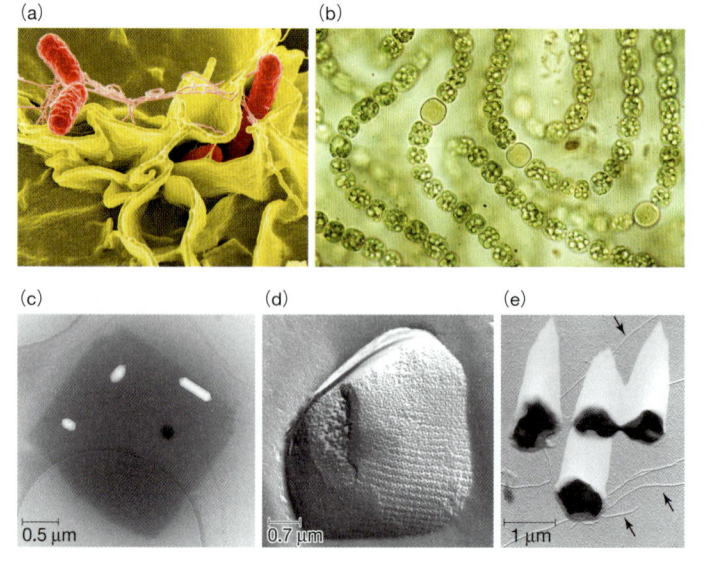

図 3・7 細菌(a, b)とアーキア(c〜e)．(a) 線毛とよばれるタンパク質の繊維構造が，細菌の細胞どうしあるいは細菌細胞と接着面をつないでいる．写真は，サルモネラ菌 *Salmonella typhimurium* (ネズミチフス菌)がヒトの細胞に侵入する様子．(b) 球状のネンジュモ *Nostoc* は淡水生光合成細菌の一種である．それぞれの鎖にある細胞はゼリー状の分泌物でできた鞘で接着している．(c) 四角い形状のアーキア *Haloquadratum walsbyi* は，醤油よりも塩分の高い水たまりに生息する．気体で満たされた細胞小器官(白い構造)が，このよく動き，床のタイルのような凝集体をつくることができる細胞の浮き輪の役割をもつ．(d) アーキア *Ferroglobus placidus* は大洋底から噴出する超高熱水を好む(超好熱アーキア)．脂質二重層が耐久性が高い構成となっていて(網目状の構造に注目)，超高熱や過酷な pH 環境で膜を健全に保っている．(e) アーキア *Metallosphaera prunae* はウラン鉱山の残滓中に見つかった．高温と低 pH を好む．〔写真にある白い陰(図中↑)は，電子顕微鏡撮影による人為的産物である〕

(c) MHC 分子のような認識タンパク質は，その細胞が自身の体の一部であることを示す標識として働く

(d) 受容体タンパク質は，細胞外の物質に結合する．B細胞受容体は，毒物や細菌のような感染源を取除くのを助けている

(e) 輸送タンパク質は細胞膜の一方で分子に結合し，もう一方でその分子を遊離する．これはグルコース輸送体である

(f) ATP合成酵素という輸送タンパク質は，内部を水素イオンが通るたびにATPを生成する

細胞外液

脂質二重層　　細胞質

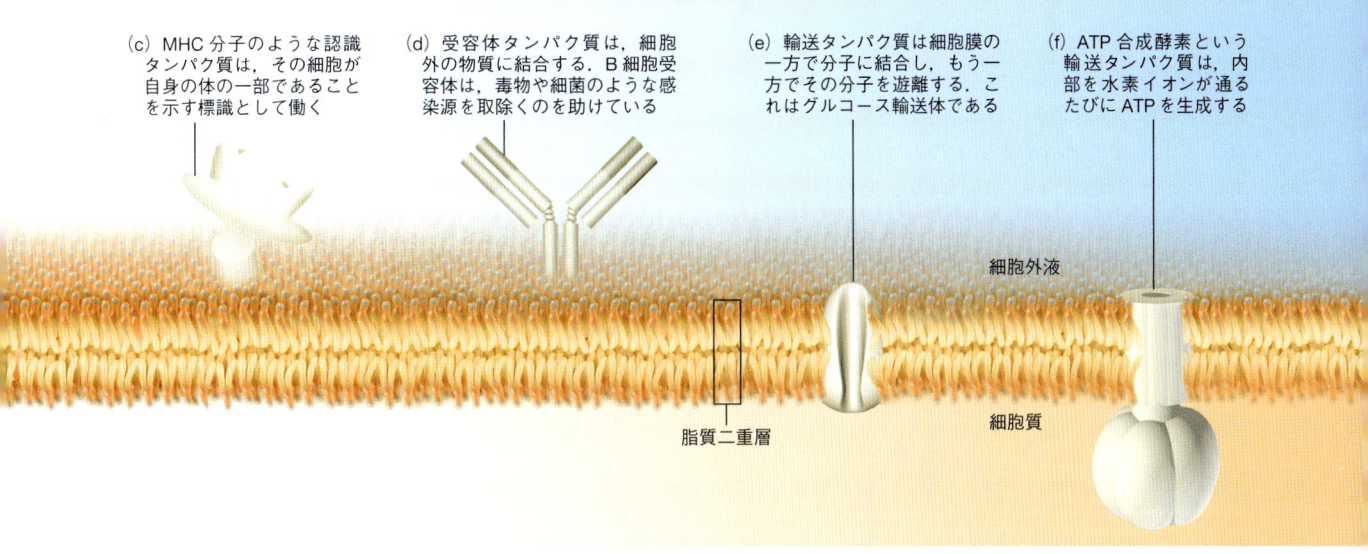

図 3・6 （つづき）

ここでは構造面について概説する（図3・7, 図3・8）．

たいていの細菌やアーキアは数マイクロメートルにも届かない大きさである．あまり複雑な内部構造をもつことはないが，細胞膜の内側にあるタンパク質の繊維構造によって形が整えられている．この繊維構造は内部構造をつくる足場にもなっている．細胞質内❶には多くのリボソーム（ribosome，ポリペプチド合成する細胞小器官）があり，さらに何種類かの細胞小器官をもつ種もある．一般に環状であるDNAは細胞質中の核様体（nucleoid）という不規則な領域中にある❷．種によっては，核様体は膜で囲われている．

すべての細菌およびアーキアがもつ細胞膜❸は，真核生物と同じく，物質の選択的な細胞内外の出入りを制御している．細胞膜には重要な代謝過程をつかさどるタンパク質がある．たとえばシアノバクテリア（図3・7b）では，細胞膜の一部が細胞質中に折れ込んでいる．この膜でできた袋には光合成を行う分子が入っている．

ほぼすべての細菌とアーキアの細胞膜を取囲む耐久性に優れた**細胞壁**（cell wall，❹）は，細胞の形を整えている．細胞壁は水を通すので，可溶性物質は容易に細胞膜を通過できる．多くの細菌の細胞壁には，粘着性のある多糖類でできたねばねばした層構造や莢膜がある❺．この粘着質の構造は，細胞がいろいろな種類の表面（生鮮品やひき肉）に付着したり，捕食者や毒物に対する防御に役立っている．

細菌やアーキアのなかには，**線毛**（pilus, *pl.* pili）とよばれるタンパク質の繊維が表面から突き出しているものがある❻．線毛は細胞がある面に接着したり，その面を動き回ったりするのに役に立つ（図3・7a）．原核生物の多くはまた，その表面から伸びる1本ないし数本の**鞭毛**（flagellum, *pl.* flagella）という長く細い構造体をもち，細胞運動に役立てている❼．細菌の鞭毛はプロペラのように回転し，動物の体液中のような流動性の環境中を動くのに役立つ．

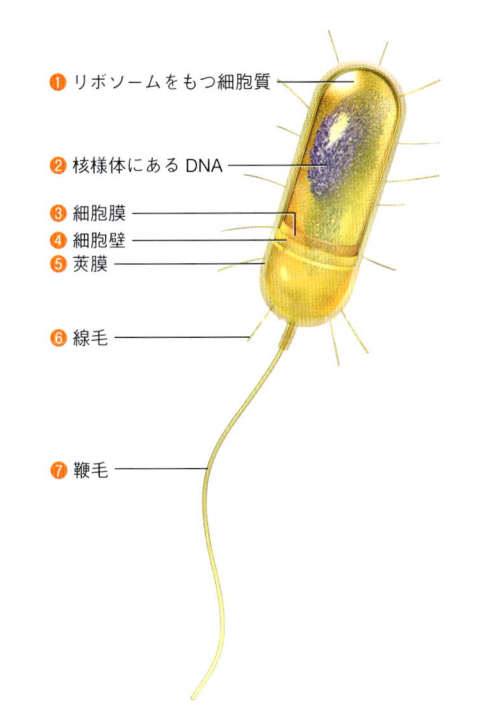

❶ リボソームをもつ細胞質
❷ 核様体にある DNA
❸ 細胞膜
❹ 細胞壁
❺ 莢膜
❻ 線毛
❼ 鞭毛

図 3・8　原核生物（細菌あるいはアーキア）の一般的な体制

バイオフィルム

細菌はしばしば密集して生育し，その分泌物でできた粘液を全体で共有する．単細胞生物が粘液を共有して生育する生活様式は**バイオフィルム**（biofilm，生物膜ともいう）とよばれている（図3・9）．自然界では，複数の生物種（細菌，藻類，真菌類，原生生物，そしてアーキアなど）の分泌物が混成してバイオフィルムが形成される．細胞はバイオフィルムをつくることで，流水などで除かれにくくなり，集団生活の恩恵にあずかる．たとえばいくつかの種による堅いあるいは網目状の分泌物は，他の細胞にとって安定な足場となる．あるものは毒性のある化合物を分解することで，その物質への感受性が高く単独では生きることができない生物の生育を助ける．排泄物が他の生物の栄養源になることもある．19章で，歯垢の問題など医学的見地からバイオフィルムを考える．

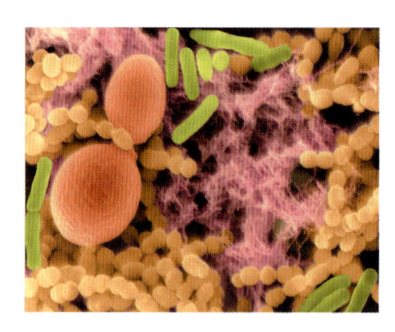

図 3・9　バイオフィルム．歯垢に存在する口腔細菌．この種の細菌（棒状，緑）や酵母（赤）は，分泌された多糖類（ピンク）がつくる糊のようなものを共有し，お互いと歯に粘着する．これらの生物による他の分泌物は虫歯や歯周病をひき起こす．

3・5　真核細胞

原生生物，真菌類，植物，そして動物は，みなすべて真核生物である．単細胞で独立に生きているものもあれば，多くの細胞が集まって生きているものもいる．すべての真核細胞は，核，リボソーム，および他の細胞小器官をもち，生命活動を始める（図3・10，図3・11）．細胞を取囲む細胞膜❶のように，細胞小器官を取囲む膜もそこに出入りする物質の種類と量を制御する．このしくみのおかげで，細胞小器官は固有の内部環境を保ち，特定の機能を果たすことができる．そのなかには，毒性や病原性をもつ物質の隔離，細胞質中の物質輸送，あるいは特定の代謝反応やその他の諸過程に適した環境づくりなどがある．

核

核は二つの重要な機能を担っている．一つは，細胞の遺伝物質，すなわち一つしかないDNAコピーを安全かつ健全に維持する機能である．DNAは隔離されることで，混沌とした細胞質の働きやDNAに傷害を与えるかもしれない代謝反応から逃れることができる❷．

第二の機能は，分子が核と細胞質を行き来することの制御である．核の膜構造，すなわち**核膜**（nuclear envelope）がその働きをする．核膜は，2枚の脂質二重層が折りたたまれて1枚の膜のようになっている．2枚の脂質二重層に埋込まれた膜タンパク質は凝集して数千の小孔（核膜孔）となり，核膜を貫いている．細菌のなかにはDNAのまわりに膜をもつものがあるが，この膜に孔構造がないため，核とはみなされない．

RNAやタンパク質のような大きな分子はそれ自身で脂質二重層を通ることはできない．核膜孔構造はこれらの分子が核を出入りするときの門として機能する．タンパク質合成はこの動きの重要性を示す一例である．タンパク質合成は細胞質で行われ，多くのRNA分子を必要とする．RNAは核でつくられる．つまりRNAは核から細胞質へ移動しなければならないが，核膜孔構造がそれを可能にしている．一方タンパク質は逆向きに移動する必要がある．なぜなら核の中で行われるRNA合成に必要なタンパク質は細胞質で合成されるからである．

細胞内膜系

細胞内膜系（endomembrane system）は核と細胞膜の間にある，密接に関係した一連の細胞小器官群のことである．そのおもな役割は，脂質，酵素，およびタンパク質をつくり，それらを分泌したり細胞膜に埋込んだりすることである．また毒物の分解や老廃物の再生などの特殊な機能がある．この系の構成は細胞の種類ごとに異なるが，ここでは最も典型的ないくつかについて解説する．

内膜系に属する**小胞体**（endoplasmic reticulum: ER）は，核膜の延長によってできている．小胞体は，平らな袋や管の形に折りたたまれた構造単位が連続したものである．電子顕微鏡での観察像の違いにより，小胞体は粗面小胞体と滑面小胞体の2種類に区別される．**粗面小胞体**（rough ER）は数千ものリボソームが小胞体の表面に付着することで，文字どおり粗面になっている❸．このリボソームが合成したポリペプチドは小胞体の中へ送り込まれる．小胞体の中で，ポリペプチドは折りたたまれて三次構造をとる（§2・9）．でき上がったタンパク質はそのまま小胞体膜の構成成分として，あるいは滑面小胞体で酵素として働く❹．**滑面小胞体**（smooth ER）はリボソームをもたないためタンパク質はつくらない．

図 3・10 真核細胞（動物細胞）の基本的構造
❶ 細胞膜は細胞内外を移動する物質の種類と量を調節する．
❷ 核は DNA の保持と保護，そして DNA への接近を制御する．
❸ 粗面小胞体（ER）に結合したリボソームはポリペプチドを合成し，ポリペプチドは小胞体内部に入る．
❹ 滑面小胞体の中の酵素は，脂質合成，毒素や脂肪酸，および糖質を分解する．
❺ 小胞は物質の輸送や貯蔵，あるいは分解を行う．
❻ ゴルジ体は脂質やタンパク質の生合成の完了，およびそれらの仕分けや配送を行う．
❼ ミトコンドリアは ATP を産生する．
❽ 細胞骨格要素は細胞構造の基盤として働き，細胞の一部または全体を動かす．
❾ 中心体は微小管の生成と組織化を行う．

滑面小胞体にある酵素は細胞膜をつくるための脂質成分を生成している．また，糖質，脂肪酸，およびいくつかの薬物や毒物の分解も行う．

小型で膜に囲まれた袋状の**小胞**（vesicle）は，他の細胞小器官あるいは細胞膜からの出芽によって生成する❺．小胞の多くは細胞小器官どうし，あるいは細胞膜との物質のやりとりを行っている．顕微鏡で見ると，内容物のない構造に見える**液胞**（vacuole）は，その存在する細胞の種類に応じた多彩な機能をもっている．多くは，廃棄物，破片物，あるいは毒物を隔離あるいは処理する．植物細胞がもつ液胞は液体で満たされており，細胞の膨潤に役立っている（図 3・2b）．動物細胞の**リソソーム**（lysosome）は強力な消化酵素をもち，他の小胞から送られてきた廃棄物や消化中の細胞，破片物などを分解する．**ペルオキシソーム**（peroxisome）に含まれる酵素は，脂肪酸やアミノ酸，そしてアルコールなどの毒物を分解する．

小胞のなかには**ゴルジ体**（Golgi body）と融合して，その内容物をすべてゴルジ体に注入するものがある．ゴルジ体は通常，パンケーキ状のものが折り重なった膜構造からできている❻．ゴルジ体の中にある酵素群は，小胞体から送られてきたタンパク質や脂質に，リン酸基や糖の付加，そして特定のポリペプチドの切断などの仕上げを行っている．そうしてでき上がった最終産物（膜タンパク質，分泌タンパク質，酵素など）は選別されて新しくつくられた小胞に積み込まれて細胞膜やリソソームへ運ばれる．

ミトコンドリア

ミトコンドリア（mitochondrion, *pl.* mitochondria，❼）は，好気呼吸（5 章でこの代謝経路について詳しく述べる）による ATP 合成に特化した細胞小器官である．ミトコンドリアは，2 枚の膜（外膜，内膜）からなり，内膜は複雑なひだ構造（クリステ）を形成し，ATP 合成装置を構成する．ほとんどすべての真核細胞はミトコンドリアをもっている．ミトコンドリアは，大きさ，形状，そして生化学的な性能において細菌と似ている（図 3・12a）．独自に DNA とリボソームをもち，細胞とは独立して分裂する．このような性質から，ミトコンドリアは宿主細胞の中に共生するようになった好気性細菌が起原だとする仮説が提唱されている（§ 13・3）．

葉 緑 体

植物の光合成細胞や多くの原生生物には，**葉緑体**

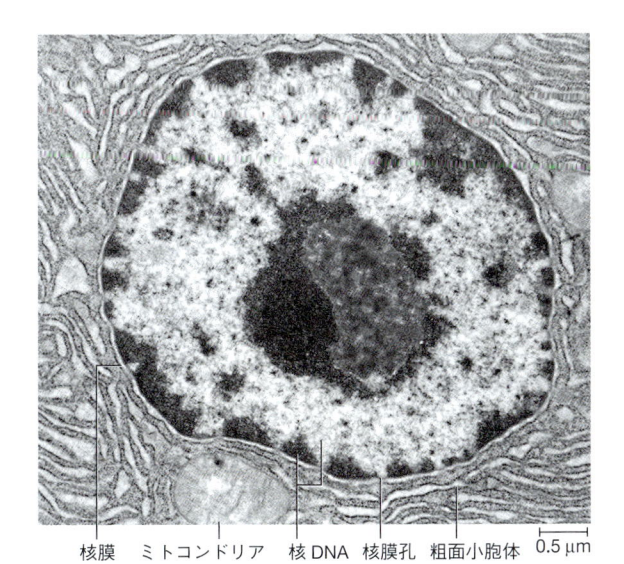

核膜　ミトコンドリア　核 DNA　核膜孔　粗面小胞体　0.5 μm

図 3・11 マウス膵臓の細胞核

13a).微小管は中心体とよばれる円筒状の細胞小器官を基点として,その制御を受けてつくられる(図3・10 ⑨).必要に応じて素早く重合・脱重合することで,多くの細胞過程にとって重要な足場を形成する.たとえば,ある種の微小管は真核細胞が分裂する前に重合して複製が終わった染色体を分離させ,その後ばらばらになる.未熟な神経細胞の成長末端でつくられる微小管は,細胞の特定方向への伸長を助け,かつ道案内として働く.

ミクロフィラメント(microfilament)はアクチンタンパク質のサブユニットからつくられる繊維構造である(図3・13b).これは真核細胞の形態を強化し,変化させる働きをもつ.ミクロフィラメントは架橋により束になり,あるいはゲル状になって細胞膜の下に表層という強固な格子構造をつくる.細胞の縁にあるミクロフィラメントは,細胞が行き先を探り,ある方向に伸展するのに役立つ(図3・13c).筋細胞では,ミクロフィラメントは収縮反応のための相互作用を行う.

複数の**中間径フィラメント**(intermediate filament)は細胞や組織の形態を保持する,最も安定な細胞骨格で

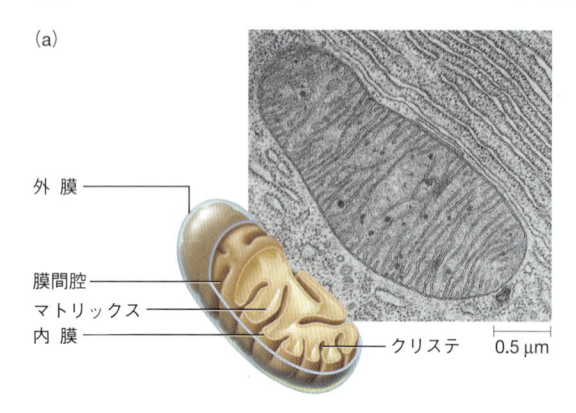

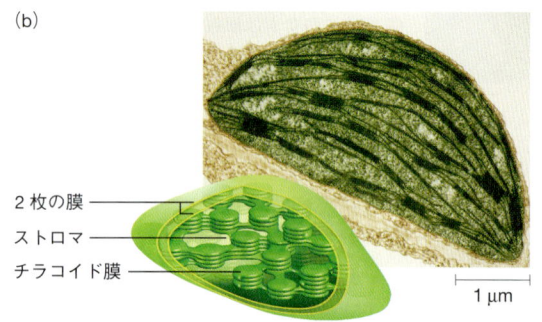

図 3・12 細菌に似ている細胞小器官.(a) ミトコンドリアの模式図および透過型電子顕微鏡像.ミトコンドリアは真核細胞内で多量のATPをつくることに特化している.(b) 葉緑体は2枚の膜で覆われている.光合成は幾重にも折りたたまれたチラコイド膜で起こる.透過型顕微鏡像は,タバコの葉の葉緑体を示す.明るいパッチ状の部分にDNAが保管されている核様体がある.

図 3・13 細胞骨格要素 (a) チューブリンのサブユニットが重合して微小管を形成する.(b) アクチンのサブユニットが重合してミクロフィラメントを形成する.(c) 神経細胞の成長末端にある微小管(黄)とミクロフィラメント(青)は,細胞が特定の方向へ伸びていく動きを支え,導いている.

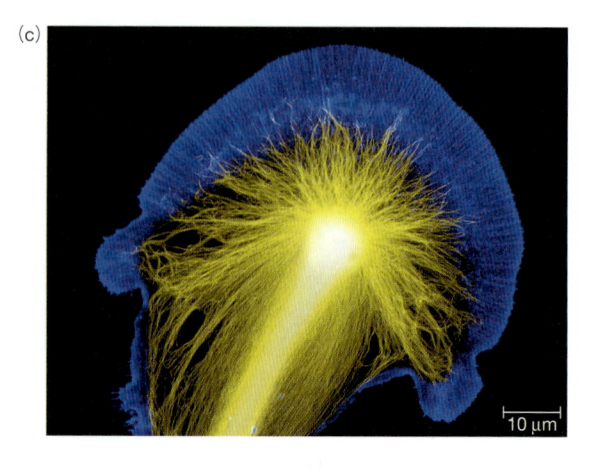

(chloroplast)という光合成に特化した細胞小器官がある.たいていの葉緑体は楕円状あるいは平面状の構造体である(図3・12b).葉緑体はストロマ(stroma)とよばれる半流動的な内部環境を包み込む2枚の膜(外膜と内膜)をもつ.ストロマには酵素と葉緑体DNAがある.ストロマ内には,チラコイド膜とよばれる連続的に高度に折りたたまれた第三の膜構造があり,光合成実行の場として働く.葉緑体は多くの点で光合成細菌と似ており,それから進化したと考えられている.

細胞骨格

すべての真核細胞には**細胞骨格**(cytoskeleton)と総称されるタンパク質があり,核と細胞膜の間を連結している.細胞骨格の構成要素は,細胞の構造や時には細胞全体の物理的強度,構築,そして運動に役立つ(図3・10 ⑧).常に存在するものもあれば,ある決まった時期にだけ形成されるものもある.

微小管(microtubule)はチューブリンタンパク質のサブユニット群からなる長い中空の円柱である(図3・

図 3・14 モータータンパク質（薄茶）．微小管に沿って少しずつ動き，貨物列車のように荷物（ピンクの小胞）を運ぶ．

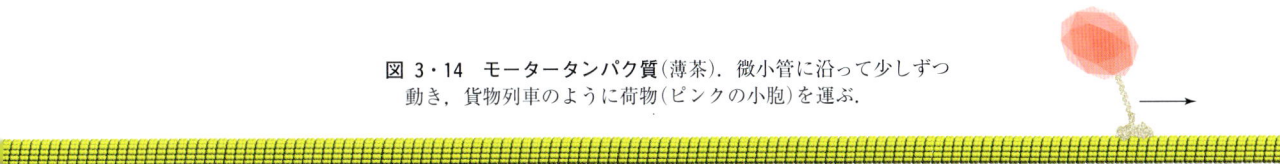

ある．これらがつくる繊維構造によって細胞や組織に構造が生じ，弾力性が備わる．あるものは核膜を含む膜構造を裏打ちして膜を支える働きをもつ．

細胞骨格要素と相互作用するアクセサリー分子といわれるタンパク質のなかに**モータータンパク質**（motor protein）がある．これは ATP からのリン酸基転移により繰返しエネルギーを供給されて細胞内を行き来する．細胞内部は，さながら休日に多くの人で混み合う駅構内のように，分子群の行き来で混み合っている．そこでは微小管とミクロフィラメントが線路のように並び，モータータンパク質がその上を荷物を積んだ貨物列車のように走っている（図3・14）．

繊毛，鞭毛，および仮足

モータータンパク質はまた，鞭毛や繊毛のような細胞外構造を動かす．真核生物の**鞭毛**（flagellum, *pl.* flagella）はむちのように動く構造物で，精子（下図左）などの細胞を液体中で推進させる．真核生物の鞭毛は原核細胞のそれとは異なる内部構造をもち，動き方も異なる．

繊毛（cilium, *pl.* cilia）は細胞の表面から伸び出た短い毛髪様の構造をもっている．一般に繊毛は鞭毛に比べ細胞当たりの数がずっと多い．繊毛が協調的に運動することにより，細胞を液体中で動かしたり，また動かない細胞のまわりの液体をかき混ぜたりする．たとえば気管壁に並ぶ数多くの細胞の繊毛運動のおかげで，吸引した微粒子が肺から除去かれる．

アメーバ（下図右）や他の真核生物の細胞は**仮足**（pseudopodium, *pl.* pseudopodia，偽足ともいう）を出す．この外に向かって不規則に出たり消えたりする突起物は細胞を動かし，餌や獲物を取込むのに役立つ．ミクロフィラメントの伸長が葉状体を一定方向に向かわせる．このときミクロフィラメントに付着しているモータータンパク質が細胞膜を引っ張る．

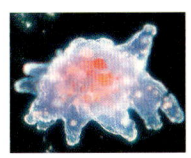

精子

3・6 細胞表面の特異化

多くの細胞は**細胞外基質**（extracellular matrix，細胞外マトリックス，略称 ECM）とよばれる，多糖類と繊維状タンパク質を多く含む分子の混合物を分泌する．分泌する細胞の種類が違えば，ECM の種類や機能も異なる．

クチクラ（cuticle）は個体表面で細胞から分泌される ECM である．植物では，クチクラに含まれるワックス（ろう）やタンパク質のおかげで幹や葉が害虫から守られ，水分が保持される（図3・15）．カニやクモ，およびその他の節足動物の表皮はキチン（chitin）という固い多糖類でできたクチクラをもつ．細胞壁も ECM の一種である．細菌やアーキアは細胞膜のまわりに壁のもとになる ECM を分泌する．真菌類，原生生物，植物も同様である．これらがつくる細胞壁の構造は互いに異なるが，どの構造も細胞を守り，助け，かたちづくりに貢献している．動物細胞は細胞壁をもたないが，**基底膜**（basal lamina，basement membrane）とよばれる ECM を分泌する場合がある．基底膜は繊維状の構造でできたシートで，組織の形成と維持に働くとともに細胞のシグナル伝達にも貢献する．この構造は脂質二重層をもたないため，細胞膜ではない．

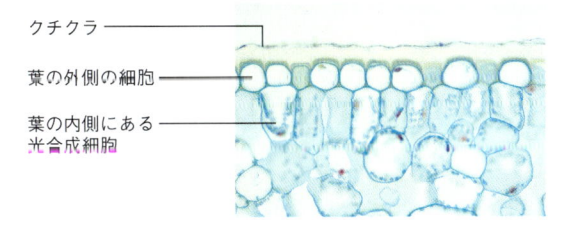

図 3・15 植物の細胞外基質．植物の葉に，クチクラとよばれる生細胞の分泌物でできた防護構造があることを示す切片像．

細胞間結合

多細胞生物種の細胞は，互いにあるいはその周辺と，**細胞間結合**（cell junction）という，細胞と細胞および細胞と外部環境をつなぐ機構によって結合している．ある種の細胞間結合を使って，細胞は物質やシグナルを受け渡しする．細胞間の認識や，細胞どうしや細胞と

ECM の接着に役立つ細胞間結合もある.

動物組織では一般に3種類の細胞間結合が知られている（図3・16）. 体の表面や内腔を覆う上皮組織では, タンパク質の列が隣り合う細胞の間に**密着結合**（tight junction, タイトジャンクション）をつくっている. これは体内の液体が隣接する細胞間を通って漏れるのを阻止している. たとえば胃壁表面をふさいでいる密着結合は, 胃内の酸性の液体が漏れ出すのを防いでいる. 細菌感染でこの部分が傷害を受けると, 酸や酵素が内部の組織を浸食し, 疼痛を伴う胃潰瘍をひき起こす.

強力な**接着結合**（adherens junction, アドヘレンスジャンクション）は接着タンパク質でできており, 細胞どうしをつないでいる. この構造はまた, 細胞内部のミクロフィラメントや中間径フィラメントを細胞外のECMとつなぐ役割をもつ. 接着結合は皮膚など摩耗したり伸びたりする組織に多く存在し, また心筋のような収縮性の組織を強化している.

ギャップ結合（gap junction）は隣り合う動物細胞をつなぐチャネルを形成し, 水やイオン, そして低分子化合物がじかに行き来できるようにしている. このチャネルの開閉によって, 細胞全体が単一の刺激に応答できる. たとえば心筋のように細胞が協調して働く組織は, 多くのギャップ結合をもつ. 植物では**原形質連絡**（plasmodesma, *pl.* plasmodesmata, プラスモデスム）とよばれる開口性のチャネル構造が細胞壁を貫くようにして存在し, 隣り合う細胞の細胞質をつないでいる. 原形質連絡はギャップ結合のように細胞間の物質の行き来を助けている.

3・7 生命の本質

細胞, そして細胞が集まってできる個体はいったいどうやって生きているのだろうか. 生命研究を専門とする生物学者は, どのように生命を説明するのだろうか. 以下に記すのは, これまでに明らかになった生命の本質にかかわる事項である. 本書ですでに, 次の二つについて学んでいる.

1. 生物は生体有機分子をつくり, 利用する.
2. 生物は一つあるいは複数の細胞でできている.

次章以降では, 以下の事項を学んでいこう.

3. 生物は代謝とよばれる自律的な生物学的過程を実行する.
4. 生物は発生や成熟, 加齢により, その生活環を通して変化する.
5. 生物は生殖を行うときに遺伝情報物質としてDNAを用いる.
6. 生物は世代交代の積み重ねを通して変化できる.

これら六つの性質が生物を無生物と区別している.

有機分子をつくる原子がわれわれやすべての生物の材料である. ただし, 有機分子があるだけでは生物を成り立たせるにはほど遠い. 生命が継続するのは, エネルギーの流れが持続的に全体に行き渡っているときに限られる. エネルギーとDNAの遺伝情報があって初めて, 世代を経ても生物として組織化される. 生命は個々の個体の死を超えて継続性をもつ. つまり, ある個体の死は新しい世代の誕生のための材料となる分子を提供することになる.

3・8 大腸菌も細胞 再考

食品の汚染を防ぐために農業経営や食料生産にかかわる法規制を厳重にすべきだとする意見がある. 消費者を食品に含まれる毒物から守る最善の策は, 食品を滅菌して毒性の大腸菌やその他の細菌を除去することだとする意見もある. たとえば, 汚染が発覚して回収されたウシのひき肉は通常は調理ないし滅菌されてから加工食品に使われている. 生の牛肉の切りくずはアンモニアによる

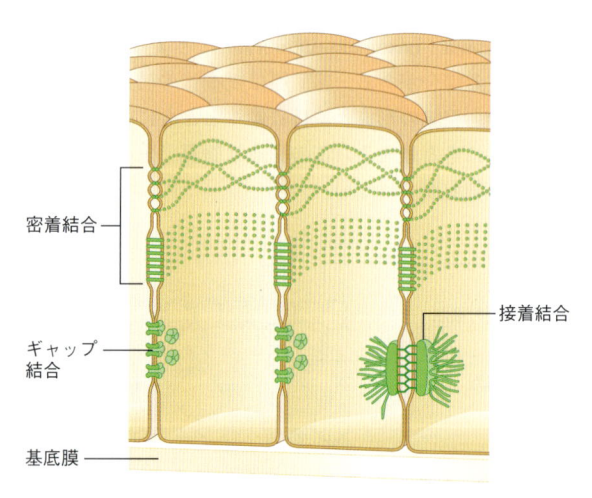

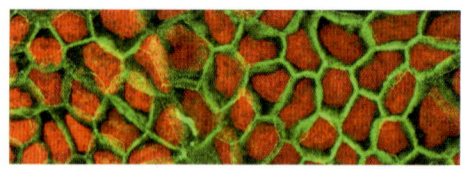

図 3・16 細胞間結合. 動物組織に見られる細胞間結合（上）. 密着結合, ギャップ結合, および接着結合. 下の写真では, 多くの密着結合（緑）が腎臓細胞の膜どうしの境界を結合して, 防水性の構造を形成している. 各細胞の赤い部分は核のDNAである.

効果的な消毒処理を受けてペースト状に加工される．こうしてつくられた肉製品はハンバーガーの中身や生鮮ひき肉，ホットドッグやランチョンミート，ソーセージや冷凍食品，缶詰およびその他の製品としてファーストフード店やホテルの食堂やレストランのチェーン店，いろいろな会社や学校給食に使われている．

まとめ

3・1 細菌はヒトの体を含むあらゆる生物圏に存在する．われわれの腸にはおびただしい数の細菌が生息しているが，そのほとんどはわれわれにとって有益である．ただし病気の原因となる場合もある．食品が病原性の細菌で汚染されると，ときとして致命的な食中毒をひき起こす．

3・2 細胞は大きさやかたち，そして機能が異なることがあるが，すべてに共通して細胞膜や細胞質，そしてDNAを備えている．また多くの細胞はほかの構造ももつ．

真核生物では，DNAは膜で覆われた核という細胞小器官に収納されている．細胞膜や小器官の膜を含むすべての膜は，選択的透過性をもち大部分がリン脂質からなる脂質二重層である．容積に対する表面積の比が細胞の大きさを制限している．

細胞説とは次の定義をさす．すべての生物は一つあるいは複数の細胞でできている，細胞は生命の最小単位である，新しい細胞はすでに存在している別の細胞から生じる．細胞はその遺伝物質を娘細胞に受け渡す．

3・3 細胞膜は流動モザイクとして説明することができる．すなわち，脂質（大部分はリン脂質）とタンパク質が混合した二次元的な液体のようにふるまう．脂質成分は二重層を形成し，その中では各脂質層の極性のない脂肪酸の尾部が極性のある頭部に挟まれている．

すべての細胞膜は酵素と輸送タンパク質をもつ．細胞膜はまた，受容体タンパク質，接着タンパク質，および認識タンパク質を取込んでいる．

3・4 便宜的に原核生物としてまとめて分類されている細菌とアーキアは，最も多様性に富む生物群である．単細胞生物であるこれらの生物は核をもたないが，例外なくDNAとリボソームをもつ．その多くは透過性があり，細胞の防御にもかかわる細胞壁や粘着性のある莢膜，および運動にかかわる構造（鞭毛）やその他の突起物（線毛）をもつ．細菌や他の微生物はバイオフィルム中に居住空間を共有することがある．

3・5 すべての真核細胞は基本的に核とその他の細胞小器官をもっている．核はDNAを保護し，DNAへの接近を制御している．核膜には膜タンパク質がつくる核膜孔があり，分子が核へ出入りするのを制御している．

小胞体は核膜が伸長してつくる袋や管が連なった構造体である．リボソームが多数結合した粗面小胞体はタンパク質を合成し，滑面小胞体は脂質の合成や糖質や脂肪酸および毒物の分解に働く．ゴルジ体は小胞に取込まれる前の段階にあるタンパク質や脂質の修飾反応を実行する．小胞にはいろいろな種類があり，物質の貯蔵や分解，および細胞内の輸送に働く．ペルオキシソームにある酵素はアミノ酸や脂肪酸，および毒素の分解を行う．リソソームは廃棄物や細胞内の堆積物を分解する酵素をもち，物質のリサイクルに寄与している．液体で満たされた液胞は，老廃物や毒素の保管や廃棄を含むさまざまな機能をもつ．液胞は細胞の膨潤状態を維持している．

真核生物がもつその他の細胞小器官にはミトコンドリア（好気呼吸によるATP合成）と葉緑体（光合成を専門に行う）がある．

細胞骨格は真核細胞の内部構造を整え，その形状に強度を与え，一部の構造が動くのを助けている．ATPにより駆動するモータータンパク質や中空構造をもつ動的なタンパク質集合体である微小管は，細胞および鞭毛や繊毛のような細胞構造の運動を可能にしている．ミクロフィラメントの格子構造は細胞膜の強度を高めている．ミクロフィラメントの伸長は仮足の運動性を助けている．中間径フィラメントも細胞や組織の構築に役立っている．

3・6 多くの細胞は細胞の種類に応じて機能の異なる細胞外基質（ECM）を分泌する．動物では，分泌された基底膜は細胞が組織を構築するのを助けている．植物細胞や真菌類，および多くの原生生物は細胞を取囲む細胞壁をつくる．クチクラはECMの一種で，体表面の細胞から分泌される．

細胞間結合は細胞どうしや細胞と外部環境をつなぐ働きがある．原形質連絡は隣り合う植物細胞の細胞質を結びつける．動物では，ギャップ結合が開口性のチャネルを隣接し合う細胞の間につくり，接着結合は細胞間や細胞と基底膜の間をつなぎ止めている．密着結合はいくつかの組織において細胞層の防水機構に働いている．

3・7 すべての生物は生命の分子をつくり，利用している．生命とは一つないし複数の細胞でできており，自律性のある生体反応を実行し，生活環を通して絶え間なく変化し，親から子へDNAを受け渡し，世代交代を通して変化することができる．

試してみよう （解答は巻末）

1. 細胞の種類や性質は多種多様であるが，すべての細胞に共通することが三つある．それは次のどの組合わせか．
   a. 細胞質，DNA，膜をもった細胞小器官
   b. 細胞膜，DNA，核膜
   c. 細胞質，DNA，細胞膜
   d. 細胞壁，細胞質，DNA

2. すべての細胞は別の細胞から生まれる．この考え方は____の一部である．
   a. 進化　　　b. 遺伝の法則
   c. 細胞説　　d. 細胞生物学
3. 容積に対する表面積の比は____
   a. 原核生物にはあてはまらない法則である
   b. 細胞説の一部である
   c. 細胞の大きさを制限する
   d. bとc
4. 真核細胞と異なり，原核細胞は____
   a. 細胞膜をもたない
   b. RNAをもつがDNAをもたない
   c. 核をもたない
   d. aとc
5. 細胞膜はおもに____と____でできている．
   a. 脂質，糖質　　　　b. リン脂質，タンパク質
   c. タンパク質，糖質　d. リン脂質，ECM
6. 膜機能の大部分は____によって実行される．
   a. タンパク質　b. リン脂質
   c. 核酸　　　　d. ホルモン
7. 次の記述のうち，正しいものはどれか．
   a. リボソームは細菌とアーキアだけにみられる
   b. 動物細胞のいくつかは原核細胞である
   c. 真核細胞だけがミトコンドリアをもつ
   d. 細胞膜はすべての細胞で最も外側の構造である
8. 脂質二重層では，脂質分子の____が内側に，____が外側に存在する．
   a. 親水性の尾部，疎水性の頭部
   b. 親水性の頭部，親水性の尾部
   c. 疎水性の尾部，親水性の頭部
   d. 疎水性の頭部，親水性の尾部
9. 細胞内膜系のおもな機能は____である．
   a. タンパク質と脂質の生成と修飾
   b. DNAを毒物から隔離する働き
   c. 細胞の表面上にECMを分泌すること
   d. 好気呼吸によりATPを生成すること
10. ____に含まれる酵素は，老朽化した細胞小器官，細菌，その他の粒子物を分解する．
    a. リソソーム　　b. ミトコンドリア
    c. 小胞体　　　　d. ペルオキシソーム
11. 次に示す構造体の名称を，タンパク質分泌経路の順番になるよう並べ替えよ．
    a. 細胞膜　　b. ゴルジ体
    c. 小胞体　　d. 後ゴルジ小胞
12. ____は植物細胞の細胞質を連結している．
    a. 原形質連絡　b. 接着結合
    c. 密着結合　　d. 接着タンパク質
13. 左側の細胞内構造の機能として最も適当なものをa～hから選び，記号で答えよ．
    ____ ミトコンドリア　　a. 細胞の連結
    ____ 葉緑体　　　　　　b. 防御カバー
    ____ リボソーム　　　　c. ATP産生
    ____ 核　　　　　　　　d. DNAの保護
    ____ 細胞間結合　　　　e. タンパク質合成
    ____ 鞭毛　　　　　　　f. 内部環境の安定化
    ____ 細胞膜　　　　　　g. 光合成
    ____ クチクラ　　　　　h. 運動

4 エネルギーと代謝

4・1 アルコールデヒドロゲナーゼの恩恵
4・2 生命はエネルギーを消費する
4・3 生命分子がもつエネルギー
4・4 酵素の作用機構
4・5 拡散と膜
4・6 膜輸送機構
4・7 アルコールデヒドロゲナーゼの恩恵 再考

4・1 アルコールデヒドロゲナーゼの恩恵

過度の飲酒はヒトの健康に大きな影響を与える．酒は多かれ少なかれ，アルコール，正確にはエタノールを含んでいる．エタノールは胃や小腸で吸収されると速やかに血液に合流する．血中エタノールのほとんどすべては肝臓にたどり着く．肝臓には多くの酵素がある（§2・6）．そのなかのひとつのアルコールデヒドロゲナーゼ（ADH）はエタノールや他の毒物を体内から除去する働きをもつ（図4・1）．

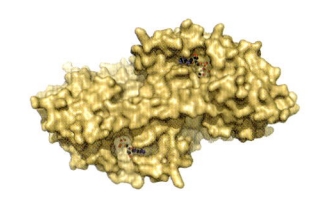

図4・1 アルコールデヒドロゲナーゼ

エタノールやその分解産物は肝細胞にダメージを与える．酒を飲めば飲むほどエタノールを分解する肝細胞が少なくなる．エタノールはまた，正常な代謝反応を妨害する性質をもつ．たとえば，普段は脂肪酸の代謝に働いている酸素は，エタノールがあるときはエタノールの代謝に利用される．このため酒をよく飲む人の肝臓には大きな脂肪の塊ができやすくなる．

長期間にわたる過度の飲酒は，アルコール性肝炎という，炎症や肝臓組織の壊死を伴う病気をひき起こす．肝硬変が起こることもある．このように酒を飲みすぎると，肝臓はしだいに機能不全となり，重大な病状をひき起こす．肝臓は体内で最大の分泌腺として多くの物質を産生し，脂肪や毒物を分解したり血糖値を調節したりする．また，血中タンパク質を多数合成して血液凝固や感染防御，さらには体液中の溶質バランスの維持にも役立っている．これらの機能を失うことは死を意味する．

体内の酵素がもつ処理能力を超えてエタノールを摂取すると，死に至ることもある．本章では体内の細胞がどうやって，そしてなぜ，エタノールのような有毒性分子を含むさまざまな有機化合物を分解するのかについて説明する．

4・2 生命はエネルギーを消費する

エネルギー（energy）の正式な定義は"仕事をする能力"である．ただし，この定義は十分なものとはいえない．実のところ，最先端の物理学者でさえエネルギーとは何かを正確に説明することはできない．しかしわれわれは，完全な定義がなくても，光，熱，電力，そして動力などの身近にあるエネルギーのことを直感的に知っている．ある状態のエネルギーが他の状態のエネルギーに変換されるということも，直感的にわかっている．電球はどうやって電力を光に変えるのか，そして，自動車はどうやってガソリンを運動エネルギーに変えるのか，考えてみよう．

熱力学（thermodynamics, thermはギリシャ語で"熱"を，dynamは"エネルギー"を意味する）は熱や他のエネルギーに関する学問である．われわれのエネルギーに対する理解は不完全なので，むずかしい理論よりも自然におけるエネルギーの法則を考えるほうがわかりやすい（§1・8）．たとえば，われわれはエネルギーが変換される前後でエネルギーの総量は変わらないことを知っている．いい方をかえると，エネルギーはつくることも壊すこともできない．この定義を**熱力学第一法則**（first law of thermodynamics）という．ある系に存在するエネルギーはその系全体に均一な状態になるまで拡散し続ける性質をもつ．エネルギーに分散する性質がある

ことを，**熱力学第二法則**（second law of thermodynamics）という．

仕事はエネルギーの転移によって発生する．たとえば植物細胞は光のエネルギーをグルコース合成のエネルギー源としている．この場合は，光エネルギーから化学エネルギーへの変換が行われている．その他の細胞の仕事の大部分は，ある分子から別の分子への化学エネルギーへの転移によって起こる．

エネルギーは転移されるたびにそのごく一部を放出している．ふつうはエネルギーは転移のたびに熱として失われる．身近な例としては，一般的な白熱電球では電力の約5％のエネルギーが光に変換され，残りの95％のエネルギーは最終的には熱となり，電球から放射されている．

拡散してしまった熱は使いにくく，別のエネルギー状態（たとえば電力）にするのがむずかしい．エネルギーが転移するごとにその一部が熱として放出され，その熱は容易には使えないため，宇宙全体での使用可能エネルギー量は常に減り続けているといえる．

このエネルギーの流れは，生命にもあてはまるのだろうか．生物の体ができあがる過程で，エネルギーは生体分子として細胞内に蓄積され，それが放出されることはない．一方で生物は成長し，動き，栄養分を獲得し，生殖する，といった諸々の活動で常にエネルギーを消費し，どの活動でもある程度のエネルギーが失われる．その損失に見合う量のエネルギーが他から供給されなければ，生命の複雑な体制は終わりを迎える．

地球上の生命を育むエネルギーのほとんどは太陽からもたらされる．エネルギーは太陽から生産者へ，そして消費者へと流れていく（図4・2）．エネルギーはその間に何度も転移を起こす．転移のたびに一部のエネルギーは熱として失われ，最終的にはすべてが永遠に放出されてしまう．

4・3 生命分子がもつエネルギー

化学反応では一つないしそれ以上の**反応物**（reactant，反応に使われ，反応によって変化する分子）は，反応の間に一つないしそれ以上の**生成物**（product，反応によってつくられる分子）になる．反応物と生成物の間で中間産物ができることもある．化学反応は，反応物から生成物の流れを矢印で示す式で表される．

$$6CO_2 + 6H_2O \xrightarrow{\text{光エネルギー}} C_6H_{12}O_6 + 6O_2$$
二酸化炭素　　水　　　　　　　　　　　グルコース　酸素

分子式の前の数字は分子の数を表し，各原子の下付きの数字は，1分子に含まれる原子の数を表す．反応中に原子は混ぜられるが，決してなくなることはない．反応の前後で原子数は同じである．

どんな化学結合にもエネルギーがあるが，そのエネルギー量は結合にかかわる元素の種類によって異なる．た

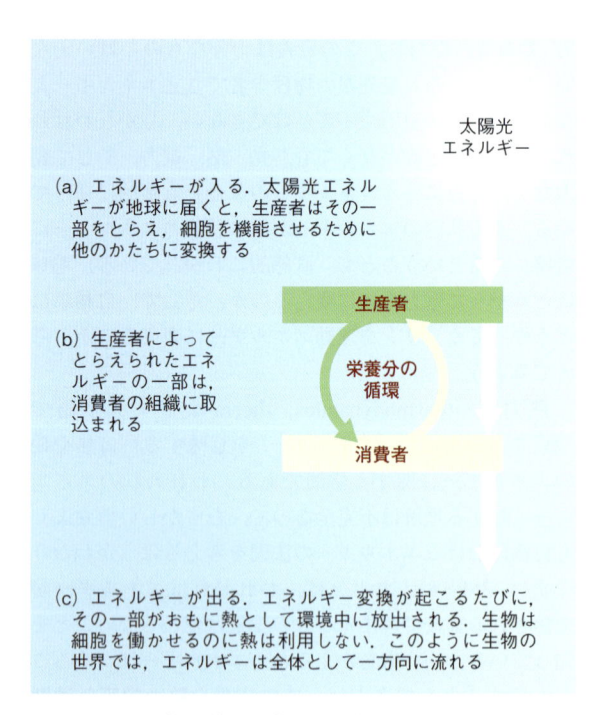

図4・2 エネルギーの流れ．生物に取込まれるエネルギーと放出されるエネルギーは釣合っている．入力されたエネルギーは生産者と消費者の間を循環する物流の動力源として働く．

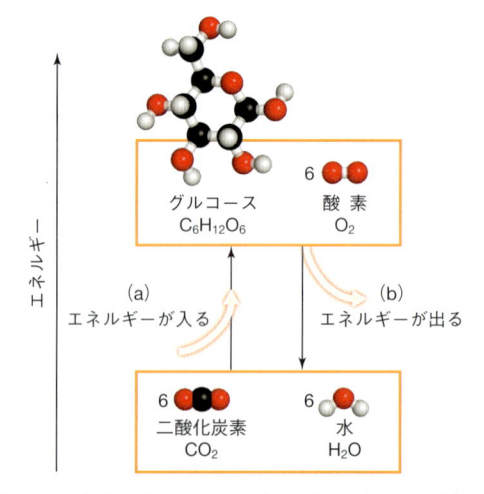

(a) エネルギーが入る．太陽光エネルギーが地球に届くと，生産者はその一部をとらえ，細胞を機能させるために他のかたちに変換する

(b) 生産者によってとらえられたエネルギーの一部は，消費者の組織に取込まれる

(c) エネルギーが出る．エネルギー変換が起こるたびに，その一部がおもに熱として環境中に放出される．生物は細胞を働かせるのに熱は利用しない．このように生物の世界では，エネルギーは全体として一方向に流れる

図4・3 化学反応におけるエネルギーの出入り．(a) エネルギーの低い分子から高い分子がつくられる反応では，反応全体としてエネルギーの入力が必要である．(b) エネルギーの高い分子から低い分子がつくられる反応では，反応終了時にエネルギーの出力が起こる．

とえば水分子の酸素原子と水素原子をつなぐ共有結合には常に決まった量のエネルギーがあるが，その量は酸素分子 O_2 中の二つの酸素原子を結ぶ共有結合のエネルギー量とは異なる．このように反応前後での反応物のエネルギー量と生成物のエネルギー量はたいていの場合異なる．反応物がもつエネルギー量が生成物のそれより少ない反応の場合，その反応を進めるには外部からエネルギーを反応系に加える必要がある（図 4・3a）．生成物よりも反応物が高いエネルギーをもつ反応もある．この場合はエネルギーが放出される（図 4・3b）．

なぜ地球は炎上しないのか

生体分子は酸素と結合するとエネルギーを放出する．例として，木を燃やす場合を考えてみよう．木材はそのほとんどがセルロースという，グルコース単位が繰返した長鎖状の糖質でできている（§2・7）．着火によって木材のセルロースと空気中の酸素を水と二酸化炭素に変える反応が始まる．この反応で次のセルロースと酸素を使う反応を始めるのに十分なエネルギーが放出される．この繰返しで木材はいったん着火されると燃え続ける．

地球上には酸素とポテンシャルエネルギー放出反応が豊富にある．ではなぜ地球は炎上しないのだろう．幸運なことにエネルギー放出反応であっても，エネルギーを少しでも加えない限りは化学結合が壊れることはない．この加えるエネルギーのことを**活性化エネルギー**（activation energy）という．活性化エネルギーとは，ある化学反応を起こすのに最低限必要なエネルギー量のことをいう．これは歩行者（反応物）が今より下の位置にあるゴール（生成物）にたどり着く前に，いったん登らなければならない丘のようなものである（図 4・4）．エネルギー要求性であれ放出性であれ，反応には活性化エネルギーがあり，その量は反応ごとに異なる．

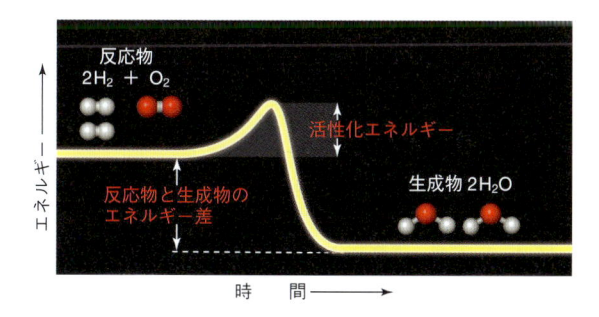

図 4・4 活性化エネルギー．ほとんどの化学反応は，活性化エネルギー（グラフのこぶ部分）が与えられないと進まない．この例では，反応物が生成物より高いエネルギーをもっている．活性化エネルギーなしに，エネルギー放出反応は自発的に起こることはない．

エネルギーの出入り

細胞は化学結合の中にエネルギーをたくわえるために，エネルギー要求性の反応を進行させて有機化合物をつくりだす（図 4・5a）．たとえば，光合成はそのすべての反応，すなわち二酸化炭素と水からグルコースと酸素をつくる反応を，光エネルギーを利用して行っている．グルコースは光と違い，細胞内にたくわえることができる．細胞は有機化合物の分解を伴うエネルギー放出反応によりエネルギーを獲得する（図 4・5b）．ほとんどの細胞は，グルコースの炭素結合の切断によってエネルギーが放出される好気呼吸過程を通して，この仕事を実行する．次節では，細胞がいくつかの反応で得たエネルギーを使い，どのようにほかの反応を動かしているのかをみていく（光合成と好気呼吸の反応については，5章で再び取上げる）．

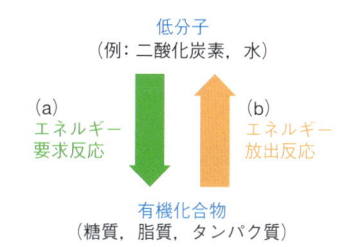

図 4・5 細胞によるエネルギーの保存と回収．(a) 細胞は有機化合物の化学結合のなかにエネルギーを保存する．(b) 細胞は有機化合物の化学結合のなかに保存されたエネルギーを回収する．

4・4 酵素の作用機構

速度が大事

細胞内で化学結合をつくったり壊したりするには**酵素**（enzyme）が必要である．なぜだろうか．砂糖が分解して二酸化炭素と水になるには何世紀もの時間がかかるが，細胞内では同じ反応が瞬時に起こる．酵素があるからである．§2・6で，酵素は化学反応を反応物だけで行うよりもずっと速く進行させることができると述べた．酵素自身は反応にかかわることで，失われたり変わったりはせず，何度も繰返し働くことができる．

RNA の酵素もあるが，ほとんどの酵素はタンパク質である．個々の酵素は特異的な反応物，すなわち**基質**（substrate）を認識し，それらを特異的なやり方で変化させる．そのような特異性は，酵素のポリペプチド（あるいはヌクレオチド）の鎖が，基質と結合し反応を進行させるための**活性部位**（active site）というポケット状の構造に折りたたまれることによる（図 4・6）．酵素の活性部位と基質は構造や大きさ，極性と電荷において，

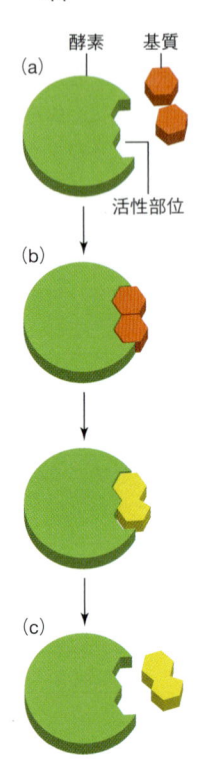

図 4・6 活性部位の働き方．(a) ある酵素の活性部位の構造や大きさ，極性や電荷は，その基質と相補的な関係にある．(b) 活性部位は基質の構造を変え，その電荷状態に影響を与えたり，あるいはその他の変化を起こすことで活性化エネルギーを低くする．(c) 反応が進み，活性部位から生成物が遊離する．酵素自身は変化しないため再び何度でも働くことができる．(d) 酵素や活性部位は，わかりやすくするために球状のものや幾何学的な形で表される．このモデルは，六炭糖にリン酸基を結合する酵素であるヘキソキナーゼの活性部位の実際の形である．リン酸基とグルコース分子が活性部位で会合している．

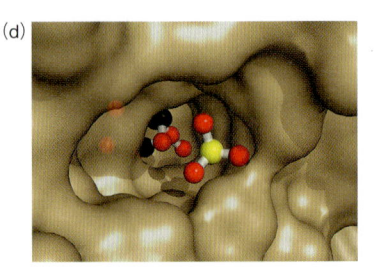

互いに相補的である．この相補性が酵素と基質の反応特異性のもととなっている．酵素の活性部位は基質を近接させ，電荷状態を変え，あるいはその他の変化をもたらす．この一連の変化が活性化エネルギーを低下させることで，反応の進行を妨げる障壁が取除かれる．

酵素活性に影響する要因

酵素の機能は他の分子（調節分子）により高められたり抑えられたりする．調節分子は酵素の活性部位に直接結合するものや他の部位に結合するものがある．後者の場合，調節分子の結合によって酵素の全体構造が変わる（図 4・7）．

ヒトの体液の pH はたいていの場合 6〜8 の範囲にある（§2・5）．ほとんどの酵素はこの pH 域で最もよく働くが，極端に低いあるいは高い pH 域で働くものもある（図 4・8a）．ペプシンという消化酵素は pH 1〜2 の強い酸性環境にある胃の中でタンパク質の消化を行う❶．胃の内容物は消化されながら pH 9 の環境にある小腸へ送られる．ペプシンは pH 5.5 以上で変性するため小腸では活性がなくなる．小腸では高い pH 域で働くことのできるトリプシンという酵素の助けを借りてタンパク質の消化が続けられる❷．

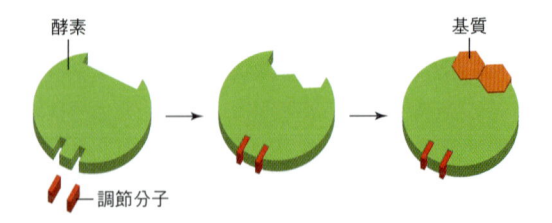

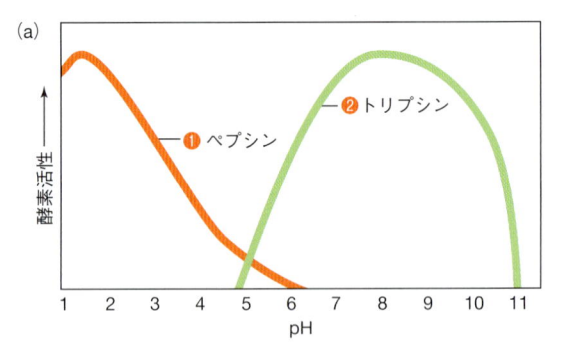

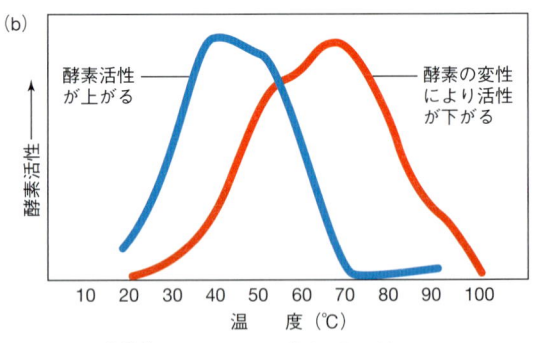

加熱はその系がもつエネルギーを高める．分子運動が高温で活発になるのはこのためである（§2・4）．反応物のもつエネルギーが高くなるほど，反応が起こるための活性化エネルギーに近くなる．このため，一定の温度までは温度の上昇とともに酵素反応が活発になる（図 4・8b）．一定の温度を超えると酵素は変性する．酵素の構造変化が起こり，反応速度は急速に低下し，機能が停止する（§2・9）．発熱で体温が 42 ℃ を超えるような状態が危険なのは，体内の酵素の働きに悪影響が出るからである．

図 4・7 酵素への調節分子の結合．いくつかのタイプの調節分子（赤）は酵素の活性部位とは異なる場所に結合する．この結合により，酵素機能の促進あるいは阻害を伴う構造変化が起こる．

図 4・8 酵素，温度，pH．(a) 酵素はそれぞれに特異的な pH 域で最もよく機能する．この pH 域のどちらにはずれても，酵素は変性して反応速度が下がる．(b) 酵素活性は温度によって変化する．酵素の反応は，ある温度までは温度の上昇とともに速くなる．その温度を過ぎると，酵素は変性し速度は急速に低下する．大腸菌は腸管（ふつうは 37 ℃）に生息し，好熱菌 *T. aquaticus* は陸上の熱い温泉を好む．

多くの酵素の活性はまた，その液体環境内に含まれる塩類の量によっても影響を受ける．塩分が極端に少ないと，酵素分子がもつ極性領域が互いに引き合う力が強くなりすぎて酵素の構造が変わる．逆に塩分が多すぎると，酵素の構造に寄与している水素結合が壊れてしまい，やはり酵素は変性する．

補因子

大部分の酵素は，金属イオンや低分子有機化合物などの助けがあって初めてきちんと働くことができる．このような酵素を助ける因子を**補因子**（cofactor）という．多くの食品中に含まれるビタミンやミネラルが必須なのは，これら自身が補因子，あるいは補因子の前駆体だからである．有機分子性の補因子を**補酵素**（coenzyme）という．補酵素はある反応から別の反応へ，化学基や原子，あるいは電子を運び，細胞小器官を出入りすることもある．補酵素と酵素は，互いに強く結合した状態で反応にかかわることもあれば，両者がばらばらの状態でかかわることもある．

補酵素の多くは酵素と異なり，反応にかかわる過程で修飾変化を受け，別の諸反応により再生する．たとえば補酵素 NAD^+（ニコチンアミドアデニンジヌクレオチド nicotinamide adenine dinucleotide）は電子と水素原子を受け入れて NADH になる．NADH から電子と水素原子が除かれると，再び NAD^+ が生成する．

$$NAD^+ + 電子 + H^+ \longrightarrow NADH$$
$$\longrightarrow NAD^+ + 電子 + H^+$$

ヌクレオチドである ATP（アデノシン三リン酸，§2・10）は細胞内で多くの反応の補酵素として機能する．ATP は三つのリン酸基をもち，このリン酸基をつなぐ結合にはエネルギーが多くたくわえられている．一つのリン酸基がヌクレオチドへ，あるいはヌクレオチドから転移すると，その結合エネルギーも一緒に転移する．ヌクレオチドはエネルギー放出反応からエネルギーを受取ることができ，またエネルギー要求反応においてはエネルギー供与体として機能できる．このように ATP は細胞内エネルギー経済の主要通貨であり，本書では金貨のシンボル ATP で示している．

ある分子から別の分子へリン酸基が転移する反応を，**リン酸化**（phosphorylation）という．酵素が ATP のリン酸基を他の分子へ転移すると，ADP（アデノシン二リン酸）が生成する．細胞は常にこの反応でさまざまな反応を動かしている．このため細胞は，ADP をリン酸化するエネルギー要求反応を動かすことによる ATP の補充もまた常に行う必要がある．

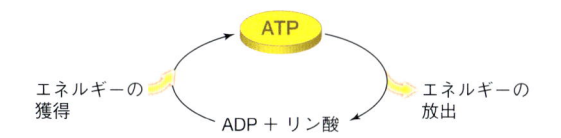

代謝経路

代謝は，細胞が有機物を生成したり分解する際にエネルギーを獲得あるいは利用する活動のことである（§2・6）．有機物がつくられ，再構成され，あるいは分解される反応は段階的な複数の酵素反応によって起こり，これを**代謝経路**（metabolic pathway）という．代謝経路が直線状の場合，反応物から生成物ができるまでの反応が一方向の流れで起こることを意味する．

環状の代謝経路もある．環状経路では，最終段階が第1段階の反応物の再生に働く．

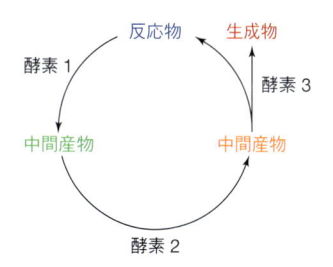

細胞には通常，直線状および環状の両代謝経路がある．

代謝の制御

細胞はいつも，自身に必要なエネルギーや材料を過不足なくつくっている．では細胞はどうやって，どの分子をどれだけつくるかということを決めているのだろうか．細胞が何千種もの物質の生成を維持し，それらを増産や減産するしくみにはいろいろな種類がある．たとえば，反応は常に反応物から生成物へ進むとは限らない．同時に反応が逆行して，生成物から反応物ができることも多い．反応の前進と逆行の割合は，反応物と生成物の濃度によって決まることが多い．高濃度の反応物があれば反応は前進し，生成物が多ければ逆行する．

ほかにも，より積極的に経路を調節するしくみがある．細胞内の特定の分子には酵素分子がつくられる速さや，すでにつくられている酵素分子の活性に影響を及ぼすものがある．たとえば，一連の酵素反応の最終産物がその反応にかかわる酵素の一つを阻害する場合があり，これを**フィードバック阻害**（feedback inhibition）とい

う（図4・9）.

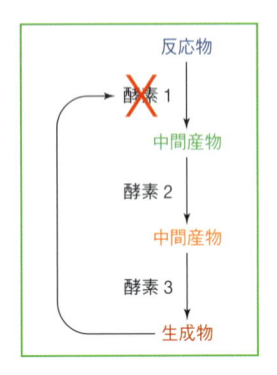

図4・9 フィードバック阻害. この例では，3種類の酵素による一連の作用により基質(反応物)は生成物に変換され，生成物が最初に働く酵素の活性を阻害する.

電子伝達

　有機分子がもつ結合には酸化によって放出されうるエネルギーが多く含まれている．酸化反応の一種である燃焼反応ではすべてのエネルギーが一気に，爆発的に放出される（図4・10a）．細胞は有機分子の結合を切断するために酸素を利用している．しかし細胞は燃焼によって放出されるエネルギーを利用することができない．その代わり細胞は，分子の分解作業を複数の段階に分け，各段階で放出される利用可能な小さいエネルギーを用いている．これらの段階のほとんどは，分子から分子への電子の伝達反応である．

　電子伝達系（electron transfer chain）は一連の統制のとれた反応段階で，そこでは膜に結合した酵素や他の分子群が順番に電子の受け渡しを行っている．電子伝達系に入る電子のエネルギー準位は，電子伝達系から出たときのそれに比べて高い．電子伝達系は，電子のエネルギー準位が低くなったときに放出されるエネルギーを回収している（§2・2および図4・10b）．次章では，光合成や好気呼吸において補酵素が電子を電子伝達系に導くしくみを説明する．この系の特定の段階で放出されるエネルギーはATP合成に用いられる．

4・5 拡散と膜

　拡散（diffusion）とは，分子やイオンが自発的に広がる動きのことで，細胞の内外や細胞間の物質の動きにとって重要である．原子は絶えず振動している．この内部運動のせいで分子は他の分子と1秒間に数えきれない回数で衝突する．衝突の反動で分子は液体や気体の中を動かされ，結果として徐々に，そして完全に混ぜ合わさる．混合の速さには，次の五つの要因がかかわる．

1. **大きさ**．高分子を動かすには低分子を動かすときに比べて，より多くのエネルギーを要する．そのため高分子より低分子のほうが拡散が速い．
2. **温度**．分子運動は温度が上がれば速くなり，衝突の頻度も増える．そのため，高温であるほど拡散速度は大きくなる．
3. **濃度**．二つの隣り合う領域間で溶質濃度が異なることを**濃度勾配**（concentration gradient）という．溶質は，その濃度勾配中で濃度の高いほうから低いほうへ動く傾向がある．なぜだろうか．分子が混み合う度合が大きいほど，それらの衝突の頻度も多くなる．ある一定時間を考えると，分子は高い濃度のところへ入っていくよりは，はじき出されるほうが多い．どんな物質でもその拡散のしかたはその物質自身の濃度勾配によって決まり，同じ溶液内の空間を共有する他の物質の濃度によっては影響を受けない．

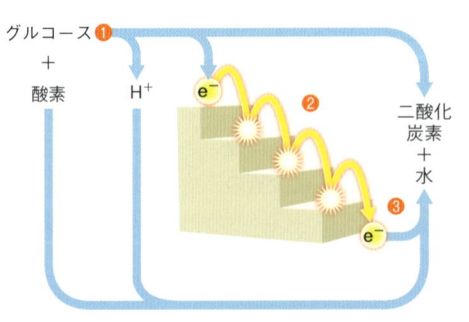

図4・10 エネルギー放出を制御する利点．(a) グルコースと酸素が着火されて反応し，燃えている．CO_2と水が生成し，エネルギーは光と熱になって一斉に放出される．(b) 細胞内では(a)と同じ反応が電子伝達系によって段階的に実行される．細胞が獲得し，細胞機能に利用できる量のエネルギーが放出される．

4. **電荷**. 溶液中にあるイオンや電荷をもつ分子は, 溶液全体の電荷に寄与する. 溶液内の二つの領域で電荷に違いがあれば, その領域間の拡散の速度や方向に影響が生じる. たとえば正の電荷をもつ物質（ナトリウムイオンなど）は全体的に負の電荷をもつ領域へ拡散しようとする.

5. **圧力**. 拡散は二つの隣り合う領域間の圧力の差にも影響を受ける. 圧力は分子を凝集させ, 分子が混み合うほど衝突と反動も多くなる. そのため, 高圧であるほど拡散速度は大きくなる.

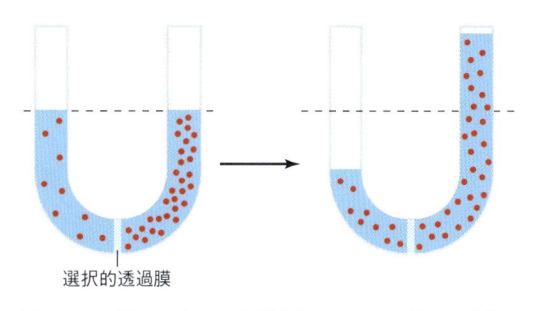

図 4・12 **浸透**. 水は, 溶質濃度の異なる2種類の液体を隔てている選択的透過膜を行き来することができる. 水が膜を透過すると, 両区画の体積が変わる.

浸 透 圧

§3・3で脂質二重層に選択的透過性があることを述べた. 水は脂質二重層を通ることができるが, イオンやほとんどの極性分子はそれができない（図4・11）. 選択的透過性をもつ膜を隔てて溶質濃度の異なる液体があるとしよう. このとき, 水は張性に依存した方向に拡散する. 張性とは, 選択的透過膜で隔てられた二つの溶液中の, 溶質の相対濃度によって決まる性質のことである. 同じ溶質濃度をもつ液体は互いに**等張**（isotonic）であるという. 溶質濃度が異なるとき, 濃度の低い溶液を**低張**（hypotonic, hypo- は"低い"の意味）, 溶質濃度の高いほうを**高張**（hypertonic, hyper- は"高い"の意味）という.

等張ではない二つの液体が選択的透過膜で隔てられているとき, 水は低張液から高張液に向かって拡散する（図4・12）. 拡散は二つの液体が等張になるまで, あるいは高張液に対する圧力が釣合うまで続く. 水が膜を通って拡散する現象は生物学上とても重要であるため, 特に**浸透**（osmosis）という用語を用いる.

細胞の細胞質が細胞膜外の液体に対して高張である場合, 細胞内に水が入り込む. 逆の場合は, 細胞外へ水が流出する. どちらの場合においても細胞質の溶質濃度が変わる. この変化が大きすぎると酵素が働かなくなり, 細胞が死んでしまうことがある. 細胞の多くは細胞内外の張性の違いを釣合わせる内在的なしくみをもつ. そのようなしくみをもたない細胞では, 水が拡散で出入りす

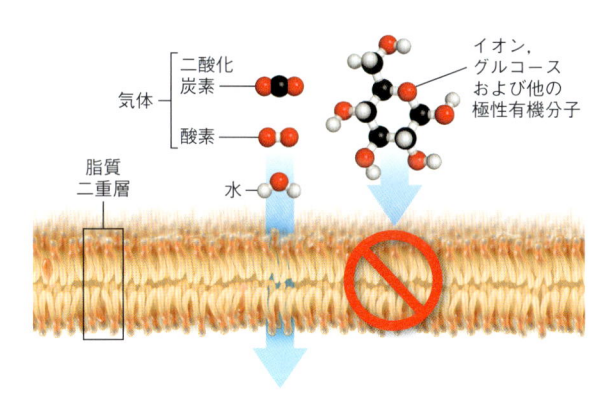

図 4・11 **脂質二重層の選択的透過性**. 疎水性の分子, 気体, および水分子は脂質二重層を自由に透過できる. イオンやグルコースのような多くの極性有機分子は透過できない.

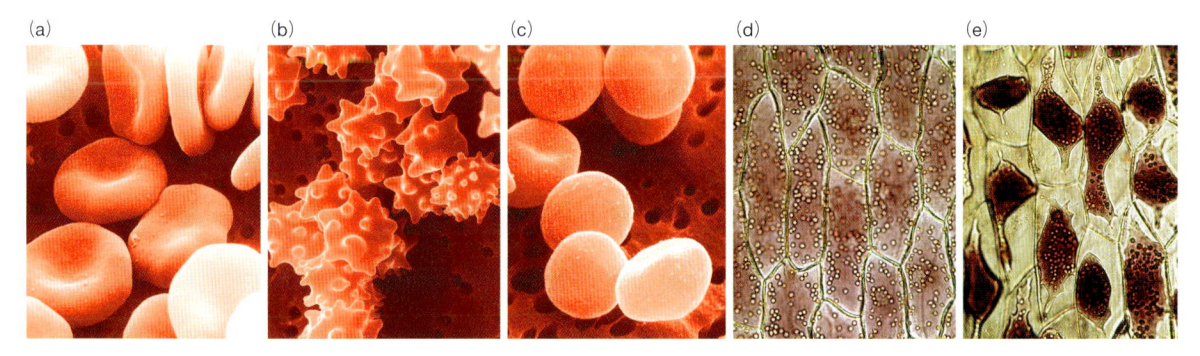

図 4・13 **ヒト赤血球細胞（a～c）およびアヤメの花弁細胞（d, e）に対する浸透圧の効果**. (a) 等張液に浸された赤血球の体積は変化しない. 血液と赤血球の細胞質は等張である. (b) 高張液に浸された赤血球は水を排出するため縮んでいく. (c) 低張液に浸された赤血球は水を取込むため膨れる. (d) 浸透圧により植物は直立していられる. ここに示すアヤメの花弁細胞には細胞質が詰まっている. (e) しおれたアヤメの花弁細胞. 細胞質が縮小し, 細胞膜が細胞壁から引きはがされている.

るたびにその細胞質の体積や溶質濃度が変わってしまう（図4・13a〜c）．

植物や多くの原生生物，真菌類，そして細菌がもつ堅い細胞壁は低張液に抵抗して細胞質の体積の増加を抑えることができる．植物細胞の場合，細胞質には土壌中の水よりも多くの溶質成分が含まれる．それによって水は通常は土壌から植物体へ拡散するが，それはある一定の水準までに限られる．細胞壁は細胞が過剰に膨張しないように働く．そのため水の流入は細胞内の圧力を上げることになる．ある構造体の中に含まれる液体が構造体にかける圧力のことを**膨圧**（turgor）という．植物細胞の中で圧力が十分にかけられた状態になると，細胞質への水の拡散は止まる．この浸透が止まるときかかっている膨圧量のことを**浸透圧**（osmotic pressure）という．

浸透圧は，高い空気圧のおかげでタイヤが膨らんでいるように，細胞を膨らませている．植物の若い芽が重力に逆らって直立できるのも，その細胞がもつ細胞質が膨張しているからである（図4・13d）．土壌が乾燥すると水が失われるが溶質は残る．そのため土壌水中の溶質濃度は上昇する．すると土壌水が高張液になるため植物細胞からの水の拡散流出が起こり，細胞質が縮小する（図4・13e）．細胞内の膨圧が下がると植物はしおれる．

4・6 膜輸送機構

細胞内における溶質濃度の上げ下げや維持を行う能力は，細胞の生死を左右する．あらゆる細胞は外部環境から原材料を獲得し，廃棄物を排出しなければならない．塩分が高く酸性の環境下にある細胞は，細胞外と（時には劇的に）異なる細胞内の物質環境を安定に保つ必要がある．このしくみは，細胞内の液体のpHや塩分量などが著しく変化すると，酵素やさらには細胞そのものが働くことができなくなってしまうので，不可欠のものである．

イオンやほとんどの極性分子（水は注目すべき例外である）は輸送タンパク質の助けなしには脂質二重層を通過することはできない（§3・3）．輸送タンパク質はその種類に応じて，特定のイオンや分子の膜透過を助ける．たとえば，グルコース輸送体（トランスポーター）はグルコースのみを運搬し，カルシウムポンプはカルシウムの出し入れのみを行う．膜を透過する物質の量と種類は，その細胞の膜にどのような特異性をもつ輸送タンパク質があるかで決まる．

輸送タンパク質に特異性があるおかげで，細胞や膜で覆われた小器官は特定の溶質の膜を介する出入りを制御し，それぞれに内部の液体の量や組成を整えている．た

とえばグルコース輸送体は膜を介してグルコースを動かすことができるが，リン酸化グルコースを扱うことはできない．グルコースは細胞内の酵素によって速やかにリン酸化され，それによって輸送タンパク質による細胞外への再移動を免れる．

受動輸送

受動輸送（passive transport）では，輸送タンパク質を介する溶質の動き方は溶質の濃度勾配のみによって決まる．このため，受動輸送は促進拡散ともよばれる．溶質は単純に受動輸送タンパク質と結合してから膜の反対側へ放出される（図4・14）．

グルコース輸送体は受動輸送タンパク質の一種であ

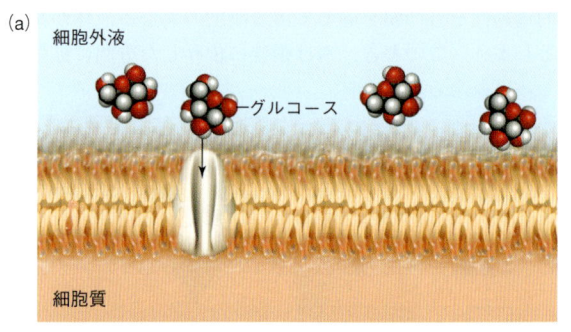

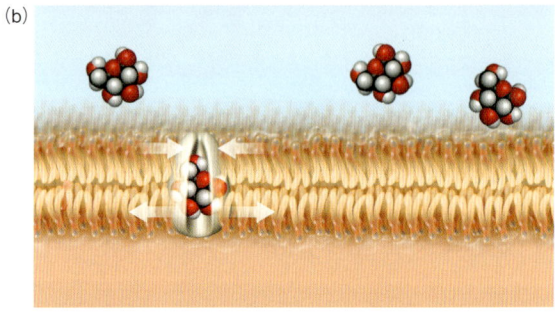

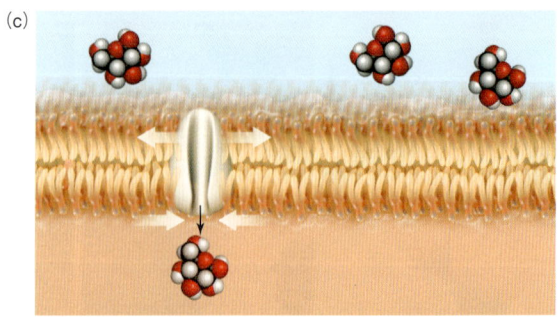

図4・14 グルコースの受動輸送．(a) 細胞外液のグルコース分子が細胞膜のグルコース輸送体(灰色)に結合する．(b) この結合により輸送体の構造が変化する．(c) 細胞膜の反対側(細胞質)で輸送体からグルコースが遊離し，構造がもとに戻る．

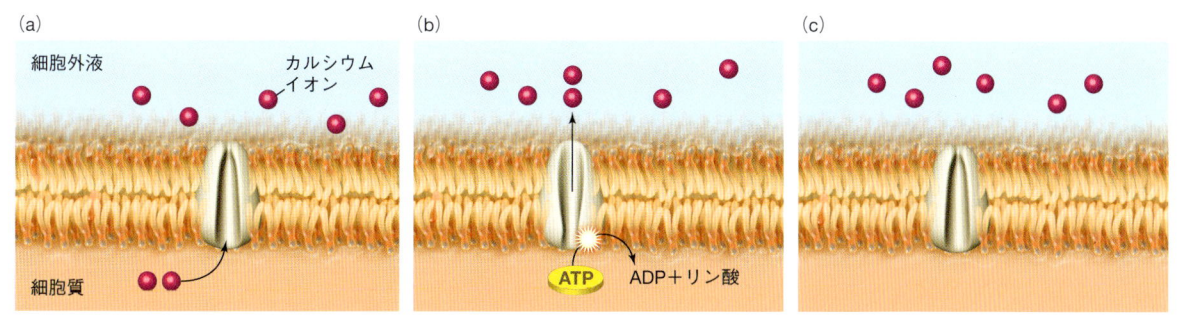

図 4・15 カルシウムイオンの能動輸送．(a) 二つのカルシウムイオン（ピンクの球）が輸送タンパク質（灰色）に結合する．(b) ATPのリン酸基にたくわえられたエネルギーがタンパク質へ転移する．この転移反応がタンパク質の構造変化を起こし，カルシウムイオンが細胞膜の反対側へはじき出される．(c) カルシウムイオンがなくなると，輸送タンパク質の構造はもとに戻る．

る．このタンパク質はグルコース分子と結合すると構造変化を起こす．この構造変化により溶質分子は膜の反対側に動かされ，そこで脱離する．その後輸送タンパク質はもとの構造に戻る．構造変化を起こさない受動輸送タンパク質もあり，それらは膜中で常時チャネルを開放している．他に，電荷の変動やシグナル分子の結合のような刺激に応答して開閉するチャネルもある．

能動輸送

ある特定の溶質の濃度を一定に保つために，溶質をその濃度勾配に反して，膜を隔てて濃度の高い側へ輸送することもしばしば行われる．濃度勾配に反する溶質の輸送にはエネルギーが必要である．**能動輸送**（active transport）では，輸送タンパク質がエネルギーを使って濃度勾配に逆らった細胞膜透過を実行する．輸送タンパク質は，溶質と結合するとエネルギー（たとえば，ATPから転移したリン酸基）を与えられてその構造を変化させる．この構造変化により，輸送タンパク質は膜の反対側へ溶質を放出する．

能動輸送タンパク質の一例としてカルシウムポンプがある．このタンパク質は細胞膜を通してカルシウムイオンを輸送する（図4・15）．カルシウムイオンは細胞内メッセンジャーとして多くの酵素の活性に影響をもつ．このため細胞内カルシウム濃度は厳密に制御されている．すべての真核細胞の細胞膜に存在するカルシウムポンプは，細胞内カルシウム濃度を細胞外濃度の数千分の一という低い状態に維持している．

われわれの体内のほぼすべての細胞はナトリウム-カリウムポンプとよばれる能動輸送タンパク質をもつ（図4・16）．細胞質中のナトリウムイオンはポンプの開いたチャネル中に拡散し，その内部に結合する．次にATPからのリン酸基転移によって，ポンプの構造が変わる．チャネルは細胞外液に向かって開かれ，ナトリウムイオンが放出される．次にカリウムイオンが細胞外液から拡散作用でチャネルに流れ込み，その内部に結合する．輸送体からはリン酸基が離れてその構造がもとに戻され，チャネルは再び細胞質側に開かれ，カリウムイオンが細胞内へ放出される．

動物細胞に限らず，すべての細胞は能動輸送タンパク質をもつ．たとえば植物の葉の細胞における能動輸送タンパク質は糖質を管の中にくみ入れて，植物体全般に行き渡るようにしている．

細胞膜と小胞

脂質二重層が壊れると自己修復が起こる．これは膜が壊れることでリン脂質の脂肪酸尾部が水性領域にさらさ

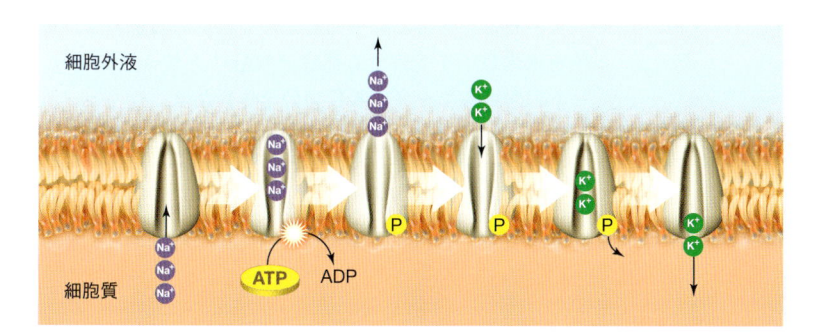

図 4・16 ナトリウム-カリウムポンプ．この能動輸送タンパク質（灰色）は，細胞質から細胞外液へナトリウムイオンNa^+を，逆向きにカリウムイオンK^+をそれぞれ輸送する．こうした濃度勾配に逆らう輸送にかかるエネルギーは，ATPからのリン酸基（P）転移によって供給される．

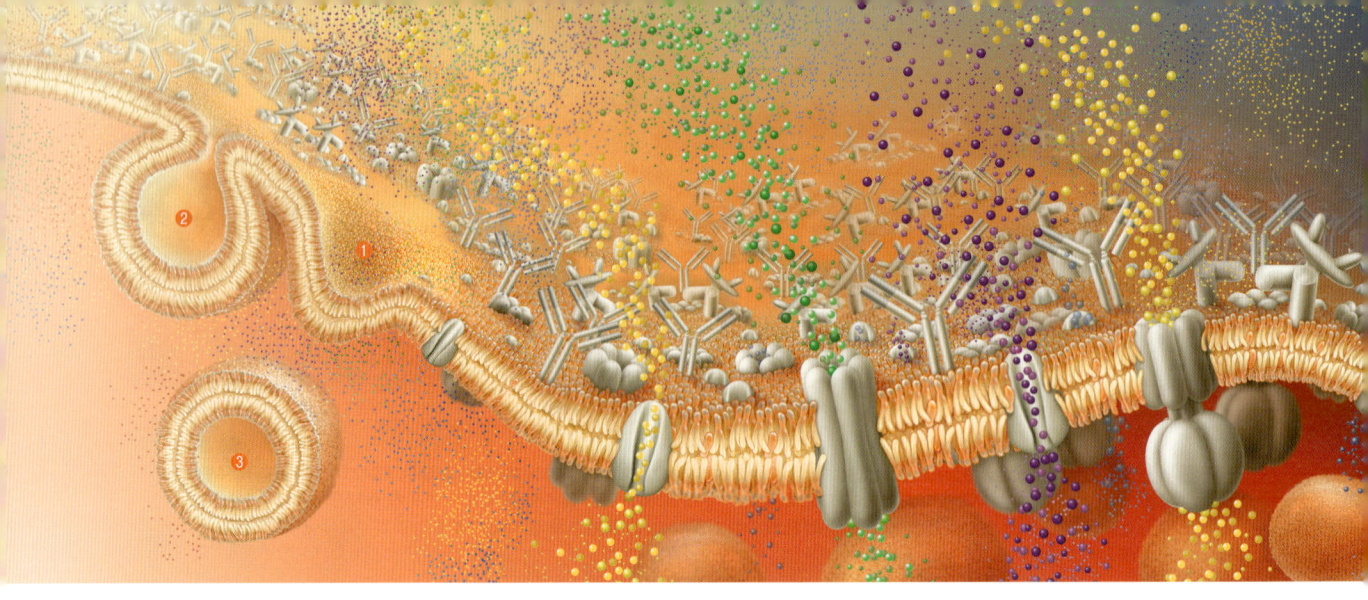

図 4・17 膜の交差点．細胞膜は細胞内外の物質の出入りの中心として働いている．細胞膜に埋込まれた輸送タンパク質によって分子やイオンが絶えず出入りし，小胞の働きによって大量の溶質や，より大きな粒子も搬入・搬出されている．エンドサイトーシスでは，最初に細胞膜の小さな領域が内側に落ち込み❶，細胞外液をその溶質や粒子物とともに取込んで沈み込み❷，小胞となって細胞膜から切り離され，その内容物を細胞小器官へ運搬する❸．

れるからである．水性環境で，リン脂質は非極性の尾部が互いに向き合って一緒になるよう自発的に動く（§3・3）．ひとまとまりの膜が細胞質中に落ち込んで小胞ができるのは，脂質二重層にあるリン脂質の疎水性尾部の両端が水に弾かれるからである．水はリン脂質の尾部が一緒になるのを後押しし，落ち込んだ膜構造を小胞状にするのを助けるとともに膜の破れた部分を修復する．

膜の一部は小胞として常に細胞表面に出入りしている（図4・17）．**エンドサイトーシス**（endocytosis）とよばれる過程では，細胞がその外表面近傍で物質を大量に取込む．細胞膜の小領域が内部に落ち込み❶，細胞外液を中に取込む．そしてさらに深く細胞質内に沈み込み❷，小胞として膜から離れる❸．小胞はその内容物を各種の細胞小器官に運び，あるいは細胞質内に貯蔵する．**エキソサイトーシス**（exocytosis）という過程では，小胞が細胞膜まで動いていき，そのタンパク質を含む二重層の膜が細胞膜と融合する．この外分泌性の小胞が見えなくなると同時に，小胞の内容物は細胞外へ放出される．

食作用（phagocytosis，ファゴサイトーシス，貪食作用ともいう）はエンドサイトーシスの一種で，アメーバ

のように細胞が微生物や細胞片あるいはその他の粒子物を飲込む作用である．動物の体内にあるマクロファージや他の貪食性白血球細胞は，ウイルスや細菌，がん化した体細胞，その他の有害なものを飲込む（図4・18）．一時的に現れる細胞表面からの突出構造が標的を飲込み，その周囲で融合する．飲込まれた標的は，細胞質内にある小胞の中で消えてなくなる．

4・7 アルコールデヒドロゲナーゼの恩恵　再考

ヒトや他の動物では，**アルコールデヒドロゲナーゼ**（ADH）は，腸内細菌が産生，または熟した果実のような食物中のアルコールを解毒する経路の一部として存在する．この解毒経路はまた他の代謝経路で副産物として生じる少量のアルコールの分解にも働く．

ADH はエタノールをアセトアルデヒドに変換するが，これはエタノール以上に有害な有機分子で，二日酔いのさまざまな症状の原因である．アセトアルデヒドデヒドロゲナーゼ（ALDH）という別の酵素は速やかにアセトアルデヒドを無害な酢酸に変える．どちらの酵素も，電子と水素原子を受容する補酵素 NAD^+ を使う．つまり，ヒトにおけるエタノール代謝の全体経路は，

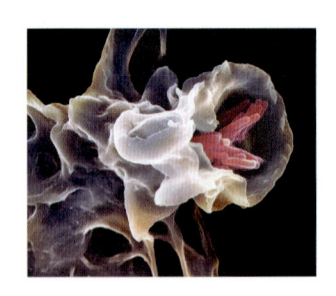

$$\text{エタノール} \xrightarrow[NAD^+ \quad NADH]{ADH} \text{アセトアルデヒド} \xrightarrow[NAD^+ \quad NADH]{ALDH} \text{酢酸}$$

図 4・18 食作用．この顕微鏡写真は，結核菌（赤）を取込みつつある白血球を示している．

と表される．ふつうの成人でこの代謝経路によって無毒化できるエタノール量は，毎時 7〜14 g である．1本当たり 10〜20 g のエタノールを含むアルコール飲料を，2

時間以内に1本より多く飲むと二日酔いになる可能性がある.

ADHやALDHに問題が生じるとアルコール代謝が影響を受ける.たとえば,ADHの活性が高すぎると,ALDHが無毒化しきれない量のアセトアルデヒドがたまってしまう.

$$\text{エタノール} \xrightarrow{\text{ADH}} \begin{array}{c}\text{アセトアルデヒド}\\\text{アセトアルデヒド}\\\text{アセトアルデヒド}\end{array} \xrightarrow{\text{ALDH}} \text{酢酸}$$

過剰活性型のADHをもつ人は,アルコールを少し飲んだだけで顔が赤くなり,気分が悪くなる.こうした経験も手伝って,過剰活性型のADHをもつ人たちは,他の人に比べてアルコール依存症になりにくい.

低活性型のALDHをもつ場合も,同じくアセトアルデヒドがたまる.

$$\text{エタノール} \xrightarrow{\text{ADH}} \begin{array}{c}\text{アセトアルデヒド}\\\text{アセトアルデヒド}\\\text{アセトアルデヒド}\end{array} \xrightarrow{\textcolor{red}{\times}} \text{酢酸}$$

この場合も過剰活性型ADHのときと同様に,当事者がアルコール依存症になりにくいという傾向を生む.

低活性型のADHをもつと,反対の効果が出る.ADHの活性が低い人は,そうでない人に比べてアルコール飲料によって気分が悪くなる度合が低い.むしろアルコールを飲むことで,その依存症にかかりやすくなる傾向にある.

まとめ

4・1 アルコールデヒドロゲナーゼ(ADH)はアルコールを分解する酵素である.体内の酵素が解毒できる量を超えて飲酒することは,アルコール性肝炎などの重大な病気の原因になりうる.

4・2 エネルギーとは仕事をする能力のことである.エネルギーはつくり出すことも,壊すこともできない(熱力学第一法則)が,ある状態から別の状態に変換されたり,異なる物質間や系の間を転移することは可能である.エネルギーは時間とともに拡散する傾向にある(熱力学第二法則).エネルギーが転移するごとに,ふつうは熱の状態でその少量が放出される.

生物はどこからであれエネルギーを獲得することができるときだけ生命を維持できる.生物圏におけるエネルギーの流れは一方向性で,おもに太陽から始まり生態系の中に出入りしている.生産者や消費者がエネルギーを使って,生態系内の生物の中を循環している有機分子を取込み,再構成し,そして分解している.

4・3 細胞は反応物が生成物に変換される化学反応において,化学結合の生成あるいは分解によりエネルギーの保存あるいは回収を行っている.正味のエネルギーの注入が必要な反応もあれば,逆にエネルギーの放出を起こす反応もある.活性化エネルギーは,反応を始めるに必要な最小限のエネルギー量のことである.

4・4 酵素は化学反応の速度を大幅に早める働きをもっている.個々の酵素は活性部位をもち,固有の範囲内の温度,塩濃度,およびpHで特定の基質に対して働く.酵素の多くは補酵素あるいは他の補因子の助けを必要とする.

ATPは細胞内の諸反応部位におけるおもなエネルギー供与体として機能する.ATPは三つのリン酸基をもち,そのうちの一つが他の分子へ転移されるとエネルギーもともに転移される.ATPとADPの間のリン酸基転移は,エネルギー放出反応とエネルギー要求反応を共役させている.

細胞は代謝経路とよばれる,酵素が関与する連続した反応によって物質の生成や変換,および分解を行っている.酵素による調節機構のおかげで,細胞は必要に応じてエネルギーや諸々の素材をつくり出し保持することができる.フィードバック阻害は,代謝制御の一例である.いくつかの経路における電子伝達系は,電子のエネルギーを少しずつ回収する.

4・5 分子やイオンは自発的に広がる(拡散する)傾向があり,最終的には完全に均一になる.隣り合う液体中である物質の濃度が異なることを濃度勾配という.拡散速度は濃度や温度,溶質の大きさや電荷,および圧力がどれくらい違うかによって影響を受ける.

選択的透過膜を水が透過する現象を浸透といい,低い溶質濃度(低張)の領域から高い溶質濃度(高張)の領域への動きを示す.等張液どうしで水の正味の動きはない.浸透圧とは浸透が止まるときの膨圧(細胞膜あるいは細胞壁に対する液圧)のことである.

4・6 気体,水,そして低分子の非極性分子は脂質二重層を越えて拡散移動できる.その他のほとんどの分子,特にイオンは輸送タンパク質の助けを借りて膜を透過することができる.

この輸送体の働きによって,細胞や膜構造をもつ細胞小器官は物質の出入りを特異的に制御することができる.カルシウムポンプや他の能動輸送タンパク質は,通常ATPからのリン酸基転移のエネルギーを使って濃度勾配に逆らった物質の移動を実行している.受動輸送タンパク質はエネルギーを使わずに働いており,溶質の動きは濃度勾配に従っている.

大量で巨大な粒子からなる物質の細胞膜を横断する動きには,エンドサイトーシスやエキソサイトーシスという機構が使われる.エンドサイトーシスでは細胞膜の一部が細胞内で風船のように膨らみ,小胞になって細胞質内に沈み込んでい

く．エキソサイトーシスでは細胞質でつくられた小胞が細胞膜と融合して，その内容物が細胞の外へ放出される．小胞がもっていた膜脂質や膜タンパク質は，細胞膜の一部になる．いくつかの細胞は食作用によって餌や細胞の断片のような大きな塊を飲込む．

試してみよう（解答は巻末）

1. ____ は生命にとって最も基本的なエネルギー源である．
   a. 食物　　b. 水　　c. 太陽光　　d. ATP
2. 次の記述のうち，誤っているものはどれか．
   a. エネルギーはつくることも，壊すこともできない
   b. エネルギーはある状態から別の状態に変わることができない
   c. エネルギーは自発的に分散する傾向がある
3. 酵素は ____
   a. いくつかの RNA を例外として，タンパク質である
   b. 反応の活性化エネルギーを低減する
   c. 反応にかかわることにより変化する
   d. a と b
4. 次の記述のうち，誤っているものはどれか．
   a. 代謝経路のいくつかは環状である
   b. グルコースは脂質二重層を拡散することができる
   c. フィードバック阻害はいくつかの代謝経路を制御する
   d. すべての補酵素は補因子である
   e. 浸透は拡散の一種である
5. イオンや分子は，濃度のより（高い/低い）ところから濃度のより（高い/低い）ところに向かって拡散する傾向がある．
6. ____ は容易に脂質二重層を透過できない．
   a. 水　　b. 気体　　c. イオン　　d. a～c のすべて
7. エネルギーの投入を必要とする輸送タンパク質には，ナトリウムイオンの細胞膜透過を実行するものがある．これは ____ の一例である．
   a. 受動輸送　　b. 能動輸送
   c. 促進拡散　　d. a と c
8. 低張液に赤血球を沈めると，水は ____
   a. 細胞内に拡散する
   b. 細胞外に拡散する
   c. 全体として動きを示さない
   d. エンドサイトーシスにより細胞に入る
9. 細胞壁や細胞膜に対する液体の圧力のことを ____ という．
   a. 浸透　　b. 膨圧　　c. 拡散　　d. 浸透圧
10. 小胞は ____ によってつくられる．
    a. エンドサイトーシス　　b. エキソサイトーシス
    c. 食作用　　　　　　　　d. a と c
11. 左側の用語の説明として最も適当なものを a～i から選び，記号で答えよ．

____ 反応物	a. 酵素の働きを助ける
____ 食作用	b. 反応終了時に生成する
____ 熱力学第一法則	c. 反応に入っていく
____ 生成物	d. エネルギーを必要とする
____ 補因子	e. 細胞の一つが他を飲込む
____ 拡散	f. エネルギーはつくれないし，壊せない
____ 受動輸送	
____ 能動輸送	g. 勾配が大きいと早まる
____ ATP	h. エネルギーを必要としない
	i. エネルギー経済における通貨

5 エネルギーの獲得と放出

- 5・1 二酸化炭素の問題
- 5・2 光とクロロフィル
- 5・3 糖質にエネルギーをたくわえる
- 5・4 光依存性反応
- 5・5 光非依存性反応
- 5・6 光合成と好気呼吸：地球規模のつながり
- 5・7 発　酵
- 5・8 食物に含まれるさまざまなエネルギー源
- 5・9 二酸化炭素の問題　再考

5・1 二酸化炭素の問題

われわれの体は重量換算で約9.5％が炭素である．このことは，われわれの体がおびただしい数の炭素原子を含んでいることを意味する．この炭素はかつては植物を主とする光合成生物の一部であったはずである．植物は大気中の気体の一つである二酸化炭素 CO_2 から炭素原子を得ている．われわれや他の地上にすむほとんどすべての生物がもつ炭素原子は，つい最近まで二酸化炭素分子の状態で地球の大気中に漂っていたものである．

ヒトや動物は他の生物によってつくられた有機化合物を分解することでエネルギーと炭素を得ている．一方，植物や他の光合成を行う生産者たちは，環境中から直接エネルギーを，CO_2 のような無機分子から炭素を，それぞれ得ている．**光合成**（photosynthesis）は太陽光を使って CO_2 と水からグルコースをつくる代謝経路である．

光合成生物は空気中から CO_2 を取込んで，その中の炭素原子を生体組織の構築に使う有機化合物中に固定する．光合成生物や他の生物がエネルギー獲得のために有機化合物を分解すると，炭素原子は CO_2 の状態で再び空気中に放出される．光合成が進化して以来，上記の二つの経路がバランスよく生物圏を循環している．光合成生物によって空気中から除かれる CO_2 の量と，逆に生物が空気中に放出している量とが，少なくとも人類が出現するまでは大まかにいって同じであった．

およそ8000年前，人類は森を切り開き，燃やして農地として利用するようになった．木や他の植物が燃えると，その組織中に固定されていた炭素が CO_2 として放出される．われわれの活動は，地球上の CO_2 の大気循環を乱している．光合成生物が大気中から取込む以上に，CO_2 を空気中に排出している．このため，研究者は費用対効果の高いバイオ燃料づくりに取組んでいる．バイオ燃料は化石燃料とは違い，油やガス，そしてアルコールなどのおもに植物からの有機物を原料としている．バイオ燃料を使えば大気中の CO_2 を増やすことなく，むしろ大気中の CO_2 を再利用していることになる．植物

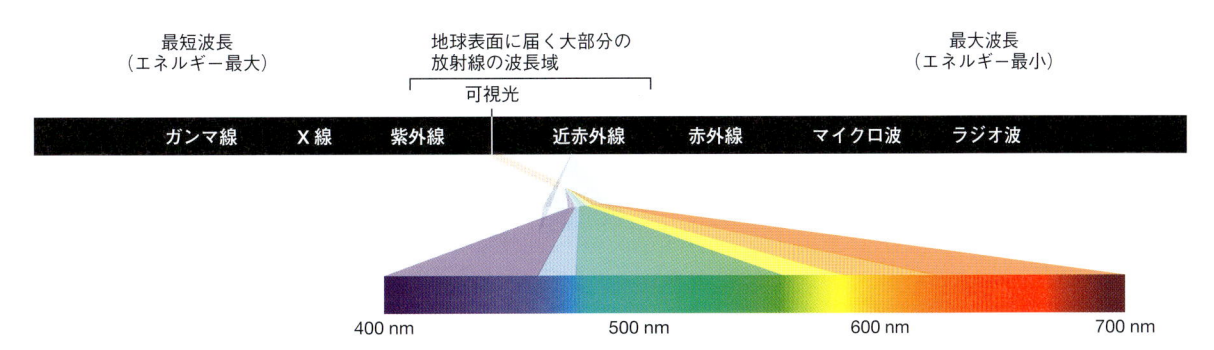

図 5・1　光の特性．太陽から放射される電磁波の広いスペクトルに対して，可視光が占める範囲はきわめて小さい．このエネルギーは，ナノメートル(nm)の波として空間中を移動する．雨滴やプリズムは白色光を異なる波長に分解することができるため，虹のように異なる色の束として見ることができる．

体はすでに大気中の CO_2 を取込んでいるからである.

5・2 光とクロロフィル

地球上のほぼすべての生態系におけるエネルギー循環は,光合成生物が太陽光をとらえるときに始まる.太陽光エネルギーを利用することはきわめて複雑な課題である.そうでなければ,われわれはすでに経済的に持続可能な方法でそれをなしとげていたであろう.植物は光エネルギーの化学エネルギーへの変換という方法でこの難題を解決している.この化学エネルギーが,植物自身とその他のほとんどの生物の細胞活動のエネルギー源として使われている.そのしくみを理解するには光の性質について知る必要がある.

光は電磁波の一種である.光は空間中を海の波のように動く.光の波頭間の距離を**波長**(wavelength)といい,ナノメートル(nm)で表す.可視光の波長は380〜750 nm である (図5・1).われわれはすべての波長の光のまとまりを白色光として,また特定の波長の光をそれぞれに異なる色として認識している.白色光がプリズム(雨滴でもよい)を通ると,異なる色の要素に分かれて虹が見えるようになる.

光合成生物は色素を使い,光を捕捉する.**色素**(pigment)は,特定の波長の光を選択的に吸収する有機分子である.色素に吸収されない波長の光は反射を起こす.この反射光が,色素に特有の色彩を与える.たとえば,ある色素が紫,青,および緑色の光を吸収した場合,残った可視光である黄,オレンジ,そして赤色の光が反射する.その結果,色素はオレンジ色に見える.

クロロフィル a(chlorophyll a)は植物および光合成を行う原生生物や細菌に最も一般的にみられる光合成色素である.クロロフィル a は紫と赤とオレンジ色の光を吸収するため,緑色に見える.他のクロロフィルを含む補助色素は,光合成のために違う波長の光を吸収している.補助色素は多様な目的に使われる.その抗酸化能は太陽光に含まれる紫外線(UV)の傷害作用から植物や他の生物を守るのに役立つ.また,視覚にうったえる色合いをもつことで,動物が熟した果物に,あるいは花粉の運び屋(送粉者)が花びらに,それぞれひかれていくのに役立つ.いくつかの色素はおなじみのものである.たとえば,ニンジンがオレンジ色なのは β-カロテンを多量に含むからである.バラが赤く,スミレが青いのはアントシアニンの含量によっている.

光合成生物のほとんどは含有する色素を組合わせることで,光合成のためにとらえる光の波長域を最大限に広げている (図5・2).植物ではクロロフィルが他の補助

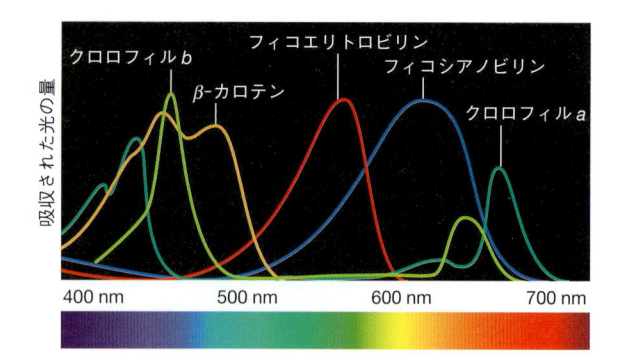

図5・2 光合成色素.グラフはそれぞれの色素がどの波長域の可視光を効率よく吸収できるかを表している.線の色はそれぞれの色素が特有にもつ色を示す.光合成生物は,色素の組合わせを利用して吸収できる光の波長域を最大限に広くしている.

色素に比べて圧倒的に多いため,葉の色は一般に緑である.秋になって葉の色が変わるのは,冬の休眠期に備えて色素合成が止まるからである.クロロフィルは他の補助色素に比べて分解速度が速い.そのため,葉の色はクロロフィルの減り具合に応じて赤,オレンジ,黄,あるいは紫と,残った補助色素の色彩に基づく色を呈するようになる.

色素はある決まった波長の光エネルギーのみを受取ることに特化したアンテナのようなものである.色素がエネルギーを吸収すると,色素分子の電子が励起され,より高いエネルギー準位に押し上げられる(§2・2).励起された電子は速やかに余分なエネルギーを放出して,励起前の状態に戻る.光合成を実行する細胞は,励起電子がエネルギー準位の低い状態に戻るときに放出するエネルギーをとらえる.細胞の中に並ぶクロロフィルや他の光合成色素がそのエネルギーを前後に動かしながら保持している.エネルギーが特異的な1対のクロロフィルにたどり着くと,光合成反応が始まる.

5・3 糖質にエネルギーをたくわえる

すべての生命はエネルギーによって維持されているが,どんな種類のエネルギーでも生命を維持できるとは限らない.たとえば,太陽光は地球上にあふれるように降り注いではいるが,それをタンパク質の合成やその他の生命維持に必要なエネルギー要求反応の直接の動力源とすることはできない.光合成は光エネルギーを化学エネルギーに変換する.化学エネルギーは光と違って,生体反応の駆動力になり,かつたくわえておいて後で使うこともできる.

植物や多くの原生生物において光合成は特定の細胞で

5・4 光依存性反応

時に放出される水素イオンと電子は補酵素NADPHに渡される（図5・4a）．

光合成の第二段階の反応は，ストロマで起こり，CO_2からグルコースがつくられる．反応に光エネルギーを必要としないことから，反応全体をまとめて**光非依存性反応**（light-independent reaction，**暗反応** dark reactionともいう）といい，光の代わりに第一段階でつくられた補酵素が保持するエネルギーを利用する（図5・4b）．

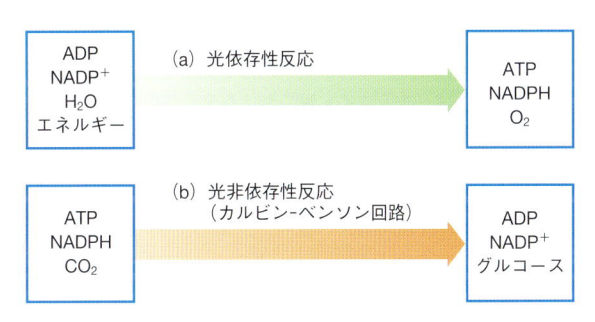

図5・4 光合成の二つの段階

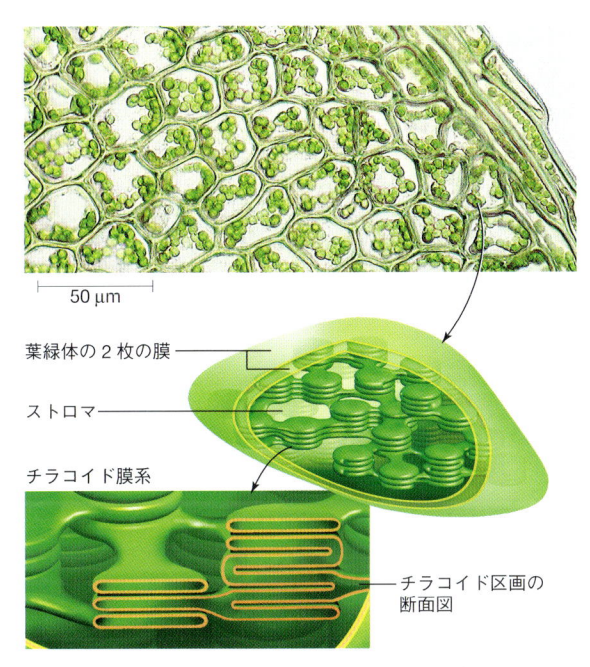

図5・3 葉の中にある光合成の場の詳細．写真はコケの一種 *Plagiomnium ellipticum* の葉にみられる葉緑体を多く含む細胞を示す．

行われる（図5・3）．この細胞には，光合成のための特別な機能をもつ**葉緑体**（chloroplast，クロロプラストともいう，§3・5）がある．植物の葉緑体は2枚の膜構造で覆われ，**ストロマ**（stroma）という粘性の高い細胞質のような液体で満たされている．葉緑体の内部にはストロマのほかに，葉緑体独自のDNA，リボソームが含まれる．また，**チラコイド膜**（thylakoid membrane）が折りたたまれて，チラコイドとよばれる内部が連なった特有の円盤構造をつくっている．チラコイド膜で囲われた区画はひと続きになっている．

光合成の全過程は次のようにまとめることができる．

$$6CO_2 + 6H_2O \xrightarrow{光エネルギー} C_6H_{12}O_6 + 6O_2$$
二酸化炭素　水　　　　　　　グルコース　酸素

この式から光合成によって，CO_2と水がグルコースと酸素に変換されることがわかる．ただし，光合成は単一の反応ではないことを覚えておこう．むしろ光合成は多くの反応からなる代謝経路であり（§4・4），二つの段階で起こっている．チラコイド膜に埋まっている分子が第一段階を実行する．それらの反応は光によって駆動されるため，**光依存性反応**（light-dependent reaction，**明反応** light reactionともいう）とよばれる．第一段階では光エネルギーがATPにたくわえられる化学結合のエネルギーに変換される．水分子が酸素O_2に変化し，同

5・4 光依存性反応

クロロフィルや他の光合成色素が光を吸収すると，電子の一つが高いエネルギー準位へ飛び出す．この電子はエネルギーを放出しながらもとの低エネルギー準位に素早く戻る．チラコイド膜では電子から放出されたエネルギーは環境中に失われることはない．この特別な膜の中では一群の光合成色素がタンパク質と一緒に並んでおり，電子を前後に受け渡ししながら保持している．

光合成反応は，チラコイド膜で受け渡しされているエネルギーが光化学系に届いた時点から始まる（図5・5）．光化学系は何百ものクロロフィルや補助色素，および他の分子が集まってできている．光化学系はエネルギーを吸収すると❶，電子を放出する．

光化学系が電子伝達系に電子を供給できるのは，それを上回る電子が補充されるからである．そのために光化学系は，チラコイド区画の水分子から電子を取出している．本来，水分子から電子を取出すのは困難な仕事であり，光化学系は生物界においてこのことができる唯一のシステムである．この反応はとても強力であるため，水は水素イオンと酸素原子に分解される❷．酸素原子は気体の酸素O_2となり，細胞外へ拡散する．

光化学系から出た電子は，チラコイド膜の中にある電子伝達系へ素早く移動する❸．電子伝達系は電子から少量の利用可能なエネルギーを得ることができる（§4・4）．光化学系から出た電子は電子伝達系のある分子から別の分子へと受け渡され，その個々の段階で少しずつエ

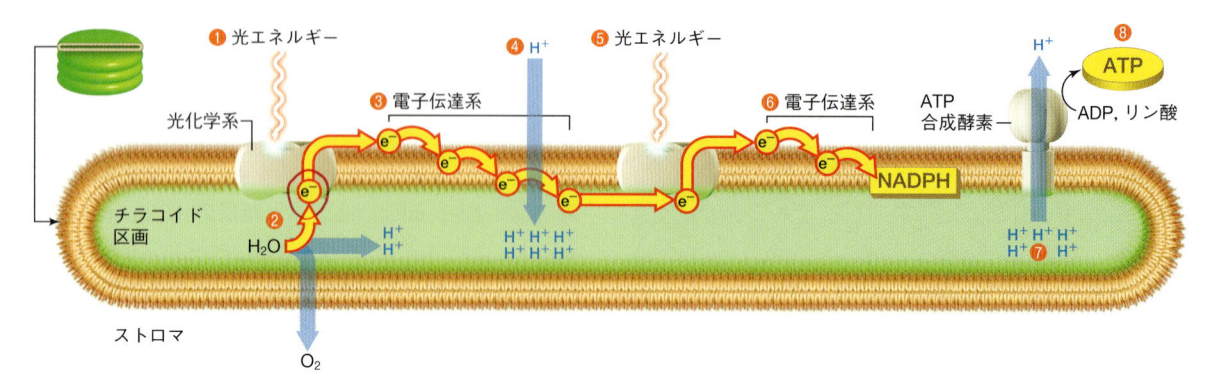

図 5・5 チラコイド膜における光合成の光依存性反応. 電子は二つの異なる電子伝達系を通り，最終的に NADPH にたどりつく. NADPH はこれらの電子を糖質合成反応の場であるストロマに転移する. ❶〜❽ 本文参照.

ネルギーを放出する. 電子伝達系の分子はそのエネルギーを使い，ストロマからチラコイド区画へと水素イオン H^+ を能動的に膜透過させている❹. このように電子伝達系における電子の流れは，チラコイド膜周辺に水素イオン濃度勾配をつくり，維持している.

電子は最初の電子伝達系を通過したあとに，もう一つの光化学系に受容される. この光化学系は光エネルギーを吸収し，電子を放出する❺. 放出された電子はすぐに第二の，これまでと異なる電子伝達系に入る. この電子伝達系の最後には，$NADP^+$ が H^+ と電子を受容して NADPH を生成する段階がある❻.

$$NADP^+ + 2e^- + H^+ \longrightarrow NADPH$$

チラコイド区画にある H^+ はその濃度勾配に従ってストロマに戻ろうとする. ところが H^+ は脂質二重層を介して拡散することができない (§4・5). H^+ は ATP 合成酵素とよばれるチラコイド膜に埋込まれた輸送タンパク質を通ってのみ，チラコイド区画から出ることができる❼. ATP 合成酵素の中を水素イオンが通ると，このタンパク質により ADP にリン酸基が付加され，ストロマで ATP が生成する❽. 電子伝達系における電子の流れがひき起こすこの ATP 合成過程を，**酸化的リン酸化** (oxidative phosphorylation) という.

5・5 光非依存性反応

カルビン-ベンソン回路 (Calvin-Benson cycle，還元的ペントースリン酸回路 reductive pentose phosphate cycle ともいう) とよばれる酵素反応群により，葉緑体中で糖質がつくられ，それをもとにグルコースなどが生成される (図5・6). この反応は光非依存性で，光エネルギーはかかわらない. その代わりに，光依存性反応でつくられた ATP と NADPH が使われる.

光非依存性反応は CO_2 から取出した炭素原子を使ってグルコースをつくる. 無機物から炭素を取出し，それを有機物の中に取込む過程を**炭素固定** (carbon fixation，炭酸固定 carbon dioxide fixation ともいう) という. 大部分の植物や光合成を行う原生生物，そして細菌のいくつかでは，ルビスコ (リブロース-ビスリン酸カルボキシラーゼ) という酵素が RuBP (リブロース 1,5-ビスリン酸) という 5 炭素の化合物に CO_2 を結合して炭素固定を行う. 生成物である 6 炭素分子はいったん三つの炭素をもつ PGA (3-ホスホグリセリン酸) とよばれる中間産物になり，回路の中に維持される. グルコース 1 分子をつくるのに必要な 6 個の炭素原子を固定するには，カルビン-ベンソン回路を 6 サイクル動かすことになる.

植物は光非依存性反応でつくったグルコースを他の有機分子の素材としたり，あるいはその分解によって化学結合にたくわえられたエネルギーを取出して利用している. しかし，ほとんどのグルコースはただちに他の経路

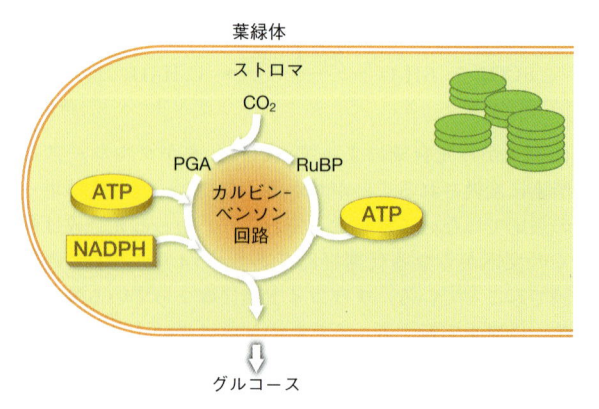

図 5・6 カルビン-ベンソン回路. 図は葉緑体の断面と，その中のストロマで起こるカルビン-ベンソン回路と生成物であるグルコース 1 分子をまとめて示している.

によってスクロースやデンプンに変換されて，光非依存性反応は終結する．植物体の他の部分でグルコースが必要になると，デンプンが単量体のグルコースまで分解され細胞から搬出される．

高温で乾燥した気候に対する適応

植物はさまざまな適応手段によって激しい日光のもとや，水のほとんどない，あるいは水をたまにしか利用できない環境でも生育することができる．たとえば，クチクラとよばれる薄い防水構造は，植物の地上部分から水分が蒸発するのを抑えている．しかし，クチクラは気体が葉や幹の表面にある細胞を通り抜けて植物体の中に入ったり刺激を与えたりすることも妨げている．光合成では気体が重要な働きをするので，その作動部位にはしばしば**気孔**（stoma, *pl.* stomata）という開閉自在の構造が備わっている（図5・7a）．気孔が開くことにより，光非依存性反応に使われるCO_2が空気中から光合成組織の中へ拡散流入し，光依存性反応で生成した酸素は，光合成細胞から外気中に放出される．

カルビン-ベンソン回路のみを使う植物は，光非依存性反応で最初に生じる安定な中間産物の3炭素分子（PGA）にちなんで**C_3植物**（C_3 plant）とよばれる．C_3植物は高温で乾燥していると，気孔を閉じて水を保持する．しかし気孔が閉じていると，光依存性反応で生じた酸素が植物体から出ていけなくなり，植物組織中に蓄積される．酸素が大量にあると，それはCO_2の代わりにルビスコの活性部位に結合する．その結果，植物は炭素固定をやめて炭素を失い，糖質の産生が遅くなる．C_3植物はこのルビスコが抱える非効率性を，ルビスコを大量につくることで補っている．地球上で最も多量に存在するタンパク質はルビスコである．

過去5000〜6000万年にわたり，ルビスコの非効率性を補う新たな反応系が多くの植物系統でそれぞれ独立に進化してきた．そのような反応系をもつ植物は，乾燥に応答して気孔を閉じていても糖質の産生量は減ることがない．トウモロコシやスイッチグラス，そしてタケがその例である．これらは炭素固定反応において最初につくられる安定な中間産物が四つの炭素をもつ化合物であることにちなみ，**C_4植物**（C_4 plant）という．この種の植物は2種類の細胞で二度，炭素を固定する．1種類目の細胞では，高酸素濃度にあっても酸素を使わない酵素によって炭素が固定される．その結果生じる中間産物はもう1種類の細胞へ輸送され，CO_2に変換される．この細胞では，CO_2がカルビン-ベンソン回路に入ることを受けてルビスコが二度目の炭素固定を行う．この反応によってルビスコ周辺のCO_2濃度が上昇し，高温で乾燥した環境下でも糖質の産生が維持される（図5・7b）．

多肉植物やサボテン，および他の**CAM植物**（CAM plant）は，日中に猛烈な高温にさらされる砂漠地域にあっても水を保持する炭素固定経路をもつ．CAMという語はベンケイソウ型酸代謝（crassulacean acid metabolism）という，ベンケイソウ科の植物（図5・7c）ではじめて研究された経路の名前にちなんでいる．C_4植物と同様にCAM植物も炭素固定を二度行うが，その反応は異なる細胞ではなく，異なるタイミングで行われる．CAM植物の気孔は夜に開く．夜であれば温度が低く，水の蒸発が最小限に抑えられる．そして炭素はまず大気中のCO_2から固定される．この回路の産物である四つの炭素をもつ酸が液胞中にたくわえられ，翌日気孔

図 5・7 高温で乾燥した気候への適応．（a）この葉の拡大像では気孔とよばれる小さな穴が見える．高温・乾燥下では気孔が閉じて水を保持するので，植物組織内に酸素がたまり，C_3植物における糖質生成効率を低下させる．（b）草原に繁茂するC_4植物のメヒシバ．もともと草原にあるケンタッキーナガハグサや他の葉の多いC_3植物との競合に負けることなく，高温・乾燥下で生育する．（c）ベンケイソウ科のカネノナルキ *Crassula argentea* や他のCAM植物は乾燥下では夜間のみ気孔を開き，炭素を固定する．これらの植物は日中に気孔を閉じてカルビン-ベンソン回路を使っている．

が閉じると液胞から出て，CO_2 にまで分解される．この CO_2 はカルビン–ベンソン回路に入り二度目の固定を受ける．

5・6 光合成と好気呼吸：地球規模のつながり

地上最初の細胞は太陽光を利用しなかった．現存するアーキアがそうであるように，太古の生物はメタンや硫化水素などの単純な分子からエネルギーや炭素を獲得していた．これらの気体成分は，初期の地表上の大気を構成する混合物に豊富に含まれていた（図5・8 ❶）．最初の光合成細胞は，およそ32億年前の海の浅瀬で進化したと考えられている．これらの生物にとり，太陽光は実質的に無限のエネルギー供給源となり，彼らは爆発的に増えることに成功した．光合成生物によって数えきれないほどの水分子を使ってつくり出された酸素 O_2 がしだいに海に，そして大気中にたまっていった．このときを境にして，生命の世界は一変した❷．

光合成が出現する前の地球の初期の大気には酸素分子

図5・8 過去❶と現在❷の大気の状態．光合成の進化によって大気が大きく変化したことを示している．光合成は現在，生命系にエネルギーと炭素をもたらす主要経路である．

はきわめて微量しかなかった．その後酸素が大気中に増加すると，すべての生物にとてつもなく大きな選択圧がかけられた．なぜだろうか．酸素は容易に酵素の補因子である金属と反応し，その結果フリーラジカル（§2・2）を生じる性質がある．フリーラジカルは生体分子に悪影

細胞質
(a) 第一段階の解糖系は細胞質で行われる．酵素の働きでグルコース1分子がピルビン酸2分子に変換され，全体としてATP 2分子が生成する．二つの NAD^+ が電子および H^+ と結合することで，NADHも2分子生成する

ミトコンドリア
(b) 第二段階はミトコンドリアで行われる．ピルビン酸2分子がアセチルCoAに変換されてクレブス回路に入る．CO_2 が生成し，細胞の外へ出ていく．反応過程で，ATP 2分子，NADH 8分子，$FADH_2$ 2分子が生成する

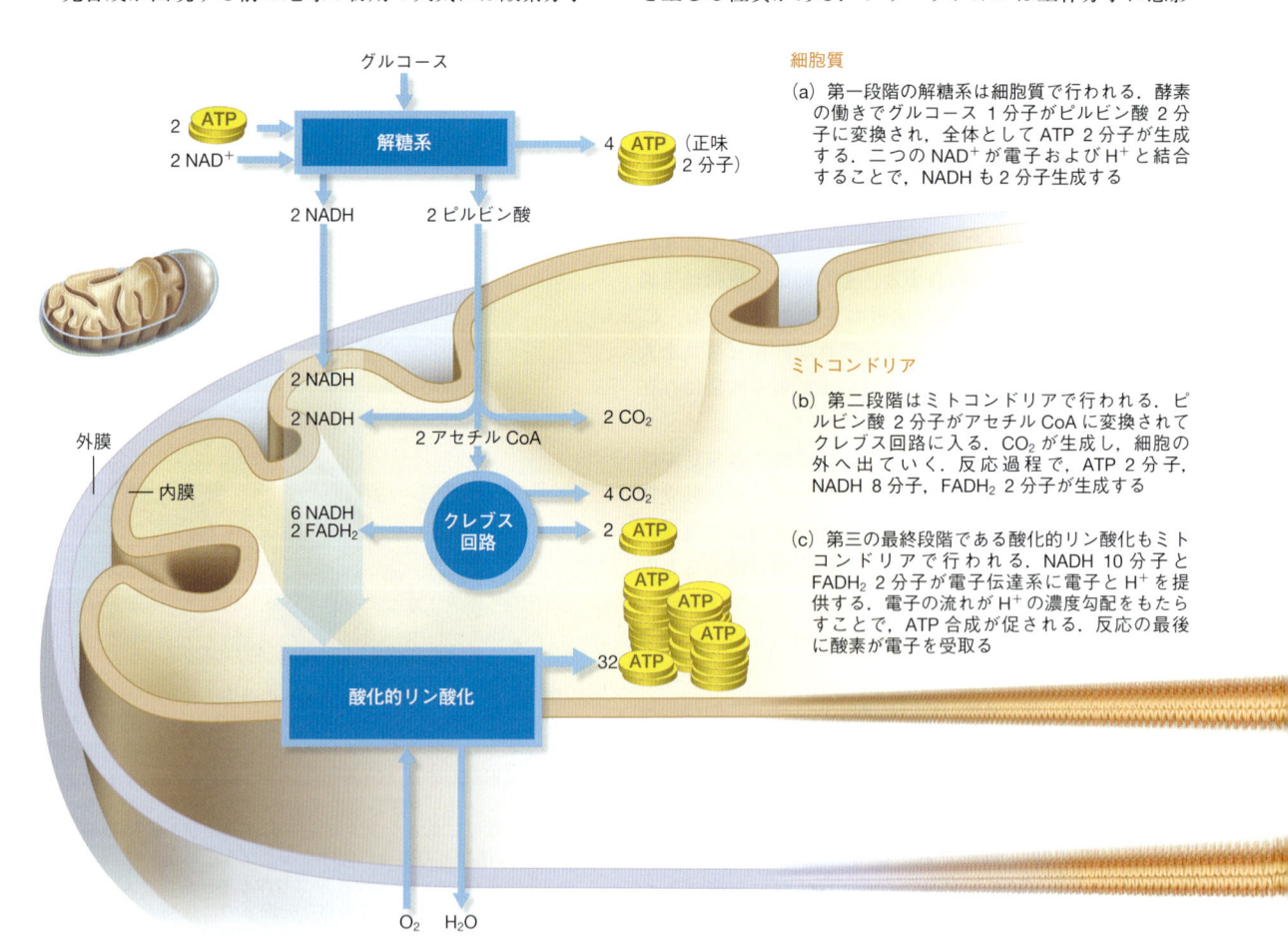

(c) 第三の最終段階である酸化的リン酸化もミトコンドリアで行われる．NADH 10分子と $FADH_2$ 2分子が電子伝達系に電子と H^+ を提供する．電子の流れが H^+ の濃度勾配をもたらすことで，ATP合成が促される．反応の最後に酸素が電子を受取る

図5・9 **好気呼吸系**．一連の反応は細胞質で始まり，ミトコンドリアで終了する．

響を及ぼす性質があるため，生命にとって脅威である．太古の細胞にはフリーラジカルを無毒化するすべがなかったため，そのほとんどがすぐに死に絶えてしまった．わずかに生き延びたのは，深海や泥地の堆積などの**嫌気性**（anaerobic，酸素のない）環境にすむ生物であった．そのような生物にはフリーラジカルを無毒化できる新しい経路が進化した．最初の**好気性**（aerobic，酸素のある）生物は，この新しい経路をもつ生物で，酸素がある環境で生育できた．呼吸は，酸素の高い反応性を有効利用している．**好気呼吸**（aerobic respiration）は，生物が糖質にたくわえられたエネルギーを取出してATPを生成するためのいくつかの方法の一つである．この経路は酸素を必要とし，二酸化炭素と水をつくる．これらは光合成生物が糖質をつくるときに使う原材料である．このように，炭素や水素，そして酸素が生物の間を循環するようになった（右図）．

糖質からのエネルギー抽出

光合成生物は太陽からエネルギーを獲得し，糖質としてたくわえている．ほとんどの生物は，糖質にたくわえたエネルギーを生命維持のための多様な反応に利用している．細胞はまず糖質がもつエネルギーをATPのような分子に転移し，ATPが細胞内のエネルギー要求反応の多くを動かすもととなる．この転移反応は，糖質中の化学結合の分解で放出されるエネルギーがATP合成に使われることで成り立っている．

糖質の分解系にはいくつかの種類があるが，ほとんどの真核細胞が利用するのは好気呼吸である．好気呼吸系は，他の分解系と比べて高い効率でATPを獲得する．多細胞生物はこの効率の良い方法なしでは生存できない．

好気呼吸

好気呼吸は細胞質で始まる（図5・9a）．**解糖**（glycolysis）とよばれる一連の反応により，六炭糖であるグルコース1分子が3炭素分子の**ピルビン酸**（pyruvic acid）2分子に変換される．反応を始めるのにATP 2分子が使われるが，最終的に4分子つくられるので，反応全体では，グルコース1分子当たり2分子のATPができる．解糖ではまた，NADH 2分子が生成する．解糖の後，好気呼吸はミトコンドリア（§3・5）内で起こる次の二つの段階へ進む．

好気呼吸の第二段階はピルビン酸の分解過程である．ピルビン酸がミトコンドリアの内部に入ると，ピルビン酸はCO_2とアセチルCoAという中間産物に変換される．アセチルCoAは**クレブス回路**（Krebs cycle，**クエン酸回路** citric acid cycle ともいう）とよばれる環状経路で分解されてCO_2になる（図5・9b）．この好気呼吸の第二段階全体で，ピルビン酸2分子がCO_2 6分子に変換され，ATP 2分子が生成する．また8分子のNAD^+と2分子のFAD（別種の補酵素）に電子とH^+が結合して，8分子のNADHと2分子の$FADH_2$が生成する．この時点でグルコース1分子が完全に分解されたこと

❶ 補酵素がミトコンドリア内膜の電子伝達系に電子を運び込む
❷ 電子伝達系で放出されるエネルギーがミトコンドリアマトリックスから膜間腔へH^+をくみ出し，ミトコンドリア内膜を隔てたH^+濃度勾配が生じる
❸ 電子伝達系の最終段階で，酸素O_2は電子とH^+を受取り，水が生成する
❹ H^+がATP合成酵素を通ってマトリックスに戻される際に，ADPとリン酸からATPがつくられる ❺

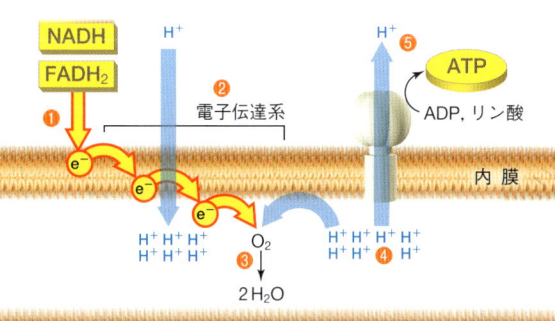

図 5・10　好気呼吸の最終段階：酸化的リン酸化

になり，炭素原子6個が CO_2 6分子として細胞から出ていく．

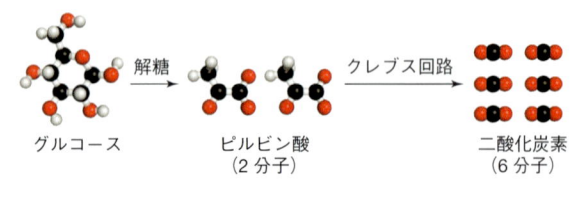

グルコース → 解糖 → ピルビン酸（2分子）→ クレブス回路 → 二酸化炭素（6分子）

好気呼吸の最初の2段階の反応で合計4分子のATPが生成する．ただし，グルコースの分解によって放出されたエネルギーのほとんどは，この時点では反応中に電子を受取った12分子の補酵素（10分子のNADHと2分子の$FADH_2$）がもっている．これらの補酵素群は，好気呼吸の第三かつ最終段階である酸化的リン酸化の動力源となる（図5・9c）．

好気呼吸の第三段階は，補酵素がミトコンドリア内膜にある電子伝達系に電子と水素イオン H^+ を運び込むことで開始される（図5・10 ❶）．電子伝達系を電子が通っていくと，電子から少しずつエネルギーが放出される．電子伝達系のいくつかの分子はそのエネルギーを使い，H^+ をミトコンドリアのマトリックス（内膜で囲まれた内部構造）から膜間腔へ移動させる ❷．このミトコンドリア電子伝達系の最後に，酸素原子が電子を受取り H^+ と結合することで水が生成する ❸．好気呼吸という語の意味は，酸素がこの経路における最終的な電子受容体であることにちなんでいる．われわれが息をするたびに，新鮮な酸素が好気呼吸細胞に供給されている．

H^+ がミトコンドリアマトリックスから膜間腔へくみ出されることで，ミトコンドリア内膜の両側に H^+ の濃度勾配ができる．この濃度勾配により，H^+ はミトコンドリアマトリックスに戻ろうとする．H^+ がATP合成酵素の内部を流れることによって，それが可能となる ❹．この H^+ の流れにより，輸送タンパク質であるATP合成酵素はADPにリン酸基を結合させ，ATPを生成する ❺．

好気呼吸の第三段階では一般に，ATPが正味32分子生成する．最初の2段階で生成するATP 4分子を合わせて，全反応過程でグルコース1分子の分解につき，ATPが正味36分子生成する＊．

5・7 発 酵

真核生物のほとんどは好気呼吸のみを使う，あるいはほとんどの時間をそれで過ごす．多くの細菌やアーキア，原生生物や真核生物のいくつかは**発酵**（fermentation）という嫌気的経路により糖質からエネルギーを取出すことができる．発酵と好気呼吸は細胞質における解糖系という同じ反応により始まる．しかし好気呼吸と異なり，発酵は細胞質で終了する．その一連の反応でピルビン酸は他の分子に変換されるが，すべてが二酸化炭素と水に分解されるわけではない．電子伝達系が使われないため解糖系以後にATPは生成しない．ただし，NADHから電子が除去されるため，NAD^+ が再生し，それによってATPの生産性は低いながらも解糖系が継続される．このように，発酵反応全体における正味のATP生成は，解糖系による2分子のみである（図5・9a）．反応の終わりで電子は有機分子（酸素ではない）に受容される．このため発酵反応の継続に酸素は必要とされない．

発酵により，嫌気的環境下で好気性生物の細胞がATPを生成することができる．発酵はまた，多くの嫌気性生物，すなわち細菌や真菌類，単細胞の原生生物など海洋の堆積物や動物の腸管，あるいは深い泥などに生息するものが生き続けるのに十分なエネルギーを供給することに役立っている．ボツリヌス中毒を起こす病原性大腸菌など，これらの生物のなかには好気的環境に適応できず，酸素にさらされると死んでしまうものがある．

アルコール発酵

アルコール発酵（alcoholic fermentation）では，解糖系でできたピルビン酸がエタノール（エチルアルコール）に変換される．はじめに3炭素のピルビン酸が二酸化炭素と2炭素のアセトアルデヒドに変わる．ついで電子と水素がNADHからアセトアルデヒドに送られて，NAD^+ とエタノールがつくられる（図5・11a）．真菌類の一種であるパン酵母 *Saccharomyces cerevisiae* では，アルコール発酵がその増殖を維持している．アルコール発酵はビールやワイン，そしてパンをつくるのに役立つ（図5・11b）．

ビール醸造では，オオムギ麦芽，ワイン製造では，ブドウの汁に含まれる糖分が糖質源であり，エタノールに変化する．

パンは，デンプンとグルテンというタンパク質を含む小麦粉にパン酵母を作用させてつくる．生地の中で酵母細胞はデンプンを発酵させて CO_2 をつくる．この CO_2 が泡状にたまり，グルテンがつくる網目状の構造に取込まれ，生地が膨らむ．発酵反応で生成するアルコールは，パンを焼いている間に空気中に抜ける．

＊ 細胞内で実際に生成されるATPは，グルコース1分子について30〜32分子といわれる．

赤筋繊維はミオグロビンという，好気呼吸のための酸素を保持するタンパク質を多く含んでいるため赤い色をしている（図5・12b）．白筋繊維はミトコンドリアを少量しかもたず，ミオグロビンもないため，あまり好気呼吸は行わない．そのかわりに，乳酸発酵によってATP生成の大部分をまかなっている．この経路でのATP生成は早い半面，長続きはしない．そのため短距離走や重量挙げのような，俊敏で激しい動きに適しているが，ATPがたくさん得られないため長期の活動にはむかない．ヒトの筋肉は赤筋繊維と白筋繊維の混合でできている．

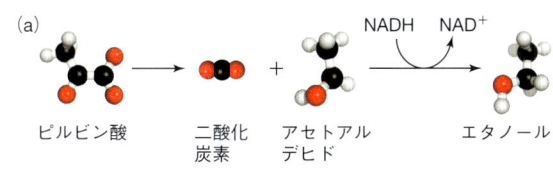

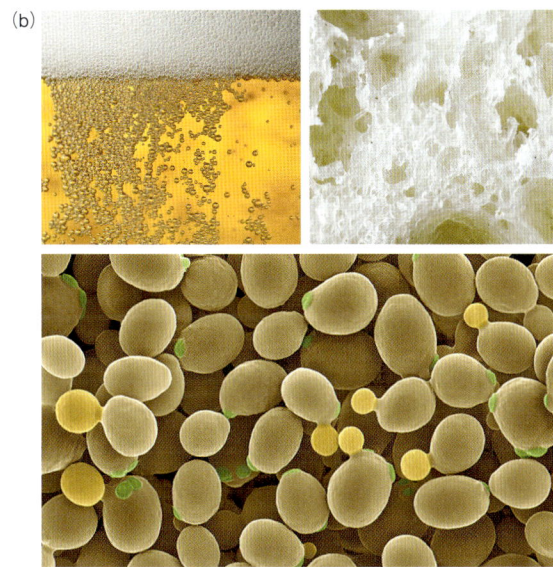

図5・11 アルコール発酵．(a) アルコール発酵の最終段階でCO_2，エタノール，NAD^+が生成する．(b) パン酵母 Saccharomyces cerevisiae による発酵で，エタノールによりビールがアルコール飲料に，CO_2により泡ができる（上左）．パンの穴は，生地中の酵母の発酵によってCO_2が出された部分である（上右）．顕微鏡写真（下）は酵母の出芽する様子を示す．

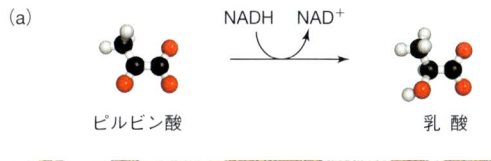

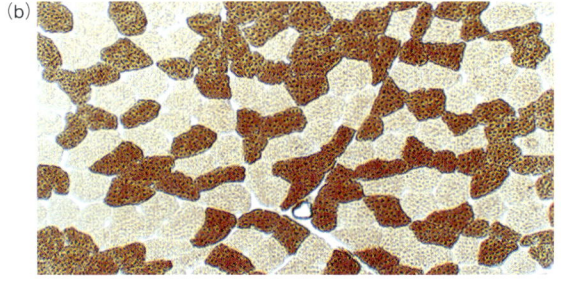

図5・12 乳酸発酵．(a) 乳酸発酵の最終段階で乳酸とNAD^+が生成する．(b) 乳酸発酵はこの写真に示されているヒト大腿部の白筋繊維で行われる．好気呼吸によるATP生成を行う赤筋繊維は，長時間の運動を可能にしている．

乳 酸 発 酵

乳酸発酵（lactate fermentation）では，NADHがもつ電子と水素イオンが直接ピルビン酸に転移される．この反応では，ピルビン酸が3炭素の乳酸（lactate または lactic acid）に変換され，NADHもまたNAD^+に変換される（図5・12a）．

乳酸発酵を行う生物には有害なものもあるが，そうでないものは食品の保存に応用されている．たとえば，乳酸菌 Lactobacillus acidophilus はミルクに含まれる乳糖を分解する．この細菌はバター，チーズ，そしてヨーグルトといった日常的な食品をつくるのに使われている．ある種の酵母は漬物，コンビーフ，ザウワークラウト，そしてキムチといった食品の発酵と保存にも役立つ．

動物の体で骨を動かしている骨格筋は，繊維状に長く融合した細胞群でできている．繊維の種類によってATP生成方法に違いがある．赤筋繊維はミトコンドリアに富み，好気呼吸によりATPを生成する．この繊維構造は，マラソンのような持続的な運動におもに使われている．

5・8 食物に含まれるさまざまなエネルギー源

解糖はグルコースをピルビン酸に変換し，クレブス回路は電子をピルビン酸から補酵素へ転移する．分子から電子を取除くことを酸化という．有機分子の酸化により，その炭素骨格にある共有結合を解くことができる．好気呼吸はグルコースを完全に酸化し，完全に炭素と炭素の結合を切断する．

細胞は酸化反応により他の有機分子の分解も行う．食物に含まれる複合糖質や脂質，およびタンパク質は，解糖あるいはクレブス回路に入ることのできる分子に変換される．グルコースの代謝でみられるように，多くの補酵素が電子を受容し，電子がもつエネルギーは酸化的リン酸化でATPを生成するのに使われる．

複 合 糖 質

デンプンや他の複合糖質は消化系で単糖の単位まで分解される（図5・13a）．これらの単糖はただちに解糖を

行う細胞に取込まれる❶. ATP がすぐに使われてしまわない限り，その細胞内濃度は上昇していく．ATP が高濃度になると，解糖系の中間産物が反応系から離脱してグリコーゲンという多糖類をつくる経路に入るようになる（§2・7）．肝臓と筋肉の細胞は特にグルコースをグリコーゲンに変換する能力に優れており，体内で最も多くグリコーゲンを貯蔵している．食事の合間の血中グルコース濃度は，肝臓における貯蔵グリコーゲンからグルコースへの変換によって維持される．

糖質をとりすぎると何が起こるだろうか．血中グルコース量が高くなりすぎると，クレブス回路内のアセチル CoA が脂肪酸合成に使われるようになる．糖質のとりすぎで脂肪が増えるのはこのためである．

脂　　肪

脂肪分子がグリセロールの頭部1個と，1～3個の脂肪酸の尾部をもつことをすでに述べた（§2・8）．細胞は脂肪分子を分解するとき，まずグリセロールと脂肪酸をつなぐ結合を壊す（図5・13b）．ほとんどすべての細胞は，遊離した脂肪酸の長い鎖状構造を酸化して二つの炭素でできた断片に分ける．この断片はアセチル CoA に変換され，クレブス回路に組込まれる❷．グリセロールは解糖系の中間産物に変換される❸．

炭素原子に換算すると，脂質は糖質よりも豊富なエネルギー源である．糖質の主骨格構造には多くの酸素原子が含まれる．脂質がもつ長い脂肪酸の尾部構造は，酸素の結合がほとんどない炭素鎖である．このため，脂質の酸化と完全な分解にはより多くの反応が必要となる．補酵素がこれらの反応において電子を受容する．電子を受取る補酵素が多いほど，より多くの電子が酸化的リン酸

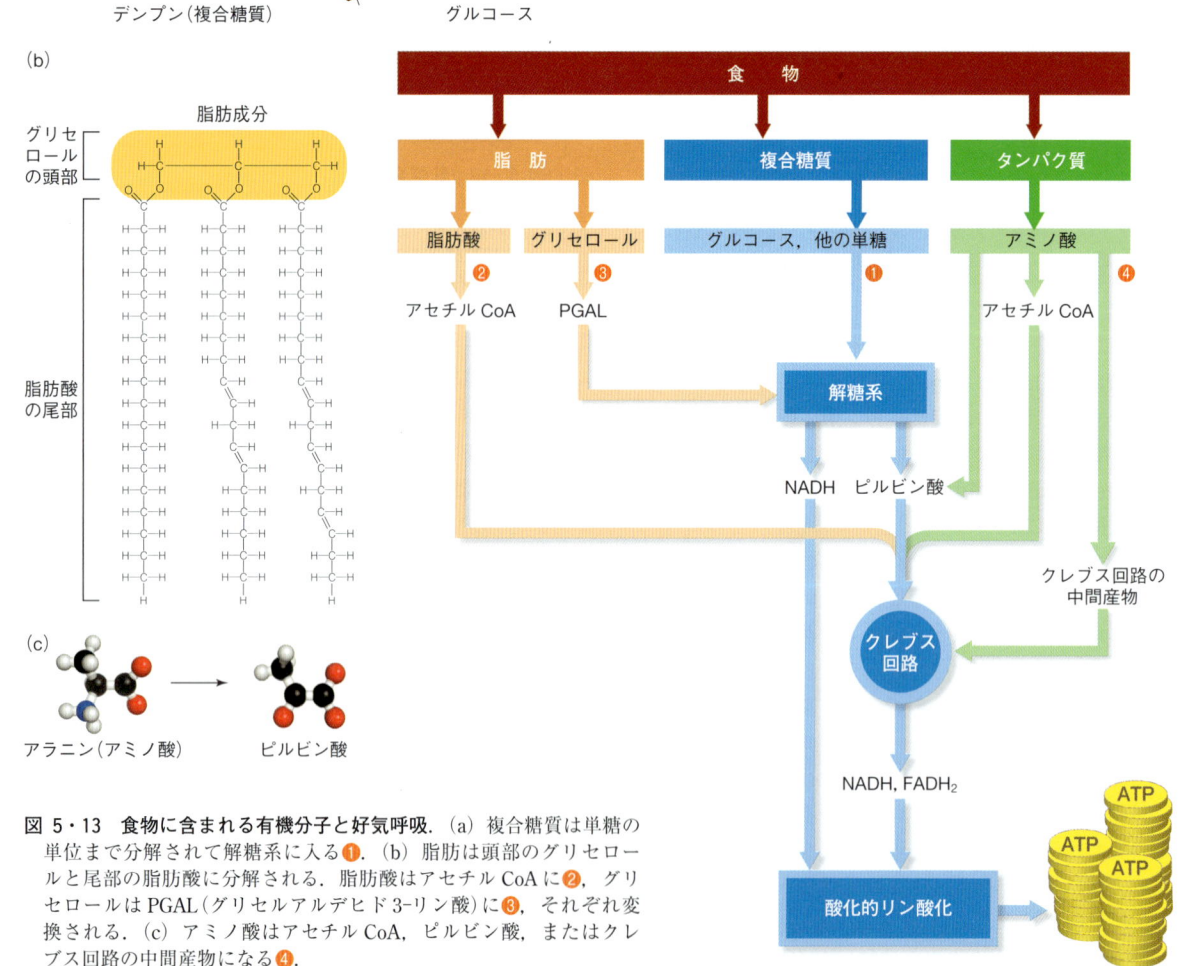

図 5・13　食物に含まれる有機分子と好気呼吸．(a) 複合糖質は単糖の単位まで分解されて解糖系に入る❶．(b) 脂肪は頭部のグリセロールと尾部の脂肪酸に分解される．脂肪酸はアセチル CoA に❷，グリセロールは PGAL（グリセルアルデヒド 3-リン酸）に❸，それぞれ変換される．(c) アミノ酸はアセチル CoA，ピルビン酸，またはクレブス回路の中間産物になる❹．

化のATP合成反応に使えるようになる．

タンパク質

　消化系にあるいくつかの酵素は，食物に含まれるタンパク質をアミノ酸の単位に分解し，それらを血流に吸収させる．細胞はこのアミノ酸を使ってタンパク質や他の分子をつくることができる．しかし，必要量以上のタンパク質を摂取すると，アミノ酸はさらに分解を受ける．アミノ基が除かれて，アンモニアという尿中の老廃物となる．残りの炭素をもつ部分が使われて，もとのアミノ酸の種類に応じてアセチルCoA，ピルビン酸，あるいはその他のクレブス回路の中間代謝物がつくられる（図5・13c）．これら有機分子はすべてクレブス回路に入ることができる❹．

5・9　二酸化炭素の問題　再考

　地球の太古の大気が封入された小さな場所が南極大陸にある．過去何百万年もの間，毎年集積した雪と氷の層の中に大気が残されている．封じ込められた空気と塵はその層ができたときの大気の状態をそのままに反映している．それにより，西暦1800年代中ごろの近代工業化（産業革命）までのおよそ1万年にわたり，大気中のCO_2濃度が比較的安定であったことがわかった．現在，大気中のCO_2濃度は過去1500万年のなかで最も高い．

　大気中のCO_2濃度は気候に大きな影響を与えるので，その上昇は地球規模の気候変動にかかわっている．CO_2濃度の上昇と歩調を合わせるように気温が上昇している．地球上の気温は現在，過去12,000年のなかで最も温暖である．この傾向は至るところで生物系に影響を与えている．生活環への影響として，鳥類の産卵時期や植物の開花時期が早められ，哺乳類の冬眠期間が短くなってきている．生物の移動パターンや生息地も変わってきている．多くの生物種にとってこうした変化が急激すぎるため，絶滅の危機を増大するのではないかと懸念されている．

　ふつうの環境であれば，余分なCO_2は光合成生物による取込み作用を刺激するものとして作用するだろう．ところが，地球温暖化に付随する温度と降水の分布の大きな変化は，この利点を帳消しにしている．植物や他の光合成生物にとって，この変化が有害だからである．

ま と め

5・1　光エネルギーは，光合成という代謝経路で，水とCO_2からグルコースを生成するのに使われる．植物や他の光合成生物は大気中からCO_2を獲得し，生産者と消費者の両方が行う好気呼吸でもとに戻す．この二つの経路の釣合は，ヒトが化石燃料を燃やすことで崩れてきている．大気中に排出される過剰量のCO_2が地球温暖化の原因になっている．

5・2　光合成色素は光合成のために特定の波長をもつ可視光を吸収している．吸収されなかった波長の光は，色素の特徴的な色として観察される．主要な光合成色素であるクロロフィルaは紫と赤の光を吸収するため，緑色に見える．補助色素は他の波長の光を吸収する．

5・3　葉緑体中で光合成の光依存性反応が起こる場所は，幾重にも折りたたまれたチラコイド膜である．この膜が，光合成の光非依存性反応が起こるストロマ内にひと続きの区画をつくっている．

5・4　チラコイド膜にある光合成色素は光エネルギーを吸収して光化学系に渡し，光化学系は電子を放出する．電子はチラコイド膜にある電子伝達系を流れ，最終的にNADPHを生成する．電子伝達系の分子は電子から出てきたエネルギーを使い，チラコイド膜の両側で水素イオンの濃度勾配をつくる．水素イオンは膜のATP合成酵素を通ってもとに戻り，この酵素によるATP合成を促す（酸化的リン酸化という）．光合成では酸素が放出される．なぜなら，光化学系は失った電子を水分子から取出すことで補塡し，水が分解するからである．

5・5　光依存性反応で生成したATPとNADPHがカルビン－ベンソン回路での光非依存性反応の動力源となり，CO_2からグルコースを生成する．気孔が閉じることで植物は水を保持しているが，気体の交換も制限している．C_3植物では，組織でできた酸素がグルコース産生の効率を下げる．C_4植物やCAM植物でみられる別の種類の炭素固定反応は，これらの植物が高温で乾燥した気候のもとで高い効率で糖質を生成するのに役立っている．

5・6　光合成はかつて地球上の大気の組成を変え，生物の進化に大きな影響を与えた．上昇し続ける酸素濃度に適応できなかった生物は，現在嫌気的環境でのみ生き残っている．酸素を無毒化するしくみが生まれ，生物が好気的環境で生き残ることができるようになった．

　現存する生物の大多数は，好気呼吸によって糖質がもつ化学エネルギーをATPの化学エネルギーに変換することができる．真核生物では，この経路は細胞質内の解糖に始まり，ミトコンドリアで終結する．好気呼吸の最初の二つの段階（解糖系とクレブス回路）で，補酵素が電子と結合する．この電子がもつエネルギーは，第三段階の酸化的リン酸化でのATP合成の動力源となる．電子伝達系の最終段階では，酸素が電子および水素イオンと結合して水が生成する．

5・7　嫌気性の発酵経路は細胞質内の解糖で始まり，細胞質で完了する．この反応系では，酸素とは異なる分子が電子を受容する．アルコール発酵の最終産物はエタノールである．乳酸発酵の最終産物は乳酸である．発酵の最終段階でNAD$^+$が再生産され，NAD$^+$を必要とする解糖系が継続する．ただしATPはつくられない．このように，アルコールあるいは乳酸発酵でグルコース1分子が分解されると，解糖系で生成する二つのATPが得られるのみである．

5・8　ヒトやその他の生物では，糖質分解によってできる単糖，脂肪分解によってできるグリセロールと脂肪酸，そしてタンパク質の分解によってできるアミノ酸の炭素骨格部分が好気呼吸のさまざまな段階に導入される．

試してみよう（解答は巻末）

1. 陸上植物では，光合成で使う二酸化炭素は＿＿＿から供給される．
    a. グルコース　　b. 大気　　c. 水　　d. 土壌
2. ＿＿＿は光合成の主要エネルギー源である．
    a. 太陽光　b. 水素イオン　c. 酸素　d. 二酸化炭素
3. 光依存性反応では＿＿＿
    a. CO_2が固定される　　b. ATPが生成する
    c. CO_2が電子を受取る　　d. 糖質が生成する
4. 光化学系が光を吸収すると＿＿＿
    a. 糖リン酸が生成する　　b. 電子がATPに転移する
    c. RuBPが電子を受取る　　d. 電子を放出する
5. 光合成で放出される酸素分子を構成する原子は＿＿＿に由来する．
    a. グルコース　　b. 二酸化炭素
    c. 水　　　　　　d. 水素イオン
6. 解糖は＿＿＿内で進行する．
    a. 核　　b. ミトコンドリア　c. 細胞膜　d. 細胞質
7. カルビン-ベンソン回路が反応を開始するのは＿＿＿である．
    a. 光が利用できるとき
    b. 二酸化炭素がRuBPに結合したとき
    c. 電子が光化学系から出たとき
8. 好気呼吸の第三段階で，＿＿＿が最後の電子の受容体である．
    a. 水　　b. 水素　　c. 酸素　　d. NADH
9. 動物の筋細胞が嫌気条件で働いたときに，生成しないものは次のどれか．
    a. 熱　　　　　b. 乳酸　　　　c. ATP
    d. NAD$^+$　　e. ピルビン酸　f. a〜eはすべて生成
10. 水素イオンの流れがATP合成を促すのは＿＿＿のときである．
    a. 光合成　　　　b. 好気呼吸
    c. 発酵　　　　　d. カルビン-ベンソン回路
    e. aとb　　　　　f. a〜dのすべて
11. グルコースの供給が乏しいとき，われわれの体は＿＿＿をエネルギー源として使うことができる．
    a. 脂肪酸　　　　b. グリセロール
    c. アミノ酸　　　d. a〜cのすべて
12. 左側の用語の説明として最も適当なものをa〜gから選び，記号で答えよ．
    ＿＿＿ピルビン酸　　　a. 酸素を必要としない
    ＿＿＿発酵　　　　　　b. 光合成の場
    ＿＿＿ミトコンドリア　c. 解糖系の生成物
    ＿＿＿色素　　　　　　d. 好気呼吸はここで終結する
    ＿＿＿二酸化炭素　　　e. 炭素固定酵素
    ＿＿＿ルビスコ　　　　f. アンテナのように働く
    ＿＿＿葉緑体　　　　　g. 大気中に多量に存在する

6　DNAの構造と機能

- 6・1　英雄犬のクローン
- 6・2　染色体
- 6・3　DNAの構造決定－名声と栄光－
- 6・4　DNAの複製と修復
- 6・5　クローン動物をつくる
- 6・6　英雄犬のクローン 再考

6・1　英雄犬のクローン

2001年9月11日，米国世界貿易センタービルの瓦礫の下に閉じ込められた女性を発見して一躍有名になった救助犬トラッカー(Trakr)号は，煙や化学物質の吸引，やけど，そして疲労によりついに動けなくなった．その後一時回復したが，神経性疾患によって後ろ足が麻痺し，2009年4月に死去した．トラッカー号とともに捜索にあたった警官のエッセーが"クローン化に最もふさわしいイヌ"コンテストで賞を受けたことがきっかけとなって，トラッカー号のクローン犬5頭が韓国で作製された．こうして，この英雄犬のDNAはその遺伝的コピーである**クローン**（clone）の中に保存されている．

現在では多くのクローン動物が作製されているが，作製には多くの予期せぬ出来事が起こり，通常は子宮に移植された胚の2%以下しか誕生しない．また，生まれた動物の多くは健康上の問題をかかえるようになる．なぜクローン動物の作製はむずかしいのだろうか．それは個体のすべての細胞は同じDNAを受け継いでいるが，成体の細胞はそのDNAの一部しか使っていないからである．したがって，成体の細胞からクローンをつくるためには，DNAを再プログラムしなければならない．

そのような問題があるにもかかわらず，クローン動物を作製する試みが続いているのは，将来得られる利益が莫大なものになると予想されるからである．すでにヒトのクローン細胞は遺伝病の解明に役立っている．ヒトのクローン細胞からつくられた組織や器官は不治の病に苦しむ人々の役に立つようになるだろう．家畜やペットのクローン作製はすでに商業的に行われている．

クローン動物の作製法の改良は，クローン人間を生む技術へとつながるかもしれない．そこには当然倫理的な問題が生じる．DNAとは何か，そしてそれはどのように働くのか，という遺伝の基礎を理解することは，クローン作製についての自分の意見をもつための情報を与えてくれるだろう．

6・2　染　色　体

ヒトの細胞のDNAを端から端まで引き伸ばすと約2 mの長さになる．直径10 μm以下の核にこれだけ長いDNAが収まるのはどうしてだろうか．それは，DNAがタンパク質と結合して，高密度に折りたたまれるからである．細胞の中では，DNAとDNA結合タンパク質が**染色体**（chromosome）とよばれる構造を形成している（図6・1）．DNAは二本鎖からなり，ねじれた二重らせん❶の形をしている（二重らせんについての詳細は次節参照）．染色体が構築されるための第一段階として，DNAは**ヒストン**（histone）とよばれるタンパク質のまわりに規則正しい間隔で2回巻きつく❷．このDNAがヒストンに巻きつく様子は，顕微鏡写真では糸にビーズがついているように見える．ヒストンとさらに他のタンパク質が相互作用することにより，DNAは高密度に折りたたまれ繊維状になる❸．この繊維はさらにコイルを形成し，旧式の電話コードのように中空の筒状になる❹．

細胞が生きているほとんどの間は，1本の染色体は1本のDNA二重らせん(§6・3参照)から構成される．細胞が分裂の準備をするときに染色体は複製し，その結果，2個の子孫細胞はそれぞれ完全なセットの染色体をもつようになる．染色体が複製すると，それぞれ1本のDNA二重らせんを含む**姉妹染色分体**（sister chromatid）が形成される．姉妹染色分体の対は**セントロメア**（centromere）とよばれる狭くなった領域で互いに結合している．

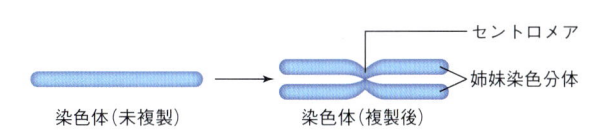

type) を決定する技術によって明らかにすることができる．この技術を用いて細胞を処理すると，染色体は凝縮し，さらに染色することでその一つひとつを顕微鏡下で区別することができる．一つの細胞の中にあるすべての染色体の像を，そのセントロメアの位置，大きさ，形，長さに従ってデジタル処理により並び替えることができる．このようにして最終的に配置された染色体の全体的な構成が，それぞれの細胞の核型を表している（図6・2）．核型の決定は，細胞に含まれる染色体の数を示し，また，個々の染色体の大きな構造的異常を明らかにすることができる．

染色体の種類

多くの雌雄異体の生物では，二倍体細胞がもつ染色体の中で1対の染色体以外は雌雄両方が共通にもつ**常染色体**（autosome）である．対をつくる2本の常染色体は，長さ，形，そしてセントロメアの位置が同じである．そして，対のそれぞれは同じ特徴（形質）についての情報をもつ．

雌と雄の間では，**性染色体**（sex chromosome）の対の構成が異なっており，その違いがそれぞれの性を決定

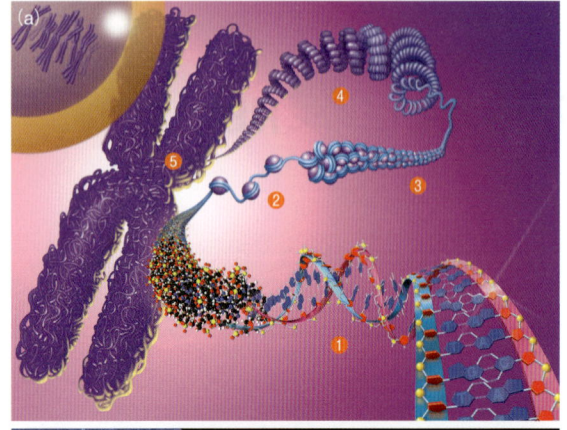

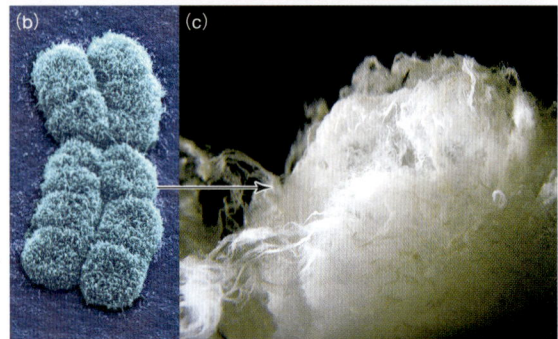

図 6・1 **染色体の構造**. (a) DNA から染色体へ．タンパク質が DNA を染色体へと組織する．(b) ヒトの染色体．(c) ヒトの細胞から抽出した DNA．
❶ DNA は二本鎖がねじれて二重らせんになっている．
❷ DNA（青）は一定の間隔でヒストン（紫）のコアタンパク質のまわりに巻きついている．
❸ DNA にタンパク質が結合して堅くねじれ，繊維状になる．
❹ 繊維がコイルをつくり，それがさらにコイルをつくることで中空の筒を形成する．
❺ 最も凝縮した状態の倍化した染色体は X 形を示す．

8章で示すように，分裂過程が始まる直前に，複製して倍化した染色体は凝縮し，特徴的な X 形を示すようになる❺．

染色体数

真核生物の細胞の DNA は，長さと形の異なる複数の染色体に分かれて存在している．染色体の総数は**染色体数**（chromosome number）とよばれ，生物種により異なっている．たとえば，カシの染色体数は 12 であり，その細胞の核には 12 本の染色体が存在する．ヒトの体細胞の染色体数は 46 である．

実際には，ヒトの体細胞は 23 本の染色体を二組もつ．二組の染色体をもつ細胞は**二倍体**（diploid）$2n$ である．それぞれの細胞の二倍体の染色体の構成は**核型**（karyo-

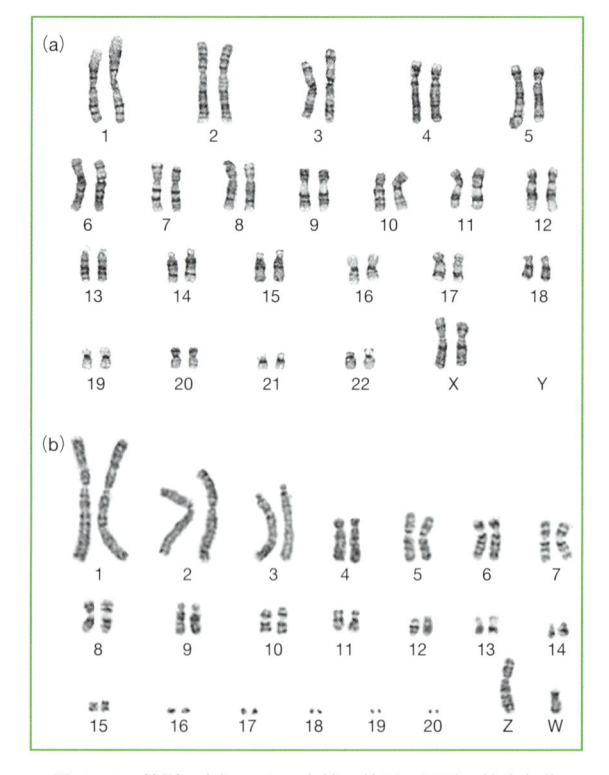

図 6・2 **核型**. (a) ヒトの女性の核型．同形の性染色体 X が二つある．(b) 雌のニワトリの核型．性染色体は互いに異なる Z と W である．

している．ヒトの性染色体はXとYである．ヒトの女性の体細胞は2本のX染色体（XX）をもつ（図6・2a）．男性の体細胞は1本のX染色体と1本のY染色体（XY）をもつ．XXが雌となりXYが雄となるのは哺乳類のほかショウジョウバエなど多くの動物にみられる規則ではあるが，違ったパターンもある．チョウ，ガ，鳥類，そしてある魚類では雌は2本の異なる性染色体をもつが，雄は2本の同一の性染色体をもつ（図6・2b）．ある種の無脊椎動物，カメ，カエルでは性染色体ではなく環境因子が性を決定する．たとえば，ウミガメの場合には，卵が埋められている砂の温度が孵化した幼生の性を決定している．

6・3 DNAの構造決定——名声と栄光——

DNAの各鎖は**ヌクレオチド**（nucleotide）の重合体であり（§2・10），わずか4種類のヌクレオチドにより構成されている（図6・3）．一つのヌクレオチドは五炭糖（ペントース），三リン酸，そして窒素を含む4種類の塩基，すなわちアデニン（adenine, A），グアニン（guanine, G），チミン（thymine, T），シトシン（cytosine, C）のうちの1種類からなる．これらの4種類のヌクレオチドがDNAの中でどのように配置しているのか，この問題の解決には50年以上の歳月がかかった．DNA分子は巨大であり，染色体DNAは複雑な構造をしているため，初期の研究方法では解明することがむずかしかった．

DNAの構造を解明するいくつかの鍵は1950年ごろに集中して現れた．DNAの構造を解明しようとしていた多くの研究者の一人であるシャルガフ（Erwin Chargaff）は二つの発見をした．第一に，すべてのDNAにおいてアデニンとチミン，そしてグアニンとシトシンの量が同じであった（A＝TとG＝C）．この発見をシャルガフの第一法則という．シャルガフの第二法則は，アデニンとグアニンが含まれる割合は異なる生物種のDNAの間で異なるということである．

しばらくして，米国の生物学者ワトソン（James Watson）と英国の生物物理学者クリック（Francis Crick）はDNAの構造について共通した考えをもつようになった．当時，多くのタンパク質を形づくる二次構造としてらせん構造が発見されていたため（§2・9），ワトソンとクリックはDNA分子もらせん構造をとるのではないかと考えた．彼らはDNAを構成する4種類のヌクレオチドの大きさ，形，結合条件について長時間にわたり議論を重ねた．そして見逃している可能性のある結合を見いだすために，化学者に助けを求めることも

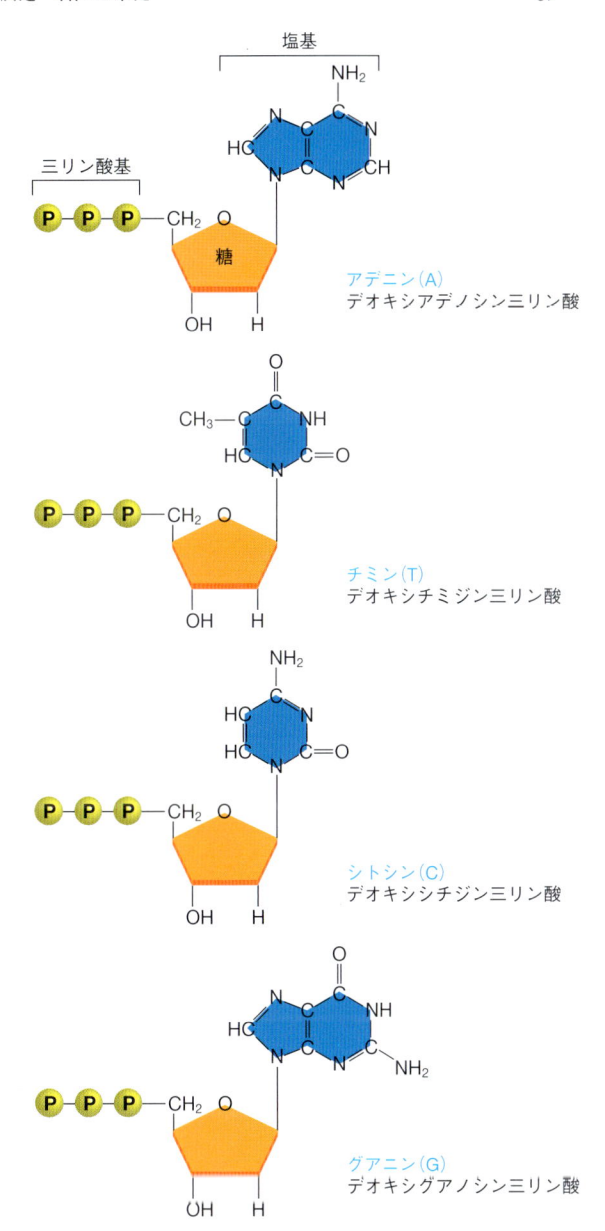

図6・3 DNA中の4種類のヌクレオチド． それぞれのヌクレオチドは三リン酸基，デオキシリボース（オレンジ）と窒素を含む塩基（青）をもつ．

あった．厚紙の切抜きを動かし，針金で適当な角度をつけて接続した金属片を用いて模型を作製した．

物理化学者のフランクリン（Rosalind Franklin，図6・4）もまたDNAの構造について研究をしていた．フランクリンは，クリックと同様に，結晶化した物質にX線を照射して解析する結晶構造解析を専門としていた．分子中の原子はX線を散乱させ，その散乱パターンは一つの像としてとらえられる．そして，そのパターンを使って分子中に繰返し現れる要素の大きさ，形，間隔な

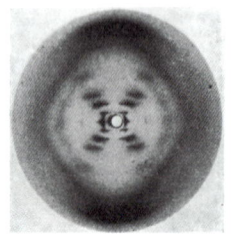

図 6・4　フランクリンと DNA の X 線回折像． この像は，DNA の構造を解明する一連の手掛かりの最後の決定打となった．

図 6・5　DNA の構造．
(a) DNA の構造を 3 種類のモデルで複合的に示している．2 本の糖-リン酸骨格が内側に位置する塩基のまわりでねじれてらせんを形成している．
(b) DNA モデルを見るワトソン(左)とクリック(右)．(c) ウィルキンス．

← 糖-リン酸骨格

── 内側に位置する塩基間の水素結合

どの分子構造の詳細を計算する．

　フランクリンはすでに X 線結晶構造解析を用いて複雑で不規則な石炭の構造を明らかにしていた．同じキングスカレッジのなかで DNA 構造について研究をしているのは自分だけだと思っていた彼女は，すぐ階下でウィルキンス（Maurice Wilkins）が同じ研究をしていることを知らなかった．

　フランクリンとウィルキンスは注意深く調製された同じ DNA 試料を手にしていた．フランクリンは慎重に仕事を進め，初めて DNA の明瞭な X 線回折像を得ることに成功した（図 6・4 右）．そして 1952 年にその仕事についての口頭発表を行った．DNA は二本鎖がねじれた二重らせんであり，その外側にある主鎖にはリン酸基があり，内側に未知の配置で塩基が存在していることを報告した．DNA の直径，鎖間および塩基間の距離，らせんの角度，一巻き中の塩基の数を算出した．もし，結晶構造解析の知識をもつクリックが発表の場にいたら，その仕事の重要さを認識していたことだろう．ワトソンはその聴衆の中にいたが，結晶構造解析学者ではなかったため，フランクリンが示した画像と計算の意義について理解できなかった．

　フランクリンは発見についての研究論文を書き始めた．しばらくして，おそらく彼女が知らないうちに，ワトソンはウィルキンスとともに彼女の X 線回折像を再検討し，またワトソンとクリックはフランクリンの未発表のデータの詳しい報告書を読んだ．フランクリンのデータはワトソンとクリックに DNA のパズルを完成させる最後の一片をもたらした．1953 年，二人は 50 年間蓄積されてきた手掛かりとなるすべての知見を一つにまとめ，初めて DNA 分子の正確なモデルを構築した．1953 年 4 月 25 日，フランクリンの仕事は，『ネイチャー』誌上で，DNA の構造についての連続した論文の 3 番目に掲載された．ウィルキンスの研究論文は 2 番目に掲載さ

れた．フランクリンとウィルキンスが得た実験的証拠に基づいたワトソンとクリックの理論的モデルは1番目の論文として掲載された．

二重らせん

ワトソンとクリックは，DNAの構造について，2本のヌクレオチド鎖が逆向きに並んでコイル状に巻いた**二重らせん**（double helix）であると提唱した（図6・5a）．一つのヌクレオチドの糖と次のヌクレオチドのリン酸の間の結合がそれぞれの鎖の糖-リン酸骨格を形成している．内側にある塩基どうしの間の水素結合が2本の鎖を結びつけている．AとT，GとCの2種類の塩基間だけで対の形成が可能であり，このことからシャルガフの第一法則が説明できる．

ほとんどの科学者が，塩基はらせんの外側に位置しなければならないと思い込んでいた．なぜなら，そのほうがDNAをコピーする酵素が塩基に近づきやすいと考えたからである．次節で，DNAを複製する酵素がどのようにしてDNA二重らせんの内側にある塩基に近づくのか説明する．

多くの科学者がDNA構造の発見に貢献してきたが，一般には3人の功績だけが認められている．フランクリンは1958年に37歳でこの世を去った．ノーベル賞は死後には授与されないため，1962年，DNA構造の発見によりワトソン，クリック，ウィルキンス（図6・5b, c）に与えられた栄誉を，フランクリンはともに受けることはなかった．

DNAの塩基配列

すべての二本鎖DNA中に，塩基対はたった2種類しか存在しない．それにもかかわらず，信じられないほど多様な生物の形質が生み出されている．これはどのようにしたら可能となるのだろうか．DNAは異なる塩基をもつ4種類のヌクレオチドから構成されているが，一つのヌクレオチドが次のヌクレオチドに連なる順（**DNA塩基配列** DNA sequence）は，種間で驚くほど異なっている（このことはシャルガフの第二法則を説明している）．たとえば，ある生物種のDNA断片が次に示す配列をもっているとしよう．

1塩基対　TGAGGACTCCTCTT
　　　　ACTCCTGAGGAGAA

ここでDNAの二本鎖は互いに相補的であり，AとT，GとCが特異的に対をつくる．しかし，1本のDNA鎖にみられる塩基の配列は生物種間そして同種の個体間

でさえも異なっている．事実，塩基配列によってコードされている情報は種を定義し，個体を特徴づける形質（trait）の基礎となっている．このように，すべての細胞における遺伝情報分子であるDNAは生命の統一性を支える基礎であり，一方，その塩基配列の変化は生命の多様性の源となっている．

6・4 DNAの複製と修復

細胞は，増殖する前にDNAをコピーして，娘細胞に完全な組の染色体を分配しなければならない．このDNAをコピーする過程を**DNA複製**（DNA replication）とよぶ．DNA複製はエネルギーを集中的に使う複数の反応からなる過程である．最初に，酵素などの分子が二重らせんを開いて内側に存在する塩基を露出させ，次にその塩基の配列をもとにヌクレオチドを結合させて新しいDNA鎖を形成する．

細胞の遺伝情報は，DNAに存在するヌクレオチドの順番により決定される．娘細胞がその情報の正確なコピーを得ることができなければ，まちがった遺伝情報が伝えられることになる．したがって，染色体はすべて正しくコピーされ，複製の結果生じた2本の染色体は親染色体の写しとなる．

真核生物では，DNA複製は必ず核（染色体を包む）の中で起こる．**DNAポリメラーゼ**（DNA polymerase）とよばれる酵素がこの過程の中心的な役割を担う．DNAポリメラーゼは数種類存在するが，いずれもヌクレオチドから新しいDNA鎖を合成する機能をもち，その合成には鋳型として働く一本鎖のDNAを必要とする．また各DNAポリメラーゼはDNA合成を開始するために**プライマー**（primer）を必要とする．プライマーとは，鋳型となるDNA鎖に相補的な配列をもつ短い一本鎖のDNAあるいはRNAである．

複製が始まる前は，各染色体は1本の二本鎖DNAからなる（図6・6）．DNA複製が始まると，酵素が二本鎖を保つ水素結合を切り，その結果二本鎖はねじれがほどけて解離する❶．別の酵素がDNAの一本鎖領域と塩基対を形成する短いプライマーを合成する❷．DNAポリメラーゼはプライマーに結合し，2本の親鎖それぞれに対して新しいDNA鎖を合成する．DNAポリメラーゼがDNA鎖に沿って動くとともに，その塩基配列を鋳型として使いながらヌクレオチドを取込み，新しいDNA鎖を合成する❸．

ポリメラーゼは次のような塩基対の法則に従う．鋳型DNA鎖上のAに出会うとDNA新鎖の末端にTを付加する．Cに出会うとGを付加する，などである．この

ように，DNA新鎖の塩基配列は親鎖（鋳型鎖）に相補的である．複製の過程で生じるDNA新鎖上の切れ目は，DNAリガーゼ（DNA ligase）とよばれる酵素によってつながれ，その結果，新鎖は連続する❹．

ヌクレオチドが伸長するDNA鎖に結合するために必要なエネルギーは，ヌクレオチド自身が供給する．リン酸基の間の結合は大きなエネルギーをもつ（§4・4参照）．ヌクレオチドがDNA鎖に結合するときには，それ自身がもつ三リン酸のうち二つのリン酸基が除かれる．そのときのリン酸基間の結合の開裂により，ヌクレオチドがDNA鎖に結合するために十分な量のエネルギーが供給される．

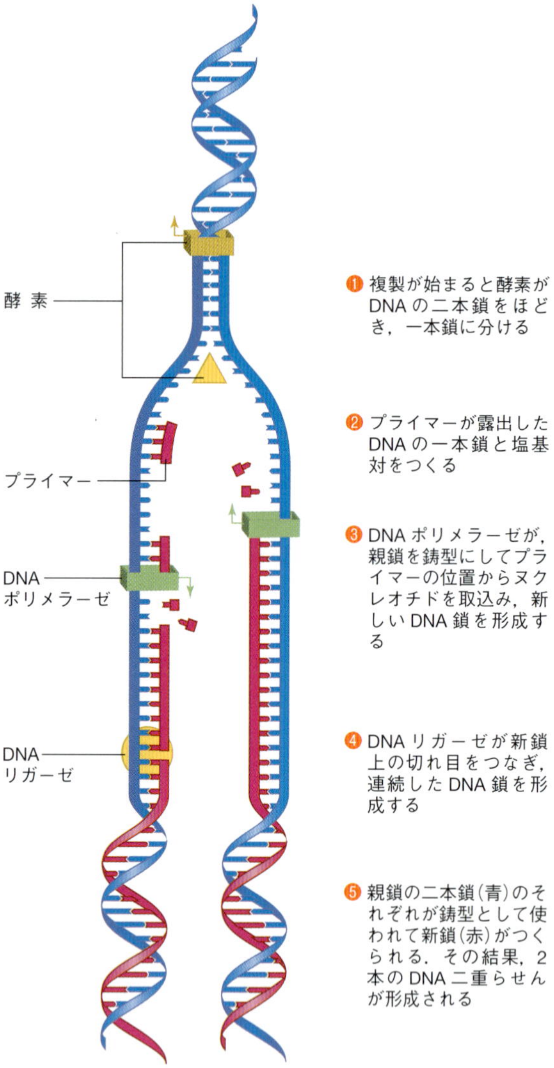

新しいDNA鎖が伸長するにつれ，鋳型DNA鎖とともに巻き上げられて二重らせんを形成する．したがって複製の後には2本のDNA二重らせんができる❺．それぞれの片側の鎖は親鎖で，他方は新鎖である．このような複製は**半保存的複製**（semiconservative replication）とよばれる．新鎖のDNA配列は親鎖の配列に対して相補的であるため，DNA複製の結果生じた2本の二重らせんは両方とも親のDNA二重らせんの複製となる．

突然変異が生じる機構

DNAはいつも完璧な正確さをもって複製されるわけではない．ときには，まちがった塩基が伸長するDNA鎖に取込まれてしまうことがある．あるときには塩基が失われたり，余分な塩基が加わったりする．いずれの場合にも，新しいDNA鎖は親鎖の配列と完全に相補的であるとはいえなくなる．ほとんどのDNA複製の誤りは，DNAポリメラーゼがDNA鎖にきわめて高速にヌクレオチドを付加する（真核生物では毎秒50ヌクレオチド，細菌では毎秒1000ヌクレオチド）という単純な理由により起こる．しかし幸運なことに，ほとんどのDNAポリメラーゼは自分の誤りを修正することができる．対をつくらない塩基があると，DNAポリメラーゼは合成の逆反応によりそのヌクレオチドを速やかに除去し，その後合成を再開する．

細胞のDNAが切断されたり損傷を受けたときも複製の誤りが生じる．なぜなら，DNAポリメラーゼは損傷を受けたDNAを正しく複製できないからである．ほとんどの場合，修復酵素などのタンパク質が複製開始前にDNA中の損傷を受けたヌクレオチドや対合しない塩基を除去ないし置換する．

これらの修復機構が働かないときには，その誤りは**突然変異**（mutation）としてDNA配列上に残る．修復酵素は，DNAが複製したのちにはもはや突然変異を認識することができない．なぜなら，新しいDNA鎖は親鎖と正しく塩基対を形成するからである．こうして突然変異は細胞が分裂したのちも次つぎに娘細胞へ受け渡される．

突然変異はDNAの遺伝的な指令を変えてしまい，その結果，害を生じることがある．たとえば，がんは突然変異によって始まる．フランクリンは，恐らく研究中にX線を多量に被曝したため卵巣がんとなり，37歳で死亡した．その当時は，X線と突然変異とがんの関係は理解されていなかった．現在では，X線，紫外線，γ線を含む，320 nmよりも短波長の電磁波が，原子から電子をはじきとばすことがわかっている．そのような電離放

❶ 複製が始まると酵素がDNAの二本鎖をほどき，一本鎖に分ける

❷ プライマーが露出したDNAの一本鎖と塩基対をつくる

❸ DNAポリメラーゼが，親鎖を鋳型にしてプライマーの位置からヌクレオチドを取込み，新しいDNA鎖を形成する

❹ DNAリガーゼが新鎖上の切れ目をつなぎ，連続したDNA鎖を形成する

❺ 親鎖の二本鎖(青)のそれぞれが鋳型として使われて新鎖(赤)がつくられる．その結果，2本のDNA二重らせんが形成される

図6・6　**DNA複製**．DNAの二重らせんが全長にわたりコピーされる．その結果，DNA二重らせんが2本つくられる．それぞれの二本鎖のうち1本は親に由来し，もう1本は新しくつくられた鎖である．したがってDNA複製は半保存的である．

たとえば，たばこの煙に含まれるある化学物質は，DNA中のヌクレオチドの塩基にメチル基CH$_3$を転移させる．このようにして変化したヌクレオチドは正確に塩基対をつくることができない．煙中の他の化学物質は体内で分解され，その分解生成物はDNAに不可逆的に結合する．いずれの場合も複製の誤りをひき起こし，突然変異を誘導する．

がんの原因となる突然変異については§8・5で説明する．ただし，突然変異がいつも危険なわけではない．後の章で述べるように，突然変異は，進化の材料となる形質の多様性の源である．

6・5 クローン動物をつくる

クローニング（cloning）という用語は，あるものの同一のコピーをつくること，あるいは遺伝的に正確な生物のコピーをつくる計画的な生殖操作を意味している．

自然界では遺伝的に同一な生物は常に生まれており，その現象はおもに無性生殖においてみられる（8章参照）．もう一つの自然に起こる過程は胚の分割であり，その結果，一卵性の双子が生まれる．受精卵が数回分裂すると細胞は球状の集団になるが，それが自然に二つに割れることがある．もし両半分がそれぞれ発生を続けると遺伝的に同一な双子が生まれてくる．人為的な胚の分割は研究や畜産の分野ではもう何十年にもわたって日常的に行われてきている．研究室で受精卵から育った細胞群はわざと二つに分けられ，それぞれが発生して胚となる．その胚を代理母に移植すると遺伝的に同一の双子が生まれてくる．人為的な双子の作製や遺伝的に同一の個体を生み出す技術を**生殖クローニング**（reproductive cloning）とよぶ．

双子は通常 DNA 配列の異なる両親から DNA を受け継ぐ．したがって胚の分割によって生まれた双子は遺伝的に互いに同一であるが，両親のいずれとも同一ではない．動物のブリーダーが特定の個体の正確なコピーを欲しいときには，成長した動物の一つの細胞から出発するクローニングの方法に目を向けるだろう．そのような方法を行うためには胚の分割より多くの技術的な挑戦をしなければならない．受精卵とは異なり，成長した体の細胞は自動的に分裂を開始することはないため，最初に細胞の発生時計を巻戻すしくみが必要になる．

受精卵が分裂して生じたすべての細胞は同じ DNA を受け継いでいる．したがって，個体のすべての細胞のDNAは，完全に新しい個体をつくるための十分な情報をもつ設計図として働く．発生中の胚の異なる細胞は異なる DNA 部分を使い，その形や機能に違いが生じる**分

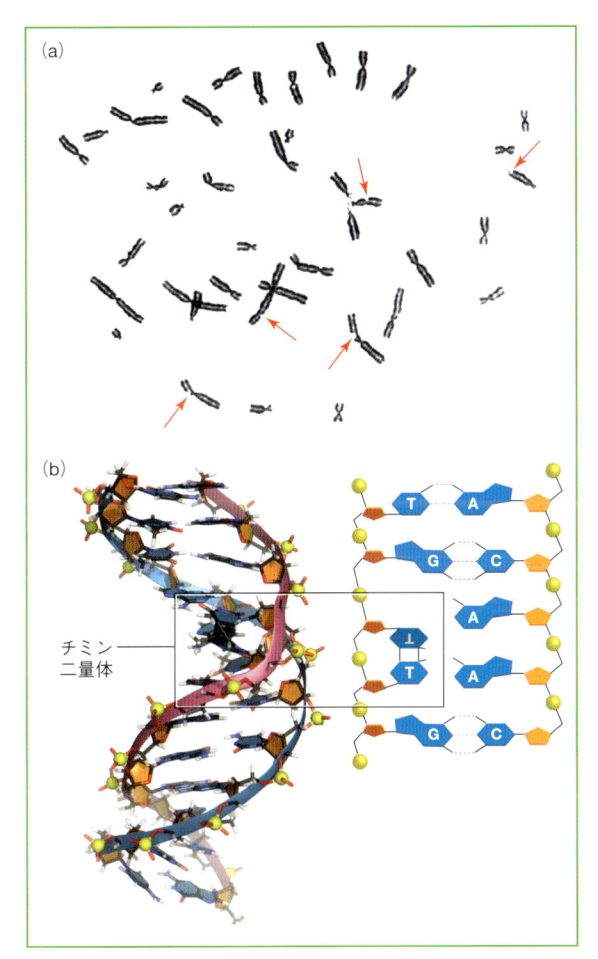

図 6・7 突然変異をひき起こす 2 種類の DNA 損傷．(a) 電離放射線の照射後にヒト白血球の染色体にみられる切断（赤矢印）．染色体の切断断片は複製の間に失われることがある．(b) チミン二量体．この種類の DNA 損傷は，波長が 320 から 380 nm の紫外線を照射することによって生じる．

射線はDNAを断片化し，その断片は複製過程で失われる（図6・7a）．

紫外線は，320〜380 nm の波長であれば原子から電子をはじきとばすだけのエネルギーをもたない．しかし，隣接する 2 個のチミンあるいはシトシン塩基の間に共有結合をつくらせることがある．その結果，ヌクレオチドは二量体を形成し，DNA 鎖がよじれをつくることになる（図 6・7b）．DNA ポリメラーゼには複製過程でその部分を正確にコピーしない傾向があり，結果として突然変異が生じる．皮膚を太陽光に曝すと，紫外線がヌクレオチド二量体を形成するため，がんになる危険性が増加する．そのときには毎秒 50〜100 個の二量体が DNA 中に生じる．

ある天然および合成化合物も突然変異をひき起こす．

化（differentiation）とよばれる過程を進行させている．動物細胞では，分化は通常一方通行であり，ひとたび細胞が特殊化すると，そのすべての子孫細胞も同様に特殊化する．肝細胞や筋細胞などの特殊化した細胞がつくられるまでに，DNAの多くの部分はスイッチが切られ，もはや使われなくなる．

動物のクローンをつくるためには，まずDNAの使われなくなった部分のスイッチを入れることにより，分化した細胞を未分化の細胞に変換しなければならない．**体細胞核移植**（somatic cell nuclear transfer）では，未受精卵から核を取除き，そこに成長した動物の体細胞から取出した核を挿入する（図6・8）．体細胞とは生殖細胞以外の体を構成する細胞のことである．もしすべてがうまくいくと，卵の細胞質が移植された核を再プログラムして胚発生を進めることができ，その胚は代理母に移植される．代理母から生まれた動物は核のドナーと遺伝的に同一である．

現在，体細胞核移植は優良な家畜を生み出す一般的な

図6・9 雌ウシのリズ（右）とそのクローン

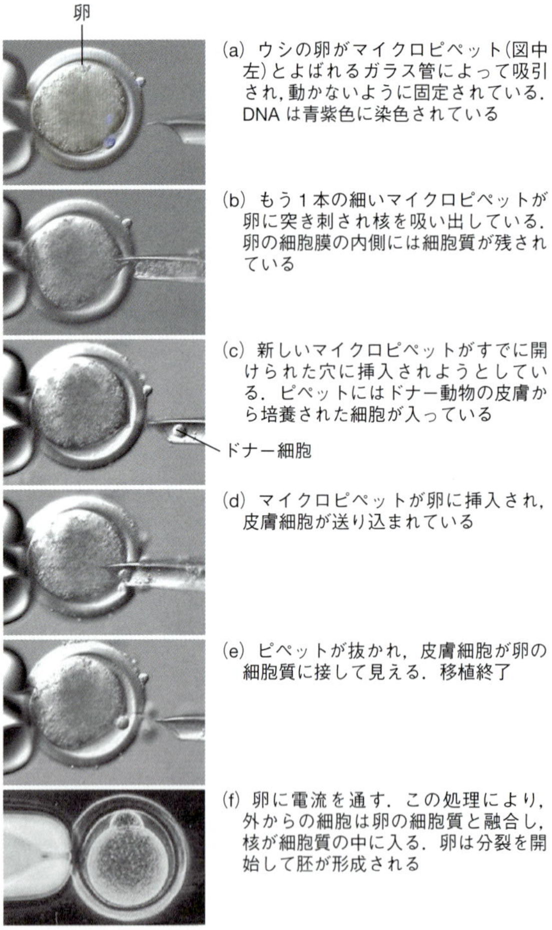

手法となっている．クローン作製にはいくつかの利点がある．たとえば，従来の飼育法に比べてより多くの子孫を一定期間内に産生できる．そして，クローン動物は核のドナーと同様の望ましい性質をもっている（図6・9）．また，核を供与する動物が去勢を受けたり死んでさえいても子孫をつくることができる．

クローニングの技術が日常化してくると，ヒトのクローン作製ももはやSFの世界の話だけではなくなってくる．研究者はすでに体細胞核移植によりヒトの胚を作製しており，そのクローン化された胚から未分化の幹細胞（stem cell）を分離してヒトを対象とした研究を行っている．たとえば，心臓に遺伝的な疾患をもつ人から分離した細胞を用いてつくった胚は，遺伝子の異常がどのように心臓の機能不全をひき起こすのか研究するために役立っている．そのような研究は，やがて致命的な疾患をもつ人たちに有効な治療法をもたらすだろう．（幹細胞とその医療への適用については18章を参照）．この研究では，ヒト個体をつくる生殖クローニングを意図しているわけではないが，体細胞核移植がその最初の一歩になりうることは確かである．

6・6 英雄犬のクローン 再考

体細胞核移植は現在ではもはや新しい技術ではない．1997年に，スコットランド人の遺伝学者ウィルマット（Ian Wilmut）の研究チームがヒツジの乳腺細胞からクローンを作製した．そのクローン子ヒツジはドリーと名づけられ，最初は正常な外見と行動を示した．しかし，ドリーはクローンであるという理由のために健康を損なった可能性が高く，若いうちに死亡した．いままでに，体細胞核移植によって，マウス，ラット，ウサギ，ブタ，ウシ，ヤギ，ヒツジ，ウマ，ラバ，シカ，ネコ，ラクダ，フェレット，サル，オオカミのクローンが得られているが，多くのクローンは健康に問題をもつ傾向がある．一

卵

(a) ウシの卵がマイクロピペット（図中左）とよばれるガラス管によって吸引され，動かないように固定されている．DNAは青紫色に染色されている

(b) もう1本の細いマイクロピペットが卵に突き刺され核を吸い出している．卵の細胞膜の内側には細胞質が残されている

(c) 新しいマイクロピペットがすでに開けられた穴に挿入されようとしている．ピペットにはドナー動物の皮膚から培養された細胞が入っている
ドナー細胞

(d) マイクロピペットが卵に挿入され，皮膚細胞が送り込まれている

(e) ピペットが抜かれ，皮膚細胞が卵の細胞質に接して見える．移植終了

(f) 卵に電流を通す．この処理により，外からの細胞は卵の細胞質と融合し，核が細胞質の中に入る．卵は分裂を開始して胚が形成される

図6・8 ウシの細胞を用いた体細胞核移植

方，トラッカー号のクローンは"チームトラッカー財団"の捜索犬や救助犬として活動している．

まとめ

6・1 動物の正確な遺伝的コピーであるクローンをつくることは，いまでは一般的な手法となっている．その技術は改良されてきてはいるが，作製されたクローンは健康上の問題をもつことが多い．この手法については常に倫理的問題を考える必要がある．

6・2 真核生物のDNAは複数の染色体に分かれて存在する．それぞれの染色体は長さと形が異なっている．ヒストンタンパク質が真核細胞のDNAと結合することにより，DNAは核の中に折りたたまれる．真核細胞の染色体が複製により倍化すると，2本の姉妹染色分体がセントロメアで接続した形になる．二倍体の細胞は同じ種類の染色体を2本ずつもつ．染色体数は細胞の中の染色体の総数をさし，生物種により固有である．性染色体の対の構成は雄と雌で異なる．その他の染色体はすべて常染色体とよばれる．対をつくる常染色体は互いに長さ，形とセントロメアの位置が同じである．すべての染色体を調べることにより核型が決められる．

6・3 DNAは2本の鎖がらせん状に巻いて二重らせんになる．それぞれの鎖はヌクレオチド分子が重合してできている．DNAのヌクレオチドは五炭糖（デオキシリボース），三リン酸基，および窒素を含む四つの塩基（アデニン，チミン，グアニン，シトシン）のうちの一つからなる．二重らせんの2本のDNA鎖は常に決まった塩基間で対をつくる（アデニンとチミン，グアニンとシトシン）．塩基の順番（塩基配列）は生物種および個体間で変化する．

6・4 染色体DNAの塩基配列は遺伝情報である．細胞は分裂する前にDNAをコピーして，その情報を娘細胞に伝える．DNA複製の過程においては，DNAポリメラーゼがDNAをコピーし，その結果，親と同一の二本鎖DNAが2本生じる．それぞれの二本鎖のうち1本のDNA鎖は新しくつくられ，もう1本は親に由来する．このような複製は半保存的複製とよばれる．

複製が進行する間，二重らせんはほどかれた状態にあり，露出したDNAの一本鎖部分にプライマーが結合する．DNAポリメラーゼがそれぞれの鎖を鋳型として用い，プライマーからヌクレオチドを重合させて新しい相補的なDNA鎖をつくる．DNAリガーゼは鎖の切れ目をつなぎあわせることにより連続的な鎖をつくる．

DNAポリメラーゼはほとんどの塩基対の誤りを速やかに修復する．最終的に修復されない誤りは突然変異（DNAの塩基配列における永久的変化）として残る．がんは突然変異により生じる．紫外線のような環境要因は複製の誤りにつながるDNA損傷の原因となる．損傷を受けたDNAは通常，複製が始まる前に修復される．

6・5 生殖クローニングは遺伝的に同一な個体（クローン）をつくりだす．体細胞核移植を行うときには，核を除去した卵に成体の動物の細胞を融合させる．その融合卵は分裂を始め胚となる．発生の間に胚の各細胞はDNAの異なる領域を使い始め特殊化する．この過程を分化とよぶ．

試してみよう（解答は巻末）

1. 染色体数とは ＿＿
   a. 細胞の特定の染色体対をさす
   b. 種によって異なる性質
   c. 細胞の常染色体数

2. ヒトの体細胞は二倍体である．二倍体とは ＿＿
   a. 細胞が完全である
   b. 細胞が常染色体をもつ
   c. 細胞が2組の染色体をもつ
   d. 細胞がもつDNAは二重らせんである

3. 遺伝情報であるのは ＿＿
   a. 核型　　　b. DNAの塩基配列
   c. 二重らせん　d. 染色体数

4. ある生物種のDNAが他の種と異なっているのは ＿＿
   a. 糖-リン酸骨格　b. ヌクレオチド
   c. DNAの塩基配列　d. a〜cのすべて

5. DNA複製のときに必要なものは ＿＿
   a. 鋳型DNA　b. ヌクレオチド
   c. プライマー　d. a〜cのすべて

6. すべての突然変異は ＿＿
   a. がんの原因となる
   b. 進化につながる
   c. 放射線によって生じる
   d. DNAの塩基配列を変化させる

7. 突然変異の原因となるものは ＿＿
   a. 紫外線　b. たばこの煙
   c. X線　　d. a〜cのすべて

8. 生殖クローニングの例はどれか．
   a. 体細胞核移植
   b. 1回の妊娠から生まれる複数の子
   c. 人為的な胚の分割　d. aとc
   e. a〜cのすべて

9. 左側の用語の説明として最も適当なものをa〜fから選び，記号で答えよ．

   ＿＿ ヌクレオチド　　　a. 複製酵素
   ＿＿ クローン　　　　　b. 1本は古く，1本は新しい
   ＿＿ 常染色体　　　　　c. 生物のコピー
   ＿＿ DNAポリメラーゼ　d. ヒトで性を決定しない染色体
   ＿＿ 突然変異
   ＿＿ 半保存的複製　　　e. DNAのモノマー
   　　　　　　　　　　　f. がんの原因となる

7 遺伝子発現とその調節

- 7・1　リシンとリボソームの危険な関係
- 7・2　DNA，RNAと遺伝子発現
- 7・3　転写：DNAからRNAへ
- 7・4　翻訳時に働くRNA
- 7・5　遺伝暗号の翻訳：RNAからタンパク質へ
- 7・6　変異した遺伝子とその産物
- 7・7　真核生物の遺伝子調節
- 7・8　リシンとリボソームの危険な関係 再考

7・1　リシンとリボソームの危険な関係

　世界中の熱帯地方で生育しているトウゴマ *Ricinus communis* は，鑑賞植物として，あるいは種子からひまし油をとるために栽培されている．その種子はリシン (ricin) とよばれるタンパク質を産生し貯蔵している．種子が発芽すると，リシンは分解され，その構成アミノ酸が新しいタンパク質の合成に使われる．リシンは動物に対しては毒として作用し，ヒトがリシンを吸入すると，多くの場合，低血圧になり呼吸不全のために数日のうちに死に至る．しかし，その解毒薬は存在しない．そのため，リシンは犯罪に使われることがある．たとえば，冷戦下の英国に亡命していたブルガリアの作家が，傘の先に仕込まれたリシンを足に押しつけられて殺害されるという事件が起こった．その後も，米国でリシンがホワイトハウス宛に郵送されるというニュースが報道された．

　リシンが毒であるのは，細胞の中でアミノ酸からタンパク質を合成する装置であるリボソームを不活性化するからである．タンパク質はすべての細胞の生命活動において不可欠であるため，合成されなくなると細胞は速やかに死んでしまう．

　本章では DNA にコードされた情報がどのように RNA とタンパク質に変換されるのか詳しく述べる．多くの人にとって，自分の体のリボソームがリシンによって不活性化されるという体験をすることはまずないが，上述のリシンを用いた犯罪例をみれば，タンパク質合成が生物の生存に必須であることはわかるはずである．

7・2　DNA，RNAと遺伝子発現

　6 章で，染色体は生物の体をつくるために指令を出す一組の設計図のようなものであることを述べた．設計図を書くためには 4 種類の文字 A, T, G, C が使われており，それらは塩基であるアデニン，チミン，グアニン，シトシンを含む 4 種類のヌクレオチドをさしている．本章では，DNA 鎖のヌクレオチド配列によってコードされる情報の性質と，細胞がどのようにその情報を使うのか説明する．

　染色体 DNA の配列のなかで，RNA やタンパク質をコードする領域を **遺伝子** (gene) とよぶ．遺伝子によってコードされる情報の産物への変換は，RNA 合成，すなわち **転写** (transcription) によって始まる．転写の過程では，酵素が遺伝子の DNA 配列を鋳型に用いて RNA 鎖を合成する．

　RNA は通常一本鎖で，一本鎖 DNA と同様な形をとるが（図 7・1），RNA ヌクレオチドの糖（リボース）は

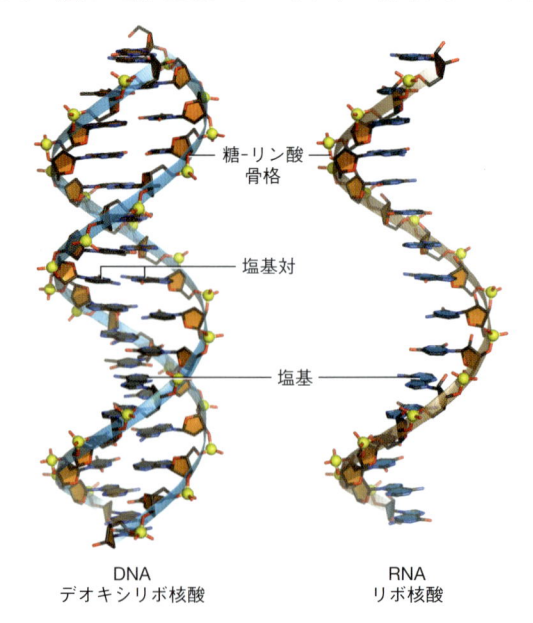

図 7・1　DNA と RNA の比較

DNA ヌクレオチドの糖（デオキシリボース）とは少し異なっている．さらに，三つの塩基（アデニン，シトシン，グアニン）は DNA と RNA で共通に使われるが，DNA で使われるもう一つの塩基がチミンであるのに対し，RNA ではウラシルである．

DNA と RNA の構造は少ししか違わないが，機能的には大きく異なる．DNA の重要で唯一の役割は細胞の遺伝情報を貯蔵することである．それに対して，RNA の種類は複数存在し，それぞれが異なる機能をもつ．以下に説明する 3 種類の RNA はタンパク質合成において機能している．**リボソーム RNA**（ribosomal RNA，**rRNA**）は，アミノ酸からタンパク質（§2・9）を合成するリボソーム（§3・4）の主要な構成因子である．**転移 RNA**（transfer RNA，**tRNA**）は，アミノ酸を**メッセンジャー RNA**（messenger RNA，伝令 RNA，**mRNA**）によって決められた順でリボソームに一つずつ運び込む．メッセンジャー RNA は，DNA とタンパク質の間の伝令の役割をもつことから名づけられた．タンパク質の情報は，mRNA の連続した 3 個のヌクレオチドを一組とした"遺伝語"の配列によってコードされている．一つの文の中で単語が連なって意味をなすように，連続した遺伝語が意味のあるまとまった情報を生み出す．この場合，その情報はタンパク質のアミノ酸配列に相当する．mRNA 中のタンパク質の情報は，**翻訳**（translation）とよばれる過程によって，アミノ酸の配列に変換される．その結果，ポリペプチドが合成され，それがねじれたり折りたたまれてタンパク質となる．

転写と翻訳は**遺伝子発現**（gene expression）の一部であり，遺伝子にコードされた情報はこれらの過程を経て RNA やタンパク質に変換される．遺伝子発現の過程では，遺伝情報は DNA から RNA を経てタンパク質へと流れていく．

DNA ―転写→ mRNA ―翻訳→ タンパク質

DNA の塩基配列は，細胞が生存に必要な分子をつくるための情報を含んでいる．それぞれの遺伝子はまず RNA に情報を渡し，異なる種類の RNA が相互作用してタンパク質を合成する．タンパク質（特に酵素）は脂質や糖質を合成し，DNA を複製させ，RNA を産生するなど，多くの機能を発揮して細胞の生存を維持している．

7・3 転写：DNA から RNA へ
鋳型として働く DNA

DNA 複製が，1 本の DNA 二重らせんから 2 本の DNA 二重らせんをつくり出すことを思いだしてほしい（§6・4）．DNA 複製の過程は，塩基が対をつくる規則に従って進むので，2 本の二重らせんは複製前の二重らせんと同一になる．ヌクレオチドは，DNA に近づいたときに親鎖上の対応するヌクレオチドと塩基対を形成するときにのみ伸長鎖に付け加えられる．そのときヌクレオチドはグアニンとシトシン，アデニンとチミンの間で対を形成する（§6・3）．

C A G T G T A C A DNA
G T C A C A T G T DNA

同様な塩基対形成の規則は転写における RNA の合成のときにも働いている．RNA は構造的に DNA と似ているため，両方の一本鎖の間に互いに相補的な配列があると連続的に塩基対をつくる．そのハイブリッドの二本鎖のなかでは，グアニンとシトシン，DNA のアデニンと RNA のウラシル，DNA のチミンと RNA のアデニンが対を形成する．

C A G U G U A C A RNA
G T C A C A T G T DNA

転写において，DNA は遊離の RNA ヌクレオチドから RNA を合成するための鋳型として働く．ヌクレオチドは，DNA 親鎖上の対応するヌクレオチドと相補的なときにのみ伸長する RNA 鎖に付け加えられる．このようにして DNA 鎖を鋳型としてつくられた新しい RNA 鎖はその全長にわたり DNA 鎖と相補的になる．DNA 複製と同様に，ヌクレオチドが伸長する鎖に付加されるときには，それ自身がもつエネルギーが用いられる．

転写と DNA 複製を比較すると，DNA の 1 本の鎖が新しい鎖を合成する際に鋳型となる，という点で両者は似ている．しかし，DNA 複製が DNA 鎖全体を鋳型とするのに対し，転写はその一部の領域（遺伝子）だけを鋳型として進行する．**RNA ポリメラーゼ**（RNA polymerase，DNA ポリメラーゼではない）とよばれる酵素が伸長する RNA 鎖の末端にヌクレオチドを付加する．また，転写の結果，DNA の二重らせんができるのではなく，1 本の RNA 鎖がつくられる．

転写の過程

転写は，真核生物では核の中で行われるが，原核生物では細胞質の中で行われる．転写は，RNA ポリメラーゼといくつかの調節タンパク質が DNA 上の**プロモーター**（promoter，図 7・2 ❶）とよばれる特定の部位に結合することにより始まる．ポリメラーゼは転写される遺伝子の近傍に結合し，遺伝子全体にわたって DNA 上を動いていく ❷．その動きとともに DNA 二重らせんが

図 7・2 転写． DNA 上の遺伝子領域を鋳型として遊離のヌクレオチドから RNA 鎖が合成される．

❶ RNA ポリメラーゼが DNA のプロモーター配列に結合する．プロモーターは遺伝子の近傍に存在する．ある特定の遺伝子の産物を生じる DNA 配列は，DNA の二本鎖のうちのどちらか一方にのみあり，その配列が転写される

❷ RNA ポリメラーゼが遺伝子に沿って動き，DNA 二重らせんをほどく．それに伴い，RNA ヌクレオチドが，鋳型 DNA 鎖のヌクレオチド配列によって指定された順番で，RNA 鎖に取込まれる．ポリメラーゼが通り過ぎると DNA は再び二重らせんを形成する

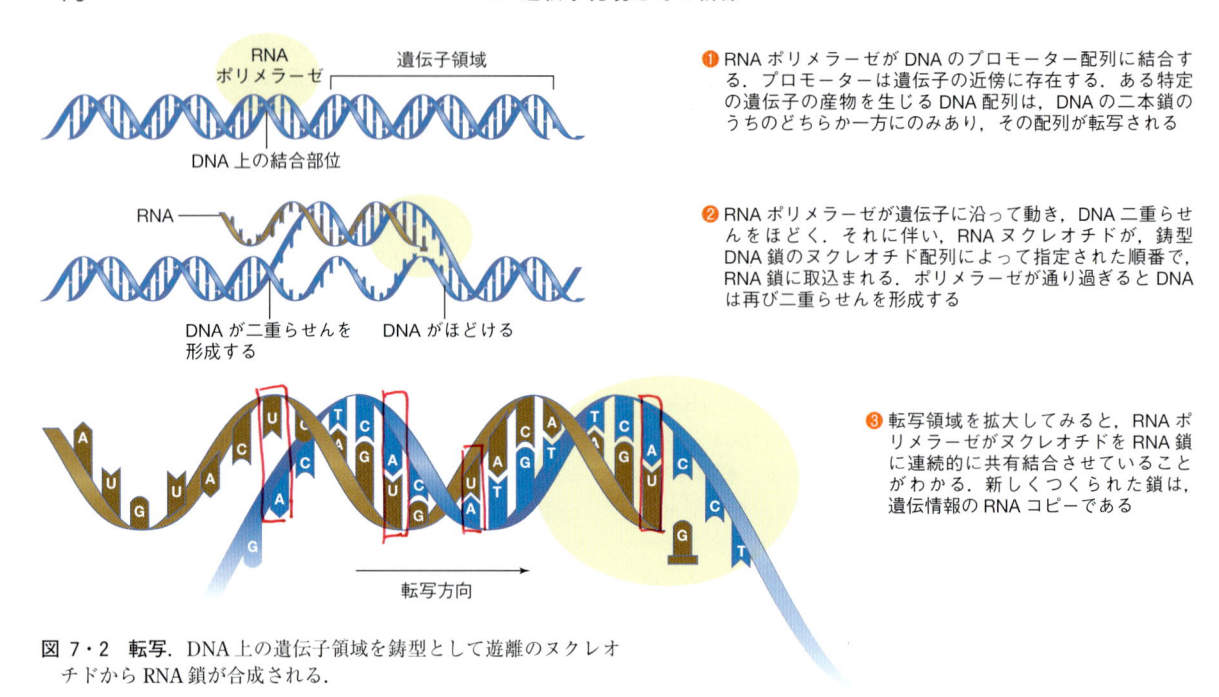

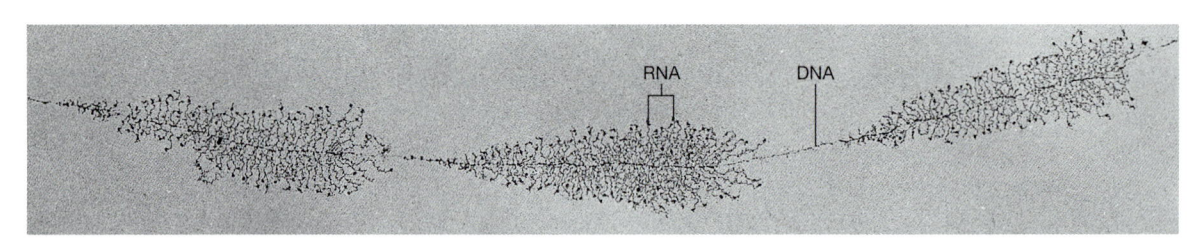

❸ 転写領域を拡大してみると，RNA ポリメラーゼがヌクレオチドを RNA 鎖に連続的に共有結合させていることがわかる．新しくつくられた鎖は，遺伝情報の RNA コピーである

図 7・3 一つの遺伝子内で起こる転写の同時進行． 図では，染色体 DNA 上に三つの遺伝子があり，それぞれが多くの RNA ポリメラーゼにより転写されて同時に多数の RNA 分子を産生している．その形状は"クリスマスツリー"とよばれる．

少しほどけ，ポリメラーゼが鋳型 DNA 鎖のヌクレオチド配列を"読む"ことができるようになる．その結果，ポリメラーゼは DNA 配列によって指令された順番で遊離の RNA ヌクレオチドを RNA 鎖に取込むようになる．

ポリメラーゼは遺伝子の末端に到着すると，DNA と新しくできた RNA から離れる．RNA ポリメラーゼは塩基対形成の法則に従って働くため，RNA 鎖は転写の鋳型となった DNA 鎖と塩基配列が相補的になっている ❸．すなわち，遺伝子の情報が RNA にコピーされたことになる．通常，多くのポリメラーゼが一つの遺伝子上で同時に転写反応を起こしており，その結果，多くの新しい RNA 鎖が非常に速やかにつくられる（図 7・3）．

RNA の修飾

仕立屋が服を店に出す前に，はみ出た糸を切取ったりリボンをつけたりするように，真核生物の細胞は RNA に修飾を加える．たとえば，ほとんどの真核生物の遺伝子は**イントロン**（intron）とよばれる介在配列をもつ．

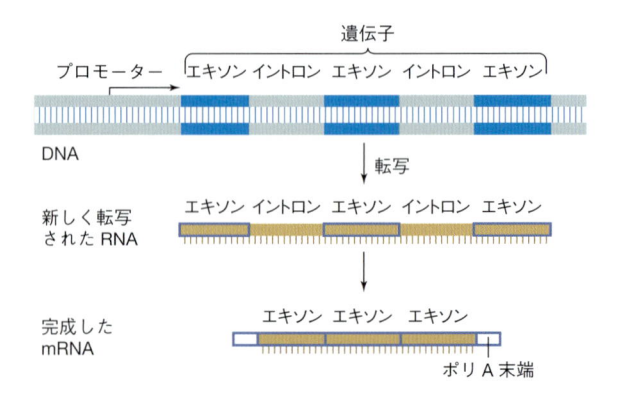

図 7・4 RNA の翻訳後修飾． イントロンが除かれ，エキソンが互いにつなぎ合わされる．mRNA にはポリ A 末端がつく．

その配列は，新しく転写されたRNAが核を出る前にそのRNAから除かれる（図7・4）．RNAに残る配列は**エキソン**（exon）とよばれる．エキソンが異なる組合わせによる再配置と接続（**スプライシング** splicing）を行って，一つの遺伝子が複数の異なるタンパク質をコードすることもある．新しく合成されたRNAはスプライシング後さらに修飾を受け，完成したmRNAとなる．すなわち，50〜300個のアデニンヌクレオチドがRNAの端に付加される．これをポリA末端（poly-A tail）とよぶ．この末端は，その機能のひとつとして，完成したmRNAが核外へ輸送されるための標識になっている．

7・4 翻訳時に働くRNA
mRNAと遺伝暗号

mRNAは基本的に遺伝子の使い捨て可能なコピーである．その役割は，遺伝子がもつタンパク質の情報を他の2種類のRNAに伝えることである．mRNA上のタンパク質の情報は，A, C, G, Uの4種類のヌクレオチドの直線的な配列によって成り立っている．この配列は3ヌクレオチドを単位とする**コドン**（codon）とよばれ，各コドンは一つの特定のアミノ酸を指定する．コドン中の三つのヌクレオチドのそれぞれの位置に，4種のヌクレオチドのいずれかが入ることになるため，全部で64（4^3）種類のコドンがmRNA上に存在することになる．つまり，64種類のコドンが**遺伝暗号**（genetic code）を構成し，アミノ酸の種類を決定する（図7・5）．たとえば，コドンAUGはメチオニン（methionine, Met）を指定し，UGGはトリプトファン（tryptophan, Trp）を指定する．

mRNA上でコドンは連続的に存在しており，そのコドンの順番が翻訳されるポリペプチドのアミノ酸配列を決定する．このようにして，遺伝子のヌクレオチド配列はmRNAのヌクレオチド配列に転写され，さらにアミノ酸配列に翻訳される（図7・6）．

天然には20種類のアミノ酸が存在し，それらは遺伝暗号を構成する64種類のコドンによって指定される．あるアミノ酸は複数のコドンによって指定されている．たとえば，GAAとGAGはともにグルタミン酸を指定している．また，あるコドンは翻訳の開始あるいは停止を指令している．たとえば，mRNA上に現れる最初のAUGはほとんどの生物種で翻訳の開始を指令する．AUGはまたメチオニンを指定しているため，新しく翻訳されたポリペプチドの最初のアミノ酸はいつもメチオニンである．UAA, UAG, UGAはアミノ酸を指定せず翻訳の停止を指令するために**終止コドン**（stop codon）とよばれる．終止コドンはmRNA上のタンパク質を指定する配列の終了を意味する．

遺伝暗号は生物界で非常によく保存されており，ほとんどの生物が同じ暗号を用いている．しかし，原核生物や原生生物はいくつかの異なる暗号をもち，また，同様な暗号がミトコンドリアや葉緑体においても使われている．この暗号の特殊性は，細胞小器官の進化についての理論を導く手掛かりとなった（§13・3参照）．

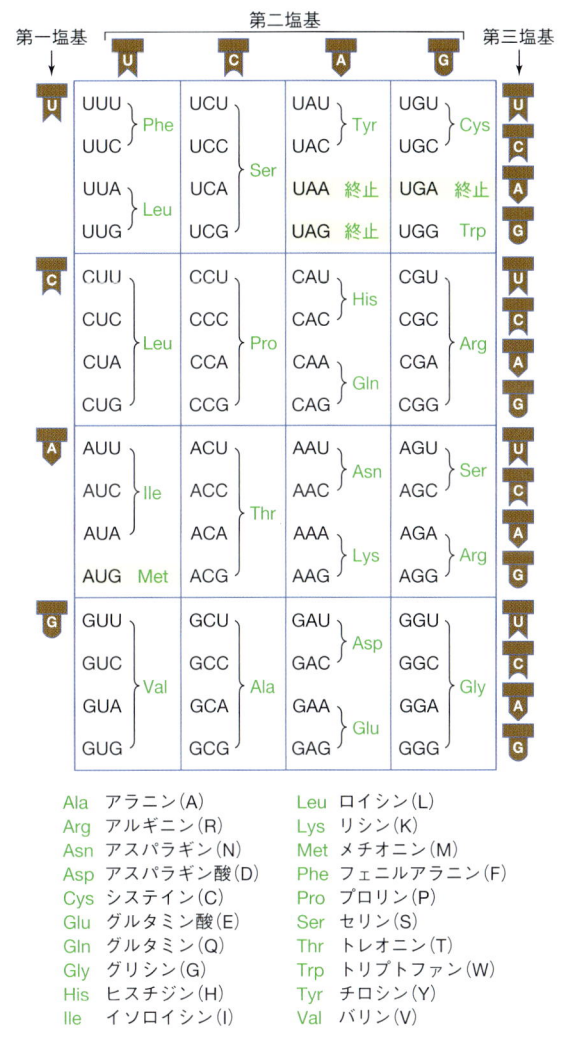

第一塩基	第二塩基 U	C	A	G	第三塩基
U	UUU, UUC } Phe; UUA, UUG } Leu	UCU, UCC, UCA, UCG } Ser	UAU, UAC } Tyr; UAA, UAG 終止	UGU, UGC } Cys; UGA 終止; UGG Trp	U C A G
C	CUU, CUC, CUA, CUG } Leu	CCU, CCC, CCA, CCG } Pro	CAU, CAC } His; CAA, CAG } Gln	CGU, CGC, CGA, CGG } Arg	U C A G
A	AUU, AUC, AUA } Ile; AUG Met	ACU, ACC, ACA, ACG } Thr	AAU, AAC } Asn; AAA, AAG } Lys	AGU, AGC } Ser; AGA, AGG } Arg	U C A G
G	GUU, GUC, GUA, GUG } Val	GCU, GCC, GCA, GCG } Ala	GAU, GAC } Asp; GAA, GAG } Glu	GGU, GGC, GGA, GGG } Gly	U C A G

Ala アラニン(A)　　Leu ロイシン(L)
Arg アルギニン(R)　Lys リシン(K)
Asn アスパラギン(N)　Met メチオニン(M)
Asp アスパラギン酸(D)　Phe フェニルアラニン(F)
Cys システイン(C)　Pro プロリン(P)
Glu グルタミン酸(E)　Ser セリン(S)
Gln グルタミン(Q)　Thr トレオニン(T)
Gly グリシン(G)　Trp トリプトファン(W)
His ヒスチジン(H)　Tyr チロシン(Y)
Ile イソロイシン(I)　Val バリン(V)

図7・5　**遺伝暗号表**．mRNA中の各コドンは3ヌクレオチドが一組になっている．左端の列にはコドンの最初のヌクレオチドが，上には2番目が，右端には3番目のヌクレオチドが示されている．全部で64コドンあるうち，61のコドンがアミノ酸を指定し，残りの3コドンは翻訳停止の暗号となっている．アミノ酸の名称は三文字表記で示している．表の下にアミノ酸の名称と一文字表記との対応を示す．

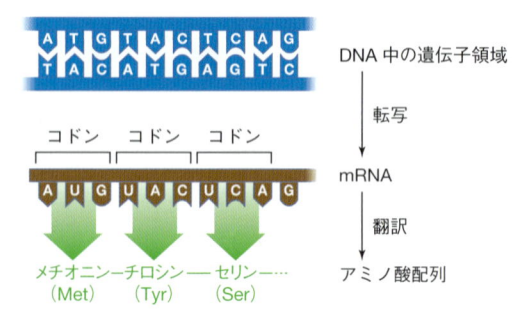

図 7・6 **DNA, RNA, タンパク質の間の情報の流れ**. DNA は mRNA に転写され, mRNA のコドンはアミノ酸を指定する.

rRNA と tRNA: 翻訳を行う RNA

リボソームと tRNA は相互作用して mRNA の情報をポリペプチドに翻訳する. リボソームは一つの大サブユニットと一つの小サブユニットからなる (図 7・7). それぞれのサブユニットはおもに rRNA とそれに結合する構造タンパク質とからなる. 翻訳の過程で大小のサブユニットは mRNA 上で結合し, 完全なリボソームになる.

tRNA は 2 箇所に結合部位をもつ. そのうちの一つは**アンチコドン**(anticodon)で, mRNA のコドンと塩基対を形成する三つ組のヌクレオチドである (図 7・8a). もう一つはアミノ酸に結合する部位である. 異なるアンチコドンをもつ tRNA は異なるアミノ酸を運び, そのアミノ酸はコドンに対応している. これらの tRNA が mRNA の翻訳過程でアミノ酸をリボソームに次々に運んでいく (図 7・8b).

rRNA はそれ自身が酵素活性をもつ RNA の一例である. リボソーム中のタンパク質ではなく, rRNA がアミノ酸の間のペプチド結合形成反応を触媒する. アミノ酸がリボソームに運ばれると, リボソームはアミノ酸をペプチド結合により新しいポリペプチド鎖 (§2・9) に付け加えていく. こうして, DNA がもつタンパク質の情報は, mRNA のコドンの列へと変換され, さらにタンパク質へと翻訳される.

7・5 遺伝暗号の翻訳: RNA からタンパク質へ

遺伝子発現の第二段階である翻訳過程は細胞質で進行する. 細胞質にはこの過程に使われる多くの遊離アミノ酸, tRNA, リボソームのサブユニットがある.

図 7・9 は, 真核生物で起こる翻訳の概略を示している. まず, mRNA が核で転写され❶, 核膜孔を通って細胞質に輸送される❷. リボソームの小サブユニットが mRNA に結合すると翻訳が始まる. 次に, 開始 tRNA とよばれる特殊な tRNA のアンチコドンが mRNA の最初の AUG コドンと塩基対をつくる. そしてリボソームの大サブユニットが小サブユニットに結合する❸.

リボソームが mRNA に沿って動きながらポリペプチドを合成する. 開始 tRNA はアミノ酸のメチオニンを運ぶため, 新しいポリペプチドの最初のアミノ酸はメチオ

図 7・7 **リボソームの構造**. リボソームは大サブユニットと小サブユニットからなる. サブユニット中のタンパク質は緑の線で, rRNA は茶色の線で示している.

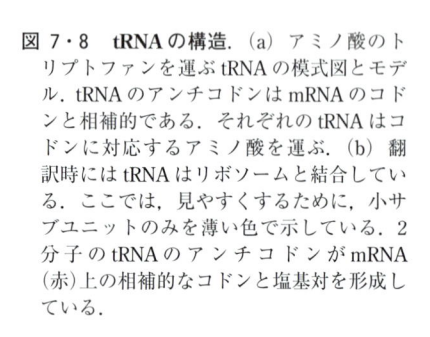

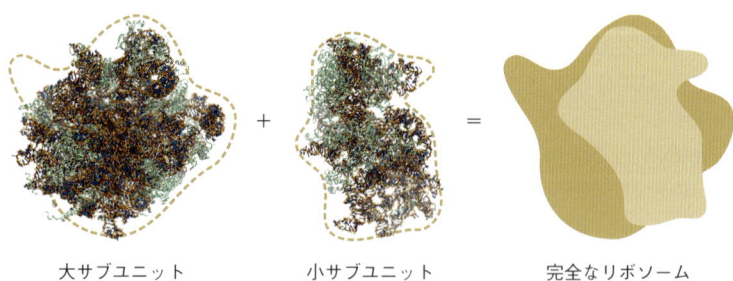

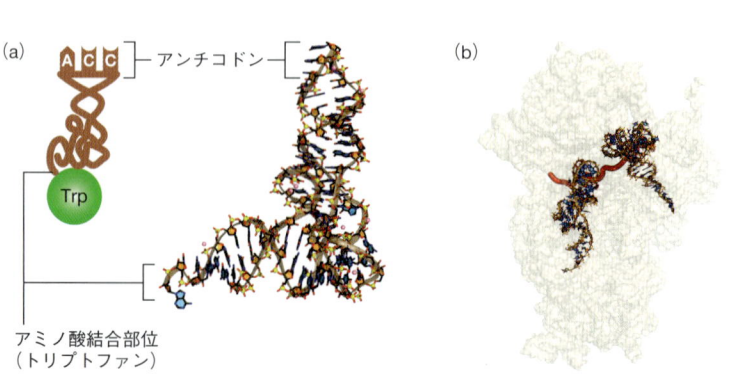

図 7・8 **tRNA の構造**. (a) アミノ酸のトリプトファンを運ぶ tRNA の模式図とモデル. tRNA のアンチコドンは mRNA のコドンと相補的である. それぞれの tRNA はコドンに対応するアミノ酸を運ぶ. (b) 翻訳時には tRNA はリボソームと結合している. ここでは, 見やすくするために, 小サブユニットのみを薄い色で示している. 2 分子の tRNA のアンチコドンが mRNA (赤) 上の相補的なコドンと塩基対を形成している.

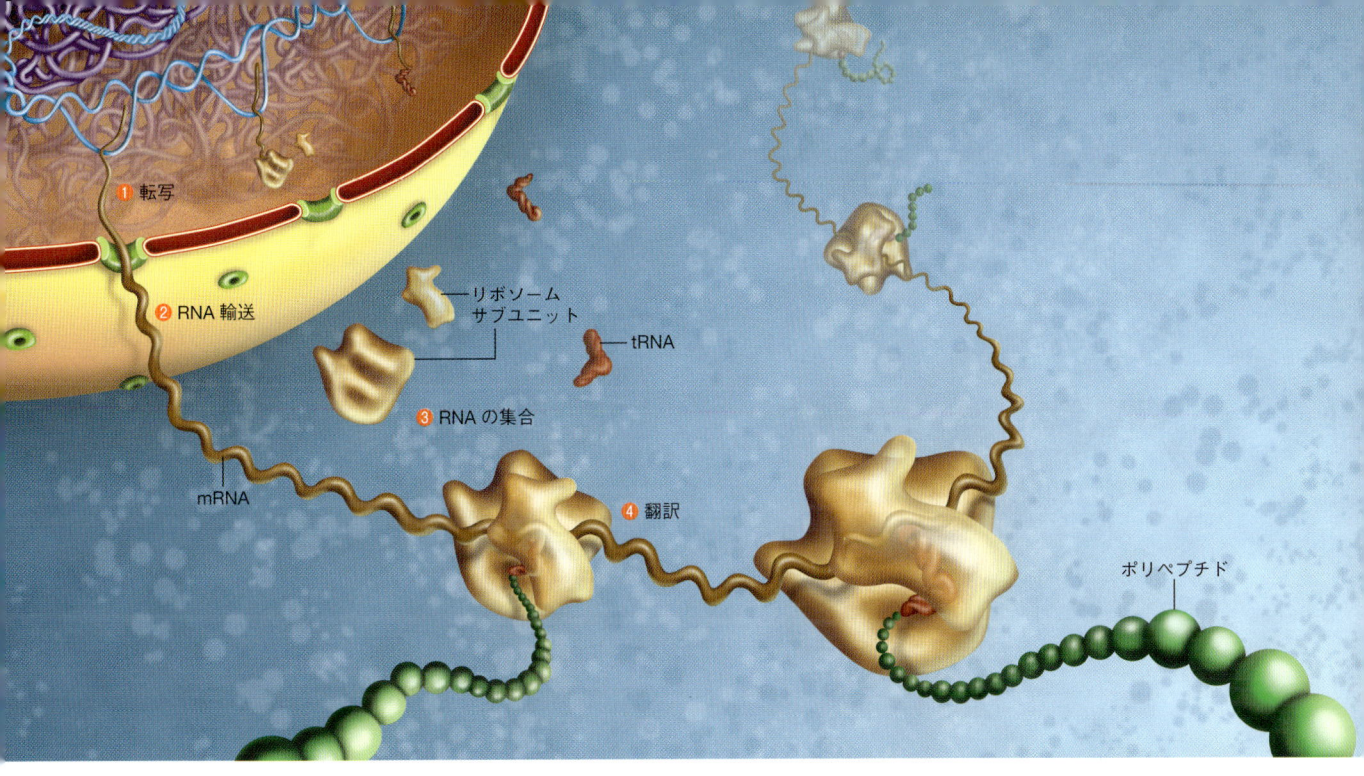

図 7・9　真核生物における翻訳．真核細胞では，RNA は核の中で転写され❶，完成した RNA は核膜孔を通って細胞質へ出ていく❷．リボソームの大小サブユニットと tRNA が mRNA に集まってくる❸．リボソームが mRNA 上を動くとともに，mRNA のコドンにより指定された順番でアミノ酸が結合し，ポリペプチドが形成される❹．

ニンになる．2 番目のアミノ酸は，mRNA の 2 番目のコドンと塩基対をつくるアンチコドンをもつ他の tRNA によって運ばれてくる．リボソームは最初の二つのアミノ酸をペプチド結合によりつなぎあわせる．

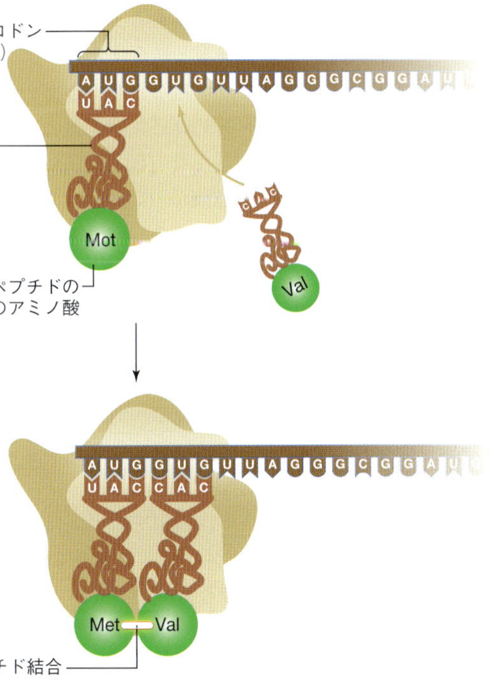

最初の tRNA が離れ，リボソームは mRNA の次のコドンへ動く．3 番目のアミノ酸は，mRNA の 3 番目のコドンと塩基対をつくるアンチコドンをもつ他の tRNA によって運ばれてくる．リボソームは 2 番目と 3 番目のアミノ酸をペプチド結合によりつなぎあわせる．

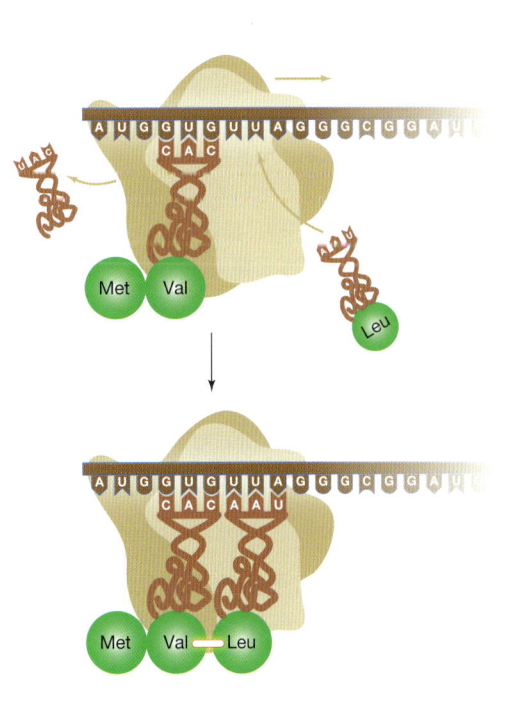

2番目のtRNAが離れ，リボソームは次のコドンに動く．4番目のアミノ酸は，mRNAの4番目のコドンと塩基対をつくるアンチコドンをもつ他のtRNAによって運ばれてくる．リボソームは3番目と4番目のアミノ酸をペプチド結合によりつなぎあわせる．

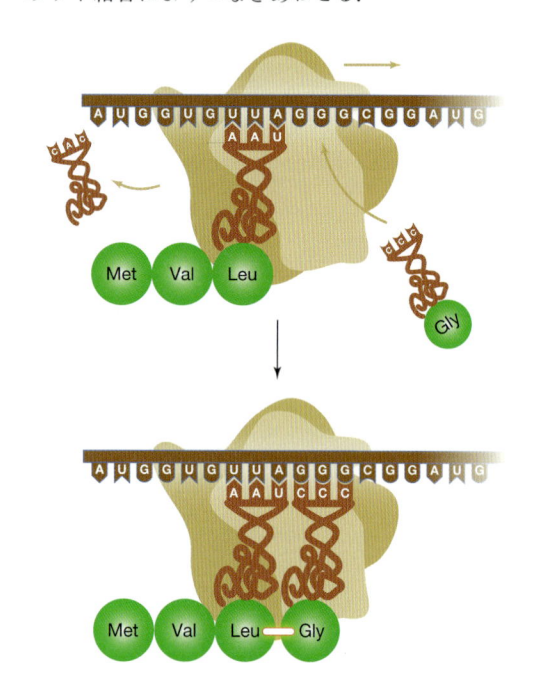

リボソームがtRNAによって連続的に運び込まれるアミノ酸の間をペプチド結合でつなぐため，新しいポリペプチド鎖が伸びていく❹．

リボソームがmRNAの終止コドンに到達すると翻訳は停止する．mRNAとポリペプチドはリボソームから遊離し，リボソームもサブユニットに分かれる．新しいポリペプチドは細胞質中のタンパク質のプールに加わっていくか，粗面小胞体の中で修飾される（§3・5）．

タンパク質を多く産生している細胞では，多くのリボソームが同じmRNAを同時に翻訳していることがある．細菌やアーキアでは，転写と翻訳はともに細胞質で起こり，これらの過程は時間，空間的に密接に関連して起こる．翻訳は転写が終わる前に始まるため，DNAからmRNAが連続的に転写される様子を電子顕微鏡下で観察すると，DNAを幹とした"クリスマスツリー"の枝の部分（mRNA）には，ボール状に見えるリボソームがついていることが多い（図7・3参照）．

7・6 変異した遺伝子とその産物

突然変異はDNA配列における永久的な変化である（§6・4）．あるヌクレオチドとその対をなすヌクレオチドが異なる塩基対をもつようになった突然変異は**塩基置換**（base substitution）とよばれる．突然変異にはほかに，一つあるいは複数のヌクレオチドが消失する**欠失**（deletion）や余分なヌクレオチドが付け加わる**挿入**（insertion）がある．

突然変異は正常な細胞ではそれほど多くみられる現象ではない．たとえば，二倍体のヒト細胞の染色体は全体で約65億ヌクレオチドからなり，どのヌクレオチドも細胞が分裂するたびに突然変異する可能性がある．しかし，実際にDNA複製の間に変化するのは確率的に約175ヌクレオチドのみである．そのうえ，細胞のDNAの約3%のみがタンパク質をコードするため，突然変異がタンパク質をコードする領域に生じる確率は低い．

突然変異がタンパク質コード領域に起こっても，遺伝暗号の重複が細胞の安全性を高めている．たとえば，mRNA中のUCUコドンをUCCに変える突然変異は何の効果ももたらさない．なぜなら両方のコドンともセリンを指定するからである．遺伝子の産物に影響を与えない突然変異はサイレント変異といわれる．それ以外の突然変異はタンパク質のアミノ酸を変化させたり，途中に終止コドンを入れて短いポリペプチドを産生する．その結果，いずれの場合も細胞そして個体に大きな影響を与えることがある．

たとえば，血中のタンパク質であるヘモグロビンの酸素結合能を変える突然変異は健康に害をもたらす．赤血球が肺を循環すると，赤血球中のヘモグロビンタンパク質が酸素分子に結合する．赤血球は体の他の領域に移動し，酸素濃度が低いと酸素を遊離する．赤血球が肺に戻ると，ヘモグロビンは再び酸素と結合する．

ヘモグロビンが酸素と結合することができるのは，その構造的な特性による．ヘモグロビンは4個のグロビンとよばれるポリペプチドからなり（図7・10a），それぞれが，鉄原子を中心にもつ補因子（§4・4）であるヘムを囲むように折りたたまれた構造をしている．酸素分子はその鉄原子に結合している．

成人では，2本のαグロビン鎖と2本のβグロビン鎖がヘモグロビン1分子を構成している．グロビン鎖のいずれかに欠陥が生じると血液中のヘモグロビンと赤血球が異常となり，血液の酸素を運ぶ能力が低下してしまうため貧血をひき起こす．症状は軽いものから生命をおびやかすものまである．

鎌状赤血球貧血はアフリカに祖先をもつ人に多くみられる貧血で，その原因はβグロビン遺伝子の塩基置換変異による．βグロビン鎖の6番目のアミノ酸がグルタミン酸からバリンに置き換わっている（図7・10b, c）．β鎖にこの変異をもったヘモグロビンを鎌状ヘモグロビ

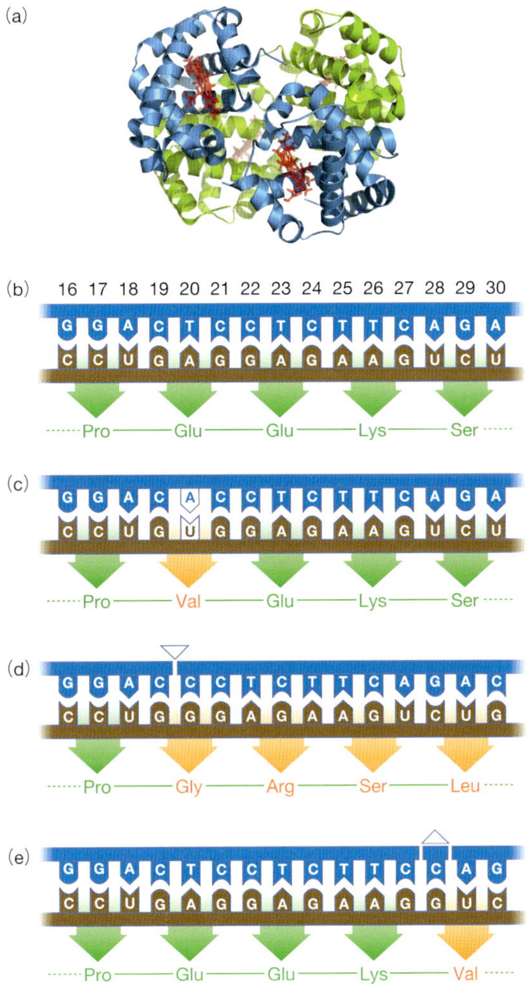

ン（sickle hemoglobin）あるいは HbS とよぶ．

　負の電荷をもつグルタミン酸とは違い，バリンは電荷をもたない．そのため1アミノ酸の置換の結果，βグロビン鎖のごく一部が親水性から疎水性となり，さらにそのことが原因となってヘモグロビンの挙動が変わる．HbS分子はある条件のもとでは互いに凝集し，大きい棒状の塊をつくる．その塊をもつ赤血球はゆがんで鎌状になる（図7・11）．鎌状の赤血球は微細な血管を詰まらせ，体中の血液の循環に障害をもたらす．長期間にわたる鎌状化の影響は器官に損傷を与え，死を招くことさえある．

　異なる種類の貧血であるβサラセミアはβグロビン遺伝子のコード領域の20番目のヌクレオチドの欠失により生じる（図7・10d）．この変異は，他の欠失変異でもしばしば起こることだが，mRNAのコドンの読み枠（フレーム）をずらしてしまう．そのようなずれ（フレームシフト）は，一続きの文字の区切り方をまちがえると文の意味が成立しないように，遺伝的なメッセージの内容を壊してしまうために劇的な結果をもたらす．

　　ぞうが　そらを　とんだ
　　ぞ　うがそ　らをと　んだ

　βグロビン遺伝子の欠失によるフレームシフトにより，正常なβグロビンとはかなり異なったポリペプチドがつくられることになる．異常となったβグロビンは18アミノ酸（正常なβグロビン鎖は147アミノ酸）の長さしかもたないためにヘモグロビン分子は正しく構築されず，その結果，貧血をひき起こすことになる．

　βサラセミアは挿入変異によって生じることもある．

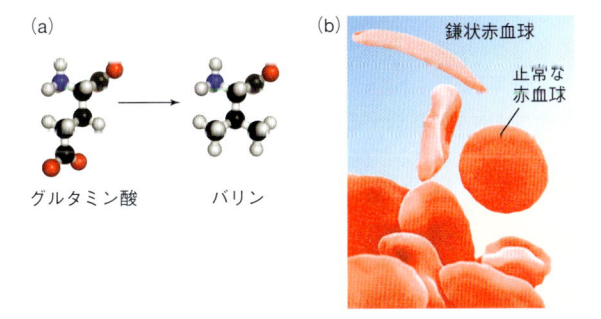

図7・10　突然変異の例． (a) 赤血球中の酸素輸送タンパク質として働くヘモグロビン．2本のα鎖(青)と2本のβ鎖(緑)の計4本のグロビン鎖からなる．各グロビン鎖は折れ曲がってポケット状の構造をつくり，その中にヘム(赤)とよばれる補因子を含み込んでいる．酸素はそれぞれのヘムの中心にある鉄原子に結合している．(b) 正常なヘモグロビンのβグロビン鎖のDNA(青)，mRNA(茶)，アミノ酸(緑)の配列の一部．数字はmRNA中のタンパク質コード領域のヌクレオチドの位置を示す．(c) DNA上の塩基置換によりチミンがアデニンに置き換えられている．変異をもつmRNAが翻訳されると，ポリペプチド鎖の6番目のアミノ酸はグルタミン酸がバリンとなる．この変異したβグロビン鎖をもつヘモグロビンは鎌状ヘモグロビン(HbS)とよばれる．(d) 1ヌクレオチドの欠失により，その位置からmRNAの読み枠がずれる．このmRNAから翻訳されたタンパク質は非常に短く，ヘモグロビンとして正しく分子集合することができない．その結果，異常に少量のヘモグロビンしか血中に存在しないβサラセミアという遺伝性疾患をひき起こす．(e) 1ヌクレオチドの挿入によっても，その位置からmRNAの読み枠がずれる．このmRNAから翻訳されたタンパク質もやはり非常に短く，ヘモグロビンとして正しく分子集合することができない．(d)と同様，その結果はβサラセミアとなる．

図7・11　DNAの一塩基置換が原因となる鎌状赤血球貧血． (a) 一塩基置換が鎌状ヘモグロビン(HbS)の異常なβグロビン鎖を生じる．βヘモグロビンの6番目のアミノ酸がグルタミン酸ではなくバリンになっている．この違いによってHbSは互いに凝集して棒状の塊をつくり，その結果，本来なら丸い赤血球をゆがめて鎌状に変える．(b) 鎌状赤血球が細い血管を詰まらせ血液循環が悪くなるため，多くの器官に損傷を与える．貧血となるのは，赤血球が免疫系により破壊されるからである．

ヌクレオチドの挿入は欠失のようにフレームシフトを起こすことが多い（図7・10e）．挿入変異はまた，しばしば**トランスポゾン**（transposable element，転位因子ともいう）によってひき起こされる．トランスポゾンはDNAの断片で，同じあるいは異なる染色体へ偶発的に移動する．その長さは数百から数千塩基対あるため，遺伝子配列の中に挿入されると遺伝子産物を変化させる．トランスポゾンはすべての生物種のDNAに検出される．たとえば，ヒトのDNAの約45%はトランスポゾンあるいはその残骸からできている．

7・7 真核生物の遺伝子調節

われわれの体のすべての細胞は同じ遺伝子を備えた同じDNAをもっている．しかし，それぞれの細胞が一度に全遺伝子のうち10%以上を発現することはまれである．ある遺伝子はすべての細胞に共通な構造や代謝経路に影響を与える．一方，別の遺伝子は，体の一部の細胞でのみ発現している．たとえば，解糖にかかわる酵素をコードする遺伝子はほとんどの細胞で発現しているが，グロビンをコードする遺伝子は未成熟な赤血球でしか発現していない．

細胞が特殊化する過程を**分化**（differentiation）とよぶ．分化はある**細胞系譜**（cell lineage）の細胞が異なる組合わせの遺伝子の発現を開始するときに起こる．発現した遺伝子の産物が，今度はその細胞の将来の種類を決定するようになる．

ある遺伝子を特定の時期に発現させる調節は，複雑な多細胞生物の体を正しく発生させるために重要なことである．そのような調節は，細胞の種類や細胞内外の状態など多くの要因に依存しており，また転写から翻訳に至る各過程の開始，増減，停止という形で現れる．たとえば，**転写因子**（transcription factor）とよばれるタンパク質はDNAに結合することによって遺伝子の発現の有無や程度を決める（図7・12a）．ある転写因子はRNAポリメラーゼがプロモーターに結合することを助け，その結果近傍にある遺伝子の発現を促進する．逆にRNAポリメラーゼのプロモーターへの結合を防ぎ，遺伝子発現を抑える転写因子も存在する．

以下の項では，真核生物における遺伝子調節の具体例を紹介しよう．

マスター遺伝子

動物の胚が発生する過程で，細胞が分化して組織，器官，そして体の一部を形づくる．ある細胞は移動と接着を繰返し，神経，血管など組織を縫うように伸びる構造

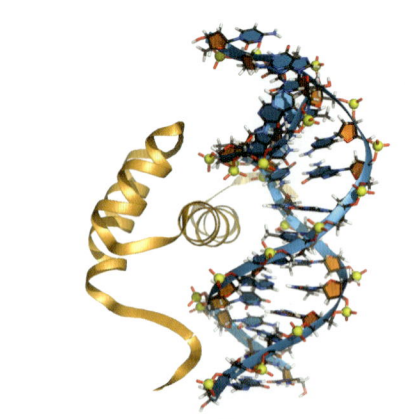

図7・12 遺伝子調節の例．(a) 昆虫の*Antennapedia*遺伝子のタンパク質産物（金色）は転写因子であり，DNA中のプロモーター配列に結合する．ショウジョウバエの胚の細胞では，その結合が一連の反応をひき起こし，肢の形成につながる．(b) *Antennapedia*はホメオティック遺伝子で，胚の胸部組織で発現すると肢を形成する．この遺伝子が突然変異により胚の頭部組織でも発現するようになると頭部にも肢が形成される（左図）．右は正常なハエの頭部．

へと発生する．このような変化のすべては**マスター遺伝子**（master gene）から始まる発現のカスケードによってひき起こされる．マスター遺伝子の産物は他の多くの遺伝子の発現に影響を与える．そしてそれらの遺伝子がさらに別の遺伝子を発現させる．最終的な結果として，眼のような複雑な構造物が形成される．

ホメオティック遺伝子は，繰返し存在する体節構造の特殊化の制御を通して，眼，肢，翅のような体の部分の形成を調節するマスター遺伝子である．これらの遺伝子は通常，突然変異により遺伝子の機能が変わったときに生じる現象から名前がつけられている．たとえば，*Antennapedia*（アンテナペディア，pedは肢を意味する）遺伝子に変異をもつショウジョウバエは触覚の位置に肢をもつ（図7・12b）．

多くの遺伝子の機能は，意図的にその発現を失わせることによって見いだされてきた．たとえば，**ノックアウト**（knockout）の技術を用いて，遺伝子に変異を導入

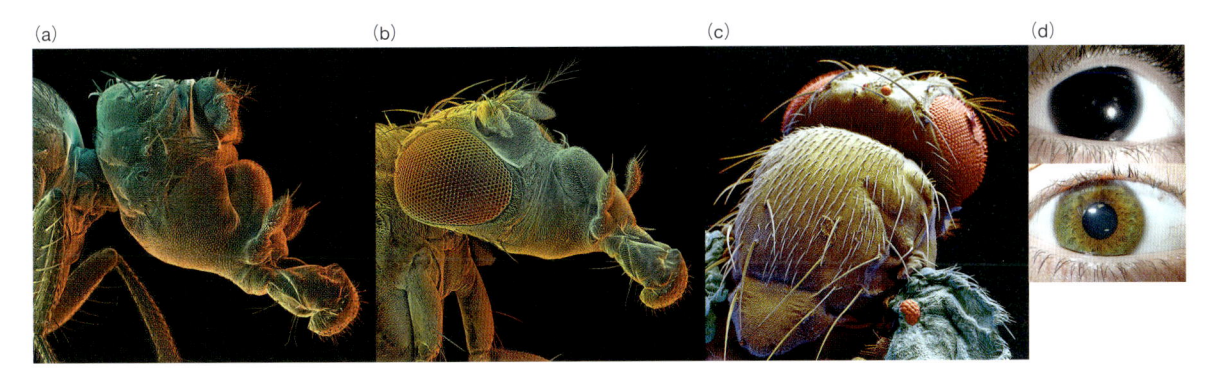

図7・13 眼とeyeless遺伝子. (a) eyeless遺伝子に変異をもつショウジョウバエには眼がない. (b) 正常なショウジョウバエは大きく丸い眼をもつ. (c) 胚でeyeless遺伝子が発現した部位に対応して成虫の体に眼が生じる. この写真では, eyeless遺伝子の異常な発現の結果, 翅にも別の眼 (赤) が生じている. (d) ヒト, マウス, イカなどの動物はPAX6とよばれる遺伝子をもつ. ヒトでは, PAX6遺伝子に突然変異が生じると無虹彩症となり, 眼の虹彩がなくなる (上). 正常な虹彩 (下) と比較せよ.

したり, 完全に遺伝子配列を欠失させることにより遺伝子機能を欠損させることができる. そのようなノックアウト生物が正常な個体とどのように異なっているのか観察し, その差異が遺伝子産物の機能を明らかにする手掛かりとなる.

あるマスター遺伝子は多細胞真核生物の間で共通した機構により発生を調節しているため, 異なる種間で入れ替えて機能させることができる. したがって, それらの遺伝子は最も古い真核生物で進化したと推測することができる. ショウジョウバエのeyeless遺伝子について考えてみよう. eyeless遺伝子に変異をもつハエは眼をもたない (図7・13a). 正常なハエでは眼は頭部にできる (図7・13b) が, そのためにはeyeless遺伝子が胚の眼の原基で発現する必要がある. もしeyeless遺伝子が胚の別の部位で発現すると, その部位に対応した位置に眼が形成される (図7・13c). ヒト, ネズミ, 魚類, イカなどの多くの動物はショウジョウバエのeyeless遺伝子に似たPAX6とよばれる遺伝子をもっている. ヒトでは, PAX6遺伝子の変異は無虹彩症をひき起こし, 虹彩が形成不全となるか消失する (図7・13d). ヒトやマウスのPAX6遺伝子をeyeless変異のハエに導入して発現させると, eyeless遺伝子を導入したときと同様に, その場所に眼が形成されるようになる.

性染色体遺伝子

ヒトを含めた哺乳類では, 雌の体細胞は2本のX染色体をもち, そのうち1本は母親から, もう1本は父親から受け継いでいる (§6・2). X染色体の1本はいつも固く凝縮している (図7・14a). その凝縮した染色体は, 発見者であるバー (Murray Barr) の名にちなんでバー小体 (Barr body) とよばれている. 染色体の凝縮は転写を抑えるため, バー小体上のほとんどの遺伝子は発現しない. その結果, 雌の細胞の2本のX染色体のうち1本だけが活性化されることになる. 遺伝子量補償 (dosage compensation) の考えによれば, このX染色体

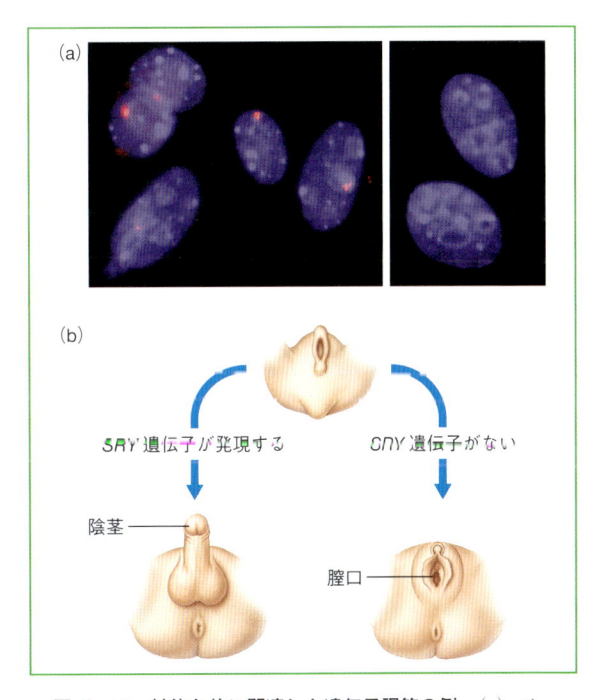

図7・14 性染色体に関連した遺伝子調節の例. (a) バー小体. 左の写真は5個のXX細胞の核である. 不活性化したX染色体であるバー小体は赤い点で示している. 右の写真には2個のXY細胞の核があり, そこにバー小体は存在しない. (b) ヒトの初期胚では男女の区別はまだつかない. SRY遺伝子の発現が男性の生殖器官の発生を決定する.

の不活性化により，X染色体上の遺伝子の発現量が異なる性の間で等しくなる．哺乳類の雄の体細胞（XY）はX染色体遺伝子を一組もつ．雌の体細胞（XX）は二組のX染色体遺伝子をもつが，二組とも発現すると雌の胚は正常に発生しない．

ヒトのX染色体上には1336個の遺伝子がある．そのなかには，体内の脂肪や髪の分布のような性的な形質に関係したものがある．しかし，X染色体上のほとんどの遺伝子は血液の凝固や色の知覚などの非性的な形質を支配している．そのような遺伝子は雄と雌の両方で発現している．

ヒトのY染色体は307個の遺伝子しかもたないが，そのうちの一つは哺乳類で雄の性決定を支配するマスター遺伝子の SRY遺伝子である．この遺伝子がXYの胚で発現すると，男性の生殖腺（図7・14b）である精巣（testis）の形成が誘導される．この最初につくられる雄の生殖器官の細胞がテストステロンとよばれる性ホルモンを合成し，そのホルモンが，ひげ，盛り上がった筋肉，低い声などの男性の二次的な性的形質を発現させる．SRY遺伝子が変異するとXY個体の外部生殖器が女性化することから，性的形質の発現を調節するマスター遺伝子として理解されている．XX胚ではY染色体がないため SRY遺伝子は存在せず，ごく少量のテストステロンしか合成されない．その結果，精巣の代わりに女性の生殖器官である卵巣（ovary）がつくられる．卵巣がつくるエストロゲンなどの性ホルモンは，肥大し機能分化した乳房の形成や，尻から腿にかけての脂肪の蓄積などの女性の二次的な性的形質を支配している．

エピジェネティクス

RNAポリメラーゼはヒストンのまわりに固く巻きついているDNAには結合できない．そのため，染色体の構造は転写に影響を与える（§6・2）．ヒストンタンパク質が修飾を受けると，巻きつくDNAとの相互作用に変化が生じる．ある修飾はDNAとの結合を消失させ，また別の修飾は強化する．たとえば，酵素によりヒストンにメチル基 CH_3 が転移すると，そのまわりにDNAがより強固に巻きつき，その結果転写が抑制される．

DNAヌクレオチドの塩基のメチル化（図7・15）はヒストンのメチル化より永続的に遺伝子発現を抑制する．ある特定のヌクレオチドが細胞内で一度メチル化されると，子孫細胞のすべてでそのメチル化が維持されることがある．この種のメチル化は分化に必要であり，胚発生の初期に始まる．受精後の接合子で活発に発現している遺伝子はプロモーターのメチル化とともに不活性化していく．このように，DNAの機能には影響を与えるが，その基礎となるDNA配列の変化はもたらさないメチル化などの修飾は**エピジェネティック**（epigenetic，後成的）であるという．

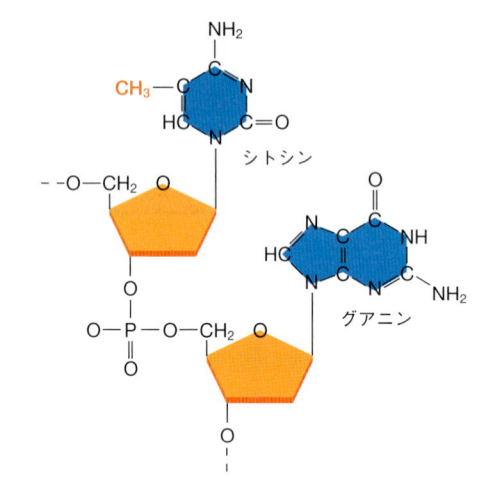

図7・15 DNAのヌクレオチドに結合したメチル基（赤）

ヌクレオチドのメチル化は環境因子により影響を受けることがある．たとえば，飢饉のときに妊娠すると，ある遺伝子は異常に少数のメチル化しか受けない．それらの遺伝子の一つは胎児の成長や発生を促進するホルモンをコードしている．この遺伝子が少ないメチル化のために発現を増加させると，貧弱な栄養環境の中で生きるメリットをもたらすことになる．

メチル基はDNA複製の過程でヌクレオチドに偶発的に付加される．そのため，分裂が活発な細胞は不活発な細胞に比べてDNAにより多くのメチル基をもつ傾向にある．また，フリーラジカルと有毒化合物がより多くのメチル基を付加する（§6・4）．このようなヌクレオチドをメチル化する環境因子は長期間にわたって遺伝子に影響を与える．生物は生殖により，染色体を子孫に受け渡す．親のDNAのメチル化は通常新しい個体の最初の細胞でリセットされ，新しいメチル基が付加され，古いメチル基は除かれる．しかし，この再プログラムによってすべての親のメチル基が除かれるわけではない．そのため，個体の一生を通して得られたメチル基が将来の子孫に受け継がれる可能性がある．

DNAのエピジェネティックな変化は，環境からのストレスが解消された後にも何世代にもわたって維持されることがある．たとえば，少年期に冬の飢饉に耐えた人の男の孫は，社会的要因を補正しても，同時期に十分に食料を得た男性の男の孫より平均約32年間長生きする．父親が11歳より前にたばこを喫煙していた場合，その9歳の息子は，子供時代に喫煙していなかった父親の息

子よりかなり肥満になる．このような研究では，性別に限定的な特徴がある．男子は父方系列の親族の生活状態から影響を受け，女子は母方系列の親族の生活状態から影響を受ける．

7・8 リシンとリボソームの危険な関係 再考

リシンはリボソームを不活性化するタンパク質である．他の同様な機能をもつタンパク質は細菌，キノコ，藻類，そして多くの植物（トマト，オオムギ，ホウレンソウなどの食用作物を含む）に存在する．これらのタンパク質の多くは正常な細胞膜をあまり通過しないため特別毒にはならない．細胞膜を通過するリシンや他のタンパク質は，まず細胞膜上の糖鎖に強固に結合する（図7・16）．その結合により細胞は，リボソーム不活性化タンパク質をエンドサイトーシス（§4・6）により内側に取込む．するとそのタンパク質の第二のポリペプチドが働くようになる．このポリペプチドは，リボソームの大サブユニットにあるrRNAの特定のアデニンを除去する酵素である．ひとたび除去が起こると，リボソームは機能を失う．リシンの場合 1分子で毎分1000個のリボソームを不活性化する．十分な量のリボソームが影響を受けると，タンパク質合成は停止する．タンパク質はすべての生命活動の過程に重要であるため，タンパク質合成ができない細胞は速やかに死ぬ．

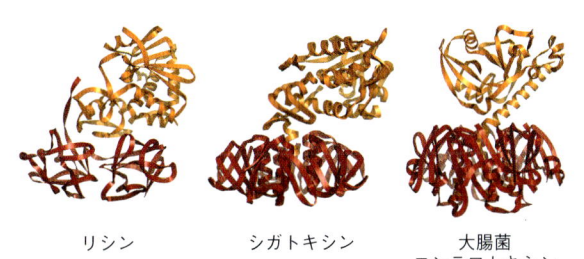

図7・16 リボソーム不活性化タンパク質．これらのタンパク質の構造は驚くほど似ている．1本のポリペプチド鎖（赤）は細胞膜の通過に用いられ，別の鎖（オレンジ）はタンパク質合成能を破壊する．

実際にはリシンの影響を受けた人の数は非常に少ない．しかし，他のリボソーム不活性化タンパク質は，健康に対してより一般的な脅威となっている．赤痢菌によってつくられるシガトキシンは赤痢の原因となる．O157:H7（§3・1）を含む大腸菌はエンテロトキシンを産生し，このリボソーム不活性化タンパク質が食中毒の症状をひき起こす．

まとめ

7・1 タンパク質の合成はすべての生命反応の過程で必須である．リボソームを不活性化するリシンのような分子が細胞内に進入すると強力な毒性を示す．

7・2 DNAのヌクレオチド配列によってコードされる情報は，DNA上の一部にある遺伝子に存在する．遺伝子の情報がRNAあるいはタンパク質に変換されることを遺伝子発現とよぶ．RNAは転写による産物である．リボソームRNA（rRNA）と転移RNA（tRNA）は翻訳の過程においてメッセンジャーRNA（mRNA）と相互作用してタンパク質を産生する．

7・3 転写の過程において，RNAポリメラーゼは染色体上の遺伝子近傍のプロモーターに結合する．ポリメラーゼは遺伝子領域を動き，DNAのヌクレオチド配列によって指示された順番でRNAヌクレオチドを結合する．新しいmRNA鎖は遺伝子のRNAコピーである．

真核生物のRNAは，核外に移動する前に修飾される．イントロンが除去され，残ったエキソンは複数の異なる組合わせで再配置されつなぎ合わされることがある．

7・4 mRNAはDNAのタンパク質情報を運ぶ．その情報は，3ヌクレオチドを一組としたコドンの連なりからなる．64種類のコドンが遺伝暗号を構成し，その多くは特定のアミノ酸を指定する．各tRNAはコドンと塩基対をつくるアンチコドンをもち，またコドンによって指定されるアミノ酸と結合している．リボソームの二つのサブユニットは酵素活性をもつrRNAとタンパク質から構成されている．

7・5 翻訳過程では，mRNAによって運ばれる遺伝情報に従ってポリペプチドの合成が進行する．まず，mRNA，開始tRNAとリボソームの二つのサブユニットが集合する．次に，完成したリボソーム上で，mRNAのコドンの順番に従ってtRNAから受け渡されたアミノ酸が連続的に結合する．リボソームが終止コドンに出会うと翻訳は終わる．

7・6 突然変異には挿入，欠失，塩基置換がある．トランスポゾンは挿入変異を生じる．

遺伝子産物に変化をもたらす変異は有害なことがある．ヘモグロビンのβグロビン鎖をコードする遺伝子の塩基置換によって起こる鎌状赤血球貧血はその一例である．βサラセミアはβグロビン遺伝子のフレームシフト突然変異の結果である．

7・7 細胞がどの遺伝子を使うのかは組織や細胞の種類，細胞の内外の状態，そして複雑な多細胞生物種においては発生時期に依存している．

転写因子はDNAに結合して転写を調節する．転写を含め

た遺伝子発現の調節が多細胞真核生物における発生を支配している．胚のすべての細胞は同じ遺伝子をもっている．発生の過程で，異なる細胞系譜の細胞が異なる遺伝子を発現し，細胞は特殊化する．この過程を分化とよぶ．

発生している胚の中でマスター遺伝子の産物がつくられ，他のマスター遺伝子の発現に影響を与える．そしてそのマスター遺伝子がさらに他の遺伝子に影響を与える．このような発現制御の連鎖が繰返される．細胞は体の予定地図上の位置に依存して分化する．ショウジョウバエのノックアウト実験は多くのホメオティック遺伝子の機能を明らかにした．ホメオティック遺伝子は特定の体の部位の発生を支配している．

雌の哺乳類の細胞の中では，2本のX染色体のうち1本は凝縮したバー小体で，そのほとんどの遺伝子は永続的に不活性である．*SRY*遺伝子はヒトにおいて性別を男に決定する．

ヌクレオチドのメチル化を含むエピジェネティックな修飾は，DNAの配列を変えることなく，その機能に影響を与える．生涯にわたって得たエピジェネティックな変化は子に受け渡され，何世代ものあいだ維持されることがある．

試してみよう（解答は巻末）

1. 染色体には多くの遺伝子があり，それぞれが異なる＿＿＿に転写される．
   a. タンパク質　　b. ポリペプチド
   c. RNA　　　　　d. aとb
2. RNAは＿＿＿によりつくられ，タンパク質は＿＿＿によりつくられる．
   a. 複製，翻訳　　b. 翻訳，転写
   c. 転写，翻訳　　d. 複製，転写
3. DNAのおもな機能は何か．
   a. 遺伝情報の貯蔵
   b. DNAがもつ翻訳のための遺伝情報の運搬
   c. アミノ酸間のペプチド結合の形成
   d. アミノ酸のリボソームへの運搬
4. mRNAのおもな機能は何か．
   a. 遺伝情報の貯蔵
   b. DNAがもつ翻訳のための遺伝情報の運搬
   c. アミノ酸間のペプチド結合の形成
   d. アミノ酸のリボソームへの運搬
5. 真核細胞ではどこで転写が起こるか．
   a. 核　　b. リボソーム　　c. 細胞質　　d. bとc
6. 翻訳は細胞のどこで起こるか．
   a. 核　　b. 細胞膜　　c. 細胞質　　d. aとc
7. 45ヌクレオチドと終止コドンからなる遺伝子によってコードされるアミノ酸の最大の数はいくつか．
8. ほとんどのコドンは＿＿＿の種類を指定する．
   a. タンパク質　　　b. ポリペプチド
   c. アミノ酸　　　　d. mRNA
9. ＿＿＿は突然変異である．
   a. トランスポゾン　　b. 塩基置換
   c. 挿入　　　　　　　d. 欠失
   e. b, c, d　　　　　　f. a〜dのすべて
10. ホメオティック遺伝子は＿＿＿
    a. 胚の体全体の体制をつくる
    b. 特定の体の部位の形成を調節する
11. 次のどの語句が他のすべてを含むか．
    a. ホメオティック遺伝子　　b. マスター遺伝子
    c. *SRY*遺伝子　　　　　　　d. *PAX6*遺伝子
12. バー小体をもつ細胞は＿＿＿
    a. 原核細胞である
    b. 性細胞である
    c. 雌の哺乳類の細胞である
    d. バーウイルスに感染している
13. 次の文章は正しいか誤りか．
    ある遺伝子発現パターンは遺伝する．
14. 左側の用語の説明として最も適当なものをa〜gから選び，記号で答えよ．
    ＿＿メチル化　　　　a. 細胞が特殊化する
    ＿＿DNA配列　　　　b. 動き回る
    ＿＿リボソーム　　　c. エピジェネティック効果を
    ＿＿mRNA　　　　　　　もたらす
    ＿＿遺伝暗号　　　　d. ヌクレオチドの順番
    ＿＿分化　　　　　　e. アミノ酸を組立てる
    ＿＿トランスポゾン　f. 64種類のコドン
    　　　　　　　　　　g. タンパク質に翻訳される
15. 次に示す過程を，真核生物の遺伝子発現において起こる順番に並べよ．
    a. mRNAの修飾
    b. 翻訳
    c. 転写
    d. mRNAが核外に輸送される

8 細胞の増殖

8・1 ヘンリエッタの不死化した細胞
8・2 分裂による増殖
8・3 体細胞分裂と細胞周期
8・4 細胞質分裂の機構
8・5 核分裂の異常から生じる病気
8・6 性と対立遺伝子
8・7 減数分裂と生活環
8・8 ヘンリエッタの不死化した細胞 再考

8・1 ヘンリエッタの不死化した細胞

ヒトの一生は1個の受精卵から出発する．その細胞は分裂を繰返し，出産までに約1兆個の数に増えて体を構築する．成人でも10億個の細胞が毎日分裂しており，古い細胞と置き換わっている．しかし，ヒトの細胞を研究室で培養すると，限られた回数だけ分裂して何週間か後には死んでしまう．

1800年代の中ごろから，ヒトの細胞を体外で分裂させ続けようとする試みが行われてきた．不死化した細胞株を使えば，ヒトを実験材料に使わなくてもヒトの病気とその治療について研究することができるからだ．1950年代初め，ゲイ夫妻（George Gey と Margaret Gey）はヒトのがんから細胞を分離し，新しい実験の準備を進めていた．そのがん細胞は，採取した患者（ヘンリエッタ・ラックス Henrietta Lacks）の頭文字をとって HeLa 細胞と名づけられた（図8・1）．HeLa細胞は24時間ごとに何度も分裂を繰返した．驚くほど活発で，4日後には細胞数が多くなりすぎ何枚かのシャーレに移し替える必要があった．さらに数日後には再びシャーレの底を覆い尽くした．

このヘンリエッタの不死化した細胞は，今では小さなチューブの中で凍結保存され，世界中の研究室の間でやりとりされている．そして，がん，ウイルス増殖，タンパク質合成，放射線の影響など医学や基礎研究において広く使われている．そこで得られた成果によって，数人の研究者がノーベル賞を受賞している．また，HeLa 細胞は，実験に用いるためにディスカバラー17号によって宇宙にまで運ばれた．

ヘンリエッタは増殖の歯止めが効かないがん細胞のために31歳で死亡した．しかし，彼女が遺した細胞は，死後50年以上たっても増え続け，世の中の役に立っている．なぜ，がん細胞は不死化していて，ふつうの細胞

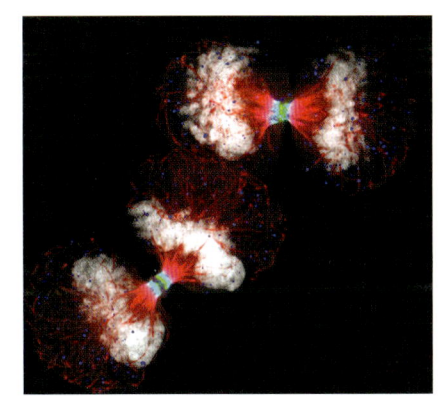

図8・1 分裂する HeLa 細胞

はそうではないのか．この問題を理解するためには，まず細胞が分裂するために使われる構造と機構を理解する必要がある．

8・2 分裂による増殖

細胞は分裂することにより増殖し，2個の娘細胞を生じる．それぞれの娘細胞は親細胞の DNA と細胞質を受け継ぐ．その細胞質中には酵素，細胞小器官や生存に必要な代謝機構が含まれ，娘細胞はそれらを自分でつくるまで利用する．分裂の過程を経て，娘細胞は完全な一組の染色体をもつ必要があり，もしそうでなければ正常に成長したり機能することができなくなる．

真核細胞は分裂するときに，単純に二つに分かれるわけではない．もしそうなら，娘細胞の一つだけが核（染色体を含む）をもつことになる．細胞は，細胞質の分裂の前に，DNA 複製（§6・4）により染色体を倍にする．倍化した染色体はその後分離し，体細胞分裂か減数分裂のいずれかの機構により，新しい核に包み込まれる（表

8. 細胞の増殖

表 8・1 異なる様式の細胞分裂がもたらす結果

結果	体細胞分裂	減数分裂	二分裂
成長時の体の大きさの増加	○		
死んだり傷ついた細胞の置換	○		
損傷を受けた組織の修復	○		
無性生殖	○		○
有性生殖		○	

8・1).

体細胞分裂(somatic cell division, mitosis*)は染色体の数を維持する分裂である．多細胞生物において体細胞分裂は，発生の過程で体の大きさを増す基礎となり（図8・2），また損傷を受けた細胞や死んだ細胞を常時置き換えるときに起こっている．体細胞分裂はまた，ある多細胞真核生物と多くの単細胞真核生物の生殖様式である**無性生殖**(asexual reproduction)にもみられる．細菌とアーキアも無性的な増殖を行うが，その増殖は真核生物とは異なる分裂様式（二分裂 binary fission）により行われている（§13・5参照）．

図8・2 受精卵が3回分裂したカエルの初期胚．多細胞動物は受精卵が繰返し分裂することにより発生する．

減数分裂(reduction division, meiosis*)は染色体数を半分にする分裂であり，有性生殖の中心的な役割を占めている．**有性生殖**(sexual reproduction)を通して，両親は遺伝子を子に伝える．ヒトを含めたすべての哺乳類では，生殖細胞で起こる減数分裂の結果，精子と卵がつくられる．真菌類，植物や多くの原生生物は生活環の中で胞子をつくり新しい世代を広めていくが，この胞子も減数分裂によってつくられる．

8・3 体細胞分裂と細胞周期

生物の一生の間に起こる成長や生殖の経過をまとめて**生活環**(life cycle)とよぶ．多細胞生物と単細胞生物はともに生活環をもつが，それでは多細胞生物の体をつくる個々の細胞についてはどうであろうか．生物学者は，そのような細胞もそれぞれ一連の特徴ある期間を順次経ながら生きていると考えている．細胞がつくられたときから分裂するまでに生じた現象の経過をまとめて**細胞周期**(cell cycle)とよぶ（図8・3）．

通常，細胞はほとんどの時間を**間期**(interphase, ❶)で過ごす．間期では，細胞は容積を増し，細胞質の構成要素の数をほぼ2倍にし，DNAを複製する．間期は通常最も長く，以下の3期からなる．

❷ G_1 期　DNA複製前の細胞成長期，第一間期
❸ S 期　合成期（DNA複製）
❹ G_2 期　細胞分裂を準備する第二間期

間期という名称は，その時期に外見上，細胞が活動を停止しているようにみえるためにつけられた．しかし実際には，ほとんどの細胞が G_1 期に代謝を活発に行っている．細胞がS期に入ると，DNA複製が通常一定の速度で進行し，G_2 期に入る前に停止する．G_2 期には細胞分裂を進めるためのタンパク質が合成され，その後の分裂期❺に入る準備をする．

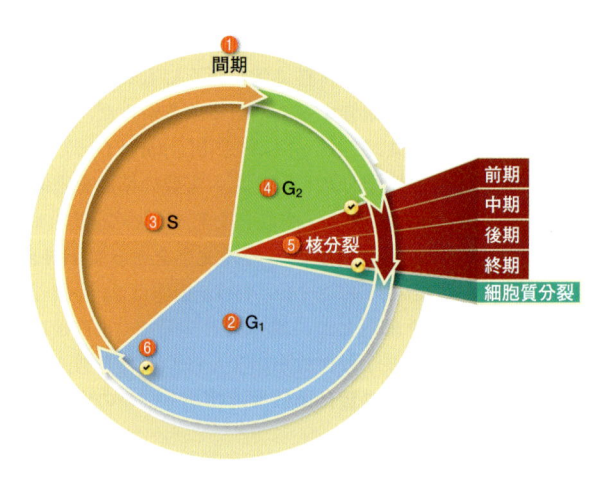

図8・3 真核細胞の周期．それぞれの時期の長さは細胞によって異なる．
❶ 細胞は間期にいる時間が最も長い．間期は G_1, S, G_2 期から構成される．
❷ G_1 期はDNA複製前の成長期である．
❸ S 期は合成期である．この時期にDNAを複製する．
❹ G_2 期はDNA複製が終わり，細胞分裂が始まるまでの時期である．この時期に細胞は分裂の準備をする．
❺ 核が分裂する（図8・5参照）．細胞質分裂が核分裂の後に起こる．娘細胞が生じると，その細胞周期は更新され再び間期に入る．
❻ 内在するチェックポイント機構により，条件がみたされるまで周期の進行は停止する．

---
* 訳注：mitosis と meiosis という用語は，体細胞分裂および減数分裂それぞれの核分裂に限定されて使われることもある．

細胞周期の調節

ヒトの体の大部分の分化した細胞は G_1 期にあり，そのうちのある種類の細胞は決して次の S 期に進むことはない．たとえば，ほとんどの神経細胞，骨格筋細胞，心筋細胞，脂肪貯蔵細胞は生後ずっと G_1 期にある．細胞がいつ分裂するのか，あるいはしないのかは，多くの遺伝子産物により調節される（§7・7）．車のアクセルのように，これらの調節のなかには細胞周期を進行させるものがある．その一方，ブレーキのように，周期の進行を妨げるものがある．このような負の調節は，周期が進行する過程で問題が生じたときに，それを修正可能とするチェックポイント（検問所）（図8・3❻）がもつ役割の一部である．"チェックポイント遺伝子"のタンパク質産物は，細胞内の DNA が完全に複製されたか，損傷を受けたか，十分な栄養が分裂のために供給されているか，などいくつかの項目を監視する役割をもつ．これらのチェックポイントタンパク質は細胞周期の調節機構と相互作用して細胞周期を遅くしたり停止させたりする一方で，問題の修正に関与する遺伝子の転写を同時に増加させる．その問題が修正された後，ブレーキは弱められて細胞周期が進行する．もし，その問題が解決されずに残ると，他のチェックポイントタンパク質が一連の反応を開始して最終的には細胞を自己崩壊させることがある．

染色体の数を維持する体細胞分裂

二倍体細胞が二組の染色体をもつことを思い出そう（§6・2）．たとえば，ヒトの体の細胞は同じ染色体を 2 本ずつ，全部で 46 本もっている．男性の性染色体（XY）の対は別として，各対の染色体どうしは相同である．対をなす**相同染色体**（homologous chromosome, hom- は"同じ"の意味）は長さと形が等しく，また同じ遺伝子群をもつ．ヒトのような有性生殖生物では，そのうちの 1 本は父親から，もう 1 本は母親から受け継ぐ．

核分裂とそれに続く細胞質分裂により，二倍体の親細胞は 2 個の二倍体の娘細胞をつくる．両方の娘細胞ともに親細胞と同じ数と種類の染色体をもつ．このように，体細胞分裂の結果，染色体の数は維持される．しかし，単に数が合っていればよいというわけではない．数を合わせるだけなら，9 番染色体が 1 本もない代わりに 2 対の 22 番染色体があればよいことになる．細胞が正常な機能をもつためには，すべての染色体の対が揃い，DNA の完全なセットがあることが必要である．

体細胞の核分裂は染色体の完全なセットを 2 個の核にそれぞれ分配する．細胞が G_1 期にあるとき，各染色体は 1 本の DNA 二重らせんからできている（図8・4a）．

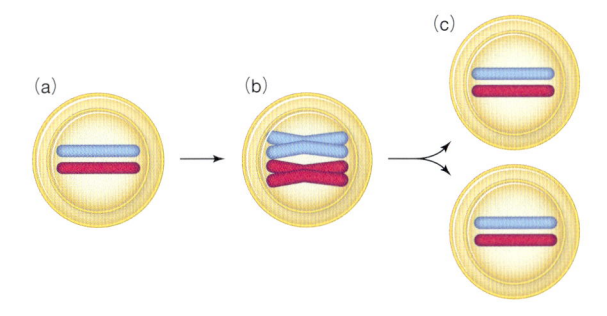

図 8・4 体細胞分裂による染色体の数の維持．わかりやすいように，1 対の染色体のみを示している．(a) G_1 期の細胞における染色体（未倍化）の対．(b) S 期に各染色体は複製し倍化する．(c) 核分裂と細胞質分裂により，新しい 2 個の細胞が染色体を 1 対ずつもつようになる．

細胞は S 期に入ると DNA を複製し，G_2 期に入るまでに，各染色体は 2 本の DNA 二重らせんから構成されるようになる（図8・4b）．その 2 本は核分裂過程の途中まで**セントロメア**（centromere）で互いに結合しており，**姉妹染色分体**（sister chromatid, §6・2）とよばれる．その後，姉妹染色分体は分かれて 2 個の別の核に含まれる．

分かれた姉妹染色分体は，それぞれ 1 本の二本鎖 DNA からなる染色体となる．こうして，核分裂で形成された 2 個の新しい核は，それぞれ完全なセットの（倍化していない）染色体をもつようになる．細胞質が分裂すると，2 個の核は 2 個の分離した細胞に分けられる（図8・4c）．それぞれの新しい細胞は間期の G_1 期から再び細胞周期を開始する．

核分裂の過程

染色体は，間期にはゆるくほどけた状態にあり，転写や DNA 複製を行うことが可能である．ほどけた染色体は広がっているため，光学顕微鏡下では容易に観察することはできない（図8・5❶）．核分裂の時期の前になると，染色体は固く凝縮する．染色体がたたまれ最も凝縮した X 形のときには，転写と DNA 複製は停止している❷．染色体の凝縮は，核分裂の間に染色体が絡まり，また切断されることを防いでいる．細胞が核分裂の最初の時期である**前期**（prophase）に入ると，染色体が非常に凝縮するため光学顕微鏡でその像を見ることができるようになる❸．

ほとんどの動物細胞の細胞質には，互いに近接した 1 対の**中心小体**（centriole）からなる**中心体**（centrosome）が存在する（§3・5）．前期の直前に，この中心体は 2 個になり，そのうちの 1 個は細胞の反対側へ移動する．前期の間に微小管が重合を開始し，中心体から伸

長して**紡錘体**（spindle）を形成する．紡錘体は核分裂の過程で染色体を動かす装置である．植物細胞にも紡錘体はあるが，中心体は存在しない．

紡錘体は核膜が壊れると核領域に進入する．紡錘体の微小管の一部は細胞の中央に到達するまで伸長する．他の微小管は染色体のセントロメアに接触すると伸長を止める．前期の終わりまでに，各染色体の1本の染色分体は1個の中心体から伸びる微小管と結合し，他の1本の姉妹染色分体は別の中心体から伸びる微小管と結合する．

互いに向き合った配置をとる微小管は，チューブリンのサブユニットが重合したり脱重合することにより綱引きを行う．微小管が伸びると染色体を押し，微小管が縮むと染色体を引くことになる．すべての微小管の長さ

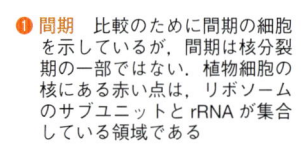

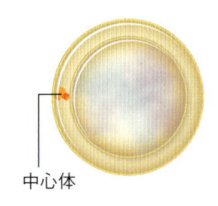

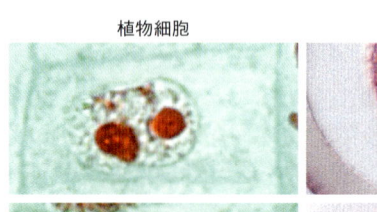

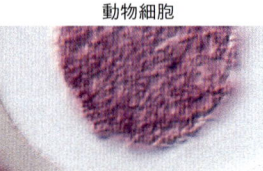

❶ **間期** 比較のために間期の細胞を示しているが，間期は核分裂期の一部ではない．植物細胞の核にある赤い点は，リボソームのサブユニットと rRNA が集合している領域である

❷ **前期初め** 核分裂が始まる．転写が停止し，DNA は凝縮する過程で粒状に見える．中心体が複製して2個になる

❸ **前期** 倍化した染色体が凝縮して明瞭な構造として観察される．2個ある中心体のうち1個が核の反対側へ移動する．核膜が壊れる．紡錘体微小管が重合し，セントロメアで染色体に結合する．姉妹染色分体は，細胞の両極に1個ずつある中心体のいずれかと接続する

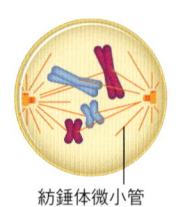

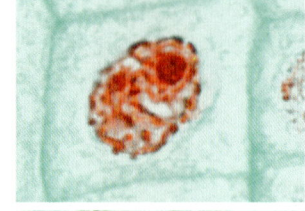

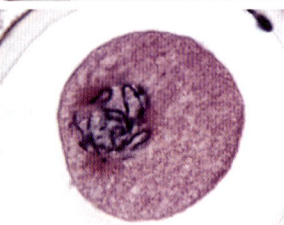

❹ **中期** すべての染色体が細胞の中央に並ぶ

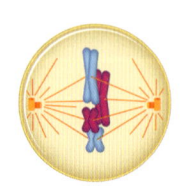

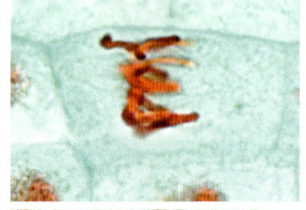

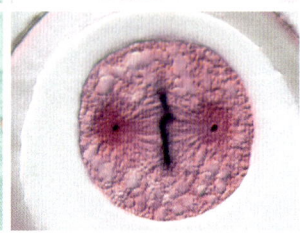

❺ **後期** 紡錘体微小管により姉妹染色分体が分離し，それぞれが反対側の紡錘体極に向かって移動する．各姉妹染色分体は独立した染色体となる

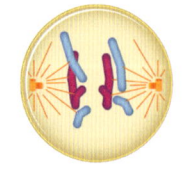

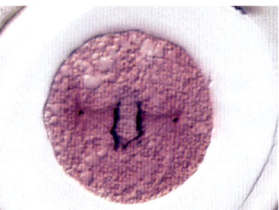

❻ **終期** 染色体が紡錘体極に到達して凝縮状態を脱する．核膜が染色体の各集団のまわりに形成され，核分裂が終わる

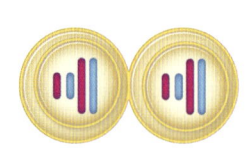

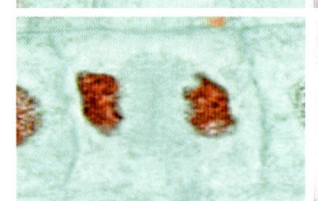

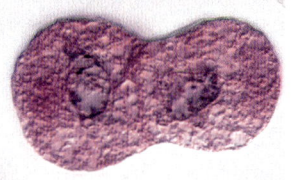

図 8・5 **体細胞核分裂**．植物の細胞（タマネギの根，左）と動物の細胞（線虫の受精卵，右）の顕微鏡写真．模式図は二倍体（2n）の動物細胞で，2対の染色体のみを示している．

が等しくなると，染色体は細胞の中央に並ぶようになる❹．この染色体が並ぶ時期を**中期**（metaphase）とよぶ．

後期（anaphase）には，複製により倍化した各染色体の姉妹染色分体は分離し，それぞれが単独の染色体となる．これらの染色体は紡錘体により細胞のそれぞれの側に運ばれる❺．

終期（telophase）は，染色体の二つの集団が細胞の両端に到達した時期以後をさす❻．それぞれの集団は親細胞から受け継いだ染色体の組で，親細胞が二倍体であれば各染色体を2本ずつもつ．染色体が凝縮状態から再びほどけた状態になると，それぞれの染色体集団を囲む新しい核が形成される．二つの核がつくられると，終期（と核分裂）が終わる．

8・4 細胞質分裂の機構

真核生物において，細胞質は核分裂の後期後半から終期の終わりまでに分裂を開始する．その結果，それぞれ1個の核をもつ2個の細胞が形成される．細胞質の分裂機構は，植物と動物で異なっている．

典型的な動物細胞は核分裂が終わった後に二つにくびれることによって分裂する（図8・6❶）．細胞膜直下に網状に分布した細胞骨格因子からなる細胞皮質（§3・5）の中で，細胞の中間面のまわりを包む位置に帯状のミクロフィラメントが存在している．その帯は**収縮環**（contractile ring）とよばれ，構成タンパク質がATPからエネルギーを受取ると収縮する．収縮環が縮むとそれに伴い細胞膜が内側に引かれる❷．沈み込む細胞膜は細胞の外からはくぼみとして見える❸．そのくぼみは**分裂溝**（cleavage furrow）とよばれ，それがさらに深くなると，細胞質（そして細胞）は二つに分かれる❹．このようにして，二つの新しい細胞がつくられ，それぞれの細胞は細胞膜に囲まれ，核と親細胞の細胞質の一部をもつようになる．

植物細胞には細胞膜のまわりに固い細胞壁があることから（§3・6），細胞分裂ではその問題を克服する必要がある．そのため，細胞質が分裂するときには独自の分裂機構をもつ（図8・7）．核分裂の後期が終わるまでに一組の短い微小管が分裂面の両側に形成される．これらの微小管は，小胞をゴルジ体や細胞表面から分裂面へと移動させる❶．分裂面では，細胞壁成分を中に含む小胞が互いに融合を始め，板状の**細胞板**（cell plate）を形成する❷．細胞板はその端から外側に伸び細胞膜に到達して融合し，細胞質を区切る❸．その後，細胞板は新しい細胞壁を発達させる．このようにして，それぞれの娘細

❶ 核分裂が終わったあと紡錘体が分解し始める

❷ 紡錘体の中間で，細胞膜と接着したミクロフィラメントが収縮する

❸ 収縮環が縮むとともに細胞表面が内側に引かれる

❹ 収縮環がさらに縮み細胞を二つに分ける

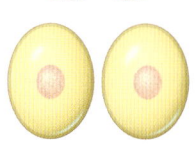

図 8・6 動物細胞の細胞質分裂

❶ 分裂面の位置は核分裂が始まる前に決まっている．核分裂が終わる前に，小胞がその位置に集まってくる

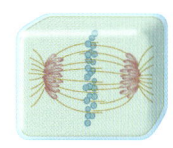

❷ 小胞が互いに融合して分裂面に沿って細胞板を形成する

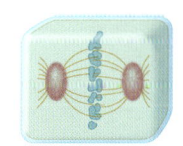

❸ 細胞板が分裂面に沿って外側に伸び，細胞膜に到達して融合し，細胞質を区切るようになる

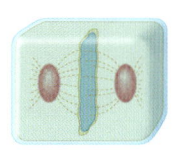

❹ 細胞板が発達して2個の娘細胞に新しい細胞壁ができる．その細胞壁が親細胞の細胞壁とつながると，それぞれの娘細胞は細胞壁に囲まれるようになる

図 8・7 植物細胞の細胞質分裂

胞は細胞膜と細胞壁に囲まれるようになる❹.

8・5　核分裂の異常から生じる病気
細胞分裂の異常

チェックポイント遺伝子に突然変異が生じると，その遺伝子産物はもはや正しく機能しなくなる．あるいは，ある遺伝子の突然変異は，その産物がもつ発現調節能を破壊することにより，チェックポイント遺伝子産物の量を大きく増減させる．チェックポイント機構が十分に働かなくなると，細胞は細胞周期の調節を失うようになる．その細胞は間期をスキップし，休む間もなく何度も分裂を繰返す．異常な細胞を死に至らせるシグナル伝達機構が停止することもある．問題はさらに深刻になる．なぜなら，そのような突然変異は子孫細胞にまで受け継がれ，異常な分裂をする細胞集団である**新生物**（neoplasm）を形成するからである．

体内で塊をつくる新生物は**腫瘍**（tumor）とよばれるが，この二つの単語は同じ意味に用いられることがある．突然変異により腫瘍形成能をもった遺伝子は**がん遺伝子**（oncogene, 飛び出た塊を意味するギリシャ語の onkos に由来）とよばれる．がん遺伝子は正常な細胞から腫瘍細胞への変化に寄与するすべての遺伝子をさす．がん遺伝子に生じている突然変異は親から子に遺伝するため，ある種の腫瘍は家族性となる．

核分裂を促進するタンパク質をコードする遺伝子は**がん原遺伝子**（proto-oncogene, proto- は初めを意味する）とよばれる．なぜなら，突然変異によりその遺伝子はがん遺伝子となるからである．その例として，成長因子の受容体の産生に関与する遺伝子があげられる．成長因子は細胞分裂と分化を促進する分子で，その受容体はほとんどの細胞の細胞膜に存在する．成長因子が受容体に結合すると，受容体は細胞周期を間期から分裂期へと進行させる一連の反応を開始させる．突然変異によって，成長因子が存在しなくても核分裂を促進する受容体が生じることがある．ほとんどの腫瘍では，突然変異によりそのような受容体の活性あるいは産生量が過剰となる（図8・8）．

核分裂を抑制するチェックポイント遺伝子産物は，その活性が失われると腫瘍が形成されるため，**がん抑制因子**（tumor suppressor）とよばれる．*BRCA 1* と *BRCA 2* 遺伝子の産物はがん抑制因子である．すなわち，これらの遺伝子の突然変異により胸部，前立腺，卵巣などの組織に腫瘍が生じる．*BRCA* 遺伝子産物は損傷したDNAを修復する多機能タンパク質である（図8・9）．ヒトパピローマウイルス（human papillomavirus: HPV）に感染した細胞は皮膚にいぼをつくるが，その理由はこのウイルスががん抑制因子の働きを妨げるからである．あるHPV株は子宮頸部の腫瘍と関係している．

がん

ふつうのほくろのような良性の腫瘍は危険ではない（図8・10）．成長は非常に遅く，その細胞は接着因子（§3・3）をもち，もとの組織に正常にとどまっている❶．一方，悪性の腫瘍は進行的に悪化し健康に対して危険となる．**がん**（cancer）は，上皮性の（18章）悪性腫瘍である．悪性細胞は通常次の三つの特徴をもつ．

第一に，悪性細胞は異常に増殖し分裂する．組織中で細胞の数を保つ調節が失われ，細胞分裂が急速に増すとともに，生じた集団の細胞密度が極度に高くなる．その

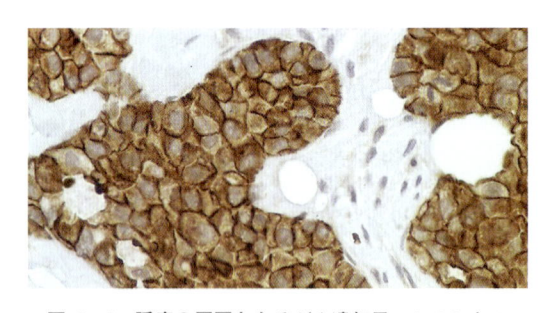

図8・8 腫瘍の原因となるがん遺伝子．このヒトの乳がんの切片では，活性化した成長因子受容体が茶色に染色されている．正常細胞は薄く染まっている．強く染まっている細胞は腫瘍を形成している．活性化した受容体が異常に多量に存在すると，細胞は刺激を受け続けて分裂を繰返すようになる．ほとんどの腫瘍細胞はこの受容体を過剰に産生したり活性化する突然変異をもつ．

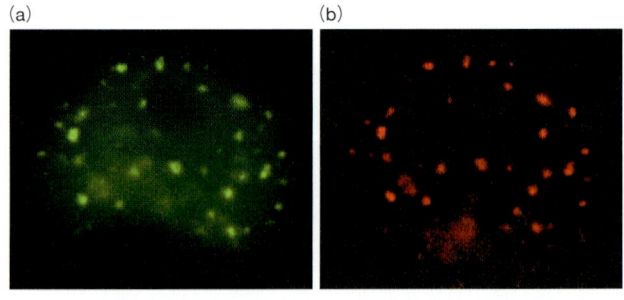

図8・9 細胞分裂の進行を抑えるチェックポイント遺伝子．2枚の写真は同じ核を示している．核内のDNAが放射線の照射により損傷を受けている（図6・7a参照）．(a) 緑の点は *53BP1* 遺伝子の産物が局在する位置を示す．(b) 赤い点は *BRCA1* 遺伝子の産物の局在を示す．両方のタンパク質とも染色体の同じ切断部位の周辺に集まっており，DNA 修復酵素をそこで機能させる役割をもつ．これらのチェックポイント遺伝子産物が協調的に作用することにより，切断が修復されるまで核分裂が抑制される．

増殖した細胞集団に血液を運ぶ微細な血管の数も異常に増加する.

第二に,悪性細胞の細胞質と細胞膜が変化する.細胞骨格が縮み,あるいは不規則となる.悪性細胞は通常,異常な数の染色体をもち,ある染色体は複数のコピーをもつのに対して他の染色体は失われているか損傷を受けている.また,代謝のバランスがくずれて,好気呼吸より発酵に多く依存してATPを形成する.

悪性細胞の細胞膜の機能は,あるタンパク質が変化したり消失することにより損なわれる.たとえば,悪性細胞の細胞膜の接着タンパク質は欠陥をもつか消失することが多く,その細胞は組織に正常にとどまることができない❷.悪性細胞は容易に血管やリンパ管に入り込み,またそこから出ていくことができる❸.これらの管を通って移動することにより,悪性細胞は体の他の部位に腫瘍を形成する❹.悪性細胞がもとの組織から離れ,体の他の部位に侵入する過程を **転移**(metastasis)とよぶ.転移は悪性細胞の第三の特徴である.

悪性細胞によってヒトは痛ましい過程を経て死に至る.毎年,先進国では,死者全体の15〜20%(日本では約30%)はがんが原因で死亡している.あるがんの原因となる突然変異は遺伝するが,喫煙を避けたり,皮膚を太陽光に当てないようにするなどの生活習慣の選択により,新しい突然変異が生じる危険性を減らすことができる.ある腫瘍は,細胞をこすりとるパップ試験や皮膚検診などの定期的な検査により検出することができる.十分早期に発見できれば,多くの腫瘍は転移する前に治療することができる.

8・6 性と対立遺伝子

性をもつ優位性

もし遺伝子が永続的に変化しないとすると,この地球上では体細胞分裂によって無性生殖する生物が進化の競争に勝利したことだろう.なぜなら,無性生殖により,どの遺伝子も安定かつ迅速に子孫に受け継がれるからだ.しかし実際には,遺伝子には一定の頻度で変異が生じる.このことが,進化の過程で有性生殖が生じた大きな理由のひとつであると考えられている.無性生殖の場合は,1個体だけで子を生み出す.その個体のすべての遺伝子がすべての子に受け継がれる.一方,有性生殖では2個体の遺伝子が混ざるため,両親それぞれがもつ遺伝情報の半分ずつが子に受け継がれる.

それでは,なぜ性が必要なのだろうか.無性生殖によって生まれたすべての子は親のクローンであり,そのため環境に対して同じように適応することから,環境の変化に等しく弱いことがある.それに対して,有性生殖によって生まれた子は両親とは異なり,また子の間でも遺伝した形質の詳細は同じではない.集団としてみると,多様な形質をもつ子はクローンに比べて環境の変化の中で生き残るより多くの可能性をもつ.

おそらく最も重要な有性生殖の利点は,自然界で生じる有害な突然変異に対処できることだろう.無性生殖の場合,有害な突然変異をもつ個体はその変異をすべての子に必然的に伝えることになる.それに対して,有性生殖により生まれた子は,親の突然変異を50%の頻度で受け継ぐため,変異の効果を受ける可能性は低くなる.こうして,有害な突然変異は有性生殖の集団より無性生殖の集団でより速やかに蓄積していく.

対立遺伝子とは何か

ヒトを含む多くの有性生殖生物の体細胞では,対をなす相同染色体の1本は母親に,他の1本は父親に由来し(§6・2),それらは同じ遺伝子をもつ(図8・11a).しかし,母親と父親に由来する染色体の間では,対応する遺伝子のDNA配列がほんの少し異なっている.長い進化の時間の中で,ある特定の突然変異は隔離された系統の中で蓄積し,そのうちある変異は遺伝子の中に生じる.こうして,どの遺伝子のDNA配列も相同染色体上で対をなす遺伝子の配列と異なることがありうる(図8・11b).このようにDNA配列上に差異のある同じ遺

❶ 良性腫瘍はゆっくり成長しもとの組織にとどまる

❷ 悪性腫瘍の細胞はもとの組織から遊離することができる

❸ 悪性腫瘍の細胞が,血管やリンパ管の壁に接着する.それらの細胞は消化酵素を放出して壁に穴を開け,血管内に入る

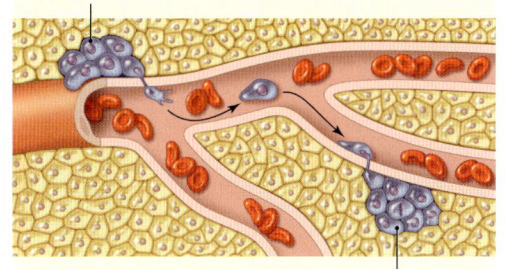

❹ 細胞が血管内を動き回り,血管内に入ったときと同様な方法で血管外へ出る.別の組織で新しい悪性腫瘍を生じる.これら一連の過程が転移である

図 8・10　転　移

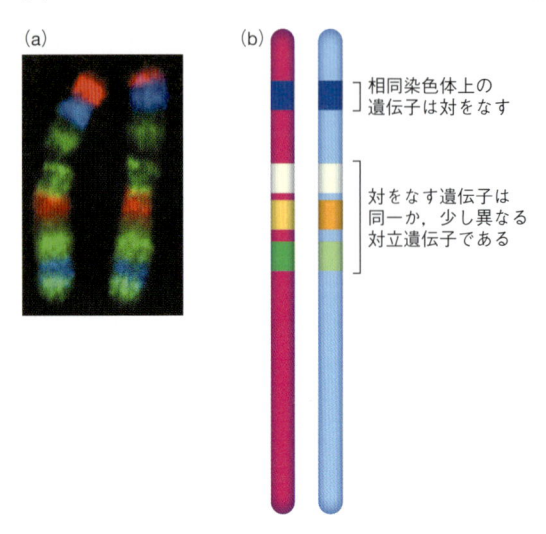

図 8・11 相同染色体上の遺伝子．(a) 相同染色体の間で対をなす DNA の配列が同じ蛍光色の帯で示されている．2 本の染色体は，それぞれ同じ一組の遺伝子をもつ．(b) 2 本の相同染色体上には同じ順番で対をなす遺伝子が並んでいるが，いずれの遺伝子の DNA 配列も相同染色体間で多少異なる可能性がある．

伝子を**対立遺伝子**（allele）とよぶ．

対立遺伝子は互いに少し異なった遺伝子産物をつくることがある．そのような違いは，種がもつ何千もの形質に影響を与える．たとえば，β グロビン遺伝子（§7・6）は 700 以上の対立遺伝子をもつ．そのうちの一つは鎌状赤血球貧血の原因となり，他の数個は β サラセミアをひき起こす．この遺伝子はヒトの約 2 万個の遺伝子の一つにすぎず，ほとんどの遺伝子が複数の対立遺伝子をもつ．有性生殖を行う種において，個体間の対立遺伝子の違いが個体に特有な性質を生む理由となっている．有性生殖による子が新しい組合わせの対立遺伝子を受け継ぐことにより，新しい組合わせの形質が生じることになる．

8・7 減数分裂と生活環

減数分裂は，親の対立遺伝子に新しい組合わせを生じさせる，有性生殖に固有の過程である．減数分裂は，2 段階で起こり，1 回ごとに染色体は新しい核に包まれる．

間　期	減数分裂 I	減数分裂 II
減数分裂の核分裂の前に DNA が複製される	前期 I 中期 I 後期 I 終期 I	前期 II 中期 II 後期 II 終期 II

二倍体（$2n$）細胞の核は，両親から一組ずつ受け継いだ二組の染色体をもつ．DNA 複製は減数第一分裂（減数分裂 I）の核分裂が始まる前に起こり，その結果，各染色体は 2 本の姉妹染色分体からなる．減数分裂 I の最初の核分裂時期は減数分裂 I 前期（前期 I）とよばれる（図 8・12）．この時期には，染色体は凝縮し，相同染色体は互いに近接して染色体断片を交換する（詳細は後に説明）．中心体は 2 個になり，核膜が壊れるとともに，1 個は細胞の反対側へ移動する❶．紡錘体が形成されると，前期 I が終わるまでに，対をなす 2 本の相同染色体（それぞれの染色体は 2 本の姉妹染色分体をもつ）は細胞のいずれかの側から伸びる微小管に結合する．これらの微小管は伸縮して染色体を押したり引いたりする．減数分裂 I 中期（中期 I）には，すべての微小管の長さは同じになり，染色体は細胞の中央に並ぶようになる❷．

減数分裂 I 後期（後期 I）には，相同染色体は互いに引き離され細胞の反対側に移動する❸．減数分裂 I 終期（終期 I）には，染色体がほどけるとともに染色体の各集団のまわりに新しい核膜が形成される❹．2 個の新しい核は一組の染色体をもつ**一倍体**（haploid, n）である．細胞質はこの時点で分裂することが多い．各染色体は未だ倍化しており 2 本の姉妹染色分体をもつ．

減数第二分裂（減数分裂 II）では減数分裂 I のときとは異なり，DNA 複製は起こらない．減数分裂 II は，減数分裂 I で形成された 2 個の核で同時に進行する．減数分裂 II 前期（前期 II）では，染色体は凝縮し，核膜が壊れ，新しい紡錘体がつくられる．この時期が終わるまでに，染色分体の 1 本は細胞の一方の側にある紡錘体微小管と結合し，その姉妹染色分体は反対側の紡錘体微小管と結合する❺．これらの微小管が染色体を押したり引いたりすることにより，減数分裂 II 中期（中期 II）には染色体を細胞の中央に並べる❻．減数分裂 II 後期（後期 II）では，各染色体の姉妹染色分体は引き離され，互いに細胞の反対側へ移動する❼．このとき各染色体は 1 本の DNA 二重らせんからなる．終期 II においては，染色体がほどけるとともに，新しい核膜が染色体の集団のまわりに形成される❽．細胞質はこの時点で分裂することが多く，その結果，一組の倍化していない染色体を核にもつ 4 個の一倍体（n）細胞が生じる．

減数分裂は対立遺伝子を組換える

有性生殖により生まれた子の間では，異なる対立遺伝子が受け継がれているため形質も異なっている．この形質の多様性には，染色体の乗換えも寄与している．**乗換え**（crossing over）とは，減数分裂のときに対をなす相同染色体の間で互いに対応する DNA 断片を交換する過

8・7 減数分裂と生活環

減数分裂 I　二倍体の核が2個の一倍体の核になる

❶ **前期 I**　相同染色体が凝縮し，対を形成し，断片を交換する．核膜が壊れると紡錘体の微小管が染色体に結合する

❷ **中期 I**　相同染色体の対が細胞の中間に並ぶ．各対の2本の染色体は細胞のいずれかの端から伸びる紡錘体微小管と結合する

❸ **後期 I**　すべての相同染色体が分離し，紡錘体極へ向かって移動する

❹ **終期 I**　二つの完全なセットの染色体が紡錘体極で集団をつくる．新しい核膜がそれぞれの集団を取囲み，2個の一倍体の核が形成される

減数分裂 II　一倍体の核2個が4個の一倍体の核になる

❺ **前期 II**　染色体は凝縮し，核膜が壊れると紡錘体微小管がそれぞれの姉妹染色分体に結合する

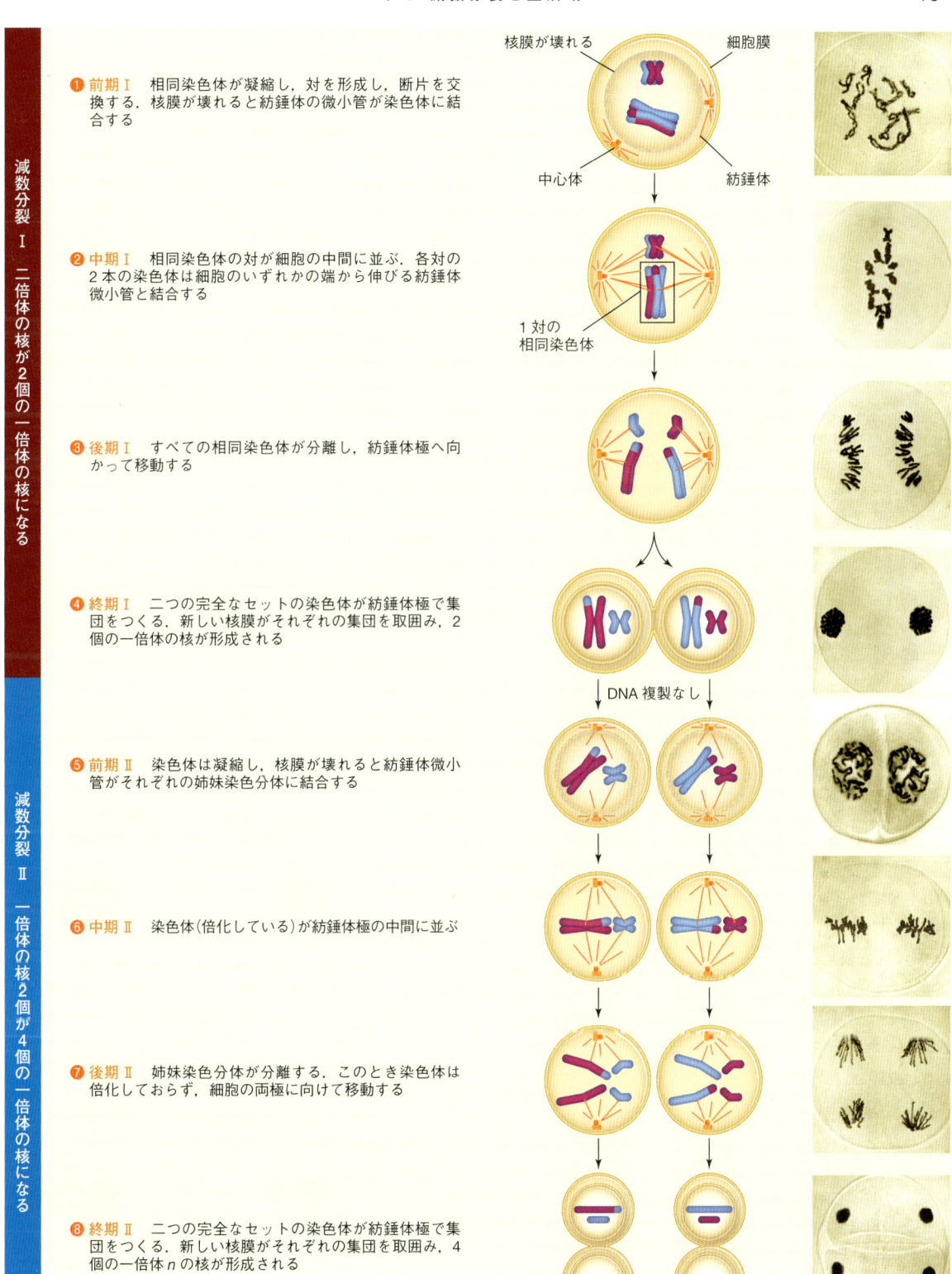

❻ **中期 II**　染色体(倍化している)が紡錘体極の中間に並ぶ

❼ **後期 II**　姉妹染色分体が分離する．このとき染色体は倍化しておらず，細胞の両極に向けて移動する

❽ **終期 II**　二つの完全なセットの染色体が紡錘体極で集団をつくる．新しい核膜がそれぞれの集団を取囲み，4個の一倍体 n の核が形成される

図 8・12　**減数分裂**．顕微鏡写真はユリの細胞における減数分裂を示している．説明図には，二倍体 ($2n$) の動物細胞における2対の染色体を示している．相同染色体は青とピンクで示す．

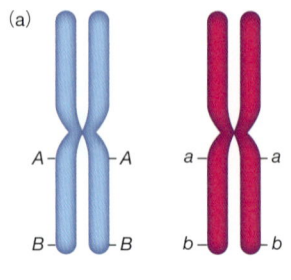

(a) 1本の染色体上には多数の遺伝子があるが，ここでは2個の遺伝子にのみ焦点を当てる．一つの遺伝子は A と a，もう一つは B と b の対立遺伝子をもつ

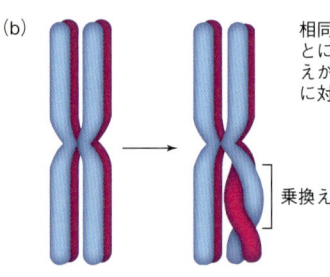

(b) 相同染色体どうしが近接することにより，相同染色体間の乗換えが促進され，染色分体が互いに対応する断片を交換する

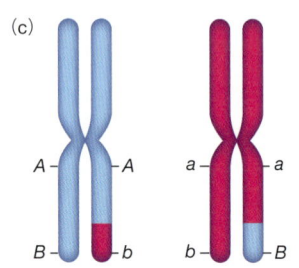

乗換え

(c) 乗換えの結果，父親および母親由来の対立遺伝子が相同染色体上で組換わる

図 8・13 乗換え．青は父親から，ピンクは母親からの染色体である．わかりやすいように1対の相同染色体と1回の乗換えのみを示している．実際には1対の染色体の間で2回以上の乗換えが起こることもある．

細胞は二倍体である．その細胞は胚の発生過程で生じ，成熟期まで特殊な生殖器官の中で保持される．有性生殖の詳細は後の章で説明するが，その前にいくつかの概念を知っておく必要がある．

受精のときには，2個の一倍体の配偶子が接合し，二倍体の**接合子**（zygote）を生成する．接合子は新しく生まれる個体の最初の細胞である．こうして，減数分裂は染色体の数を半分にし，受精によってその数はもとに戻る．もし，減数分裂が受精の前に起こらなければ，染色体の数は世代ごとに2倍になるだろう．染色体の数が変わると，個体がもつ遺伝的指令に変化が生じる．一組の染色体は，綿密に調整された何ページにもわたる設計図のようなもので，正常に機能する体を構築するためには1ページごと正確に従う必要がある．9章で説明するように，染色体の数の変化は，特に動物では劇的な結果をもたらしうる．

典型的な動物の生活環では，接合子は多細胞の個体へと発生していく（図8・14a）．雌および雄のそれぞれの成体における未成熟な生殖細胞は減数分裂により**卵**（egg，雌の配偶子）および**精子**（sperm，雄の配偶子）を生じる．植物の生活環では，2種類の多細胞体である**胞子体**（sporophyte）と**配偶体**（gametophyte）がつくられる（図8・14b）．胞子体は二倍体で，減数分裂によりその特殊な部位に胞子を産生する．胞子は1ないし数

程をさす（図8・13）．染色体が前期Ⅰで凝縮すると，相同染色体が互いに近接し，その染色分体が全長にわたって平行に並ぶ．この近接した配置が染色体の乗換えを容易にする．相同染色体は全長にわたってどの部位のDNA断片も交換しうるが，ある領域で高頻度に乗換えが起こる傾向がある．

乗換えは，減数分裂の過程で頻繁に起こる正常な現象である．乗換えにより，母親と父親のそれぞれの生殖細胞で対立遺伝子が組換わり，親の体細胞の染色体にはない対立遺伝子の組合わせが生じる．その結果，子に多様性がもたらされる．

配偶子から子へ

有性生殖は，両親からの特殊化した生殖細胞である**配偶子**（gamete）が接合する過程を含む．すべての配偶子は一倍体で，未成熟な生殖細胞（germ cell）の分裂によって生じる．植物の未成熟な生殖細胞は一倍体であり，減数分裂によって生成する．配偶子はこれらの細胞の体細胞分裂によってつくられる．動物の未成熟な生殖

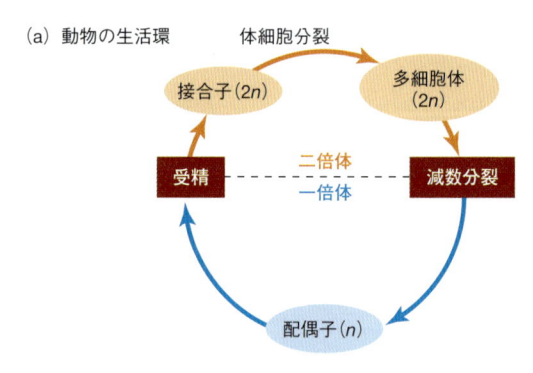

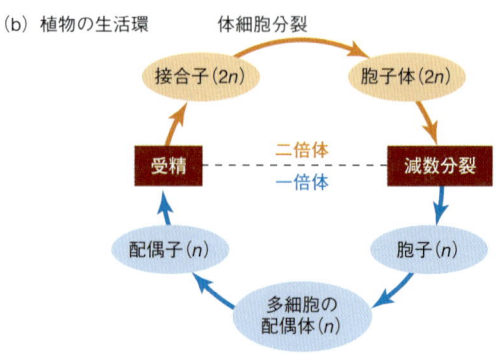

図 8・14 動物と植物の生活環の比較

個の一倍体細胞からなる．これらの細胞は体細胞分裂を行い，配偶子を産生する一倍体の配偶体を生じる．たとえば，被子植物では，配偶体は花の中でつくられる．花は，胞子体の特殊化した生殖シュート（reproductive shoot）の上に形成される．

受精もまた，有性生殖によって生まれた子の間にみられる多様性に寄与している．ヒトの生殖の場合を考えてみよう．ヒトの配偶子になる細胞は 23 対の相同染色体をもつ．その細胞が減数分裂を行うたびに，4 個の配偶子がつくられ，それぞれは 8,388,608（2^{23}）通りある相同染色体の組合わせのうちの一つをもつようになる．そのうえ，母親と父親の染色体上の対立遺伝子が染色体の乗換えによってモザイクのように組換えられる．そして，雄と雌の配偶子のうち，どの 2 個が実際に出会い受精するのかは偶然の出来事である．このように個体間にみられる多様性の生成は，複数の偶然的要因によって支配される．

8・8 ヘンリエッタの不死化した細胞 再考

タキソール（taxol）は，微小管の脱重合を抑えることで細胞分裂を抑制する．この実験を行うために HeLa 細胞が使われてきた．がん細胞は分裂が速いため，この薬剤の影響を正常な細胞よりも受けやすい．がん研究のより最近の例は図 8・1 に示した．この分裂時の HeLa 細胞の写真で，青い点は姉妹染色分体がセントロメアで互いに接着するために働くタンパク質，緑は紡錘体微小管（赤）がセントロメアに接着するために機能する酵素の局在を示している．その酵素の機能または発現が異常になると，娘細胞はがん細胞の特徴である染色体数の異常を示すようになる．この核分裂の終期には，両方のタンパク質が染色体の集団（白）の中間点で互いに近接する．その分布が異常である場合，それは染色体が紡錘体に正しく結合していないことを示している．

医師や研究者が患者から組織試料を採取するときには，最近では事前に署名された同意書を得ることが必要である．しかし，1950 年代にはそのような必要はなかった．したがって，ヘンリエッタの子宮頸がんを治療していた若い研修医が，その試料を採取する前に研究への使用許可を得ようと考えたことはおそらくなかったであろう．HeLa 細胞株を確立するために用いられた細胞はそのような試料から得られたものであった．

まとめ

8・1 不死化したヒト細胞（HeLa 細胞）はがんの犠牲となった患者の遺産である．がんが生じる機構を解明しようとする世界中の研究者が今もその細胞を使い続けている．

8・2 細胞は，最初に核，次に細胞質が二つに分裂することにより増殖する．それぞれの娘細胞は完全なセットの染色体と細胞質を受取る．体細胞分裂と減数分裂の核分裂機構によって親細胞の染色体は新しい核に分配される．体細胞分裂は多細胞生物における成長，細胞の置換，組織の修復や多くの生物種における無性生殖の基礎となっている．減数分裂は真核生物の有性生殖の基礎である．

8・3 細胞周期は真核細胞が生きていく過程で通過するすべての時期を表している．新しく細胞が形成されると始まり，細胞分裂が完了すると終わる．相同染色体の DNA 複製を含むほとんどの細胞の活動は間期に起こる．

体細胞分裂は染色体数を維持する．前期では，複製した染色体が凝縮する．微小管が紡錘体を形成し，核膜が壊れる．紡錘体微小管がセントロメアで染色体に結合する．中期では，すべての染色体が細胞の中央に並ぶ．後期では，各染色体の姉妹染色分体が互いに離れ，それぞれが細胞の反対側に移動する．終期には，核膜が染色体の二つの集団のまわりに形成される．その結果，親細胞と同じ数の染色体をもつ 2 個の新しい核がつくられる．

8・4 ほとんどの場合，核分裂の後に細胞質分裂が起こる．動物細胞では，収縮環が細胞膜を内側に引込んで分裂溝を形成し，最終的に細胞質を締めつけるようにして二つに分ける．植物細胞では，小胞が融合して細胞板となり，それが広がり親細胞の細胞壁と融合すると細胞質を二つに区切るようになる．細胞板は 2 個の新しい細胞の細胞壁をつくり，それぞれの新しい細胞は自分の細胞壁をもつようになる．

8・5 チェックポイント遺伝子の産物は細胞周期の調節を行う．突然変異によってその遺伝子の産物や発現が影響を受けることがある．すべてのチェックポイント機構が働かなくなると，細胞は細胞周期の調節を失い新生物を形成する．新生物は腫瘍とよばれる塊をつくる．新生物の悪性細胞は，もとの組織から離れ体の他の部位に集団をつくるようになる．この過程は転移とよばれる．悪性細胞が体の組織を物理的，代謝的に破壊すると，それががんとなる．ある突然変異は，正常な遺伝子を腫瘍の原因となるがん遺伝子に変化させ，またそれは遺伝する．しかし，定期的な検査や適切な生活習慣により，各人のがんとなる危険性を減少させることができる．

8・6 有性生殖によって生まれた子の間では，共通する遺伝形質に変化がみられるのがふつうである．形質の多様性をもつことは，無性生殖により生まれた遺伝的に同一の子孫に比べて進化的に有利である．

有性生殖により生まれた子は相同染色体の対をもち，そのうち 1 本は母親から，もう 1 本は父親から受け継がれる．そ

の相同染色体の対は同じ遺伝子のセットをもつ．対をなす遺伝子はDNA配列が互いに少し異なることが多く，そのときそれらを対立遺伝子とよぶ．対立遺伝子は，突然変異により生じ，共通の遺伝形質に違いをもたらす基礎となる．

8・7 減数分裂では，核分裂が始まる前にDNA複製が起こるため，対をなす染色体のそれぞれは2本のDNA二重らせん（姉妹染色分体）からなる．減数分裂の過程には2回の核分裂が起こる．最初の減数第一分裂（減数分裂Ⅰ）の核分裂では，相同染色体の対のすべてがまず並び，そして対のそれぞれは1本ずつに分離して移動する．2個の染色体集団のまわりにそれぞれ核膜が形成される．この時期に，染色体の数は二倍体2nから一倍体nに減少する．減数第二分裂（減数分裂Ⅱ）の核分裂が減数分裂Ⅰで生じた両方の核で起こる．この時期に，姉妹染色分体が分かれるため，減数分裂が終わるときには，各染色体は1本の二重らせんからなる．通常，4個の核が形成され，それぞれが完全な一組の（倍化していない）染色体をもつ．減数分裂Ⅰの過程では，相同染色体の対どうしの間で，染色分体の同位置の断片交換が起こる．このような乗換えは，母親と父親の染色体上の対立遺伝子を組換え，いずれの親の染色体にも存在しない対立遺伝子の組合わせを生じさせる．

ほとんどの動物の生殖器官における未成熟な生殖細胞は一倍体の配偶子（精子あるいは卵）を産生する．植物の生活環においては，典型的には2種類の多細胞体が現れる．二倍体の胞子体における減数分裂により，一倍体の胞子が生じる．胞子は一倍体の配偶体をつくり，配偶体は次に配偶子を生じる．

2個の一倍体の配偶子は受精により融合し，二倍体の接合子となる．こうして，減数分裂により染色体の数は半分となり，受精によりその数はもとに戻る．

試してみよう（解答は巻末）

1. 体細胞分裂は次のどの現象に役立っているか．
   a. 単細胞真核生物の無性生殖
   b. 多細胞生物の成長と組織の修復
   c. 細菌とアーキアの配偶子形成
   d. 植物と動物の有性生殖
   e. aとb
2. 各種類の染色体を2個もつ細胞は ___ の染色体数をもつ．
   a. 二倍体　　b. 一倍体　　c. 四倍体　　d. 異常な数
3. 1本の倍化した染色体は何本の染色分体をもつか．
   a. 1　　b. 2　　c. 3　　d. 4
4. ___ は染色体数を維持し，___ は染色体数を半分にする．
   a. 体細胞分裂，減数分裂　　b. 減数分裂，体細胞分裂
5. 相同染色体の対は ___
   a. 同じ遺伝子をもつ　　b. 同じ形を示す
   c. 同じ長さをもつ　　d. a〜cのすべて
6. 細胞周期の間期では ___
   a. 細胞は機能を止める
   b. 細胞は紡錘体を形成する
   c. 細胞は成長しDNAを複製する
   d. 核分裂が進行する
7. 体細胞分裂の後，2個の新しい細胞の染色体数は親細胞に比べて ___
   a. 同じ　　　　　　b. 半分になっている
   c. 変化している　　d. 二倍になっている
8. 次のうち核分裂に含まれない時期はどれか．
   a. 前期　　b. 間期　　c. 中期　　d. 後期
9. 有性生殖が無性生殖に比べて進化上有利な点は何か．
   a. 1個体からより多くの子孫を生む
   b. 子孫の間により多くの多様性をもたらす
   c. より健康な子孫を生む
10. DNA配列に差異のある同じ遺伝子は ___
    a. 配偶子　　　b. 相同
    c. 対立遺伝子　d. がん遺伝子
11. 減数分裂は次のどの現象に役立っているか．
    a. 単細胞真核生物の無性生殖
    b. 多細胞生物の成長と組織の修復
    c. 細菌とアーキアの配偶子形成
    d. 植物と動物の有性生殖
12. 乗換えにより組換えられるのは何か．
    a. 染色体　b. 対立遺伝子　c. 接合子　d. 配偶子
13. 右図に示した減数分裂の時期は後期Ⅰであり，後期Ⅱではない．なぜか．
    a. 乗換えがすでに起こっている
    b. 染色体がまだ倍化した状態にある
    c. 中心体が2個ある
    d. 姉妹染色分体が分離している
14. 動物の有性生殖で必要なことはどれか．
    a. 減数分裂　　b. 受精　　c. 胞子形成　　d. aとb
15. 左側の体細胞分裂の各時期に起こる現象として最も適当なものをa〜dから選び，記号で答えよ．
    ___ 前期　　a. 姉妹染色分体が分離する
    ___ 中期　　b. 染色体が凝縮する
    ___ 後期　　c. 新しい核がつくられる
    ___ 終期　　d. すべての染色体が細胞の中央に並ぶ
16. 左側の用語の説明として最も適当なものをa〜iから選び，記号で答えよ．
    ___ 細胞板　　a. 異常な細胞の塊
    ___ 紡錘体　　b. ミクロフィラメントからつくられる
    ___ 腫瘍　　　c. 植物細胞を二つに分ける
    ___ 分裂溝　　d. 紡錘体をつくる
    ___ 収縮環　　e. 移動し転移する細胞
    ___ がん　　　f. 微小管からつくられる
    ___ 中心体　　g. くぼみ
    ___ 配偶子　　h. 一倍体
    ___ 接合子　　i. 新しい個体の最初の細胞

9 遺伝の様式

9・1 危険な粘液
9・2 形質の追跡
9・3 メンデル遺伝の様式
9・4 複雑な遺伝
9・5 形質の複雑な多様性
9・6 ヒトの遺伝解析
9・7 ヒトの遺伝性疾患
9・8 染色体数の変化
9・9 遺伝子検査
9・10 危険な粘液 再考

9・1 危険な粘液

1988年，囊胞性繊維症（cystic fibrosis）とよばれる病気の原因となる遺伝子が発見された．この病気は米国では最も一般的な致死性の遺伝性疾患である．その原因遺伝子 *CFTR* は上皮細胞から塩化物イオン Cl^- を外に放出するタンパク質をコードしている．上皮細胞層は，肺，肝臓，膵臓，腸，生殖器系，皮膚の中の管腔の内側を覆っている．CFTRタンパク質が Cl^- を細胞外に出すと，浸透圧により，水もそのイオンのあとを追うように細胞外に放出される．この2段階の過程により，上皮層の表面には薄い水の膜がつくられる．その湿った細胞層の上を粘液は容易に流れることができる．

この囊胞性繊維症で最も一般的にみられる突然変異は，CFTRタンパク質の細胞膜への到達を阻害する欠失変異である．細胞膜にCFTRタンパク質が存在しなくなると，上皮細胞は Cl^- を正常に輸送することができないため，極微量の Cl^- しか細胞外に放出できなくなる．その結果，十分な量の水を放出できず，上皮細胞層の表面は本来の湿った状態ではなくなってしまう．すると，通常は体の中の管を移動する粘液は，管に付着するようになる．こうして，粘液の厚い塊が体中の管腔を詰まらせるようになる．粘液が肺の狭い気道をふさぐと呼吸が困難になる．

また，CFTRタンパク質は受容体としての機能をもつ．CFTRには細菌が結合し，その結合により体の管腔を覆う上皮細胞でエンドサイトーシスが誘起される．これらの細胞に取込まれた細菌は免疫系の防御反応を促進する．上皮細胞にCFTRタンパク質がないと，このような初期の警報システムが働かなくなり，病原菌は検出される前に増殖してしまうことになる．こうして，腸や肺への慢性的な細菌の感染が囊胞性繊維症の特徴となる．日常的に姿勢を変えたり胸や背中をたたくことで粘液の一部を除去することはできる．また，抗生物質により感染を抑えることもできる．しかし，病気を治すことはできない．肺移植を行っても，ほとんどの囊胞性繊維症患者は肺の機能を失って30歳までに死を迎える．

米国では約25人に1人が，2コピーある *CFTR* 遺伝子のうちの一つに囊胞性繊維症を起こす変異をもっているが，ほとんどの人は発症しないためにそのことに気づかずにいる．囊胞性繊維症は，両親から一つずつ受け継いだ遺伝子がともに変異しているときにのみ発症する．この不幸な出来事は，欧米では3300人に1人の割合で起こるが，日本ではきわめてまれである．

9・2 形質の追跡

19世紀には，遺伝物質はある種の液体で，受精時にはコーヒーにミルクを混ぜるように両親からの液体が混ざり合うと考えられていた．しかし，この"混合遺伝"の考えでは，現実に目にする事実を説明できなかった．たとえば，ある子供にはいずれの親にもみられないそばかすが生じることがある．黒いウマと白いウマを交配しても灰色の子ウマは生まれない．

ダーウィン（Charles Darwin）の自然選択説（11章）の中心には遺伝の考え方があった．彼は，混合遺伝の考えを受け入れなかったが，その代わりとなる説を見いだすことはできなかった．ダーウィンは，形質の遺伝を理解するための重要な概念である，遺伝情報（DNA）が不連続な単位（遺伝子）に分けられるということを知らなかった．しかし，オーストリアの修道士であったメンデル（Gregor Mendel）はそのことに気がついていた．彼は，何千本ものエンドウを育て，世代間で形質がどのように受け継がれるのか詳細に調べることによって，遺伝のしくみを示す証拠を集めていた．

メンデルの実験方法

メンデルはエンドウの形質における多様性を研究していた．エンドウの花は雄と雌の配偶子（§8・7）をつくり，それらが花の中で自然に自家受粉して胚を形成する．そこでメンデルは遺伝を研究するために，特定の形質をもつ異なる個体間で選択的に受粉させ，その結果生じる子の形質を観察，記載した（図9・1）．自家受粉を防ぐために，メンデルはまず花粉をつくるおしべの葯を取除き，次にその花のめしべにブラシで他の個体の花粉をつけた．このように交配して得られた種子を集め，それぞれから成長した新しい個体の形質を記録した．

メンデルの実験の多くは，白花や紫花のような形質についての純系（固定種）の個体から出発した．純系であるとは，子孫が何世代ものあいだ両親と同じ形質の型を示すことを意味している．たとえば，白花の純系の両親から生まれたすべての子孫は白花をつける．次節で説明するように，メンデルは，交配したエンドウの次世代の形質が予想できるパターンで現れることを発見した．エンドウの形質を追跡する緻密な仕事により，遺伝情報は不連続な単位として世代間に受け継がれる，とメンデルは正しく結論した．

遺伝の現代的解釈

DNAが遺伝物質であることが明らかにされたのは1950年になってからだが，現在われわれが遺伝子とよぶ遺伝情報の単位をメンデルが発見したのはそれより1世紀ほども前のことである．ある生物種の個体が互いに共通の形質をもつのは，各個体の染色体が同じ遺伝子をもつためであることが現在では知られている．

ヒトや他の動物の体細胞は，相同染色体の上に遺伝子の対をもっている（§8・6）．1対の2個の遺伝子は同一であることもあり，変化した対立遺伝子であることもある．生物がある形質において純系であるのは，同一の遺伝子の対が形質を支配しているからである．2個の同一の対立遺伝子をもつ個体は，その対立遺伝子に関して**ホモ接合**（homozygous）であるという．個体がもつ特定の対立遺伝子の組は**遺伝子型**（genotype）とよばれる．

対立遺伝子は，ある生物種の個体が共通にもつ形質に多様性をもたらすおもな要因である．突然変異は，紫色の花を咲かせる植物が白色の花を咲かせるように，形質に変化をもたらす．ここで，"白色の花"は，個体の観察することのできる形質を意味する**表現型**（phenotype）

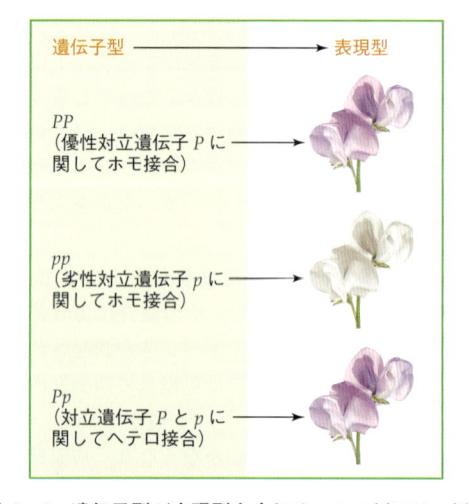

図9・1 エンドウの交配実験．(a) エンドウの花はおしべの葯とめしべの心皮とよばれる生殖部位をもつ．葯で形成される花粉から雄の配偶子が生じ，雌の配偶子は心皮に形成される．(b) 自家受粉を防ぐために，まず葯を切取り，次に他の花の花粉をブラシでめしべにつける．このようにして遺伝物質の移動を人工的に調節する．この例では，紫色の花の花粉を白色の花のめしべにつけている．その後，種子がさやの中で発達する．この交配により生じたエンドウはすべて紫色の花をつける．この遺伝様式は，対立遺伝子の優劣関係を明らかにする．

図9・2 遺伝子型が表現型を生じる．この例では，優性対立遺伝子 P は紫色の花を生じ，劣性対立遺伝子 p は白色の花を生じる．

9·3 メンデル遺伝の様式

❶ 優性対立遺伝子に関してホモ接合の親から生じたすべての配偶子は優性対立遺伝子をもつ

❷ 劣性対立遺伝子に関してホモ接合の親から生じたすべての配偶子は劣性対立遺伝子をもつ

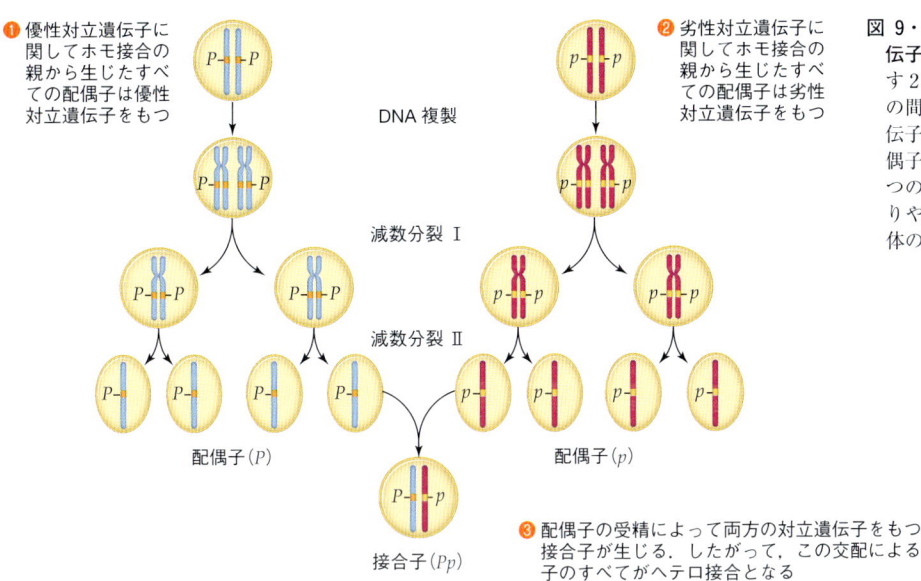

DNA 複製

減数分裂 I

減数分裂 II

配偶子(P)　配偶子(p)

接合子(Pp)

❸ 配偶子の受精によって両方の対立遺伝子をもつ接合子が生じる．したがって，この交配による子のすべてがヘテロ接合となる

図 9·3　相同染色体上の対立遺伝子の配偶子への分離． 対をなす 2 本の相同染色体は減数分裂の間に分離し，その上にある遺伝子対も分離する．生じた各配偶子は対をなす遺伝子のうち一つのみをもつ．ここでは，わかりやすいように，1 種類の染色体のみを示している．

の例である．突然変異を起こした遺伝子は，表現型への影響の有無にかかわらず対立遺伝子となる．

2 個の異なる対立遺伝子をもつ個体は，その対立遺伝子に関して**ヘテロ接合**（heterozygous）であるという．ヘテロ接合の表現型は対立遺伝子間の関係に依存する．多くの場合，一つの対立遺伝子は他の対立遺伝子の効果に影響を与え，その結果は個体の表現型に現れる．ある対立遺伝子が，対をなす対立遺伝子の効果を隠す場合，前者は**優性**（dominant）で後者は**劣性**（recessive）であるという．通常，優性対立遺伝子は大文字の斜体（たとえば A）で表し，劣性対立遺伝子は小文字の斜体（たとえば a）で表す．メンデルが研究をしていた紫色と白色の花をもつエンドウについて考えてみよう．紫色の花を生じる対立遺伝子 P は，ホモ接合 PP のとき紫色の花を生じる．白色の花を生じる対立遺伝子 p は，ホモ接合 pp のとき白色の花を生じる．ここで，紫色の花を生じる対立遺伝子 P は，白色の花を生じる対立遺伝子 p に対して優性であるため，ヘテロ接合の個体 Pp は紫色の花をつける（図 9·2）．

9·3　メンデル遺伝の様式

一遺伝子雑種交配

減数分裂（§8·7）において相同染色体が分離するとき，染色体上の遺伝子も分離する．各配偶子は対をなす 2 個の遺伝子のうち 1 個のみをもつようになる．ここでは，紫色と白色の花を生じる対立遺伝子を例としてあげてみよう（図 9·3）．優性対立遺伝子に関してホモ接合の個体 PP は対立遺伝子 P をもつ配偶子のみをつくる

❶．劣性対立遺伝子に関してホモ接合の個体は対立遺伝子 p をもつ配偶子のみをつくる **❷**．もし，これらのホモ接合の個体間で交配 $PP \times pp$ が行われると，その結果は一つに決まる．すなわち，対立遺伝子 P をもつ配偶子が対立遺伝子 p をもつ配偶子と出会い，受精することになる．この交配のすべての子は両方の対立遺伝子をもち，ヘテロ接合体 Pp となる **❸**．そして，子のすべては優性対立遺伝子 P をもつため紫色の花をつける．このような交配をした子の遺伝子型と表現型を予想するために用いられる表が**パネットの方形**（Punnett square）である（図 9·4）．

この例で示されるように，交配の結果生じる子の遺伝子型のパターンは明確に予測できるために，交配実験の表現型の結果を調べることにより対立遺伝子間の優劣関係を明らかにすることができる．また逆に，交配実験の表現型の結果から，親の遺伝子型を調べるためにこのパネットの方形のパターンが用いられる．試験交配において，優性形質をもつが遺伝子型は不明な個体を劣性対立

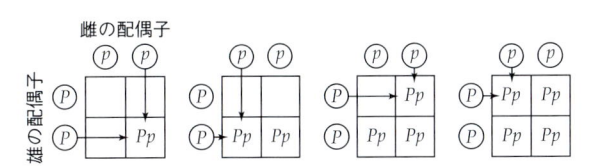

図 9·4　パネットの方形の作成． 親の配偶子の遺伝子型（円の中）が格子の上と左側に記されている．それぞれの遺伝子型に対応した行と列が交わったマス目に対立遺伝子の組合わせが示されている．

遺伝子に関してホモ接合の個体と交配する．交配により生まれた子に観察される表現型のパターンから，試験された個体がヘテロ接合とホモ接合のどちらであるか明らかになる．たとえば，紫色の花をつけるエンドウの個体（遺伝子型は PP と Pp のいずれか）と白色の花をつける個体との間で試験交配を行うとする．もしこの交配によるすべての子が紫色の花をつけるとすると，紫色の花をつけた親の遺伝子型は PP であると合理的に判断できる．

一遺伝子雑種交配（monohybrid cross）を行ったときの子の表現型は対立遺伝子間の優劣関係により決まる．この交配は，ある遺伝子の対立遺伝子に関して同一のヘテロ接合（たとえば Pp）の個体の間で，あるいはその個体の自家受精により行われる．対立遺伝子に関連した形質が子に現れる確率は，対立遺伝子の一つが他の対立遺伝子に対して優性かどうかに依存する．

一遺伝子雑種交配を行うためには，ある形質の2種類の異なる表現型に対しての純系からまず交配を始める．エンドウにおいて，花の色（紫と白）は2種の異なる表現型をもつ形質の例であるが，そのほかにも多くの形質が存在している．純系である2個体間の交配により，ある形質を支配する対立遺伝子に関して同一のヘテロ接合の個体が生じる．これらの F_1（第一世代）の間で交配すると，F_2（第二世代）に現れる2種の表現型の頻度により，2個の対立遺伝子の間の優劣関係についての情報がもたらされる．(Fは子を表す filial の略.)

紫色の花をつけるヘテロ接合の個体 Pp 間の交配は，一遺伝子雑種交配の例である．各個体は2種類の配偶子をつくる．すなわち対立遺伝子 P をもつ配偶子と対立遺伝子 p をもつ配偶子である（図9・5a）．したがって Pp 個体の間の一遺伝子雑種交配においては，2種類の配偶子どうしが受精し4種類の接合様式が可能となる．

受精時の配偶子の遺伝子型	子の遺伝子型	表現型
精子 P，卵 P →	PP →	紫色の花
精子 P，卵 p →	Pp →	紫色の花
精子 p，卵 P →	Pp →	紫色の花
精子 p，卵 p →	pp →	白色の花

4種類ある交配の組合わせのうち，3種類は少なくとも1コピーの優性対立遺伝子 P を含む．こうして4回受精が起こると確率的に3回は対立遺伝子 P を受け継ぎ，花の色は紫となる．4回の受精のうち確率的に1回は2個の劣性対立遺伝子 p を受け継ぎ，白い花をつける．このように，この交配で紫色の花と白色の花が現れる確率は3：1となる（図9・5b）．

二遺伝子雑種交配

一遺伝子雑種交配では一つの遺伝子の対立遺伝子に注目して交配が行われる．それでは二つの遺伝子の対立遺伝子についてはどのように考えたらよいのだろうか．**二遺伝子雑種交配**（dihybrid cross）においては，2個の遺伝子の対立遺伝子に関して同一のヘテロ接合（二遺伝子雑種）どうしを交配させる．一遺伝子雑種交配のように，その交配により生じた子の間に観察される形質のパターンは，その遺伝子の対立遺伝子の間の優劣関係に依存している．

二遺伝子雑種交配を行うためには，二つの異なる形質についての純系の個体から始める．花の色を決める遺伝子（P 紫，p 白）と背丈を決める遺伝子（T 高，t 低）を例に用いることにしよう．図9・6には，紫色の花で背丈の高い純系 $PPTT$ と白色の花で背丈の低い純系 $pptt$ から始めた二遺伝子雑種交配が示されている．$PPTT$ の個体は優性対立遺伝子 PT をもつ配偶子のみを産生し，$pptt$ の個体は劣性対立遺伝子 pt をもつ配偶子のみを産生する❶．これらの2個体間の交配 $PPTT \times pptt$ から生じるすべての個体は，紫色の花をつけ背丈が高い二遺伝子雑種 $PpTt$ である❷．

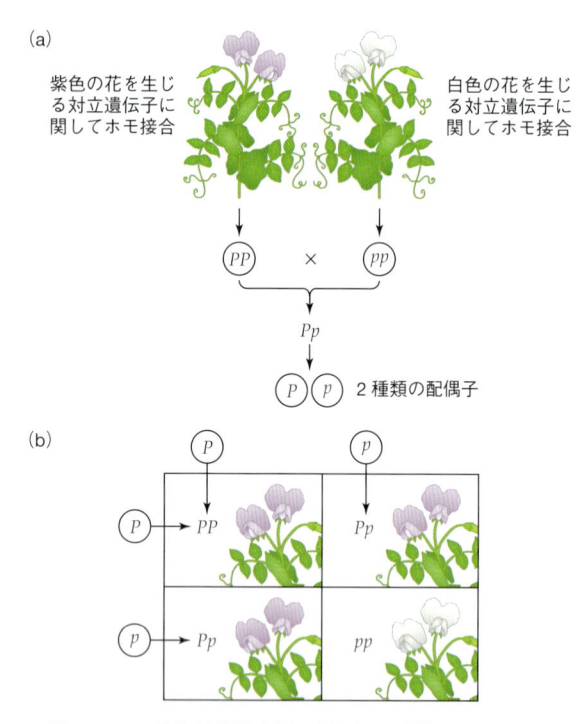

図9・5 一遺伝子雑種交配．(a) ある形質の異なる表現型を示す2種類の純系を交配して生じる第一世代 F_1 のすべては同一のヘテロ接合 Pp である．(b) 同一のヘテロ接合間の交配は一遺伝子雑種交配である．第二世代 F_2 にみられる表現型の割合は3：1(紫3，白1)である．

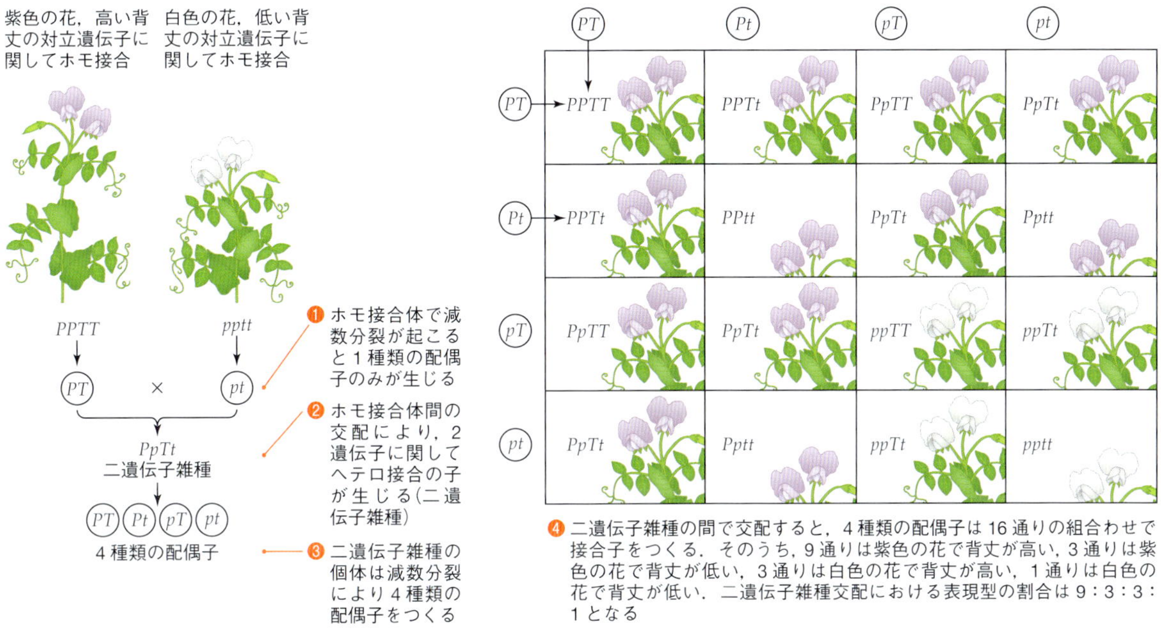

9・3 メンデル遺伝の様式

紫色の花，高い背丈の対立遺伝子に関してホモ接合　白色の花，低い背丈の対立遺伝子に関してホモ接合

PPTT　pptt
↓　↓
PT × pt
↓
PpTt
二遺伝子雑種
↓
PT Pt pT pt
4種類の配偶子

❶ ホモ接合体で減数分裂が起こると1種類の配偶子のみが生じる

❷ ホモ接合体間の交配により，2遺伝子に関してヘテロ接合の子が生じる（二遺伝子雑種）

❸ 二遺伝子雑種の個体は減数分裂により4種類の配偶子をつくる

	PT	Pt	pT	pt
PT	PPTT	PPTt	PpTT	PpTt
Pt	PPTt	PPtt	PpTt	Pptt
pT	PpTT	PpTt	ppTT	ppTt
pt	PpTt	Pptt	ppTt	pptt

❹ 二遺伝子雑種の間で交配すると，4種類の配偶子は16通りの組合わせで接合子をつくる．そのうち，9通りは紫色の花で背丈が高い，3通りは紫色の花で背丈が低い，3通りは白色の花で背丈が高い，1通りは白色の花で背丈が低い．二遺伝子雑種交配における表現型の割合は9：3：3：1となる

図9・6　花の色と背丈が異なる個体間の二遺伝子雑種交配．Pとpは花の色に関する優性と劣性の対立遺伝子を意味する．Tとtは背丈に関する優性と劣性の対立遺伝子を意味する．

　$PpTt$の遺伝子型をもつ二遺伝子雑種の配偶子においては，対立遺伝子の組合わせが4通りある❸．これら4種類の配偶子が受精すると16通りの遺伝子型をもつ接合子が生じる❹．そのうち9通りは背丈が高く紫色の花をつける．3通りは背丈が低く，紫色の花をつける．さらに3通りは背丈が高く白色の花をつける．残りの1通りは背丈が低く白色の花をつける．こうして，この二遺伝子雑種間の交配により生まれた個体がもつ表現型の割合は9：3：3：1となる．

　メンデルは，二遺伝子雑種交配の個体にみられる表現型の割合が9：3：3：1であることを発見していたが，それがどのような意味をもつのか理解していなかった．その結果は1866年に出版されたが，当時少数の人に読まれたのみで誰にも理解されることはなかった．メンデルは，彼の仕事が現代遺伝学の出発点となることを知らぬまま，1884年にこの世を去った．

組換えの影響

　2対の遺伝子がどのように配偶子に分けられるのかは，その遺伝子が同じ染色体にあるかどうかによって影響を受ける．相同染色体が減数分裂の過程で分離するとき，対をなす遺伝子のそれぞれが新しく形成される2個の核のいずれかに分配される．こうして，1本の染色体上の遺伝子対は，他の染色体上の遺伝子対とは独立に配偶子に分配される．

　それでは，同じ染色体上にある遺伝子ではどうだろうか．メンデルは，7対の染色体をもつエンドウを用いて，7個の遺伝子について研究した．彼は幸運にも7対の染色体上にそれぞれ一つずつある遺伝子を選んだのだろうか．実は，そのうちのある遺伝子は，他の遺伝子と同じ染色体上にあることがわかっている．ただ，それらの遺伝子は互いに遠い位置にあるため非常に頻繁に組換えを起こすことから，あたかも異なる染色体上にあり，配偶子に独立に分配されるようにみえたのである．それに対して，同じ染色体上で互いに非常に近い位置にある遺伝子は，組換えの頻度が低いため，配偶子に独立に分配されることはない．この場合，それらの遺伝子についていえば，配偶子は通常，親と同じ対立遺伝子の組合わせをもつようになる．組換えはまれなことではなく，減数分裂が完成するためにしばしば必要な出来事であることが明らかとなっている．

ヒトの例：皮膚の色

　ヒトの皮膚の色はメラノソームとよばれる皮膚細胞内の細胞小器官に由来している．メラノソームは2種類のメラニン色素（茶色がかった黒色と赤色）を産生する．ほとんどの人はほぼ同じ数のメラノソームを皮膚細胞にもっている．皮膚の色の多様性はメラノソームによってつくられるメラニンの種類と量の違いだけでなく，皮膚におけるメラノソームの形成，輸送，分布によっても影

図9・7 皮膚の色の多様性は異なる対立遺伝子に由来する．二卵性双生児の少女と両親．双子の祖母は二人ともヨーロッパ人の子孫で淡い色の皮膚をしている．祖父は二人ともアフリカ人の子孫で暗色の皮膚をもつ．この双子は，皮膚の色に影響を与える遺伝子の異なる対立遺伝子を，異なる民族間で生まれた両親から受け継いでいる．両親は，双子の外観から考えると，これらの対立遺伝子に関してヘテロ接合であるはずだ．

響を受ける．

このような皮膚の色の多様性は遺伝的な基礎をもつ．100以上の遺伝子の産物が，メラニンの合成や，メラノソームの形成と蓄積に関与している．ある遺伝子はメラノソームの膜にある輸送タンパク質をコードしている．6千年から1万年前にこの遺伝子に生じた一塩基置換によって，輸送タンパク質の一つのアミノ酸がアラニンからトレオニンに変化した．その結果，この対立遺伝子をもつヒトのメラニン量は少なくなり，皮膚の色は明るくなる．今日のほとんどすべての欧米の白人はこの突然変異が生じた対立遺伝子をもつ．

異なる民族間に生まれたヒトは皮膚の明暗を決める対立遺伝子について異なった組合わせをもつ配偶子をつくる．ただし，配偶子が暗い色の皮膚を生じる対立遺伝子のみ，あるいは明るい色の皮膚を生じる対立遺伝子のみをもつことは非常にまれである．それでも，そのようなことが実際に起こることがある（図9・7）．

9・4 複雑な遺伝

前の二つの節の遺伝様式は単純な優性の例であり，優性対立遺伝子が劣性対立遺伝子の形質を完全に隠していた．しかしほかに，より複雑な優劣関係が存在する．ある場合には，2個の対立遺伝子は形質に等しく影響を与える．また別の場合には，ある対立遺伝子は他の対立遺伝子に対して不完全な優劣関係にある．多くの形質は複数の遺伝子によって影響を受け，また一つの遺伝子が複数の形質に影響を与える例も多数存在する．

共優性

共優性（codominance）とは，ヘテロ接合体において対立遺伝子の両方が形質に影響し，互いに優性でも劣性でもない状態をさす．共優性は，集団の中で3個以上の対立遺伝子が維持されている場合にもみられる．ABO遺伝子の三つの対立遺伝子を例にして説明しよう．ABO遺伝子によってコードされる酵素はヒトの赤血球の細胞膜の表面にある糖鎖を修飾する．対立遺伝子AとBは少し異なった酵素をコードしており，その酵素は糖鎖を異なる形に修飾する．対立遺伝子Oにおいては，そこに生じた突然変異のため，コードされた酵素は全く機能をもたない．

われわれがもつABO遺伝子では，二つの対立遺伝子が赤血球の糖鎖の型を決めており，その糖鎖が血液型の基礎となっている（図9・8）．対立遺伝子AとBは対になったとき共優性となる．もし遺伝子型がABであるならば，2種類の酵素をもつことになり，血液はAB型となる．対立遺伝子Oは対立遺伝子AあるいはBと対になると劣性である．もし遺伝子型がAAあるいはAOであるならば，血液はA型である．もし，遺伝子型がBBあるいはBOであるならば，血液はB型となる．遺伝子型がOOの場合，血液はO型となる．

適合しない赤血球の輸血を受けることは非常に危険である．なぜなら免疫系が通常自分の体にない分子をもつ赤血球を攻撃するからである．その攻撃により，赤血球は固まるか破裂し，命にかかわる結果をひき起こす．O型の血液をもつ人は誰にでも血液を供与することができる．しかし，O型の人は，A型とB型の血液中の糖鎖を自分の体にもたないため，O型の血液のみ輸血を受けることができる．AB型の血液をもつ人は，どのような型の血液でも輸血を受けられる．

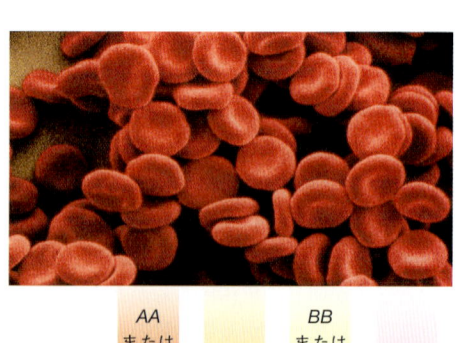

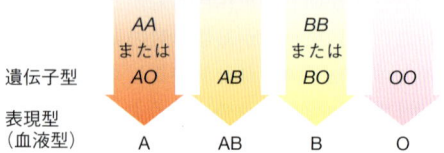

遺伝子型	AAまたはAO	AB	BBまたはBO	OO
表現型（血液型）	A	AB	B	O

図9・8 血液型の基礎となる対立遺伝子の組合わせ

不完全優性

不完全優性（incomplete dominance）とは，一つの対立遺伝子が他の対立遺伝子に対して完全に優性を示さない状態を意味しており，その結果，ヘテロ接合の表現型が二つのホモ接合の表現型の中間を示すようになる．ここでは，キンギョソウの花の色に影響を与える遺伝子を例にして説明しよう．その遺伝子はある相同染色体の対のそれぞれに 1 コピーずつ存在する．一つの対立遺伝子 R は赤い色素をつくる酵素をコードしている．もう一つの対立遺伝子 r によって産生される酵素は変異をもち，色素をつくることができない．R に関するホモ接合体 RR は多量の赤い色素をつくるため赤い花をつける．r に関するホモ接合体 rr は色素を全くつくらないため白い花をつける．ヘテロ接合体 Rr は花の色をピンクにする程度の量の赤い色素をつくる（図 9・9a）．ピンクの花をもつヘテロ接合体どうしの交配は赤，ピンク，白色の花をつける子を 1 : 2 : 1 の割合で生じる（図 9・9b）．

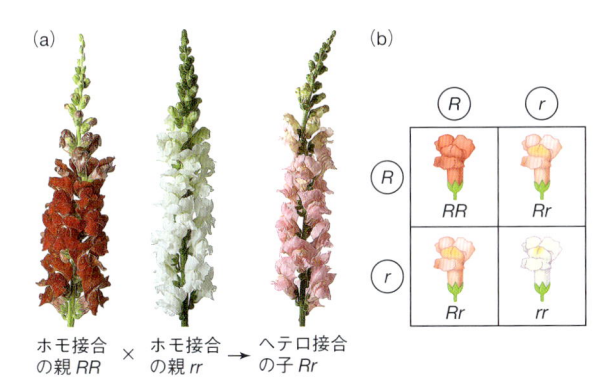

図 9・9 ヘテロ接合のキンギョソウ（ピンク）における不完全優性． 対立遺伝子 R は赤い色素を産生し，r は色素を産生しない．(a) 赤と白の花をもつキンギョソウを交配すると，すべての子はピンクの花をもつ．(b) ピンクの花をもつキンギョソウの間で交配させると，その子の花の色の表現型は 1 : 2 : 1 の割合で現れる．

多因子遺伝

ある形質は複数の遺伝子産物により影響を受けており，このことを**多因子遺伝**（polygenic inheritance）とよぶ．たとえば，いくつかの遺伝子産物がラブラドルレトリーバーの毛の色（黒，黄，茶）に影響を与えている（図 9・10）．そのうち一つの遺伝子はメラニン色素の合成に関与しており，その優性対立遺伝子 B は毛を黒くし，劣性対立遺伝子 b は茶色にする．また，別の遺伝子の優性対立遺伝子 E はメラニンを毛に蓄積させ，その劣性遺伝子 e はメラニンの蓄積を減少させる．そのため，E と B 対立遺伝子をもつイヌは黒い毛をもち，E 対立遺伝子をもち b 対立遺伝子に関してホモ接合であると

	(EB)	(Eb)	(eB)	(eb)
(EB)	EEBB	EEBb	EeBB	EeBb
(Eb)	EEBb	EEbb	EeBb	Eebb
(eB)	EeBB	EeBb	eeBB	eeBb
(eb)	EeBb	Eebb	eeBb	eebb

図 9・10 イヌの多因子遺伝． 二つの遺伝子対の産物がラブラドルレトリーバーの毛の色に影響を与えている．優性対立遺伝子 E と B をもつイヌの毛は黒色である．優性対立遺伝子 E をもち，劣性対立遺伝子 b に関してホモ接合のイヌの毛は茶色である．劣性対立遺伝子 e に関してホモ接合のイヌは黄色の毛をもつ．

茶色の毛をもち，e 対立遺伝子に関してホモ接合である場合は，B あるいは b 対立遺伝子のどちらをもっても毛は黄色になる．

このように，ある形質の発現に関して複数の遺伝子が関与し，そのうち一つの遺伝子の効果が優先的に現れる場合，その現象を**エピスタシス**（epistasis，上位性）という．

多面作用遺伝子

多面作用遺伝子（pleiotropic gene）は複数の形質に影響を与える．そのような遺伝子の変異は，鎌状赤血球貧血（§7・6），囊胞性線維症（§9・1）やマルファン症候群などの複合的症状を示す遺伝性疾患をひき起こす．囊胞性線維症においては，粘度の高い粘液が気管だけでなく体全体に影響を与える．たとえば，粘液が腸につながる管腔を詰まらせ消化に障害をもたらす．また，男性の囊胞性線維症患者は，粘液が精子の流れを妨げるため，通常妊性をもたない．マルファン症候群はフィブリリン（fibrillin）をコードしている遺伝子の突然変異によってひき起こされる．このタンパク質がつくる長い繊維は，心臓，皮膚，血管，腱など体の一部の組織に弾性を与える．マルファン症候群では，異常なフィブリリンをもつか，あるいは全くそのタンパク質をもたない組織が形成される．心臓から伸びる最も大きな血管である大動脈は特にその影響を受けやすい．大動脈の厚い壁は本来の弾

性を失い，最終的には伸びきり血液が漏れやすくなる．そして，細く弱くなった大動脈は運動している間に突然破裂する．

9・5 形質の複雑な多様性

メンデルが観察したエンドウの形質の表現型は2ないし3通りと少数だったため，世代間で追跡することが容易だった．そのすべての形質は，1個の遺伝子が決めており，不連続な表現型として現れた．しかし，他の多くの形質については，その遺伝様式は予測できず，また不連続な表現型が現れることはない．そのような形質は，複数の遺伝子間の複雑な相互作用と，さらにそこに環境からの影響が加わった結果生じることが多い．

表現型に対する環境の効果

"生まれか育ちか"すなわちヒトの行動形質が遺伝（生まれ）と環境因子（育ち）のどちらから生じるのかということは何世紀も前から議論されてきた．実際には，遺伝と環境因子の両方が関与している．環境は多くの遺伝子発現に影響しており，遺伝子発現は行動形質を含め表現型に影響を与える．この考えは下式で表される．

遺伝子型 ＋ 環境 ⟶ 表現型

たとえば，環境因子が内部の経路の引金となってDNAの特定の領域をメチル化あるいは脱メチル化し，その領域の遺伝子発現を抑制したり増強したりする（§7・7）．DNAのメチル化のパターンは永続的に遺伝することがある．

外部因子に応答して表現型を調節する機構は，環境変化に適応する個体の正常な能力の一部である．たとえば，季節によって変わる温度や1日の長さは，多くの動物で，皮膚や毛の色を決めるメラニンや他の色素の産生に影響を与えている．実際に，これらの動物は季節によって異なる色をしている（図9・11a）．1日の長さの変化によって生じたホルモンのシグナルは毛を脱落させ，それが再び生えてきたときには異なる色素が蓄積する．この表現型の季節ごとの変化は，捕食者への有効なカムフラージュとなる．

ミジンコは自分を餌とする水生昆虫の存在に依存して異なる表現型を示す（図9・11b）．また，各個体は環境条件に依存して無性生殖と有性生殖のいずれを行うか決定する．春の早い時期，淡水池の生育環境では生存競争はまれである．そのときミジンコは無性生殖により急速に増殖し，池を満たすほどの非常に多くの雌の子を生じる．春も後半になると池の水は暖かくなり個体群密度が増すにつれ，資源の奪い合いが激しくなる．この条件下では，ミジンコの一部は雄を生み始め，有性生殖を行う．有性的に生まれた子の集団がもつ遺伝的な多様性は，生存がむずかしい環境においてミジンコが生きるために有利となる（§8・6）．

植物では，表現型の可塑性によって，動くことのできない個体が多様な生育環境で繁殖できるようになる．たとえば，遺伝的に同一なノコギリソウは，異なる海抜高度では異なる背丈に成長する（図9・11c）．高地では通常，より苛酷な温度，土壌，水の条件に遭遇する．高度の違いはまたノコギリソウの生殖様式の変化と関係している．高地では無性的に増殖し，低地では有性的に増殖する傾向にある．

環境はヒトの遺伝子にも影響を与えるだろうか．統合

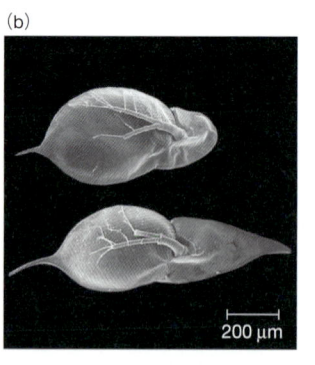

図9・11 **表現型に対する環境の効果**．(a) 北米の野ウサギの毛色は季節によって変化する．夏には毛は茶色（左）で，冬には白くなる（右）．どちらの色もそれぞれの季節で外敵から身を守る保護色となっている．(b) 捕食昆虫が少ない環境で発生したミジンコ（上）．捕食昆虫が多くいると，その昆虫が放出する化学物質に応答してより長い尾部のとげと尖った頭部をもつようになる（下）．(c) 成長したノコギリソウの背丈は生育地の高度に依存する．

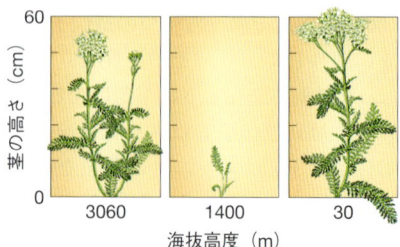

失調症，双極性障害，うつなどの気分障害に関連した突然変異について考えてみると，すべての変異保有者が気分障害となるわけではない．したがって，環境的な要素も存在する可能性がある．

動物をモデルとした最近の発見により，環境が精神状態に影響する機構の一部が解明され始めている．たとえば，学習と記憶は脳細胞におけるダイナミックで急速なDNAの修飾と関係している．気分についてもそうである．ストレスにより誘発されたうつ状態になると，特定の神経成長因子の遺伝子がメチル化され，その発現が失われる．ある種の抗うつ薬はこのメチル化を抑えることにより働く．他の例として，母親が十分に面倒をみなかったラットは情動が不安定になり，ストレスからの回復力が低下する．これらのラットと母親の世話を受けたラットとの違いは，他の神経成長因子の発現レベルを下げるエピジェネティックなDNAの修飾を調べることによって追跡できる．ヒトの精神状態に影響を与える遺伝子のすべてが明らかにされているわけではないが，このような実験結果を考えると，多くの疾患に対して将来行われる治療には，個人のDNAのメチル化パターンを意図的に変化させることが含まれるだろう．

連続変異

ある形質は，**連続変異**（continuous variation）とよばれる連続的な変化の形で現れる．連続変異は，複数の遺伝子が一つの形質に影響を与える多因子遺伝の結果として生じる．形質に影響を与える遺伝子と環境因子が多いほど，その多様性はより連続的となる．

ヒトの眼の色は皮膚の色のように連続的に変化する（図9・12）．眼の中にある色のついた部位は虹彩とよばれ，ドーナツ型の構造をしている．虹彩の色は皮膚の色と同様に，メラニンの産生や分布にかかわる遺伝子産物により決まる．虹彩に，より多くのメラニンが蓄積すると，反射する光が少なくなる．暗い色の虹彩は，高濃度のメラニンをもち，ほぼすべての光を吸収して反射しない．緑と青い色の眼は少量のメラニンのみを含み多くの光を反射する．

形質が連続的に変化していることはどのようにしてわかるだろうか．ここでは，ヒトの身長を例にあげよう．

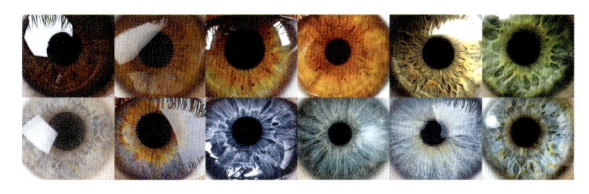

図9・12 ヒトの虹彩の色は連続的に変化する形質である

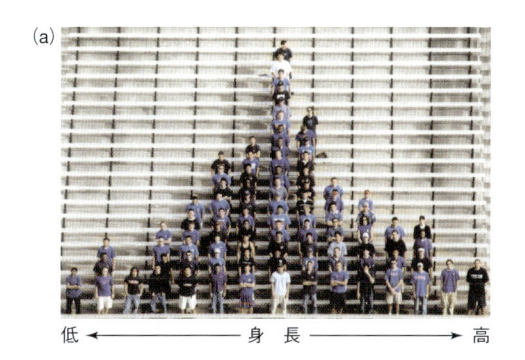

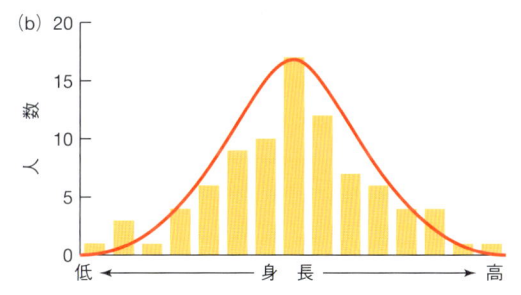

図9・13 連続変異の例．(a) ある大学で生物学を学ぶ学生の背の高さの連続的変化．男子学生を背の高さによって分け，それぞれの区分の人数を調べた．(b) 得られたつり鐘形曲線は，背の高さが連続的に変化していることを示している．

まず，対象とする表現型の全体を測定可能な区分に分ける（図9・13a）．次に，集団の中で何人がそれぞれの区分に入るか数え，そこから全区分にわたって生じる表現型の相対頻度を求める．最後に得られたデータを棒グラフにする（図9・13b）．それぞれの棒の最上部をつなぐ線が形質の値の分布を示している．もし，その曲線がつり鐘形であれば，形質は連続的に変化していることを意味している．

9・6 ヒトの遺伝解析

エンドウやショウジョウバエなどの生物は遺伝解析の理想的な材料である．染色体を数個しかもたず，制御された条件のもとで速やかに繁殖し，倫理的な問題もまず起こらない．何世代にもわたる形質の追跡をしてもそれほど長い時間を必要としない．しかし，ヒトの場合は事情が異なる．研究室で育てられているハエと違って，ヒトは多様な条件のもとで異なる場所に生きており，遺伝の研究者と同じくらい長く生きる．多くの人は自分で結婚相手を選び，子を産みたいときに産む．また，家族の人数が少ないため，研究をするうえではサンプリングエラー（§1・7）が大きな問題となる．このような事情から，遺伝学者は家族の何世代にもわたる形質を追跡する

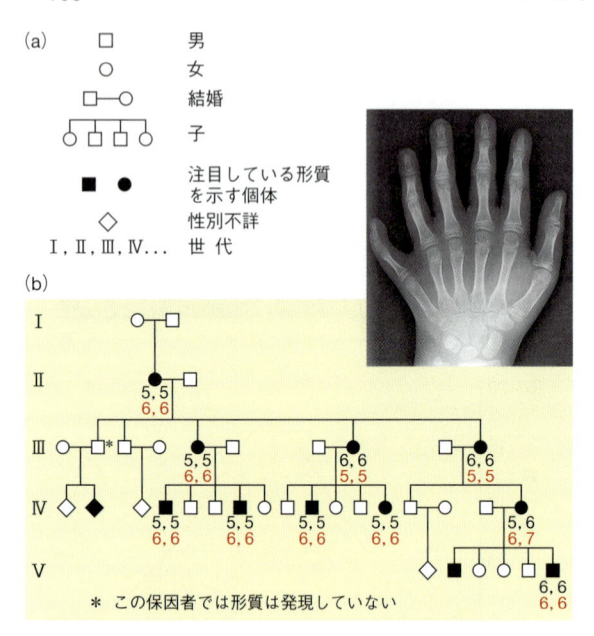

図 9・14 家系図の例. (a) 家系図で使われる標準的な記号. (b) 余分な手足の指をもつ多指症の家系図. 黒の数字は左右それぞれの手の指の数, 赤の数字は足の指の数である. 多指症はエリス-ファンクレフェルト症候群の症状の一つでもある.

ために歴史的な記録を調べることが多い. そして, **家系図** (pedigree) とよばれる標準化された遺伝的な関係図として結果をまとめる (図 9・14). 家系図の解析は, ある形質の表現型が優性あるいは劣性対立遺伝子によって生じるのか, またその対立遺伝子が常染色体あるいは性染色体の上にあるのかを明らかにする. さらに将来の家族や集団の中で, ある形質の表現型が生じる確率を予想する.

遺伝的変異の種類

いくつかの容易に観察されるヒトの形質はメンデルの遺伝様式に従う. そのような形質は, エンドウの花の色のように, 明瞭な優劣関係にある対立遺伝子をもつ一つの遺伝子により決定されている. たとえば, 耳たぶがたれている人とたれていない人がいる. 前者の表現型の対立遺伝子は優性であり, 後者の対立遺伝子は劣性である. またえくぼをつくる対立遺伝子はつくらない対立遺伝子に対して優性である. *MC1R* とよばれる遺伝子の劣性対立遺伝子に関してホモ接合の人は, 黒茶色ではなく赤みのかかった色のメラニンを産生し, またその人は赤毛をもつ.

常染色体あるいは性染色体の遺伝子は 6000 以上の遺伝的異常や疾患に関与している. 遺伝的異常とは, 手に 6 本の指をもつような一般的ではない, あるいはまれな

形質である. それに対して遺伝性疾患は, いずれ重い医学的問題をひき起こす. 遺伝性疾患は特定の一組の症状 (症候群) によって特徴づけられることが多い. ヒトの遺伝学の分野におけるほとんどの研究は疾患に焦点が当てられている. それは, 研究によって明らかにされたことが患者の治療につながるからである.

次節で, 約 200 人に 1 人の割合で生じる 1 遺伝子由来の疾患の遺伝様式について説明する. これらの遺伝様式が一般的ではないことを, まず心にとめておいてほしい. ほとんどのヒトの形質は複数の遺伝子の影響を受ける. 多くの遺伝性疾患 (糖尿病, ぜんそく, 肥満, がん, 心臓病, 多発性硬化症) もまたそうである. これらの疾患の遺伝様式は複雑であり, 精力的に研究が行われているにもかかわらず, その背後にある遺伝的知識は不完全である.

重い遺伝性疾患を生じる対立遺伝子は人間集団の中では一般的にまれである. なぜなら, そのような対立遺伝子は健康や生殖能力を損ねるからである. それではどうして完全になくならないのだろうか. それは, 変異が偶発的に再導入されることもあれば, ある場合には, 共優性対立遺伝子をもつと特定の環境において生存に有利なことがあるからである.

9・7 ヒトの遺伝性疾患

常染色体優性遺伝性疾患

常染色体上の優性対立遺伝子が示す形質は, ヘテロ接合とホモ接合のいずれの人においても現れる. そのような対立遺伝子がもたらす形質 (表 9・1) は, すべての世代で現れる傾向にあり, また男女に等しく現れる. ある劣性対立遺伝子に関して片親がヘテロ接合体であり, もう一方の親がホモ接合体である場合, その子はそれぞれ 50% の確率で優性対立遺伝子を受け継ぎ, その関連した形質を示すようになる (図 9・15).

軟骨形成不全症とよばれる遺伝性小人症は常染色体優性遺伝性疾患 (常染色体上の優性対立遺伝子によりひき

表 9・1 ヒトの常染色体優性形質	
疾患あるいは異常	おもな症状
軟骨形成不全症	小人症
無虹彩症	眼の欠陥
屈指症	固く曲がった指
ハンチントン病	神経系の変性
マルファン症候群	結合組織の異常ないし欠損
多指症	手足の余分な指
早老症	急激な早老

9・7 ヒトの遺伝性疾患

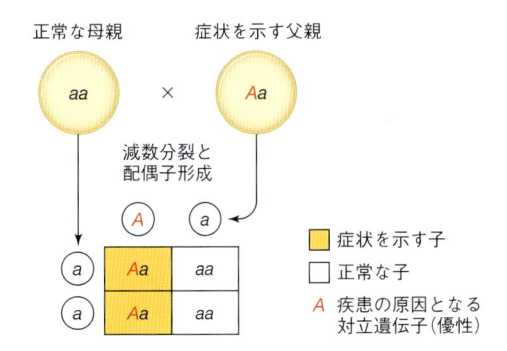

図 9・15 常染色体優性遺伝. 常染色体上の優性対立遺伝子(赤)はヘテロ接合の子において完全に形質を発現する.

起こされる)の一例である. 軟骨形成不全症に関連する突然変異は成長ホルモン受容体の遺伝子に生じ, その結果, 骨の発生を適切に調節していた受容体が過度に活性化する. 約1万人に1人がこの突然変異に関してヘテロ接合である. 成人になると, それらの人たちの背の高さは平均して約1.3 mで, 手足は体の他の部位に比べて異常に短い. 軟骨形成不全症の原因となる対立遺伝子は子に受け継がれる. なぜなら, 少なくともヘテロ接合の人たちには生殖能力があるからである. ホモ接合になると重篤な骨格の形成異常が生じ, 若いうちに死亡する.

ハンチントン病も常染色体上の優性対立遺伝子によってひき起こされる. この遺伝性疾患では, 神経系がゆっくり破壊されるとともに不随意的な筋肉の動きが増加する. ハンチントン病の原因となる突然変異は, 機能が未知の細胞質タンパク質をコードする遺伝子を変化させる. その突然変異は挿入変異で, CAGという配列が遺伝子中に何度も繰返し現れる. その対立遺伝子は大きなタンパク質産物をコードし, その産物は脳の神経細胞の中で断片化される. その断片は集合し, 細胞質の中で蓄積する大きな凝集体となって最終的には細胞の機能を失わせる. 体の動き, 思考, 情動に関する脳細胞が特に影響を受ける. ハンチントン病では, 最も典型的な場合, その兆候は30歳を過ぎるまではみられず, 発症した人は40代から50代になって死亡する. このような後発性の疾患をもつ人はその症状が現れる前に子をつくるので, その対立遺伝子は知らないうちに子に受け継がれる.

ハッチンソン-ギルフォード早老症は常染色体優性遺伝性疾患で急激な老化を示す特徴をもつ. この早老症は, 核膜を支持する中間径フィラメントを形成するタンパク質のサブユニットをコードする遺伝子の突然変異により生じる. このタンパク質はまた, 体細胞核分裂, DNA合成と修復, 転写調節においても機能するため, そこに突然変異が生じると, 核膜孔複合体が正常に集合しなくなり, また核の全体的な異常を含む多面的な効果が現れる. こうして染色体の保護や転写産物の出入口としての核の機能は著しく損なわれ, DNAの損傷が速やかに蓄積する. この疾患の外見上の症状は2歳になる前に現れる. 本来ならふっくらとして弾力のある皮膚が薄くなり, 骨格筋が弱まる. 伸長し強くなるはずの手足の骨が脆弱になり, 若いうちから無毛となる. ほとんどの早老症患者は, 典型的な老化現象である動脈硬化による脳卒中か心臓発作により10代前半で死を迎える. 早老症は, 通常子をつくる年齢に達するまで患者が生きられないため, 家系の中で伝わることはない.

常染色体劣性遺伝性疾患

常染色体上の劣性対立遺伝子はホモ接合体においてのみ関連した形質を示すことから, ある世代ではその形質が現れないことがある. この対立遺伝子は男女ともに等しく影響を与える. ヘテロ接合の人は, その対立遺伝子をもつが形質は示さないため保因者とよばれる. 2人の保因者の子は誰もが25%の確率で両親双方から劣性対立遺伝子を受取る (図9・16). その対立遺伝子に関してホモ接合となると, 子は形質を示すことになる.

白皮症は, メラニンの量の異常な低下によって特徴づけられる遺伝的異常であり, 常染色体劣性の様式で遺伝する. この白色化を生じる突然変異はメラニンの産生に関与する遺伝子に起こり, 皮膚, 毛, 眼の色素が減少ないし欠損している. 最も劇的な表現型はメラニン合成経路における酵素の機能を失わせる突然変異によりもたらされる. 典型的な例では皮膚は非常に白く, 日に焼けず, 毛も白い. 虹彩は色素を欠くため, 下を通る血管が透けて赤く見える. 網膜におけるメラニンは光を吸収するため, この表現型をもつ人たちは弱視など視覚におけ

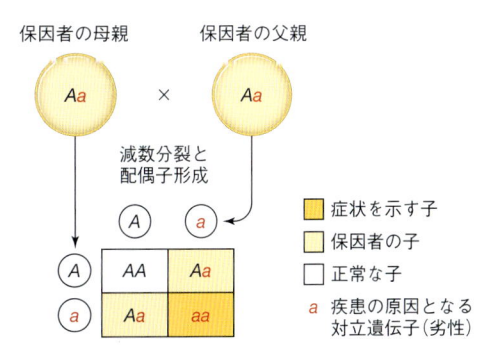

図 9・16 常染色体劣性遺伝. 常染色体上の劣性対立遺伝子(赤)に関してホモ接合の子のみが関連した形質を示す. この例では, 両親とも保因者である. 子はそれぞれが25%の割合で2個の劣性対立遺伝子を受け継ぎ形質を示す.

表 9・2 ヒトの常染色体劣性形質

疾患あるいは異常	おもな症状
白皮症	色素の欠損
囊胞性繊維症	固まった粘液による組織や器官の損傷
エリス-ファンクレフェルト症候群	小人症,心臓疾患,多指症
フリードライヒ失調症	運動と感覚機能の進行的消失
フェニルケトン尿症	精神の欠陥
鎌状赤血球貧血	貧血,有害な多面的作用
テイ-サックス病	精神,身体的な能力の低下と早期死

る問題をもつ傾向にある.

テイ-サックス病は常染色体劣性遺伝性疾患のもう一つの例である.この病気に関連した突然変異は,ある特定の種類の脂質をリソソームで分解する酵素に影響を与える.影響を受けた幼児は通常最初の数カ月は正常のようにみえるが,脂質の量が神経細胞の中で増えるにつれて症状が現れる.発症した子は通常5歳までに死亡する.

劣性対立遺伝子が原因となる遺伝性疾患の例を表9・2にまとめる.

X連鎖劣性遺伝性疾患

多くの遺伝性疾患はX染色体上の対立遺伝子が原因となっている(表9・3).この場合,ほとんどの疾患は劣性遺伝だが,その理由はX染色体上の優性対立遺伝子が原因となると,男性の胚は致死となる傾向にあるからだろう.X染色体上の劣性対立遺伝子(X連鎖劣性対立遺伝子)が遺伝性疾患の原因となっているときには,それを見分けるための二つの鍵がある.第一に,疾患をもつ父親は,その原因となるX連鎖劣性対立遺伝子を息子に渡すことはない.なぜなら,父親のX染色体を受け継ぐすべての子は娘だからである(図9・17a).したがって,ヘテロ接合の女性が,その対立遺伝子を自分の父親と,発症した息子の間で橋渡ししていることになる.第二に,この疾患は女性より男性に多く現れる.なぜなら,その対立遺伝子をもつすべての男性は疾患をもつが,ヘテロ接合の女性のすべてが疾患をもつわけではないからである.女性の各細胞がもつ2本のX染色体のうち1本はバー小体として不活化している(§7・7).その結果,ヘテロ接合の女性の細胞の半分は劣性対立遺伝子を発現する.残りの半分の細胞はX染色体上の優性で正常な対立遺伝子を発現し,劣性対立遺伝子は発現しないことになる.

デュシェンヌ型筋ジストロフィー(DMD)もX連鎖

表 9・3 ヒトのX連鎖劣性形質

疾患あるいは異常	おもな症状
アンドロゲン不応症候群	XYのヒトが女性の形質をもつ.不妊
赤緑色覚異常	赤と緑を区別することができない
血友病	血液凝固障害
筋ジストロフィー	筋機能の進行性喪失

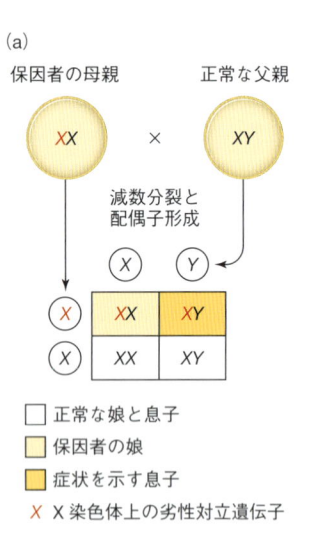

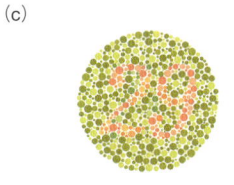

図 9・17 X連鎖劣性遺伝.(a) このX連鎖遺伝の例では,母親が2本のX染色体のうちの1本に劣性対立遺伝子をもつ(赤).(b) 色覚異常の人が見る風景.左側の写真は,赤緑色覚異常の人が右側の写真を見たときにどのように見えるのか示している.青と黄の知覚は正常である.赤と緑は区別できない.(c) 色覚異常の標準試験の一部.一般的に,一組38種類の円が色の知覚の欠陥を診断するために使われる.

劣性遺伝性疾患の一つで，筋変性によって特徴づけられる．この疾患はX染色体上のジストロフィン（dystrophin）をコードする遺伝子の突然変異により起こる．ジストロフィンは細胞骨格タンパク質で，細胞中のアクチンからなるミクロフィラメントを細胞膜のタンパク質複合体につなぎ止める役割をもつ．この複合体は，細胞を構造的，機能的に細胞外基質と連結させる．ジストロフィンが存在しなくなると，複合体全体が不安定になる．筋細胞はひき伸ばされるために特に影響を受ける．その細胞膜は容易に損傷を受け，大量のカルシウムイオンが流入してくる．その結果，筋細胞は死に，脂肪細胞と結合組織に置き換えられる．

DMD は 3500 人に 1 人の割合で起こり，発症するのはみな少年である．その多くが 3 歳から 7 歳の間に発症し，ほとんどの場合 30 歳になる前に死亡する．

血友病は，血液凝固が妨げられるX連鎖劣性遺伝性疾患である．血液凝固機構のなかには，X染色体上の遺伝子のタンパク質産物が含まれる．その遺伝子の一つに変異が生じた男性では出血が長く続く．また，その変異に関してホモ接合の女性も同様に影響を受ける（ヘテロ接合の女性には十分な産物がつくられるため血液凝固にかかる時間はほぼ正常である）．この疾患では，内出血が最も深刻な問題である．関節内で出血が繰返されると，その形がゆがみ慢性的な関節炎となる．

X連鎖劣性遺伝は，色覚異常にもみられる（図 9・17 b, c）．色覚異常とは，可視光の波長域のなかで，ある色またはすべての色を区別することができない状態をさしている．色覚は眼の色素を含む受容体の機能に依存している．色覚に関与する遺伝子のほとんどはX染色体上に存在し，それらの遺伝子の突然変異によって受容体が変化したり欠損することがある．正常であればヒトは 150 の色を区別することができる．しかし，赤緑色覚異常の人は，赤と緑の波長に応答する受容体の機能低下や欠損のために，25 色以下しか区別できない．ある色覚異常の人たちは赤と緑を混同し，また，ある人たちは緑を灰色としてとらえている．

9・8 染色体数の変化

約 70 % の被子植物や，ある種類の昆虫や魚などの動物の細胞は完全なセットの染色体を三組以上もっている．これを**倍数体**（polyploid，多倍数体ともいう）という．ヒトでは，二組より多い組の染色体を受け継ぐと必ず致死となる．

ヒトは 1 % 以下が正常な染色体数 46 とは異なる数の染色体をもって生まれてくる．このような染色体数の変化は，染色体が核分裂の過程で正しく分離しない**染色体不分離**（chromosome nondisjunction）によって起こることが多い．減数分裂の過程で生じる染色体不分離（図 9・18）は，受精時の染色体数に影響を与える．たとえば，もし正常な配偶子 n が余分な染色体をもつ配偶子 $n+1$ と融合すると，その結果生じる接合子は 1 種類の染色体を 3 本もち，他の染色体を 2 本ずつもつようになる（$2n+1$）．この状態を**トリソミー**（trisomy，三染色体性）という．もし $n-1$ 配偶子が正常な n 配偶子と融合すると，接合子は $2n-1$ となる．この状態を**モノソミー**（monosomy，一染色体性）という．トリソミーとモノソミーは細胞中の特定の染色体の数に過不足がある**異数性**（aneuploidy）の例である．倍数性と異数性に関連した疾患を表 9・4 にまとめる．

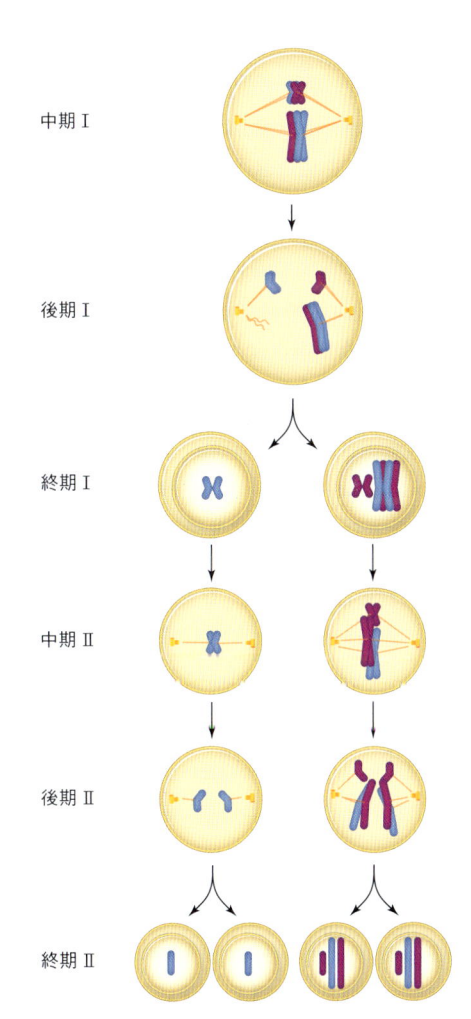

図 9・18 減数分裂の過程で起こる染色体不分離．この図で示されている 2 対の相同染色体のうち，1 対が減数第一分裂後期（後期 I）の過程で起こるはずの分離に失敗している．その結果生じる配偶子からの接合子は異常な染色体数をもつようになる．

表 9・4 染色体数の変化が原因の疾患

疾患および異常	おもな症状
ダウン症候群	精神的欠陥，心臓障害
ターナー症候群 (XO)	不妊，異常な卵巣，異常な性的形質
クラインフェルター症候群 (XXY)	不妊，精神的欠陥
XXX症候群	わずかな異常
XYY症候群	軽い精神的欠陥

常染色体の変化とダウン症候群

　常染色体の異数性はヒトでは通常死につながるが，例外もある．ヒトではトリソミーの子が生まれることがあるが，21番染色体がトリソミー（トリソミー21）であるときのみ成人になる．そして，トリソミー21の新生児はダウン症候群を示す（図9・19）．この疾患は新生児の800人から1000人に1人の割合で起こり，その危険性は母親の出産年齢とともに増加する．疾患をもつ人は，少し平坦な顔をしており，両目の内側から始まる皮膚のひだ，虹彩の白点，手のひらの1本の深いすじなどの症状を示す．これらの外部症状のすべてがだれにでも現れるわけではない．トリソミー21の人は軽度から中度の精神的欠陥と心臓疾患のような健康上の問題をもつ傾向にある．医療介護のもと，この疾患をもつ人は55歳程度まで生きることができる．早いうちに訓練すれば，日常の活動には支障がない．

性染色体の数の変化

　ターナー症候群を示す人はX染色体を1本だけもち，それと対をなすはずのXあるいはY染色体をもたない（XO）．この症候群の多くは，父親から不安定なY染色体を受け継いだ結果として生じると考えられている．接合子は，最初はXとY染色体をもち，遺伝的には男性である．発生初期にY染色体が壊れて失われ，その結果，胚は女性として発生を続ける．

　ターナー症候群を発症する人の数は，他の染色体の異常により発症する人よりも少ない．2500人の新生女児のうち1人のみがXOである．その危険性は母親の年齢とともに増加することはない．XOの人は，均衡のとれた体に成長するが，背は低い（平均身長1.4 m）．卵巣は正常に発達せず，性的に成熟するための十分な性ホルモンをつくることができない．胸の発達のような他の性的形質も抑制される．

　約500人の男性のうち1人は余分なX染色体をもっている（XXY）．その結果生じるクラインフェルター症候群の症状は思春期に現れる．XXYの男性は太って背が高く，軽度の精神的欠陥をもつ傾向にある．一般の男性に比べて彼らがもつエストロゲン量は多く，テストステロンは少ない．このホルモンの不均衡により，小さい精巣と前立腺，少数の精子，まばらなひげと体毛，高い声，大きな乳房をもつようになる．思春期におけるテストステロンの注射によってこれらの異常な表現型は最小限に抑えられる．

9・9 遺伝子検査

　ヒトの遺伝様式を研究することにより，遺伝性疾患がどのように起こり進行するのか，そしてそれをどのように治療するのか，という点についての多くの洞察が得られてきた．手術，薬の投与，ホルモン補充療法，食事管理により，遺伝性疾患の症状を最小限に抑えたり，場合によっては消失させることもできる．ある疾患については，十分初期に見つかれば症状が現れる前に対応策をとることができる．たとえば，現在，米国や日本のほとんどの病院では新生児に対してフェニルケトン尿症の原因となる突然変異の検査を行っている．その突然変異は，アミノ酸のフェニルアラニンをチロシンに変換する酵素の機能を欠損させ，その結果，体内のチロシンが欠乏し，フェニルアラニンが高濃度で蓄積する．このアミノ酸の不均衡が脳におけるタンパク質合成を抑え，その結果，重い神経症状をもたらす．フェニルアラニンの摂取を制限することでこの疾患の進行を遅らせることができるため，定期的な早期の検査により症状に苦しむ患者の数を減らすことができる．

　将来，子を産もうとする人は，ヒトの遺伝的研究から恩恵を得ることができる．子が遺伝性疾患を受け継ぐ確率は，親の核型や家系を調べたり，遺伝性疾患に関連す

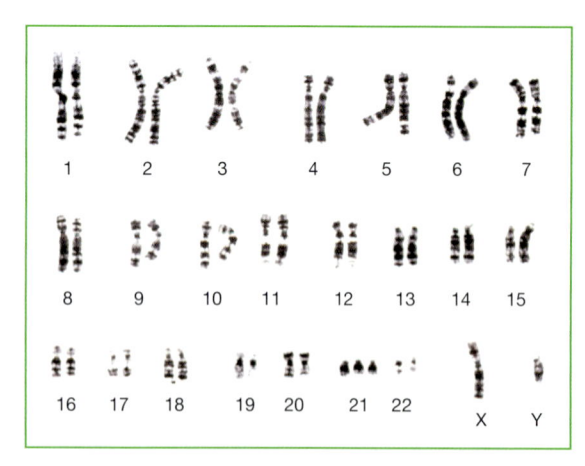

図 9・19　ダウン症候群の遺伝子型．21番染色体が3本ある．

る対立遺伝子を親がもつか検査することにより予測が可能である．遺伝子検査は通常妊娠前に行われるので，その結果によって家族計画を立てることができる．

出生前診断

胚という言葉は受精後 8 週間まで使われ，それ以後は胎児という言葉を使う．**出生前診断**（prenatal diagnosis）では，胚や胎児について身体的および遺伝的な異常を検査する．異数性，血友病，テイ–サックス病，鎌状赤血球貧血，筋ジストロフィー，嚢胞性繊維症を含む 30 以上の項目を胎児期に調べることができる．もし，その疾患が治療可能ならば，早期の検出により新生児は速やかに適切な治療を受けることができる．

胎児超音波検査では妊婦の腹部の断層像から胎児の手足や内臓を調べることができる（図 9･20a, b）．その画像により，遺伝性疾患に伴う欠陥が見いだされた場合には，詳細な診断のためにより侵襲的な技術が用いられる．胎児鏡検査を行うと，超音波画像よりかなり高い解像度で胎児の画像を得ることができる（図 9･20c）．この検査では，母親の子宮内に光を当て直接観察する．そのとき同時に組織や血液を採取したり，また手術を行うこともある．

羊水穿刺では，胎児を包む羊膜腔から少量の体液を採取する（図 9･21）．体液は胎児由来の細胞を含み，その細胞が遺伝性疾患の検査のために用いられる．絨毛採取は羊水穿刺より早期に行われる．この技術では，少数の細胞が絨毛膜から採取される．絨毛膜は羊膜腔を囲み，母親と胎児の間で栄養素の交換を可能とする胎盤の形成に役立つ．さらに近年，妊婦の血清検査によって，

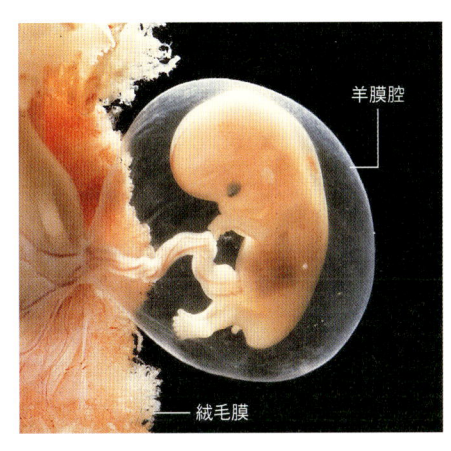

図 9･21 8 週齢の胎児．羊水穿刺法では，羊膜腔の内側の体液に出された胎児の細胞を用いて遺伝性疾患の試験が行われる．絨毛採取法では，胎盤形成を助ける絨毛膜の細胞を試験する．

トリソミー 21 などいくつかの遺伝性疾患の確率を調べることが行われている．

着床前診断

将来生まれてくる子が遺伝性疾患をもつ危険性が高いことを知った場合には，試験管内受精のような生殖操作を選ぶこともできる．この方法では，それぞれの親から採取した精子と卵を試験管内で混ぜる．卵が受精すると，その結果生じた接合子が分裂を開始する．48 時間後には，8 細胞からなる球状の胚となる（上写真）．この球のすべての細胞は同じ遺伝子をもち，未だ特殊化していない．これらの未分化の細胞のうちの一つを取出して遺伝子を解析する．この方法を**着床前診断**（preimplantation diagnosis）とよぶ．細胞を一つ取出しても，その胚は正常に発生する．もし胚が遺伝的な欠損をもたなければ，その胚を母親の子宮に挿入し，そこで発生させることになる．このような試験管ベビーのほとんどは健康に生まれてくる．

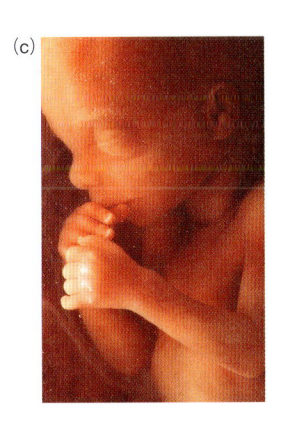

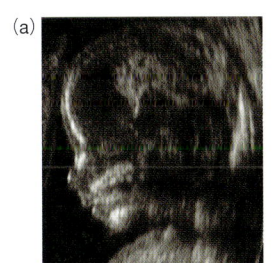

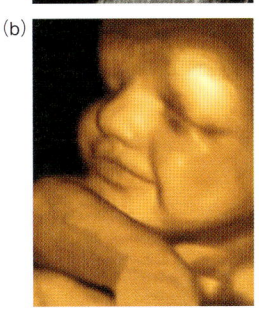

図 9･20 ヒトの胎児のイメージング法．(a) 従来の超音波，(b) 四次元超音波，(c) 胎児鏡．

9･10 危険な粘液 再考

嚢胞性繊維症の最も一般的な対立遺伝子をホモ接合でもつ人は最終的に死に至るが，ヘテロ接合でもつ人は死ぬことはない．ヘテロ接合の場合は正常な CFTR タンパク質が十分量つくられるため，正常に塩化物イオンが輸送される．

嚢胞性繊維症の原因となる対立遺伝子は少なくとも 5

万年前に生じたと推定され，欧米では非常に一般的に存在する．ある集団では25人に1人がその変異をもっている．それほど危険であるにもかかわらず，なぜその変異は長い間にわたり高頻度に維持されてきたのだろうか．その答を得るためには，この対立遺伝子の二面性を考えてみる必要がある．すなわち，ホモ接合では致死となるが，ヘテロ接合の人はある致死性の感染病に対して生存上有利となる．正常なCFTRタンパク質は細菌と結合するとエンドサイトーシスを誘導する．この過程は気道における細菌に対する体内免疫応答の必須な一部である．しかし，CFTRの同じ機能は細菌の消化管の細胞への侵入を許し，それが致命的な作用をもたらすことがある．たとえば，腸チフス菌が腸の内側を覆う上皮細胞に侵入すると危険な感染症をひき起こす．囊胞性繊維症を起こす変異は，CFTRタンパク質を変化させ，細菌が腸の細胞へ取込まれることを妨げる．その変異をもつ人は腸管で始まる腸チフスや他の細菌病に対する高い抵抗性を示す．

まとめ

9・1 ほとんどの囊胞性繊維症の原因となっている対立遺伝子は，破滅的な症状をもたらすのにもかかわらず，高い頻度で維持されている．その対立遺伝子のホモ接合の人のみが症状を示す．

9・2 同一の対立遺伝子をもつ個体はその対立遺伝子に関してホモ接合である．ヘテロ接合の個体は2個の同一でない対立遺伝子をもつ．優性対立遺伝子は相同染色体上にある劣性対立遺伝子の効果を隠す．遺伝子型（個体がもつ対立遺伝子の組）が表現型に違いをもたらす原因となる．

9・3 ある形質について異なる表現型を示す純系の間で交配をすると同一のヘテロ接合の子が生まれる．そのような子の間の交配を一遺伝子雑種交配という．その交配によって生まれた子に現れる形質の頻度が，それらの形質に関連した対立遺伝子間の優劣関係を明らかにする．パネットの方形を用いると，交配して生まれる子の遺伝子型と表現型の確率を決定することができる．二倍体の細胞は，相同染色体上に遺伝子の対をもつ．その2個の遺伝子は減数分裂の過程を通して異なる配偶子に分離する．

2種類の形質についてともに異なる表現型を示す純系の個体間で交配すると，それらの形質を支配する対立遺伝子に関して同一のヘテロ接合の子が生まれる．そのような子の間の交配を二遺伝子雑種交配という．減数分裂の過程で，相同染色体上の遺伝子対は他の相同染色体上の遺伝子対と独立に配偶子に分配される．

9・4, 9・5 環境因子は遺伝子発現を変えることにより表現型に影響を与える．

不完全優性とは，ある対立遺伝子が相同染色体上の対となる対立遺伝子に対して完全に優性にはならない状態をさす．そのときには，中間的な表現型が生じる．共優性対立遺伝子はヘテロ接合体においても完全に両方の対立遺伝子の効果が現れる．どちらも優性ではない．多因子遺伝とは，一つ以上の遺伝子産物が同じ形質に影響を与えることをさす．多面作用遺伝子は2個以上の形質に影響する．

複数の遺伝子の産物により影響を受ける形質は，連続変異とよばれる少しずつ変化する表現型の形で現れる．連続変異はつり鐘形曲線により示される．

9・6 遺伝学者は，ある家族の世代間で受け継がれる形質を追跡するために家系図を用いる．そのような研究によって，特定の表現型，特に遺伝的な異常や疾患の原因となることが予想される対立遺伝子の遺伝様式を明らかにすることができる．遺伝的異常とは，医学的問題は生じないが一般的ではない遺伝形質をさす．遺伝性疾患は，中程度から重度の医学的問題を生じる遺伝的な異常をさす．

9・7 常染色体上の優性対立遺伝子による形質はヘテロ接合の男女いずれにも現れる．そのような形質は，その対立遺伝子をもつ家族のすべての世代で観察される．常染色体上の劣性対立遺伝子による形質は，その対立遺伝子に関するホモ接合の人にのみ現れる．そのような形質は男女ともにみられるが，ある世代では観察されないことがある．

対立遺伝子がX染色体上にあるときは，X連鎖型の遺伝様式を示す．ほとんどのX連鎖遺伝性疾患は劣性であり，女性よりも男性に多く現れる傾向にある．ヘテロ接合の女性は優性で正常な対立遺伝子をもち，それが劣性変異の効果を隠している．女性だけがX連鎖対立遺伝子を息子に渡すことができる．

9・8 染色体数の変化は，通常，染色体不分離の結果である．この不分離は，染色体が減数分裂の過程で分離に失敗して生じる．異数性とは，細胞が通常よりも多いか少ない数の染色体をもつことを意味している．ダウン症候群の原因となるトリソミー21は別として，常染色体が異数性を示す場合には致死となる．ある生物種は倍数体（三組以上の染色体をもつ）である．

9・9 将来親になる人は，有害な対立遺伝子を子に伝える危険性を見積もるために遺伝子検査を受けることができる．出生前遺伝子検査により，子が誕生する前に遺伝性疾患を明らかにすることができる．

試してみよう（解答は巻末）

1. ヘテロ接合体は，ある形質に関して ＿＿＿
   a. 同一の対立遺伝子の対をもつ
   b. 同一ではない対立遺伝子の対をもつ
   c. 遺伝的な意味で一倍体の状態である

2. 生物の観察される形質は ___ である．
   a. 表現型   b. 変異   c. 遺伝子型   d. 家系図
3. 交配 $AA \times aa$ によって生まれる子は ___
   a. すべて AA b. すべて aa
   c. すべて Aa d. AA と aa が半分ずつ
4. 対立遺伝子が明瞭な優劣関係を示すとき，二遺伝子雑種交配によって生まれた子の表現型の割合は ___
   a. $3:1$ b. $1:2:1$
   c. $1:1:1:1$ d. $9:3:3:1$
5. 同じ染色体上の二つの遺伝子の間の組換え率は
   a. 互いの距離に無関係である
   b. 互いに遠いほど減少する
   c. 互いに遠いほど増加する
6. ___ の対立遺伝子は，両方ともその効果を完全にかつ等しく現している．
   a. 優性   b. 共優性   c. 多面作用性   d. a と b
7. つり鐘形曲線は形質の ___ を示している．
   a. 多面作用性   b. 組換え
   c. 連続変異   d. 異数性
8. 生物の遺伝様式の研究において，家系図の作成はその生物が ___ ときに特に有効である．
   a. 世代当たり多くの子を産む
   b. 世代当たり少数の子を産む
   c. 非常に大きい染色体数をもつ
   d. 短時間の生活環をもつ
9. 女子は X 染色体を母親と父親から 1 本ずつ受け継ぐ．男子は両親のそれぞれからどの性染色体を受け継ぐか．
10. 減数分裂時の染色体不分離の結果 ___ が起こる．
    a. 重複   b. 異数性   c. 組換え   d. 多面作用性
11. もし親の一人が優性常染色体対立遺伝子に関してヘテロ接合で，もう一方の親がその優性対立遺伝子をもたない場合，その子供がヘテロ接合である割合は ___
    a. 25%   b. 50%   c. 75%   d. 死亡するため 0%
12. クラインフェルター症候群 (XXY) は簡単に ___ によって診断できる．
    a. 家系解析   b. 異数性
    c. 核型分析   d. 対症療法
13. 左側の用語に対応するものを a～d から選び，記号で答えよ．
    ___ 二遺伝子雑種交配   a. bb
    ___ 一遺伝子雑種交配   b. $AaBb \times AaBb$
    ___ ホモ接合   c. Aa
    ___ ヘテロ接合   d. $Aa \times Aa$
14. 左側の用語の説明として最も適当なものを a～g から選び，記号で答えよ．
    ___ 倍数体   a. 遺伝性疾患を特徴づける一組の
    ___ 症候群   症状
    ___ 異数性   b. 染色体のセットを三組以上もつ
    ___ 減数分裂時の   c. 配偶子が異常な染色体数をもつ
       染色体不分離   d. ある形質が複数の遺伝子により
    ___ 多因子遺伝   影響を受ける
    ___ 遺伝子型   e. 1 本の余分な染色体
    ___ ヒトの眼の色   f. 連続的に変化する
                        g. 個体の対立遺伝子の組

10 生物工学

10・1 ヒトの遺伝子検査
10・2 DNA クローニング
10・3 DNA の研究
10・4 遺伝子工学
10・5 遺伝子治療
10・6 ヒトの遺伝子検査 再考

10・1 ヒトの遺伝子検査

ヒトのDNAの99％は他人のDNAと同じである．もし自分のDNAと隣にいる人のDNAを比較すると，その配列のうち約29.7億ヌクレオチドは同一であるが，染色体上の残りの3000万ヌクレオチドは異なる．異なるヌクレオチドは完全にランダムに散在しているわけではなく，あるDNA領域は比較的変化が少ない．そのような保存された領域は不可欠な機能をもっている可能性が高いため，特に研究者から注目される．ヒトの集団の中で保存された配列に変異が生じるとき，その変異は特定のヌクレオチドに起こる傾向がある．

集団の通常1％以上がもつヌクレオチドの変異は**一塩基多型**（single-nucleotide polymorphism）あるいは**SNP**（スニップと発音する）とよばれる．ほとんどの遺伝子の対立遺伝子は1ヌクレオチドの変異が何度か生じ，この変異が個人を特徴づける形質の多様性の基礎になっている（§8・6）．SNPは外観の多様性の原因となるだけでなく，老化の程度，薬への応答，病原体や毒への抵抗性などの差異に大きくかかわっている．

ここで，血液中にある脂肪やコレステロールを運ぶリポタンパク質の粒子について考えてみよう．これらの粒子はさまざまな量と種類の脂質とタンパク質からなり，そのタンパク質の一つは*APOE*遺伝子によってコードされる．約4人に1人は，この遺伝子の4874番目のヌクレオチドの塩基がチミンからシトシンに置換された対立遺伝子をもっている．その対立遺伝子は*ε4*とよばれ，そのSNPが遺伝子のタンパク質産物をアミノ酸一つだけ変える．その変化がどのようにリポタンパク質の粒子に影響を与えるのか不明だが，*ε4*対立遺伝子をもつ人，特にホモ接合の人は，高齢になるとアルツハイマー病になる危険性が増加する．

ヒトのDNAには約450万のSNPが同定され，その数は日々増えつつある．現在，いくつかの会社が個人の

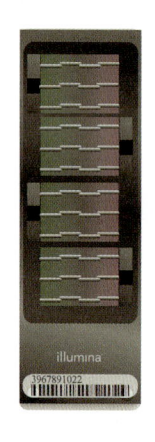

図 10・1 SNPチップ．このチップはDNAの1,140,419 通りあるSNPの組合わせのなかからどの組合わせが生じているのか，一度に4人分を明らかにできる．個人のDNA中の約30億ヌクレオチドの約1％のみが，その人に特異的である．

SNPを決める仕事を行っている．数滴の唾液に含まれる細胞からDNAを抽出し，SNPを解析する（図10・1）．

個人の遺伝子を検査することにより，その人の遺伝子構成が明らかとなる．その情報を基礎にして，必要に応じた治療法を医師がカスタマイズできる医療革命がまもなく起こるかもしれない．たとえば，ある特定の病気にかかる危険性が高くなる対立遺伝子が，その症状が実際に現れるかなり前に同定されたとしよう．その対立遺伝子をもつ人は，その病気の開始を遅らせるために生活習慣を変えることを薦められるだろう．ある病気に対しては，十分に早い時期に治療を行えば，発症を完全に抑えることも可能となる．人それぞれの体で適切に働く薬をあらかじめ処方することで，医師はその人に進行する可能性のある病気に対する治療を行うことができるようになる．

10・2 DNA クローニング
DNAのカット＆ペースト

1950年代，DNA構造の発見による興奮は失望へと変わっていった．それは，DNA分子中のヌクレオチドの

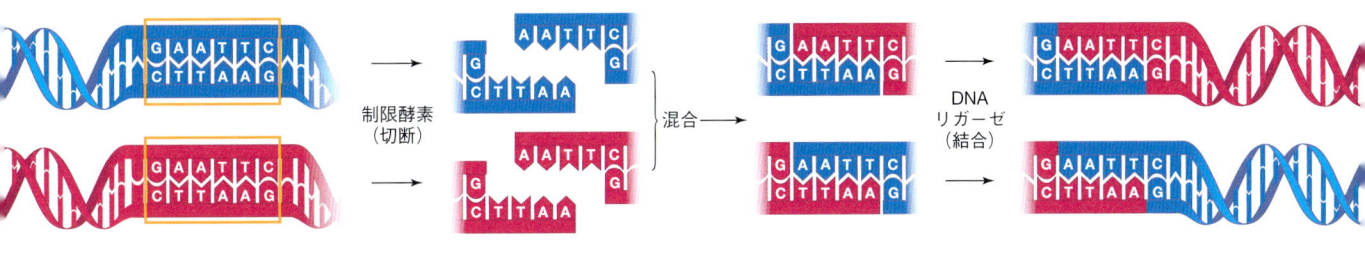

❶ 由来の異なる2種類のDNA中の特異的なヌクレオチド配列（オレンジ色の四角）を制限酵素が認識する

❷ 酵素がDNAを断片に切断する．切断末端は一本鎖（付着末端）になっている

❸ DNA断片を混ぜ合わせると，適合する付着末端どうしが塩基対を形成する

❹ DNAリガーゼが断片を結合する．その結果，組換えDNAができる

図10・2　組換えDNAの作製

配列決定が不可能だったからである．何百万ものヌクレオチドを一つずつ同定することは途方もない技術的な挑戦だった．しかし，一見無関係にみえる発見が解決をもたらすことがある．ある種の細菌は，その細胞の中にDNAを注入するウイルスの感染に抵抗性を示す．アーバー（Werner Arber）とスミス（Hamilton Smith）らは，細菌に注入されたウイルスDNAを切断する特殊な酵素が細菌内に存在することを発見した．その酵素はウイルスの増殖を制限することから，**制限酵素**（restriction enzyme）と名づけられた．制限酵素は特異的なヌクレオチドの配列部位でDNAを切断する（図10・2）．たとえば，制限酵素 *Eco*RI（酵素を分離した大腸菌 *E. coli* に由来する）は GAATTC の配列部位で DNA を切断する❶．他の制限酵素は切断する配列部位が異なる．

この制限酵素の発見により，巨大な分子である染色体DNAを取扱いやすい適当な大きさの断片に切断すること（カット）が可能となった．また，この発見により，異なる生物種のDNA断片を結合させること（ペースト）ができるようになった．*Eco*RIを含む多くの制限酵素は，切断によりDNA断片の端に突出した一本鎖を残す．その一本鎖を**付着末端**（sticky end）とよぶ❷．2本のDNA断片は，DNAの由来に関係なく，それぞれの付着末端が相補的であると塩基対を形成し，互いに付着する❸．DNAリガーゼ（§6・4）とよばれる酵素が，塩基対をつくる付着末端にある切れ目をつなげて連続的なDNA鎖を形成する❹．

このように，適当な制限酵素とDNAリガーゼを用いることにより，異なる由来のDNAを切断したのち貼付けることができるようになった．その結果生じた複数の生物種の遺伝物質からなる雑種分子は**組換えDNA**（recombinant DNA）とよばれる．組換えDNAの作製は，特定のDNA断片を生きた細胞を使って大量に増やす実験法である**DNAクローニング**（DNA cloning）の最初の段階となる．

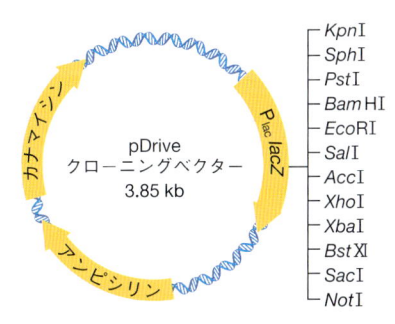

図10・3　商品化されているプラスミド由来のクローニングベクター．制限酵素により認識されるプラスミド上の配列部位が，それぞれを切断する酵素名によって右側に示されている．外来DNAはこれらの部位でベクターに組込まれる．細菌の遺伝子（黄）は，外来DNAが挿入されたベクターを宿主細胞がもっていることを同定するためにある．

まず，外来のDNA断片を**プラスミド**（plasmid）に組込む．プラスミドは小さな環状のDNAで，細菌の中で染色体とは独立に存在する．細菌は分裂前に，すべてのDNAを複製し，娘細胞は染色体とともにプラスミドも受け継ぐ．もし，プラスミドにDNA断片が挿入されていれば，その断片はともに複製され，プラスミドに組込まれたまま娘細胞に分配される．このように，プラスミドは**クローニングベクター**（cloning vector）として使われ，挿入DNA断片を宿主細胞の中に運ぶ役割をする（図10・3）．クローニングベクターをもつ宿主細胞は，研究室で培養することにより，**クローン**（clone）とよばれる遺伝的に同一な細胞の集団として大量に増やすことができる（§6・1）．それぞれのクローンは，ベクターとその中に組込まれた外来DNAの断片をもっている（図10・4）．培養したクローンから大量のDNA断片を得ることができる．

DNAライブラリー

ある生物の全遺伝物質のセットを意味する**ゲノム**（ge-

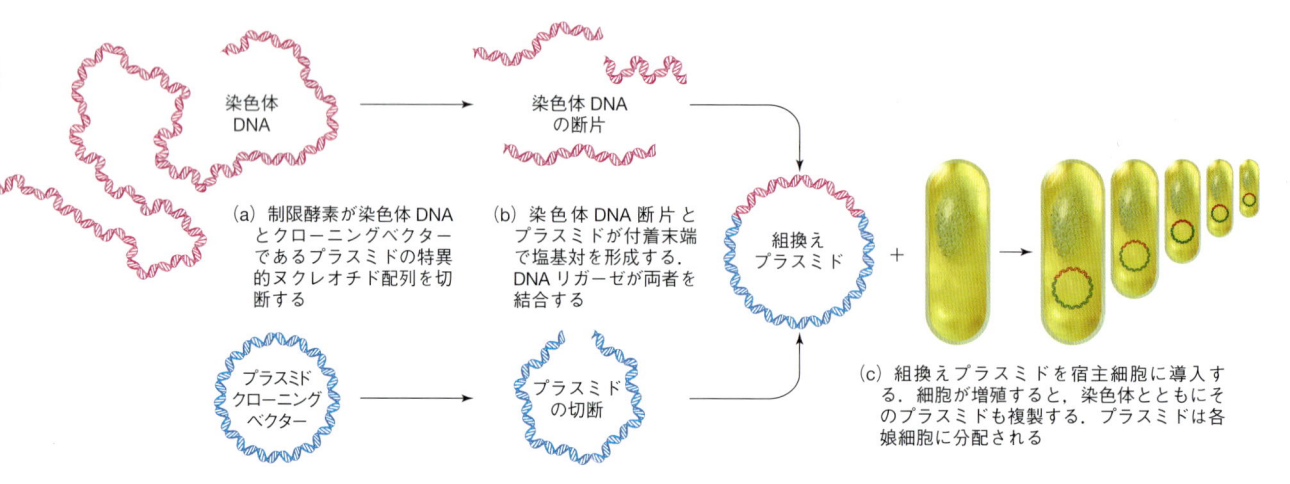

図 10・4　クローニングの例．ここでは染色体 DNA の断片がプラスミドに挿入される過程を示している．

(a) 制限酵素が染色体 DNA とクローニングベクターであるプラスミドの特異的ヌクレオチド配列を切断する

(b) 染色体 DNA 断片とプラスミドが付着末端で塩基対を形成する．DNA リガーゼが両者を結合する

(c) 組換えプラスミドを宿主細胞に導入する．細胞が増殖すると，染色体とともにそのプラスミドも複製する．プラスミドは各娘細胞に分配される

nome）は数千から数万の遺伝子から構成されている．一つの遺伝子を研究，操作するためには，まずその遺伝子を他の遺伝子から分離する必要がある．そのために，対象とする生物の DNA を断片にし，次にすべての断片をクローン化する．その結果，ゲノム中のすべての DNA を網羅的に含むクローンの集団ができる．

このように，さまざまなクローン化された DNA 断片をもつ細胞の集団を **DNA ライブラリー**（DNA library，ゲノム DNA ライブラリー genomic DNA library ともいう）とよぶ．このライブラリーにおいては，興味のある特定の DNA 断片をもつ細胞は，それ以外の数千から数百万の細胞と混ざった状態で存在している．これは干し草の山の中にある針のようなものである．

あるクローンを見つけるためには，**プローブ**（probe）を用いる方法がある．プローブとは，標識物質（§2・2）により目印のつけられた DNA あるいは RNA 断片である．たとえば，研究者は標的とする遺伝子の既知の DNA 配列をもとに短いヌクレオチド鎖を合成し，その鎖を放射性のリン酸基で標識する．プローブと標的遺伝子のヌクレオチド配列は相補的であるため，両者は塩基対をつくる．由来の異なる DNA 間（あるいは DNA と RNA の間）の塩基対形成は **核酸ハイブリダイゼーション**（nucleic acid hybridization，核酸ハイブリッド形成ともいう）とよばれる．ライブラリーの DNA と混ぜられたプローブは，標的遺伝子と塩基対を形成するが，他の遺伝子とは形成しない．そしてプローブの標識を検出することにより，その遺伝子をもつクローンをピンポイントで同定できる．そのクローンは分離，培養され，目的の DNA 断片は研究などのために大量に調製される．

PCR

ポリメラーゼ連鎖反応（polymerase chain reaction: **PCR**）は，特定の DNA 領域を細胞を用いてクローン化することなしに増幅するための技術である（図 10・5）．たとえていえば，この反応により，干し草の山の中に 1 本の針がある（百万の DNA 断片のなかに目的の 1 断片がある）状態から，大量の針の中に少量の干し草がある状態になる．

PCR の出発材料は，標的配列をもつ少なくとも 1 分子の DNA 試料である．その試料は，1 千万の異なるクローン，精子，犯行現場に残された髪の毛，あるいはミイラからの抽出 DNA であってもよい．基本的には DNA を含むどのような試料でも PCR に使うことができる．

PCR は DNA 複製の反応を基礎としている（§6・4）．まず，出発材料である鋳型 DNA を DNA ポリメラーゼ，ヌクレオチド，そしてプライマーと混ぜ合わせる．このとき，プライマーは増幅する DNA 領域の両端に塩基対を形成するように 2 種類準備する❶．次に，反応液を高温にしたり低温にすることを繰返す．高温にすると，DNA の二本鎖は，その構造を維持する水素結合が壊され（§6・3），全長にわたりほどけて一本鎖になる．反応液の温度が下がるとともに，一本鎖 DNA がプライマーとハイブリッド形成する❷．

ほとんどの生物の DNA ポリメラーゼは DNA 鎖を一本鎖にするために必要な高温状態で変性する．そこで，PCR では好熱菌 *Thermus aquaticus* から分離された *Taq* ポリメラーゼが使われている．この細菌は温泉や高温の環境に生存しているため，その DNA ポリメラーゼは耐熱性である．*Taq* ポリメラーゼはハイブリッド形成したプライマーを認識して，そこから DNA 合成を開始させ

図 10・5　**PCR サイクル**．ここでは 2 回の反応サイクルを示している．

鋳型に沿って進行させる❸．反応液を再び高温にすると二本鎖 DNA は一本鎖となり，低温にするとプライマーが一本鎖 DNA とハイブリッド形成する．*Taq* ポリメラーゼが DNA 合成を開始し，新しく合成された DNA は標的領域のコピーとなる❹．標的領域の DNA のコピー数は加熱冷却の 1 サイクルごとに 2 倍になる．PCR サイクルを 30 回繰返すとその数は 10 億倍になる❺．

10・3　DNA の研究

ヒトゲノムの塩基配列決定

クローニングや PCR によって分離された DNA 断片中のヌクレオチドの順番を決定するために **DNA 塩基配列決定**（DNA sequencing）とよばれる技術が使われる．最も一般的な方法は DNA 複製の反応を基礎とする（§6・4）．配列決定を行う DNA（反応の鋳型となる）をヌクレオチド，プライマー，DNA ポリメラーゼと混ぜる．ポリメラーゼは，プライマーを始点として，鋳型の配列の順番どおりにヌクレオチドを DNA の新鎖に結合させる．

配列決定反応では，長さの異なる数百万の DNA 断片が産生される．これらの断片はすべて，出発材料の DNA の不完全なコピーである．そして，半固体のゲルに電圧をかけ DNA 断片を移動させる**電気泳動**（electrophoresis）とよばれる技術によって，これらの断片は長さの違いによって分離される．異なる長さの DNA 断片は，ゲル中を異なる速さで移動する．断片が短いほど，ゲルを構成する絡み合った分子を速くすり抜けるために速く移動する．同じ長さのすべての断片は同じ速度で移動するため，集まってバンドを形成する．ゲル中に現れるバンドの順番は鋳型 DNA の配列を反映する（図 10・6）．

ここで説明した配列決定法は 1975 年に発明された．10 年後には，この方法は日常的に用いられるようになったため，全ヒトゲノムの配列を決定する計画（ヒトゲノム計画 human genome project）が議論されるようになった．その配列を解読することにより，医療や研究のための膨大な成果が期待された．当時，30 億ヌクレオチドの配列決定は恐ろしいほど労力のかかる仕事であっ

❶ 標的配列をもつ DNA（青）をプライマー（赤），ヌクレオチドと耐熱性の *Taq* DNA ポリメラーゼと混ぜる

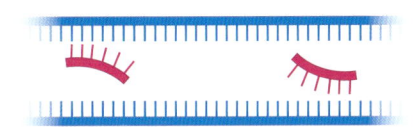

❷ 反応液を熱すると，二本鎖 DNA は一本鎖に解離する．冷却すると一部のプライマーは標的配列の両末端で DNA と塩基対を形成する

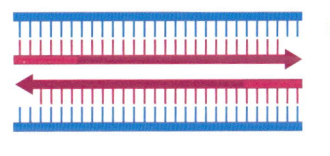

❸ *Taq* ポリメラーゼがプライマーから DNA 合成を開始し，一本鎖の鋳型をもとに DNA の相補鎖を形成する

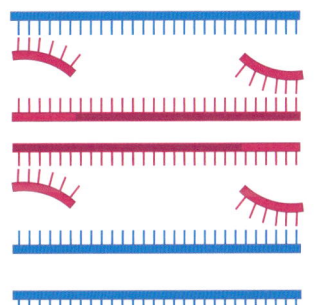

❹ 反応液をもう一度熱すると，二本鎖 DNA が一本鎖に解離する．冷却すると，プライマーがもとの鋳型 DNA 鎖と新しい DNA 鎖の標的配列と塩基対を形成する

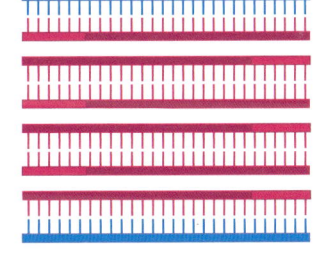

❺ PCR のサイクルごとに，標的とする DNA 部位のコピー数は 2 倍になる

た．しかし技術は日進月歩で進歩し，より多くの配列が短い時間で決定されるようになった．自動（ロボット化）DNA 配列決定法や PCR の技術がちょうど開発されたときでもあった．

いくつかの民間会社が配列決定を開始し，そのうちの一つの会社はその配列に対して特許をとることを計画していた．この事態の展開は広く非難をよび起こしたが，公共の機関にも刺激を与えることになった．1988 年，米国立衛生研究所（NIH）がヒトゲノム計画を公式に発表し，その計画を統率するためにワトソン（James Watson，DNA 構造の発見者）をトップに招いた．さらに，1998 年には，遺伝情報を商業化することを目的と

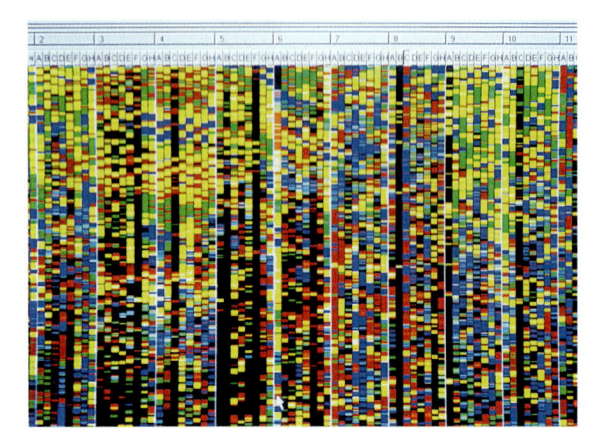

図 10・6　DNA分子のヌクレオチド配列決定法．このコンピューターのスクリーンには4種類の塩基(アデニン，チミン，グアニン，シトシン)がそれぞれ緑，赤，黄，青の色によって示されている．垂直の各レーンにある色のついたバンドの順番が鋳型DNAの配列を表している．

したセレラジェノミクス社が設立された．この新たな競争により，NIHを含む共同事業体も解読を加速させることになった．

そして2000年，米国のクリントン大統領と英国ブレア首相はヒトゲノムのヌクレオチド配列は特許化できないことを共同宣言した．セレラ社と共同事業体は，2001年に全配列の90%を別べつに公表した．DNA構造の発見から50年過ぎた2003年までに，ヒトゲノムの全DNA配列の解読が公式に完成した．

ゲノミクス

ヒトゲノムのDNA配列が初めて決定されるまでには15年の歳月を必要としたが，その技術は格段に改良され，現在では1日あれば全ゲノムの配列を決定することができる．だれでもお金を払えば自分のゲノム配列を知ることができる．しかし，そのような能力があるのにもかかわらず，その配列の中にコードされるすべての情報をわれわれが理解するまでには，まだ長い時間がかかるだろう．

ヒトのゲノムは意味の隠された膨大なデータである．

その暗号を解読する一つの方法は，ヒトと他の生物のゲノムを比較することである．そのような遺伝的な関連性は配列の生データを比較するだけで明らかにできる．ゲノム上のある領域は多くの生物種の間できわめて似ている (図10・7)．

ゲノムの研究は**ゲノミクス**(genomics) とよばれ，それは全ゲノムの比較，遺伝子産物の構造解析，配列中の小規模変異の調査にわたる広い分野を含んでいる．ゲノミクスは，進化における有力な洞察をもたらし，多くの医学的な利益にも貢献している．われわれはヒトの多くの遺伝子の機能を他の生物種の対応する遺伝子の研究によって学んできた．たとえば，ヒトとマウスのゲノムを比較することにより，リポタンパク質をコードしているマウスの遺伝子 *APOA5* と同様な遺伝子がヒトにも発見された．*APOA5* 遺伝子がノックアウトされたマウスの血中にはトリグリセリド (§2・8) が正常の濃度の4倍含まれていた．この実験を参考にして，ヒトでも *APOA5* 遺伝子の突然変異と高濃度のトリグリセリドの関係性が発見された．高濃度のトリグリセリドは冠状動脈疾患の危険因子である．

DNA鑑定

§10・1で説明したように，ヒトのDNAの約1%の配列のみが多様性をもつ．共通した配列がわれわれをヒトたらしめ，異なる配列が一人ひとりを唯一の存在にしている．実際，配列の相違は非常に特異的なので，個人の同定に使われる．DNAを用いて個人を同定することを**DNA鑑定**(DNA profiling) とよぶ．

DNA鑑定法の一つとしてSNPチップを使う方法がある (図10・1参照)．SNPチップはDNAの微小なスポットがついた小さなガラス板からなる．各スポットにあるDNAは特異的なSNP配列をもつ短い合成した一本鎖である．個人のゲノムDNA溶液をチップ全体にのせると，適合したSNP配列をもつDNAスポットのみとハイブリッド形成する．プローブにより，ゲノムDNAがどのスポットとハイブリッド形成をするのか明らかとなり，そこから個人がもつSNPが示される (図10・8)．

```
758 GATAATCCTGTTTTGAACAAAAGGTCAAATTGCTGAATAGAAA-GTCTTGATTACTAAAAGATGTACAAAGTGGAATTA 836  ヒト
752 GATAATCCTGTTTTGAACAAAAGGTCAAATTGCTGAATAGAAA-GTCTTGATTAACTAAAAGATGTACAAAGTGGAATTA 830  マウス
751 GATAATCCTGTTTTGAACAAAAGGTCAAATTGCTGAATAGAAA-GTCTTGATTAACTAAAAGATGTACAAAGTGGAATTA 829  ラット
754 GATAATCCTGTTTTGAACAAAAGGTCAAATTGCTGAATAGAAA-GTCTTGATTAACTAAAAGATGTACAAAGTGGAATTA 832  イヌ
782 GATAATCCTGTTTTGAACAAAAGGTCAAATTGCTGAATAGAAA-GTCTTGATTAACTAAAAGATGTACAAAGTGGAATTA 860  ニワトリ
758 GATAATCCTGTTTTGAACAAAAGGTCAAATTGCTGAATAGAAA-GTCTTGATTAAGTAAAAGATGTACAAAGTGGAATTA 836  カエル
823 GATAATCCTGTTTTGAACAAAAGGTCAAGATTGCTGAATAGAAAGGCTTGATTAAGCAGAGATGTACAAAGTGGACGCA 902  ゼブラフィッシュ
763 GATAATCCTGTTTTGAACAAAAGGTCAAATTGTTGAATAGAGACGCTTTGATAAAGCGGAGGAGGTACAAAGTGGGACC- 841  フグ
```

図10・7　さまざまな生物種のゲノムDNA配列の比較．DNAポリメラーゼをコードする遺伝子の一部を示している．他と異なるヌクレオチドの塩基は色で強調してある．どの2種間でも，これらの配列が偶然に同じになる確率は約 10^{46} 分の1である．

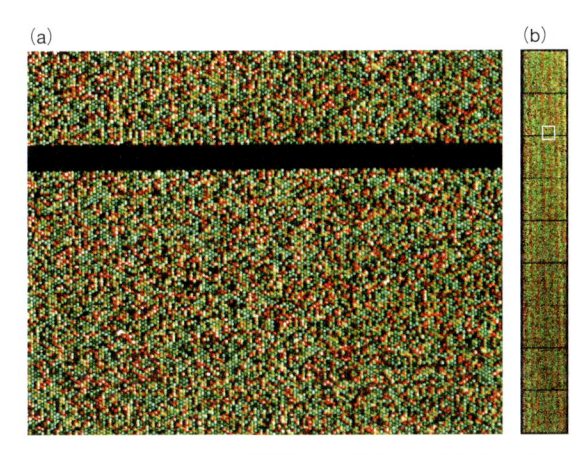

図 10・8　SNP チップ解析．(a) 図中の小さな点は，そこで被験者のゲノム DNA が一つの SNP 配列とハイブリッド形成していることを示す．各点の赤あるいは緑色は，その SNP 配列に関してホモ接合であることを意味する．赤と緑が重なった黄色の点はヘテロ接合を示す．(b) チップ全体で 55 万個の SNP を調べている．小さな白い四角を拡大すると (a) になる．

DNA 鑑定の別の方法は，連続した 4 あるいは 5 ヌクレオチドが間をおかずに反復している**短鎖縦列反復配列**（short tandem repeat）の解析からなる．この反復配列は，染色体上の予想された位置に生じる傾向があるが，各位置における反復数は個人ごとに異なっている．たとえば，ある人の DNA は染色体上のある位置に 15 回反復した TTTTC 配列をもつ．別の人の DNA では同じ位置に TTTTC 配列が 2 回だけ反復している．これらの反復配列は DNA 複製の間に自然にずれ，世代間でその数が大きくなったり小さくなったりする．遺伝的に同一の双子でない限り，二人の人が DNA 上のわずか 3 領域でも同じ数の反復配列をもつ確率は 10^{18} 分の 1 である．この 10^{18} という数は地球上の人の数よりはるかに大きい．このように，短鎖縦列反復配列のデータは個人ごとに特異的である．

短鎖縦列反復配列の解析は，染色体 DNA 上の反復配列があることが知られている 10 から 13 の特定の領域を PCR を用いて増幅することから始まる．増幅した DNA 断片の長さは，その中に含まれる配列の反復数が異なるため，個人間で違いがある．そこで，個人に特異的な縦列反復配列のデータを明らかにするために電気泳動が用いられる（図 10・9）．

短鎖縦列反復配列の解析は，現在一般的な DNA 鑑定法となっている．この方法は，親族関係を明らかにしたり，刑事事件の解明に日常的に使われている．犯罪捜査あるいは科学捜査では，DNA フィンガープリント法（DNA fingerprinting）ともよばれる．また，現生人と古代人の DNA を比較することにより，長期間にわたって人間集団に蓄積する突然変異を追跡し，個体群の分散を明らかにすることができる．

10・4　遺伝子工学

伝統的な交雑育種法によりゲノムに変化をもたらすことができるが，それは望んだ形質をもつ個体間で交配ができるときに限られる．それに対して，**遺伝子工学**（genetic engineering）の手法を用いると，全く新しい発想で遺伝子を置き換えることができる．遺伝子工学は研究室内で行われる手法で，個体のゲノムを意図的に修飾することができる．ある生物種から他種へ遺伝子を移して**遺伝子導入生物**（transgenic organism）を作製したり，遺伝子を改変したのちに同じ生物種の個体に再導入することもある．いずれの方法によっても**遺伝子組換え生物**（genetically modified organism: GMO）がつくられる．

遺伝子組換え微生物

最も一般的な遺伝子組換え生物は細菌と酵母を用いた例である．これらの細胞は複雑な有機分子をつくるための代謝機構をもち，その機構は簡単に改変できる．細菌や酵母は遺伝子組換えによって医学的に重要なタンパク質の生産に用いられている．糖尿病患者はそのような生物から最初に恩恵を受けた例といってよいだろう．注射用のインスリンはかつて動物から抽出されていたが，一部の人に対してアレルギーをひき起こしてきた．ヒトのインスリンはアレルギーを起こさないため，1982 年以

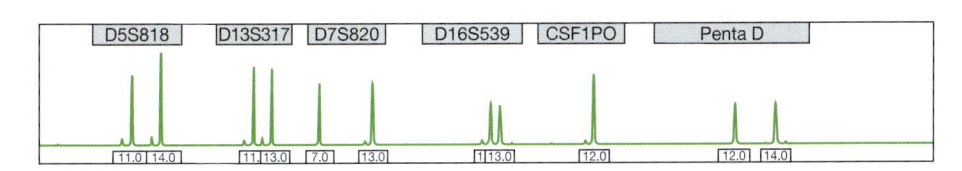

図 10・9　被験者の短鎖縦列反復配列のプロファイル．ヒトの体細胞は二倍体である．対をなす 2 本の染色体が異なる数の反復をもつと二重のピークがプロファイルに現れる．灰色の四角は検査された DNA 領域を示す．反復数を各ピークの下の四角の中に示す．x 軸上のピークの位置は，増幅された DNA 断片の長さ（反復数）に対応する．ピークの大きさは DNA 量を反映している．

来，その遺伝子を導入した大腸菌で生産されたインスリンが使われている．遺伝子を少し改変することにより即効性と持続性をもつインスリンもつくられている．

また，遺伝子組換え微生物は食品の製造過程に使われるタンパク質を産生する．たとえば，チーズは伝統的にキモトリプシンを含む子ウシの胃の抽出物を使ってつくられてきた．しかしいまでは，ほとんどのチーズの生産者は遺伝子組換え細菌によってつくられたキモトリプシンを使っている．ほかにも，ビールやフルーツジュースの味や透明度を改良したり，パンの鮮度を保ったり，脂肪を修飾する酵素が遺伝子組換え微生物によってつくられている．

遺伝子組換え植物

人口の増加とともに作物の生産が拡大すると，至るところで生態系に避けられない影響を与えることになる．灌漑は無機物や塩を土壌に残す．耕された農地は浸食を受けて表土が流出する．流出した土は川をふさぎ，土中の肥料が藻類の成長を早めるため魚は窒息する．殺虫剤はヒトや有益な昆虫に害をもたらす．

より多くの食料を低コストで環境に優しく生産することが求められるなかで，多くの農家は遺伝子組換え作物に依存し始めている．植物細胞への遺伝子導入は，電気的ないし化学的刺激，DNA が付着した微小粒子，あるいはアグロバクテリア Agrobacterium tumefaciens を用いて行われる．細菌であるアグロバクテリアは，感染した植物に腫瘍を形成させる遺伝子が入ったプラスミドをもっている．そのプラスミドは腫瘍を誘導する（Tumor-inducing）ことから **Ti プラスミド**（Ti plasmid）とよばれる．研究者はこの Ti プラスミドを外来遺伝子あるいは改変した遺伝子を植物に導入するためのベクターとして用いている．そのさいには，腫瘍を誘導する遺伝子はプラスミドから取除き，そこに望む遺伝子を挿入する．遺伝子導入を行った植物の個体は，その改変したプラスミドが染色体に組込まれた植物細胞から発生する（図 10・10）．

多くの遺伝子組換え作物には，破滅的な植物の病気や害虫に対して抵抗性を与える遺伝子が導入されている．有機農法を行う農家は，作物に Bt 細菌（*Bacillus thuringiensis*）の胞子を散布する．Bt 細菌は昆虫の幼虫にのみ毒として働くタンパク質を産生している．その遺伝子が導入された植物は Bt タンパク質を産生するが，それ以

(a) 外来遺伝子を含む Ti プラスミドをアグロバクテリアに導入する

(b) その細菌が植物細胞に感染し，Ti プラスミドを細胞に移動させる．プラスミド DNA は細胞の染色体に組込まれる

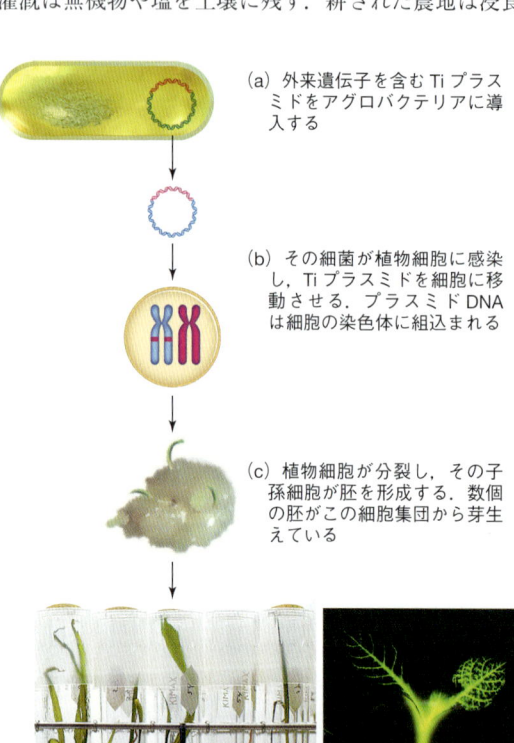

(c) 植物細胞が分裂し，その子孫細胞が胚を形成する．数個の胚がこの細胞集団から芽生えている

(d) 胚が発生して外来遺伝子を発現する遺伝子導入植物になる．右側の写真のタバコはホタルの遺伝子を発現している

図 10・10 **Ti プラスミドを使って遺伝子組換え植物をつくる**

図 10・11 **遺伝子組換えトウモロコシ**．遺伝子組換え作物の栽培には少量の殺虫剤の使用ですむ．*Bt* 遺伝子をもつトウモロコシ（上）は昆虫に対して抵抗性となる．非組換え体（下）は昆虫の被害を受けやすい．

外はふつうの植物と変わらない．昆虫の幼虫は最初からBt植物のみを食べるとすぐに死に至る．このように作物自身が殺虫成分をつくるので，農家は通常よりもはるかに少量の殺虫剤を使うだけですむ（図10・11）．

また，遺伝子の組換えにより作物の栄養価をより高くすることができる．たとえば，イネに遺伝子を導入してβ-カロテンを産生させることができる．β-カロテンはオレンジ色の光合成色素（§5・2）で，小腸の細胞でビタミンAに変換される．これらのイネはβ-カロテン合成経路上の2個の遺伝子をもつ．そのうちの一つはトウモロコシ，もう一つは細菌に由来する．この金のコメとよばれる遺伝子導入米が1カップあれば，子供が1日に必要とするビタミンA量に十分足りる．

遺伝子組換えによって除草剤グリホサートに耐性をもつように改変されたトウモロコシ，ワタ，ダイズ，アブラナ，アルファルファなどが栽培されている．農家は，雑草を生やさないように土地を耕す代わりに，組換え作物には影響を与えず雑草だけを除去するグリホサートを耕地に散布する．しかし，長期間の広範な使用のために，雑草も一般的にグリホサートに耐性を示すようになってきている．また，組換え遺伝子が野生の植物や非組換え作物から検出されている．つまり，人工的に導入した遺伝子が環境にまで広がっていることになる．おそらくその遺伝子は，風や虫によって運ばれた花粉を通して遺伝子組換え植物から他の植物へ伝わったのだろう．

遺伝子組換え動物

伝統的な交雑育種によって，すでに変わった動物がつくられているため，遺伝子導入をした動物は一見ありふれてみえるかもしれない（図10・12a）．交雑育種もまた一種の遺伝子操作ではあるが，遺伝子導入動物の多くは研究室における操作なしでは決して生じることがない．

最初の遺伝子組換え動物はマウスだった．今日ではそのようなマウスはめずらしくなく，研究によく使われ非常に有益である（図10・12b）．たとえば，多くのヒトの遺伝子の機能は，マウスの遺伝子を不活性化することにより発見されてきた．前節で説明した*APOA5*もその一例である．遺伝子組換えマウスはまた多くのヒトの疾患モデルとして用いられている．たとえば，グルコース代謝の調節にかかわる分子をマウスで一つ一つ不活性化し，その効果を研究することにより，ヒトの糖尿病の発症機構についての理解が得られてきた．

遺伝子組換え動物に，医療や産業で応用価値のあるタンパク質を産生させることもできる．遺伝子導入ヤギがつくるさまざまなタンパク質は囊胞性繊維症，心筋梗塞，血液凝固異常症や神経ガス中毒の治療に用いられている．ヒトの母乳中の抗菌タンパク質であるリゾチームを産生するヤギからしぼったミルクは，発展途上国の幼児や子供が急性の下痢にかかることを防ぐだろう．

遺伝子破壊と臓器移植

何百万もの人が，治療できない臓器や組織の障害に苦しんでいる．毎年，米国だけでも8万人以上が臓器移植の順番を待っている．ヒトのドナーが不足しているため，非合法な臓器の売買が社会的な問題となっている．ヒトに移植する臓器の潜在的な供給源としてブタが注目されている．なぜなら，ブタとヒトの臓器は大きさと機能がほぼ同じためである．ブタからヒトへの移植のように，器官をある生物種から別の種に移植することを**異種移植**（xenotransplantation）とよぶ．しかし，ヒトの免疫系は非自己として認識するすべてのものを攻撃する．ブタの臓器は，その細胞膜上のタンパク質と糖鎖のために，移植後，ヒト免疫系に拒絶される．そこで，細胞膜上の免疫反応をひき起こす分子を欠いた遺伝子組換えブタがつくられている．ヒトの免疫系は，これらのブタから移植された臓器や組織を拒絶しないことが期待される．

動物の遺伝子を操作することにより，動物に対しての倫理的なジレンマが生じる．たとえば，ヒトの病気と関連した突然変異をもつ遺伝子により組換えられたマウスやサルなどの動物は，ヒトの病気と同じひどい症状に苦しむことになる．しかし，これらの動物を，多発性硬化症，囊胞性繊維症，糖尿病，がん，ハンチントン病の研

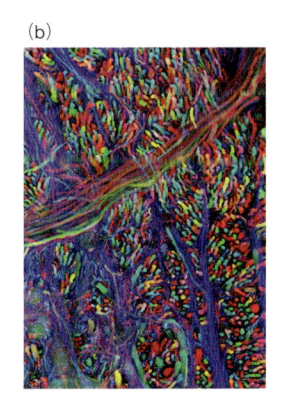

図10・12 遺伝子組換え動物．(a) 伝統的な交雑育種によって作製された無毛のニワトリ．このニワトリは冷却システムが不可欠な砂漠で生き残ることができる．(b) 複数の色素を発現する遺伝子導入マウス（ブレインボーマウス）を用いると脳の複雑な神経回路図を作製することができる．このマウスの脳幹にある神経細胞が蛍光顕微鏡下で視覚化されている．

究と治験に用いることは許されている．

10・5　遺伝子治療

15,000 以上の深刻な遺伝性疾患が知られている．これらの遺伝性疾患は，毎年乳児の死亡の 20〜30％，精神障害者の半分，すべての入院の 4 分の 1 の原因となっている．また，がん，パーキンソン病，糖尿病を含む多くの加齢性疾患にも関与している．投薬などの治療によって，ある遺伝性疾患の症状は軽減されるが，完治するには遺伝子治療しか方法はない．**遺伝子治療**（gene therapy）とは，個人の体の細胞に組換え DNA を導入することにより遺伝的な障害を治す，あるいは病気を治療することである．その導入は，遺伝子操作を行ったウイルスベクターや脂質の集合体を用いて行い，その結果，変異をもたない遺伝子が個人の染色体に組込まれる．

ヒトの遺伝子治療は，遺伝子工学の研究を進めていくうえで説得力のある理由になっている．いまでは，エイズ，筋ジストロフィー，心筋梗塞，鎌状赤血球貧血，囊胞性繊維症，血友病 A，パーキンソン病，アルツハイマー病，数種のがん，眼，耳や免疫系の遺伝性疾患に対して遺伝子治療が試みられている．その結果は良好である．たとえば，SCID-X1 とよばれる重い X 連鎖遺伝性疾患をもって生まれた男の子がいる．SCID-X1 は，免疫シグナル分子の受容体をコードする *IL2RG* 遺伝子の突然変異によって生じる．この疾患をもつ子供は感染に抵抗性をもたないため無菌テントの中でのみ生活できる．1990 年代後半に，20 人の SCID-X1 の子供の骨髄から採取した細胞に，ウイルスベクターを用いて変異のない *IL2RG* 遺伝子を導入した．それぞれの子供の組換え細胞は骨髄に戻された．数カ月後，18 人の子供が元気になって無菌テントを出た．彼らの免疫系は遺伝子治療によって回復したのである．

しかし，生きた個体に対して遺伝子操作を行うとき，用いる遺伝子の塩基配列やもとの染色体上の位置がわかっていても予測できないことが起こる．たとえば，遺伝子を組込んだウイルスが染色体上のどこに挿入するのかだれも予測することはできない．その挿入によって，ほかの遺伝子が破壊されるかもしれない．もしその破壊された遺伝子が細胞分裂の調節に関与している場合，がんが生じる可能性がある．SCID-X1 の遺伝子治療を行った 20 人の子供のうち 5 人が白血病という骨髄のがんを発症させ，そのうち 1 人が死亡した．研究者は遺伝子治療によってがんが生じることはまれであろうという誤った予測をしていた．遺伝子操作を行ったウイルス DNA の染色体への挿入によって，近傍のがん原遺伝子（§8・5）が活性化されることが明らかとなっている．

優生学

最も望ましいヒトの形質を選択するという思想である**優生学**（eugenics）は古くから存在する．この思想は第二次世界大戦中に起こった 600 万人のユダヤ人に対する大量虐殺を含め，人類史上最も恐ろしい出来事を正当化するために用いられてきた．しかし，優生学はいまも議論の対象となる社会的問題であり続けている．たとえば，遺伝性疾患を治すために遺伝子治療を行うことは，ほとんどの人にとって社会的に受け入れられることだろう．しかし，その考え方をもう少し拡張してみたらどうだろうか．正常な範囲の表現型をもつヒトの特定の形質を変えるためにゲノムに手を加えることもまた受け入れられるだろうか．研究者はすでに高い記憶力や学習能力，大きい筋肉，そして長寿を示すマウスをつくりだしてきている．これをヒトで行ったらどうだろうか．

米国で行われた調査では，質問を受けた 40％ 以上の人が賢くかわいい赤ちゃんを生むために遺伝子治療を行うことを受け入れている．一方，遺伝子治療が人類と生物圏に不可逆的なダメージを与えるのではないかという懸念も存在している．ひとたび何かが起こったときに，どのようにして奈落の底に落ちずに踏みとどまるのか，われわれの社会はそれに対処する知恵をもたない可能性がある．

遺伝子組換え技術が発達した現在，それをどのように使うべきか，生物学的，社会学的，倫理的にあらゆる角度から検討していかなければならない．

10・6　ヒトの遺伝子検査　再考

民間会社が行う個人の DNA 検査における SNP 解析には，調査した SNP に関連した病気の発症率の評価が含まれている．たとえば，その検査によって，被験者が *MC1R* 遺伝子のある対立遺伝子に関してホモ接合であるかどうかがわかるとしよう．もしホモ接合なら，その会社からの報告書には被験者は赤い髪の毛をもつと書いてあるだろう．しかし，ごく一部の SNP のみが，そのような明らかな因果関係を示すにすぎない．ほとんどのヒトの形質は多因子性で，またその多くは生活習慣のような環境因子によっても影響を受ける（§9・5）．このように，DNA 検査は個人の染色体における SNP を高い信頼性をもって決定するが，SNP の効果を十分に予測することはできない．

たとえば，もし *APOE* 遺伝子の ε4 対立遺伝子に関してヘテロ接合であるとすると，アルツハイマー病を今後

発症するかどうか明確に予見することはできない．その代わりに，報告書には，ε4 対立遺伝子をもたないヒトの発症率は 9% であるのに対して，それをもつヒトは 29% であるというように，病気を発症する生涯危険率が記されるだろう．これは，ε4 対立遺伝子をヘテロ接合でもつ 100 人のうち平均 29 人が最終的にアルツハイマー病を発症することを意味する．この病気には，DNA のエピジェネティックな修飾などの他の因子もかかわっている．

遺伝子検査にかかるコストが大幅に低下したため，SNP 鑑定や個人のゲノム配列決定を行う会社の数は爆発的に増加している．そのような検査はすでに，早発性遺伝性疾患の診断や，乳がん患者に対する化学療法の延命効果の予測などの医療目的に使われている．しかし，多くの病気に対して遺伝子がどのように関係しているのか，特にアルツハイマー病のような加齢性疾患とのかかわりについては未だ限られた理解しか得られていない．

まとめ

10・1 個人の DNA 検査を行う会社は，各個人に特異的な一塩基多型あるいは SNP を同定する．このような遺伝子検査は近いうちに医療の進め方に変革をもたらすだろう．

10・2 DNA クローニングの過程では，制限酵素により DNA を切断して断片化し，DNA リガーゼを用いてその断片をプラスミドあるいは他のクローニングベクターと結合させる．その結果得られた組換え DNA は，細菌などの宿主細胞に導入される．宿主細胞が分裂すると，遺伝的に同一な子孫細胞（クローン）の集団が生じる．それぞれのクローンは外来 DNA 断片のコピーをもっている．

DNA ライブラリーは異なる DNA 断片をもつ細胞の集団で，ある生物種のゲノム全体の DNA を含んでいる場合もある．特定の DNA 断片をもつ細胞を同定するためにはプローブを使う．異なる由来の核酸間の塩基対形成は核酸ハイブリダイゼーションとよばれる．ポリメラーゼ連鎖反応（PCR）では，ある特定の DNA 領域のコピー数を急速に増加させるためにプライマーと好熱菌 DNA ポリメラーゼが使われる．

10・3 DNA 塩基配列決定法により，DNA 中のヌクレオチドの順番が明らかにされる．そのときには，DNA ポリメラーゼを用いて鋳型 DNA を部分的に複製させる．この反応により，長さの異なる DNA 断片の混合物が得られる．これらの断片は電気泳動により長さの違いに基づいてバンドとして分離される．

ゲノミクスはヒトゲノムの機能についての洞察をもたらす．異なる生物間のゲノムの類似性は進化における関係性の証拠であり，さらに研究上の予測を可能にする．DNA 鑑定により，DNA の特異的部分を用いて個人を同定することができる．短鎖縦列反復配列の決定はその一例である．犯罪捜査では，DNA の個人的特徴は DNA フィンガープリントとよばれる．

10・4 組換え DNA 技術は遺伝子工学の基礎である．この手法を用いると，生物の表現型を変えるために遺伝子の構成を直接改変することができる．ある生物種の遺伝子を他の種の個体に入れることにより遺伝子導入生物をつくることができる．また，遺伝子を改変してから同じ種の個体に再び導入することもある．いずれの過程によっても遺伝子組換え生物（GMO）がつくられる．

遺伝子を細菌と酵母に導入することにより医学的に貴重なタンパク質を産生することができる．遺伝子導入作物は農家が食料を効率的に生産する助けとなるが，環境に予期せぬ結果をもたらしていることがある．遺伝子組換え動物はヒトのタンパク質を産生し，また将来，ヒトに異種移植する臓器や組織の供給源になるかもしれない．

10・5 遺伝子治療では，遺伝的欠陥あるいは病気を治すために遺伝子を体細胞に導入する．ヒトに遺伝子組換えを行う場合には，その潜在的利益と危険性を比較検討しなければならない．その実行には，優生学のような倫理的問題を伴う．

試してみよう（解答は巻末）

1. ＿＿＿ は DNA 分子を特定の部位で切断する．
   a. DNA ポリメラーゼ　　b. DNA プローブ
   c. 制限酵素　　　　　　d. DNA リガーゼ

2. ＿＿＿ は細菌の染色体とは独立に存在する小さな環状の細菌 DNA である．
   a. プラスミド　　b. ヌクレオチド
   c. 核　　　　　　d. 二重らせん

3. 各生物種において，完全な一組の染色体中のすべての ＿＿＿ は，＿＿＿ である．
   a. ゲノム，遺伝子型　　b. DNA，ゲノム
   c. SNP，DNA 鑑定　　　d. DNA，ライブラリー

4. ある生物種の全遺伝情報を表すさまざまな DNA 断片をもつ一組の細胞集団は ＿＿＿ である．
   a. ゲノム　　　　　　b. クローン
   c. DNA ライブラリー　d. 遺伝子組換え生物

5. PCR は ＿＿＿ をするために用いられる．
   a. 特定の DNA 断片の数の増幅
   b. DNA フィンガープリントの解析
   c. ヒトゲノムの改変
   d. a と b

6. DNA 断片は電気泳動を用いて ＿＿＿ の違いによって分離することができる．
   a. ヌクレオチド配列　　b. 長さ　　c. 生物種

7. *Taq* ポリメラーゼは，＿＿ ためにPCRに使われる．
   a. 二本鎖DNAを一本鎖に解離させるために必要な高温状態に耐える
   b. 細菌由来の酵素である
   c. プライマーを必要としない

8. ＿＿はDNA断片中のヌクレオチドの順番を決定する技術である．
   a. PCR　　　　b. DNA塩基配列決定
   c. 電気泳動　　d. 核酸ハイブリダイゼーション

9. 次のうちどれが外来DNAを宿主細胞に運ぶことができるか．正しい答をすべて選べ．
   a. RNA　　　　　　b. ウイルス
   c. PCR　　　　　　d. プラスミド
   e. 脂質集合体　　　f. DNAが付着した微小粒子
   g. 異種移植　　　　h. 配列決定

10. 遺伝子導入生物は＿＿
    a. 他の生物種の遺伝子をもつ
    b. 遺伝的に改変されている
    c. 外来遺伝子を子孫に伝える
    d. a～cのすべて

11. ＿＿は個体の遺伝的欠陥を治す．
    a. クローニングベクター　　b. 遺伝子治療
    c. 異種移植　　　　　　　　d. aとb

12. クローニングの実験過程で行う操作を順番に並べよ．
    a. DNAリガーゼを用いてDNA断片をベクターに結合させる
    b. プローブを用いてライブラリー中のクローンを同定する
    c. DNAポリメラーゼを用いてクローンのDNAの配列を決定する
    d. クローンからなるDNAライブラリーを作製する
    e. ゲノムDNAを制限酵素で切断する

13. 左側の用語の説明として最も適当なものをa～gから選び，記号で答えよ．

    ＿＿ DNA鑑定
    ＿＿ Tiプラスミド
    ＿＿ 核酸ハイブリダイゼーション
    ＿＿ 優生学
    ＿＿ SNP
    ＿＿ 遺伝子導入
    ＿＿ 遺伝子組換え生物

    a. 外来遺伝子をもつ組換え生物
    b. 対立遺伝子は一般的にそれらをもつ
    c. 個人に固有の短鎖縦列反復配列の集合
    d. 異なる由来のDNA間あるいはDNAとRNA間の塩基対形成
    e. "望ましい"形質を選ぶこと
    f. 遺伝子が改変されている
    g. 植物への遺伝子導入に用いる

11 進化の証拠

11・1　遠い過去の現れ
11・2　生物地理学や形態学の謎
11・3　新しい理論の台頭
11・4　化石からの証拠
11・5　漂流する大陸
11・6　形態や機能からの証拠
11・7　遠い過去の現れ　再考

11・1　遠い過去の現れ

　あなたは時間というものをどうとらえているだろうか．おそらく数百年あるいは数千年の間に人類に生じた出来事を思い浮かべることができるだろうが，数百万年間となるとどうだろう．遠い過去を心に描くためには，よく知っていることだけでなく，未知のことへと思考を飛躍させる必要がある．そのような飛躍の手掛かりの一つが，意外なことに，小惑星なのだ．小惑星の大きさは1～1500 km である．たくさんの小惑星が地球の軌道を横切っているものの，ほとんどは気づかないうちに素通りしてしまう．ただいくつかは，通り過ぎてはくれなかった．

　米国アリゾナ州にあるバリンジャークレーターは直径が 1.5 km もある（図 11・1a）．5万年前に 45 m の小惑星が地球に激突し，この穴を砂漠の砂岩にあけた．

　過去にはさらに激しい小惑星の衝突があったことを示す証拠がある．たとえば，**大量絶滅**（mass extinction）とよばれるおもだった生物群の絶滅が，6550 万年前に起こった．その出来事は **K-T 境界層**（K-T boundary，図 11・1b）とよばれ，世界中に広がっている中生代白亜紀の地層（K で表す）と新生代第三紀（T で表す）の地層との間にある薄い粘土の地層に記されている．K-T 境界層の下には，たくさんの恐竜化石がある．K-T 境界層の上，すなわちより最近に堆積した岩石の地層では，恐竜化石が全くない．現在のユカタン半島の沖合には 6550 万年前の小惑星の衝突でできた直径 274 km，深さ 1 km もの巨大なクレーターがある．この小惑星の衝撃は，バリンジャーのときの 4 千万倍もあっただろう．科学者はこの衝撃が恐竜を絶滅させるのに十分な地球規模の大災害をひき起こしたと推定している．

　過去に起こった自然現象は，現在働いているのと同じ，物理学的，化学的，生物学的なプロセスによって説

図 11・1　証拠からの推論．(a) 米国アリゾナ州のバリンジャークレーター．(b) K-T 境界層．6550 万年前に形成された世界中に広がる独特な岩の地層．赤いポケットナイフから大きさがわかる．K-T 境界層では化石記録が突然変化しており，大量絶滅が生じたことを示している．

明できる．これは，生物の歴史を科学的に研究するための基盤である．研究というのは，"経験する" から "推論する" へと飛躍することである．すなわち，"直接知っていること" から "推測によってのみ知りうること" へと飛躍することであり，研究によって，驚くべき遠い過去を

図 11・2 **異なる生物地理区に生息する近縁種**．(a) オーストラリアのエミュー，(b) 南アメリカのレア，(c) アフリカのダチョウ．これらの鳥類は，長い筋肉質の足をもっていることや飛ぶことができないことなど，他の大多数の鳥とは異なる変わった特徴をもっている．いずれも赤道からほぼ同じくらいの距離にある，広々とした草原地帯に住んでいる．

かいま見ることができる．

11・2 生物地理学や形態学の謎

西洋における生物学的思索の端緒は，2000年以上も前に確立しつつあった．ギリシャの哲学者アリストテレス（Aristotle）は，自然界の秩序を説明するために，観察されたことを互いに結びつけて考えようとしていた．彼の時代の多くの人とは異なり，アリストテレスは自然を，非生命体から複雑な動植物へと至る組織化の連続としてとらえた．14世紀までには，アリストテレスの考えは，"存在（生命）の大いなる連鎖"が，最も低い位置にあるヘビから，崇高な精神をもつ存在であるヒトへと伸びているという，確固たる生命観となった．その連鎖の輪は種で，それぞれの種は完全な状態で同時に一つの場所で創造されたといわれていた．その連鎖は完全であり，連続的である．存在すべきすべての生物はすでに存在しており，もはや変化する余地はなかった．

そのころ，地球全体に調査探検に乗り出したヨーロッパの博物学者は，何万もの動植物をアジア，アフリカ，南北アメリカや太平洋の島々から持ち帰ってきた．1800年代後半になると，博物学者は，種が生息している場所とお互いの類縁関係にひそんでいるパターンを観察して，生物を形づくる自然の力について考え始めた．これらの博物学者は，種や生物群集の地理的な分布パターンの研究を行う**生物地理学**（biogeography）の先駆者となった．それらのいくつかのパターンから，広く考えられていた生物の体系の枠組の中では答えられないような疑問がもち上がってきた．たとえば，極度に孤立した場所に生息している植物や動物が見つかった．そのような孤立した種が，広大な外洋の向こう側やとうてい越えられない山々の反対側に生息している種ととても似ているように見えるのだ（図 11・2）．これらの種には類縁関係があるのだろうか．もしそうだとすると，これらの近縁種はどのように地理的に孤立してしまったのだろうか．またその当時の博物学者は，いくつかの形質は似通っているが他の形質は異なっているような生物を，どのように分類するか困っていた（図 11・3）．

そのような観察は，生物の解剖学的なパターン，すなわち体制の類似や差異を研究する学問である**比較形態学**（comparative morphology）の一部である．比較形態学は分類学（§1・5）の重要な部分でもある．

たとえば魚とネズミイルカのように，外見が類似していても体内の構造は全く異なることがある．また，外見は非常に異なるが構造はよく似ていることもある．たとえば，§11・6で説明するように，ヒトの腕，イルカのひれ，コウモリの翼は同じような骨をもっている．19世紀には，比較形態学によって，明らかな機能をもたない部分が体にあることがわかり，このことは博物学者を悩ませた．もし，すべての種が完璧な状態で創造された

図 11・3 **類似しているように見えるが，類縁関係がない植物**．(a) 南アフリカのグレートカルー砂漠原産のトウダイグサの一種 *Euphorbia horrida*．(b) 米国アリゾナ州などに広がるソノラ砂漠原産のサボテン *Carnegiea gigantea*．

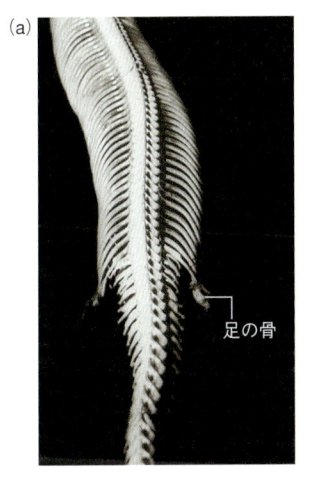

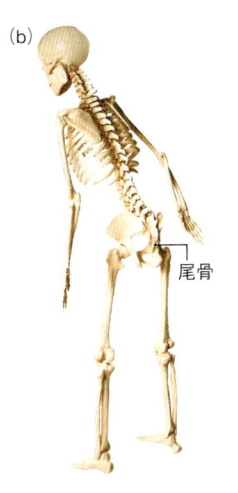

11・3 新しい理論の台頭

図11・4 痕跡的な体の部位. (a) ニシキヘビやボアは小さな足の骨をもっているが,これらのヘビは歩くわけではない. (b) ヒトは足は使うが尾骨は使わない.

のだとすると,なぜ,歩かないヘビにある足の骨や,ヒトにある尾の痕跡のように,役に立たない部分が生物にはあるのだろうか(図11・4).

化石(fossil)にも謎があった.化石ははるか昔に生きていた生物の物理的な証拠である.地質学者は浸食や採石によって露出した岩石の地層の地図をつくり,世界の異なる場所で岩石層が同じように並んでいることを見いだした.深く下の方にある地層には,単純なつくりの海の生物の化石があった.その上の地層には,似ているけれどもより複雑なつくりの化石があった.さらに上の方の地層には,似ているけれどもさらにより複雑なつくりの現在の種に似た化石が含まれていた.左の写真はそのような一連の化石を示したもので,連続的に積み重なったそれぞれの地層から見つけられた殻をもった原生生物の化石を並べたものである.これらの一連の化石が意味することはなんだろうか.

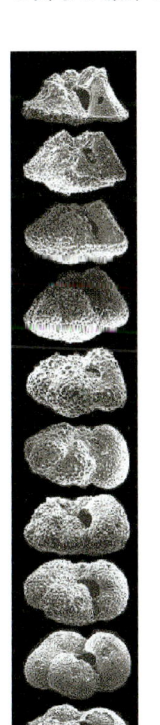

現生の生物とは全く異なる動物の化石も数多く見つけられた.もし,これらの動物が創造時に完璧であったとしたなら,どうしていまは絶滅してしまったのだろうか.

全体的に考えると,生物地理学,比較形態学,地質学から得られる知見は,19世紀に広く考えられていたことと一致しない.絶滅した種や一連の化石,"役に立たない"体の部分が示しているように,もし種が完璧な状態で創造されたのではなかったのだとすれば,種はおそらく時間とともに変化したのだ.

11・3 新しい理論の台頭

新しい証拠を古い考えに押込む

19世紀の博物学者は,地球上の生物や,地球自体さえ時間とともに変化してきたという証拠が続々と増えていく状況に直面した.1800年ごろ,動物学と古生物学の専門家であったキュビエ(Georges Cuvier)は,これらの新しい情報のもつ意味を考えていた.彼は,化石記録にみられる突然の変化を観察して,化石種の多くは現生生物のなかに似た生物がいないことに気づいた.この証拠から,次のような驚くべき考えを提案した.かつて存在した多くの種は,いまは絶滅している,というのである.キュビエは地球の表層が変化しているという証拠にも気づいていた.たとえば,現在は海から遠く離れた山の頂きで,海の貝の化石を見つけた.この時代の多くの人と同様キュビエは,地球の年齢を数百万年単位ですらなく,数千年と仮定していた.このような短い時間で海底を山頂へと押し上げるためには,今日知られているものとは異なる地質学的な力が必要であったと結論づけた.そして,天変地異的な地質学的な出来事が絶滅をひき起こし,その後に生き残った生物が,この惑星に再び広がっていった,とした.キュビエのこの考えは,**天変地異説**(catastrophism)として知られるようになった.われわれはいま,その考えは正しくないことを知っている.地質学的な作用は,過去から変わっていないのだ.

もう一人の科学者ラマルク(Jean-Baptiste Lamarck)は,**進化**(evolution),すなわち生物の**系統**(lineage)に生じる変化をひき起こす過程について考えた.ラマルクは,種には完全へと向かい存在を高めていく力が本来備わっているため,種は世代を経るにつれ少しずつ改良されていくと考えた.この力によって,まだ未知の化学物質である"フルーダ(fluida)"が,変化を必要としている体の部分へと送り込まれるとした.ラマルクの仮説では,環境からの圧力と体内からの要求が個々の体を変化させ,子孫がその変化を受け継ぐ.

ラマルクの仮説を使って,キリンの首がなぜとても長いかを説明してみよう.首が短かったキリンの祖先は,他の動物が届く範囲よりも高いところにある葉を食べるために首を伸ばした.そうやって首を伸ばそうとすると,少しだけ首が長くなるであろう.ラマルクの仮説では,その動物の子孫が少し長い首を受け継ぐ.そして,何世代も,さらに高い位置の葉に届くよう努力を重ねた結果が,現在の首の長いキリンなのである.ラマルク

は，環境要因が種の特性に影響を及ぼすという点では正しかったが，その特性が子孫にどのように受け継がれるかについてはまちがっていた．

ダーウィンとビーグル号の航海

ダーウィン（Charles Darwin）は，大学で医学を学ぼうと試みた後，英国ケンブリッジ大学で神学の学位を取得した．しかし，ダーウィンは，大学にいる間はずっと，大半の時間を自然史に熱をあげていた教員らとともに過ごしていた．1831年に植物学者のヘンズロー（John Henslow）は22歳のダーウィンが，南米への調査遠征に乗り出そうとしていたビーグル号の乗船博物学者になれるように手配した（図11・5）．学校嫌いで，正式な科学のトレーニングを受けていなかった青年は，すぐに熱狂的な博物学者になった．ビーグル号の5年の航海の間，ダーウィンは多くの変わった化石を見つけ，大陸から遠く離れた島の砂浜からアンデスの高地の平原に至るまで，広い範囲の環境に生息する多様な種を観察した．乗船中，当時最新で人気のあったライエル（Charles Lyell）の『地質学原理（Principles of Geology）』の第1巻を読んだ．ライエルは，少しずつ繰返し生じる変化によって地球が形づくられたという**斉一説**（theory of uniformity）の提唱者として知られるようになっていた．長年地質学者は，湖や川や海の底に積もった堆積物からつくられる砂岩や石灰岩や他の岩石を，削って観察してきた．それによって，現在起こっている徐々に進行する地質学的な変化が，遠い過去に起こったものと同じであるという証拠が得られた．

斉一説は，地球表層の性状を説明する上で，天変地異をもち出す必要はないことを示した．浸食のような毎日少しずつ生じている地質学的な過程が，地球の表層を刻み現在のような地形をつくることができる．斉一説は，地球はできてから6000年であるという考えにも疑問を呈した．それまでの学者は，人々はその6000年に起こったことすべてを記録しており，そしてその間，だれも新しい種が進化するのを目撃していないと述べた．しかし，ライエルの計算によれば，地表の地形をつくるのには，何百万年もかかったはずなのである．ダーウィンは，ライエルの考えに接していたため，旅行中に見たそれぞれの地域の地質学的な歴史に関して，正しい洞察を得ることができた．100万年という時間は種が進化するのには十分なのか．ダーウィンは，そのとおりだと考えた．

形質の変異

ダーウィンは，航海の間に収集した何千もの標本を英国に送った．それらのなかには，グリプトドンの化石も含まれていた．この甲冑を身にまとった哺乳類はすでに絶滅しているが，現生のアルマジロと多くの形質が共通している（図11・6）．たとえば，グリプトドンにもアルマジロにも特殊な骨の板からできているヘルメットや体を保護する甲羅がある．アルマジロはグリプトドンがかつて分布していた場所だけに生息している．このような変わった形質を共有し同じ分布域に限られていることは，グリプトドンが，アルマジロの大昔の近縁種だったことを意味するのだろうか．もしそうだとすれば，おそらく，これらの共通祖先が備えていた形質は，アルマジロへと連なる系統において変化していったのである．しかし，そのような変化はどのようにして起こったのだろうか．

英国に戻ると，ダーウィンは自分のメモや化石を前にして，あれこれ悩んでいた．そのとき彼は，経済学者のマルサス（Thomas Malthus）のエッセイを読んだ．マ

図11・5　ダーウィンとビーグル号の航海．(a) ビーグル号．乗船博物学者としてダーウィンを乗せ，1831年に出帆した．南米沿岸の地図をつくる予定だったが，5年以上をかけ地球を一周することとなった．(b) ダーウィン．ビーグル号の探検で地質，化石，植物，動物に出会い，進化に対する考え方を変えた．(c) 1836年のダーウィンの日記の1ページにある"種の変化"に関する記述．

11・3 新しい理論の台頭

図 11・6 遠い昔の親類か．(a) 現生のアルマジロ．体長約 30 cm．(b) グリプトドンの化石．200 万年前から 1 万 5000 年前まで生存していた，自動車ほどの大きさの哺乳類．グリプトドンとアルマジロは時代的にはとても離れている．しかし両者は分布範囲が似ていることや，ワニやトカゲの皮と同じくケラチンに覆われた骨の板でできた甲羅やヘルメットなどの，まれな特徴を共有している．〔(b) の化石はヘルメットがなくなってしまっている．〕これらの独特の形質の共有は，ダーウィンが自然選択による進化の理論を展開するための手掛かりとなった．

ルサスは，人口の増加と飢饉，病気，戦争との相関について考えていた．マルサスは，人間は自分たちを維持することができる環境の収容力を超えて繁殖してしまう傾向があるので，食物や住み場所やその他の資源を使い尽くしてしまうであろうという考えを提唱した．そうなると，個人個人は限られた資源をめぐって互いに競争するか，生産性を上げるための技術を発展させるかのどちらかしかない．ダーウィンは，マルサスのこの考えはもっと幅広く適用できることに気づいた．人間に限らず，あらゆる個体群には，環境が維持できるよりも多くの個体を生み出す能力がある．

ビーグル号の航海での経験をもとに，ダーウィンは，どうして同じ種の個体が必ずしも同一でないのかについて考え始めた．個体は大きさや色などの共有する形質において，しばしば細かい点で少し異なる．彼は，ガラパゴス諸島の別々の島に生息している多数の種のフィンチの間にそのような変異があることを見つけた．この一連の島々は南米から 900 km も海によって隔てられているため，この島に生息する種の大半は南米本土の個体群と交雑する機会はなかった．ガラパゴス諸島のフィンチは南米のフィンチと似ていたが，多くの種は自身が生息する島の環境に適するような独自の形質をもっていた．

ダーウィンは，イヌやウマのブリーダーが数百年かけて選択的な繁殖すなわち**人為選択**（artificial selection）を行うことによって，形質の劇的な変化を生み出してきたことをよく知っていた．そして，それと同様に，環境がそれに適した形質をもつ個体を選択するだろうと考えた．つまり，共有する形質がある特定の状態であると，その個体が同じ種の競争関係にある他の個体と比べて生存や繁殖の点で優位になることがあるというのである．彼は，どの個体群においても，一部の個体が他の個体よりも環境に適したよりよい形質をもっているということを理解した．言いかえると，自然の個体群のなかのそれぞれの個体は，**適応度**（fitness）が異なっている．適応度は特定の環境への適応の程度と定義され，将来の世代への相対的な遺伝的寄与の程度で測られる．ある個体の適応度を高めるような形質を，進化的な**適応**（adaptation）または**適応的な形質**（adaptive trait）とよぶ．

多くの世代を重ねていくと，最も適応的な形質をもつ個体は，適応度の低い個体より，より長く生き残り，より多くの子孫を残す傾向がある．ダーウィンはこの過程を**自然選択**（natural selection）とよび，自然選択が進化の原動力となりうることを理解した．もしある個体が環境により適した形質をもっていれば，その個体は生き残って自分の子孫を残すのに十分なほど長生きできる機

表 11・1 自然選択の原理

個体群について観察されたこと
- 自然の個体群には，本来，徐々に個体群の大きさを増大するような繁殖能力が備わっている
- 個体群が大きくなると，それぞれの個体が使う資源（食物や生息場所など）が害質的に限られてきてしまう
- 資源が限られると，個体群中のそれぞれの個体が資源を巡って競争するようになる

遺伝について観察されたこと
- 同じ種の個体はある形質を共有している
- 自然の個体群における個体は，種で共有する形質についても細かく比べれば異なっている
- 共有形質は遺伝子によって遺伝する．対立遺伝子（わずかだけ異なる遺伝子）によって共有する形質に変異がもたらされる

これらからの推論
- 共有する形質が適応的である個体が，生き残りに有利になることがある
- 個体群中の生き残りに有利な個体は，より多くの子孫を残す傾向にある
- このようにして，ある適応的な形質に伴う対立遺伝子は，しだいに個体群の中で広まる傾向にある

会も増える．遺伝によって伝えられる適応的な形質をもつ個体は，もたない個体よりもたくさんの子孫を残すことができるとすれば，その形質は，何世代もの間に，個体群の中で増えていく傾向にあるだろう．この推論を表11・1にまとめる．

偉大な頭脳は同じことを考える

ダーウィンは自然選択に関する彼の考えを書き出していたが，それを発表することなく10年が過ぎてしまった．その間に，アマゾン川流域とマレー諸島で野生生物を研究していたウォレス（Alfred Wallace）は，小論を書いて，助言を求めるためにそれをダーウィンに送っていた．そのウォレスの小論は，自然選択による進化の概説で，ダーウィンの仮説とほぼ同じものであった．ウォレスは，以前，種の地理的分布のパターンについてライエルとダーウィンに手紙を書いていた．彼もまた，点と点をつないでいたのだ．そのため，いまでは，ウォレスは生物地理学の父とよばれている（図11・7）．

1858年，ダーウィンがウォレスの小論を受取った数週間後，自然選択による進化の仮説は，学会においてダーウィンとウォレスの連名で発表された．ウォレスはまだフィールドにいたため，その学会について何も知らず，ダーウィンもその学会に出席していなかった．その翌年，ダーウィンは，自然選択の詳細な証拠を記述した『種の起原（On the Origin of Species）』を発表した．多くの人々は，変化を伴った継承（由来），すなわち進化の考えをすでに受け入れていた．しかし，進化が自然選択によって起こるという考えには激しい議論があった．遺伝学の分野からの実験的な証拠が科学界に広く受け入れられるには，さらに数十年を必要とした．

本章でこれからみていくように，自然選択による進化の理論は，化石記録と，現在の生物の形，機能，生化学における類似性とによって支持され，それらを説明する上で役に立つのである．

11・4 化石からの証拠

ダーウィンより前の時代でも，化石は，昔の生物の姿が石のように固められた証拠として認められていた（図11・8）．大部分の化石は，骨，歯，殻，種子，胞子などの体の硬い部分が鉱物化したものである．足跡や這い跡，巣，すみ穴，または糞などの生痕化石は生物の活動の証拠である．

化石化の過程は生物またはその痕跡が，堆積物や火山灰に覆われてから始まる．鉱物の成分をたくさん含んだ地下水がしみ込み，生物の遺骸や痕跡の内部や周囲の空間を満たす．骨などの硬い組織では，組織の中の成分は

図11・7 ウォレス．自然選択の共同発見者．

図11・8 化石．(a) およそ2億年前の魚竜の骨格の化石．この海生爬虫類は現生のネズミイルカほどの大きさで，ネズミイルカのように空気呼吸をし，おそらく同じくらいの速さで泳いでいた．しかし，魚竜とネズミイルカは近縁ではない．(b) コハクの中に閉じ込められた絶滅したスズメバチ *Leptofoenus pittfieldae*. 体長9mm，約2000万年前の化石．(c) 2億6000万年前の裸子植物ソテツシダ *Glossopteris* の葉の化石．(d) 獣脚類の足跡の化石．獣脚類はよく知られるティラノサウルス *Tyrannosaurus* を含む肉食恐竜で，約2億5000万年前に生じた．現生の鳥類はこれらの子孫である．(e) コプロライト（糞の化石）．中には食物の残骸や寄生虫が化石になっており，絶滅した生物の食性や健康状態の手掛かりとなる．これはキツネのような動物の排出物である．

溶け出し，地下水に含まれる鉱物の成分と徐々に入れ替わる．鉱物の成分が結晶化し，生物や痕跡の形をそのまま残す．その上に堆積物がゆっくりと蓄積し圧力を増していく．長い時間を経ると圧力も極限に達し，鉱物化した残骸を岩へと変える．

大部分の化石は，砂岩，頁岩(けつがん)といった堆積岩の地層で見つかる．川がシルト，砂，火山灰，その他の粒子を，陸から海へと洗い流すことによって，堆積岩がつくられる．これらの粒子が海の底に沈み，厚みや組成が異なる水平の地層がつくられる．数百万年後には，堆積物の地層は圧縮され，岩石の地層になる．

生物学者は，堆積岩の中に見つかる化石がたどった歴史を理解するために堆積岩の地層を研究する．通常，ある岩石地層において，最も深い地層が最初につくられ，最も表面に近い地層が最も新しくつくられたものである．したがって，一般的に深いところにある地層ほど，その中にある化石はより古い．ある地層の組成を他の地層と比べると，その地層ができたときに起こった，その地域や地球上の出来事についての情報が得られる．§11・1のK-T境界層は一つの例である．また，後から説明するが，その地層の中の鉱物から，そこに含まれる化石の時代を知ることができる．それぞれの地層の厚さの違いは，他の手掛かりを与えてくれる．たとえば，氷河期に積もった堆積岩の地層は，他の地層より薄い．氷河期には，大量の水が凍って氷河の中に閉じ込められた．そのため，川や海が干上がり，堆積はゆっくりになるからである．気候が温暖になり氷河が溶けると，川が再び流れ始め，堆積が復活し，地層はより厚くなっていく．

化 石 記 録

これまでに25万を超える種の化石が知られている．現在の生物多様性の範囲を考慮すれば，まだ何百万もの種が存在したにちがいないが，それらのすべてを知ることは決してできないだろう．化石になるのは比較的めずらしいことなので，絶滅した種の証拠は得られない可能性のほうが高いからである．生物の遺骸は腐食性動物によって急速になくなってしまう．水分と酸素がある環境では有機物の分解が進むので，腐食を免れた残骸も，乾くか，凍るか，樹液，タール，泥のような空気を取除くことができるものに包まれた場合のみ，もちこたえる．化石化されて残ったものも，浸食や他の地質学的な攻撃を受けて，しばしば変形したり，押しつぶされたり，散らばったりする．

大昔に存在した絶滅した種について知るためには，その化石を見つけなければならない．少なくとも1個体が，分解されたり食べられてしまう前に埋められる必要

図 11・9 アンデスの高地に露出する堆積岩．古代の浅海底の地層に残された恐竜の足跡の歩幅を科学者が測定している．

がある．さらに，埋められた場所は，そこを破壊してしまうような地質学的な出来事を免れなければならず，調査することができる場所になければならない（図11・9）．

大部分の古代の種は硬い部分がないため化石になりにくく，それらの証拠はあまり見つからない．たとえば，骨をもつ魚や硬い殻をもつ軟体動物の化石はたくさんあるが，それらよりも一般的であったであろうクラゲや柔らかい蠕虫(ぜんちゅう)類の化石はほとんど見つからない．生物の相対的な数についても考えなければならない．真菌類の胞子や花粉の粒子は，ふつう数十億個は放出される．対照的に，初期のヒトは小さな生活集団をつくって生きており，子孫もわずかな数しか生き残らなかった．1本のヒトの骨の化石を見つける確率は，真菌類の胞子の化石を見つける確率より非常に低い．さらに，ほんの短い期間しか存在しなかった種と，何十億年も存在した種では，化石記録としての現れやすさが異なる．

これらの難点にもかかわらず，化石記録は生命の歴史における大規模なパターンを推測するのに十分に役立っている．

放射性同位体による年代測定

放射性同位体は，元素の一形態で，不安定な核をもつ（§2・2）．放射性同位体の原子は，核が壊変することにより他の元素（娘核種）の原子になる．その放射性壊変は，温度，圧力，化学結合の状態，湿度によって影響を受けず，時間だけに左右される．それぞれの放射性同位体は一定の速度で壊変する．放射性同位体の原子の半分が壊変するのにかかる時間は，**半減期**（half-life）とよばれる（図11・10a）．半減期はそれぞれの放射性同位体ごとに決まっている．たとえば，放射性ウラン238は壊変してトリウム234となり，またそれが壊変して別の

134　　　　　　　　　　　　　　　　　　11. 進化の証拠

まだ有機物を含んでいる最近の化石は，炭素14の含有量を測ることによって年代を測定することができる（図11・10b〜d）．化石中のほとんどの^{14}Cは，およそ6万年で壊変してしまう．それより古い化石の年齢は，その化石が入っている岩石の上下の地層にある火山岩の年代測定を行うことによって推定することができる．

失われた環（ミッシングリンク）の発見

鯨類（クジラ，イルカ，ネズミイルカを含む）の中間

(a) 半減期のグラフ

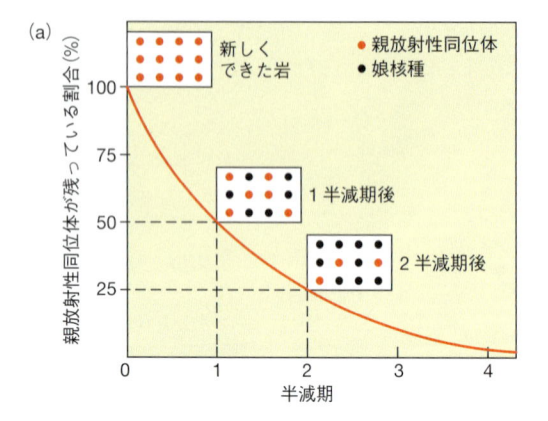

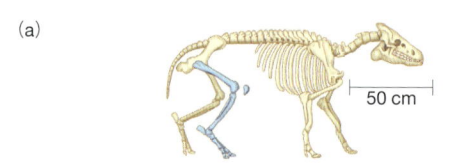

(b) 大昔，ほんのわずかな量の^{14}Cとそれよりもはるかに多い^{12}Cがオウムガイの組織に取込まれた．その炭素原子は，オウムガイの食物中の有機分子の一部である．オウムガイが生きている間は，食物から炭素原子を得ていたため，組織中の^{14}Cと^{12}Cとの比率は一定である

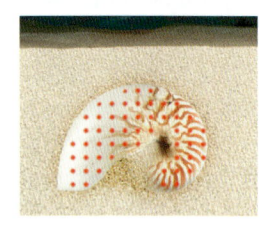

(c) オウムガイが死ぬと食物をとらなくなるので，オウムガイの体は新たな炭素を得ることがなくなる．体の中の^{14}Cは壊変し続けるため，^{12}Cと比較した^{14}Cの相対的な量は減少する．^{14}Cの半分が5370年で壊変し，残った半分のうちの半分が次の5370年で壊変し，それが続いていく

(d) 化石を見つけ，^{14}Cと^{12}Cとの比率を測定する．測定値から，化石生物が死んでから半減期何回分の時間がたったかを計算する．たとえば，^{14}Cと^{12}Cの比率が生きている個体の比率の8分の1であるならば，このオウムガイは3半減期前，すなわち16,110年前に死んだこととなる

図11・10　放射性同位体による年代測定．(a) 半減期．放射性同位体の原子が壊変して半分の量になるのにかかる時間．(b)〜(d) 炭素14 (^{14}C) による年代測定の例．^{14}Cは大気中でつくられ続けるが，放射性壊変によって^{14}Nになることで相殺され，大気中の^{14}Cと^{12}Cの比は常に一定に保たれている．これら二つの炭素の同位体は酸素と結合し二酸化炭素となり，それが光合成を通して食物網の中へと入る．

同位体になることを繰返し，最終的に鉛206になる．ウラン238が鉛206になる半減期は45億年である．

　放射性壊変の速度が厳密に一定であることを用いて，火山岩の年齢，すなわちその岩が固化したのがいつか，を知ることができる．これは**放射性同位体による年代測定法**（radiometric dating）とよばれる．これまで知られている最も古い陸上の岩石は，オーストラリア産の小さいジルコンの結晶で，44億400万年前のものである．

(a) 3000万年前の*Elomeryx*の化石．この小さな陸生哺乳類は，現生のカバ，ブタ，シカ，ヒツジ，ウシ，クジラへとつながる系統と同じ偶蹄類の仲間であった

(b) 4700万年前の古代のクジラ*Rodhocetus kasrani*．その特徴的な距骨は，偶蹄類との緊密な進化上のつながりを示している．*Rodhocetus*の距骨（右下）と現在の偶蹄類であるプロングホーンの距骨（右上）とを比較せよ

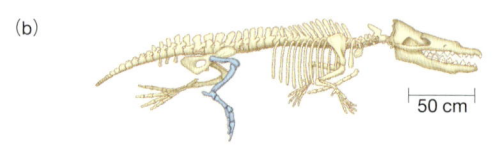

(c) 3700万年前の古代のクジラ*Dorudon atrox*．その距骨は偶蹄類の距骨に似ているが，巨大な体重を陸上で支えるには小さすぎるので，この哺乳類は完全に水生であったはずである

(d) マッコウクジラなどの現生の鯨類は後肢の名残はもつが，距骨はない

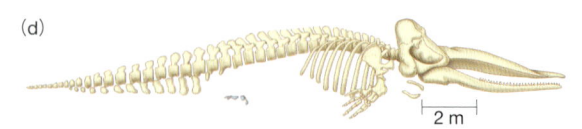

図11・11　古代の鯨類の系統における失われた環．鯨類の祖先はおそらく陸上を歩いていた．後肢の骨は青で示してある．

的な形態の発見は，科学者が化石の知見から進化の歴史をどのように組立てるのかを示す一例である．長いあいだ進化生物学者は，現生の鯨類の祖先は陸上を歩いており，その後，水中での生活を獲得したと考えてきた．鯨類がもつ頭蓋骨や下顎などの一連の顕著な形質を，ある種の古代の陸上の肉食動物と共有していたことなどが，この考えを支持する証拠とされた．DNA配列の比較によって，その古代の陸上の動物はおそらく**偶蹄類**（artiodactyl）であることがわかった（図11・11a）．偶蹄類とは，それぞれの肢に偶数（2または4個）のひづめ（蹄）をもっている哺乳類で，系統の現生の代表種は，カバ，ラクダ，ブタ，シカ，ヒツジ，ウシである．

最近までは，鯨類の系統の陸上生活から水中生活への移行を示すような骨格の特徴の段階的変化を示すような化石は見つかっていなかった．クジラのような頭蓋骨をもった古代の化石が見つかっていたため，研究者は中間的な形態があることはわかっていたが，完全な骨格がなく，推測の域を出なかった．

その後，2000年に失われた環の二つが見つけられた．それは古代のクジラの完全な骨格である．*Rodhocetus kasrani* の化石はパキスタンの4700万年前の岩の地層から，*Dorudon atrox* の化石はエジプトの3700万年前の古い砂岩から発掘された（図11・11b, c）．クジラのような頭蓋骨と無傷の距骨（後肢のかかとにある骨）が同じ骨格の中にあった．両種の化石の距骨は偶蹄類の絶滅種や現生種と共通する目立った特徴をもっていた．現生の鯨類は距骨の名残さえもっていない（図11・11d）．この中間的な距骨によって，*Rodhocetus* と *Dorudon* はおそらく，陸上生活から水中生活への移行をたどった古代の偶蹄類から現生の鯨類への系統から分かれた種であると考えられた．後肢，頭蓋骨，頸，胸の相対的な大きさは，*Rodhocetus* が尾ではなく肢で泳いでいたことを示している．体長5 m の *Dorudon* は，現生のクジラと同じように，完全な水中生活を送り，尾を使って泳いでいた．後肢全体の長さはわずか12 cmしかなく，水から出たときに体を支えるにはあまりにも小さい．

11・5 漂流する大陸

地球の表面は風，水，その他の自然の力によって削られ続けているが，それは，もっと大きな地質学的変化のほんの一部である．地球自身もまた劇的に変化している．たとえば，今日存在しているすべての大陸は，かつてはより大きな**パンゲア**（Pangea）超大陸の一部であり，それがいくつか断片に分割され，漂流して離ればなれになった．もともと**大陸移動説**（continental drift）とよばれたこの考えは1900年代の初めに提案された．この理論は，なぜ大西洋をはさんだ南米の海岸線とアフリカの海岸線がジグソーパズルのように"ぴったりはまる"ように見えるのか，なぜ大西洋の両岸の同一の堆積

図 11・12　プレートテクトニクス．地球の外側の岩石層の巨大な断片が，ゆっくりと漂って離れていき，そして衝突している．プレートが動くと，大陸が運ばれる．

❶ 海嶺では，地球の内部から湧き出た溶岩の巨大な上昇流がプレートを動かす．新しい地殻が表面にできると外側へと広がり，隣接するプレートを，海嶺から離し別のところにある海溝へ向けて押しやる

❷ 海溝では，前進する1枚のプレートの端が隣接するプレートの下に潜り込んで，それを曲げる

❸ 断層はプレートどうしの境界にある地殻のずれである．図ではプレートが離れていくところにできる地溝リフトの断層を示している．左の航空写真は，米国カリフォルニア州にある1300 kmにわたるサンアンドレアス断層の，およそ4.2 kmの部分を撮影したものである．この断層は，互いに反対方向にすべっている2枚のプレートの間の境界である

❹ 溶岩の上昇流がプレートを突き抜けているところは"ホットスポット"とよばれている．ハワイ諸島は太平洋プレートのホットスポットから噴出し続けている溶岩からつくられてきた

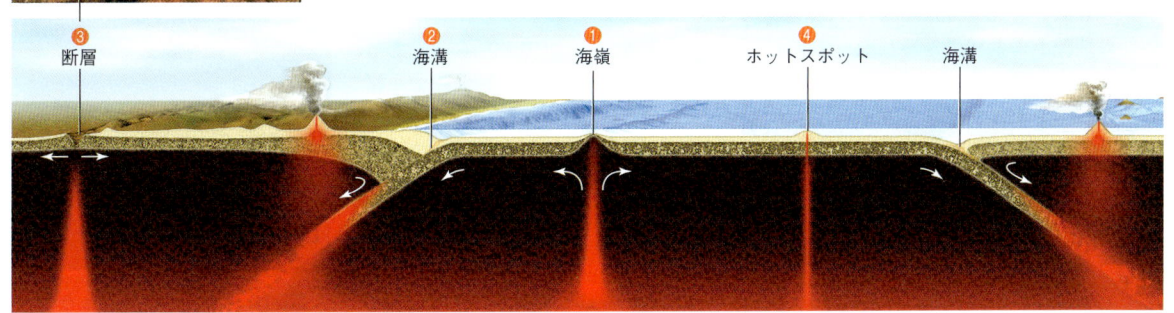

岩に同じタイプの化石があるのか，などのたくさんの観察された事実に符合しており，これ以上よい説明は見あたらない．この理論はまた，巨大な岩石層の磁極が異なる大陸では異なる方向に向いていることも説明できる．地球表層で溶岩が固化して岩石がつくられるとき，ある種の鉄をたくさん含む鉱物は固化すると磁力をもつようになるが，その磁極はそのときの地球の極の方向に整列する．もし大陸が全く動かなかったとすると，これらの大昔の岩の磁極はすべてコンパスの磁針のように南北を向いて整列するはずである．ところが実際には，岩石層の磁極は，整列はしているが，その方向が南北ではなく，さまざまな方向を指している．地球の磁極が南北軸から劇的に向きを変えたか，大陸がさまよい動いたかのどちらかである．

　当初は，どのようにして大陸が移動するのかを説明できる地質学的メカニズムが全くわからなかったため，ほとんどの科学者が大陸移動説に懐疑的であった．そのメカニズムがわかってきたのは1950年代の終わりごろで，深海探査によって，海底はそれまで思われていたように静的ではなく，特徴がないわけでもないことがわかった．海底には，数千キロメートルにもわたって大きな海嶺が横切っている（図11・12）．海嶺から噴き出した溶岩は，両方向へ古い海底を押し広げ❶，冷えて固まり新しい海底となる．別の場所では，古い海底が深い海溝へと沈んでいく❷．これらの発見は大陸移動をひき起こしうるメカニズムがあることを示し，**プレートテクトニクス**（plate tectonics）とよばれるようになった．地球の外側表面にある比較的薄い岩石の層は，ひびの入った大きな卵の殻のように，巨大ないくつかのプレートに割れている．溶岩はプレートの片方の端にある海の中の海嶺や大陸上の地溝から流れ出て，反対の端にある海溝へと沈む．プレートは巨大なコンベヤーのベルトのように，その上に乗っている大陸を新しい場所へと運ぶ．その動きは，1年に10 cmほどで，ヒトの足の爪が伸びる速さの半分の速さであるが，それでも4000万年ほどあれば，大陸を世界中へ運ぶのに十分な速さである（図11・13）．

　大陸移動の証拠はわれわれの身近にある．断層❸やその他の地球上の景観にみられるさまざまな地質学的特徴のなかに見いだされる．たとえば，連続した火山列島は，プレートが海底のホットスポットを横切っていくことによって形成される．ホットスポットは地球の奥深くから溶岩が細く吹き出している場所であり，プレートを突き抜けている❹．

　化石記録もプレートテクトニクスを支持する証拠を示している．アフリカ大陸には非常にめずらしい地層が帯状に横切っている．この地層にある一連の岩石の層は非常に複雑で，それが何度も形成されるということは到底ありそうにない．それにもかかわらず，同じ構造が，巨大な帯状に生じており，インド，南米，アフリカ，マダガスカル，オーストラリア，南極にまで広がっている．この広い分布について最もよい説明は，ある一つの大陸でこの地層が堆積し，のちに離ればなれになったという説明である．この説明はこれらの岩石層で見つかる化石によっても支持される．ソテツシダ（グロッソプテリス *Glossopteris*, 図11・8c参照）の種子は重いため海には浮かず大洋を越えて風に飛ばされることもない．また，初期の爬虫類（リストロサウルス *Lystrosaurus*）の体は大陸の間を泳いで渡るようにはできていない．

　グロッソプテリスは2億5100万年前の大量絶滅で絶滅し，リストロサウルスはその600万年後に絶滅した．どちらもパンゲアが形成される何百万年も前に絶滅していた．このことや他の証拠は，これらの生物がパンゲアよりも前にあった別の超大陸で一緒に進化したことを示唆している．この，より古い**ゴンドワナ**（Gondwana）超大陸は，現在の南半球にある陸地のほとんど

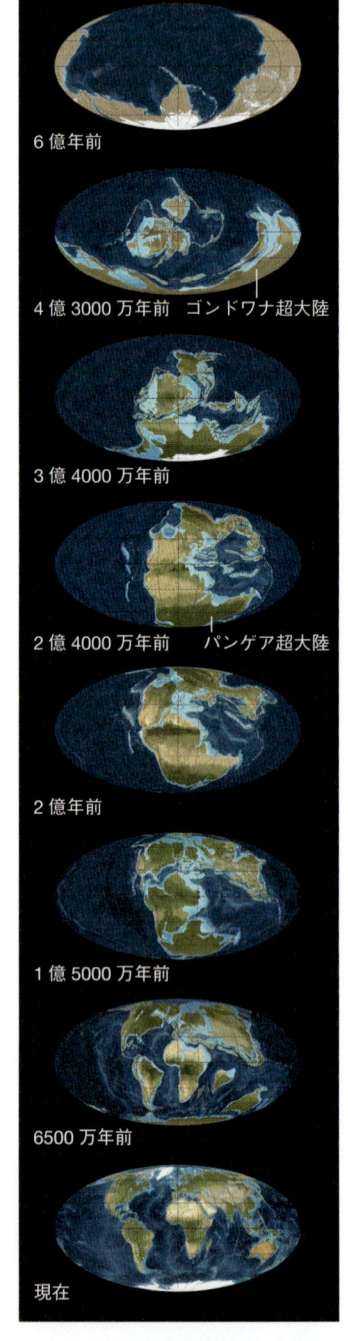

6億年前

4億3000万年前　ゴンドワナ超大陸

3億4000万年前

2億4000万年前　パンゲア超大陸

2億年前

1億5000万年前

6500万年前

現在

図11・13　大陸移動のようす

とインドやアラビア半島を含んでいた．図11・2に示した走鳥類を含む多くの現生の種は，かつてゴンドワナの一部となっていた場所だけに住んでいる．ゴンドワナは5億年前に形成されたあと南極を横切り，それから北へ移動して，2億7000万年前に他の大陸と合体してパンゲアを形成した．

45億5000万年前に地球の外層で岩石が固まって以来，単一の超大陸の形成とその後の分裂が，少なくとも5回繰返された．それによって生じた変化は，生物の進化の道のりに深い影響を及ぼした．大陸の気候は，地球上での大陸の位置によって，しばしばとても劇的に変わった．大陸の衝突は，海に生息している生物を物理的に切り離し，離れた大陸に生息していた陸上の生物を同じ場所にひきあわせた．大陸の分裂は，陸上に生息している生物を離ればなれにし，離れた海に生息している生物をひきあわせる．そのような変化が進化をひき起こす大きな力となることを，次の章でみていくこととしよう．

時間について考える

放射性同位体による年代測定と化石によって，世界中の堆積岩の地層が同じような順序で並んでいるのがわかる（図11・14）．**地質年代表**（geologic time scale），すなわち地球の歴史の年表には，地層が移り変わることによってわかる長い時間ごとの境界がある．それぞれの地層には，その地層が堆積した期間にいた生物についての手掛かりがある．地層中の化石はそれぞれの時代の生命の記録である．

11・6 形態や機能からの証拠

生物学者にとって，進化とは系統に生じる変化を意味することを思い出しておこう．生物学者は，はるか昔に起こった進化の出来事をどのように復元するのだろうか．進化生物学者は探偵に似ており，手掛かりを組合わせることにより実際に見たことがない歴史を明らかにする．化石は手掛かりを与えてくれる．ほかにも，現生生物の体の形や機能の中にも手掛かりは隠れている．

形態学的分岐

多くの場合，進化上の関係を明らかにするために比較形態学が用いられる．異なる系統がもっている，共通祖先から進化した似たような体の部分は**相同な**（homologous）構造とよばれる．そのような構造は，異なる動物群で異なる目的に使われているかもしれないが，同じ遺伝子がその構造の発生を支配している．

別の系統で外見上大きく異なるように見える体の部位でも，基本的な形態においては相同であることがある．たとえば，脊椎動物の前肢は，大きさや形，機能が動物群によって異なっているが，それぞれの骨の構成や位置関係や，神経，血管，筋肉の配置ははっきりと似ている．

互いに交配しない個体群は遺伝的に分岐する傾向にある．そして，やがて，遺伝的な分岐から体の形に変化が生じる．共通祖先からの体形の変化は，**形態学的分岐**（morphological divergence）とよばれ，進化のパターンの一つである．化石記録は多くの陸生脊椎動物が5本指の肢をもち地面の上に低くしゃがんでいた"初期爬虫類"を祖先としていることを示している．この祖先からの子孫が数百万年の間に多様化して，現生の爬虫類，鳥類，哺乳類となった．陸上を歩くのに適応した系統のなかには再び海の生活に戻ったものもある．この間，5本指の肢は多数の異なる目的に適応した（図11・15）．翼竜とよばれる絶滅した爬虫類，コウモリ，大半の鳥類では，飛行に適するように変形した．ペンギンとネズミイルカの肢は，泳ぐのに役立つ足ひれとなっている．ヒトでは，前肢は腕と手になり，5本指は4本の指とそれと向かい合う1本の親指となった．ゾウの肢は強くて柱状であり，非常に重い体を支えることができる．ヘビの肢は退化して全くなくなってしまい，ニシキヘビやボアでわずかな痕跡が残るのみである．

形態学的収斂

異なる種で似たように見える体の部位が必ずしも相同というわけではない．時に，独立した系統で別々に進化し，環境から同じ圧力を受けることによって生じることがある．異なる系統に似たような体の部位が独立して進化することを**形態学的収斂**（morphological convergence）という．形態学的収斂の結果生じた類似の構造は**相似な**（analogous）構造とよばれる．相似な構造は似たように見えるが，共通祖先で進化した形質ではなく，系統が分岐した後にそれぞれ独立に進化したのである．

たとえば，鳥類やコウモリや昆虫類の"翼"はみな，飛行という同じ機能のためにある．しかし，いくつかの証拠が，これらの翼は相同ではないことを示している．鳥類とコウモリでは肢自体は相同であるが，その肢をどのように飛行に使えるようにしているかは異なっている．コウモリの翼（翼肢）は皮膚が薄く膜状に伸びたものであるのに対して，鳥類の翼は皮膚に由来する特殊な構造である羽毛に覆われている．昆虫類の翼（翅）はさらに大きく異なっている．昆虫類の翼は体壁が袋状に広

11. 進化の証拠

累代	代	紀	世	年代*(mya)	おもな地質学上および生物学上の出来事
顕生代	新生代	第四紀	完新世	0.01	現生人類が進化．大量絶滅が現在進行中
			更新世	2.58	
		新第三紀	鮮新世	5.33	熱帯，亜熱帯が極方向へ広がる．気候は寒冷化し，乾燥した森林地帯，草原地帯が出現．哺乳類，昆虫類，鳥類の適応放散
			中新世	23.0	
		古第三紀	漸新世	33.9	
			始新世	55.8	
			暁新世	65.5	◀大量絶滅．小惑星の衝撃によって生じたと考えられ，すべての恐竜類と多くの海生生物が絶滅
	中世代	白亜紀	後期	99.6	とても暖かい気候．恐竜類が優占し続ける．現在の主要な昆虫類(ミツバチ類，チョウ類，シロアリ類，アリ類，およびアブラムシ類，バッタ類などの植食昆虫類)の出現．被子植物が生じ，陸上で優占的な植物となる
			前期	145.5	
		ジュラ紀		199.6	恐竜類の時代．裸子植物とシダ類が繁栄し，青々とした植生となる．鳥類の出現．パンゲア超大陸の分裂
					◀大量絶滅
		三畳紀		251	ペルム紀末の大量絶滅からの回復．カメ類，恐竜類，翼竜類，哺乳類など新しい動物群の出現
					◀大量絶滅
	古生代	ペルム紀		299	パンゲア超大陸がつくられる．針葉樹の適応放散．ソテツ類やイチョウ類の出現．比較的乾燥した気候で，干ばつに適応した裸子植物や甲虫類やハエ類などの昆虫類が現れる
		石炭紀		359	大気中の酸素濃度が高くなり，巨大な節足動物が出現．胞子をつくる植物が優占する．大型のヒカゲノカズラ類の時代で，巨大な石炭の森がつくられた．両生類に耳が進化し，初期の爬虫類に陰茎が進化(膣は後になって哺乳類にのみ進化)
					◀大量絶滅
		デボン紀		416	陸生の四肢動物の出現．植物の爆発的な多様化によって，樹木や森林が生じ，ヒカゲノカズラ類や複雑な葉をもったシダ類，種子植物が出現
		シルル紀		443	海生無脊椎動物の放散．陸生真菌類，維管束植物，硬骨魚類，および，おそらく陸上動物(多足類，クモ類)の最初の出現
					◀大量絶滅
		オルドビス紀		488	多くの生物が出現した時代．最初の陸上植物，魚類，造礁サンゴ類が出現．ゴンドワナ超大陸は南極に向かって移動し，寒冷になる
		カンブリア紀		542	地球が解凍する．動物多様性の爆発．主要な動物群の大半が海で出現．三葉虫類と有殻の生物の進化
原生代				2500	大気中への酸素の蓄積．酸素を使う代謝の起原．真核細胞の起原．その後原生生物，真菌類，植物，動物が生じる．7億5千万〜6億年前の地球氷河期には地球はほとんど凍っていた
始生代およびそれ以前					38〜25億年前　細菌，アーキアの起原
					46〜38億年前　地殻の起原，最初の大気，最初の海．化学的分子が進化することによる生物の起原(原始細胞から嫌気性細胞へ)

(a) 地層中の岩石を研究することによって，生命の歴史に生じた出来事を復元することができる．図中の青い三角形は大量絶滅が起こったときを示す．"出現"とは，化石の記録が初めて現れたことを示し，必ずしもその生物が地球上に初めて現れたことを示すわけではない．以前に見つかっていた化石よりも著しく古い化石が新たに見つかることはよくあることである．
＊ myaという単位は百万年前のこと．年代は2010 International Commission on Stratigraphyに基づく．

図 11・14　グランドキャニオンの堆積岩層(右ページ)と地質年代表．地層の移り変わりによって，地球の歴史に大きな区切りがあることがわかる．

がってできたものである．それぞれ異なる飛行に対する独自の適応は，鳥類とコウモリと昆虫類の翼が相似構造であること，すなわちこれらのグループの祖先が分岐した後に進化した構造であることの証拠なのである(図11・16)．

形態学的収斂のもう一つの例を見てみよう．アメリカ大陸のサボテンとアフリカ大陸のトウダイグサ(図11・3参照)の類似した外部構造は，雨がほとんど降らない厳しい砂漠環境への適応である．アコーディオンのような独特な襞状の構造によって，雨が降ると体を膨らませ

11・6 形態や機能からの証拠

ペルム紀
- カイバブ石灰岩
- トロウィープ層
- ココニノ砂岩
- ハーミット頁岩

石炭紀
- エスプラネード砂岩
- ウェスコゲイム層
- マナケイチャ層
- ワタホムジ層
- レッドウォール石灰岩
- テンプル・ビュート層

カンブリア紀
- ムアヴ石灰岩
- ブライト・エンジェル頁岩
- テーピーツ砂岩

原生代
- チュアー層群*
- ナンコウェブ層*
- アンカー層群*
- ヴィシュヌ基盤岩*

(b) 各層は特徴的な化石組成をもち,その地層が堆積した間に起こった出来事を表している.たとえば,カリフォルニア州からモンタナ州まで延びているココニノ砂岩の地層は,おもに,かなり風化した砂からできている.そこから見つかる化石は,リップルマークと爬虫類の這い跡だけである.多くの研究者は,この地層は今日のサハラ砂漠のような巨大な砂漠が残されたものと考えている.
＊印はこの写真では見えない地層を示す.

図 11・14(つづき)

て水をたくわえられる.組織にたくわえた水で,長い乾期を生き延びることができる.たくわえた水を使ってしまうと体は縮み,折りたたまれた襞は体の表面に陰をつくる.しかし,このような類似点にもかかわらず,詳しく観察すれば,これら二つのタイプの植物が類縁ではないことを示す多くの違いが見つかる.たとえば,サボテンの棘は葉が変化した単純な繊維状の構造で,体表面のくぼみから生じている.トウダイグサの棘は体の表面からなめらかに突き出ており,葉が変化したものではなく,多くの種では乾燥した花茎(flower stalk)である.

11. 進化の証拠

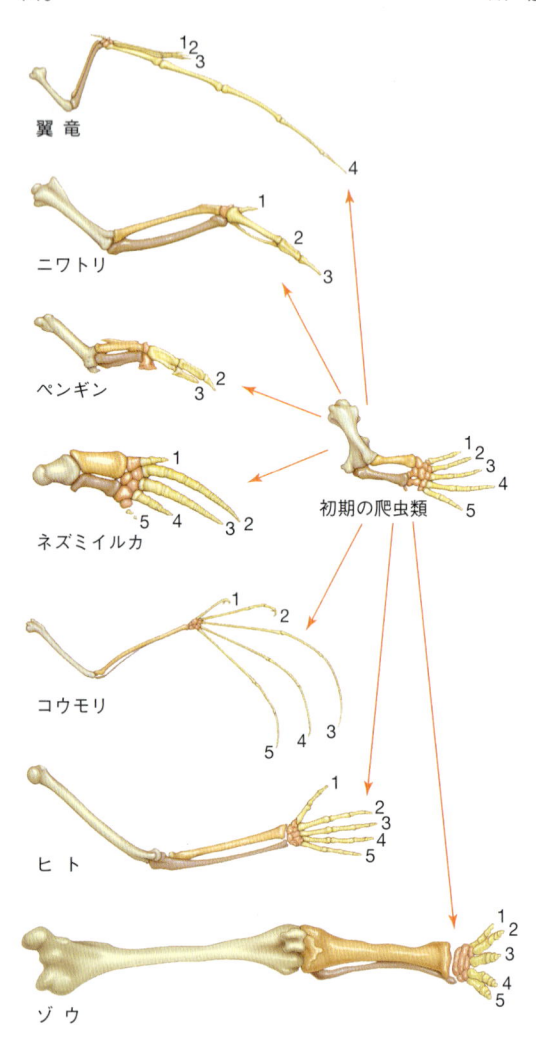

図 11・15 初期爬虫類からの脊椎動物の前肢の形態学的分岐. 多様な形が進化しても骨の数や位置はほとんど変わっていない. 一部の骨はいくつかの系統でしだいに失われていった(1〜5の番号で比較せよ). 図は必ずしも同じ縮尺ではないので注意.

翼竜
ニワトリ
ペンギン
ネズミイルカ
初期の爬虫類
コウモリ
ヒト
ゾウ

発生パターンの類似

多くの脊椎動物の胚は似たような道筋で発生する. たとえば, すべての脊椎動物は四つの肢の原基, 尾, 一連の体節 (背骨とそれに付随する皮膚や筋肉を生じるような体の単位) を備えた段階を経る (図11・17a). このような類似性は, 異なる系統でも, 同一のマスター遺伝子が発生を指揮しているために起こる. マスター遺伝子に突然変異が起こると発生が全く進まなくなるため, そのような遺伝子は強く保存される傾向がある. 強く保存された遺伝子は, はるか昔に分岐した系統の間でさえ, それぞれが進化した間, ほとんどまたは全く変化しなかった.

もし, すべての脊椎動物の系統で同じ遺伝子が発生を支配しているとしたら, どのように成体の形にこれほどの違いが生じたのであろうか. その答の一部は, 発生の初期段階の開始, 速度, 完了の違いである. これらの違いは, マスター遺伝子の発現パターンの変異によってもたらされる. ホメオティック遺伝子の発現がどのように体の特定の部分のアイデンティティーを決定するかについて考えてみよう. *Hox* とよばれているホメオティック遺伝子はクラスターを形成して働いている. §7・7で紹

図 11・16 形態学的収斂. 昆虫類の翅(左), コウモリの翼(中), 鳥類の翼肢(右)の飛行面は相似な構造である. 翼は, コウモリ, 鳥類, 昆虫類へ至る三つの別の系統で独立に進化した(赤い点で示す). 系統樹の見方については, §12・7参照.

昆虫類　コウモリ　ヒト　ワニ　鳥類
翼　　　翼　　　　　　　　翼
5本指の肢

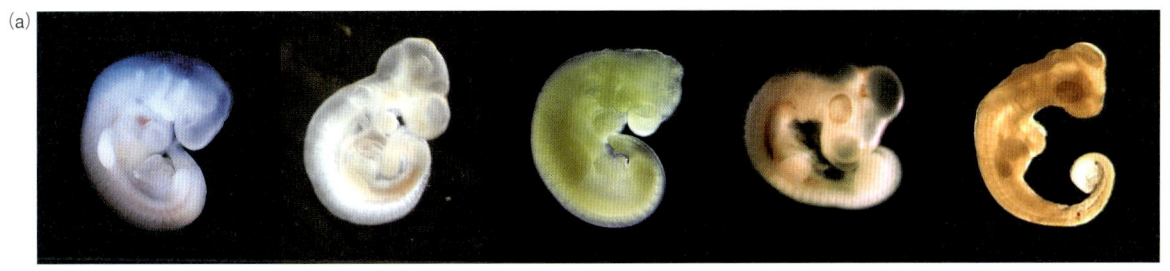

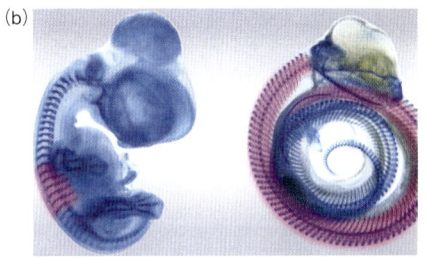

図 11・17　比較発生．(a) 脊椎動物の胚の比較．すべての脊椎動物は胚発生で4個の肢の原基，尾，体節をもった段階を経て成長する．左から順に，ヒト，マウス，コウモリ，ニワトリ，ワニ．(b) マスター遺伝子の発現の違いと体の形．ニワトリ(左)とヘビ(右)の胚で $Hoxc6$ 遺伝子が発現している部分が，紫色の染色で示されている．この遺伝子が発現すると，胴部では脊椎から肋骨が発生する．ニワトリは胴部に7個，頸部に14～17個の脊椎骨をもち，ヘビは胴部に450個以上の脊椎骨をもち，実質的に頸部はない．

介した Hox 遺伝子の一つである $Antennapedia$ は昆虫などの節足動物で胸部（肢がある部分）のアイデンティティーを決定する．脊椎動物で $Antennapedia$ に相同な遺伝子は $Hoxc6$ とよばれており，体の前後軸において頸部や尾部に対して胴部のアイデンティティーを決定する．$Hoxc6$ が発現すると椎骨から肋骨が発生する（図11・17b）．頸部や尾部では $Hoxc6$ が発現せず，そのため肋骨がない．

生化学的類似性

遺伝子の塩基配列やタンパク質のアミノ酸配列の類似は進化における関係性を示す証拠となる．しばしば，これらの比較は形態的な比較と結びつけて使われる．

避けることができない突然変異によって，時間とともにDNAの塩基配列が変わっていく．大部分の突然変異は中立である．中立突然変異は個体の生存や繁殖に影響を及ぼさないので，ある一定の割合でたまると仮定することができる．たとえば，タンパク質をコードする領域において，1塩基の置換によってコドンがAAAからAAGに変わったとしても，どちらのコドンもリシンを指定するので，産生されるタンパク質にはおそらく影響を及ぼさないであろう（§7・4）．アミノ酸配列は変えるが，つくられるタンパク質の機能は変えないような中立突然変異もある．

突然変異は一つの系統のDNAを他のすべての系統とは独立に変化させる．二つの系統がより最近に分かれたならば，それぞれの系統のDNAに独自の中立突然変異がたまっていくための時間がより短いことになる．そのため，ゲノムは近縁な種間のほうが遠縁の種間よりも似ている傾向がある．この一般則は分岐後の相対的な時間を推定するために使うことができる．

核，ミトコンドリア，葉緑体のDNAが塩基配列の比較に使われる．ミトコンドリアDNAは有性生殖をする一つの動物種の個体間の比較にも用いることができる．ミトコンドリアは片親，通常は母親からそのまま受け継ぎ，ミトコンドリア自体のDNAをもっている．母系で近縁な個体間のミトコンドリアDNAの差異は突然変異によるものであり，受精の時に生じる遺伝子の組換えにはよらない．

タンパク質の20のアミノ酸に対してDNAでは四つ

```
ミツスイ       ...CRDVQFGWLIRNLHANGASFFFICIYLHIGRGIYYGSYLNK--ETWNIGVILLLTLMATAFVGYVLPWGQMSFWG...
ウタスズメ      ...CRDVQFGWLIRNLHANGASFFFICIYLHIGRGIYYGSYLNK--ETWNVGIILLALMATAFVGYVLPWGQMSFWG...
ゴーフフィンチ   ...CRDVQFGWLIRNLHANGASFFFICIYLHIGRGLYYGSYLYK--ETWNIGVLLLTLMATAFVGYVLPWGQMSFWG...
シカシロアシマウス ...CRDVNYGWLIRYMHANGASMFFICLFLHVGRGMYYGSYTFT--ETWNIGIVLLFAVMATAFMGYVLPWGQMSFWG...
ツキノワグマ    ...CRDVHYGWIIRYMHANGASMFFICLFMHVGRGLYYGSYLLS--ETWNIGIILLFTVMATAFMGYVLPWGQMSFWG...
ボーグ(タイ科魚類) ...CRDVNYGWIIRNLHANGASWFFFICLFIHIGRGLYYGSYLKS--ETWNIGVVLLLVMGTAFVGYVLPWGQMSFWG...
ヒ　　ト       ...TRDVNYGWIIRYLHANGASMFFICLFLHIGRGLYYGSFLYS--ETWNIGIILLATMATAFMGYVLPWGQMSFWG...
シロイヌナズナ   ...MRDVEGGWLLRYMHANGASMFLIVVYLHIFRGLYHASYSSSPREFVWCLGVVIFLLMIVTAFIGYVLPWGQMSFWG...
ヒヒのシラミ    ...ETDVMNGWMVRSIHANGASWFFIMLYSHIFRGLWVSSFTQP--LVWLSGVIILFLSMATAFLGYVLPWGQMSFWG...
パン酵母       ...MRDVHNGYILRYLHANGASFFFMVMFMHMAKGLYYGSYRSPRVTLWNVGVIIFTLTIATAFLGYCCVYGQMSHWG...
```

図 11・18　ミトコンドリアのシトクロム b のアミノ酸配列の一部．このタンパク質は，ミトコンドリアの電子伝達系の重要な構成要素である．アミノ酸を示す一文字の省略記号については図7・5(§7・4)参照．ミツスイは10種で配列が同じであった．ミツスイのものと異なるアミノ酸は赤字で表示した．対応するアミノ酸のない箇所（ギャップ）はダッシュで示されている．

の塩基だけなので，統計的には偶然による一致がアミノ酸配列よりDNA配列のほうに起こりやすい．そのため，DNAを比較して役に立つ情報を得るためにはタンパク質を比較するよりも多くのデータをとらなければならない（図11・18）．しかし，DNA配列の解読は非常に速くできるようになったため，大量のデータで比較できるようになっている．そのような大量のデータによるゲノム研究によって，たとえば，酵母菌遺伝子の約30％，線虫遺伝子の40％，ショウジョウバエ遺伝子の50％，がヒトのゲノムにもあることを示している．

11・7 遠い過去の現れ 再考

K-T境界層は白亜紀と第三紀の間の地層である．K-T境界層には，地球の表層にはほとんどないが小惑星ではごくふつうの元素であるイリジウムがとても豊富にある．イリジウムを見つけてからは，研究者らは地球全体をその破片で覆いつくすのに十分なくらい大きい小惑星が衝突した証拠を探し求めた．そして，ユカタン半島のクレーターを見つけた．それはとてつもなく巨大で，それまで誰もそれがクレーターであることに気づかなかった．K-T境界層はまた衝撃変成石英やテクタイトとよばれる小さなガラス球のような岩石も含んでいる．それぞれ，石英または砂粒が突然激しく極度の圧力がかかったときに形成される岩石である．衝撃変成石英やテクタイトをつくることができる力は，地球上では原子爆弾の爆発と隕石の衝突だけである．

まとめ

11・1 過去の自然現象は，現在働いているのと同じ，物理学的，化学的，生物学的な過程によって説明できる．6550万年前の大量絶滅は小惑星の衝突によってひき起こされたのかもしれない．

11・2 19世紀までの探検調査によって，自然に関する詳細な観察データが次つぎともたらされた．地質学，生物地理学，比較形態学，化石によって，自然に関する新しい考え方が芽生えてきた．

11・3 その時々で広く信じられている考え方が，自然の出来事の根本的な成因の解釈に影響を与えることがある．19世紀の博物学者は，伝統的な信仰の体系を，長い時間をかけての系統の変化すなわち進化の物理的な証拠と和解させようとしていた．

人間が行う人為選択，すなわち選択的な繁殖によって，動物の望ましい形質を選んで残すことができる．同じように，環境が形質を選択することに関する理論をダーウィンとウォレスは独自に見いだした．個体群は，環境資源を使い果たしてしまうまで成長する傾向にある．そのとき，個体群の個体間では資源を巡る競争が激しくなる．資源を巡る競争でより有利になるような遺伝的形質を共有している個体は，より多くの子孫を残す傾向がある．このようにして，個体の適応度を高くする適応的形質（適応）は，世代を経るうちに個体群の中に広まっていく．個体群の個体間で生存や繁殖が異なるように環境から圧力がかかることを自然選択という．自然選択は進化をひき起こす要因の一つである．

11・4 化石は積み重なった堆積岩地層の中に見つかることが多く，より新しい化石はより最近に堆積した地層にある．化石は常に不完全なものである．岩石や化石ができた年代を決定するのに放射性同位体の半減期が使われる．堆積岩の地層ができた年代は，その上下にある火山岩の年代を決めることによって推定できる．

11・5 プレートテクトニクス理論によれば，地球の地殻は巨大なプレートに分割されており，プレートが動くことにより大陸が移動する．大陸は周期的に集まり，ゴンドワナ，パンゲアといった超大陸をつくってきた．地球の歴史の年表である地質年代表では大きな間隔ごとに境界線があり，そこでは，地質学的または進化の出来事と関係して化石記録が変化している．

11・6 比較形態学によって系統間の進化における関連性の証拠が得られる．相同な構造とは形態学的分岐によって異なる系統で違うように変化した類似の体の部位である．そのような部位は共通祖先をもつ証拠となる．相似な構造とは異なる系統で類似する体の部位であるが，共通祖先から進化した構造ではない．その構造は，形態学的収斂によって，系統が分岐した後，それぞれ別べつに進化した．

核酸やタンパク質の配列を比較することによって進化上の関係を発見したり明らかにしたりすることができる．大昔に分岐した系統と比べて最近分岐した系統では，配列の多くを共有している．発生を支配するマスター遺伝子は強く保存される傾向にあるため，胚発生のパターンの類似性は進化的に古い祖先を共有していることを示している．

試してみよう（解答は巻末）

1. 進化は＿＿＿
   a. 自然選択である
   b. 系統に生じる遺伝的変化である
   c. 自然選択によって起こる
   d. bとc

2. ある放射性同位体の半減期が2万年とすると，この放射性同位体の3/4が壊変するには＿＿＿
   a. 15,000年かかる　　b. 26,667年かかる
   c. 30,000年かかる　　d. 40,000年かかる

3. パンゲア超大陸とゴンドワナ超大陸とではどちらが先にできたか.
4. 白亜紀は____年前に終わった.
5. ____を通して，祖先の体の一部分が，異なる子孫の系統で異なる形に変わっていく.
   a. 相似な構造　　b. 相同な構造
   c. 形態学的収斂　d. 形態学的分岐
6. 生物の大きなグループ間での相同な構造は____が異なることがある.
   a. 大きさ　b. 形　c. 機能　d. a～cのすべて
7. 胚が発生する際に働くプログラムの各段階を変えることによって，____に生じた突然変異が，類縁の系統間の大きな体形の違いをもたらす.
   a. 派生形質　　　b. ホメオティック遺伝子
   c. 相同な構造　　d. a～cのすべて
8. 次のうち祖先を共有している証拠として使えないものはどれか.
   a. アミノ酸配列
   b. DNAの塩基配列
   c. 化石の形態
   d. 胚発生
   e. 収斂によって生じた形態
   f. a～eはすべて証拠となる
9. 左側の用語の説明として最も適当なものをa～jから選び，記号で答えよ.

   ____ 適応度　　　　a. 適応度に影響しない
   ____ 化石　　　　　b. 地質学的な変化は連続して起こる
   ____ 自然選択　　　
   ____ 半減期　　　　c. 地質学的な変化は，突然の大きな出来事で起こる
   ____ 天変地異説　　
   ____ 斉一性　　　　d. 化石を見つけるのに適している
   ____ 相似な構造　　e. 適応度の高い個体が生き残る
   ____ 堆積岩　　　　f. 放射性同位体に特徴的である
   ____ 相同な構造　　g. 昆虫類の翅と鳥類の翼
   ____ 中立突然変異　h. ヒトの腕と鳥類の翼
   　　　　　　　　　　i. 過去の生物の証拠
   　　　　　　　　　　j. 将来の世代に対する相対的な遺伝的貢献度で測られる

12 進化の過程

12・1 スーパーネズミの登場
12・2 突然変異と対立遺伝子
12・3 自然選択の様式
12・4 多様性に影響を与える要因
12・5 種分化
12・6 大進化
12・7 系統発生
12・8 スーパーネズミの登場 再考

12・1 スーパーネズミの登場

哺乳類のなかで最も悪名高い有害動物であるネズミ *Rattus* は，人類の歴史のなかに見え隠れしてきた．ネズミはゴミにあふれ野生の捕食者がいない都会で繁栄している．ネズミが成功した理由の一つは，とても速く増殖する能力である．ネズミの個体群は，数週間でその場にあるゴミを食べ尽くしてしまう数に増えることができる．

困ったことに，ネズミはペストやチフスなどの伝染病をひき起こす病原体や寄生虫をもっている．また，総食料生産量の20～30%を食べるか排泄物で汚してだめにしてしまう．

長年人間は，いろいろな方法でネズミに対抗してきた．1950年代には，血液の凝固を阻害する有機化合物であるワルファリン (warfarin) を混ぜた餌がよく使われていた．毒入りの餌を食べたネズミは，体内の出血や傷口からの出血で数日以内に死ぬ．ワルファリンは非常に効果的で，他の毒と比べて無害な動物に与える影響が小さかった．そのため，またたく間に有効な殺鼠剤になった．しかし，1980年までには，米国の都市部のネズミの約10%が，ワルファリンに対して耐性を示すようになった．いったい何が起こったのか．

ワルファリンが効くネズミと効かないネズミは一つの遺伝子の違いによる．ワルファリンが効かないネズミ個体群では，ほとんどの個体がその遺伝子にある決まった突然変異をもっているが，ワルファリンが効くネズミにはその突然変異はごくまれにしかない．その遺伝子がつくるのは，血液凝固因子を活性化するのに使われたビタミンKを再利用する働きをもつ酵素であり，ワルファリンはその酵素の働きを阻害する．突然変異によって，この酵素の活性が落ちて，ワルファリン感受性を失った．"起こったこと"は自然選択による進化だった．ワルファリンがネズミ個体群に圧力をかけたため，ワルファリン耐性の対立遺伝子が適応的となり，ネズミ個体群に変化が生じた．突然変異がない対立遺伝子をもつネズミは，ワルファリンを摂取すると死んでしまう．突然変異によって生じたワルファリン耐性の対立遺伝子をもっていた幸運なネズミは生き残り，ワルファリン耐性の対立遺伝子を子孫に残す．ネズミの個体群は急速に回復し，次世代のネズミの多くが，突然変異で生じた対立遺伝子をもつことになる．ワルファリンの圧力が高まるたびに，ネズミ個体群におけるワルファリン耐性対立遺伝子の頻度が増加した．

選択圧は変わりうるものであり，実際しばしば変わる．ワルファリン耐性がネズミ個体群に広まったとき，人々はワルファリンを使うのを止めた．すると，ワルファリン耐性対立遺伝子をもつネズミはもたないネズミほど繁殖力は強くないので，ネズミ個体群中のワルファリン耐性対立遺伝子の頻度は減少した．現在，ネズミによる病気の感染を抑える最良の方法は，別の種類の選択圧をかけることである．ネズミの食物，すなわちゴミを取除くことだ．そうすると，ネズミは共食いを始める．

12・2 突然変異と対立遺伝子

§1・2で述べたように，**個体群** (population) とはある地域に生息する同種の個体の集まりである．同じ個体群あるいは同じ種に属する個体は，同一の遺伝子をもっているため，形態的，生理的，行動的な形質を共有している．ほとんどすべての共有している形質は有性生殖を行う種の個体間で少しだけ異なっている．このような変異は，異なる個体が異なる組合わせの対立遺伝子をもつことによって生じる (§8・6, §8・7)．

表 12・1 種内の形質の変異をひき起こす遺伝的現象

遺伝的現象	効果
突然変異	新しい対立遺伝子の源
減数分裂Ⅰにおける乗換え	染色体に対立遺伝子の新しい組合わせを生じる
減数分裂Ⅰにおけるランダムな組合わせ	父方の染色体と母方の染色体を混ぜる
受精	両親からの対立遺伝子を組合わせる
染色体の数や構造の変化	構造や機能に急激な変化を起こす

いくつかの形質には異なる複数の型がある．二つの型だけがある形質は**二型**(dimorphism)とよばれる．メンデル(Gregor Mendel)が研究したエンドウの花の色は紫と白で，これは二型の形質の例である(§9・2)．この場合，はっきりした優劣関係にある二つの対立遺伝子が形質を支配しているため，花の色が二型となる．三つ以上の異なった型がある形質は**多型**(polymorphism)とよぶ．共優性の*ABO*対立遺伝子によって決定されるヒトの血液型がその例である(§9・4)．連続的に変化する形質を制御する遺伝的なしくみは，しばしばきわめて複雑である(§9・5)．そのような形質に影響を与える遺伝子は，複数の対立遺伝子をもつ．

これまでの章で，共有する形質の変異をひき起こす遺伝的な現象について学んできた(表12・1)．突然変異は新たな対立遺伝子を生む源である．他のいくつかの現象によって対立遺伝子のさまざまな組合わせがつくられる．ヒトの対立遺伝子では，10の116,446,000乗もの組合わせが可能である．それに対して，現在生きているヒトの数は，10の10乗にさえ達していない．したがって，もしあなたに一卵性双生児がいないとすれば，遺伝子があなたと正確に一致するヒトがかつて生存していた，もしくは，今後生存する可能性は全くないといってよい．

突然変異の進化的な見方

突然変異は新しい対立遺伝子の源であるので，ここでは個体群への影響という観点からもう一度見直しておこう．ある特定の遺伝子がいつどの個体で突然変異を起こすかを予測することはできない．しかし，種の平均突然変異率，すなわち一定期間内に1回の突然変異が起こる確率は予測することができる．ヒトでは1年で1塩基対につき2.2×10^{-9}回の突然変異が起こる．別の言い方をすれば，ヒトのゲノム全体では10年で70塩基対に突然変異が起こる．

多くの突然変異がひき起こす構造上，機能上，もしくは行動上の変化は，個体の生存や繁殖の可能性を減らす方向に働く．ほんの一つの生化学な変化でさえ破滅的なことがある．たとえば，繊維状のタンパク質であるコラーゲンは，皮膚，骨，腱，肺，血管などの脊椎動物の体の部分をつくる組織として，最も基本的な構成要素である．もしコラーゲンの遺伝子の一つに，このタンパク質の構造を変えるような突然変異が生じると，体全体が影響を受けるであろう．このような突然変異は表現型を徹底的に変えてしまい，結果的に死をもたらすので，**致死突然変異**(lethal mutation)とよばれている．

中立突然変異(neutral mutation)はDNAの塩基配列を変えるが，生存にも繁殖にも影響を与えない(§11・6)．ときには，以前は中立または少し有害でさえあった突然変異が，環境が変化することによって有利になることがある．ネズミのワルファリン耐性遺伝子はその一例である．ある有益な突然変異がほんのわずかな利点だけしかもたらさないとしても，その突然変異の個体群内での頻度は時間とともに増加する傾向にある．何世代にもわたって環境からの圧力を受けると，自然選択が働くことによって個体群内の適応的な形質の頻度が増加する(§11・3)．

何十億年もの間，突然変異がゲノムを変えてきた．そして，いまもまだ変化させている．突然変異が積み重なり，地球の驚異的な生物多様性をもたらした．そのことをよく考えてみよう．あなたがリンゴやミミズには似ていないし，隣人とさえも違っている理由は，異なる系統で生じた突然変異から始まったのである．

対立遺伝子頻度

ある個体群のすべての遺伝子のすべての対立遺伝子を合わせた遺伝資源の集合体を**遺伝子プール**(gene pool)という．同一の個体群の個体間よりも，異なる個体群の個体間のほうが繁殖の機会が少ないため，それぞれの個体群の遺伝子プールは多かれ少なかれ分離している．ある個体群における特定の対立遺伝子の量のことを**対立遺伝子頻度**(allele frequency)という．個体群(または種)の遺伝子プールにおける対立遺伝子頻度の変化は**小進化**(microevolution)とよばれる．

遺伝的平衡(genetic equilibrium)は一つの理論的な状態で，個体群の対立遺伝子頻度が変化しない(すなわち個体群が進化していない)ときに起こる．遺伝的平衡は，次の五つの条件のすべてがみたされるときにのみ生じる．

1. 突然変異が全く起こらない．
2. 個体群の大きさが無限大である．

3. 個体群が同一種の他の個体群から隔離されている.
4. 交配が任意に行われる.
5. すべての個体が生き残り,同じ数の子孫を残す.

容易に想像できるように,自然界ではこれら五つの条件がすべてみたされることはないので,自然の個体群は決して平衡になることはない.

次の節で解説する突然変異,自然選択,遺伝的浮動などの小進化をひき起こすプロセスが常に生じているため,自然個体群では常に小進化が起きている.ここで忘れてはいけないのは,たとえ進化に何らかのパターンを認めることができたとしても,それらはいずれも目的があるわけではない.進化は単に可能性がある隙き間を埋めていくだけである.

12・3 自然選択の様式

自然選択は,遺伝によって子孫へと伝えられていく表現型を操作することにより,個体群内の対立遺伝子頻度に影響を与える.表現型がどのような影響を受けるかは,種とその種が生息する環境からの選択圧とに依存する.

方向性選択

方向性選択(directional selection)が働くと,変異の幅の一方の端の表現型が,時間がたつにつれてより一般的になっていく(図12・1).次に述べる例は,野外での観察が方向性選択の証拠となった例である.

オオシモフリエダシャクというガは世界の温帯域に分布している昆虫である.このガは夜に摂食や繁殖を行い,日中は木の上で動かずじっとしている.オオシモフリエダシャクの色彩はある一つの遺伝子で決められている.優性の対立遺伝子をもつ個体は黒く,劣性の対立遺伝子のホモ接合体は白地に黒の斑点ができる.工業化以前の英国では,明るい色の個体が最も一般的で,黒い色の個体はほとんどみられなかった.このころは空気はきれいで,大半の樹木の幹や枝は薄灰色の地衣類で覆われていた.地衣類の上では明るい色の個体はうまくカムフラージュされ,ガを捕食する鳥類から隠れることができたが,暗い色の個体はそうはいかなかった(図12・2a).

1850年代までに,暗い色の個体が明るい色の個体よりもふつうにみられるようになった.これを**工業暗化**(industrial melanism)という.英国では産業革命が始まり,石炭を燃やす工場からの煙が環境を変えた.大気汚染が地衣類を枯らした.地衣類がなく,すすで暗い色

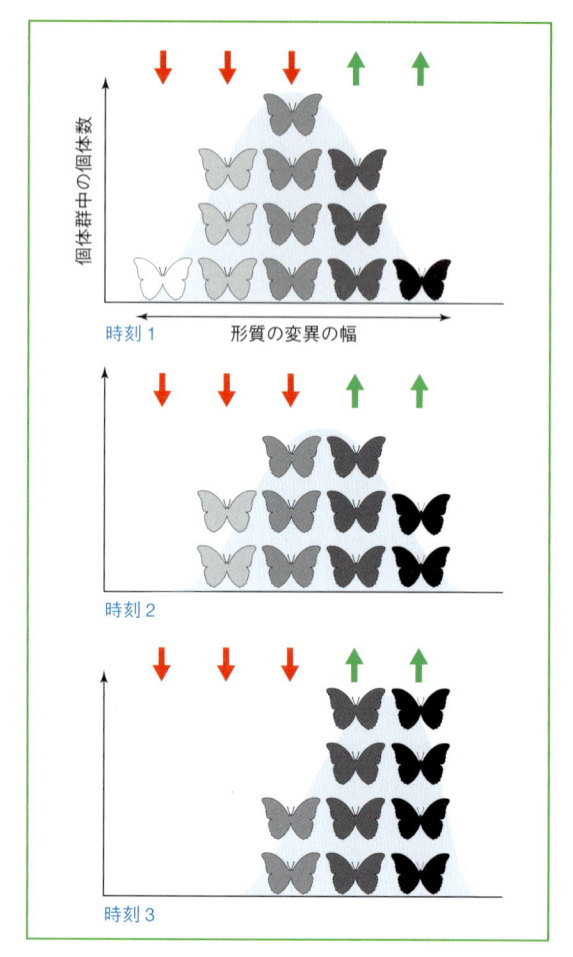

図12・1 方向性選択.形質の一方の端の表現型に有利に働く.つり鐘形の曲線はチョウの翅の色の連続的な変異に対する個体数を示している.赤の矢印は自然選択によって不利なため除かれる表現型を,緑の矢印は有利なため残される表現型を示す.

となった樹木の上では,暗い色のガのほうが捕食者から隠れやすかった(図12・2b).

1950年代に,研究者らは両方の色彩のガに,すぐに特定できるような印をつけて,いくつかの地域に放った.汚染された地域では暗い色のガのほうが,あまり汚染されていない地域では明るい色のガのほうが,より多く再捕獲された.捕食者である鳥類は,すすで暗くなった樹木の森では明るい色のガを,よりきれいな地衣類で覆われた森では暗い色のガを,より多く食べているのが観察された.

1952年に汚染規制が実施された.環境がよくなった結果,木の幹にはすすがなくなり,地衣類が戻ってきた.それに伴いガの表現型もまた変わり始めた.汚染が減少した場所では,暗い色のガの頻度は減少した.

図 12・2 オオシモフリエダシャクの二つの色彩型の適応. (a) 地衣類で覆われた樹木の幹では，明るい色のオオシモフリエダシャクは捕食者から隠れられるが(上)，暗い色のオオシモフリエダシャクは目立ってしまう(下). (b) 地衣類がなくすすで暗くなった樹木の幹では，暗い色のオオシモフリエダシャク(上)は明るい色のオオシモフリエダシャク(下)よりも目立たない.

最近の研究でも，オオシモフリエダシャクの色彩を選択する要因として，すすと鳥類による捕食が関与していることが確かめられている．

方向性選択は米国アリゾナ州のソノラ砂漠のロックポケットマウスの色にも影響を及ぼしている．ロックポケットマウスは，昼間は地中の穴で眠って過ごし，夜には外へ出て餌となる種を探しまわる小型の哺乳類である(図12・3)．ソノラ砂漠では明るい茶色の花崗岩の露頭が多いが，大昔の溶岩流の残りである暗色の玄武岩の部分もある．暗色の岩に生息する個体群の大半の個体は暗い灰色の毛に覆われている❶．明るい茶色の花崗岩に生息する個体群の大半の個体は明るい茶色の毛に覆われている❷．このような違いは，それぞれの生息場所で岩の色に合っている個体は野生の捕食者からうまく隠れられることによって生じている．夜に飛ぶフクロウは岩の色と異なる色の個体❸を容易に見つけ，それぞれの個体群からより簡単に見つかる個体を優先して捕食する．このようにして，両方の生息場所において，選択的な捕食が毛色に影響を及ぼす対立遺伝子の頻度に一定方向への変化をひき起こす．

ワルファリン耐性ネズミの事例にみられるように，人間による環境制御の試みによって，方向性選択が生じることがある．抗生物質の使用はもう一つの例である．1940年代以前は，猩紅熱，結核，肺炎だけで，米国の年間の死者の4分の1を占めていた．1940年代以降，このような危険な細菌病と戦うために，ペニシリンなどの抗生物質に頼り続けた．他のそれほど差し迫っていない状況においても抗生物質を使用していた．人間にも家畜にも抗生物質が予防的に使われ，大規模農場で飼育されているウシ，ブタ，ニワトリ，魚などの何百万もの動物に毎日与えられる餌に加えられていた．

細菌の繁殖速度は非常に速いため，細菌はヒトと比べてとても速く進化する．たとえば，ヒトの腸内にふつうにみられる大腸菌 *E. coli* は，17分に1回分裂することができる．新しい世代になるごとに，突然変異の機会があるので，細菌個体群の遺伝子プールは大きく変わっていく．そのため，一部の細菌が抗生物質による治療をくぐり抜けて生き残ることを可能にする対立遺伝子をもつようになることは大いにありうる．抗生物質に弱い細菌が死んで生き残った細菌が繁殖すると，抗生物質に耐性をもった対立遺伝子は個体群の中で増加していく．典型

図 12・3 ロックポケットマウス個体群における方向性選択.
❶ 暗い色の玄武岩の地域では暗い毛色のマウスが多い．
❷ 明るい色の花崗岩の地域では明るい毛色のマウスが多い．
❸ 環境と合っていない毛色のマウスはより簡単に捕食者に見つかってしまうため，個体群から選択的に消滅していく．

的な2週間の抗生物質の投与でも，1000を超える世代で細菌に対する選択圧がかかり，抗生物質に耐性をもった系統が生じる可能性がある．

抗生物質耐性の細菌は長年にわたり病院で猛威をふるい，いまでは学校においても同じように広まっていく傾向にある．研究者は新たな抗生物質を先を争って見つけようとしているが，この傾向には追いつかず，毎年，何百万人もの人がコレラや結核などの危険な細菌病にかかっている．

安定化選択

安定化選択（stabilizing selection）が働くと，ある形質の中間的な表現型が有利になり，変異の両端の表現型

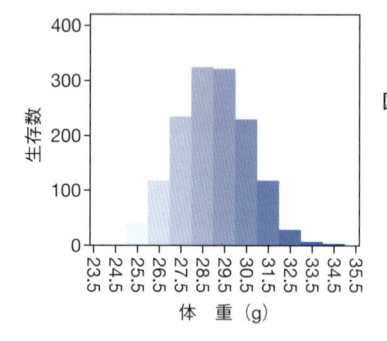

図 12・5　**シャカイハタオリの安定化選択**．この鳥（上左）はアフリカのサバンナで大きな共同巣（上右）をつくる．グラフは繁殖期を生き残った（計977羽中の）数を示している．

が除かれる．このタイプの選択が働くと，その個体群では中間的な表現型が維持される傾向がある（図12・4）．たとえば，シャカイハタオリの個体群では，安定化選択によって，体重が中間の個体が維持される（図12・5）．この鳥はアフリカのサバンナで大きな共同巣をつくっており，その体重は遺伝的に決まっている．1993〜2000年の間，毎年繁殖期が始まる前と後に何千羽もの鳥を捕獲し体重をはかることにより，シャカイハタオリに働いている選択圧に関する調査が行われた．その結果，シャカイハタオリの最適な体重は，餓死する危険性と捕食される危険性との間の釣合で決まることがわかった．太った鳥のほうがやせた鳥よりも餓死の危険性は低い．しかし，太った鳥は多くの時間を食べることに費やすため，シャカイハタオリのように開かれた場所で餌を探す鳥にとっては，捕食者に見つかりやすいことになる．太った鳥はより捕食者に狙われやすいし，捕食者から逃げるときにも身軽ではない．そのため，捕食のことを考えると，最も太った鳥が不利となる．これらのことから，中間の体重の個体が選択において有利で，シャカイハタオリ個体群の大半を占めるようになる．

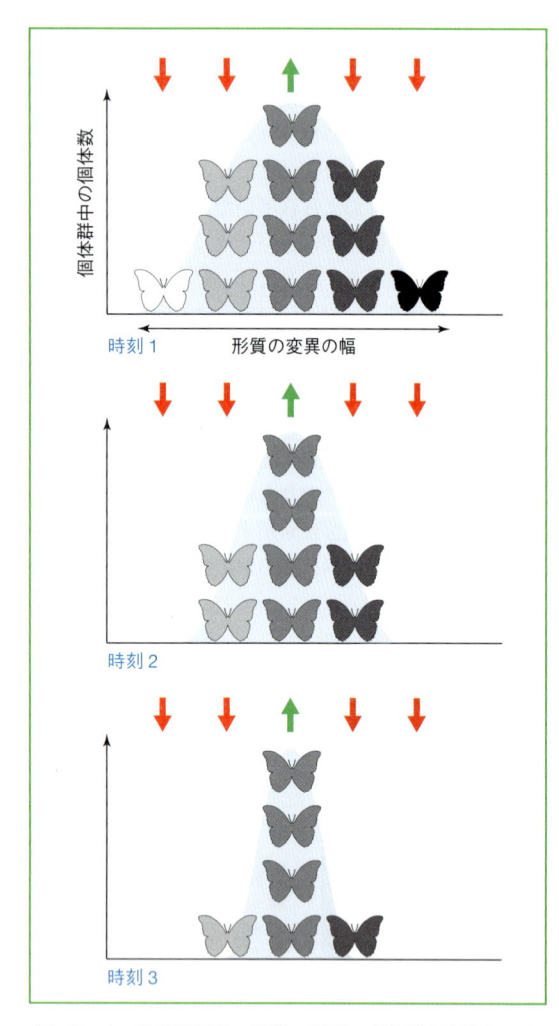

図 12・4　**安定化選択**．形質の両端の表現型を取除き，中間的な表現型を維持する．図12・5の野外実験のデータと比較せよ．赤の矢印は自然選択によって不利なため除かれる表現型を，緑の矢印は有利なため残される表現型を示す．

分断性選択

分断性選択（disruptive selection）は，ある形質の変異幅の両端の表現型に有利に働く．このタイプの自然選択では，中間型の頻度が減少する傾向がある（図12・6）．

アフリカのカメルーン原産のアカクロタネワリキンパ

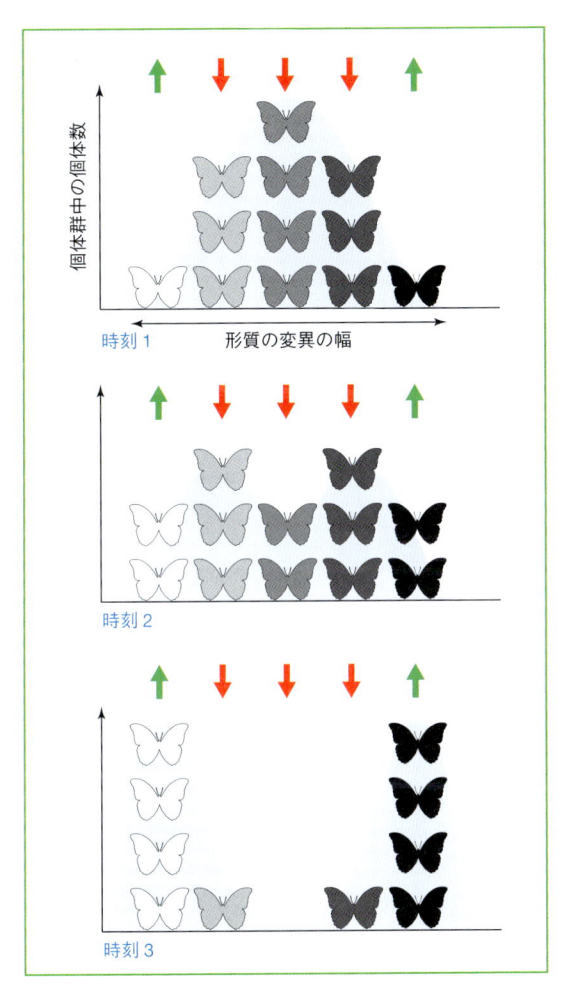

図 12・6 分断性選択. 形質の中間的な表現型を取除き, 形質の両端の表現型を維持する. 赤の矢印は自然選択によって不利なため除かれる表現型を, 緑の矢印は有利なため残される表現型を示す.

図 12・7 アカクロタネワリキンパラに働く分断性選択. 嘴の大きさに顕著な二型が維持される. 乾季の餌不足に対する競争の結果, 中間の大きさの嘴をもつ個体は不利になる.

ラについて考えてみよう. このフィンチは嘴(くちばし)の大きさが遺伝によって決まっている. 嘴の大きさに二型あり, 雌雄ともに, 12 mm 程度の幅か, 15 mm より広い幅かのどちらかである. 12〜15 mm の間の幅の嘴をもった個体はほとんどいない(図 12・7). 大きい嘴の個体も小さい嘴の個体も同じ分布域をもっており, 嘴の大きさには無関係に交配する.

アカクロタネワリキンパラの摂食効率に影響を及ぼす環境要因が嘴の大きさの二型を維持している. この鳥はおもに 2 種類のスゲの種子を餌にしている. スゲとは草本植物の一つである. 一方のスゲは堅い種子を, 他方のスゲは柔らかい種子を実らせる. 嘴が小さいと柔らかい種子を上手に食べることができ, 大きいと堅い種子を上手に食べる. カメルーンの雨季にはいずれの種子も豊富で, アカクロタネワリキンパラはみな両方のタイプの種子を食べている. しかし乾季になるとスゲの種子はほとんどなくなる. すると食物に対する競争が激しくなり, それぞれの個体は最も効率的に食べられる種子に集中する. 小さい嘴の個体はおもに柔らかい種子を餌にし, 大きい嘴の個体はおもに堅い種子を餌にする. 中間の大きさの嘴をもつ個体はどちらの種類の種子も効率的に食べることができないので, 中間の大きさの嘴をもつ個体は乾季を生き残るのがむずかしい.

12・4 多様性に影響を与える要因

性 選 択

すべての進化が個体の生存に影響を及ぼす形質にかかる選択圧によって生じるわけではない. たとえば, 交配相手をめぐる競争もまた一つの選択圧になる. 多くの有性生殖する種の個体が, 雄と雌で異なる表現型をもっていることについて考えてみよう. 一方の性(しばしば雄)の個体は他方の性の個体よりも, カラフルで, 大きく, 攻撃的な傾向がある. このような形質は個体の生存のための活動に回せるエネルギーや時間を奪うこととなり, その個体の生存の確率も低くするため, このような形質が進化するのは不思議に思われる. それなのになぜこれらは維持されているのであろうか.

答は**性選択**(sexual selection)である. 性選択では, 交配相手を確保するのが有利なため他の個体よりも多くの子孫を残せる個体が, その個体群での遺伝的勝者となる. このタイプの自然選択では, 交配相手をめぐる同性のライバルを打ち負かすことができるような表現型や, 異性に対して最も魅力的な表現型が, 最も適応的となる.

たとえば, ある種の雌は繁殖可能になると防御のため

図 12・8 行動にみられる性選択. (a) 雄のキタゾウアザラシが雌の群れを性的に支配するために戦っている。このタイプの競争では，大きな体をもち攻撃的な雄が有利である。(b) アカカザリフウチョウの雄が派手な求愛行動を行い，雌の注目を(そして，おそらくは性的な興味も)ひくことに成功した。雌が雄を選び，雄は自分を受け入れた雌と交配する。(c) シュモクバエは交配するために気根に群がる。雌は最長の眼柄をもつ雄を好むが，長い眼柄には性的な誘引力以外には明らかな利点は全くない。非常に長い眼柄をもった雄(一番上の個体)はその下にいる3個体の雌の興味をひきつけた。

の群れをつくり，雄はその群れを支配する権利を巡って競争する。すでにできあがったハーレムを奪うための争いでは闘志盛んな雄が有利である (図 12・8a)。別の例では，交配相手に対する好みがうるさい雄または雌が，その種に対する選択圧となる。ある種の雌は，特別な外観や求愛行動のような，その種に特異的な合図を誇示する雄のなかから交配相手を選ぶ (図 12・8b)。合図となるのは，派手な体の部分や行動で，そのような形質は捕食者をひきつけてしまったり，身体的な障害となったりもする。しかし，そのような明らかなハンディキャップがあるにもかかわらず派手な雄が生き残っていることは，そのような雄の形質が健康と活力とを意味しており，その雄を選ぶことによって雌にとっても健康で活力のある子孫を残す確率が高くなることを意味する。選ばれた雄は自身の魅力的な形質の対立遺伝子を次世代の雄に渡す。雌は雄の好みを左右する対立遺伝子を次世代の雌に渡す。これによって，性選択は非常に極端な形質をつくりだす (図 12・8c)。

複数の対立遺伝子の維持

自然選択によって個体群の遺伝子プールの中で複数の対立遺伝子が比較的高い頻度で維持されることがある。このような状態は**平衡多型** (balanced polymorphism) とよばれる。たとえば，ショウジョウバエの個体群では，眼の色を決める複数の対立遺伝子が性選択によって維持されている。ショウジョウバエの雌は，白い眼の雄が赤い眼の雄よりも多くなるまでは，まれにしかいない白い眼の雄を交配相手として好み，白い眼の雄が多くなると赤い眼の雄を好むようになる。

平衡多型は環境条件がヘテロ接合体 (§9・2) に有利であるときに生じる。ヘモグロビンのβグロビン鎖をコードしている遺伝子について考えよう。HbA が正常な対立遺伝子であり，共優性の HbS 対立遺伝子は鎌状赤血球貧血 (§7・6) をひき起こす突然変異をもっている。HbS 対立遺伝子のホモ接合体は，10代から20代前半でしばしば死に至る。

それほど有害であるにもかかわらず，HbS 対立遺伝子はアジア，アフリカ，中東の熱帯や亜熱帯地域のヒト個体群において非常に高い頻度で維持されている。これはなぜであろうか。HbS 対立遺伝子の頻度が最も高い個体群ではマラリアの発症率も最も高い (図 12・9)。マラリアの原因となる寄生性のマラリア原虫 *Plasmodium* はカによって宿主であるヒトへと媒介される (図 13・25参照)。*Plasmodium* はまず肝臓で，次に赤血球の細胞内で増殖する。繰返し起こる激しい発作の間に，赤血球が破裂し新たな寄生虫を放出する。

正常なヘモグロビンと鎌形の赤血球となるヘモグロビンの両方をもつ人は，正常なヘモグロビンだけをもつ人

12・4 多様性に影響を与える要因　151

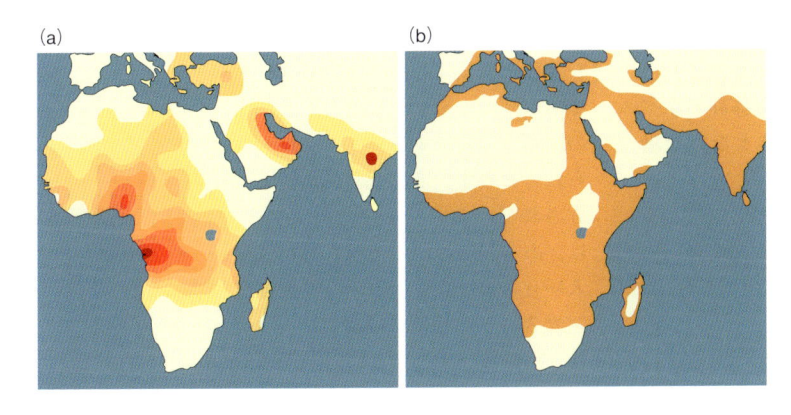

図 12・9　マラリアと鎌状赤血球貧血．
(a) 鎌状赤血球貧血の対立遺伝子をもっている人の分布（割合で示す，下記参照）．
(b) マラリアを媒介するカへの対策が行われる前の1920年代のアフリカ，アジア，中東におけるマラリアの分布（オレンジ色）．(a)に示した鎌状赤血球貧血の対立遺伝子の分布との相関性に注意．

0～2%	8～10%
2～4%	10～12%
4～6%	12～14%
6～8%	>14%

よりもマラリアにかかったときに生き延びる確率が高いことがわかってきた．HbA/HbS ヘテロ接合体においては，$Plasmodium$ に感染した赤血球が鎌形になることがある．異常な形のためその赤血球は免疫系に狙われ，赤血球とともにそこに寄生するマラリア原虫も破壊される．それに対して，正常な HbA 対立遺伝子のホモ接合体では，$Plasmodium$ に感染した赤血球は鎌形にならないため，寄生虫も免疫系からのがれられる．

マラリアが多発する地域で HbS 対立遺伝子が維持されているのは，有害さのバランスによるものである．マラリアと鎌状赤血球貧血はどちらも潜在的には致死的である．ヘテロ接合体の人は完全に健康ではないものの，正常な対立遺伝子のホモ接合体の人よりも，マラリアから生き延びられる確率は高い．マラリアであるかどうかにかかわらず，ヘテロ接合体の人は HbS ホモ接合体の人よりも長く生き延びて子をつくることができる．その結果，世界で最もマラリアが流行している地域では，ほぼ3分の1の人が HbS 対立遺伝子をヘテロでもっている．

遺伝的浮動

遺伝的浮動（genetic drift）とは時間とともに生じる対立遺伝子頻度のランダムな変化であり，偶然によってのみ起こる．遺伝的浮動は確率，すなわちある出来事が起こる可能性で説明される．確率においてはサンプル数が重要である．§1・7でふれたコインのことを思い出してみよう．コインをはじいて表になる確率は50%である．10回はじいた場合には，表になった割合が50%からかなりずれてしまうことがある．1000回はじけば，その割合はより50%に近くなるであろう．

これと同じ規則を個体群に適用することができる．対立遺伝子の頻度に生じたランダムな変化は，大きな個体群では小さな影響しか及ぼさない．二つの個体群を想定してみよう．一つは10個体，もう一つは100個体の個体群である．対立遺伝子 X がどちらの個体群にも10%の頻度であるとしよう．小さな個体群ではたった1個体がその対立遺伝子をもっていることになる．もしその個体が繁殖しなかったとすると，対立遺伝子 X はその個体群から失われてしまう．それに対して，大きな個体群では10個体が対立遺伝子 X をもっている．その10個体すべてが繁殖する前に死んでしまったときにのみ，対立遺伝子 X が個体群から失われる．このことを考えると，小さい個体群が対立遺伝子 X を失う確率は，大き

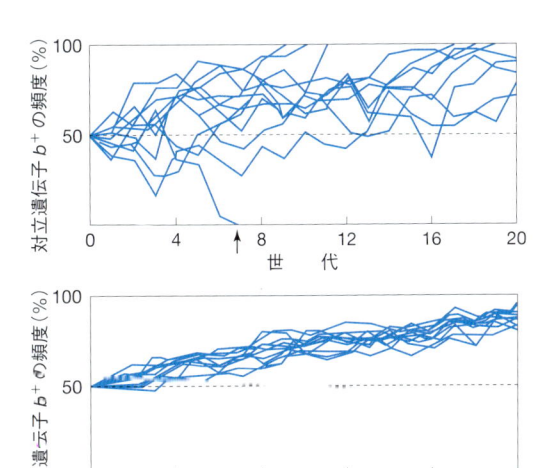

図 12・10　コクヌストモドキ（右下写真）の遺伝的浮動．
二つの対立遺伝子 b^+ と b のヘテロ接合体の個体をランダムに選び出し，10個体（上）または100個体（下）の個体群で20世代維持した．（下）のグラフの線は（上）よりもなめらかであり，遺伝的浮動は10個体の個体群で大きく，100個体の場合は小さいことがわかる．対立遺伝子 b^+ は一つの個体群では失われている（上のグラフの↑）．対立遺伝子 b^+ の平均的な頻度は，どちらの個体群でも同じ割合で高くなっていて，自然選択が働いていて対立遺伝子 b^+ はわずかながら有利であることに注意．

い個体群よりも高い．一般的な言い方をすると，遺伝的多様性の喪失はあらゆる個体群で起こりうるが，より小さな個体群で起こりやすい（図12・10）．個体群のすべての個体が一つの対立遺伝子のホモ接合体となった場合，その対立遺伝子は**固定された**（fixed）という．固定された対立遺伝子頻度は，突然変異や他のプロセスによってこの個体群に新しい対立遺伝子が入ってこない限り変わることはない．

ボトルネックと創始者効果

ボトルネック（bottleneck）とよばれる個体群サイズの急激な縮小によって，遺伝的多様性が大きく減少することがある．たとえば，キタゾウアザラシ（図12・8a）は1890年代後半に狩猟によって個体群サイズが20頭以下に減り，ボトルネックの状態となった．狩猟規制によって個体群サイズは回復したが，遺伝的多様性は大きく減少してしまった．いまでは，すべての個体の調べたすべての対立遺伝子がホモ接合となっていた．ボトルネックとその後に生じる遺伝的浮動によって，以前は個体群中にあった多くの対立遺伝子が消失した．

遺伝的多様性の消失は少数個体が新しい個体群をつくるときにも起こりうる．新しい個体群の創始者となる少数個体が対立遺伝子頻度に関してもとの個体群を代表していないならば，できた新しい個体群の対立遺伝子頻度はもとの個体群と同じにはならない．これを**創始者効果**（founder effect）とよぶ．血液型を決める三つの対立遺伝子ABOはほとんどのヒト個体群で共通である（§9・4）．しかし，北米大陸の先住民は例外で，対立遺伝子Oをホモ接合でもっている人が大半である．この人々は14,000〜21,000年前に，かつてシベリアとアラスカをつないでいた狭い陸橋を渡ってアジアから移り住んだ人々の子孫である．古代の遺骨から得たDNAの分析によって，大半の初期の人々は対立遺伝子Oのホモ接合性だったことが知られている．現在のシベリア人は三つすべての対立遺伝子をもっている．アメリカ大陸に最初に移住した人は，おそらく小さなグループで，ふつうの個体群と比較して遺伝的多様性が低かったのであろう．

創始者の個体群はしばしば必然的に**同系交配**（inbreeding）となる．同系交配は個体群中の近縁の個体間で行われるランダムではない交配である．近縁の個体どうしはそうでない個体どうしよりも多くの対立遺伝子を共有しているので，同系交配が行われている個体群では劣性対立遺伝子（多くは有害である）をホモ接合でもつ個体の割合が異常に高くなる傾向がある．このことは，多くの人間社会で近親相姦（親子間，兄弟姉妹間での交配）が禁じられている理由の一つである．

米国ペンシルバニア州ランカスター郡の旧派アーミッシュはヒト個体群内での同系交配の影響を示す一つの例である．アーミッシュの人々は自分たちのコミュニティの中だけで結婚する．他のグループとの間の結婚は認められておらず，"部外者"がコミュニティに加わることも許されていない．その結果，アーミッシュの個体群では，ある程度の同系交配が行われることとなり，多くの人が有害な対立遺伝子をホモ接合でもっている．このランカスターの地域集団では，エリス–ファン・クレフェルト症候群（矮小発育症，多指症，心疾患などの特徴的症状を示す）をひき起こす劣性対立遺伝子を異常なほど高い頻度でもっている．この対立遺伝子は，1700年代中ごろに米国に移住した400人のアーミッシュの一団の中にいた1人の男性と彼の妻に由来している．創始者効果とその後の同系交配の結果，現在では，ランカスターの地域集団のおよそ8人に1人はヘテロ接合で，そして200人に1人はホモ接合でこの対立遺伝子をもっている．

遺伝子拡散

個体はそれ自身が属している個体群の他の個体と，最も頻繁に交配または繁殖する傾向がある．しかし，ある種のすべての個体群が互いに完全に分離されているわけではなく，隣接した個体群の間では，相互に交配することもある．また，時々ある個体群を離れて別の個体群に加わるような個体もある．どちらの場合にも**遺伝子拡散**（gene flow，遺伝子流動ともいう），すなわち個体群間の対立遺伝子の移動が生じる．遺伝子拡散は対立遺伝子頻度を安定に保つ傾向があるので，突然変異，自然選択，遺伝的浮動とは反対の効果をもつ．

遺伝子拡散は，動物の個体群で顕著にみられるが，移動性の低い植物の個体群でも起こる．カケスが冬に備えて集めるドングリの拡散について考えてみよう．カケスは秋になるとドングリをつけるオークの木を何度も訪れ，その木から1kmほど離れている自分の縄張りの土の中にそのドングリを埋める．カケスは，遺伝的に孤立しているオークの個体群の間で，ドングリとその対立遺伝子を移動させる．

風または動物が，植物の花粉を運ぶときにも，遺伝子拡散が起こり，これはしばしば長い距離におよぶ．遺伝子組換え生物に反対している者の多くは，花粉の移動によって遺伝子組換え作物から野生の個体群へ遺伝子拡散が起こっていると指摘している．たとえば除草剤耐性遺伝子やBt遺伝子（§10・4）が，いまでは雑草や収穫された作物からもふつうに見つかっている．この遺伝子拡散の長期的な影響は現在わかっていない．

12・5 種分化

　突然変異，自然選択，遺伝的浮動はすべての自然の個体群に働いており，それらは互いに交雑しない個体群では独立して働いている．複数の個体群を似た状態に保っていた遺伝子拡散がなくなると，それぞれの個体群で独立に遺伝的な変化が蓄積していく．時間がたつと，これらの個体群が異なる種とよべるほど違うものとなっていく．新しい種が生じるこのような進化の過程は**種分化**（speciation）とよばれる．

　進化は動的で進行中のプロセスであり，種の分類をきちんとしたい人にとってはとてもやっかいである．種分化はそのことを示す例の一つである．種分化はある瞬間に起こるものではない．個体群が分かれつつあるときでさえ個体間はまだ交雑をし続け，すでに分岐した個体群が再び一緒になって交雑することもある．種分化はそれぞれ独自の経路で起こり，そのことはそれぞれの種は独自の進化の歴史によって生じたことを意味する．しかし，決まって起こることもある．たとえば，**生殖隔離**（reproductive isolation）は常に種分化の一部をなす．生殖隔離は個体群間の遺伝子拡散が絶たれることであり，有性生殖する種が独自性を獲得し維持する過程の一部である．交雑に成功することを妨げるような機構が，分岐する個体群間の差異を広げていく（図 12・11）．

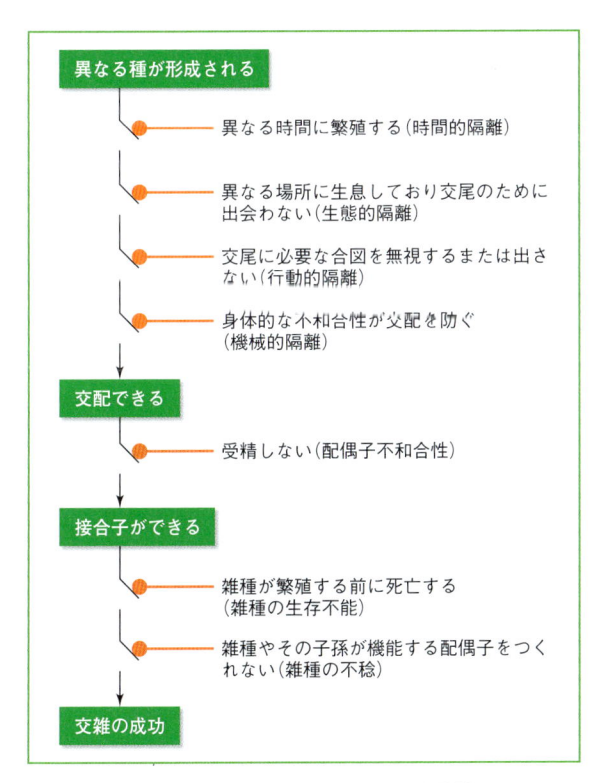

生殖隔離の機構

　近縁種間で繁殖のタイミングが異なることにより互いに交雑することができず時間的隔離が生じていることがある．周期ゼミ（右）はその例である．このセミは地下で植物の根を食べて成熟し繁殖のために地上に出る．3種の周期ゼミは17年ごとに繁殖する．それぞれの種は，形態も行動もほとんど同じ同胞種をもっており，それらの同胞種は17年周期の代わりに13年周期であることだけが異なっている．同胞種間で交雑をする潜在能力はあるのだが，221年に一度しか同時に地上に出てこないのである．

　同じ地域のなかの異なる微小環境に適応している近縁種間には，生態的隔離が生じていることがある．たとえば，米国シエラネバダ山脈原産のクマコケモモという植物の2種はほとんど雑種をつくらない．一方の種は，水を節約することに適応していて，小さな丘の中腹の高い位置の乾燥した岩肌に生育している．もう一方の種は水分の条件がよい低いほうの斜面に生育している．物理的に離れていることにより，他家受粉が生じにくい．

　動物では，行動の違いが近縁種間の遺伝子拡散を止めることにより行動的隔離が生じていることがある．たとえば，交尾をする前に求愛ディスプレイによって雌雄の契りを交わす種がある．雌は同種の雄が交尾に誘うときの発声と運動を認識するが，別種の雌はそれを認識しない（図 12・12）．

　生殖器の大きさや形の違いが近縁種と交雑するのを防ぐのは機械的隔離とよばれる．たとえば，ブラックセージとホワイトセージとよばれる植物は同じ地域で生育しているが，これら2種の花はそれぞれ異なる送粉者に対して特化しているため，雑種はほとんど生じない（図

図 12・11　生殖隔離が交雑を防ぐ機構

異なる種が形成される
- 異なる時間に繁殖する（時間的隔離）
- 異なる場所に生息しており交尾のために出会わない（生態的隔離）
- 交尾に必要な合図を無視するまたは出さない（行動的隔離）
- 身体的な不和合性が交配を防ぐ（機械的隔離）

交配できる
- 受精しない（配偶子不和合性）

接合子ができる
- 雑種が繁殖する前に死亡する（雑種の生存不能）
- 雑種やその子孫が機能する配偶子をつくれない（雑種の不稔）

交雑の成功

図 12・12　行動的隔離． ハエトリグモ科の一種では，雄は交配の意志を伝える合図として，雌に対し，色鮮やかなフラップを広げて揺らし，腹部を振動させながら脚を高くもち上げる．種に固有のこの求愛行動を雌が認識しないと（または雌をひきつけるのに失敗すると），多くの場合，雄は雌に殺され食べられてしまう．

図 12・13　セージにおける機械的隔離．(a) ブラックセージの花は柔らかすぎて大きな昆虫を支えることはできない．大きな昆虫は外側から針を突き刺して蜜を吸うが，その場合は，花の生殖器官にふれることはない．(b) ホワイトセージの花の生殖器官（葯と柱頭）は花弁から離れており，ミツバチのような小さい昆虫は送粉者にはならない．ホワイトセージはおもにより大型のハチやスズメガによって受粉される．

12・13）．

たとえ異なる種の配偶子が出会ったとしても，接合子が形成されるのを妨げる分子レベルの不和合性がある場合も多い．たとえば，被子植物において花粉の発芽をひき起こす分子シグナルは種特異的である．卵や自由遊泳する精子を水中に放つ動物では，配偶子の不和合性が種分化の主要な契機になっていることもある．

遺伝的な変化が形態，機能，行動の多様化の源である．最近分岐した種でさえ，染色体が大きく異なり，雑種の接合子が余分な遺伝子や足りない遺伝子，不和合性を生む遺伝子をもつことがある．そのような胚は発生が進まない．胚発生を生き残ってもしばしば適応度が低い．たとえば，ライオンとトラの雑種はライオン自身やトラ自身の子と比べると健康上の問題が多く，期待される寿命も短い．

ある異種間の交雑では，頑健だが不妊の子ができる．たとえば，雌のウマ（染色体 64 本）と雄のロバ（染色体 62 本）からラバが生まれる．ラバは健康ではあるものの，染色体は 63 本で，減数分裂のときに均一に対をつくることができないので，ラバは生き残れる配偶子をほとんどつくれない．

たとえ雑種に繁殖力があっても，その子孫は世代を重ねるごとに適応度が低下していく．その原因は，核 DNA と母親だけから遺伝するミトコンドリア DNA との間の不和合の可能性がある．

異所的種分化

種分化につながる遺伝的な変化は，通常個体群間の物理的な分断によって始まる．**異所的種分化**（allopatric speciation）は新しい種ができる最も一般的な過程である．異所的種分化では，物理的な障壁が二つの個体群を分断し，それらの間の遺伝子拡散を止める．その後生殖隔離が生じて，たとえそれらの個体群が再び出会っても，個体どうしは交配できなくなる．

距離が離れた個体群間でも通常は遺伝子拡散が断続的に起こる．地理的障壁が遺伝子拡散を完全にさえぎることができるかどうかは，その種の移動の手段（泳ぐ，歩く，飛ぶ）や繁殖の方法（たとえば，体内受精，花粉分散）に依存している．

地理的障壁は瞬時に生じることもあれば，長い時間をかけて生じることもある．中国にある万里の長城は瞬時に生じた障壁の例である．壁がつくられると，近隣の虫媒植物の個体群の遺伝子拡散が断ち切られた．DNA 配列の比較によって，壁の両側の高木，低木，草本が遺伝

図 12・14　異所的種分化の例．400 万年前にパナマ地峡が形成され，両方の海に生息していたテッポウエビ個体群間の遺伝子拡散が止まった．現在，地峡の両側の種はとても似ていて交雑する可能性があるが，両種は行動的に隔離されており，それらを一緒にしても，交配はせず，互いに爪を鳴らして攻撃し合う．写真はパナマ地峡の両側に生息する近縁種．

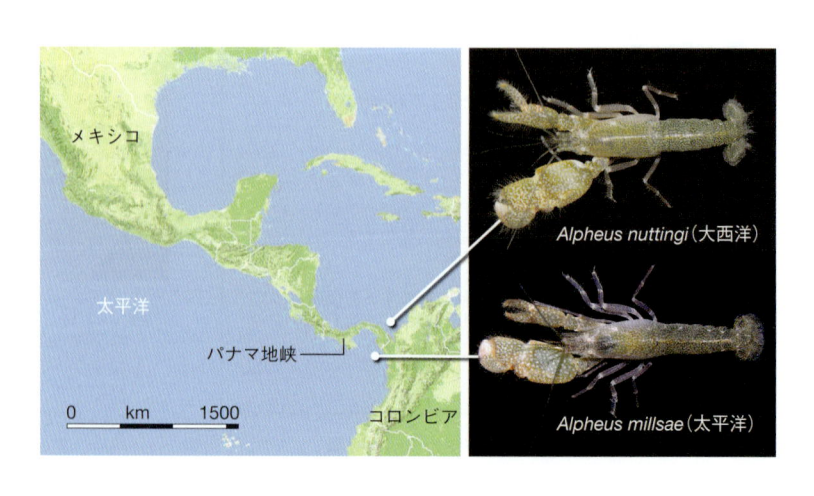

12・5 種 分 化

Triticum urartu 野生のヒトツブコムギ	Aegilops 野生のタルホコムギ (未知種)	Triticum 雑種	Triticum turgidum エンマーコムギ	Aegilops tauschii タルホコムギ	Triticum aestivum パンコムギ
14 AA ×	14 BB →	14 AB →	28 AABB ×	14 DD →	42 AABBDD

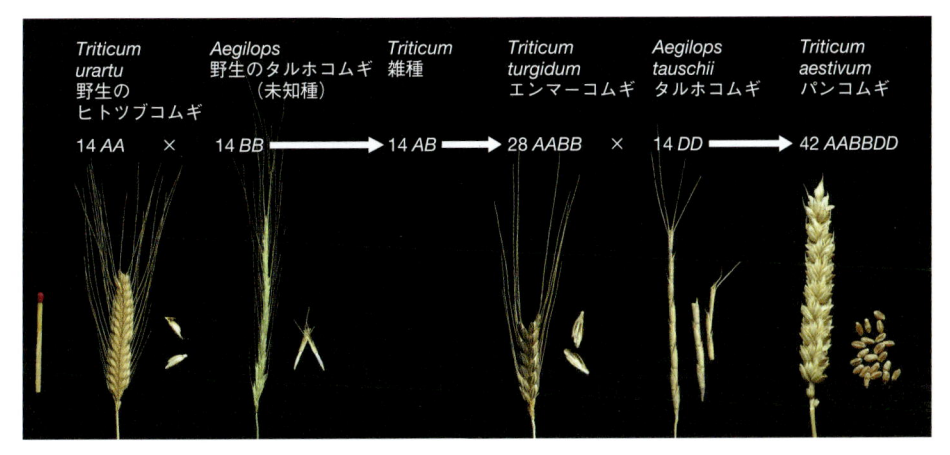

図 12・15 コムギにおける同所的種分化. コムギのゲノムは7本の染色体からなる. わずかに違うゲノムを A, B, C, D … と区別してよぶ. 多くのコムギの種は倍数体で三つ以上のゲノムのコピーをもっている. 図には各種の染色体数が示してある. たとえば, 現在のパンコムギ *Triticum aestivum* は六倍体で, A, B, D のそれぞれを二つずつ, 計6組のコムギゲノムをもっている (42 *AABBDD* と記されている). 約 11,000 年前, 二倍体のヒトツブコムギが二倍体の野生のタルホコムギの未知種と交雑した. 染色体数が倍加して四倍体のエンマーコムギが生じた. 四倍体のエンマーコムギと二倍体のタルホコムギとが交雑してパンコムギが生じた.

的に分岐しつつあることが示されている. 通常地理的隔離はゆっくり起こる. たとえば, プレートの動きに伴って南北アメリカ大陸が衝突するのには何百万年もかかった (§11・5). 二つの大陸はいまはパナマ地峡でつながっている. 400万年前にこの地峡が形成され, 水の流れが切断され, 水生生物の個体群間の遺伝子拡散も切断された. 一つの大きな海洋が, 現在の太平洋と大西洋とに分かれたのである (図 12・14).

同所的種分化

物理的な障壁がなく, 同じ地理的地域に生息している個体群が種分化を起こすのが**同所的種分化** (sympatric speciation) である. 植物ではそれほどめずらしいことではなく, 自発的な染色体数の倍加が生じると, 1世代で同所的種分化が起こることがありうる. 倍数体 (§9・8) は減数分裂や体細胞分裂の際に異常な核の分裂が起こり, 染色体数が倍になることによって生じる. たとえば被子植物では, 細胞分裂のときに体細胞の核が分かれるのに失敗すると倍数体細胞ができ, それが増殖してシュートや花をつくる可能性がある. その花が自家受精すれば, 新しい倍数体の種が生じることとなる. パンコムギはもともと近縁種間の交雑の後, その雑種の子孫の染色体数が倍加することによって生じた (図 12・15). ほぼすべてのシダ類と多数の被子植物, そして少数の裸子植物, 昆虫などの節足動物, 軟体動物, 魚類, 両生類や爬虫類などの動物は倍数体である.

同所的種分化は染色体数の変化がなくても起こる. 先に述べた機械的に隔離されたセージでは, 染色体数の変化なしに同所的な種分化が起こった. もう一つの例としては, アフリカのビクトリア湖の浅瀬で生じた500種を超える淡水魚のシクリッドがあげられる. この大きな淡水湖はアフリカの大地溝帯の隆起した平原の上にあり, 流入河川からは孤立している. そのため, およそ40万年前にできて以来, 湖は3回完全に干上がった. DNA

図 12・16 赤い魚と青い魚. アフリカのビクトリア湖に生息する近縁な4種のシクリッドの雄. この湖では何百種ものシクリッドの種が同所的種分化によって生じた. 湖の浅いところと深いところとで光の色が異なっている. 光の色の感覚に影響を与える遺伝子に生じた突然変異が, 雄の繁殖相手の選択にも影響を与えた. 雌のシクリッドは自分と同種の明るい色の雄と交配することを好む.

配列の比較によって，ビクトリア湖のシクリッドのほぼすべての種が，湖が最後に干上がった 12,400 年前より後に生じたことがわかった．どのようにして何百もの種がこれほど速く出現したのか．その答は，湖の異なる場所では光の色や水の透明度が異なっていることにある．浅いほうのきれいな水中では光はおもに青だが，深いほうの泥で濁った水中では光はおもに赤である．光の環境に応じて，シクリッドは色合いや模様が異なっている (図 12・16)．野外では雌が他種の雄と交配することはほとんどない．雌に雄を選ばせると，雌は明るい色の同種の雄と交配することを好む．この選択性は網膜 (眼の一部) の光感受性色素に関する遺伝子に基づいている．浅いきれいな水の中で暮らしている種がつくる網膜の色素は青色光に対して感受性が高い．これらの種の雄の体色は最も青味が強い．深く濁った水の中で暮らしている種の異なる色素は赤色光に対して感受性が高い．これらの種の雄の体色は赤味が強い．すなわち，雌のシクリッドが最もよく見える色はその種の雄の色と同じ色である．このように，色覚に影響を及ぼす遺伝子に生じた突然変異が，雌による繁殖相手の選択に影響を及ぼし，これらの魚の同所的種分化をひき起こしたと考えられる．

図 12・17 停滞の一例．シーラカンスの系統は進化的な長さの時間を通してほとんど変化していない．(上) 3 億 2000 万年前のシーラカンスの化石．(下) 1998 年にインドネシア スラウェシ島近海で捕獲された生きたシーラカンス．

12・6 大 進 化

小進化は，同種内または同一個体群内の対立遺伝子頻度の変化である．それに対して**大進化** (macroevolution) はより大きなスケールでの進化のパターンを示す名称であり，緑藻類からの陸上植物の進化，大量絶滅による恐竜類の絶滅，1 種からの爆発的な分岐のような大きな進化の動向をさす．

大進化が起こることを疑っている生物学者はいないが，それがどのように起こるかについての同意は得られていない．しかし，進化が速いかゆっくりか，大規模か小規模かにかかわらずすべての進化の根底は全く同じで，遺伝的な変化である．形態の劇的な変化は，それが化石記録の欠損によって生じた偽の現象でないとすれば，ホメオティック遺伝子または他の調節遺伝子に生じた突然変異の結果である場合がある．大進化は小進化よりも多くの過程を含んでいる場合もあれば，そうでない場合もある．大進化は多くの小進化の出来事の蓄積で生じることもあるし，全く異なる過程で生じることもある．

停 滞

最も単純な大進化のパターンが**停滞** (stasis) で，何百万年の間，系統がほとんどあるいは全く変化しないで続くことである．たとえば古代の肉鰭類の魚シーラカンスは，1938 年に捕獲されるまでは，少なくとも 7000 万年前に絶滅していたと思われていた．現生のシーラカンスは何億年も前の化石種と非常によく似ている (図 12・17)．

外 適 応

既存の体の構造を全く違った目的に適応させることによって，これまでにないような新しい大きな進化が生じることがある．このような大進化のパターンは**外適応** (exaptation) とよばれている．たとえば，もともと恐竜類の一部に進化した羽毛を，現生の鳥類は飛行のために使っている．これらの恐竜類は，飛行のためではなく，おそらく保温のために羽毛を使っていた．このような場合，鳥類の飛行用の羽毛は恐竜類の保温用の羽毛の外適応であるという．

大量絶滅

今日の推定によると，かつて存在した種全体の 99% 以上が今は**絶滅** (extinction) している．絶滅とはもはや現存する個体がいない状態である．継続的に生じている小規模の絶滅に加えて，たくさんの系統が同時に失われる大量絶滅がこれまで 20 回以上起こったことを化石記録が示している．そのなかには地球上の大多数の種が消えた五つの壊滅的な出来事が含まれる (§11・5)．

適応放散

一つの系統が急速に多様化していくつかの新しい種に

なることを**適応放散**（adaptive radiation）という．ほとんどあるいは全く競争者がいない多様な環境をもった新しい生息地にいくつかの個体が移住した後に，適応放散が起こることがある．新しい生息地の異なる環境のそれぞれに個体群が適応して，多数の新しい種が生じる．ハワイのミツスイはこれによって進化した（図 12・18）．400 万年以上前にフィンチの小さな個体群が大洋を数千キロメートル（これは以後の遺伝子拡散に対する相当な障害となる）も渡ってハワイ諸島に移住した．フィンチを食べるような捕食者はまだそこには移住しておらず，餌となる味の良い昆虫や柔らかい葉，蜜，種子，果実を実らす植物はすでにそこにあった．フィンチはこの隔離された生息地で繁栄し，その子孫が海岸沿いや低地の乾いた森，高地の熱帯多雨林といった環境に広がっていった．何世代も経て，異なる環境に住んでいた個体群が独自の形態や行動を進化させ，何百もの異なるミツスイの種が生じた．これらの独自の形質によって，それぞれの島の特定の環境がもたらす特別な機会を利用することができた．

適応放散は革新的な新しい形質が進化した後に起こることがある．**重要な進化的革新**（key innovation）とは，より効率的にまたは全く新しい方法で環境を利用することを可能にするような新しい形質をもつようになることである．一つの例は脊椎動物の肺で，肺が進化的革新となり脊椎動物が陸上で適応放散する道をひらいた．

適応放散はまた，地質的または気候的な出来事によってある生息地からいくつかの種がいなくなった後にも起こることがある．このとき，生き残った種がこれまでは使えなかった資源を使うことができるようになる．恐竜類がいなくなった後の哺乳類の適応放散はこのようにして起こった．

共　進　化

2 種間の密接な生態的な相互作用が両種をともに進化させる過程は**共進化**（coevolution）とよばれる．ある種が他種の選択圧として働き，それぞれの種が他種の変化に適応する．進化的な時間がたつと，その 2 種はもう一方の種なしには生存することができないほど相互に依存するようになることがある．

共進化した種の間の関係はかなり複雑である．アリに寄生するアリオンシジミ *Maculinea arion* というチョウをみてみよう（図 12・19）．ふ化後の幼虫（毛虫）はタイムの花を食べた後に地面に落下する．アリが毛虫を見つけてそれをなでると，その毛虫は蜜を分泌する．アリはその蜜を食べながら，蜜をもっと分泌させようと毛虫

図 12・18 適応放散によって生じたハワイのミツスイの多様性．まだ絶滅をまぬがれている種の例を示す．これらの鳥の嘴は，昆虫，種子，果実，花の蜜などを食べるのに適応している．おそらくすべてのミツスイの種はマシコ（左の写真）に似た共通祖先から適応放散によって進化した．

図 12・19 共進化の例．クシケアリの一種とアリオンシジミ．(a) クシケアリにとって，蜜を出し体を曲げるアリオンシジミの毛虫はアリ自身の幼虫のように見える．だまされたアリはこの毛虫を巣に運ぼうとしている．(b) アリオンシジミはタイムの花に卵を産みつける．

をなで続ける．この行動が何時間も続いた後，毛虫が自分の体を弓なりに曲げてアリの幼虫にとてもよく似た形になる．他種のアリは毛虫を殺してしまうが，クシケアリの一種 *Myrmica sabuleti* はそれにだまされ，毛虫を巣に連れて戻る．毛虫の分泌物にだまされ，アリは毛虫を自分の幼虫として扱う．その後 10 カ月の間，毛虫は巣で生活し，アリの幼虫を餌にすることによって巨大に成長する．変態して成虫となり地面から外に出て交配する．卵は別のアリの巣の近くのタイムに産みつけ，この生活環がまた新たに始まることとなる．このアリとチョウの関係は，それが極度に種特異的であるという点で，典型的な共進化の関係といえる．巣に入れる毛虫を見分けるアリの能力が高まると，アリをより上手にだます毛虫が選択される．そうすると毛虫を見分けるのが上手なアリが選択されることとなる．両種が互いにそれぞれに対して方向性選択を働かせている．

12・7 系統発生

生物の莫大な多様性を一連の分類階級（§1・5）に分類することはとても有意義な試みである．しかし今日では，これらの生物間の進化の関係を再構築することが，少なくともそれらを分類するのと同じくらい重要になった．種や系統進化の歴史を**系統発生**（phylogeny）という．系統発生は，時間を通した系統間の進化的な関係を追う系譜学の一種である．

種の進化を目撃したことはなくても，さまざまな証拠から過去に起こった出来事を理解することができる（§11・1）．それぞれの種は独自の進化の歴史の証拠を形質のなかにもっている．**形質**（character）とは定量化可能な遺伝する特徴で，リボソーム RNA の塩基配列や翼をもつことなどである（表 12・2）．

伝統的な分類の方法では，共有形質に基づいて生物を分類していた．たとえば，鳥類は羽毛をもつ，サボテンはとげをもつなどである．対照的に進化生物学者は，それぞれの種を進化の系統樹に当てはめようとしている．

十分過去に戻れば，すべての生物には必ず類縁関係がある．進化生物学者はまずそれらの生物に形質を共有させるもととなった共通祖先を正確に示そうとする．祖先を共有することは派生形質によって決められる．**派生形質**（derived trait）とはあるグループがもっていてそのグループの祖先はもっていない形質のことである．一つ以上の明白な派生形質を共有しているグループは**クレード**（clade）とよばれる．その定義から，クレードは**単系統群**（monophyletic group），すなわち（ある派生形質を進化させた）一つの共通祖先とそのすべての子孫からなるグループ，となる

種は一つのクレードである．より高次の階級の分類群の多くもクレードに相当する．たとえば，被子植物は一つの門であり，一つのクレードでもある．しかし，そうではない分類群もあり，たとえばリンネの分類による伝統的な爬虫綱は，ワニ類，ムカシトカゲ類，ヘビ類，トカゲ類，カメ類を含んでいる．これらの動物を同じ爬虫綱という分類群に分類するのはとてもわかりやすいが，これらに鳥類も含めない限りは一つのクレードとはならない（14 章参照）．

派生形質がクレードを定義している．ワニ類は鳥類よりもトカゲ類に似ていることについて考えてみよう．この外観上の類似性は祖先を共有していることを示しているのだが，実際にはワニ類とトカゲ類との間の近縁性はワニ類と鳥類との間よりも低い．進化生物学者は，ワニ類と鳥類のほうがワニ類とトカゲ類よりも，より新しい共通祖先を共有していることを発見した．砂嚢および4室の心臓という派生形質がワニ類と鳥類を含む系統に進化したが，トカゲ類にはこれらがない．

ある種がどのように進化しようが，その種がその祖先から生じたことは不変である．しかし，従来の分類学では，手にしている情報が不完全だと生物をまちがったクレードに分類してしまうことがある．クレードというのは必然的に一つの仮説にすぎず，新しい発見があればそのクレードを構成する生物が変わることもある．他のすべての仮説と同様に，あるクレードを支持するデータが多いほど，そのクレードを改訂しなければならなくなる可能性は低い．

分岐分類

進化の系統樹のなかでは，すべてのクレードが相互に結ばれている．進化生物学者の仕事は，それがどこで結ばれているかを明らかにすることである．**分岐分類学**（cladistics）はクレード間の進化的な関係に関する仮説をつくる．分岐分類学の手法の一つに，単純性のルールがある．クレードの結合方法に複数の可能性があると

表 12・2 形質の例

	鳥類	コウモリ	イルカ
温血である	◯	◯	◯
毛がある	×	◯	◯
乳を出す	×	◯	◯
歯がある	×	◯	◯
翼がある	◯	◯	×
羽毛をもつ	◯	×	×

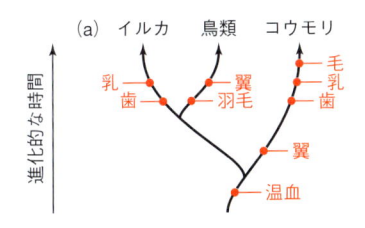

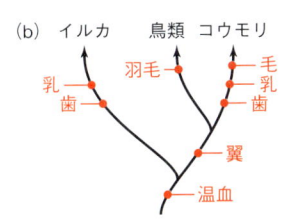

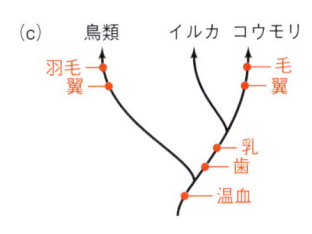

図 12・20 分岐分類．表12・2の形質を用いて最節約的な解析を行った．鳥類とコウモリとイルカの3者について考えられる進化経路は(a), (b), (c)の3通りである．赤の印は派生形質の進化を示している．進化経路(c)が最も単純，すなわち派生形質が最も少ない回数で進化した経路であるため，最も正しいと推定する．イルカと鳥類が最も近縁であるとすると，これらの派生形質は計9回の進化で生じたことになる(a)．同様に，鳥類とコウモリが最も近縁であるとすると計8回(b)，イルカとコウモリが最も近縁であるとすると計7回(c)の進化で生じたことになる．

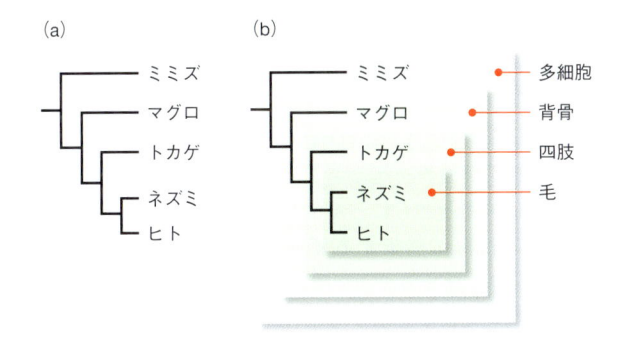

図 12・21 分岐図の例．(a) クレード間の進化的な関係は分岐図で示される．(b) 分岐図は派生形質の入れ子状の図として見ることもできる．

き，進化的に最も単純なものがおそらく正しいと考える．この手法では，考えられるすべての結合方法を比較して，最も単純なものを，すなわち定義する派生形質が最も少ない回数の進化で生じるような結合方法を選ぶ．最も単純な進化経路を見つける手法は，最節約的（maximum parsimony）な解析とよばれている（図12・20）

分岐分類の結果は**分岐図**（cladogram）で示される．分岐図は一群のクレードの進化についての多数の仮説のなかで最もよくデータに支持された仮説を図示した系統樹の一種である（図12・21）．進化の傾向とパターンを視覚化するために分岐図が使われる．外群（研究対象にしているグループに含まれない種）からのデータを，系統樹の根を決めるために解析に含めることがある．分岐図のそれぞれの線は系統を示しており，節で二つの系統に分岐している．節は二つの系統の共通祖先を示す．分岐図の枝はすべてクレードである．分岐図の上で節から出る二つの系統は**姉妹群**（sister group）とよばれている．

系統発生の応用

系統発生の研究によって，現生の種の互いの類縁関係や，絶滅した種に対しての類縁関係を明らかにすることができる．それによって，われわれヒトを含むすべての種を共通祖先がどのように結びつけているかがわかる．このような系統発生の研究も，さまざまな応用がなされている．

ハワイのミツスイの物語は，祖先の類縁関係を明らかにすることによって，生き残っている種をどのように助けることができるかを示している．最初にポリネシア人がハワイに移住したのは西暦1000年以前で，その後ヨーロッパ人が1778年に到着した．ハワイの豊かな生態系は移住者の家畜や作物など新たに持ち込まれた生物に適していた．逃げ出した家畜がミツスイの食物や隠れ家になっていた多雨林の植物を食べたり踏みあらした．作物を栽培するために森が伐採され，耕作地から外へ出た植物が在来の植物を追いやった．1826年にはカが偶然に移入し，持ち込まれたニワトリから在来の鳥類へと病気を蔓延させた．密航したネズミやヘビは，在来の鳥類とその卵を食べた．マングースはこれらのネズミやヘビを食べるので，わざわざ持ち込まれた．

極度に隔離された環境は，ミツスイの適応放散に拍車をかけるとともに，ミツスイを絶滅しやすくもした．ミツスイは外から来た捕食者や病気に対して防御する手段を備えていなかった．生息地が突然変化したり消失したりすると，非常に長く伸びた嘴のような特殊化した形態は障害になった．そして人間が移住する前からいたミツスイのうち少なくとも43種が1778年までに絶滅した．保護活動が1960年代に始まったが，その後もさらに26種が絶滅している．現在，生き残っている68種のうち35種が絶滅の危機にさらされている（図12・22）．それ

図 12・22 3種のミツスイ. ハワイのミツスイは絶滅が続いていて，遺伝的多様性は減少の一途をたどっている．ミツスイの系統発生を解明することは，残った種を保護する上で有効である．(a) パリラは毒のある植物の種が食べられるように適応している．生存している唯一の個体群も，この植物がウシに踏みあらされたりヤギやヒツジにかじられたりしているため，減少しつつある．2010年の時点で1200羽しか生存していない．(b) アケキの下の嘴は横に向いているため，中に虫が入っている芽をこじ開けることができる．カによって高地に持ち込まれたトリマラリアが本種の最後の個体群を衰退させつつある．2000年から2007年の間に，アケキの数は7839羽から3536羽に激減した．(c) 老いて片眼も失ってしまっているこのポオウリは2004年にトリマラリア症で死んだ．このときはまだ他に2個体が生存していたが，それ以来一度も見つかっていない．

らは移入した動植物種の個体群から圧力をかけられている．地球温暖化による気温の上昇によって高地にもカが侵入するようになり，そこに残っているミツスイも，トリマラリア症などのカが媒介する病気で死んでいくようになった．

絶滅種が増えるにつれ，ミツスイの仲間の遺伝的多様性が減少していく．遺伝的多様性が低くなると，そのグループが全体として変化に対して弾力性がなくなり，壊滅的な絶滅をこうむりやすくなる．ミツスイの系統発生を解読すれば，どの種が他種と遺伝的に最も異なるかがわかる．遺伝的多様性を保護するという観点からは，そのような種は保護する価値が高い．そのような研究によって，グループ全体の生存にとって大きな希望をもたらす種に保護活動を集中することが可能となる．たとえば，いまではポオウリ（図12・22c）がミツスイの仲間のなかでは最も遺伝的にかけ離れた種であることがわかっている．残念なことに，そのことがわかったときにはすでに遅く，ポオウリはおそらくすでに絶滅してしまった．ポオウリの絶滅は，このグループの進化の歴史の大きな部分を失ってしまったことを意味する．ミツスイの系統樹のなかで最長の枝をもった種の一つが永遠にいなくなってしまった．

過去の進化的な分岐と現在の個体群の行動や分散のパターンとを関連づける研究は保護活動に役立つ．たとえば，アフリカのサバンナにおけるレイヨウ類の個体群の減少は，少なくとも部分的には家畜のウシとの競争が原因となっている．ミトコンドリアDNAの塩基配列の解析は，同じころに分岐した他のレイヨウ類と比べて，オグロヌーの現在の個体群間の遺伝的な類似性が低いことを示した．このデータを行動的および地理的データと組合わせることにより，保全生物学者らは，オグロヌーが好んで食べる植物の集中分布がオグロヌー個体群の間の遺伝子拡散を防いでいることに気づいた．遺伝子拡散の欠如は個体群に圧力がかかったときに遺伝的多様性の破滅的な損失につながることがある．間にある植物のない場所に適切な植物を復活させることによって，孤立したオグロヌーの個体群を再び結びつけることができるであろう．

ウイルスなどの感染性の病原体の進化も，生化学的特徴に基づいてクレードに分けることにより研究されている．ウイルスは宿主に感染するたびに突然変異を起こすことができるので，遺伝物質は時間とともにどんどん変わっていく．鳥類などの動物に感染するインフルエンザウイルスのH5N1株をみてみると，H5N1に感染したヒトは非常に高い死亡率を示すものの，現在までヒトからヒトへの感染はごくまれにしか起こっていない．しかし，このウイルスは何も症状をひき起こすことなくブタの体内で複製される．ブタはこのウイルスを他のブタだけではなくヒトにも感染させる．ブタから単離したH5N1の系統発生の解析によって，このウイルスは2005年以降少なくとも3回トリからブタへと感染したことと，単離した株のうちの一つはヒトからヒトへと感染する能力を獲得していることがわかった．このウイルスが新しい宿主にどのように適応するかを理解することが，このウイルスに効果があるワクチンを設計するのに役立っている．

12・8 スーパーネズミの登場 再考

ネズミのワルファリン耐性の対立遺伝子はワルファリンにさらされているネズミの個体群においては明らかに適応的である．この遺伝子のヘテロ接合体のネズミは多量のビタミンKを必要とするが，ワルファリンの毒で死ぬことと比べれば，ビタミンK欠乏症はそれほど悪いことではない．しかし，ワルファリン耐性の対立遺伝子をホモ接合でもっている個体はかなり不利な状態となる．それらは正常な血液の凝固と骨の形成を持続するために十分な量のビタミンKを食物からとるのは容易ではないため，早死にする傾向がある．このように，ワルファリンがないときには，ネズミ個体群中のこの対立遺

伝子の頻度は急速に減少する．周期的にワルファリンにさらされていると，対立遺伝子が広がるのを保つこととなる．これは，選択圧がどのようにして平衡多型を維持しているかを示す一例となる．

まとめ

12・1 個体群はそれに働く選択圧によって変化する傾向がある．ネズミを制御しようとする人間の努力によって，ネズミ個体群がそれに対して耐性をもつように変化した．

12・2 同じ個体群内の個体は形態的，行動的，生理的な形質を共有している．突然変異によって生じる対立遺伝子は，共有している形質に関して異なる表現型を生み出す源である．個体群のすべての遺伝子のすべての対立遺伝子を合わせた遺伝資源の集合を遺伝子プールとよぶ．突然変異は，致死的，中立的，適応的な場合がある．

小進化，すなわち個体群の遺伝子プールの中で生じる対立遺伝子頻度の変化は，突然変異，自然選択，遺伝的浮動の過程を通して，自然の個体群では常に生じている．理論的な遺伝的平衡からのずれをみることで，個体群がどのように進化するかを研究することができる．

12・3 自然選択とは環境からの圧力が個体群内の各個体の生存や繁殖に影響を与える過程である．自然選択にはいくつかのタイプがある．方向性選択は形質の変異幅の片方の端の表現型に有利に働く．安定化選択は，形質の両極端の表現型を取除き，中間的な表現型に有利に働く．分断性選択は，中間的な表現型には不利で，両極端の表現型に有利に働く．

12・4 性選択は自然選択の一つのタイプである．交配相手を獲得するのがより有利になるような形質が適応的となる．個体群中に複数の対立遺伝子が相対的に高い頻度で維持される平衡多型を導くような自然選択もある．

対立遺伝子頻度のランダムな変化が遺伝的浮動である．遺伝的浮動による対立遺伝子の固定は，個体群の遺伝的多様性の損失へとつながる．遺伝的浮動は小さな個体群や同系交配を行っている個体群で顕著にみられる．創始者効果は進化のボトルネックの後に生じる．遺伝子拡散は突然変異，自然選択，遺伝的浮動とは反対の効果をもつ．

12・5 種分化の過程はそれぞれ異なるが，個体群間の遺伝子拡散がなくなる生殖隔離は種分化の過程で常に起こる．異所的種分化では，地理的な障壁が生じ個体群間の遺伝子拡散をさえぎる．遺伝子拡散がなくなると，それぞれの個体群で独立に遺伝的変化が生じ，結果として別べつの種となる．種分化は遺伝子拡散の障壁がなくても生じることがあり，同所的種分化とよばれる．多くの植物（およびいくつかの動物）にみられる倍数体の種は，同所的種分化によって生じた．

12・6 大進化とは大きなスケールの進化のパターンで，停滞，適応放散，共進化，大量絶滅などがある．新しい大きな進化は外適応によって生じる．外適応とは，ある構造を祖先が使ったのとは異なる目的で使うことである．停滞とは系統が進化的な時間にわたってほとんど変化しないことである．重要な進化的革新によって適応放散，すなわちある一つの系統がいくつかの新しい種へと急激に多様化することが生じることがある．共進化は，2種が互いにもう一方の種の選択の要因として働くときに起こる．ある系統に生き残っている個体がいなくなったとき，絶滅したという．

12・7 進化生物学者は，進化の歴史（系統発生）を形態的，行動的，生化学的な形質を種間で比較することにより再構築する．クレードは，一つ以上の派生形質を進化させた共通祖先と，その共通祖先のすべての子孫からなる単系統群である．

分岐分類学は，クレード間の進化の歴史についての仮説を立てるために行われる．系統樹はすべての生物は共通祖先によって類縁関係にあることを前提としてつくられる．分岐図では，それぞれの線は系統を表す．系統は共通祖先を示す節で二つの姉妹群に分岐する．

系統発生の推定は，すべての種の類縁関係を明らかにするだけではなく，絶滅危惧種を保護するのに役立つことがある．系統発生の研究はまたウイルスや他の感染性病原体の広がりを研究するためにも用いられる．

試してみよう （解答は巻末）

1. 新しい対立遺伝子の源は＿＿＿である．
   a. 突然変異　　b. 自然選択
   c. 遺伝的浮動　d. 遺伝子拡散
   e. a〜dのすべて

2. 個体が進化するのではなく，＿＿＿が進化する．

3. 左側の自然選択の様式の説明として最も適当なものをa〜cから選び，記号で答えよ．
   ＿＿＿ 安定化選択　　a. 形質の両極端の表現型が不利なため除かれる
   ＿＿＿ 方向性選択
   　　　 分断性選択　　b. 形質の中間的な表現型が不利なため除かれる
   　　　　　　　　　　c. 一定の方向へ対立遺伝子頻度が変化する

4. 成熟した雌を巡る雄間の競争などによって生じる性選択はしばしば体の形に影響を及ぼし，＿＿＿を生じることがある．
   a. 派手な求愛行動　　b. 雄どうしの攻撃
   c. 誇張された形質　　d. a〜cのすべて

5. 個体群中に鎌状赤血球の対立遺伝子が高い頻度で維持されているのは＿＿＿の例である．
   a. ボトルネック　b. 平衡多型　c. 自然選択
   d. 同系交配　　　e. bとd

6. ＿＿＿は，同一種内の別べつの個体群を互いに似ている状

態に保つ傾向がある．
   a. 遺伝的浮動   b. 遺伝子拡散
   c. 突然変異   d. 自然選択

7. 野火によって森の樹木が幅広い帯状に焼き払われることがある．樹木で生活しているカエルの個体群は，焼き払われた部分の両側で別々の種に分岐していく．これは ____ の例である．
   a. 異所的種分化 b. 適応放散
   c. 同所的種分化 d. ボトルネック

8. 多くの鳥類では交配の前に求愛行動が行われる．雄の行動が雌によって認められないと，雌は雄とは交配しない．これは ____ の例である．
   a. 時間的隔離   b. 行動的隔離
   c. 機械的隔離   d. a～cのすべて

9. 分岐分類学において，必ずクレードとなる唯一の分類階級は ____ である．
   a. 属   b. 科   c. 種   d. 界

10. 系統樹において，それぞれの節が意味するのは ____ である．
    a. 一つの系統   b. 絶滅
    c. 分岐点   d. 適応放散

11. 左側の進化に関する概念の説明として最も適当なものをa～hから選び，記号で答えよ．

   ____ 遺伝子拡散   a. 相互依存し合う種を生じる
   ____ 性選択   b. 偶然のみで個体群中の対立遺伝子頻度が変化する
   ____ 絶滅   c. 対立遺伝子が個体群に出入りする
   ____ 遺伝的浮動   d. 進化の歴史
   ____ 分岐図
   ____ 適応放散   e. 適応的な形質をもつ個体が繁殖相手を獲得するうえで有利となること
   ____ 共進化
   ____ 系統発生   f. 一つの系統が一気に多数に分岐すること
                      g. もはや生存する個体がいないこと
                      h. 入れ子状の図ともみなせる

13 地球の初期の生命

13・1 生命の進化と病気
13・2 細胞が誕生する前の世界
13・3 三つのドメインの起原
13・4 ウイルス
13・5 細菌とアーキア
13・6 原生生物
13・7 真菌類の特色と多様性
13・8 生命の進化と病気 再考

13・1 生命の進化と病気

　細菌, アーキア, 原生生物などの単細胞生物や非細胞性のウイルスなどのことを微生物とよぶ. 微生物は, 複雑な多細胞生物が登場するずっと以前から存在し, そのほとんどは人類に害を及ぼさず, むしろ利用価値の高いものである. しかし少数のものは, **病原体**（pathogen）として人類に病気をひき起こす.

　ウイルスを含めてすべての微生物は進化する. より大型で複雑な生物と同様に, 遺伝子に変異が入ることで, 自然選択によってさまざまな環境に適応している. ヒトの病原体の場合, その環境とはヒトの体内である. 病原体に対抗するためには, 病原体の進化の歴史を研究することが重要なのである.

　現在, ヒト免疫不全ウイルス（HIV, 図13・1）の起原と進化に関する研究が進んでいる. HIVにより, エイズ（後天性免疫不全症候群 AIDS）がひき起こされる. 毎年約200万人がエイズの犠牲になっている.

　HIVは1980年代初頭に単離された. DNA塩基配列の結果から, 最も一般的な系統（HIV-1）は, アフリカでチンパンジーに感染するサル免疫不全ウイルス（SIV）から進化したといわれている.

　HIVの起原を知ることで, 新たな対策を講じることもできるようになるかもしれない. たとえば, SIVは確かにチンパンジーに病気をひき起こすが, ヒトのHIVほど深刻な病気ではない. チンパンジーの免疫系がどのようにSIVと闘っているのかを知ることで, われわれもエイズに対抗できるようになるかもしれない.

　微生物の進化の歴史の研究により, 年間100万人ほどが犠牲になるマラリアにも対抗できるようになるかもしれない. マラリアの原因となる原生生物は, ヒトの細胞の中に生息し, その体内に, 葉緑体のようなアピコプラスト（apicoplast）とよばれる細胞小器官をもっている. アピコプラストは光合成能をもっていないが, 原生生物の生育に必須な代謝経路をいまだに保持している. アピコプラストの機能を阻害することで, マラリアをひき起こす原生生物に対抗しようとする研究も進んでいる. ヒトはアピコプラストをもたないので, アピコプラストを標的とした薬は副作用が少ないと考えられる.

　本章では, 地球上の進化の初期に出現した種々の生物, ウイルス, 真菌類について解説する.

13・2 細胞が誕生する前の世界

原始地球の環境

　太陽を周回する小惑星どうしが衝突して, より大きな小惑星になった. 衝突が繰返され, より大きな準惑星が形成され, ますます大きな引力をもち, より多くの物質を集めた. このようにして, 46億年前には太陽系が形成された.

　惑星が誕生した後も, すぐに宇宙からの隕石がなくなったわけではなく, 初期の地球の地表には巨大隕石の雨が降り注いでいた. また, 火山や隕石から溶岩やガスが噴出し, そのガスは原始地球の大気となった.

　火山の爆発, 隕石, 太古の岩石や他の惑星についての研究により, 原始地球の大気は, 水蒸気, 二酸化炭素, 水素, 窒素から構成されており, 酸素はほとんど含まれていなかったことが明らかになった. 岩石に含まれる鉄成分は酸素にふれると酸化して錆びるが, 錆びが見つかった最も古い岩石は23億年前のものである. 大気中の酸素濃度が低かったことが, おそらく生命の起原を可

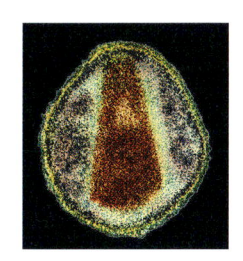

図13・1 ヒト免疫不全ウイルス（HIV）

図 13・2　原始地球の予想図

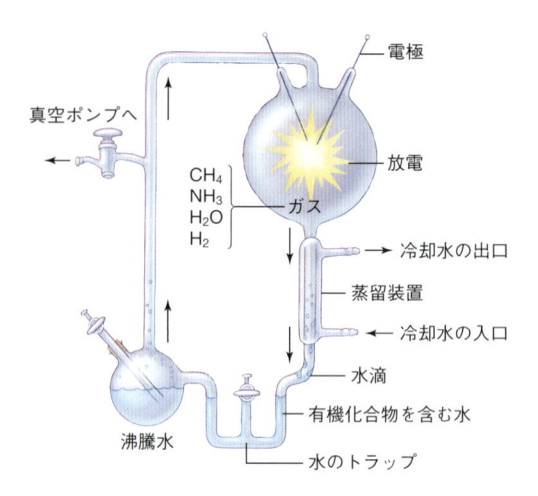

図 13・3　ミラーの実験．原始地球環境を再現し，混合ガスをガラス器具に封入し，稲妻の代わりに放電を行い，有機化合物の合成に成功した．

能にしたのであろう．もし，反応性の高い酸素が大気中に存在したなら，生命を構成する分子はつくられず，つくられても長期間存続できなかったであろう．

地表に降った雨は瞬時に気化し，水蒸気になった．地表温度が下がるにつれて岩石が形成された．その後，雨が岩石に含まれる無機塩類を洗い流し，海に無機塩類が蓄積していった（図13・2）．その海で最初の生命が誕生した．

生命をつくる物質の誕生

18世紀初頭まで，化学者は有機分子が特別な"生命力"をもっていて，生物によってのみつくられると考えていた．1825年に，ドイツの化学者が尿に含まれる尿素の合成に成功し，のちに別の化学者によってアミノ酸であるアラニンも化学合成された．これらの実験により，非生物的な反応でも有機物をつくれることが証明された．

原始の地球上で生物の構成成分である有機物が誕生した過程に関して，三つの仮説が考えられている．

1. 稲妻反応説　1953年にミラー（Stanley Miller）とユーリー（Harold Urey）は，稲妻によるエネルギーが原始地球の大気中で有機分子の合成を促進した，という仮説を初めて検証した．この過程を再現するために，閉鎖系のガラス器具内に，メタン，アンモニア，水素ガスを充満させ，放電させた（図13・3）．1週間以内に，生物の営みに不可欠なアミノ酸などのさまざまな有機分子が形成された．この結果は，生命の誕生に向けた第一歩を再現した重要な成果として注目を集めた．しかし現在では，ミラーらの実験に使われた混合ガスは原始の地球大気を必ずしも再現しているものではないと考えられている．現在考えられている原始の地球大気を再現して，より正確な模擬実験を行うと，ミラーらの実験に比べ，はるかに少数のアミノ酸しか生成されないことがわかっている．

2. 隕石飛来説　アミノ酸や糖，核酸の塩基などが隕石に含まれることから，生体物質の起原について別の説も提唱されている．これらの有機物は，氷や塵やガスなどの星間雲で合成され，原始の地球では現在とは比べものにならないくらい頻繁に降ってきた隕石により，地球にもたらされたという考えである．

3. 深海熱水孔説　熱水孔（hydrothermal vent）で生命の構成要素が生成されたという説も存在する．熱水孔は水中の間欠泉のようなもので，そこから地熱で熱せられた無機物を豊富に含む水が，海底近くの岩の割れ目から噴出している（図13・4）．この熱水孔を再現した実験に

図 13・4　海底の熱水孔．熱水孔から噴出する水には，硫化鉄のような鉱物が含まれており，その鉱物により，熱水孔のまわりに煙突が形成される．このような煙突の表面に無数にある細胞ほどの大きさの穴でさまざまな化学反応が起こる．

より，無機物からアミノ酸が生成されうることも示されている．

代謝の起原

現在の細胞は，小さな有機分子を取込み，濃縮し，再構成することでより大きな有機分子の重合体をつくり上げる．細胞が誕生する前は，非細胞的な過程によって有機物が濃縮され，重合体の形成の機会が多くなったと考えられる．

ある仮説では，その反応は粘土質の浅い潮だまりで起こったといわれている．粘土は負に荷電しているので，海水中の正の電荷をもつ有機物が粘土粒子に結合した．引き潮のときには，構成単位が蒸発により濃縮され，太陽エネルギーによって有機物どうしが反応し，重合体をつくるようになった．この過程の模擬実験により，アミノ酸が結合して，アミノ酸鎖をつくることができることが示されている．

熱水孔付近の岩の表面で初期の代謝過程が起こったとする**硫化鉄ワールド仮説**（iron-sulfur world hypothesis）も提唱されている．その岩の表面には，細胞ほどの大きさの小さな穴が無数に空いており，そこが代謝反応の場になった．岩の表面の硫化鉄は，溶解している一酸化炭素に電子を供給し，より大きな有機物を生み出している．模擬実験では，ピルビン酸のような有機物の蓄積が確認されている．さらに，この硫化鉄はすべての生物で補因子として利用されている．このことは，硫化鉄が生命の誕生に貢献したことを示唆しているのかもしれない．

遺伝物質の起原

現在の細胞は，DNAを遺伝物質として利用している．細胞は，分裂後の娘細胞にDNAのコピーを渡し，娘細胞はDNAに書かれている遺伝暗号を利用して，タンパク質を合成する．このタンパク質のいくつかは，DNA複製など，次の細胞分裂のために利用される．タンパク質の合成はDNAに依存し，DNAはタンパク質を利用して複製・合成される．この循環はどのように始まったのだろうか．

1960年代にクリック（Francis Crick）とオーゲル（Leslie Orgel）は，かつてRNAが遺伝情報の保存と酵素のような働きの両方をもっていた，という**RNAワールド仮説**（RNA world hypothesis）を提唱した．たとえば，いくつかのリボザイム（ribozyme）とよばれるRNAは細胞中で酵素として働いている．あるリボザイムはRNAの不要部分（イントロン）を切断し，mRNAの成熟を担っている（§7・3）．また，rRNAは，リボソーム内でペプチド結合を促進している（§7・5）．

もし，初期の自己複製遺伝システムがRNAによるものであったら，なぜ生物は遺伝情報をもつゲノムをDNAに置き換えたのだろうか．DNAの構造にその鍵が隠されている．二重らせん構造をとるDNA分子に比べ，一本鎖RNAは切断されやすく，複製時にまちがいを生じやすいという特徴もある．そのため，より大きなゲノムを維持し，遺伝情報を安定的に保持するために，生物はRNAからDNAへとゲノム分子を移行させたのだろう．

細胞膜の起原

初期の自己複製分子や，合成反応によりつくられた有機物などは，それらを閉じ込めておく容器がなければ，溶媒中で無秩序に移動，拡散したであろう．現在の細胞は，細胞膜がその容器の機能を果たしている．初期の反応が岩の小さな穴などで起こっていたとすると，岩が最初の境界の役割を果たしていたことになる．この小さな穴で脂質が合成されるようになると，穴の内側に脂質が蓄積され，**原始細胞**（protocell）ができたのであろう．膜に囲まれた原始細胞は，さまざまな物質を取込み，複製もした．この原始細胞こそが，細胞の祖先であると考えられている．

生命につながるいくつかの性質をもつ原始細胞をつくり出すために，さまざまな有機化合物を混合する実験が行われている．たとえば，RNAを内包する脂質小胞（図13・5）は，周囲に存在する脂肪酸やヌクレオチドを取込みながら，"成長"した．機械的な力を加えてやると，その小胞は分裂もした．

現在も，原始細胞を形成する条件がどのようなものであったか，野外での研究が続けられている．たとえば，噴火活動によって熱せられた酸性の液体環境下では，隕石中にみられるような小さな有機化合物は，膜状構造を

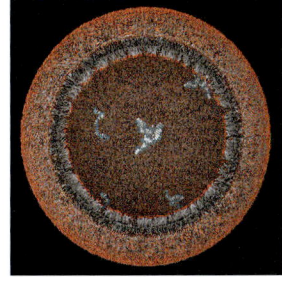

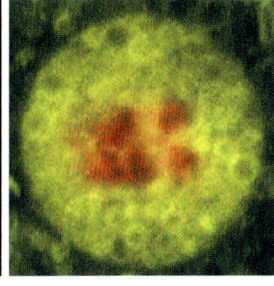

図13・5　原始細胞．研究室でつくられた，RNAを内包する脂肪酸の膜で覆われた原始細胞（左）と脂肪酸とアルコールで覆われたRNAの付着した粘土の原始細胞（右）．

とりにくいことが示されている．

模擬実験では，生命・細胞がどのようにして誕生したのかを証明することはできない．しかし，今日でも作用している物理化学的過程で，人工的に，単純な有機化合物を合成し，濃縮し，原始細胞に内包できることが明らかとなった（図13・6）．数十億年前にも，きっとこのような過程を経て最初の生命が誕生したのであろう．

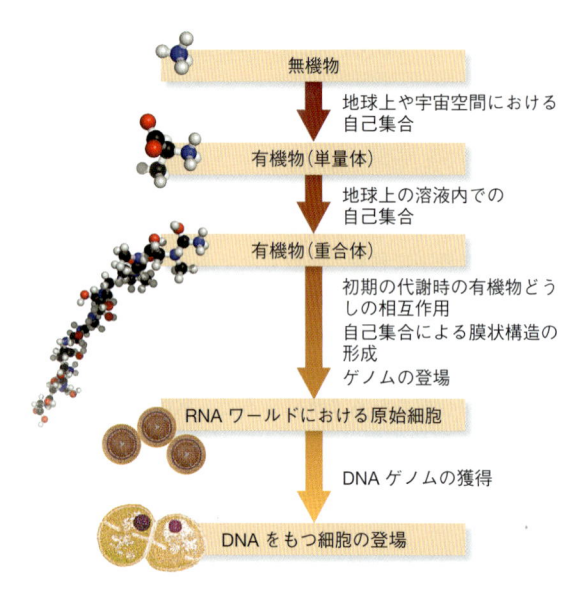

図 13・6　推測されている細胞の進化過程

13・3　三つのドメインの起原

初期の生命の痕跡

地球上では，いつ生命が誕生したのだろうか．さまざまな研究からいろいろな推測がされているが，そのどれもが生命誕生は数十億年以上前だとしている．43億年前に，生命に必要な水が地球の地表にたまり始めた．有機化合物は，38億5000万年前には初期の細胞に蓄積し始めたと考えている研究者もいるが，細胞と考えられる最も古い化石は34億年前の岩石中に発見されている．この球状で壁をもつ細胞の化石は核をもたず，直径は5〜25 μm程度であり，現在の細菌やアーキアと同じくらいの大きさだった．それらが誕生したころは，大気中の酸素濃度が低かったので，嫌気性の細胞であっただろう．この細胞の化石は黄鉄鉱（硫化鉄）のごく近くで発見されるので，これらの無機物から電子を奪ってエネルギーを得ていたと考えられる．

細菌とアーキアの起原

原核生物は大きく細菌とアーキアに分けられる．それらは，生物の歴史のごく初期，おそらく35億年ほど前に分岐した．これらが分岐したすぐ後で，細菌のいくつかのグループが，光エネルギーを利用した酸素を発生しない光合成を始めた．現在も，多くの細菌が酸素を発生しない光合成を行っている．ついで，27億年前に，ある細菌（シアノバクテリア）が，酸素を発生する光合成を開始した（§5・3）．これらの水生細菌が増殖し，高密度の層構造をとりながら堆積していった．長い年月をかけて，細胞成長と堆積が繰返され，**ストロマトライト**（stromatolite）とよばれるドーム状の層構造ができあがった．その化石も知られている（図13・7）．

酸素を発生する光合成の結果，酸素が海中や大気中に蓄積し始めた．酸素濃度の上昇は，生命の進化に二つの影響を及ぼした．

1. 高酸素濃度の環境で繁栄できる生物のみが有利になるような選択圧がかかった．好気呼吸（§5・6）が進化し，急速に広まった．好気呼吸では酸素を使い，有機分子からのエネルギー生産効率がきわめて高い．好気呼吸は，のちに多くのエネルギーを必要とする多細胞真核生物にも利用されることになった．

2. 大気中に酸素が蓄積してくると，オゾンガス O_3 が生じ，大気の上層に**オゾン層**（ozone layer）が形成された．オゾン層は太陽から降り注ぐ紫外線を遮断し，紫外線により傷つきやすいDNAや他の生体分子を守ることになった（§6・4）．水も紫外線をある程度遮断するが，オゾン層による保護がなければ，生物が陸に上がることはできなかった．

図 13・7　ストロマトライト．上は古代の海でのストロマトライトの予想図．表面には生きている光合成細菌の層があり，下には堆積物や無機物をたくわえた古い細菌の層がある．左はストロマトライトの化石．多層構造が見える．

真核生物の起原

核や他の細胞小器官を含む細胞をもつ**真核生物**（eukaryote，§3・5）は，18億年前の化石として最初に登場する．DNA塩基配列の比較により，真核生物は，アーキアと細菌の両方を祖先とすると考えられている．真核生物の遺伝子のあるものはアーキア，他の遺伝子は細菌の遺伝子と似ている．真核生物のDNA複製，転写，翻訳に関する遺伝子は，あるアーキアのものと類似している．一方，代謝や膜形成にかかわる遺伝子は，細菌のものと類似している．

すべての真核生物は，DNAを核に収納している．核膜は，核と細胞質の物質のやりとりに必要な，タンパク質でできた核膜孔をもつ膜二重層からできている．一方，アーキアや細菌のDNAは細胞質に存在している．

この核膜を含む内膜系は，おそらく細胞膜を取込んで進化したものであろう（図13・8）．このような細胞膜の取込みは，膜結合型の反応に利用できる表面積を増やすので，進化上の利点があった．現存する海生の亜硝酸細菌 *Nitrosococcus oceani* は，高度に折りたたまれた内膜系に埋込まれた酵素を使って窒素化合物を分解してエネルギーを生産している．また，この細胞膜取込みにより，細胞質空間を固有の反応が起こる区画に分けることが可能となった．取込まれた細胞膜の一部はDNAを囲む核膜となり，遺伝物質を保護するという役割をもった．

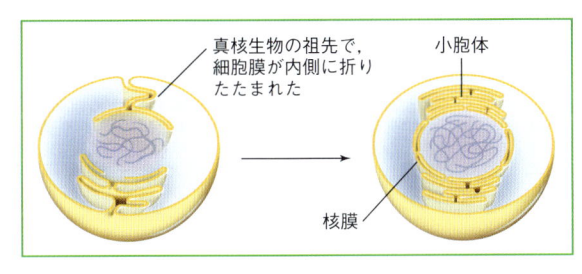

図13・8 真核細胞の核膜と小胞体膜の起原．これらの膜は，細胞膜が内側に折りたたまれてできたと考えられている．

真核生物のいくつかの細胞小器官は，細菌由来であると考えられている．ミトコンドリアや葉緑体の構造と遺伝物質は細菌のものとの類似性が高く，これらの細胞小器官は**細胞内共生**（endosymbiosis）によって進化したと思われる．つまり，ある細胞が他の細胞に入り込み，その中で増殖したということである．内部共生体は，細胞が分裂するときに娘細胞に分配される．

ミトコンドリアは，現在の好気性従属栄養細菌との類似性が高いので，このような細菌と共通の祖先をもつと考えられる．おそらく，この細菌が真核生物の細胞に侵入したか，取込まれて，その細胞内で生活を始めた．しだいに細菌は宿主の真核細胞からいろいろな生体物質をもらうようになり，真核生物は，細菌が生み出すATPを利用するようになった．

同様に，葉緑体の遺伝子は，現在の酸素発生型光合成細菌の遺伝子に類似しており，葉緑体はその細菌の近縁種の細胞内共生により進化したと考えられている．細菌は宿主に糖質を供給し，宿主から住環境と二酸化炭素の供給を受けている．

真核生物のゲノム構造も細胞内共生説で説明できる．初期の真核生物はアーキアを取込んだり，細菌と共生したりしたのだろう．時間がたつにつれ，細菌の代謝や膜形成に関与する遺伝子群は，核に移行し，それによって不要になったアーキアの遺伝子は捨てられたのだろう．その結果，現在のゲノム構造が完成したと考えられる．

真核生物の多様性

最初の真核生物は，最初の原生生物でもあった．最古の原生生物の化石は，紅藻類の *Bangiomorpha pubescens* であり，約12億年前のものである（図13・9）．その紅藻類は多細胞で，体を固着させる細胞や胞子形成細胞など，細胞ごとに役割分担があったことも知られている．この紅藻類が有性生殖を行う最初の生物だった．

一方，5億7000万年前の動物の化石が見つかっている．それらの小動物は，海の中で細菌，アーキア，真菌類，原生生物，陸上植物の祖先である緑藻類などとともに暮らしていた．5億4200万年前からのカンブリアの大適応放散期に，動物は一気に多様化した．カンブリア爆発が終わるころまでに，海中には背骨をもつ脊椎動物を含めて，主要な動物の祖先はすべて登場した．

このような生物の進化について，図13・10にまとめた．以下，現存するウイルス，細菌，アーキア，原生生物，真菌類について解説する．

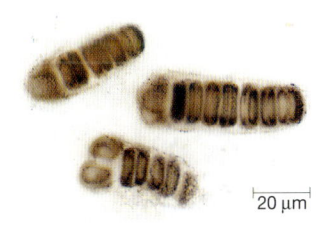

図13・9 12億年前の多細胞紅藻類（真核生物）の化石

13・4 ウイルス

1800年代後半に，病気のタバコからそれまでに知られていなかった病原体が見つかった．最も小さな細胞よ

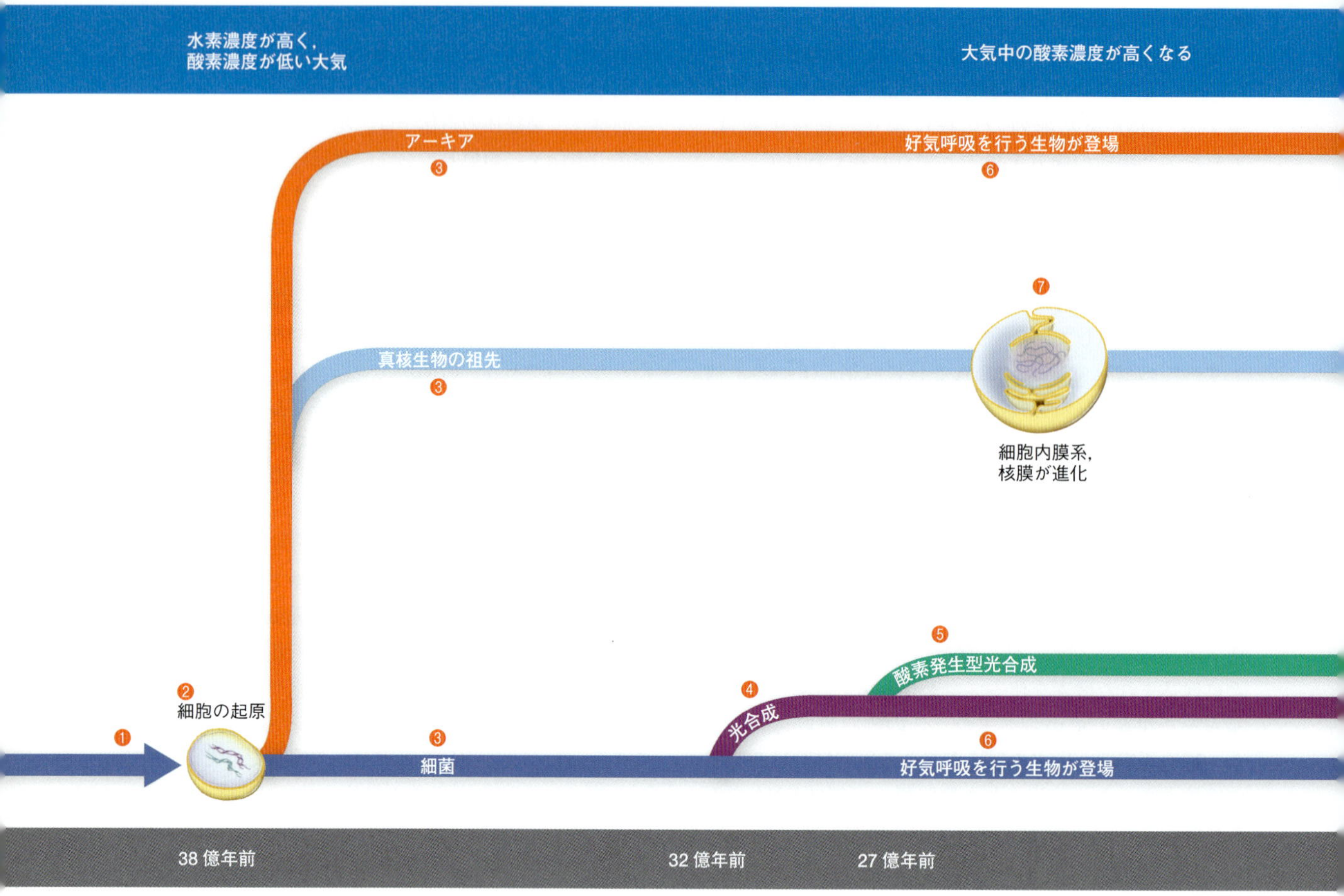

13. 地球の初期の生命

水素濃度が高く，酸素濃度が低い大気 ／ **大気中の酸素濃度が高くなる**

- アーキア ❸ ／ 好気呼吸を行う生物が登場 ❻
- 真核生物の祖先 ❸ ／ ❼ 細胞内膜系，核膜が進化
- ❶ → ❷ 細胞の起原 → 細菌 ❸ → ❹ 光合成 → ❺ 酸素発生型光合成 → ❻ 好気呼吸を行う生物が登場

38 億年前　32 億年前　27 億年前

細胞誕生前
❶ 50 億年前から 38 億年前に脂質，タンパク質，核酸，複合糖質などが単純な有機分子から合成された

細胞の起原
❷ 35 億年前までに最初の細胞が登場した．それらは核や他の細胞小器官をもたない原核生物だった．酸素が乏しいので嫌気性経路で ATP を合成した

3 種類の生物
❸ 最初に，細菌とアーキア・真核生物の祖先へと分岐した．まもなくアーキアと真核生物が分かれた

光合成と好気呼吸の進化
❹ いくつかの細菌が，酸素を発生しない光合成を開始した
❺ さらに，酸素発生型光合成細菌が登場し，酸素の集積が始まった
❻ 好気呼吸はいくつかの細菌やアーキアで主要な代謝経路となった

内膜系と核の登場
❼ 真核生物の祖先で，細胞の大きさや遺伝情報量が飛躍的に増大した．30 億年前から 20 億年前には内膜系と核膜が進化した

図 13・10　生物の進化．この図は全生物の進化的関係も示している．時間軸は正確ではない．

りも小さく，光学顕微鏡では見えないものであった．この目に見えない感染者は，ラテン語で"毒"を意味するウイルスと名づけられた．今日では，**ウイルス**（virus）は宿主細胞の中でのみ複製する，非細胞性の感染性粒子と定義されている．

ウイルスは生細胞の中でのみ複製するので，ウイルスの起原は，トランスポゾン（§7・6）のような細胞由来のものであると考えられている．ウイルスは，トランスポゾンが外被タンパク質をコードする遺伝子を獲得し，細胞外に飛び出せるようになったものであろう．一方，ウイルスは細胞以前から存在したものの生き残りであるという仮説もある．現生の細胞は，ウイルスと同様の遺伝子がほとんど存在しないことがその根拠となっている．

ウイルスの構造と複製

ウイルスはタンパク質外被（キャプシド capsid）で覆われたゲノムをもち，そのゲノムは一本鎖か二本鎖の RNA あるいは DNA である．ウイルスの外被は多くのタンパク質サブユニットが整然とつながった繰返し構造をつくり，らせん形の棒状構造（図 13・11a），あるいは多くの側鎖をもつ多面体構造をとる（図 13・11b）．外

13・4 ウイルス

大気中の酸素濃度が現在と同じ濃度に達し，オゾン層が形成され始める

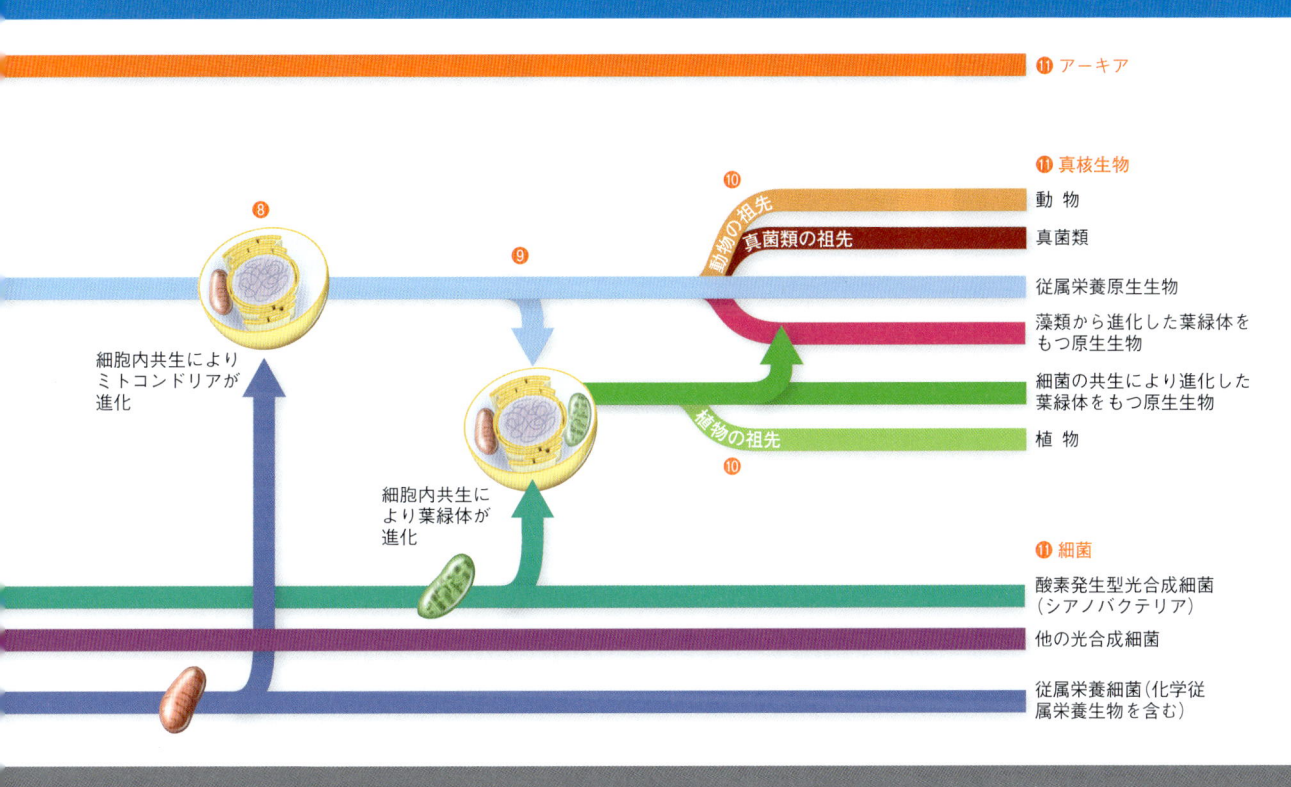

⑪ アーキア

⑪ 真核生物
動物の祖先
動物
真菌類の祖先
真菌類
従属栄養原生生物
藻類から進化した葉緑体をもつ原生生物
細菌の共生により進化した葉緑体をもつ原生生物
植物の祖先
植物

⑧ 細胞内共生によりミトコンドリアが進化

⑨ 細胞内共生により葉緑体が進化

⑪ 細菌
酸素発生型光合成細菌（シアノバクテリア）
他の光合成細菌
従属栄養細菌（化学従属栄養生物を含む）

12億年前　　　　　　　9億年前　　　4億3500万年前

ミトコンドリアの細胞内共生
⑧ およそ12億年前に，好気性細菌が真核細胞内に細胞内共生し，ミトコンドリアに進化した

葉緑体の細胞内共生
⑨ 酸素発生型光合成細菌が真核細胞に細胞内共生し，葉緑体に進化した

植物，真菌類，動物
⑩ 9億年前ころまでには，植物，真菌類，動物の祖先が海の中で登場した

現存種
⑪ 現在の生物種には共通点も多いが，それぞれの種はそれぞれが経験してきた選択圧に応じた特徴をもっている

図 13・10（つづき）

被は，ウイルスの遺伝物質を保護し，固有の宿主細胞に侵入するために利用されている．すべてのウイルスは外被を宿主細胞の膜タンパク質に結合し，宿主細胞を認識する．また，外被には，宿主細胞内で機能するような酵素が含まれる場合もある．

動物に感染する多くのウイルスの外被タンパク質は，感染した細胞の細胞膜でできた**ウイルスエンベロープ**（viral envelope）の中に収納されている（図13・11c）．エンベロープはウイルス粒子が形成される宿主細胞に由来する．

ウイルスは，宿主特異的に感染し，宿主細胞内で複製するために，特徴的な構造をとる．ウイルスの複製方式の詳細は，その種類によりそれぞれ異なっているが，おおまかにいって，次のような段階からなる．ウイルスは，まず最初に宿主の細胞膜に存在する特定のタンパク質を認識し結合する．ついで，遺伝情報物質と，ときには他のウイルス要素が細胞に侵入する．

ウイルスは，宿主細胞にウイルスの DNA や RNA を複製させたり，ウイルスの構造タンパク質を合成させる．これらの構成要素が合成されると，自己集合により，新しいウイルス粒子が合成される．宿主細胞内で増殖した新しいウイルスは，宿主細胞から出芽したり，あ

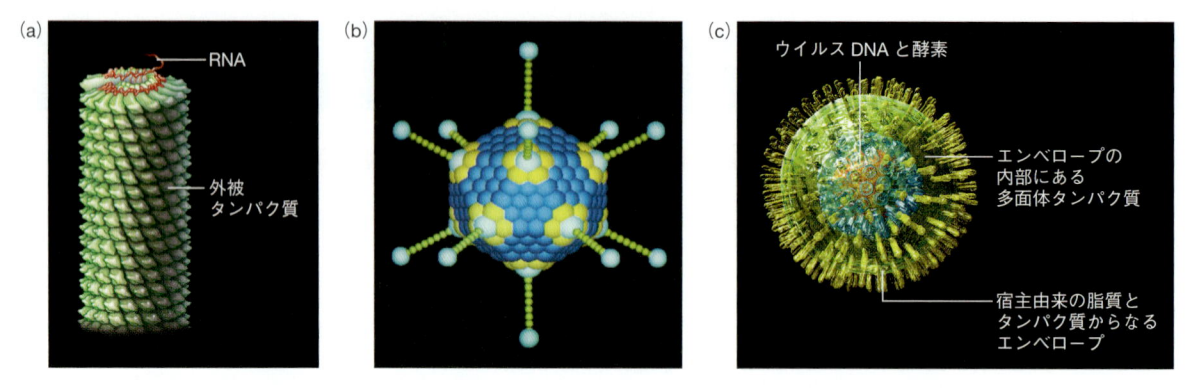

図 13・11　ウイルスの構造．(a) タバコモザイクウイルス．タバコなどの植物に感染する．(b) アデノウイルス．動物に感染する多面体ウイルス．20面体の外被が DNA を包んでいる．(c) ヘルペスウイルス．動物に感染するエンベロープをもつウイルス．

るいは宿主細胞を破壊して，外に飛び出す．

バクテリオファージ

バクテリオファージ (bacteriophage) はファージともよばれ，最も古いウイルスの系統である．エンベロープはもたず，細菌に感染する．ラムダファージとよばれるものは，複雑な構造をとる．頭のような外被タンパク質をもち，そのなかに DNA が収納されている．ファージの別のタンパク質が細菌に結合し，細胞壁に穴を開け，DNA を細胞内に注入する．

バクテリオファージには，2種類の増殖過程がある．どちらもバクテリオファージが細菌細胞に結合してDNA を注入することから始まる（図 13・12）．**溶菌生活環**（lytic pathway）では，ウイルス遺伝子がただちに発現する❶．宿主細胞はウイルスの構成要素を産生し，それらが自己集合してウイルス粒子が複製される．ついで，ウイルス粒子が細胞外へ拡散するために必要な，宿主細胞壁を溶解（lysis）させるための酵素も合成される．

溶原生活環（lysogenic pathway）では，ウイルス DNA が宿主のゲノム DNA に組込まれ，ウイルス遺伝子はすぐには発現しないので，細胞は健康である❷．細胞分裂時にはウイルス DNA が宿主ゲノムと一緒に複製され，宿主細胞のすべての子孫に分配される．ウイルス DNA は溶菌生活環に入るべき環境変化が起こるまで，時限爆弾のように潜んでいる．

溶菌生活環のみでしか増殖できないファージもいるが，そのようなファージでは，増殖の際，必ず宿主細胞を殺してしまうので，細菌の世代を超えて生き残ることはない．溶菌生活環と溶原生活環の両方を利用して増殖

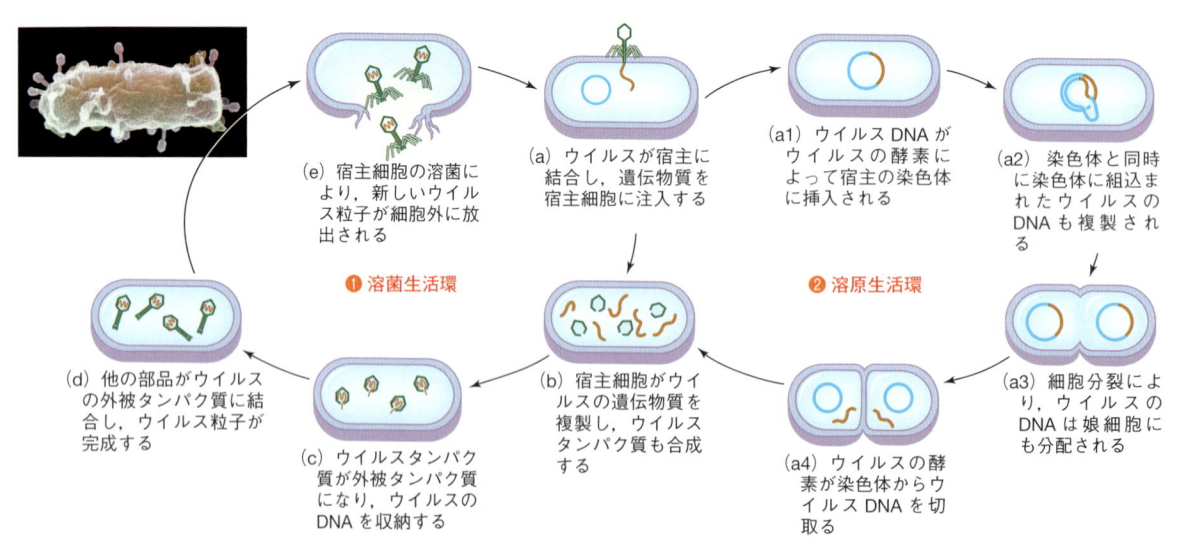

図 13・12　バクテリオファージの2種類の増殖過程

植物ウイルス

タバコモザイクウイルス（図13・11a）などの植物ウイルスのゲノムは，一本鎖RNAであり，らせん構造をとり，エンベロープはない．

植物細胞は厚い細胞壁をもつため，昆虫に食べられたときなど，植物組織に傷がついたときのみ，ウイルスが感染する．アブラムシやコナジラミなどの昆虫がこの植物ウイルスを媒介し，さまざまな病気をひき起こす．このように，ある宿主から別の宿主に病原体を媒介する生物のことを**病原媒介者**（disease vector）とよぶ．

植物の葉や花に斑点状や縞状の紋様が現れたり，葉が巻いたり，葉が黄化したり，矮化したりする場合，ウイルスに感染していると考えられる．ウイルスは，植物の隣り合った細胞どうしをつなぐチャネルである原形質連絡を通って，細胞から細胞へと容易に移動することもできる．

一度植物がウイルスに感染すると，それに対抗する手段はあまりない．そこで，作物をウイルスから守るために，媒介する昆虫側からウイルス感染防御を試みたり，ウイルスに抵抗性を示す品種の作出を行っている．遺伝子組換えにより，ウイルス抵抗性を付与することもできるようになってきた．たとえば，タバコモザイクウイルスの外被タンパク質を植物に組込むと，そのウイルスへの抵抗性を高めることができる．ウイルスのタンパク質を組込むことで，そのウイルスに感染していなくても，植物自身の防御能力が高まるのである．

ウイルスとヒトの病気

ヒトに感染するほとんどのウイルスは，ごく短時間，穏やかな症状をひき起こすだけである．たとえば，鼻炎ウイルス（ライノウイルス）は呼吸器系上部に感染し，一般的な風邪をひき起こす．このような風邪は，免疫系がウイルスに感染した細胞を駆逐すると終息する．

しかし，なかには，より長期間病気をひき起こすものもいる．ヘルペスウイルスは，口唇ヘルペス，陰部ヘルペス，単核症や水痘をひき起こす．感染初期の症状は短期間で終わるが，ウイルスはいつまでも体内にとどまり，あるとき，また発症する．単純ヘルペスウイルスの一種であるHSV-1ウイルスは，何年もの間，神経細胞に感染し続け，再活発化すると，唇の端に痛みを伴う疱疹ができる．

はしか，おたふく風邪，風疹や水痘は最近まで，世界中の子供がよくかかる病気だったが，現在では，多くの先進国でこれらの病気に対するワクチンの予防注射を行っている．ヒトパピローマウイルス（human papillomavirus: HPV）に対するワクチンも開発されている．これは，性交渉で感染し，子宮頸がんなどのがんを誘発する．ワクチンにより，ある程度の病原体に対抗できるようになってきた．この詳細は§19・8で，あらためて紹介する．

HIV，エイズウイルス

HIV（ヒト免疫不全ウイルス human immunodeficiency virus）はエイズ（後天性免疫不全症候群 acquired immunodeficiency syndrome: AIDS）をひき起こす．HIVはレトロウイルス（retrovirus）というRNAウイルスであ

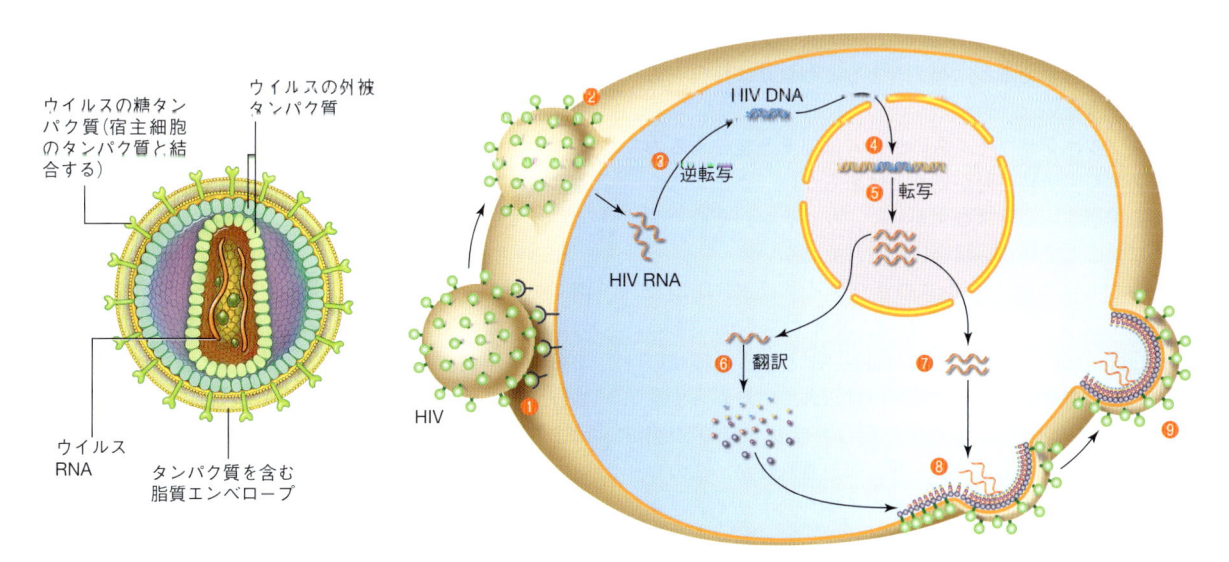

図 13・13　エイズをひき起こすHIVの増殖過程

り，ヒトの白血球細胞の内部で増殖する（図13・13）．HIVの感染は，最初に，エンベロープから突出している糖タンパク質が白血球細胞表面のタンパク質に結合することで始まる❶．次に，ウイルスのエンベロープが細胞膜に融合し，ウイルスの酵素とRNAを細胞内に注入する❷．

注入された逆転写酵素は，やはり注入されたウイルスのゲノムRNAをもとに，二本鎖DNAを合成する❸．ウイルスDNAは宿主細胞核に入り，宿主の染色体に挿入される．ウイルスの酵素はこの過程も制御している❹．宿主ゲノムに挿入されたウイルスDNAは宿主ゲノムとともに複製・転写される❺．その結果生じるRNAの一部からはHIVの構造タンパク質が翻訳され❻，また，別の一部のRNAは，HIVゲノムとして新しいウイルス粒子に組込まれる❼．これらのウイルス粒子は細胞膜で自己集合し❽，その細胞膜をエンベロープとして取込み，細胞外へと出芽する❾．出芽したそれぞれのウイルスは，他の白血球細胞に感染する．感染細胞が分裂するたびに，新たに感染細胞が生じることになる．

HIVに対する薬は，ウイルスの複製を阻害する化合物である．ある薬は，HIVが宿主細胞に結合するのを防ぐ機能をもち，他の薬は逆転写酵素の阻害剤である．これらの抗ウイルス薬はHIVの数を減少させ，保因者の健康を保つとともに，感染のリスクを低下させる．

インフルエンザウイルス

HIV同様，インフルエンザウイルスもエンベロープをもつRNAウイルスである．RNAウイルスがゲノムを増幅するときに用いる逆転写酵素は，複製のまちがいが多いため，RNAウイルスのゲノムの変異速度は特に速い．逆転写の間は修復酵素が働かないので，校正活性はなく，一度まちがえると，ゲノムをもとどおりに修復することはできない．

インフルエンザウイルスのゲノムは刻々と変化するので，必ずしも予防注射が効くとは限らない．ウイルスの変化を予想することはむずかしく，ワクチンがそのウイルスに対応していない場合は，役に立たない．

インフルエンザウイルスのサブタイプはH1N1型などのように表記される．これは，ウイルス表面にあるhemagglutinin（H）とneuraminidase（N）という2種類のタンパク質の構造により名前がつけられているからである．2009年の4月に，H1N1の新しいサブタイプが突然現れた．ブタインフルエンザと報道されたが，このウイルスは，ヒトインフルエンザウイルス，トリインフルエンザウイルス，そして2種類のブタインフルエンザウイルスの遺伝子をもっていた．複数の種類のウイルスが

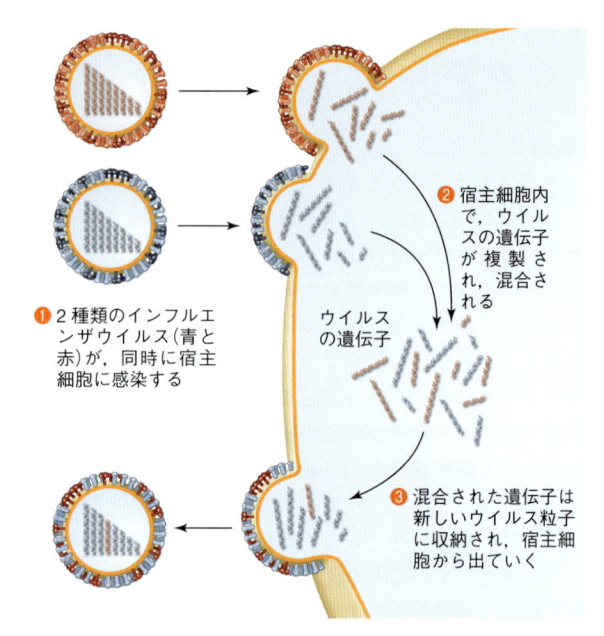

図13・14　ウイルスの再構成．宿主細胞に，インフルエンザのように類似した2種類のウイルスが感染した場合，ウイルスゲノムは宿主細胞内で混合，再構成され，新型ウイルスが誕生する．

同時に同じ宿主に感染すると，さまざまなウイルス遺伝子が混ぜられ，混合ゲノムができあがり，新種のウイルスが誕生する（図13・14）．2009年にメキシコでH1N1型のウイルスが蔓延した．地域的なこの**流行性**（epidemic）感染は，数カ月の間に世界中に広がり，**汎発性**（pandemic）感染に発展した．しかし，各国政府が抗ウイルス薬を処方し，同時にワクチンも開発したことから，2010年8月には，世界保健機関（WHO）は，この汎発性感染は終息したと宣言した．

インフルエンザのH5N1型はトリインフルエンザであり，トリと生活をともにするヒトに感染する場合がある．ヒトに感染する場合，致死率は約60％と高い．幸運にも，H5N1型のヒトからヒトへの感染はほとんど確認されていない．

H5N1型とH1N1型インフルエンザは，世界中で注意深くモニターされている．もし，遺伝子の変異や，互いの遺伝子型の融合により，H5N1型の致死率とH1N1型の感染率を兼ね備えたような強力なウイルスが誕生した場合，そのウイルスはヒトに大きな被害をもたらすことはまちがいないと考えられている．

13・5　細菌とアーキア

生物は，核をもたない原核生物と，核をもつ真核生物

に大きく分けられる．原核生物はさらに**細菌**（bacterium, *pl.* bacteria）と**アーキア**（archaeon, *pl.* archaea）に大別できる．細菌はよく知られた原核生物で，広く分布する．アーキアは古細菌ともよばれるが，細菌よりも真核生物に近く，さまざまな特殊な環境に適応して生息している．

原核生物の構造と機能

細菌やアーキアは小さく，ほとんどは光学顕微鏡なしには見ることはできない．原核生物の構造については§3・4で述べたので，ここでは簡単に紹介しよう．図13・15に，典型的な細菌の細胞を図示した．原核生物には，真核生物がもつ核やその他の膜構造に包まれた細胞小器官はない．また，原核生物のゲノム DNA は環状で，リボソームとともに細胞質内に存在する．

ほとんどすべての細菌は細胞膜の外側に細胞壁をもつ（図13・15）．その堅い細胞壁のおかげで，細菌は，球状，らせん状，桿状などの形をとり，それぞれの細菌は，球菌，らせん菌，桿菌とよばれる．また，多くの細菌の細胞壁のまわりには分泌物質からなる莢膜がある．

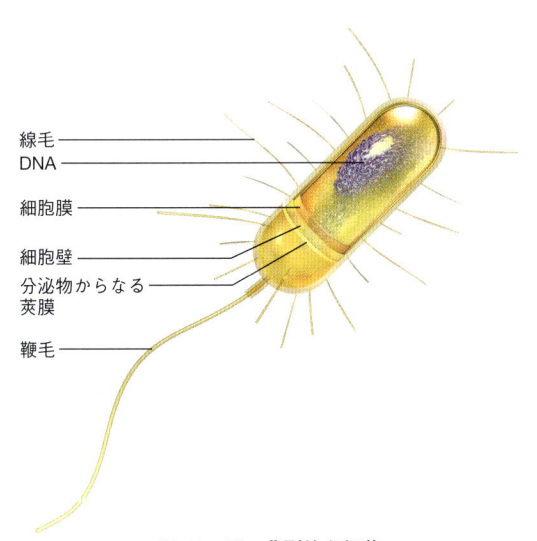

図 13・15　典型的な細菌

多くの細菌はあちこちに移動することができる．それは，1本，または複数のプロペラのように回る**鞭毛**（flagellum, *pl.* flagella）をもっているからである．また，**線毛**（pilus, *pl.* pili）とよばれるタンパク質の繊維を用いて，フックを引っかけるようにして滑っていくものもある．線毛を表面に向けて伸ばして粘着させ，その線毛を縮めて目的の場所に移動する．線毛は細胞をその場にとどめたいときにも使われる．また，遺伝物質の交換前に，細胞が引き合うのにも使われる．

❶ 環状の染色体は，細胞膜の内側に1箇所で付着している

❷ 染色体が複製され，もとの染色体との間に細胞膜や細胞壁が合成され，細胞は徐々に大きくなる

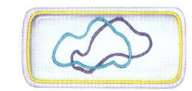

❸ 細胞分裂が起こる大きさになると，新しい細胞膜と細胞壁が中央部分に形成される

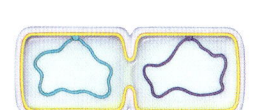

❹ 同じ大きさの遺伝的に同一な二つの細胞ができる

図 13・16　原生生物の無性生殖である二分裂機構

生殖と遺伝子交換

原核生物には20分ごとに分裂するものもいて，きわめて旺盛な増殖能力をもつ．一般的に**二分裂**（binary fission）により，無性的に，同じ大きさで遺伝的に同一の二つの細胞ができる（図13・16）．

原核生物は有性生殖をしないが，個体間で遺伝物質を交換することができる．この原核生物の**接合**（conjugation）では，**プラスミド**（plasmid）とよばれる小さな環状 DNA が交換される．プラスミドは，細菌のより大きい染色体とは独立していて，通常2～3遺伝子しかもたない．細胞どうしが接合するときは，ある個体が別の個体に線毛を伸ばし，結合する（図13・17）．その後，線毛を短くすることで互いに接近し，線毛を出したほうがプラスミドのコピーをもう一方へと線毛を介して渡す．プラスミドの受け渡しが終了すると離れる．この結果，両細胞は同じプラスミドのコピーをもつことになる．互いにそのプラスミドを複製し，子孫に受け継ぐ．また，これらの細胞は，さらに，接合によって他の個体にプラスミドのコピーを渡すこともできる．

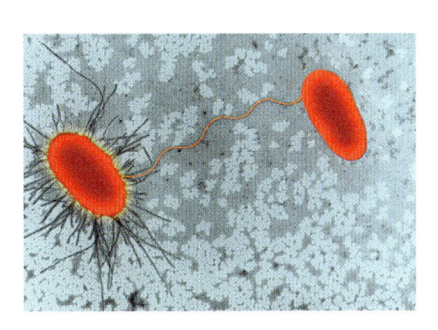

図 13・17　一方の細胞が性線毛を伸ばし，接合し，遺伝子の交換を行う

また，原核生物のゲノムは，外環境からDNAを取込んだり，ウイルスが遺伝子を運搬することで，遺伝子が変化する場合もある．

接合や他の方法によって新たに遺伝情報を獲得する細菌の能力は，ヒトの健康にも重大な意味をもっている．たとえば，ある細菌が抗生物質耐性を獲得した場合，その遺伝子は子孫に受け継がれるだけでなく，他の個体にその性質を移すことも可能となる．このような導入により，ある遺伝子が集団内に迅速に広がることがある．

種の同定と多様性

真核生物では，種は個体どうしで生殖して子孫を残す能力で定義される（§1・5）．この定義は，原核生物のように無性的に生殖する生物にはあてはまらない．このグループでは，種は共通の祖先に由来し，多くの遺伝形質の点で類似している個体の集合体として定義される．

近年，環境から集められたDNA標本を解析して，微生物の多様性を解析するメタゲノミクス研究が盛んに行われ，驚くほどの多様性が見つかった．たとえば，ある地域の空気からはおよそ1800種類の異なる細菌が見つかった．

原核生物はその代謝の多様性から，エネルギーと炭素の供給があるほとんどあらゆる場所で生存できる．表13・1に示すように生物はエネルギーと栄養分を4種類の方法で得ている．原核生物はどの方法も用いている．

独立栄養生物（autotroph）は二酸化炭素 CO_2 を炭素源として自分で食物を生産する．独立栄養生物には2種類ある．光合成をする光合成独立栄養生物と，硫化水素やメタンなどの無機分子から電子を奪ってエネルギーを得る化学合成独立栄養生物である．原核生物にはこの2種類の独立栄養生物がいる．

従属栄養生物（heterotroph）は無機の炭素を利用できない．その代わりに，環境から有機物を取込む．光合成従属栄養生物は光からエネルギーを得て，アルコール，脂肪酸などの低分子有機化合物から炭素を得ている．ある種のヘリオバクテリア（酸素非発生型光合成細菌）はこのタイプである．化学合成従属栄養生物は，動物，真菌類，非光合成原生生物などのように，糖質，脂質，タンパク質を分解してエネルギーと炭素を得る．すべての病原性細菌は化学合成従属栄養生物である．

ほとんどの真核生物は好気性，つまり酸素を必要とする（§5・6）．対照的に，多くの細菌と大部分のアーキアは酸素の存在しない環境でも生存できる嫌気性生物である．嫌気性生物のあるものは，酸素によって増殖が阻害されたり死んだりする，絶対嫌気性生物である．このような原核生物は水圏の堆積物中や動物の腸管に見いだされ，深い傷にも感染することがある．

アーキアの多様性と生態

アーキアは比較的最近発見され，以前は細菌と考えられていた．しかし，細胞壁の構造や，DNAがヒストンタンパク質の周囲に組織化されていることなどから，細菌とは異なっている．塩基配列の比較からも，アーキアは真核生物に近い原核生物であるとされている．

あるアーキアは原始地球と同様の厳しい環境下でも生きることができる．あるアーキアは極端な**好熱性**（thermophile）を示し，非常に熱い場所で生息している．たとえば，深海の熱水孔付近の熱水中や，米国のイエローストーン国立公園内にある熱水の池の中などで見つかっている．

他のアーキアは極端な**好塩性**（halophile）を示し，高塩濃度の水の中に生息している．好塩性のアーキアのなかには，光エネルギーを集め，ATPをつくるために紫色の色素を使うものがいる．そういった光合成従属栄養生物は二酸化炭素や水から栄養分をつくるよりも，有機物を分解するためにATPを使う．

さらに，メタンを生産する**メタン細菌**（methanogen）もいる．この化学合成独立栄養生物は，代謝反応の副産物としてメタンガスを放出する．メタン細菌は酸素に対して抵抗性がなく，沼地の堆積物中や，シロアリやヒト，ウシを含めた多くの動物の消化器中で生息している．

アーキアの多様性について調査が進んでくると，アーキアは極端な環境だけでなく，細菌と一緒にほぼどこにでも生息していることがわかってきた．アーキアは特に，深海に豊富に存在している．アーキアのなかには，口の中にすみ，歯周病を促進する恐れのあるものがいるが，いまのところ，ヒトの健康に重大な脅威をもたらすようなアーキアは見つかっていない．

有 用 細 菌

細菌はアーキアより多様で，より研究されている．細菌の細胞膜，細胞壁，鞭毛はアーキアのものとはいくらか異なっていて，これらの二つのグループは遺伝子レベルでも区別される．多くの細菌は有機物の循環に大きく

表 13・1 生物のエネルギーと炭素源

栄養摂取型	エネルギー源	炭素源
光合成独立栄養生物	光	二酸化炭素
化学合成従属栄養生物	有機化合物	有機化合物
光合成従属栄養生物†	光	有機化合物
化学合成独立栄養生物†	無機物	二酸化炭素

† 原核生物のみ．

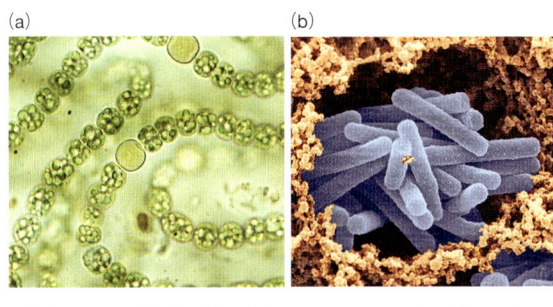

図 13・18 細菌．(a) 水生シアノバクテリア（ネンジュモ）．光合成の副産物として酸素を発生する．窒素固定を行うものもいる．(b) 乳酸菌．

貢献している．光合成は多くの細菌系統で進化したが，シアノバクテリアのみが酸素発生を伴う光合成を行う（図 13・18a）．古代のシアノバクテリアが葉緑体の祖先であると考えられている．したがってシアノバクテリアと葉緑体が，われわれが呼吸するほぼすべての酸素を供給していることになる．

大気中には窒素が豊富に存在しているが，真核生物は気体の窒素を利用することができない．すべての生物のなかで細菌のみが**窒素固定**（nitrogen fixation）を行うことができる．シアノバクテリアも，植物や光合成原生生物が利用できる形で窒素固定を行う細菌である．窒素固定では，水素と窒素ガスから得た窒素原子を結合させることによりアンモニアをつくる．植物やその他の光合成原生生物はアンモニアを取入れ，それを使ってアミノ酸のような重要な分子を合成する．

窒素固定細菌のなかには，土中で自由に生息しているものもいる．また，ある窒素固定細菌は，エンドウやアルファルファ，クローバーを含むマメ科植物の根の根粒中で繁殖し，植物に窒素源としてアンモニアを供給する代わりに，根の中に隠れ，植物から糖質をもらう，という共生関係を築いている．

細菌はまた，分解者として有機物を無機物へと分解し，栄養分の循環に貢献している．細菌は，真菌類とともに，排泄物や遺骸中の栄養分をさらに代謝し，植物が吸収して，利用できる化学物質に変換してから土に戻している．

乳酸発酵をする細菌（乳酸菌）は分解者の一員である．乳酸菌は食物の中に入り込み，腐らせる．その結果，牛乳が酸っぱくなってしまったりする．一方でわれわれは乳酸菌をザウワークラウトやピクルス，チーズ，ヨーグルトなどをつくるために利用する（図 13・18b）．乳酸菌はまた，健康なヒトの腸内に約 100 兆個も存在する．この細菌がつくり出す乳酸の酸性度により，病原性の生物は腸内で生存できない．

表 13・2 細菌病

病気	説明
百日咳	子供の呼吸系の病気
結核	呼吸系の病気
膿痂疹（とびひ）	発疹，皮膚の痛み
連鎖球菌性咽頭炎	咽頭の痛み，心臓病をもたらすこともある
コレラ	下痢を伴う病気
梅毒	性感染症
淋病	性感染症
クラミジア	性感染症
ライム病	発疹，インフルエンザのような症状，ダニによる感染
ボツリヌス中毒症	細菌毒素による筋麻痺

われわれの体の内外の表面に生活する有益な細菌などの微生物は，**常在性微生物相**（normal flora）といわれている．その重要性は，抗生物質を飲むとわかる．抗生物質は有害な細菌を殺すとともに有益な細菌も殺してしまい，微生物間の釣合を崩す．それが腸で起こると下痢になり，膣で起こると膣炎の原因となる酵母が繁殖する．

病原性細菌

細菌は多くの病気の原因となる（表 13・2）．多くの細菌感染は抗生物質で抑えることができる．しかし，いくつかの細菌は抗生物質に対する耐性を獲得し進化してきた．

百日咳は保因者の咳などによって広がり，かつては乳児に多くの死者を出したが，ワクチンによって死亡者数は減少した．結核は依然として死亡原因の上位にあって，世界全体で毎年 170 万人が死亡する．

連鎖球菌 *Streptococcus* やブドウ球菌 *Staphylococcus* は皮膚に感染すると膿痂疹（とびひ）をひき起こし，また体内にも感染する．抗生物質耐性の黄色ブドウ球菌は増加しつつある．淋病，梅毒，クラミジアは性行動により新しい宿主へと運ばれる．梅毒は全身に広がって脳障害や失明をもたらすこともある．

図 13・19 ライム病をひき起こすスピロヘータ（左）とその病原媒介者であるマダニ（右）

細菌は，腐った食べ物や水を口にした際にもわれわれの体内へ侵入する．桿菌のサルモネラ菌 *Salmonella* は食中毒の原因としてよく報告されている．サルモネラ菌の感染は，吐き気や腹部のけいれん，下痢をひき起こすが，生命にかかわることはめったにない．世界的には，コレラのような，水によって伝染する細菌性疾患は大問題であり，年間10万人の死者が出ている．

ある種の細菌は，熱やX線，乾燥に強い内生胞子という休止した状態になることがある．外環境が改善すると内生胞子は発芽し，細菌が発生する．ヒトの体内で発生した内生胞子は死をもたらす場合もある．破傷風菌の内生胞子はときどき傷口に入りこみ，破傷風をひき起こす．破傷風は筋収縮を停止させ，その結果，"開口障害"をもたらす．ライム病は媒介者による細菌病の一つである．ダニが種々の脊椎動物にスピロヘータを運ぶ（図13・19）．発疹チフスは，宿主の細胞内で生存するきわめて小さい細菌であるリケッチアをノミが媒介する．

13・6 原生生物

現存するすべての種のなかで，**原生生物**（protist）は地球の歴史上最初の真核細胞に最もよく似ている．原核生物とは違って，原生生物の細胞には核や，微小管などの細胞骨格がある．また，ほとんどの原生生物の細胞にはミトコンドリアや小胞体，ゴルジ体が存在している．

すべての原生生物はDNAにタンパク質が結合した複数の染色体をもつ．原生生物は無性生殖，有性生殖，あるいは，両方を利用した生殖を行う．

ほとんどの原生生物は単細胞生物である．しかし，原生生物のなかにはコロニーを形成するものや，多細胞の種もいる．多くの原生生物は葉緑体をもつ光合成独立栄養生物であり，その他の原生生物は捕食者や寄生者，分解者である．

最近まで，原生生物は原核生物ではなく，植物でも真菌類でも動物でもない生物として定義されてきた．そのため，原生生物は原核生物と高等生物との間の一つの界としてひとまとまりにされていた．遺伝子比較という手法が確立したおかげで，いまでは原生生物は進化上の関係を反映したグループとされている．図13・20は，本書で扱っている原生生物が真核生物の系統樹のどこに位置するのかを示している．ここにあげるもの以外にも多くの原生生物がいるが，この例を見るだけでも多様性と重要性がわかるであろう．この図を見てわかるように，原生生物は単系統群ではない．実際に原生生物のなかには，他の原生生物よりもむしろ植物や動物，真菌類に近いものもいる．

鞭毛虫類

原生動物（protozoan）とは，単細胞で生きている従属栄養の原生生物の総称である．**鞭毛虫類**（flagellated protozoan）は，1本もしくは多くの鞭毛（§3・5参照）をもつ細胞壁のない単細胞の生物である．すべてのグループは完全，あるいはほぼ完全な従属栄養である．**外皮**（pellicle）とよばれる，細胞膜下にある伸縮自在なタンパク質からなる層構造により，細胞の形が維持されている．

原生動物のなかには，動物の体液中を泳いでいくために使う複数の鞭毛をもつものがいる．たとえば，トリコモナス *Trichomonas*（図13・21a）はヒトの生殖器官に感染し，トリコモナス症をひき起こす．ジアルジア *Giardia* はヒトやウシ，野生動物の腸内に寄生生活をしていて，ジアルジア鞭毛虫症の原因となることがある．

寄生鞭毛虫であるトリパノソーマ *Trypanosoma* は，体の全長に沿って走る1本の鞭毛をもっている．トリパノソーマは昆虫が媒介し，ヒトをかむことでヒトに感染する．サハラ砂漠以南のアフリカ諸国では，ツェツェバエが致死的なアフリカ睡眠病をひき起こすトリパノソーマを蔓延させている（図13・21b）．

ユーグレナ *Euglena* は1本の長い鞭毛をもち，その多くは池や湖に生息している．淡水中にすむ他の原生生物と同じように，**収縮胞**（contractile vacuole）を利用し，

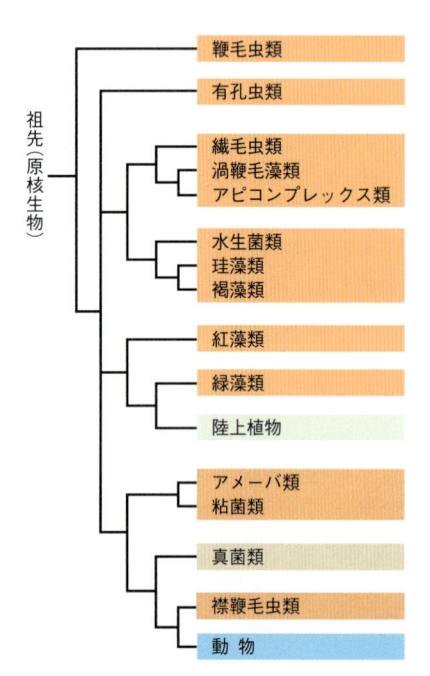

図13・20 真核生物の系統樹．オレンジ色は原生生物を示す．

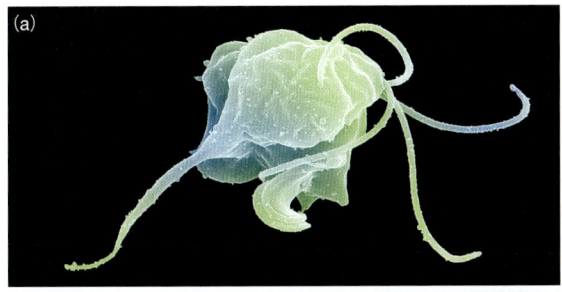

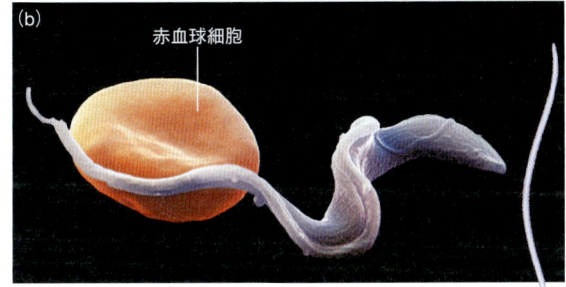

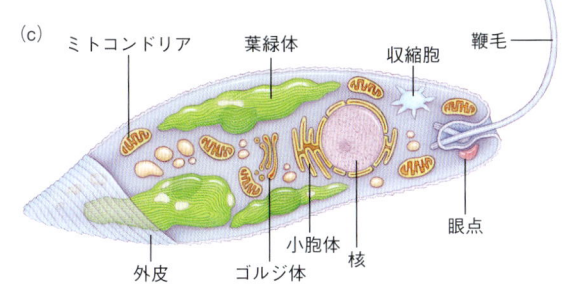

図 13・21 鞭毛虫類．(a) たくさんの鞭毛をもち，ヒトの性交渉で感染するトリコモナス．(b) アフリカで眠り病をひき起こすトリパノソーマ．(c) ユーグレナの構造．

細胞内の水分量を調節している．過剰な水は収縮胞内に集められ，その後，収縮胞が収縮し，体外に排出される（図 13・21c）．また，ある種のユーグレナは細胞内共生により進化した葉緑体をもっている．

有孔虫類

有孔虫類（foraminiferan）は炭酸カルシウムを含む殻を形成する単細胞の捕食者である．糸状の構造体が細胞から細長く突き出している．ほとんどの有孔虫類は海底に生息し，水や沈殿物から餌を見つける．他のものは，海生**プランクトン**（plankton）であり，ほとんどは顕微鏡サイズの微小生物で，海中を漂ったり泳いだりしている．プランクトンの有孔虫類のなかには細胞質内に光合成をする原生生物を細胞内共生させているものもいる（図 13・22）．カルシウムに富んだ有孔虫類の死骸や，他の炭酸カルシウムの殻をもつ原生生物の死骸が長い間海底に堆積して，石灰岩やチョークになった．

図 13・22 プランクトンの有孔虫類．金の粒子は細胞質突起に共生する藻類細胞．

繊毛虫類

繊毛虫類（ciliate）は渦鞭毛藻類やアピコンプレックス類に近縁である．繊毛虫類には細胞壁がなく，その細胞には多くの繊毛（§3・5 参照）がある．多くの繊毛虫類は海水中，淡水中どちらにおいても捕食者であり，細菌や藻類を食べたり，互いを餌とするものもいる（図 13・23）．また，ウシやヒツジ，その他の草食哺乳類の消化器官中に生息し，宿主動物が植物を消化するのを手伝っている繊毛虫類もいる．

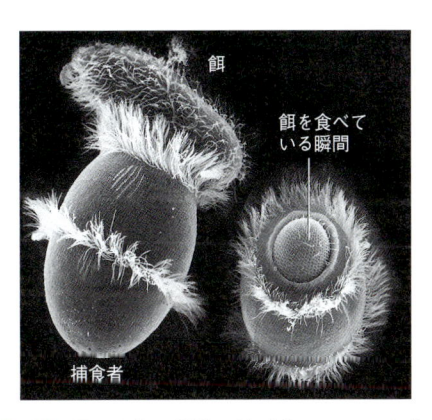

図 13・23 繊毛虫類．樽状の繊毛虫 *Didinium* が他の繊毛虫 *Paramecium* を捕食しているところ．

渦鞭毛藻類

渦鞭毛藻類（dinoflagellate）という名前は，"回転する鞭毛"をもつ藻類という意味である．これらの単細胞原生生物は一般に 2 本の鞭毛をもっており，1 本は細胞の先端にあり，もう 1 本は中央部の溝のまわりにベルトのように巻きついている（図 13・24）．2 本の鞭毛が協調して運動することで回転しながら前進する．

渦鞭毛藻類は淡水中や海で生活している．一部の渦鞭毛藻類は細菌を捕食し，動物に寄生しているものもい

図 13・24 二つの渦鞭毛藻類の細胞．先端部と中央部の鞭毛を動かすことで移動する．

る．また，藻類の細胞から進化した葉緑体をもっているものもいる．

　海生の渦鞭毛藻類のなかにはATPのエネルギーを光に変換して**生物発光**（bioluminescence）するものもいる．発光はそれらの生物を狙う捕食者を驚かせ，自らの身を守るために行っているとも考えられている．

　栄養豊富な水中では，光合成渦鞭毛藻類や他の水生原生生物が爆発的に繁殖する，**藻類ブルーム**（algal bloom）が起こる場合がある．藻類ブルームは他の生物に危害を与える．原生生物の死骸を栄養源とする好気性細菌が水中の酸素を使い切ってしまうので，水生動物が酸素不足になってしまう．

アピコンプレックス類

　アピコンプレックス類（apicomplexa）は寄生性原生生物で，その生活環の中で宿主の細胞内に寄生するという特徴をもつ．アピコンプレックスという名前は，宿主細胞に侵入する際に必要な細胞頂端内の複雑な微小管構造に由来する．アピコンプレックス類は，胞子虫類とよばれることもある．アピコンプレックス類は自由生活の光合成細胞から進化したので，葉緑体の名残をもっている．

　アピコンプレックス類は，昆虫からヒトまで，さまざまな動物に寄生する．その生活環において，複数の宿主を利用することもめずらしくない．その一例として，マラリア原虫 *Plasmodium* が，ヒトに感染するしくみを紹介する（図 13・25）．ハマダラカ *Anopheles* の雌の唾液には，感染準備が整ったスポロゾイトが含まれており，ハマダラカがヒトを刺すと，スポロゾイトがヒトに感染する❶．その後スポロゾイトは肝臓に移動し，無性増殖し，メロゾイトになる❷．メロゾイトは，赤血球に感染し，赤血球内で盛んに増殖する❸．赤血球に感染した一部のメロゾイトは未成熟な配偶子へと分化する❹．

　マラリア原虫に感染したヒトが，ハマダラカに刺されると，配偶子を含む赤血球はハマダラカの腸内へと移動し，そこで配偶子が成熟し，接合して接合子になる❺．接合子は新しいスポロゾイトへと分化し，ハマダラカの唾液腺へと移動し，次の宿主感染に備える❻．ヒトがハマダラカに刺された場合，1～2週間後にその肝細胞が破裂し，メロゾイト細胞の破片が血中に放出され，マラリアを発症する．毎年100万人がマラリアによって亡くなっている．

卵菌類

　卵菌類（oomycote）は，従属栄養生物の**水生菌類**（water mold）ともよばれ，かつては，真菌類に分類されていた．卵菌類は，真菌類のように，栄養を吸収するメッシュを形成するが，これらの2種類はそのほかの構造的特徴や遺伝情報により，完全に区別できる．ほとんどの卵菌類は有機物や死骸を分解し，栄養源としている．また，卵菌類のなかには，害をもたらす疫病菌とよばれる感染性卵菌類も存在する．また，陸上植物に感染し，作物や森林に大きな被害を与えるものもいる．1800年代中ごろには，ある疫病菌がアイルランドのジャガイモを壊滅させ，この被害により数百万人が餓死，あるいは移住を

図 13・25 マラリアをひき起こすマラリア原虫の生活環

13·6 原生生物

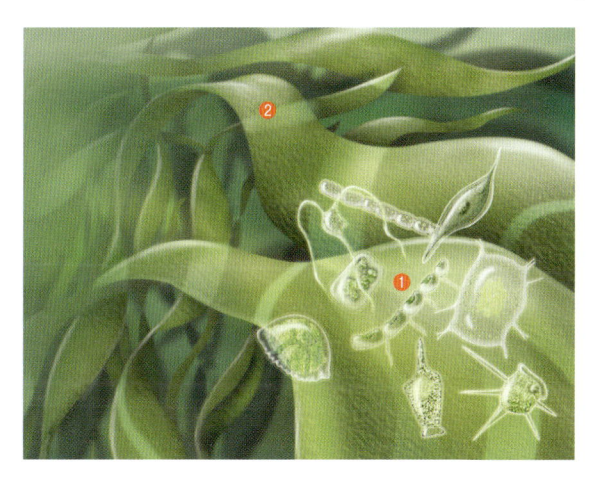

図 13·26　2種類の原生生物. ❶ ケイ素の殻をもつ珪藻類. ❷ 褐藻類である巨大な多細胞ケルプ.

余儀なくされた.

卵菌類に最も近縁な種は，珪藻類と褐藻類である（図13·26）. どちらも，フコキサンチン（fucoxanthin）とよばれる茶色の色素を含む葉緑体をもつことから，体色がオリーブ色や金色，茶褐色などになる.

珪 藻 類

珪藻類（diatom）は，ケイ素の殻をもち，単細胞として生きるものや，鎖状につながって生育するものもいる❶. 多くの珪藻類は海や湖沼の表面近くに浮いているが，湿った土壌中などで生育するものもいる.

海生の珪藻類は何百万年もの間，海の中で生きてきたので，その死骸は海底に堆積し続けてきた. 地殻変動により地上に現れたその堆積層からは珪藻土がとれ，その珪藻土は，フィルターやクリーナー，脊椎動物に無害な殺虫剤としても利用されている.

褐 藻 類

褐藻類（brown algae）は多細胞生物で温帯や寒冷帯の海中で生活している. 顕微鏡的なものから，30 mにもなるジャイアントケルプ（巨大昆布）までそのサイズもさまざまである. 太平洋の北西部では，ジャイアントケルプの森ができるほど繁栄している❷. 森の木のように，ケルプは種々の生物の隠れ家としても利用されている. また，かつて船の墓場ともよばれた北大西洋のサルガッソー海は，サルガッソー *Sargassum* が繁茂していることからその名がつけられた. サルガッソー海のケルプは，海面から9 mもの厚さのケルプ層を形成しており，魚やウミガメ，無脊椎動物の楽園となっている.

サルガッソーや他の褐藻類は商業的にも利用されている. 褐藻類の細胞壁に含まれるアルギン酸からはアルギンが生成される. アルギンはアイスクリームやプリン，歯磨き粉などの増粘剤，乳化剤，懸濁剤の材料になる.

紅 藻 類

紅藻類（red algae）には，単細胞のものもいるが，ほとんどは多細胞であり，熱帯の海に生育している. 一般に枝分かれが多いのが特徴であるが，薄い層構造をとるものもいる（図13·27）. サンゴモは炭酸カルシウムからなる細胞壁をもち，熱帯サンゴ礁の一部を形成している. 紅藻類はフィコビリン（phycobilin）とよばれる色素をもつため，赤や黒っぽい色をしている. この色素は青から緑の波長を吸収することができ，赤色系の波長の届きにくい深海で生育するのに適応しているので，紅藻類は，他の藻類よりもより深海で生育できる.

図 13·27　海面下 75 m に生育する紅藻類. シート状のものと枝状のものが見える.

緑 藻 類

緑藻類（green algae）は単細胞であったり，コロニーを形成するもの，多細胞性のものなどさまざまである（図13·28）. ほとんどの緑藻類は淡水に生育しているが，海生のものもいる. また，土壌や木などの表面に生えるものもおり，真菌類と一緒に地衣を形成している.

食品として海中から収穫されている多細胞緑藻類もある. 単細胞の淡水種，クロレラ *Chlorella* は商業的に栽培され，栄養補助食品として乾燥状態で販売されている. またクロレラは，脂質を多く含むので，バイオ燃料の原料としても注目されている.

紅藻類，緑藻類，陸上植物は，クロロフィルをもつ葉緑体やセルロースからなる細胞壁をもつという共通点があることから，共通の祖先から進化したと考えられている. 陸上植物は緑藻類から進化した.

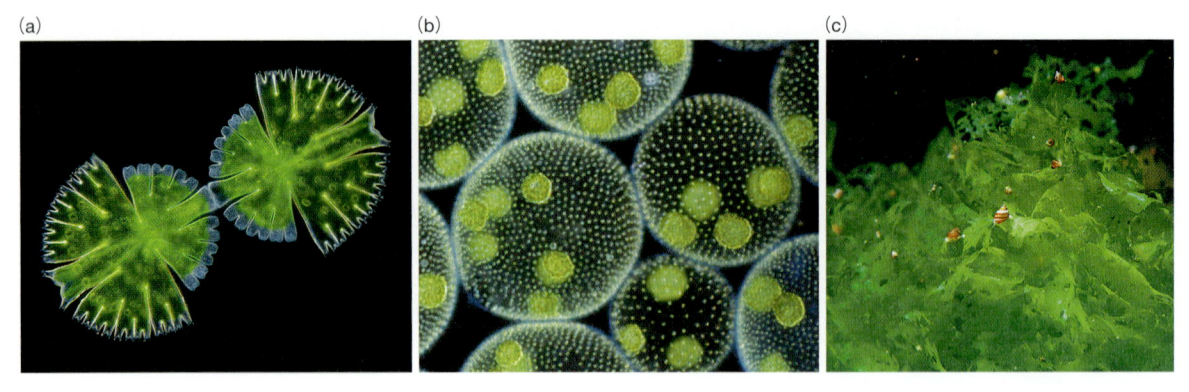

図 13・28　緑藻類．(a) 分裂直後の淡水性の単細胞緑藻．(b) 淡水性の緑藻であるボルボックス *Volvox*．鞭毛をもつ細胞が集合して一つの球体状コロニーを形成する．新しいコロニーが内側に形成されているのがわかる．(c) アオサ属 *Ulva* の緑藻．多細胞性の海生緑藻類．シートは腕ほどの長さがあるが，髪の毛よりも薄い．

アメーボゾア類

アメーバ類と粘菌類は**アメーボゾア類**（amoebozoan）に分類される．ほとんどのアメーボゾア類は細胞壁や殻，外皮をもたないため，体の形を変えることができる．あるときは小さい塊に，あるときは細長くなり，決まった形はない．§3・5で紹介した仮足とよばれる細胞質の突起を伸ばして移動することができる．

多くの**アメーバ類**（amoeba, *pl*. amoebae），たとえば *Amoeba proteus*（図 13・29）は単細胞生物で，淡水中で捕食者として生息している．他のアメーバは動物の腸内でも生息でき，病気をひき起こす場合もある．毎年，5000万人が飲料水から病原性アメーバに感染し，アメーバ赤痢に苦しんでいる．アカントアメーバ *Acanthamoeba* は，コンタクトレンズなどを介して眼に感染することがある．

"社会性アメーバ"とよばれる粘菌が2種類存在する．

細胞性粘菌類（cellular slime mold）はそれぞれ単独のアメーバ細胞として生活環の大半を過ごす（図 13・30）．細胞性粘菌は，細菌を餌とし，有糸分裂により増殖する❶．餌がなくなると数千もの細胞が集合する❷．しばしば"ナメクジ体"を形成する．このナメクジ体は，

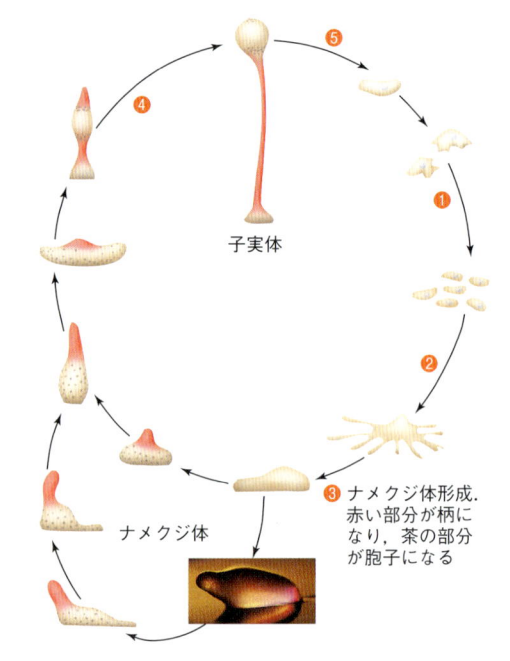

図 13・30　細胞性粘菌 *Dictyostelium discoideum* の生活環

光や熱に反応して移動することもできる❸．ナメクジ体からは子実体が形成される❹．柄が伸び，柄の先端に胞子が形成される．胞子の発芽により，二倍体のアメーバ細胞が生まれ，新たな生活環を開始する❺．

変形菌類（plasmodial slime mold）はその生活環のほとんどを，プラスモジウムという多核体として過ごす（図 13・31）．通常，数センチメートルほどの大きさで，十分肉眼で観察できる．しかし，それは，数百もの核をもつ巨大な一つの細胞である．その変形菌は細菌を餌とするが，餌が少なくなると胞子をもつ構造体や子実体を形成する．

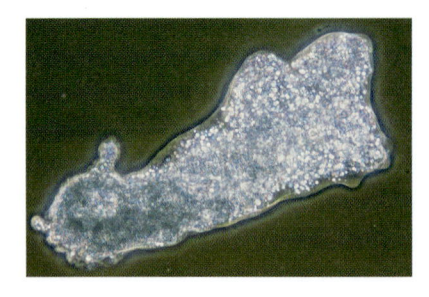

図 13・29　淡水性アメーバ．仮足を伸ばして移動する．

図 13・31　樹皮の上を移動している変形菌

襟鞭毛虫類

襟鞭毛虫類（choanoflagellate）は，原生生物のなかで最も動物に近い生物と考えられている．特に，動物のなかで最も体制の簡単な海綿動物との類似性が指摘されている．襟鞭毛虫類は，その名のとおり，鞭毛の周囲に襟をもっている（図 13・32）．襟鞭毛虫類は，多くの場合単細胞で生活しているが，コロニーをつくることもあり，動物の細胞接着分子と類似した分子をもっている．これらのことから，襟鞭毛虫類と動物は，共通の単細胞の祖先を共有していると推論されている．

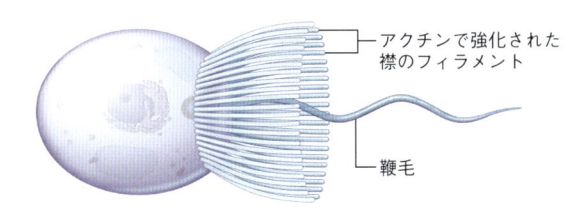

図 13・32　襟鞭毛虫類

13・7　真菌類の特色と多様性

酵母，カビ，キノコ

真菌類（菌類ともいう，fungus, pl. fungi）は胞子を利用して増殖する従属栄養生物であり，昆虫やカニの外骨格と同様に，キチンや多糖類を含む細胞壁をもつ．原則として運動能力はなく，植物のように先端成長を行うものも多いが，葉緑体をもたず，系統上，植物よりも動物に近い真核生物である．すべての真菌類は細胞外で栄養分を消化し，細胞表面から吸収する．真菌類は有機物を見つけては消化酵素を分泌し，分解した有機物を吸収し，成長する．生態系では，分解者として栄養循環に寄与するものも多い．

単細胞の真菌類は一般的に酵母とよばれ，多くの酵母は出芽によって増殖する（図 13・33）．パンや味噌，醤油をつくるために利用される酵母もあれば，口や膣に感染し，ヒトに害を与える酵母もある．

キノコやカビは多細胞真菌類である．野外に生えているキノコを見たこともあるだろうし，サラダバーやピザにもキノコは入っている．一方，ミカンに生える青カビなども一般によく知られている．

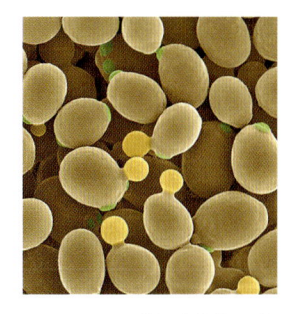

図 13・33　単細胞生物の酵母．出芽により増殖する．

真菌類の生活環

真菌類の生活環をキノコを例として考えよう．キノコは，その生活環のほとんどを二核性菌糸体ですごす．ここでは，二核性状態を $n+n$ で表す．いわゆるキノコは，生殖器官である**子実体**（fruiting body）である．そのキノコの生活環をみてみよう（図 13・34）．一倍体の異なる**菌糸**（hypha，図中では異なる色で表す）が土中で出会い，細胞融合を行い二核性**菌糸体**（mycelium, pl. mycelia）ができる❶．体細胞分裂により，二核性菌糸体が成長する❷．生殖を行うための環境条件が整うと，子実体が形成される．典型的な子実体は，柄と，裏にひだとよばれる組織をもつ傘を分化させる❸．ひだの端で核融合が起こり，二倍体の接合子が形成される❹．二倍体世代は短く，すぐに減数分裂により胞子が形成され

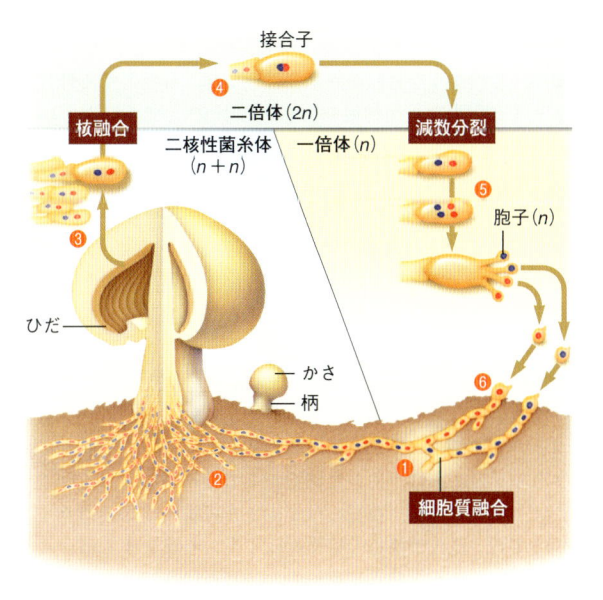

図 13・34　キノコの生活環

る❺．胞子が発芽し，体細胞分裂により一倍体の菌糸が形成される❻．

真菌類の利用

真菌類はキノコのように，そのまま食物として利用されることもあるが，加工に使われる場合もある．パンをつくるときに利用するパン酵母には，子嚢菌類の出芽酵母 *Saccharomyces cerevisiae* の胞子が含まれている．パン生地を暖かいところに放置すると，胞子は発芽し，酵母細胞になる．発酵により二酸化炭素が生成され，パン生地が膨らむ．酵母発酵は，ビール，ワイン，醤油など，さまざまな飲料，調味料をつくるのにも利用されている．他の子嚢菌類がつくるクエン酸は，ソフトドリンクの香りづけや保存料としても用いられている．ロックフォールのようなブルーチーズづくりに利用される種類もある．

真菌類は捕食者から逃げることができないので，さまざまな防御機構を発達させている．毒を合成するキノコもあるので，毎年，何千人もの人が食中毒を起こしている．致死性の高いキノコも多数知られている．幻覚をひき起こすキノコもあり，麻薬のLSDはこのようなキノコから単離された化学物質である．

薬になる物質を含む真菌類もいる．抗生物質のペニシリンは土壌菌のペニシリウム属 *Penicillium* から発見されたものである．低血圧に効く薬や，臓器移植の拒絶反応を抑える薬なども真菌類から発見されている．

13・8 生命の進化と病気 再考

多くのウイルスは宿主の咳やくしゃみを出やすくして，飛沫感染の機会を増やしている．咳やくしゃみは周囲にウイルス粒子をまき散らしていることにほかならない．

ある種の病原体は宿主をうまく操ることによって，次の宿主へと感染できるよう進化している．たとえば，狂犬病にかかったイヌなどの動物では，ウイルス粒子は唾液に蓄積する．狂犬病のウイルスは動物の脳にも影響を及ぼして，恐怖心をなくし，より攻撃的にする．その結果，イヌは他の動物に噛みつき，狂犬病ウイルスは他の動物に感染する．

マラリアの原因のマラリア原虫はカの摂食行動を制御する．スポロゾイト（原生生物の伝染性の形態）に感染したカは，感染していないカよりも多くの人を刺すことが知られている．

まとめ

13・1 われわれは，病原体を含めて数え切れない微生物とともに暮らしている．このような微生物は，自然選択により進化し，さまざまな環境に適応している．

13・2 原始地球において，複雑な有機化合物や原始細胞が形成されたという可能性が，模擬実験によって示唆された．また，このような過程が熱水孔付近で起こったとする硫化鉄ワールド仮説や，生物最初のゲノムがRNAであったというRNAワールド仮説も提唱されている．

13・3 ストロマトライトは最も初期の細菌の堆積物である．初期にアーキアと細菌が分岐した．光合成細菌の登場により，酸素が地球の大気に放出され，オゾン層が形成された．真核生物は，アーキアと細菌の両方を祖先とし，微生物との細胞内共生を経て，細胞小器官であるミトコンドリアと葉緑体を獲得した．

13・4 ウイルスは，DNAやRNAのゲノムをタンパク質の外被の中に収納している．あるウイルスはエンベロープをもつ．ウイルスは，細菌の中でのみ増殖可能なバクテリオファージのように，生きた細胞の中でのみ増殖する．ウイルスは，突然変異や，複数のウイルスの再構成で，新型ウイルスになる．昆虫が植物の病原性ウイルスを媒介する場合もある．HIVはヒトの細胞に感染し，速やかに蔓延し，いまや世界的流行に発展した．

13・5 アーキアと細菌は原核生物として一つのグループに分類されてきた．核をもたず，無性的に二分裂し，増殖する．また，接合し，遺伝子の交換を行う．

細菌やアーキアには，好気的なものと嫌気的なものが存在し，代謝経路も多種多様である．シアノバクテリアのような光合成独立栄養生物は，二酸化炭素を炭素源として利用する．化学合成独立栄養生物には，メタンを生産するメタン細菌がいる．一方，従属栄養生物は，有機物から炭素を獲得する．化学合成従属栄養生物は分解者で，エネルギーも炭素も有機物から得る．

細菌は，分解者として酸素を大気に放出するものや，窒素固定を行うものもいる．細菌のほとんどは常在性微生物相だが，ヒトに対して病気をひき起こすものもいる．

大部分のアーキアは，通常の環境で生息しているが，極端な好熱性や好塩性を示すものもいる．

13・6 "原生生物界"は，現在その分類体系が再編されている．ほとんどの原生生物は単細胞であるが，多細胞の種も存在する．その多くは，宿主の組織内や水中など湿った環境で生息している．

鞭毛虫類のほとんどは単細胞の従属栄養生物であるが，ユーグレナは葉緑体をもっている．淡水生のものは過剰の水を排出する収縮胞をもつ．

有孔虫類は単細胞の従属栄養生物で炭酸カルシウムの殻をもつ．有孔虫類の死骸は石灰岩やチョークになる．

繊毛虫類，渦鞭毛藻類，アピコンプレックス類は近縁である．繊毛虫類は単細胞の従属栄養生物であり，繊毛を使って移動したり捕食したりする．渦鞭毛藻類は単細胞で回転しながら動く従属栄養生物であるが，光合成を行う場合もある．マラリアをひき起こす種も含むアピコンプレックス類は，その生活環の一部を宿主の細胞内で過ごす．

卵菌類は繊維状生物として成長する従属栄養生物である．魚類や植物の病原菌になる種もいる．その近縁種である珪藻類は単細胞で，二酸化ケイ素の殻をもつ水生の生産者である．やはり近縁の褐藻類はジャイアントケルプを含む，最も大きな原生生物である．

紅藻類はフィコビリンとよばれる特殊な色素をもつことにより，他の藻類よりもはるかに深い場所で生育することができる．紅藻類は緑藻類と共通の祖先をもつ近縁種である．陸上植物は緑藻類から進化した．

アメーバ類は餌を食べたり移動したりするために仮足を利用する．アメーバ類は水中や動物の体内に生息する．近縁の細胞性粘菌類は，単細胞生物だが，集合し，多細胞のナメクジ体を形成することもある．変形菌類は，数百もの核をもつ巨大な一つの細胞である．餌を食べつくすと，胞子を形成する．襟鞭毛虫類は動物との関係の深い原生生物である．

13・7 真菌類は従属栄養生物であり，単細胞のものや多細胞のものが存在する．有機物を分解・吸収するために，分解酵素を放出する．多細胞真菌類は，多くの菌糸とよばれる繊維状の細胞でできた菌糸体をつくる．キノコは，胞子をつくるための子実体である．

試してみよう（解答は巻末）

1. 大気中の＿＿＿濃度が高くなると，紫外線からの保護に役立つオゾン層が形成される．
2. ミラーの実験により＿＿＿が示された．
   a. 地球の長寿
   b. ある条件下ではアミノ酸が形成されること
   c. 酸素は生命に必要であること
   d. a～cのすべて
3. ＿＿＿の進化により大気中の酸素の量が増加した．
   a. 二分裂   b. 有性生殖   c. 好気呼吸   d. 光合成
4. ミトコンドリアは＿＿＿の子孫である．
   a. アーキア   b. 好気性細菌
   c. シアノバクテリア   d. 嫌気性細菌
5. 細菌は＿＿＿によってパートナーの細胞に遺伝子を移行する．
   a. 二分裂   b. 溶菌生活環   c. 接合   d. 細胞分裂
6. 最初の真核生物は＿＿＿である．
   a. 細菌   b. 原生生物   c. 真菌類   d. 動物
7. 最も植物に近縁な原生生物のグループは何か．
8. 最も動物に近縁な原生生物のグループは何か．
9. ＿＿＿は他の細胞の中に寄生する真核生物である．
   a. ウイルス   b. アピコンプレックス類
   c. ユーグレナ   d. 粘菌類
   e. aとb   f. a～dのすべて
10. ＿＿＿の死骸はチョーク石灰岩となる．
    a. 繊毛虫類   b. 珪藻類
    c. 有孔虫類   d. 渦鞭毛藻類
11. ＿＿＿にはヒトにとって病原体となるものがいる．
    a. 粘菌類   b. アーキア
    c. 鞭毛虫類   d. aとc
12. ＿＿＿の遺伝物質はDNAかRNAである．
    a. 細菌   b. 渦鞭毛藻類
    c. 繊毛虫類   d. ウイルス
13. すべての真菌類は＿＿＿である．
    a. 多細胞生物   b. 植物
    c. 従属栄養生物   d. a～cのすべて
14. 左側の用語の説明として最も適当なものをa～jから選び，記号で答えよ．

    ＿＿＿緑藻類   a. 原生生物の繁栄
    ＿＿＿ウイルス   b. アメーバ
    ＿＿＿細菌   c. 最も多様性に富んだ原核生物
    ＿＿＿褐藻類   d. 伝染性非細胞病原体
    ＿＿＿内生胞子   e. 巨大な原生生物を含む
    ＿＿＿ユーグレナ   f. 葉緑体をもつ繊毛虫類
    ＿＿＿藻類ブルーム   g. 植物に最も近縁な原生生物
    ＿＿＿渦鞭毛藻類   h. 層状の原核生物と堆積物
    ＿＿＿粘菌類   i. 悪環境に耐える休止期の生命形態
    ＿＿＿ストロマトライト j. 回転する細胞

14　動物の進化

14・1　初期の鳥類
14・2　動物の起原と進化の傾向
14・3　無脊椎動物の多様性
14・4　脊索動物
14・5　魚類と両生類
14・6　水からの解放：羊膜類
14・7　人類の進化
14・8　初期の鳥類 再考

14・1　初期の鳥類

　ダーウィンの時代には，推定される移行化石が見つかっていなかったため，彼の自然選択に基づく進化論は人々になかなか受け入れられなかった．懐疑論者は，もし新しい種が既存の種から進化するならば，そのような移行を示す化石，つまり，大きな動物群の間の架け橋になる化石はどこにあるのかと問うた．このような"失われた環（ミッシングリンク）"のうちの一つが，ダーウィンの『種の起原』が出版されたちょうど1年後（1860年）に，ドイツの石灰岩採石場から発掘された．

　その化石は，大型のカラスくらいの大きさで，肉食の小型の恐竜のように，骨をもつ長い尾，爪のある指，短くとがった歯が生えているがっしりとした顎をもっていた．しかし，その化石には羽毛もあった（図14・1a）．この新しい化石種にはシソチョウ（始祖鳥 *Archaeopteryx*，古代の翼のあるものという意味）という名前がつけられた．放射性同位体による年代測定（§11・4）は，シソチョウが1億5000万年前に生きていたことを示している．

　シソチョウは鳥類の系統では最も広く知られている移行化石であるが，鳥類の系統の移行化石は他にもある．1億2000万年前のコウシチョウ（孔子鳥 *Confuciusornis sanctus*，神聖な孔子の鳥という意味）は中国で見つかった．コウシチョウはシソチョウより現生の鳥類に似ており，歯のない嘴と，長い羽毛がある短い尾をもっていた（図14・1b）．しかし，コウシチョウの祖先が恐竜であることは明らかだ．現生の鳥類の翼とは異なり，コウシチョウの翼の先端には，爪があってものをつかめるような指がついていた．

　恐竜の仲間が鳥類に進化したことを示すもっと古い化石がある．1994年に中国で小さな前肢と長い尾をもつ恐竜のような化石を発見した（図14・1c）．大部分の恐

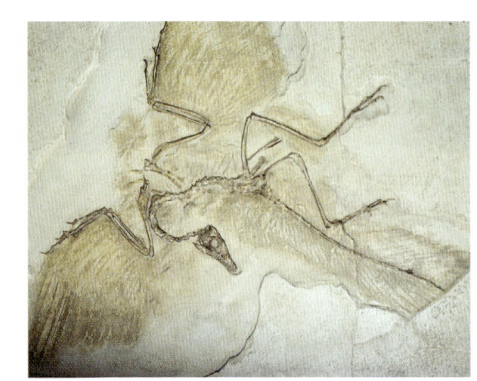

(a) シソチョウ *Archaeopteryx*

(b) コウシチョウ *Confuciusornis sanctus*

(c) シノサウロプテリクス *Sinosauropteryx prima*

図 14・1　羽毛をもつ化石．シソチョウの化石はドイツで発見された．コウシチョウおよびシノサウロプテリクスの復元図は中国で発掘された化石に基づいている．

竜とは異なり，この恐竜には現生鳥類の綿毛の羽毛に似た微細な繊維で覆われている部分があった．研究者はこの綿毛をもつ化石に，中国で最初の羽毛のある竜という意味のシノサウロプテリクス・プリマ *Sinosauropteryx prima* という学名を与えた．その体形からも長い羽毛がないことからも，シノサウロプテリクスはまちがいなく飛ぶことはできなかったであろう．もし，その繊維が羽毛であったとするならば，それは，現生鳥類の綿毛の羽毛と同様に断熱に役立っていたのであろう．

現生の多様な動物へとつながる進化的移行に興味をもつ研究者は，これらの移行の証拠となる化石を見つけ，その種が生きていた時代を放射性同位体による年代測定によって決定する．また，現在生きている動物の体の構造，生化学的特徴，遺伝的な形質も，現生の動物群を生じた系統の分岐に関する情報を与える．

化石データの解釈も遺伝子データの比較も変わることがあるので，絶滅した動物や現生の動物の系統間の関係について生物学者の間で意見が一致しないことがある．しかし，意見の不一致があるからといって，すべての動物の系統は共通祖先からの変化を伴う継承によって生じたというダーウィンの理論に対して，疑問が投げかけられるわけではない．むしろ生物学者の議論は，さまざまな分岐がいつどこでどのようにして起こったのかという点に集中している．研究者は，遺伝子を比較する新しい方法を用い，新しく発見された化石を分析したり古い化石を分析し直すことにより，現在支持されている仮説を証明するのに必要な証拠を探し，その仮説を修正し，それに代わる新しい仮説を提唱する．

14・2 動物の起原と進化の傾向

動物（animal）は食物を体内に取込んで消化し，それによって分解された栄養分を吸収する多細胞の従属栄養生物である．動物は数種類から数百種類の，細胞壁がない細胞をもっている．動物が胚（初期の発生段階）から成体へと成長するにつれ，それぞれの細胞は特殊化する．大半の動物は有性生殖を行うが，一部の動物は無性生殖を，また一部の動物は両方とも行う．ほとんどすべての動物は，生活環のすべて，あるいは一部の時期に，運動性をもつ（いろいろな場所へ移動できる）．

動物の起原

動物の起原の**群体説**（colonial theory）によると，動物は群体をつくる従属栄養の原生生物から進化した．最初は群体のすべての細胞が類似していた．それぞれの細胞が独立して生きることができ繁殖もできた．やがて特定の機能に特殊化して他の機能をもたない細胞が生じた．ある細胞は食物を効率よく捕らえるが，配偶子はつくらなかった．一方，別の細胞は配偶子はつくるが食物を捕らえることはしなかった．相互依存しながら分業することにより，細胞の機能がより効率的になり，できあがった群体はより多くの食物を得て，より多くの子孫を産み出すことができた．長い時間の間に，さらに別の特殊な能力をもった細胞が進化し，最初の動物が生じた．

原生生物の研究は群体説を支持している．現生の原生生物のなかでは，襟鞭毛虫類は動物に最も近縁である．襟鞭毛虫類のいくつかの種は，個々に独立した細胞でも群体でも生存できる（図14・2a）．一つの細胞が分裂し，分裂によってできた細胞が一緒にとどまると群体が形成される．このため，群体となった襟鞭毛虫の細胞は，1個体の動物の細胞と同様で，遺伝的には全く同一である．

最古の動物の系統の現生の動物をみれば，最も初期の動物はどのような動物であったのか推定することができる．たとえば，動物の系統樹の初期の枝に平板動物（placozoan，平板動物門 Placozoa）がある．平板動物は，現生のあらゆる動物のなかで，最少の遺伝子と最も単純な体制をもっている（図14・2b）．平板動物の小さく平らな体は4種類の細胞からなる．それに対して，ヒトの体は200種類の細胞をもつ．平板動物は，体の下面にある繊毛細胞によって移動し，餌となる細菌や単細胞の藻類を探す．下面にある腺細胞は食物に酵素を分泌し，分解したものを吸収する．

最初の動物は，10億年前には海で進化していた．しかし，化石記録によれば，大部分の動物の系統は，カン

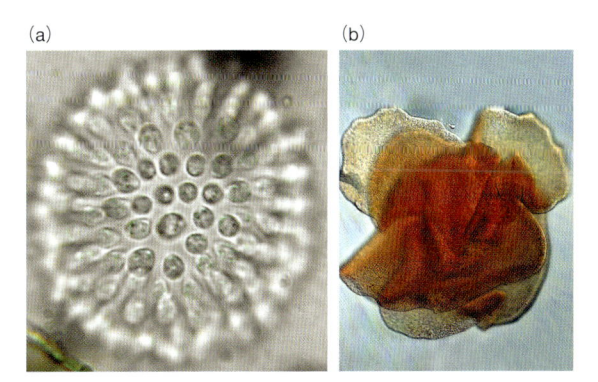

図14・2 初期の動物の起原や体の構造に関する情報をもたらす現生種．(a) 襟鞭毛虫の群体．群体は遺伝的に同一な細胞からなる．動物はこのような群体性の原生生物から進化したと考えられている．(b) 平板動物．体のつくりが最も単純な現生の動物で，最も古い動物の系統のひとつとされる．大きさは2mmほど．食べた紅藻の細胞によって赤くなっている．

ブリア紀（5億4200万年から4億8800万年前）に起こった多様性の大爆発の間に生じた．カンブリア紀には海水中の酸素濃度が劇的に増加した．すべての動物は好気呼吸を行うので，大量の酸素によってより大きく活発な動物が進化した．それと同時に，初期の超大陸が分裂し，陸塊の移動が動物の個体群間の遺伝子拡散を分断し，種分化（§12・5）を促進した．種間の相互作用もまた，進化の革新を助長した．たとえば，最初の捕食者が出現してからは，突然変異によって体を防御する硬い部分ができた動物は有利になり生き残った．体制の形成を調節する遺伝子（ホメオティック遺伝子，§7・7）の変化はこの革新を急速に進めた．このような，遺伝子に生じた突然変異によって，捕食または他の選択圧に応じて体制の適応的な変化が生じた．

進化の傾向

本書で扱っている主要な動物門の間の系統関係を図14・3に示した．すべての動物はある1種の多細胞の共通祖先❶の子孫である．最も初期の動物は細胞の集合体で，海綿動物はまだこのレベルの体制を示している．しかし大部分の動物には組織がある❷．**組織**（tissue）とは特定のパターンで配置され特定の仕事を担当する細胞が1種類以上集まったものである．動物の初期の系統では，胚は二つの組織の層，外側にある外胚葉と内側にある内胚葉をもっていた．後の系統では，細胞が移動し胚に中胚葉とよばれる中間の層をつくった．三胚葉の進化によって体の複雑さを増すことが可能となった．

海綿動物のように最も単純な構造をもつ動物の体は非相称である．その体を互いに鏡像となる半分に分けることはできない．クラゲなどの刺胞動物は**放射相称**（radial symmetry）である❸．体は，車輪のスポークのように中心軸のまわりに同一の部分が繰返される．放射相称の動物の体には前後がない．水中の何かに付着するか水中を漂っていて，どんな方向からくるものも食べられる．大半の動物は**左右相称**（bilateral symmetry）である．体には右半分と左半分があり，それら体の両側に同じような部位がある❹．左右相称の動物には明瞭な"頭部"があり，そこには神経細胞が集中している．

三胚葉性の胚をもつ動物は胚発生が異なる二つの動物群に分類される．**旧口動物**（protostome, proto は最初の, stoma は口を意味する）では，原口という胚にできる最初の開口部が口になる❺．**新口動物**（deuterostome）では，後からできる開口部が口となり，原口かその付近に肛門ができる❻．

あらゆる動物は食物をとり，消化し，老廃物を排出するが，その方法は動物によって異なる．海綿動物では消化は細胞内で行われる．刺胞動物や扁形動物では**胃水管腔**（gastrovascular cavity）とよばれる嚢状の消化管の中で食物を消化する．この消化管の開口部は一つで，そこから食物を取込み老廃物を出す．大半の左右相称動物は管状の消化管をもち，その両側に開口部があり，完全な消化管とよばれる．両端が開口する完全な消化管には有利な点がある．消化管の各部が，食物をとること，食物を消化すること，栄養分を吸収すること，老廃物を固めること，にそれぞれ特殊化できる．そのため嚢状の消化管とは異なり，完全な消化管はこれらの仕事のすべてを同時に行うことができる．

扁形動物の消化管は組織や器官によって囲まれている（図14・4a）．しかし，大部分の動物では，"管の中にある管"の体制を示し，体液に満たされた腔所が消化管を

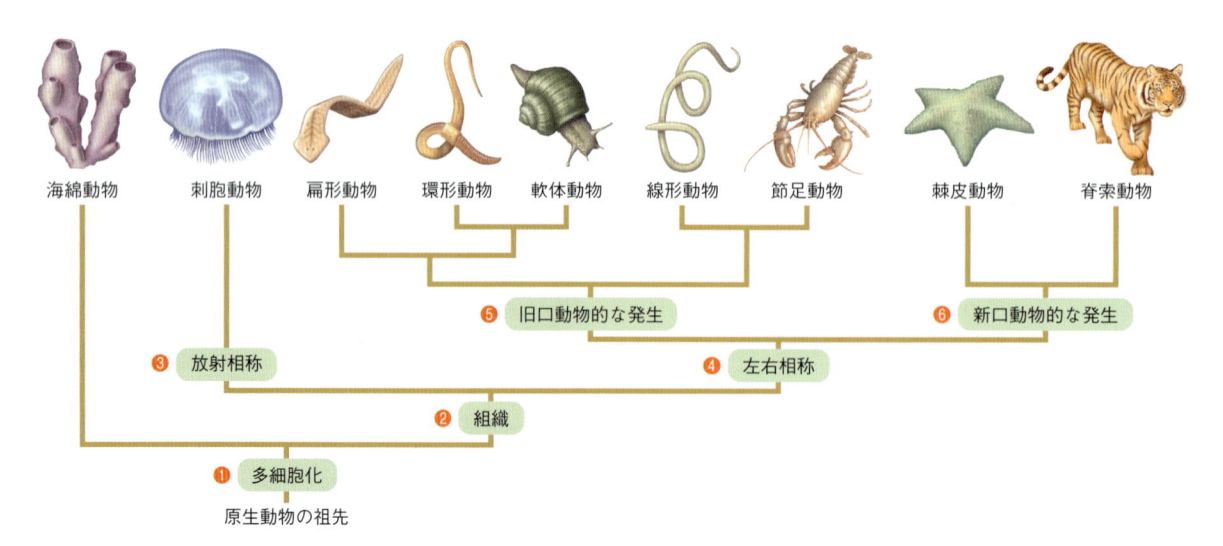

図 14・3 体制と遺伝的な比較に基づく主要な動物門の系統樹．背骨をもつ脊椎動物は脊索動物に含まれる．

図14・4 左右相称動物にみられる体制の多様性

(a) 無体腔動物の体制(扁形動物)
表皮(外胚葉由来)
組織, 器官(中胚葉由来)
消化管組織(内胚葉由来)
消化管

(b) 体腔動物の体制(環形動物)
体腔
表皮(外胚葉由来)
組織, 器官(中胚葉由来)
消化管組織(内胚葉由来)
消化管

(c) 偽体腔動物の体制(線形動物)
偽体腔
表皮(外胚葉由来)
組織, 器官(中胚葉由来)
消化管組織(内胚葉由来)
消化管

図 14・4 **左右相称動物にみられる体制の多様性**. 体の横断面を示す. 組織層の幅は必ずしも正しく描かれていない.

囲んでいる. 多くは, この腔所の内面を中胚葉由来の組織が覆っていて, その場合, この腔所を**体腔**(coelom)とよぶ. 環形動物はそのような体制を示す(図14・4b). 線形動物などの無脊椎動物の一部は, 腔所が中胚葉性の組織によって部分的に覆われているだけの**偽体腔**(pseudocoelom)をもっている(図14・4c).

体液で満たされた体腔が進化したことによって, 動物は多くの利点を得ることができた. 一つは物質がその体液を通って体細胞へと拡散されることである. 第二に, 筋肉が体液の配置を変え体の各部の形を変えることにより, 運動することができる. 最後に, 体内の器官が組織の塊に閉じ込められずにすむため, より大きく成長し, より自由に動くことができる.

動物の体が小さければガスや栄養分は速やかに拡散する. しかし動物の体が大きいと, 拡散だけでは各部の細胞が生き続けるのに十分な速さで物質を移動させることはできない. 大部分の動物は, 循環系を使うことにより体内での物質の移動を速めている. 開放循環系においては, 血液は血管から押し出され体内の腔所へ入り, 再び心臓によってくみ上げられる. 閉鎖循環系は開放循環系より血液を速く流すことができる. 閉鎖循環系では, 一つまたは複数の心臓が, 連続した血管系を通して血液を送っている. 血液によって運ばれた物質は血管から出て拡散して細胞へと入り, 逆に細胞から血管へと物質が入り血液によって運ばれる.

多くの左右相称動物で, 体軸に沿って同じような体の単位が繰返される**体節**(segment)がみられる. ミミズ類などの環形動物では, 体節がはっきりと認められる. ヒトの初期胚にも体節があり, ヒトの起原に関する手掛かりを見つけることができる. 体節によって体の形に進化の革新を起こす道が開かれた. 多数の体節に同じ機能を受けもつ器官があれば, 生存を脅かすことなしに, 一部の体節を変化させることができる.

これまでに約200万種の動物が命名されているが, そのうち背骨をもつ**脊椎動物**(vertebrate)はわずか5万種ほどである. 脊椎動物には, 魚類, 両生類, 爬虫類, 鳥類, 哺乳類が含まれる. 大多数の動物は背骨をもたない**無脊椎動物**(invertebrate)である. 次節からまず無脊椎動物を出発点として, 動物の多様性をみていこう.

14・3 無脊椎動物の多様性

海綿動物

海綿動物(sponge, 海綿動物門Porifera)は, 中空の非相称な体をもつ(図14・5a). 学名は"孔をもっている"という意味で, 体にある多数の小孔からきている. 成体は固着生活を送り移動しない. 扁平な細胞が体の外側の表面を覆い, 内部の腔所は鞭毛がある襟細胞が覆っている. これら二つの細胞層の間は, ゼリー状の細胞外基質で満たされている. 襟細胞の鞭毛を波打たせることによって, 多数の小孔から体内へと水を入れ, 一つもしくは複数ある大孔から外界へ向けて水を出す.

他の大半の動物とは異なり, 海綿動物は細胞内で消化を行う. 襟細胞は水から食物を沪過し, エンドサイトー

(a)
水の流出
中央腔
水の流入

ガラス質の骨片
アメーバ細胞
小孔
ゼリー状の細胞外基質
扁平な表皮細胞
襟細胞

(b)

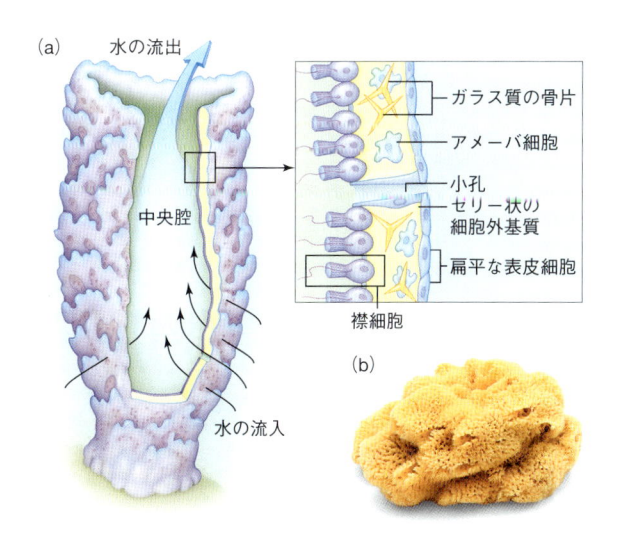

図 14・5 **海綿動物**. 体に対称性はなく, 組織ももたない. (a) ガラス海綿類の体制. 矢印は水の流れの方向を示す. (b) 天然の浴用海綿(スポンジ).

シスで細胞に取込み消化する．細胞外基質の中のアメーバ様の細胞が襟細胞から消化された食物を受取り，他の細胞へと配布する．多くの種で，細胞外基質の中にある細胞は，繊維状のタンパク質やガラス質の骨片も分泌する．これらは体を支える構造になるとともに捕食者に対する防御の役目もある．タンパク質の多い海綿は入浴用や掃除用として利用されている（図14・5b）．

海綿動物は一般的に**雌雄同体**（hermaphrodite）で，同じ個体が卵も精子もつくる．通常，精子は海水中に放出され，卵は親の体内に保持される．受精後，接合子ができ，発生が進んで繊毛の生えた幼生となる．**幼生**（larva, *pl.* larvae）とは，動物の生活環において成体と異なる形態をもった未成熟な段階のことである．海綿動物の幼生は親の体から出ると短期間遊泳してから着底して成体へと成長する．

刺胞動物

刺胞動物（cnidarian，刺胞動物門 Cnidaria）は水生動物で，体は放射相称で，トゲのある触手をもつ．クラゲ型とポリプ型の二つの体制があり，どちらも2層の細胞層からなる体をもち，細胞層の間はゼリー状の細胞外基質で満たされている（図14・6a）．**クラゲ型**（medusa, *pl.* medusae）はつり鐘形をしていて，泳いだり漂ったりする．クラゲはこの型である（図14・6b）．イソギンチャクなどは**ポリプ型**（polyp）で，管状の体で通常はその一方の端で基質の表面に付着している（図14・6c）．ポリプ型でもクラゲ型でも胃水管腔の開口部は触手が取囲み，胃水管腔は食物を取込んで消化し老廃物を吐き出すほかに，ガス交換の機能ももっている．

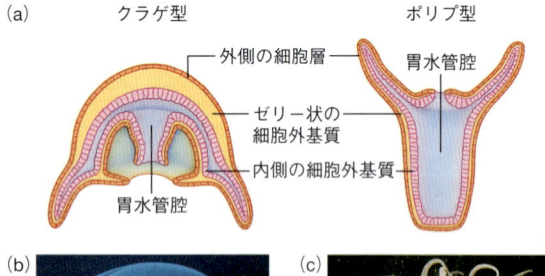

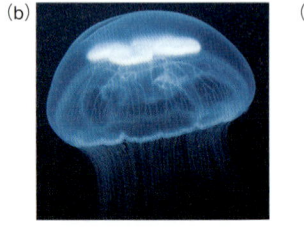

図14・6 刺胞動物の体制．(a) クラゲ型とポリプ型の二つの体制．(b) クラゲ（クラゲ型）．(c) イソギンチャク（ポリプ型）．

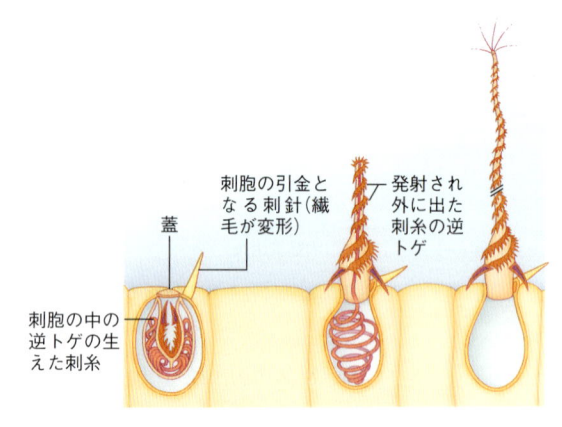

図14・7 刺胞動物がもつ刺胞の動き

学名はギリシャ語のcnidos，つまりイラクサというトゲのある植物に由来する．これは，触手表面にある刺胞動物独自のトゲで刺す細胞（刺細胞）のことを示している．刺細胞は**刺胞**（nematocyst）というカプセルのような細胞小器官をもち，刺胞の中には螺旋状になった刺糸が入っている（図14・7）．何かが触手に触れると，刺胞の蓋が開き，刺糸が外へと飛び出る．刺糸は餌となる動物に絡みついたり突き刺さったりし，毒液を注入する．触手が捕らえた餌は口から胃水管腔へと引込まれ，胃水管腔において腺細胞が分泌する酵素で消化される．

造礁サンゴの仲間はポリプ型で，触手を使って餌を捕らえるが，組織内に共生する光合成をする原生生物（渦鞭毛藻類）によってつくられる糖質にも依存している．ポリプは硬いカルシウムに富む骨格を基部のほうに分泌する．長い年月をかけ，何世代ものポリプが分泌した骨格が蓄積してサンゴ礁が形成されるが，その表面には生きているポリプの層がある．サンゴ礁は，生態学的に非常に重要な役割をもっており，多くの動物に食物や隠れ家を与えている．

扁形動物

扁形動物（flatworm，扁形動物門 Platyhelminthes）は体腔をもたない平たい体の蠕虫である．学名はギリ

図14・8 淡水に生息するプラナリア類の体制

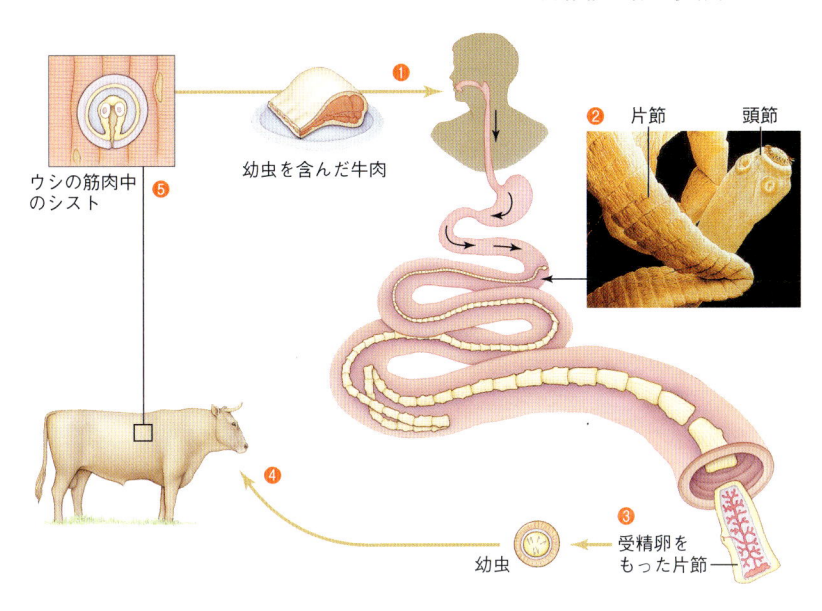

図 14・9 ムコウジョウチュウ（無鉤条虫）の生活環

❶ 条虫の休眠期の幼虫を含んでいる牛肉を十分に加熱調理せずに食べるとヒトに感染する．
❷ 条虫は体の前端にある逆トゲが生えた頭節で腸壁に付着し，片節とよばれる体の単位を新たに加えていくことによってヒトの腸内で成長していく．成長すると，何メートルもの長さになることもある．
❸ それぞれの片節は卵と精子をつくり，それらが受精する．受精卵をもった片節は便とともに体の外へ出る．
❹ ウシが片節または初期の幼虫がついた草を食べる．
❺ 幼虫はウシの筋肉に入りシストを形成する．

シャ語の platy "平らである"，helminth "蠕虫"に由来する．三胚葉性の動物のなかでは最も単純な動物である．多くの扁形動物は水中に生息しているが，少数は陸上の湿った場所に生息している．また，他の動物体内に寄生するものもいる．

プラナリア類（planarian）は池などでよく見かけ自由生活性である（図 14・8）．体表の繊毛によって這い回る．筋肉の管（咽頭）が食物を吸込み，枝分かれしている胃水管腔へ入れる．栄養分や酸素はその細かい枝から体の細胞へと拡散する．頭部にある神経細胞の一群は単純な脳の役割を果たす．頭部には化学受容器や光を感知する眼点もある．

条虫類（tapeworm）は雌雄同体で，脊椎動物の消化管に寄生する．条虫類は片節とよばれる体節のような構造が連なる体をもち，成長するにつれて新しい片節を加えていく．図 14・9 はムコウジョウチュウ（無鉤条虫）の生活環を示している．十分に加熱調理されなかった牛肉を食べると，ヒトもムコウジョウチュウに感染することがある．同じように，加熱されていない豚肉や魚でも条虫類のヒトへの感染が起こりうる．

吸虫類（fluke）もまた寄生性であるが，吸盤をもっていて，体には節状の構造はない．ジュウケツキュウチュウ（住血吸虫）はヒトの肝門脈に感染すると，死に至る可能性もある住血吸虫症をひき起こす．熱帯の淡水産の巻貝がジュウケツキュウチュウの中間宿主となっている．幼虫がいる水の中に入ったときに，傷口などから感染する．

環形動物

環形動物（annelid，環形動物門 Annelida）は，体節，体腔，完全な消化管，閉鎖循環系を進化させた蠕虫である．学名はギリシャ語の annulus "環がある"に由来する．

最もなじみ深い環形動物であるミミズなどの貧毛類（oligochaete）は陸上に生息するものが多く，ほとんどは 100 以上の体節をもっている（図 14・10）．ミミズは土の中で土を食べ進んでいき，取込んだ有機物はすべて消化する．

各体節には体液で満たされた体腔がある．その中には 1 対の排出器官があり，体液から老廃物を取除く．体腔を貫く消化管は，特殊化した各部分に分かれている．神経索は体の全長に伸び，単純な脳につながっている．複数ある心臓は血液を血管に送り込む．

貧毛類は雌雄同体である．環帯にある分泌器官でつくられる粘液によって，2 個体が密着し，互いに精子を交

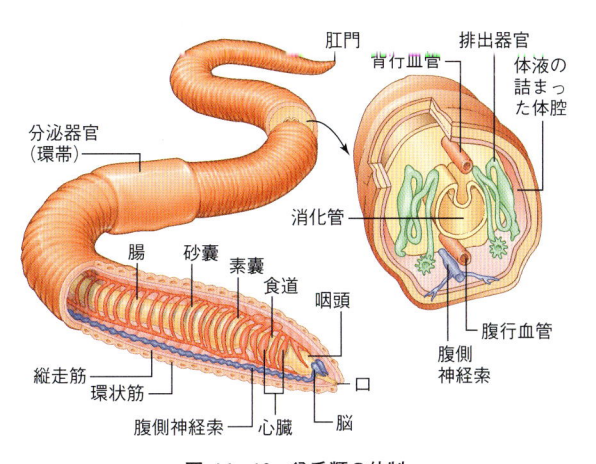

図 14・10 貧毛類の体制

図 14・11 海生の多毛類．(a) ジャムシ．砂浜の潮間帯を動き回る活発な捕食者．(b) ケヤリムシ．棲管の中にすみ，頭部にある羽のような触手で水中の餌を沪過する．

換する．その後，卵胞に入れられた受精卵を土中に産みつける．

多毛類（polychaete）はほとんどが海生で，ふつうは各体節にたくさんの剛毛がある．しばしば釣餌として売られるジャムシなどは，活発な捕食者である（図14・11a）．他の種は流れから食物をこしとるための触手をもつ（図14・11b）．

ヒル類（leech）は環形動物のもう一つの系統である．ふつうは淡水に生息しているが，陸上の湿った場所で見つかるものもある．ほとんどは無脊椎動物を食べる腐食者か捕食者である．少数の種は脊椎動物の血液を吸う（図14・12）．そのさい唾液中のタンパク質が，血液の凝固を防ぐ．

図 14・12 チスイビル

軟 体 動 物

軟体動物（mollusc, mollusk，軟体動物門 Mollusca）は小さな体腔と，体節に分かれていない柔らかい体をもっている．学名はラテン語で"柔らかい"という意味である．**外套膜**（mantle）というスカートのように伸びた体の上部の体壁が，器官を含む内臓塊を包んでいる（図14・13a）．大部分の軟体動物では，外套膜は硬くカルシウムに富む貝殻を分泌する．大きな筋肉質の足によって移動する．

動物のなかでは軟体動物は節足動物についで2番目に多様性が高い．ほとんどは海に生息しているが，淡水や陸上に生息する種もいる．軟体動物のなかで最大のグループは**腹足類**（gastropod）で，巻貝やナメクジなど，およそ60,000種を含む．その名のとおり，体の下半分のほとんどを占める幅の広い筋肉質の足をもっており，この足を使ってすべるように移動する．大半の腹足類は**歯舌**（radula）という硬いキチン質を含む舌のような器官を使って，藻類をかじりとる．しかし巻貝類の一部は捕食性の生活に適応している．たとえば，イモガイは銛のような歯舌をもち，小さな魚などの獲物に，体を麻痺させる毒液を注入する．

巻貝の一部やナメクジの仲間は陸上生活に適応している．外套膜が囲んだ空間である外套腔を肺として使い，空気呼吸をする．ナメクジやウミウシの仲間には貝殻がない．これらのほとんどは捕食者がまずいと感じるような物質を分泌することによって身を守っている．図14・13(b)のミノウミウシはより興味深い防御方法をとっている．このウミウシは刺胞動物を食べ，その餌からとった未発射の刺胞を背側にある羽のような突起にたくわえることができる．ミノウミウシを攻撃する捕食者は，刺胞に刺されることになる．

われわれの食卓にのるイガイ，カキ，ハマグリ，ホタテガイなどは**二枚貝類**（bivalve）である（図14・13c）．およそ15,000種の二枚貝類が淡水や海に生息している．蝶番で付着した2枚の殻が囲む体には，はっきりとした頭や歯舌がない．二枚貝類は通常，何かの表面に付着するか堆積物にもぐっている．外套腔に水を吸込み沪過することによって食物をとる．沪過食者であるため，二枚貝類はときおり毒素や病原菌を取込み，生または不十分な加熱で二枚貝を食べると，病気になることがある．

頭足類（cephalopod）はツツイカ，コウイカ，オウムガイ（図14・13d），タコ（図14・13e）などを含む．その名のとおり，触手または腕のように変形した足が頭から伸びている．すべて捕食性で，ほとんどの種が歯舌に加えて嚙みつくことができる嘴形の口器をもっている．頭足類はジェット推進によって動く．外套腔に水を吸込み，足が変形してできた漏斗を通して水を外に勢いよく吹きだす．軟体動物のなかで，頭足類だけが閉鎖循環系をもつ．

5億年前，長い円錐状の貝殻をもった頭足類は，海における最上位の捕食者だった．なかには5mもの長さの貝殻をもつものもいた．現生のオウムガイは体の外側にらせん状の殻があるが，他の頭足類は非常に小さな貝殻があるだけか，全く貝殻をもっていない．4億年前の顎をもった魚類の進化が，このような頭足類の形態の変化をひき起こしたと考えられる．顎をもった魚類と餌を巡って競争し始めると，動きの速い機敏な頭足類のほうが有利だった．貝殻の縮小または喪失によって，速さや機敏さが向上した．

魚類との競争は視覚の改良ももたらした．脊椎動物と同じように，頭足類は光を収束するレンズのついた眼をもつ．軟体動物と脊椎動物は近縁ではないので，この種の眼はこれら二つの動物群で独立して進化したと考えら

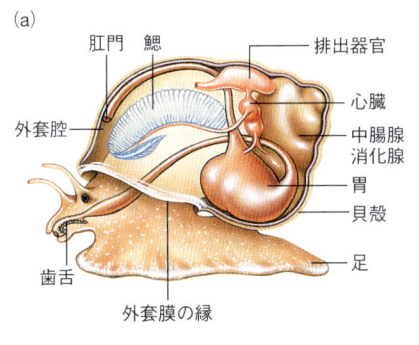

図 14・13 軟体動物の体の構造と多様性．(a) 水生の巻貝(腹足類)の体制．(b) ミノウミウシ(腹足類)．殻をもたない．(c) ホタテガイ(二枚貝類)．2枚の殻をもち，外套膜の縁にたくさんの眼点(青い点)がある．(d) オウムガイ(頭足類)．現生の頭足類で唯一，殻が体を覆っている．(e) タコ(頭足類)．8本の腕にある吸盤は一つずつ別べつに調節することができ，何かをつかんだり，何かに付着したり，海底を歩いたりすることができる．

れている（形態学的収斂，§11・6 参照）．

頭足類には，最速の無脊椎動物（ツツイカ），最大の無脊椎動物（ダイオウイカ），最も賢い無脊椎動物（タコ）が含まれる．すべての無脊椎動物のなかで，タコは体の大きさに比較して最大の脳をもち，最も複雑な行動をすることができる．

線形動物

線虫とよばれる**線形動物**（roundworm，線形動物門 Nematoda）は体節がなく偽体腔をもった円筒形の蠕虫である（図 14・14）．線形動物には，完全な消化管，排出器官，神経系があるが，循環器官や呼吸器官はない．昆虫類と同じく，線形動物はクチクラを分泌して体を覆い保護している．クチクラを周期的に脱皮により捨てて取替えることによって，体を大きく成長させる．

線形動物は，海，淡水，湿った土壌に生息するか，他の動物や植物の体内に寄生している．およそ2万種いるうちの大半は，体長1mm未満の自由生活をする分解者である．寄生性の線形動物はこれよりも体が大きい傾向があり，クジラに寄生する種では数メートルになるものがいる．

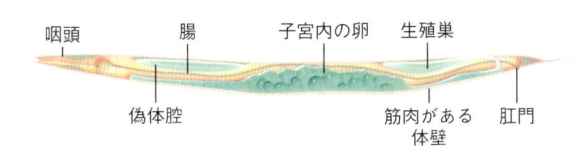

図 14・14 線形動物の体制

土壌中に生息するシー・エレガンス *Caenorhabditis elegans* は，ショウジョウバエと同じように，生物学者が好んで使う実験生物の一つである．より複雑な動物と同じタイプの組織をもつが，体は小さく透明で，1000個未満の体細胞しかなく，繁殖速度も速いため，発生過程を研究するモデル生物としてとても有用である．さらに，そのゲノムはヒトの30分の1ほどしかない．そのため，それぞれの細胞の発生運命の追跡がしやすい．2002年には，シー・エレガンスを使って，正常な発生過程で生じる選択的な細胞死の遺伝的制御を明らかにした研究者らに，ノーベル医学生理学賞が与えられた．

寄生性の線形動物にはヒトに寄生するものもいる．腸に寄生する巨大なヒトカイチュウ *Ascaris lumbricoides* は現在でも10億人を超える人々に感染している．感染者の多くは熱帯地方に住む人々である．通常，感染しても症状はあまりないが，腸閉塞を起こすこともある．

熱帯地方にみられるリンパフィラリア症は，カが媒介するフィラリアという線形動物によってひき起こされる．フィラリアはヒトのリンパ管を移動する．繰返し感染すると，リンパ管の中の弁を損傷し足の下部などにリンパが滞留してしまう．この病気はリンパで膨らんだ足がゾウの足のように見えるので一般に"象皮病"とよばれる．ヒトギョウチュウ *Enterobius vermicularis* は最も一般的なヒトに感染する線形動物で，子供がよく感染する．

節足動物

節足動物（arthropod，節足動物門 Arthropoda）は関

節がある足（脚）をもった無脊椎動物である．完全な消化管と開放循環系をもつ．これまでに100万種を超える節足動物が知られており，それよりも多い種がまだ未発見のままであると考えられている．

節足動物はクチクラを分泌し，これは軟体動物の歯舌の材質と同じキチン質で硬くなっている．このクチクラは体の外側にある骨格，すなわち**外骨格**（exoskeleton）の役割を果たす．外骨格は捕食者から身を守るのに役立ち，筋肉が付着する部分ともなる．陸生の節足動物では，外骨格は水分を保持したり，体重を支える働きもある．硬い外骨格によって成長が制限されることはない．線形動物と同様に，節足動物は成長するごとにクチクラの脱皮をする．新しいクチクラは古いクチクラの下に形成され，古いクチクラは捨てられる（図14・15）．

図14・15 古いクチクラを脱皮している途中のアカムカデ．下にある新しいクチクラが見えてきている．

もしクチクラがギプスのように均一に硬いと，運動の妨げになってしまう．しかし，節足動物のクチクラは関節部分では薄くなっており，この関節で硬い二つの部分がつながる．関節の両側の外骨格についている筋肉が収縮することにより，その部分を動かすことができる．

初期の節足動物では体節ははっきり分かれており，すべての付属肢は似たものであった．のちに多くの動物群で，体節は融合して，頭部，胸部（中間の部分），腹部（後方の部分）といった構造上の単位になった．そしてある体節では，付属肢が翅などに特殊化していった．

通常，節足動物は1対以上の眼をもっている．昆虫類と甲殻類では多数の個眼からなる**複眼**（compound eye）をもつ．それぞれの個眼はそれ自身のレンズをもっている．そのような眼は動きに対してとても敏感である．また大半の節足動物は頭部に1または2対の**触角**（antenna）をもつ．触角は接触やにおいや振動を検知する感覚器官である．

大半の節足動物は生活環の間に**変態**（metamorphosis）によって幼虫から成体へと体制を変える．たとえば，チョウ類のオオカバマダラ（図14・16）の幼虫はイモムシで，トウワタの上を這い回り葉を食べる．幼虫が成長し，数回脱皮を繰返した後，体の後端を枝に付着し，幼虫最後の脱皮をして蛹となる．組織は再配置され，翅のある成体となる．成体は花の蜜を吸う．幼虫と成体とはそれぞれ異なる作業に適応した体制をもっている．そのような異なる体制をもつことで，成体と幼虫とが同じ資源を巡って競争するのを防ぐことができる．

図14・16 オオカバマダラの完全変態．葉を食べる幼虫が蛹となる．蛹のときに，組織が再配置され，成体のチョウとなる．

節足動物の多様性と生態

鋏角類（chelicerate）にはカブトガニ類やクモ類などが含まれる．カブトガニ類（horseshoe crab）は4億年以上前から海にすんでおり，その形態はほとんど変わっていない（図14・17）．現生の4種のうちの1種は北米の大西洋岸，3種はアジアの東南海域に分布している．腹部の最後の体節から突き出る長い棘は，波で体がひっくり返ったときに体をもとに戻すのに役立つ．カブトガニ類は海底の二枚貝や蠕虫を食べている．

クモ類（arachnid）は4対の歩脚と触覚を有する1対の触肢をもつが触角はない．クモ類のほかに，サソリ類，ダニ類が含まれる．クモ類とサソリ類は毒液をもった捕食者である．クモ類は牙状の口器から毒液を出す．体は二つの部分に分かれ，頭と胸が融合した頭胸部と腹部が，細くくびれた"腰（ウェスト）"でつながっている（図14・18a）．腹部には糸をつくる腺がある．サソリ類

図14・17 カブトガニ．真の"カニ類"とは異なり，むしろクモ類やサソリ類と近縁である．

14・3 無脊椎動物の多様性

図 14・18 クモ類. すべて4対の脚をもつ. (a) クモ類のタランチュラ. 噛みついて毒液を出すことにより獲物を殺す. (b) サソリ. 毒針から毒液を出す. (c) ダニ. 脊椎動物の血液を吸う.

は爪状の触肢で獲物を捕らえ, 腹部の最後の体節にある毒液を出す毒針で獲物をしとめる (図14・18b). サソリ類は昆虫やクモを食べ, ときにはトカゲさえも食べることがある. 大型のダニ類には, 脊椎動物の血液を吸うものがいる (図14・18c). そのためライム病 (§13・5) のような細菌病を媒介するものもいる. 体長1 mm以下の小さなダニ類では, 腐食者が多いが, 寄生性の種もいる. 皮膚の下に潜る種はヒトやイヌに疥癬をひき起こす. ツツガムシとよばれるダニ類の幼虫は毛嚢に侵入し, 酵素を分泌してタンパク質を分解し, 組織を溶かして吸っている.

甲殻類 (crustacean) のほとんどは海生で, 2対の触角をもつ. エビ, カニ, ロブスターなどの十脚類 (decapod) は食用として捕獲されている (図14・19a). 十脚類は5対の脚をもっている. ヒト以外にも, 甲殻類を餌とする動物は多い. エビに似た体をもつオキアミは冷たい海域にたくさんいる (図14・19b). 体長2〜3 cmほどだがきわめて大量にいて栄養価も高いため, 体重が100トンを超えるシロナガスクジラでさえ, 海水からこしとるオキアミだけで生きていくことができる.

フジツボなどの蔓脚類 (barnacle) は海生の甲殻類で, 節足動物では唯一, 外殻を分泌し形成する (図14・19c). カルシウムに富む殻をきつく閉じることにより, 捕食者や乾いた風, 波から体を保護する. 幼生は海中を泳いでいるが, 成長して成体になると岩や桟橋, 船や, クジラにまで, 頭部で付着する. 羽のような脚を使って, 海水中から食物をこしとって食べる. フジツボは頭部である場所に固着してしまうと, 繁殖相手を見つけるのがとてもむずかしくなってしまうように思うかもしれない. しかし, フジツボは互いに近くに群がる傾向があり, 大半の種では雌雄同体である. フジツボは雄性生殖器を体長の何倍もの長さに伸ばして隣にいる個体に挿入することができる.

等脚類 (isopod) はほとんどが海生であるが, 陸上生活に適応した種のほうがなじみが深い. ダンゴムシとよばれる等脚類は湿った場所にすみ, 有機物断片や植物の若くて柔らかい部分を食べる. ときに, 農産物の害虫となる. 危険から身を守るために, 玉のように丸くなる (右).

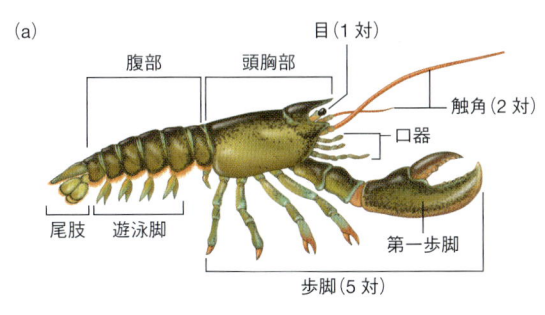

図 14・19 海生の甲殻類. (a) アメリカンロブスターの体制. (b) 南極海を泳ぐナンキョクオキアミ. (c) 蔓脚類のミョウガガイ. 羽のような脚を使って水中から食物をこしとる.

ムカデやヤスデなどの**多足類**（myriapod）は節足動物のもう一つの系統である．これらの夜行性の地中生活者はほぼ同じ体節が多数連なった長い体をもっている（図14・20）．頭部には，1対の触角と2個の単眼がある．ムカデは動きのすばやい毒をもった捕食者で，各体節には1対の脚がある．それに対して，動きがゆっくりであるヤスデは腐った植物を食べる．体は円筒形で炭酸カルシウムで硬くなったクチクラに覆われ，体節は2節ずつ融合していて，それぞれの融合した体節には2対の歩脚がある．

図 14・20　ムカデ(a)とヤスデ(b)

昆虫類（insect）は最も多様な節足動物で，体は，1対の触角をもつ頭部，3対の脚をもつ胸部，腹部の三つの部分からなる（図14・21a）．最も多様な四つの動物群にはすべて，胸部に2対の翅がある．ハエなどの双翅類には15万種があり，甲虫の仲間である鞘翅類にも少なくともこれと同数の種がある．約13万種の膜翅類にはミツバチやアリが含まれる．ガやチョウなどの鱗翅類はおよそ12万種いる．哺乳類のおよそ4,500種と比べてみるとよい．

大部分の被子植物は，昆虫類によって受粉される（図14・21b）．昆虫類がこれほど多様なのは，おそらく，受粉する昆虫類と被子植物との間の密接な相互作用が，両者の種分化の速度を速めたためであろう．

昆虫類にはほかにも重要な生態学的な役割がある．たとえば，昆虫類は多くの種類の野生生物の食物となっている．ふつうは毛虫とかシャクトリムシとよばれているチョウやガの幼虫は，鳥類のひなの餌となる．トンボなどの水生幼虫は魚の餌となっている．大部分の両生類や爬虫類はおもに昆虫を餌にしている．ほかにも昆虫類は排出物や死骸の分解もする．ハエと甲虫は動物の死体や糞の塊を素早く発見する（図14・21c）．有機物を含むこれらの中や上に卵を産み，ふ化した幼虫がこれらを摂食する．このような行動によって，昆虫類は生態系における栄養の循環に大きな役割を果たしている．

一方，病害虫となる昆虫類もいる．農作物を巡る人間のおもな競争相手は昆虫である．たとえば，チチュウカイミバエは柑橘類に大きな被害を与える（図14・21d）．昆虫類はまた危険な病気も媒介する．カはヒトからヒト

図 14・21　昆虫類の体の構造と多様性．(a) 昆虫類の体制をバッタで示す．胸部には3対の脚と2対の翅(たたまれている)，頭部には2本の触覚と2個の複眼がある．(b) ミツバチは受粉を媒介する．(c) フンコロガシは糞を集める．(d) チチュウカイミバエは柑橘類を脅かす．(e) トコジラミはヒトに寄生する．

へとマラリア原虫（§13・6参照）を運んで，マラリアを広める．ネズミとヒトの両方に噛みつくノミは腺ペストを媒介する．ヒトジラミは発疹チフスを媒介する．トコジラミは病気は媒介しないものの，噛まれるととてもかゆく，大発生すると大きな心理的，経済的影響を及ぼす（図14・21e）．

脱皮動物と冠輪動物

近年の分子系統学によって，旧口動物のなかに脱皮動物と冠輪動物という二つの大きな系統が認められている．**脱皮動物**（Ecdysozoa）は，その名のとおり成長に伴って体表のクチクラを脱皮する動物群で，線形動物や節足動物が含まれる．一方，**冠輪動物**（Lophotrochozoa）は，2枚の殻をもつ腕足動物などのように触手冠とよばれる口の周囲を触手が取囲む構造をもつ動物と，環形動

物や軟体動物のようにトロコフォア型とよばれる繊毛の環がある幼生をもつ動物が組合わさった動物群である．これによって，体腔の発達の程度や体節などの形態を重視した動物の進化の見方が，大きく変えられることとなった．

棘皮動物

棘皮動物（echinoderm，棘皮動物門 Echinodermata）は，新口動物に属す海生の無脊椎動物であり，ヒトデ，ウニ，ナマコなど約 6000 種が含まれる（図 14・22）．学名はギリシャ語で棘のある皮という意味で，互いにつながっている炭酸カルシウムでできた棘や板が中に埋込まれている皮膚のことをさしている．その骨板が体内で骨格を形成しており**内骨格**（endoskeleton）とよばれる．成体の体制は，放射相称である．

ヒトデ類は最もなじみがある棘皮動物である．ヒトデ類には脳がなく，散在神経系がある．腕の先端にある眼点は光とその動きを検知する．一般的にヒトデ類は活発な捕食者で，小さな管足を使って動き回る（図 14・22a）．管足は**水管系**（water-vascular system）という棘皮動物に特有な体液を満たした管系の一部である．

ヒトデ類は軟体動物の二枚貝などを食べる．胃を口から外へ出し，二枚貝の貝殻に滑り込ませる．胃は酸や酵素を分泌し，貝を殺して消化を始める．部分的に消化された食物を胃に取込み，腕の中にある消化腺の助けを借りて消化を完了させる．ヒトデ類の生殖器官は腕にあり，卵と精子は水中に放出される．受精によって生じる胚は繊毛が生えた左右相称の幼生となる．幼生はしばらく遊泳生活を送った後，発生が進み成体となる．幼生の左右相称性は，遺伝学的な研究からの証拠とともに，棘皮動物の祖先が左右相称の動物であったことを示している．

14・4 脊索動物

脊索動物の形質

脊索動物（chordate，脊索動物門 Chordata）も新口動物に属し，胚にみられる四つの形質によって定義される．1) **脊索**（notochord）をもつ．脊索は硬いが柔軟性がある棒状の結合組織で，体の全長にわたって存在し，体を支持している．2) 脊索の背側に脊索と平行に伸びる中空の**神経索**（頭索動物と尾索動物）もしくは**神経管**（脊椎動物）をもつ．3) **鰓裂**（gill slit）が咽頭（喉のある場所）の壁に開く．4) 筋肉質の尾が肛門より後方に伸びる．動物群によっては，これらの形質のすべてまたはいくつかは，成体まで残らない．

無脊椎の脊索動物

無脊椎の脊索動物にはナメクジウオの頭索動物とホヤなどの尾索動物の二つの動物群がある．両者とも海生で咽頭にある鰓裂を通る水流から食物をこしとって食べる．

頭索動物（cephalochordate，頭索動物亜門 Cephalochordata）のナメクジウオは，長さ 3〜7 cm の魚形の脊索動物である（図 14・23）．ナメクジウオは脊索動物のすべての形質を成体になっても保持している．背側神経索は頭部に達しており，その先端には 1 個の眼点があり光をとらえる．しかし，頭部には魚類のような脳も対になった感覚器官ももたない．

尾索動物（urochordate，尾索動物亜門 Urochordata）では，幼生は典型的な脊索動物の形質をもっている（図 14・24a）．幼生は短期間泳ぎ，その後変態して成体となる（図 14・24b）．四つの脊索動物の形質のうち，成体は鰓裂がある咽頭を保持しているだけである．被嚢とよばれる糖質の豊富なおおいが分泌され成体の体を包んでいるため，**被嚢類**（tunicate）とよばれることもある．

図 14・22 棘皮動物．(a) ヒトデ．腕の先端の拡大写真を見ると小さな管足がわかる．(b) ウニは棘と一部の管足を使って動き回る．ウニの多くは海藻をかじる．(c) ナマコ．細長い体に沿って管足の列が並ぶ．硬い骨は退縮しており，柔らかい体の中に微小な骨片として存在する．

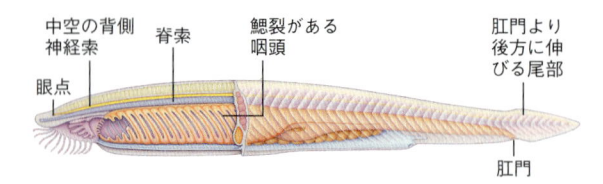

図 14・23 頭索動物. ナメクジウオは成体になっても脊索動物の四つの形質を保持している. 写真が示すように, ナメクジウオは海底の砂の中にもぐっており, 咽頭を通過する水から, 餌を沪過している.

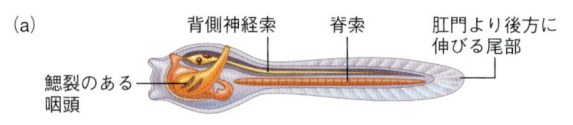

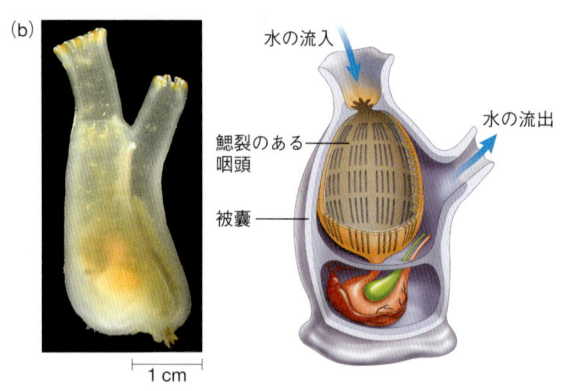

図 14・24 尾索動物. ホヤの幼生(a)は自由遊泳し, 脊索動物の四つの形質をもっている. 変態後の成体(b)は固着し, 鰓裂のある咽頭のみ保持する.

ホヤなど大部分の尾索動物の成体は海中の基質に固着して, 水中から食物をこしとる. 水が口にある孔から入って鰓裂を通るときに鰓の粘液に食物が付着し, 食物は腸へと送られる. 水はもう一つの孔から体外へと出る.

脊椎動物に最も近縁なのはどちらの動物群だろうか. 確かにナメクジウオの成体はホヤの成体より魚類に類似している. しかし, そのような表面的な類似点はときにわれわれをあざむく. 発生過程と遺伝子の配列に関する研究によって, 尾索動物が脊椎動物に最も近縁な無脊椎動物であることが示された. ただし, ホヤもナメクジウオも脊椎動物の祖先というわけではない. これらは脊椎動物と共通の祖先をもつが, それぞれの系統は独自の形質を獲得し系統樹の異なる枝として分かれていった.

脊椎動物の形質と進化

脊索動物の第三の大きな動物群が**脊椎動物** (vertebrate, 脊椎動物亜門 Vertebrata) である. あらゆる脊椎動物は脳のある頭部をもち, ほとんどが1対の眼をもつ. 閉鎖循環系で1個の心臓がある. 1対の**腎臓** (kidney) は血液を沪過し, 血液の量や成分を調整し, 不要な老廃物を取除く. 完全な消化管をもつ.

図 14・25 は脊索動物の系統樹で, それぞれの系統を定義している進化で生じた革新を示している. 最初に生じた革新は**脊柱** (vertebral column) で胚の脊索から生じる❶. 大半の脊椎動物では, 脊柱は柔軟性を備えた丈夫な構造であり, 胚の神経管から発生する脊髄を囲んで保護している. 脊柱は内骨格の一部となる.

次の大きな革新は**顎** (jaw) であった❷. 顎は骨が関節でつながった構造で, 摂食に用いられる. 初期の顎のない魚類で鰓裂の構造を支持していた骨が発達することによって顎が進化した. 顎によって新しい摂食法を獲得し, 魚類に適応放散が生じた. 現生の魚類の大多数は顎をもっている.

顎を獲得した魚類のうちのある系統は, 体内に気体の入る袋を進化させた❸. その袋は浮力を調整する鰾(うきぶくろ)の機能をもったり, 一部の種では, 単純な構造の**肺** (lung) となり血液と空気との間でガス交換を行う呼吸器官としての機能をもった. 肺をもった魚類の系統の一つが, 体の左右に対をなす鰭(ひれ)(対鰭(ついき))に骨をもつようになった❹. それらの子孫から, 骨のある対鰭から肢を進化させ4本の肢で歩く最初の**四肢動物** (tetrapod, 四足動物) が出現した❺. 四肢動物のある系統は, 羊膜卵とよばれる特別な種類の防水の卵によって卵を陸上に産むことができるようになった❻. その系統が羊膜類(爬虫類, 鳥類, 哺乳類)で, 陸上で最も成功した四肢動物となった.

14・5 魚類と両生類

脊椎動物の多様性について, まずは魚類から説明しよう. **魚類** (fish) は最初に進化した脊椎動物の系統で, 魚類の大半は完全に水中生活を送る.

顎のない魚類

現生の**無顎類** (jawless fish) は滑らかな細長い体をもち, 対鰭はない. 骨格はわれわれの鼻や耳介を支えている結合組織と同じ軟骨である. 図 14・26 (a) は無顎類のヤツメウナギに特有の口を示している. ヤツメウナギの多くの種は成体になると他の魚を食べる. 顎がないのでヤツメウナギは餌を嚙むことはない. その代わり, ヤツメウナギはタンパク質のケラチンでできた角質歯があ

14・5 魚類と両生類

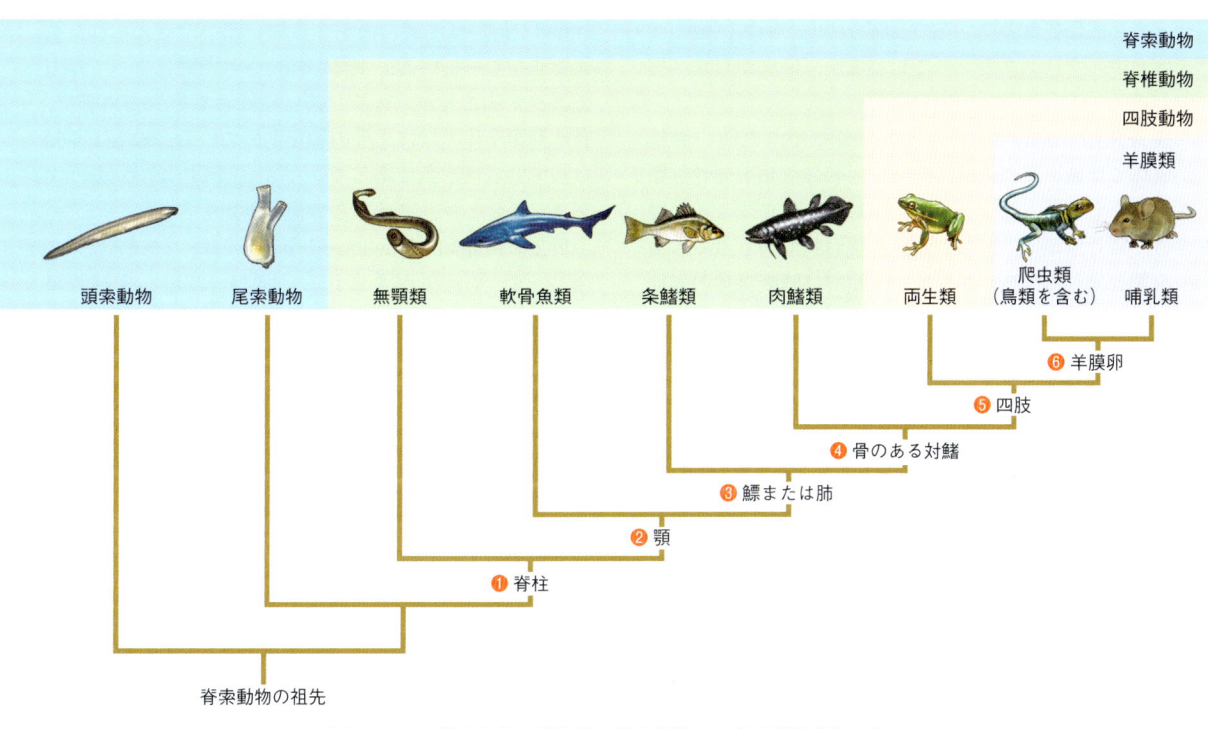

図 14・25 **脊索動物の系統樹**. 脊索動物の大半は脊椎動物である.

る吸盤状の口で他の魚に吸いつく. 吸着するとヤツメウナギは酵素を分泌し, 歯で覆われた舌を使って魚の肉をこすりとる. 魚は血液を失ったり感染症になってしばしば死に至る.

顎のある魚類

顎がある魚類の大半は, 対鰭と鱗(scale)をもつ. 硬くて平らな鱗は, 皮膚からつくられしばしば皮膚を覆っている. 鱗や体内の骨格は水より密度が高いため, 魚の体は水中で沈む. 非常に活発に泳ぎ回る魚では, 飛行機をもち上げる翼と同じように, 鰭が体をもち上げるような形状になっている. 泳ぐ際に水は抵抗となるので, 速く泳ぐ魚は一般的に流線形の体をもち摩擦を減らしている.

顎がある魚類には二つの動物群がある. 軟骨魚類と硬骨魚類である(図 14・26 b, c). **軟骨魚類**(cartilaginous fish)は, その名のとおり軟骨でできた骨格をもつ. 軟骨魚類には850種あり, サメが最もよく知られている.

図 14・26 **魚類の主要なグループ**. (a) 無顎類. 寄生性のヤツメウナギには対鰭がない. 吸盤状の口で他の魚に付着しその肉をこすりとる. (b) 軟骨魚類. サメは顎と対鰭をもつ. この種は敏捷な捕食者である. (c) 硬骨魚類の体制.

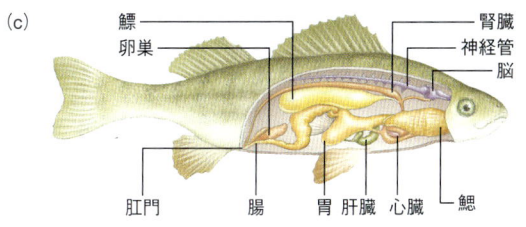

サメの一部は捕食者で，海の表層を泳いでいる．他のサメは水中のプランクトンをこしとるか，海底から食べ物をとる．

硬骨魚類（bony fish）では，軟骨でできた胚の骨格が成体では硬い骨の骨格に変わる．軟骨魚類も硬骨魚類も対鰭をもつが，硬骨魚類だけが対鰭を動かすことができる．硬骨魚類は，鰓裂が鰓蓋に覆われている点でも他の魚類と異なる．無顎類や軟骨魚類では鰓裂は体の表面に露出している．

硬骨魚類は二つの系統に分けられる．**条鰭類**（ray-finned fish）は皮膚に由来する細い鰭条で支えられた柔軟な鰭をもっている．気体が満たされた鰾によって浮力を調整することができる．条鰭類はおよそ30,000種で，脊椎動物全体のほぼ半分の種を占めている．最もよく知られている淡水魚であるキンギョ（図 14・27a）や，マグロ，オヒョウ，タラなどの海生魚類を含む．

現生の**肉鰭類**（lobe-finned fish）には，シーラカンス（§12・6）や肺魚が含まれる（図 14・27b）．肉鰭類は厚く筋肉質の胸鰭と腹鰭をもち，これらの鰭は中の骨によって支えられている．その名前が示すように，肺魚は鰓に加えて1ないし2個の肺をもつ．空気を吸込むことによって肺を膨らませ，肺の空気と血液の間でガス交換を行う．鰓に加えて肺をもつことにより，肺魚類は低酸素の水中でも生き抜くことができる．

初期の四肢動物

四肢動物は淡水生の肉鰭類の子孫である．泳ぐのに適した魚類が四肢で歩く動物に進化した際に，骨格がどのように形を変えたかは化石によって示されている（図 14・28）．肉鰭類の胸鰭と腹鰭の中にある骨は両生類の肢の骨と相同（§11・6）である．しかし，陸上生活への移行は骨格の変化の問題だけではない．心臓が3室に分割されたことによって，血液を体全体への経路と，重要性が増した肺への経路の二つの循環経路に流すことが可能となった．内耳の変化は空気で伝わる音を感知する能力を向上させ，まぶたは眼が乾燥するのを防いだ．

陸上生活をすることの利点は何だったのだろうか．水なしで生存できる能力は季節的に乾燥する場所では大いに役立つ．また陸上なら水中の捕食者からは安全に逃げられたし，進化したばかりの昆虫を新しい食物源として利用することができた．

図 14・27 条鰭類と肉鰭類．(a) 条鰭類のキンギョ（コイ科）．皮膚の膜である鰭が細い棘によって支えられている．(b) 肉鰭類の肺魚．筋肉質の厚い鰭は丈夫な骨に支えられている．

図 14・28 脊椎動物の陸上生活への移行．後期デボン紀の化石．

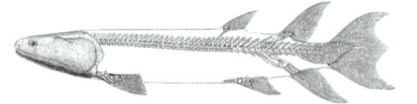

❶ 肉鰭類のユーステノプテロン *Eusthenopteron* には鰭はあるが肋骨はない

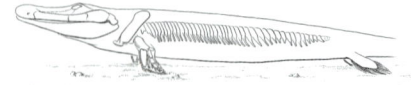

❷ 肉鰭類のティクターリク *Tiktaalik* には四肢のように変形した鰭と肋骨がある

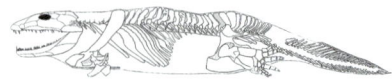

❸ 初期の両生類であるイクチオステガ *Ichthyostega* には四肢と肋骨がある

現生の両生類

両生類（amphibian）は鱗がない四肢動物で，陸上で生活するものの繁殖するためには水が必要である．一般に体外受精である．卵と精子は**総排出腔**（cloaca）を通じて開口部から水中へと放出され，この開口部は消化排出物や尿の出口としても使われる．総排出腔は，サメ類，爬虫類，鳥類，卵を産む哺乳類ももっている．両生類の幼生は水生で鰓をもつ．幼生から成体へと変態する間に大部分の種では鰓を失って肺を発達させる．成体は活発な捕食者で，3室ある心臓をもつ．

両生類のなかで体の形が初期の四肢動物に最もよく似ているのが，前肢と後肢は同じくらいの大きさで長い尾をもつサンショウウオやイモリで，530種ほどが知られている（図14・29a）．カエルは最も多様な両生類の系統で5000種を超える．尾のない成体も筋肉の発達した長い後肢によって泳ぐことができ，みごとな跳躍をする（図14・29b）．前肢はとても小さく着陸のときの衝撃を吸収するのに役立つ．

鰓があることを除けばサンショウウオの幼生は小さな成体のように見える．それに対してカエルの幼生は成体と著しく異なる．一般にオタマジャクシとよばれている幼生には鰓と尾はあるが四肢はない（図14・29c）．

14・6 水からの解放：羊膜類

羊膜類における革新

羊膜類（amniote）はおよそ1億3500万年前の石炭紀初期に両生類の祖先から分岐した．この新しい系統は乾燥した場所での生活に適応した．雄は精子を雌の体の中に入れ，受精は体内で行われる．**羊膜卵**（amniote egg）は内部に**羊膜**（amnion）をもつため，水から離れても胚が発生することができる（図14・30）．そのうえ羊膜類の皮膚はタンパク質のケラチンを豊富に含み水を通しにくくなっている．よく発達した1対の腎臓によって水を節約することができる．

羊膜類の初期の分岐で，すべての現生の爬虫類の共通祖先から哺乳類の祖先が分かれた．鳥類が爬虫類の仲間であるとは考えにくいかもしれないが，進化の観点からは鳥類は爬虫類の一部である．生物学的には，**爬虫類**（reptile）はカメ類，トカゲ類，ヘビ類，ワニ類，鳥類に加えて絶滅した恐竜類を含んでいる．

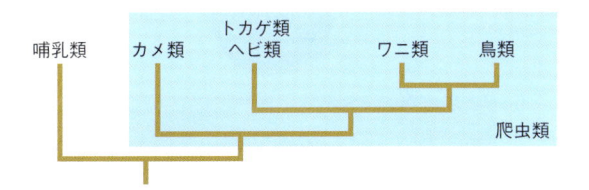

鳥類の祖先や哺乳類の祖先を含む初期の羊膜類は体温を調整する能力を進化させた．魚類，両生類，カメ類，トカゲ類，ヘビ類などは**外温動物**（ectotherm）で，外界から得る熱で体温を維持している．外温動物は運動によって体内の体温を調節している．温かい岩の上で体を

図14・29 両生類．鱗がない体をもつ．(a) サンショウウオ．ほぼ同じ大きさの四肢をもつ．(b) カエル．前肢は短いが，後肢は長く筋肉が発達している．(c) オタマジャクシ．カエルの幼生で，鰓と尾をもち水中を泳ぐ．

図14・30 羊膜卵．ふ化しているシシバナヘビ．

温めたり，土の中に潜って体を冷やしたりする．それに対して鳥類や哺乳類などの**内温動物**（endotherm）は代謝によって自分自身で発熱する．内温動物は，温血をもつ動物で，体を温かく保つためにより多くのエネルギーを使うので，外温動物よりもたくさんの食物を必要とする．鳥類や哺乳類は同じ体重のトカゲ類やヘビ類よりもはるかに多くのエネルギーを必要とする．しかし，内温動物は外温動物に比べて低温の環境でも活発なままでいられる．

爬虫類の多様性

トカゲ類（lizard）は爬虫類のなかで最も多様である．最小の種は10セント硬貨（直径17 mm）に載る大きさである（図14・31a）．トカゲ類のほとんどは肉食の捕食者だが，イグアナは植物を食べる．一般にトカゲ類は体外で発生する卵を産むが，一部の種では発生が進んだ幼体を産む．このような卵胎生の種では，卵は母親の体内で発生が進むが，母親の組織から栄養をもらっているわけではない．

ヘビ類（snake）はトカゲ類の祖先から進化し，一部のヘビ類には祖先がもっていた後肢の痕跡が残っている．ヘビ類はすべて肉食動物である．多くの種は柔軟な顎をもっているため，餌をまるごと飲込むことができる．ガラガラヘビなどの毒牙をもつ種は餌に嚙みつき，毒腺へと変形した唾液腺でつくられる毒で餌物を制圧する．トカゲ類と同様，大部分のヘビ類は卵を産むが，体内に卵を抱えふ化後に産む種もある．

カメ類（turtle, tortoise）には鱗で覆われた骨でできた甲羅があり，背骨は甲羅と一体化している．カメ類には歯がない．その代わりに顎にケラチン質の"嘴"がある．陸生のカメは陸上生活に適応して植物を食べる（図14・31b）．水生のカメは水の中やその近くで大部分の時間を過ごす．ウミガメは浜に卵を産むためだけに海からあがる．ウミガメはすべて絶滅の危機に瀕している．

ワニ類（crocodilian）は水中や水の近くに生息している．クロコダイル，アリゲーター，カイマンが含まれる．ワニ類は強力な顎に長い鼻と鋭い歯をもった捕食者である（図14・31c）．また哺乳類や鳥類と同じような非常に効率のよい4室ある心臓をもつ．現生の動物のなかでは最も鳥類に近縁で，大半の鳥類と同じように卵を産んだ後に子を守り世話をする．

ジュラ紀および白亜紀（約2億年前から6550万年前）は"爬虫類の時代"とよばれることがある．この間に恐竜類は大きな適応放散をとげ，陸上で優占的となった．ほとんどの恐竜類は，およそ6550万年前に起こった小惑星の衝突に起因するとされる大量絶滅（§11・1）の間に絶滅した．初期の鳥類はこの大量絶滅を生き延びた羽毛をもつ恐竜類から進化した．

鳥類（bird）は現生の羊膜類のなかで羽毛をもつ唯一の動物で，飛行に適応している．鳥類の翼はヒトの腕と相同である．一連の筋肉の収縮によって強力な上から下への動きが生じ鳥類の体をもち上げる．翼を上げるときには，それほど力のない別の一連の筋肉を用いる（図14・32）．鳥類はすべての脊椎動物のなかで最も効率的な呼吸系をもっており，ATPを産生し飛行力を得るために必要な酸素を安定して供給することができる．4室からなる心臓は，酸素の少ない血液を肺に送るのと，酸素が多い血液を体の各部に送るのとを，別べつの循環経路が担うことができる．飛行にはさらに視力と体各部の協調が要求される．同じくらいの体の大きさのトカゲ類と比較して，鳥類ははるかに大きな目と大きな脳をもっている．多くの鳥類は驚くほど体が軽い．鳥類の骨格には気囊が入り込んで軽量化しており，鳥類は他の多くの脊椎動物がもつ尿をためる器官である膀胱ももたず，体重を低く抑えている．骨でできた重い歯の代わりに，鳥類の顎はケラチン質でできた軽量の嘴で覆われている．嘴の構造はそれぞれの種が食べる餌の種類に適応してい

図14・31　爬虫類．(a) ドミニカ共和国で見つかった世界最小のトカゲ *Sphaerodactylus ariasae*．(b) ガラパゴスゾウガメ．(c) メガネカイマン．

図14・32 飛行中のフクロウ．鳥類は翼を羽ばたかせることによって飛ぶ．翼の上から下への動きによって体をもち上げる．

鳥類は他の爬虫類と同様に体内受精を行うが，大半の爬虫類とは異なり雄はペニスをもっていない．そのため総排出腔の開口部を重ね合わせる交尾を行う．

多くの鳥類は，渡りを行い，季節変化に応じてある地域から別の地域へと飛行する．そのような飛行には驚くべき耐久力が必要である．オオソリハシシギはアラスカの営巣地からニュージーランドへノンストップで飛んでいく．11,500 kmを，食べることも休むこともせず飛び続ける．

哺 乳 類

哺乳類（mammal）は雌が乳腺から分泌される乳で自分の子を育てる唯一の羊膜類である．哺乳類は毛をもつ唯一の動物でもある．毛は鱗が変形したものである．鳥類と同じく哺乳類は内温動物である．全身や頭が毛で覆われていることは体温を維持するのに役立っている．哺乳類は一つの骨からなる下顎をもち，歯には複数の種類がある．それに対して，爬虫類は複数の骨からなる下顎をもち，歯はすべて似た形状をしている．哺乳類はいろいろな種類の歯をもつことによって，他の大半の脊椎動物よりも多くの種類の餌を食べることができる．

哺乳類はジュラ紀前期に進化し，ネズミのような初期の種は恐竜と共存していた．1億3000万年前，**単孔類**（monotreme，卵を産む哺乳類），**有袋類**（marsupial，袋をもつ哺乳類）と**有胎盤類**（placental mammal，発生中の子に栄養を供給することができる胎盤とよばれる器官をもつ哺乳類）の3系統が進化した．図14・33はそれぞれの系統の例である．

単孔類は5種だけが生き残っている．また有袋類はオーストラリアとニュージーランドおよびアメリカ大陸だけに生息している．それに対して，有胎盤類は世界中に分布している．有胎盤類のどのような点が競争力に優れているのだろうか．有胎盤類は高い代謝率，優れた体温調整能力，胚に栄養を与える効率的な方法をもっている．他の哺乳類と比較して，有胎盤類の子は母親の体内

図14・33 哺乳類の母親．（a）単孔類のカモノハシ．子は母親が体外に産んだ卵からふ化し，母親の皮膚からしみ出る乳をなめる．（b）有袋類のオポッサム．この4匹の子は，初期の発生段階まで母親の体内で成長し，その後母親の腹にある袋へ登って入り，そこで成長した．（c）有胎盤類のハムスター．子は後期の発生段階まで母親の体内で過ごす．生まれた後は母親の体の下面にある乳首から乳を吸う．

ではるかに進んだ段階まで成長することができる．

　ネズミとコウモリが最も多様な哺乳類である．有胎盤類の4000種のおよそ半分が齧歯類で，そのうちおよそ半分がネズミである．次に多様なのがコウモリでおよそ375種いる．コウモリは唯一の飛ぶことができる哺乳類である．コウモリは"空飛ぶネズミ"のように見えるかもしれないが，齧歯類よりもオオカミやキツネのような食肉類に近縁である．

14・7　人類の進化

霊長類

　霊長類（primate）は有胎盤類の一つの目で，ヒト，類人猿，サルの仲間やそれらに近縁な動物を含む．霊長類は熱帯多雨林で進化し，霊長類の特徴的な形質の多くは木の枝で生活することへの適応として生じた．霊長類の肩は動かせる範囲が広く，木に登ることを容易にした（図14・34）．大半の哺乳類と異なり，霊長類は腕を横に伸ばし，頭より上にあげ，肘で前腕を回すことができる．ヒト以外のすべての現生の霊長類は，手でも足でもものをつかむことができる．哺乳類の多くはかぎ爪をもつが，霊長類は手足の指の先端には平たい爪をもち，爪はその下にある触覚器を保護している．

　大半の哺乳類の眼は広く離れて頭の両側面にあるが，霊長類では，両眼が前側にある傾向がある．そのためそれぞれの眼が，わずかにずれた位置から同じ範囲をみることになる．脳が，両眼から受取る信号の違いを統合し，三次元の像をつくる．霊長類の優れた距離感覚は木の枝から枝へと跳び回る生活に適している．

　霊長類は他の哺乳類よりも体の大きさに比べて大きな脳をもつ．脳の多くの部位を視覚や情報処理に使い，嗅覚に使われる部分は少なくなった．さまざまな餌を食べるため，歯の特殊性が減少した．肉を引き裂くための歯とものをすりつぶすための歯をもっている．

　大半の霊長類は社会性があり，雌雄両方の成体を含む群れをつくって生活する．雌は通常は一度に1または2個体の子を産み，産んだ後も子の面倒をみる．

現生の霊長類

　現生の霊長類のなかで最も古い系統はキツネザルやメガネザルである（図14・35）．イヌなどの大半の哺乳類と同様に，キツネザルは湿った鼻をもち，上唇はその内側にある歯茎にしっかりとくっついている（図14・36a）．乾いた鼻と動かせる上唇は，メガネザル（図14・36b）と他のすべての**真猿類**（anthropoid）の共通祖先で進化した．この進化の革新によって，さまざまな顔の

図14・34　樹上生活への適応．雌のオランウータン．肩が大きく動き，手足で物をつかむことができる．両眼は顔の前方につくため，立体視で距離感が得られる．

表情がつくれるようになり，言語を使うことが可能となった．

　真猿類には，サルの仲間，類人猿，ヒトが含まれる．ほぼすべての真猿類が昼行性で，優れた視覚をもち，色覚もある．

　新世界ザル（図14・36c）は中米や南米の森林に生息し，果実を探して木に登って生活している．平たい顔で鼻孔が広く離れた鼻をもつ．長い尾がバランスをとるのに役立っている．多くの種は尾でものをつかむことができる．

　旧世界ザルはアフリカ，中東，アジアに生息する．新世界ザルよりも大きめで，鼻孔が近くによった長い鼻をもっている．樹上生活をする種や，ヒヒ（図14・36d）のように，草原や砂漠の地上でほとんどの時間を過ごす種がある．旧世界ザルには尾をもたないものもいる．尾があっても短く，決して尾で何かをつかむことはできない．

　ヒト以外の尾のない霊長類は**類人猿**（ape）とよばれる．テナガザルとよばれる約15種の体の小さな類人猿は，東南アジアの森林に生息している．テナガザルはそれ以外の大型類人猿に対して小型類人猿とよばれる．スマトラ島やボルネオ島の森にすむオランウータンは，アジアで唯一現存している大型類人猿である（図14・34）．アフリカの大型類人猿（ゴリラ，チンパンジー，

14・7 人類の進化

キツネザル　メガネザル　新世界ザル　旧世界ザル　テナガザル　オランウータン　ゴリラ　チンパンジー　ヒト
ロリス　　　　　　　　　　　　　　　　　　　　　　　　　　　　　　　　　　　ボノボ
ガラゴ

図 14・35　現生霊長類の系統樹

(a) キツネザル　(b) メガネザル　(c) 新世界ザル(リスザル)

図 14・36　現生霊長類の多様性

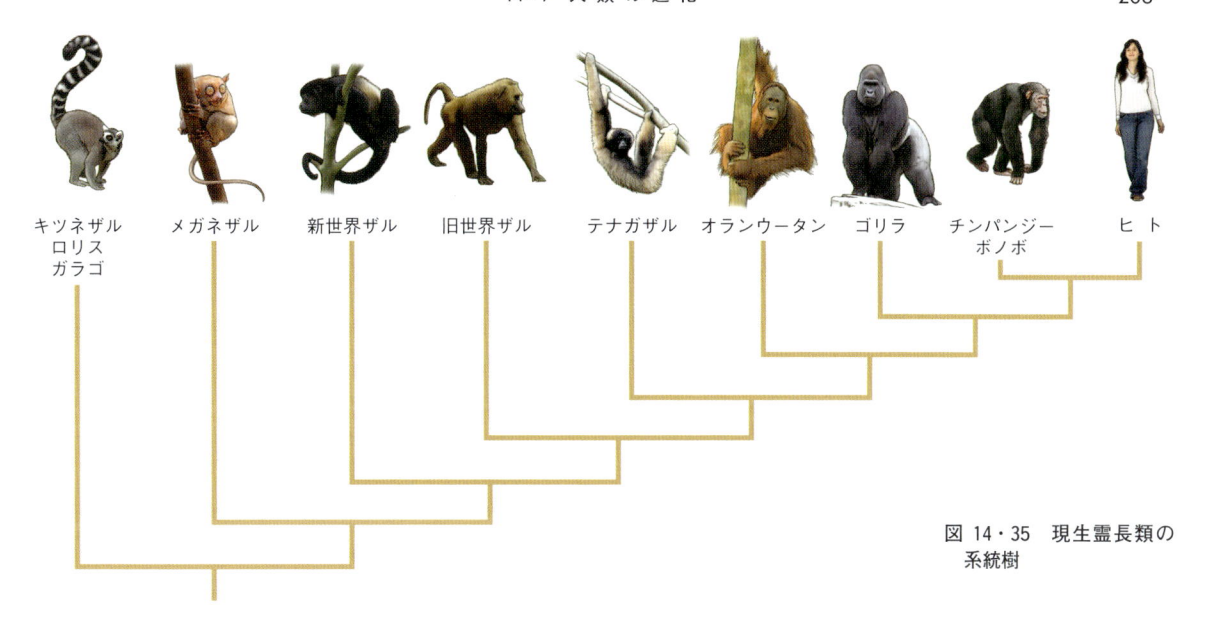

(d) 旧世界ザル(ヒヒ)　(e) ゴリラ　(f) チンパンジー

ボノボ）はすべて中央アフリカ原産で社会集団をつくって生活し，大半の時間を地上で過ごす．アフリカの類人猿は歩くときに前傾姿勢となり，握り拳でその体重を支えている（図14・36e）．現存する最大の霊長類であるゴリラは，森で生活し，おもに葉を食べている．チンパンジー（図14・36f）とボノボがヒトに最も近縁な動物である．チンパンジーとボノボを含む系統は，ヒトへとつながる系統とおよそ800万年前に分岐した．

二足歩行への移行

ヒトとヒトに近縁な絶滅種を**ヒト族**（hominin）とよぶ．ヒト族を定義づける形質は**二足歩行**（bipedalism）すなわち常に直立して歩くことである．そのため，ヒトの起原を探る研究者は直立して歩いていた証拠となるような化石を探している．

タンザニアで見つかった足跡化石は，360万年前に二足歩行する種がいたことを示している（図14・37a）．この足跡を見ると，足に土踏まずがありアーチ状になっていること，大小異なる大きさの足跡が並んでいることがわかる．これら2点は直立歩行であることを示している．この足跡の主はおそらく約400万年前から120万年前の間にアフリカにいたヒト族の**アウストラロピテクス属**（Australopithecus）である．アウストラロピテクス属は，アファール猿人 Australopithecus afarensis など数種のヒトの祖先を含む．アファール猿人はルーシーと名づけられたほぼ完璧な骨格の化石（図14・37b）でよく知られている種である．ルーシーはチンパンジーほどの大きさで，チンパンジーと同じくらいの容積の頭蓋骨と脳をもち，長くてぶらぶらした腕をもっていた．しかしルーシーの骨盤や背骨はヒトのものによく似ている．チンパンジーの骨盤は長くて幅が狭いが，ルーシーやヒトの骨盤は短く幅が広い．チンパンジーは手で体を支えて歩くので，背骨はアルファベットのCの字の形になるが，ルーシーや現生人類ではS字形になる．アファール猿人の他の化石の頭蓋骨も，この種が直立歩行をしたという説を支持している．これらの頭蓋骨は，ヒトの頭蓋骨に似て，底のほうに背骨へとつながる開口部がある．四足歩行をする動物では，この開口部が頭蓋骨の後方に位置する．

初期のヒト属

現生人類（**ヒト** human）は**ヒト属**（ホモ Homo）の一員で，ヒト属は200万年以上前にアフリカに出現した．ヒト属の最も古い種は**ホモ・ハビリス** Homo habilis である．ホモ・ハビリスとは"器用なヒト"という意味である．最初に発見されたこの種の化石の近くに単純な石でできた道具が見つかったため，この名がつけられた．ホモ・ハビリスはアウストラロピテクス属よりも少し脳が大きく，顔が小さかった．アウストラロピテクス属に似て，類人猿のような長い前腕をもっていたが，指はむしろ現生人類に似ている．

ホモ・エレクトス Homo erectus が最初に化石に現れたのは180万年前である．この名前は，"直立するヒト"を意味しており，現生人類と同様に腕よりも長い足で直立していた．また，ホモ・ハビリスよりも大きな脳をもっていた（図14・38）．ホモ・エレクトスは石器を作ることができた．初期の石器は単純な岩のかけらであった．およそ140万年前に石器作りは劇的に進歩し，アフリカのホモ・エレクトスがていねいに何度も連続して打つことによって特殊な形をしたさまざまな石器を作り始めるようになった．餌となった

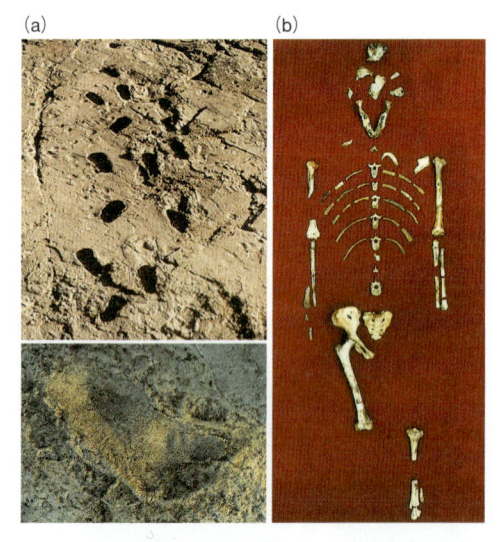

図14・37 初期のヒト族の証拠．(a) 360万年前の足跡（上）とその拡大図（下）．二足歩行するヒト族が火山灰の上を横切って歩いた．この足跡の歩幅は現生人類の歩幅よりも狭い．(b) アファール猿人．350万年前のこの化石個体はルーシーと名づけられた．この種はヒトの祖先と考えられている．

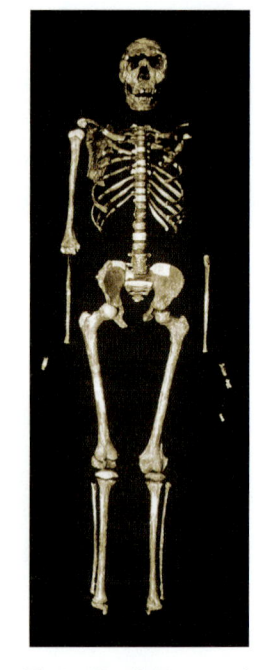

図14・38 ホモ・エレクトス．153万年前にケニアで発掘された雄の幼若個体の化石骨格．

動物化石の骨の上に残された傷跡は，ホモ・エレクトスが，動物の死骸を切り刻んだり，肉を骨からはがしたり，骨髄を取出したりするために，さまざまな石器を使ったことを示している．

チンパンジーは動作や鳴き声でコミュニケーションをとり，初期のヒト属もたぶん同じようなことをしていた．しかし，おそらくホモ・ハビリスやホモ・エレクトスは話し言葉はもってはいなかったであろう．言語の進化には，脳の変化，声を発する部分である喉頭の再配置，声道を通る空気の流れを調整する能力の改善が必要であった．これまで，このような解剖学的な変化がヒト属の初期の種で生じたという化石証拠は見つかってはいない．

ヒト属生誕の地であるアフリカから別の場所へと出た最初のヒト属はおそらくホモ・エレクトスであろう．170万年前までには，アフリカからジャワ島やグルジアといった遠く離れた場所にまでホモ・エレクトスの個体群が定着していた．同時にアフリカの個体群は繁栄し続けていた．何千世代を経て，地理的に分断された個体群はそれぞれの場所の環境条件に適応した．ある個体群は，新しい種とよべるほどホモ・エレクトスとの違いが大きくなった．

現生人類の起原

ホモ・サピエンス *Homo sapiens* と名づけられた現生人類の最も古い化石記録は，エチオピアで見つかった19万5000年前の化石である．ホモ・エレクトスと比較して，ホモ・サピエンスはより高くて丸い頭蓋，より大きな脳，歯や顎骨が小さく平たい顔をもっている．下顎の真ん中にはおとがいとよばれる突出した部分がある．

ホモ・サピエンスがどのようにしてホモ・エレクトスから進化したかを説明する二つのモデルがある．多地域進化モデルによると，ホモ・エレクトスの個体群がアフリカやその他の地域で100万年以上かけてしだいにホモ・サピエンスに進化した．完全に現在の種へと移行するまで個体群間の遺伝子拡散によって種が維持された（図14・39a）．このモデルでは，現在のアフリカ人，アジア人，ヨーロッパ人の間にみられる遺伝的変異は，ホモ・エレクトスの祖先の個体群からこれらの地域の祖先が分岐した直後から蓄積し始めたことになる．アフリカ単一起原モデル（置換モデル）によれば，ホモ・サピエンスはこの20万年以内にアフリカのサハラ砂漠より南の地域の単一のホモ・エレクトス個体群から生じた．その後ホモ・サピエンスがすでにホモ・エレクトスが占めていた地域へと進入し，ホモ・エレクトスを絶滅へ追いやった（図14・39b）．このモデルはすべての現生人類

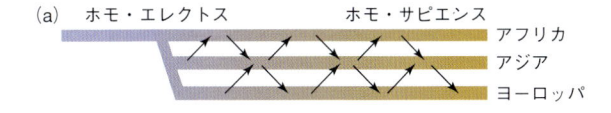

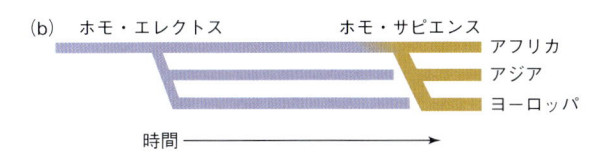

図14・39 ホモ・サピエンスの起原に関する二つのモデル． 矢印は個体群間の遺伝子拡散が起こっていることを示す．(a) 多地域進化モデル．ホモ・サピエンスは多くの地域でホモ・エレクトスから徐々に進化した．(b) アフリカ単一起原モデル（置換モデル）．ホモ・サピエンスはアフリカの一つのホモ・エレクトス個体群から急速に進化した．それが分散し，すべての地域のホモ・エレクトス個体群と置き換わった．

において遺伝的類似性がとても高いことを強調している．

遺伝的な研究はアフリカ単一起原モデルを支持しており，現在のアフリカ人がヒトの系統樹で最も根に近い位置にあることがわかっている．Y染色体の研究結果は，現在のすべての男性は6万年前にアフリカに住んでいた1人の男性を祖先としていることを示している．

現生人類は世代を重ねるごとにアフリカから，ユーラシア，オーストラリアへと沿岸に沿って移動し，分布を広げてきた．米国オレゴン州の洞窟に堆積していた糞の化石によって，およそ1万4000年前には現生人類が北米大陸に住み着いていたことがわかっている．

ネアンデルタール人：ヒトに最も近縁な絶滅種

ネアンデルタール人 *Homo neanderthalensis* はわれわれヒトに最も近縁な絶滅種である．ヒトとネアンデルタール人は，約50万年前にホモ・エレクトスから分岐した．

ヒトと比べると，ネアンデルタール人は背が低くずんぐりしており，骨が太く筋肉の量も多かった．複数の化石から得られた骨からネアンデルタール人の雄を再構築したところ，身長はおよそ164 cmであった（図14・40）．ネアンデルタール人の頭蓋はわれわれヒトのものと比べて横に長くて低いが，脳の大きさは同じかより大きかった．その顔面は，眉の隆起が著しく，鼻孔が離れた大きな鼻があり，おとがいはなかった．

ネアンデルタール人は，中東，ヨーロッパ，シベリア

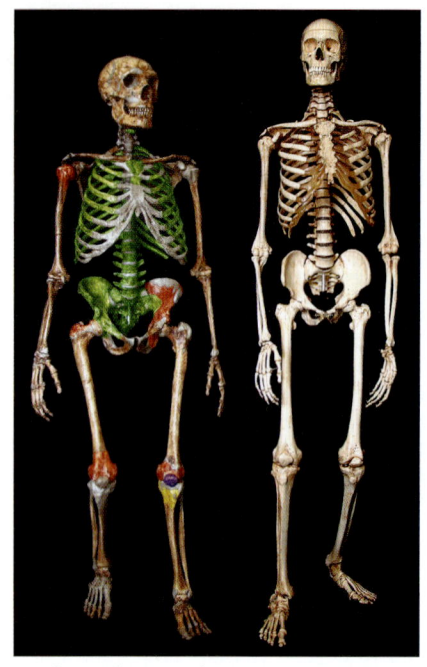

図 14・40　ネアンデルタール人の雄とヒトの男性の骨格．ネアンデルタール人の骨格は複数の化石に基づいて再構成された．色の違いは異なる化石であることを示している．

に至る中央アジアに生息していた．手足を失うといった大きな障害を負っても生存していた個体があることを示す化石記録は，互いを思いやる社会構造があったことを証明している．簡単な土葬も行われていたことは，象徴的な感覚をもっていた可能性もある．ネアンデルタール人が話すことができたことを示唆するいくつかの証拠もある．

いまからおよそ6万年前，ヒトはアフリカから中東へと出て，そこにいたネアンデルタール人と出会い交雑した．アフリカ以外の地域のヒトは，アフリカ人にはないネアンデルタール人の遺伝子をもっている．4万年前にはヒトはヨーロッパまで分布を広げたが，その後に両者に交雑が生じた遺伝的な証拠はない．ネアンデルタール人の最後の証拠は，ジブラルタルの洞窟にあり，2万8000年前のものである．ネアンデルタール人を絶滅に追いやった要因の一つはヒトとの競争かもしれないが，病気や生息場所の変化も要因となったのであろう．

14・8　初期の鳥類　再考

われわれは，羽毛をもつようになった恐竜または初期の鳥類が何色だったかをどのように知ることができるだろうか．シノサウロプテリクスなどの恐竜の羽毛の化石には，現生の鳥類の羽毛にあるのと同じような色素を含む微小な顆粒がある．鳥類では，この顆粒の形状が異なると含んでいるメラニン色素の色合いが異なっており，顆粒は赤から茶色までの色となる．このことからシノサウロプテリクスの化石で色素顆粒の分布や形状を研究することによって，この恐竜は赤みがかった色をしており，尾には赤と白の縞模様があると結論づけられた．

化石が十分に新しくもとのままのDNAを含んでいれば，遺伝子も色彩に関する情報を提供してくれるであろう．たとえば，ネアンデルタール人の骨から抽出したDNAを分析したところ，ある個体ではメラニン色素をコードしている遺伝子の一つに突然変異が生じていることがわかった．この突然変異は毛髪の色彩に影響を及ぼし，その個体を赤毛にしていた可能性がある．

まとめ

14・1　化石から系統間の関係やそれぞれの系統を特徴づける形質がどのように進化したかを知ることができる．

14・2　動物は食物を摂取する多細胞の従属栄養生物であり，動き回ることができる．動物の起原に関する群体説によれば，動物はおそらく群体性の原生生物から進化した．組織をもつ動物は，放射相称または左右相称である．大半の動物は消化管の周囲に，中胚葉性の組織に囲まれた体腔をもつ．消化管は，囊状の胃水管腔となるか，管状の完全な消化管となる．

14・3　海綿動物は固着性の沪過食者で体に相称性がなく組織もない．雌雄同体で，それぞれの個体が卵と精子をつくる．海綿の幼生は遊泳する．

放射相称の刺胞動物には，クラゲのようなクラゲ型とイソギンチャクのようなポリプ型の二つの体制がある．刺細胞は餌を捕えるのに役立つ．

扁形動物は単純な器官をもち，胃水管腔はあるが体腔はない．プラナリア類は自由生活をする扁形動物で，吸虫類や条虫類は寄生性である．

環形動物は体腔があり，完全な消化管と閉鎖循環系をもった体節がある蠕虫である．最もよく知られているのはミミズなどの貧毛類であり，ヒル類や多毛類も含まれる．

軟体動物は外套膜をもつ．多くの動物群では外套膜は殻を分泌する．腹足類（巻貝など），頭足類（イカやタコなど）は頭部にある歯舌を摂食に用いる．二枚貝類は沪過食者である．

線形動物は体節のない蠕虫で，完全な消化管と偽体腔をもつ．自由生活性または寄生性である．

節足動物は関節でつながった外骨格をもつ．カブトガニ類と甲殻類は水生であるが，クモ類，多足類，昆虫類は陸生である．昆虫類は対になった触角と複眼をもち，多くは変態をする．最も多様性の高い動物で，翅をもつ唯一の無脊椎動物である．

ヒトデ類などの棘皮動物は炭酸カルシウムの内骨格をもっている．成体がもつ管足を備えた水管系は運動などに使われる．成体の体は放射相称だが幼生のときの体のつくりやその他の特徴から棘皮動物は左右相称動物の祖先をもつことが明らかとなっている．

14・4 脊索動物は胚の四つの形質で定義される．それらは，脊索，背側の中空の神経索もしくは神経管（脳と脊髄になる），鰓裂のある咽頭，肛門より後方に伸びた尾である．動物群に応じてこれらの形質の一部またはすべてが成体になっても残る．

頭索動物や尾索動物は無脊椎動物で濾過食者である．大部分の脊索動物は脊椎動物であり，軟骨または硬骨の脊柱をもっている．顎，肺，四肢，さらに防水性の卵が脊椎動物の適応放散を可能にした重要な革新であった．すべての脊椎動物は完全な消化管，閉鎖血管系，腎臓をもっている．

14・5 最も初期の魚類は無顎類である．軟骨魚類と硬骨魚類には顎，鱗，対鰭がある．硬骨魚類は最も多様な条鰭類と肉鰭類との二つの系統からなる．肉鰭類から4本の肢をもつ四肢動物が生じた．現生の両生類には，サンショウウオやカエルが含まれる．体外受精で，総排出腔の開口部から卵と精子が放出される．この開口部は消化排出物や尿の出口としても使われる．

14・6 羊膜類は繁殖のために外部の水を必要としない脊椎動物である．皮膚や腎臓を用いて体内の水分を保持し，羊膜卵をつくる．哺乳類は羊膜類の系統の一つで，鳥類（現生では羽毛をもつ唯一の動物）を含む爬虫類がもう一つの系統である．ほとんどの爬虫類は外温動物であるが，鳥類は哺乳類と同様に内温動物である．哺乳類には三つの系統がある．卵を産む単孔類，袋をもつ有袋類，胎盤をもつ有胎盤類である．有胎盤類は最も多様な哺乳類の系統である．

14・7 霊長類は樹上生活に適応した系統であり，ものをつかむことができる手をもっている．キツネザルはイヌのように湿った鼻をもつが，メガネザルや真猿類（サルの仲間，類人猿，ヒトの仲間）は乾いた鼻と動かせる上唇をもつ．現生の動物でヒトに最も近縁なのがチンパンジーとボノボである．直立二足歩行をするヒト族はヒトとヒトに近縁な絶滅種を含む．アウストラロピテクス属は初期のヒト族である．ヒト属の最初の種はホモ・ハビリスであり，アウストラロピテクス属に似ていた．ホモ・エレクトスはより大きな脳をもち，アフリカから外へと進出した．現生人類のホモ・サピエンスはアフリカで生じた．ホモ・サピエンスの一部は，アフリカから分布を広げたときに，現在は絶滅しているネアンデルタール人と交配した．

試してみよう（解答は巻末）

1. 次の文章は正しいか誤りか．
   動物の細胞には細胞壁がない．
2. 動物の起原の群体説によれば，＿＿＿
   a. 動物は真菌類よりも植物に近縁である
   b. 動物は群体性の原生生物から進化した
   c. 大半の動物は群体性である
   d. すべての動物は背骨をもつ
3. 中胚葉に由来する組織で完全に囲まれた体の腔所を＿＿＿ という．
   a. 偽体腔　　b. 腎臓　　c. 体腔　　d. 胃水管腔
4. 大半の動物の体は ＿＿＿ である．
   a. 放射相称　　b. 左右相称　　c. 非相称
5. 貧毛類に最も近縁なのは ＿＿＿
   a. 昆虫類　　b. 条虫類　　c. ヒル類　　d. 線形動物
6. クチクラをもち成長に伴って脱皮するのは ＿＿＿
   a. 線形動物　　b. 環形動物
   c. 節足動物　　d. aとc
7. すべての脊椎動物は ＿＿＿ であり，＿＿＿ は脊椎動物の一部である．
   a. 四肢動物，哺乳類
   b. 脊索動物，羊膜類
   c. 羊膜類，ヒト
   d. 二足歩行，アウストラロピテクス属
8. 鳥類と有胎盤類は ＿＿＿
   a. 外温動物である　　　b. 卵を産む
   c. 乳腺をもっている　　d. 4室ある心臓をもつ
9. 左側の動物の説明として最も適当なものをa〜kから選び，記号で答えよ．

   ＿＿＿ 海綿動物　　a. 組織も器官もない
   ＿＿＿ 刺胞動物　　b. 関節でつながれた外骨格をもつ
   ＿＿＿ 扁形動物　　c. 体を覆う外套膜をもつ
   ＿＿＿ 線形動物　　d. 体節がある蠕虫である
   ＿＿＿ 環形動物　　e. 管足をもつ
   ＿＿＿ 節足動物　　f. 刺細胞をもつ
   ＿＿＿ 軟体動物　　g. 羽毛をもつ
   ＿＿＿ 棘皮動物　　h. 乳を分泌して子に飲ませる
   ＿＿＿ 両生類　　　i. 体節がない蠕虫で脱皮する
   ＿＿＿ 鳥類　　　　j. 最初の陸生の四肢動物である
   ＿＿＿ 哺乳類　　　k. 囊状の消化管をもち体腔はない

10. 次の出来事を起こった順に並べよ．
    a. カンブリア紀の多様性の大爆発が起こった
    b. 動物の祖先が生じた
    c. 四肢動物が陸上へと進出した
    d. 恐竜が絶滅した
    e. ホモ・エレクトスがアフリカから外に出た
    f. 最初の顎をもった脊椎動物が進化した

15 個体群生態学

15・1 増え続けるカナダガン
15・2 個体群の特徴
15・3 個体群の成長
15・4 生活史のパターン
15・5 ヒトの個体群
15・6 増え続けるカナダガン 再考

15・1 増え続けるカナダガン

　米国の大きな池や湖のある広い草地には，カナダガン *Branta canadensis* がたくさんいる（図15・1）．その数は劇的に増えている．たとえば，ミシガン州では1970年にはカナダガンは約9000羽だったが，いまでは300,000羽である．その個体数を制御するのは簡単ではない．なぜなら，米国でみられるカナダガンの個体群は一つではないためである．**個体群**（population）とは，ある場所に生息する同種の生物の集団をいう．同じ個体群に属する個体間での交配は，個体群を異にする個体間の交配よりも多い．以前は，ほとんどのカナダガンは，カナダの北部で営巣し，越冬のため米国に飛来した．カナダガンという名前は，この習性に由来している．

　大部分のカナダガンはいまでも渡り鳥だが，個体群のいくつかは，米国で渡りをしない留鳥となっている．カナダガンは，生まれた場所で繁殖するので，留鳥の多くは，公園や狩猟地に人間が導入した個体の子孫である．渡りをする個体と留鳥が，冬には混じって生息することも多い．留鳥のカナダガンは，渡りをする個体より多くのエネルギーを繁殖に費やすことができる．都市部やその周辺に生息する留鳥は，自然界ではありえない多量の餌にありつくし，また捕食者ははるかに少ない．渡りをしないカナダガンが，より多く増えるのは，驚くことではない．

　米国の渡り鳥は，連邦法と国際条約によって保護されている．しかし，増え続けるカナダガンへの苦情のため，米国魚類野生生物局は，渡りをするカナダガンには影響しないように，留鳥の個体数を減らす方策を探っている．そのためには，渡りをするガンと留鳥の個体群の特性や，ガンの個体群間や環境や他種との間の相互作用を知る必要がある．

　このような問題こそ，生物間や生物と物理的環境との間の相互作用について研究する**生態学**（ecology）という科学の主題である．

15・2 個体群の特徴

　個体群を研究対象とする生態学者は，遺伝子プール，繁殖の特性，個体群を構成する個体の挙動などの情報を集める．また，**個体群統計学**（demography），つまり個体群を記述する基本的な統計量にも注目する．

個体群統計学の特性

　個体群サイズ（population size）は，ある個体群に存在する個体の数である．**個体群密度**（population density）とは，生息場所の面積や容積当たりの個体数のことである．たとえば，1ヘクタールの多雨林に存在するカエルの数や，池の水1リットル当たりのアメーバの数などである．

　個体群の分布（population distribution）とは他個体との関係から個体が分布する様式を表す．大半の個体群では，その構成個体は集中分布を示す．これは，確率的に予想されるよりも密に個体どうしが互いに接近していることを意味する．資源が島状（パッチ状）に分布する

図 15・1　米国の公園で夏にみられるカナダガン

と，集中分布が生じやすくなる．たとえば，カナダガンは草など適切な餌とまとまった量の水がある場所に集まりやすい．分散能力が低い場合も，集中分布が起こりやすい．多くの植物の種子は，親植物の近くに落ち，そこで発芽する．無性生殖も集中分布の要因になる．イチゴの植物体はほふく（匍匐）枝から生じるし，サンゴのポリプは2個体に分裂する．さらに，多くの動物は社会集団で生活することで利益を得ている．図 15・2 (a) に示した棒を使ってシロアリを捕まえるチンパンジーの行動は，ある個体が同じ集団の別の個体から学んだものである．同じ集団に属する個体は，互いに危険を警告するし，餌も分け合う．

　資源を巡る競争によって，確率的に予想されるよりも均等に個体が空間的に分布し，一様分布が生じる．米国南西部の砂漠のメキシコハマビシは，この分布様式で生育する．この植物の根系の間では水を巡る争いがあるために，植物どうしが密接して生育できない．同様に，繁殖地の海鳥は一様分布を示す．それぞれの鳥は巣に座ったままで嘴が届く範囲に入った他の鳥を激しく攻撃する（図 15・2b）．

　個体群が野外でランダム分布するのはまれである．個体のランダム分布が生じるのは，資源がどこでも同じように利用でき，他個体へ近づいても利益も害ももたらされないときのみである．たとえば，タンポポの種子が風で散布され郊外の草地に落ちると，成長したタンポポはランダム分布になる（図 15・2c）．コモリグモの巣穴もランダム分布する．このクモは，巣穴をつくる場所を探すとき，互いに引き合うことも避けることもない．

　野外でみられる分布様式は，調査対象となる面積の大きさや調査の時期によって影響される．たとえば，海鳥の巣はほぼ一様に分布するものの，営巣地は海岸線に限られている．また，これらの鳥は，繁殖期には集団をつくるが，それ以外には集まらない．

　齢構成とは，異なる齢の個体の頻度分布を意味する．本章で述べるように，個体群の齢構成はその後の個体群成長の潜在能力に影響する．繁殖前の若い個体が相対的に多い個体群は，齢が高い個体が多い個体群よりも成長する可能性が大きい．

個体群統計学データの収集

　個体群のすべての構成個体数を研究者が直接に計数できることはまれである．その代わりに，研究者は個体群の一部をサンプル（標本）として取出し，そこから得られたデータを用いて，個体群全体の大きさや他の特徴を推定する．

　ある地域のどこかに限られた面積の方形区を設け，その中の個体数を数える抽出法により，その地域に存在する個体の総数を推定できる．たとえば，生態学者はプレーリーに生育するヒナギクの数や干潟に生息する二枚貝の数を求めるために，1メートル四方の方形区をいくつか設け，その中に存在する個体数を調査する．調査した方形区内の個体数の平均値を求め，その値を個体群が生育する地域の面積当たりに換算し，個体群全体のサイズを求める．方形区当たりの個体数から個体群サイズを推定する方法の精度は，生息場所の環境条件が均質で，移動しない生物を対象とするとき，最も高い．

　このほかに研究者が用いるサンプリング（標本調査）法には標識再捕獲法があり，移動性の高い動物の調査に使われる．研究者は，動物を捕らえて標識して放す．し

(a) チンパンジーの集中分布

(b) 海鳥の巣の一様分布

(c) タンポポのランダム分布

図 15・2　分布様式

れた個体は，個体群全体を代表すると仮定している．

個体群から抽出したサンプルに基づいて結論を引出しているすべての研究は，サンプリングエラーの影響を受けやすい．サンプルの数が多ければ多いほど，サンプルから導かれた結論が正確である確率は高くなる（§1・7）．

15・3 個体群の成長

指 数 成 長

個体が死亡する速度より個体が生まれる速度が大きければ，個体群は成長する．生態学者はふつう，出生と死亡を個体当たり，あるいは，頭数当たり，として測定する．たとえば，2000個体からなるハツカネズミの個体群で，月当たりに1000個体の子ネズミが生まれると，月当たりの出生率は，1個体のネズミ当たり月当たりで，1000/2000つまり0.5である．ある個体群で，個体当たりの出生率から個体当たりの死亡率を引くと，**個体当たりの成長（増殖）率**（per capita growth rate）を求めることができる．2000個体からなるハツカネズミの個体群での死亡が月当たりで200個体（ハツカネズミ1個体当たり0.1）とすると，1個体当たりの成長率は月当たりで，$0.5 - 0.1 = 0.4$ となる．

個体群の指数成長モデル（exponential model of population growth）を使うと，1個体当たりの成長率が一定で，資源が無限にあるときの経時的な個体群サイズの変化を記述できる．このような理論的な条件の下で，期間の長さにかかわらず，個体群成長 G は次式で計算できる．

$$G = r \times N$$

標識再捕獲法の基礎となる個体群サイズを推定する式

$$\frac{\text{2回目のサンプリング時に捕獲された標識された個体数}}{\text{2回目のサンプリング時に捕獲された総個体数}} = \frac{\text{1回目のサンプリング時に標識した個体数}}{\text{個体群全体のサイズ}}$$

図 15・3 **標識再捕獲研究**．個体群調査のために，首輪で標識されている絶滅危惧種のフロリダキーオジロジカ．

ばらくしてから，動物を再び捕まえる．2回目に捕まえた動物のうちの標識がある動物の割合が，個体群全体に対する標識した動物の割合に等しいと考えられる（図15・3）．

調査をした方形区内に存在する個体や捕獲した個体の特性の情報は，個体群全体の属性を推測するのに使われることがある．たとえば，標識再捕獲法を用いた研究で捕まえたシカの半数が繁殖齢であれば，個体群の半分はこの特徴を共有すると仮定される．これと同様の推論では，調査対象としている特性に関して，サンプルに含ま

図 15・4 **ハツカネズミ個体群の指数成長モデル**．この個体群では，1個体当たり月当たりの成長率 r は 0.4 であり，最初のサイズは2000個体である．

(a)

	最初の個体群サイズ		月当たりの増加個体数	1カ月後の個体群サイズ
$G = r \times$	2,000	=	800	2,800
$r \times$	2,800	=	1,120	3,920
$r \times$	3,920	=	1,568	5,488
$r \times$	5,488	=	2,195	7,683
$r \times$	7,683	=	3,073	10,756
$r \times$	10,756	=	4,302	15,058
$r \times$	15,058	=	6,023	21,081
$r \times$	21,081	=	8,432	29,513
$r \times$	29,513	=	11,805	41,318
$r \times$	41,318	=	16,527	57,845
$r \times$	57,845	=	23,138	80,983
$r \times$	80,983	=	32,393	113,376
$r \times$	113,376	=	45,350	158,726
$r \times$	158,726	=	63,490	222,216
$r \times$	222,216	=	88,887	311,103
$r \times$	311,103	=	124,441	435,544
$r \times$	435,544	=	174,218	609,762
$r \times$	609,762	=	243,905	853,667
$r \times$	853,667	=	341,467	1,195,134

(b) 個体数 vs 時間（月）のグラフ

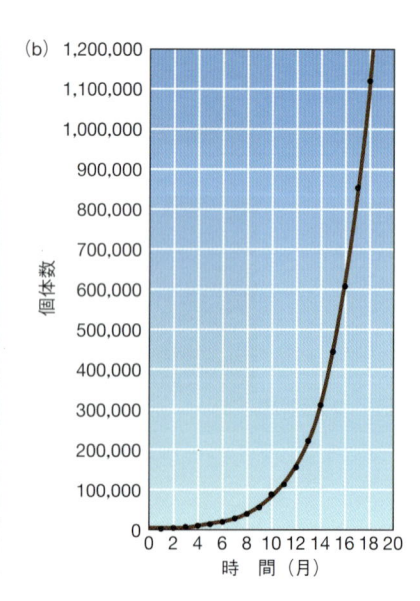

ここで，r は個体当たりの成長率，N は個体数である．

この式を，2000 個体のハツカネズミで構成され，1 個体当たり月当たりの成長率が 0.4 の個体群にあてはめてみよう．最初の 1 カ月で，2000 個体のハツカネズミ×0.4 だけ，個体群は成長する．このため，個体群サイズは 2800 個体になる．その次の月には，2800×0.4，つまり 1120 個体のハツカネズミが加わり，それが続いていく（図 15・4a）．この成長率の下では，2000 個体から始まったハツカネズミの個体数は，2 年もたたないうちに 100 万個体を超える．個体群サイズを縦軸に，時間を横軸としてグラフにすると，J 字形の曲線になり，これは，指数成長の特徴である（図 15・4b）．

個体群の指数成長モデルでは，資源が無限に存在すると仮定しているため，個体群成長の長期間に及ぶ正確な予想は通常できない．資源は必ず有限である．しかし，十分な量の資源が存在する場合に予測される短期間の個体群成長は，このモデルによって推測できる．たとえば，ある種の少数の個体が新たな生息場所に移入すると，その個体群は一定期間は指数関数的に成長する．

生物繁栄能力

理想的な条件下における個体群の指数成長率が，その種の**生物繁栄能力**（biotic potential）である．この数値は，安全な場所や餌やその他の必須な資源が十分にあり，捕食者や病原体がない場合の理論値である．細菌のような微生物は，非常に高い生物繁栄能力を有する．腸内細菌である大腸菌 *Escherichia coli* の個体群サイズは，だいたい 20 分で 2 倍になる（図 15・5）．大型の哺乳類は生物繁栄能力が最も低い．ゾウは，15 歳程度にならないと繁殖を始めないので，ゾウの個体群が 2 倍になるには非常に長い時間が必要である．個体群で生物繁栄能力が実現されることは，これから説明するように，限定要因のためにまれである．

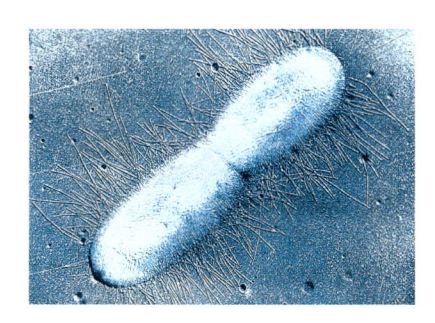

図 15・5 **分裂する大腸菌**．20 分おきに分裂できるので，生物繁栄能力は非常に高い．

環境収容力とロジスティック成長

現実の世界では，生物が生き残り繁殖するために必要な資源は，常に有限である．**個体群のロジスティック成長モデル**（logistic model of population growth）は，この有限性を扱っている．このモデルでは，個体群の成長率は常に一定ではなく，個体群密度の増加に伴い減少する．資源の量に比べて個体数が少ないときには，個体群は指数関数的に成長する（図 15・6 ❶）．

個体数が増加するにつれて，競争などの**密度依存限定要因**（density-dependent limiting factor）のために，成長にはブレーキがかかる．個体がますます混み合うにつれて，個体は互いに，餌や隠れる場所，巣をつくる場所やその他の必須な資源を巡って争う．個体群密度とともに増加する寄生や病気も個体群成長を妨げる．密度依存限定要因の結果として，個体群成長率は低下し始める ❷．

個体群の成長は，**環境収容力**（carrying capacity）と釣合うまで続く ❸．環境収容力とは，ある環境が長期的に維持できる一つの種の最大の個体数をいう．環境収容力は，常に一定ではなく，むしろ時とともに変化する物理的あるいは生物的な要因に依存する．たとえば，干ばつが長引くと，植物に対する環境収容力が低くなり，その植物に依存する動物の環境収容力も低下する．ある種の環境収容力は，同じような資源要求性を示す他種によっても影響される．たとえば，草原に生息できる草食動物の数は決まっているので，複数の種の草食動物がいれば，すべての種で環境収容力が低下する．

密度独立要因

個体群のロジスティック成長モデルは，密度依存限定要因が個体群成長に影響するときに何が起こるかを記述する．しかし，個体群サイズに影響する要因はほかにもある．ハリケーンなどの厳しい気象や津波や地滑りなどの自然災害がそれにあたる．このような，**密度独立限定要因**（density-independent limiting factor）は，密度の高い個体群でも低い個体群でも同様に，死亡率を高める．密度が高くても密度独立限定要因の影響が大きくなるわけではない．

自然界では，密度依存限定要因と密度独立限定要因が相互作用して，個体群の運命を決定することがよくある．アラスカ沖の無人島セントマシュー島に，1944 年に 29 頭のトナカイが導入された．1957 年に，生物学者の David Klein がこの島を訪れたとき，地衣類を食む栄養状態の良いトナカイが 1350 頭いた（図 15・7）．1963 年に彼が再びこの島を訪れると，トナカイは 6000 頭に達していて，その島の収容力をはるかに超えていた．個体群が一時的に環境収容力を超えることはありえるが，

図 15・6 ロジスティック成長の例. 資源量が限られている生息地に, 数頭のシカが導入されると何が起こるか.
❶ 個体群が小さいときは, 個体はすべての必要な資源にアクセスでき, 個体群は指数関数的に成長する.
❷ 個体群サイズが成長するにつれて, 密度依存限定要因が影響し始めるので, 成長率の低下が始まる.
❸ 最終的には, 個体群サイズは, 安定する. 個体群サイズを時間軸に対してグラフにすると, S字形の曲線となる.

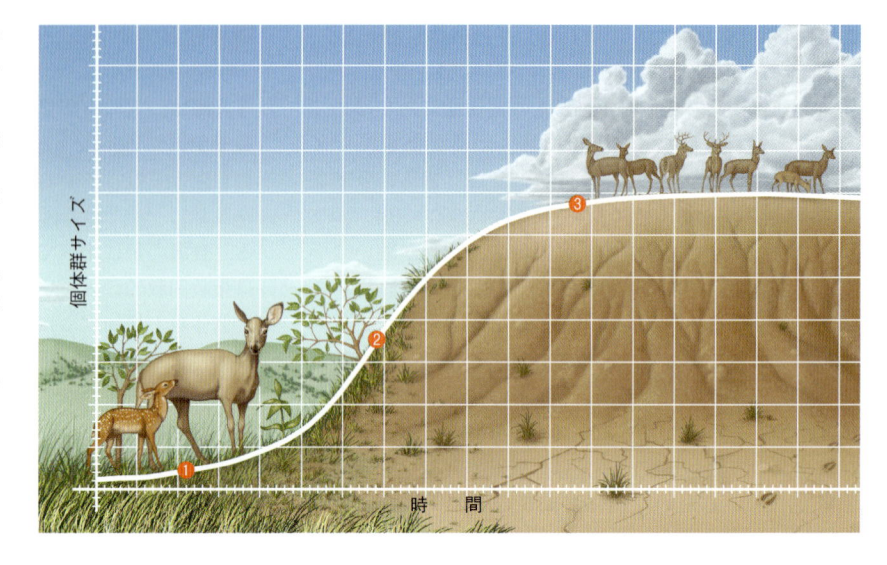

非常に高い密度を持続することはできない. 密度依存的な負の影響はすでに明らかであり, トナカイの平均体重は低下しつつあった.

1966年には, わずか42頭のトナカイしか生き残っていなかった. 残った雄は1頭だけで, その角は正常ではなく, 繁殖できる可能性は低かった. 1齢にみたない幼獣はみられなかった. 1963年から1964年の冬に, 数千頭のトナカイが餓死したと結論づけられた. その冬は, 気温も低く, 積雪は3m以上に達した. 餌を巡る競争が厳しかったため, すでに栄養状態が悪化していたトナカイの多くは餓死した. 個体群の衰退は以前から予測されていたが, 悪天候が崩壊の速度を加速した. 1980年代までに, その島にはトナカイはみられなくなった.

15・4 生活史のパターン

異なる種, あるいは同種内の異なる個体群は, 多様な**生活史**(life history)を示す. 生活史とは, 一連の遺伝形質, たとえば発生の進む速さ, 最初に繁殖する齢, 繁殖の回数や寿命などを意味する. 本節では, これらの生活史形質がなぜ多様で, この多様性がどのように進化したかに注目しよう.

生 存

それぞれの種には, 固有の寿命があるが, 潜在的に到達しうる最高齢まで生き残るのは, ごく限られた数の個体だけである. 個体が死ぬ確率は, ある特定の齢で高い. ある齢に特異的な死亡のリスクに関する情報を収集するために, 研究者は, **コホート**(cohort, 同齢集団ともいう)に注目する. コホートは, ほぼ同時期に生まれた個体の集まりである. ある特定のコホートに属する個体を, 生まれてから最後の1個体が死ぬまで追跡調査するのがコホート研究で, それによって得られた死亡率のデータをまとめたのが, 生命表である(表15・1).

生存曲線(survivorship curve)とは, あるコホートを構成する個体のうち何個体が生き残っているのかを齢に対して表すグラフである. このグラフから, 齢によっ

図 15・7 トナカイの個体群サイズの変化. トナカイは1944年にアラスカ沖の島に導入された.

15・4 生活史のパターン

表 15・1 一年生植物の生命表[†]

齢の期間(日)	生存個体数	死亡個体数	死亡率
0〜63	996	328	0.329
63〜124	668	373	0.558
124〜184	295	105	0.356
184〜215	190	14	0.074
215〜264	176	4	0.023
264〜278	172	5	0.029
278〜292	167	8	0.048
292〜306	159	5	0.031
306〜320	154	7	0.045
320〜334	147	42	0.286
334〜348	105	83	0.790
348〜362	22	22	1.000
362〜	0	0	0
		996	

[†] キキョウナデシコ *Phlox drummondii* の例．W. J. Leverich と D. A. Levin (1979) による．生存個体数は期間の最初に生存していた個体数，死亡率は齢の期間中の死亡個体数/生存個体数．

てどのように死亡率が変化するかを知ることができる．生態学者は，生存曲線を三つに類型化している．凸状のⅠ型の曲線は，生存率が寿命の後半まで高いことを示している（図15・8a）．このパターンは，子を1〜2産み，その世話をするヒトや大型の哺乳類に特徴的である．対角線のようなⅡ型の曲線は，齢によって死亡率が大きく変わらないことを示している（図15・8b）．Ⅱ型の曲線は，トカゲや小型哺乳類，大型の鳥類に特徴的である．これらの動物では，病死や捕食の確率は，齢の高い個体と低い個体で変わらない．凹状のⅢ型の曲線は，個体群当たりの死亡率が，生まれて間もないころに高いことを示している（図15・8c）．この曲線は，卵を水中に放出する海生動物や非常に多くの小さな種子を散布する植物にみられる．

生活史の進化

生物の個体は，成長や自己の維持にも使える資源を，子を残すために投資する必要がある．生涯のどの時期に繁殖し，子への投資を子の間でどのように分配するかは，種によって異なる．多数の子それぞれにごく少量を投資するものもいれば，ごく少数の子に多くを投資するものもいる．一度だけ繁殖するものもいれば，何度も繁殖するものもいる．このような違いの研究によって，生態学者は，生活史戦略の二つの類型を見いだした（図15・9）．どちらの戦略も，繁殖できるまで生き残る子の数を最大化するが，最大化が実現化される環境条件は，それぞれの戦略で異なる．

環境が予測できない仕方で変化する場所に生息する種の個体群が，環境収容力に到達することはまずない．その結果，資源を巡る競争は生じず，死亡は，密度独立要因によっておもにひき起こされる．このような条件では，**日和見生活史**（opportunistic life history）が有利となる．日和見生活史では，個体は，できる限り多くの子を可能な限り早く生産する．日和見種（*r*選択種ともよばれる）は，世代時間が短く，個体の大きさは小さい傾向がある．親からの繁殖投資は多くの子に分配されるので，それぞれの子の取り分は比較的少ない．日和見種は，Ⅲ型の生存曲線を示すことが多く，生活史の初期に死亡率が非常に高い．タンポポ（図15・9a）は，日和見種の一つである．数週間で成熟し，非常に多数の小型の種子を産生する．ハエも日和見種である．雌のハエは数百の小型の卵を（図15・9b），腐ったトマトや糞の山など短期間だけ利用できる餌資源に産みつける．

安定した環境に生息する種の個体群は，環境の収容力に到達することがよくある．このような環境下では，資

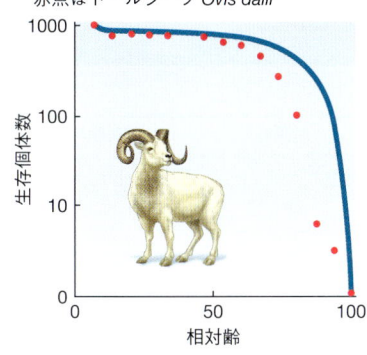

(a) Ⅰ型の曲線（青線）．死亡率が最も高いのは寿命の最後の時期である．赤点はドールシープ *Ovis dalli*

(b) Ⅱ型の曲線（青線）．死亡率は齢によって変化しない．赤点は小型のトカゲ *Eumeces fasciatus*

(c) Ⅲ型の曲線（青線）．死亡率は，生まれて間もないころに最も高い．赤点は砂漠の灌木 *Cleome droserifolia*

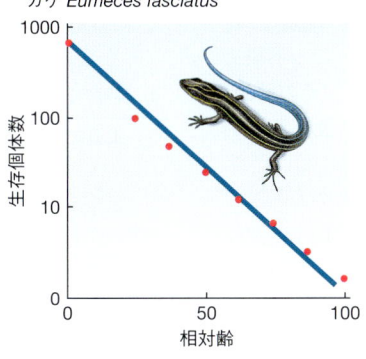

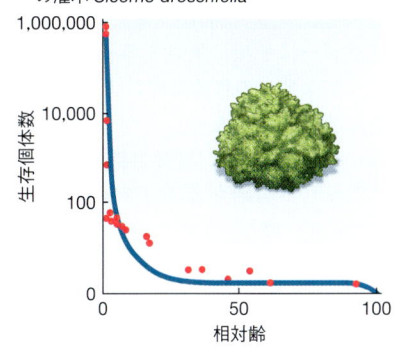

図 15・8 生存曲線のタイプ

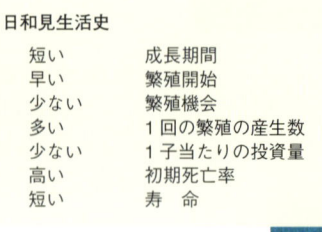

日和見生活史		均衡生活史
短い	成長期間	長い
早い	繁殖開始	遅い
少ない	繁殖機会	多い
多い	1回の繁殖の産生数	少ない
少ない	1子当たりの投資量	多い
高い	初期死亡率	低い
短い	寿命	長い

図 15・9 日和見生活史と均衡生活史．(a), (b) タンポポとハエは，日和見種である．タンポポは，数百の小さな種子を散布し，ハエは多数の小さな卵を産む．(c), (d) ヤシとクジラは，平衡種である．一度に産む子の数は少数で，それぞれの子に多くを投資する．

源を巡る競争が非常に厳しくなりうる．そこでは，親が質の高い子を少数産む，**均衡生活史**（equilibrial life history）が適応的である．均衡種（K 選択種ともよばれる）は，体が大きく，世代時間も長い．大型の哺乳類，たとえばクジラはこの生活史をもつ．クジラは成体の大きさになり繁殖を始めるまでに数年かかる．成熟しても，雌のクジラは子を一度に1頭だけ産み，生まれた後も授乳し世話を続ける（図 15・9d）．同様に，ヤシも数年かけて成長してから，初めて少数のヤシの実をつける（図 15・9c）．クジラもヤシも，成熟した個体は何年にも渡って子を産み続ける．

生活史進化の証拠

同じ種内でもそれぞれの個体群は，少しずつ異なる環境下で生活しており，環境の違いを反映した特有の生活史形質をもつことが多い．小型の魚類であるグッピー *Poecilia reticulata* について捕食の影響に関する実験が行われた．カリブ海にあるトリニダード島の山地では，グッピーは小川に生息する（図 15・10a）．この小川では，グッピーの移動は滝によって妨げられ，その結果，遺伝的な交流もなく，グッピーの個体群は独立している．捕食者も同様に個体群間で異なっている．

グッピーの捕食者には2種類いる．キリフィッシュ（killifish，図 15・10b）は比較的小型で，小さいグッピーを捕食するが，大きいグッピーには興味を示さない．パイクシクリッド（pike-cichlid，図 15・10c）は大型で，小さなグッピーには興味を示さない．小川には，この2種類のどちらかだけが生息する．捕食者の種類と

グッピーの生活史形質の間には相関がみられた．パイクシクリッドのみと生息しているグッピーは，キリフィッシュと生息するものに比べ，体のサイズが小さくより若い時期から繁殖を開始し，一度に産む子の数はより多く，繁殖自体の回数もより多かった．

この観察から，自然選択を通じて，グッピーの生活史のパターンに捕食が影響すると予測され，実験で確かめ

(a) グッピー
(b) キリフィッシュ
(c) パイクシクリッド

(d) 実験の結果

生活史形質	対照群[†] パイクシクリッドと生息したグッピー	実験群[†] キリフィッシュと生息したグッピー
オスの成熟齢	48.5 日	58.2 日
成熟時のオスの体重	67.5 mg	76.1 mg
メスの成熟齢	85.7 日	93.6 日
成熟時のメスの体重	161.5 mg	185.6 mg

[†] すべての数値は平均値．

図 15・10 捕食がグッピーの生活史に影響する実験的な証拠

られた．まず，グッピーを，パイクシクリッドが生息しキリフィッシュは分布しない流域から，キリフィッシュだけが生息する流域に移入し，実験個体群とした．もとの場所に残されたグッピーは，対照個体群とされた．

研究者がその流域を11年後に訪れると，グッピーの個体群は進化していた．実験個体群のグッピーでは，最初に繁殖する平均齢とサイズが，これ以外の生活史形質とともに，対照個体群とは異なっていた（図15・10d）．小さい魚を食べる新しい捕食者による選択圧の結果，大きすぎて食べられなくなるまでは，繁殖よりも成長に資源を投資する個体が有利となった．

捕食に対する生活史形質の進化は，経済的にも非常に重要である．グッピーと同様に，大西洋タラ *Gadus morhua* も人の漁獲圧に反応して進化した．1980年代の中ごろから1990年代にかけて，北大西洋でタラの漁獲が増加した結果，若く体が小さいうちに繁殖をする魚が個体群のなかで多くを占めるようになった．漁師は少しでも大きな魚を獲るので小さいときから繁殖するタラは有利になる．1992年にはカナダ政府は，いくつかの海域でタラ漁を禁止したが，大西洋タラの激減を防ぐには遅すぎた．いくつかの海域では，個体群の97%が失われ，未だに回復していない．

15・5 ヒトの個体群
個体群のサイズと成長率

ヒトの歴史の大部分では，人口は非常にゆっくりとしか増えなかった（図15・11）．人口の増加速度が増え始めたのは，およそ1万年前であり，過去2世紀の間に急上昇した．この大きな増加をもたらした理由は三つある．第一に，ヒトはこれまで住んでいなかった場所へと移動し，新たな気候帯へと生息場所を広げることができた．2番目に，ヒトが開発した技術により，生息している場所の環境収容力を向上させた．3番目に，ヒトは，個体群成長を妨げる限定要因を回避できた．

現生人類は，アフリカで約20万年前までに進化し，43,000年前までには，アフリカから世界の多くの地域へと広がった（§14・7）．このように幅広い生息場所へと展開できる種はほとんどいない．しかし，初期のヒトは，大きな脳をもち必要な技術を獲得できた．ヒトが覚えたのは，火のおこし方，家や衣服や道具のつくり方，そして狩りでの協調の仕方である．言語が出現すると，これらの技術に関する知識が，個人の死とともに消え去ることがなくなった．

11,000年ほど前に発明された農業により，狩猟や採集に比べて信頼性の高い食料供給が可能となった．コムギやコメの祖先種を含む野生のイネ科草本の栽培品種化は，きわめて重要な要因だった．18世紀の中ごろから機械を動かすエネルギー源に化石燃料を使えるようになった．この技術革新によって，高い収量をもたらす農業の機械化と食料供給体制の改革への道が開かれた．1900年代の初めに，化学者が気体の窒素をアンモニアへと変換する方法を発見し，合成された窒素肥料の利用によって，穀物の収量は飛躍的に増加した．1900年代の中ごろに合成法が開発された殺虫剤も食料生産の増加に貢献した．

歴史的には，疾病も人口増加を妨げる要因だった．たとえば1300年代の中ごろには，ヨーロッパの人口の1/3が黒死病（ペスト）という感染症によって失われた．1800年代の中ごろ以降に，微生物と病気の関係に

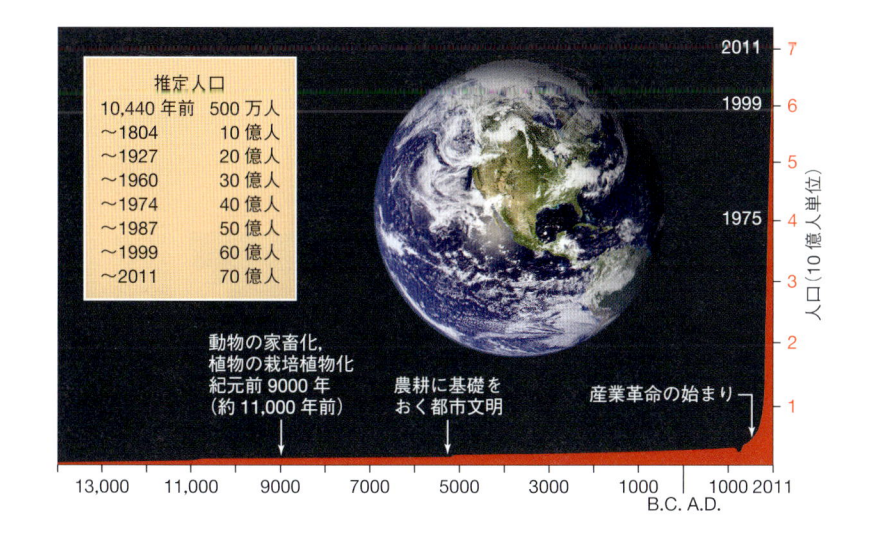

推定人口	
10,440年前	500万人
～1804	10億人
～1927	20億人
～1960	30億人
～1974	40億人
～1987	50億人
～1999	60億人
～2011	70億人

図15・11 ヒトの個体群成長の成長曲線（赤線）．人口が500万人から70億人に増加するのにどれくらい時間がかかったかを示している（オレンジ色のボックス）．

対する理解が深まり，食品安全や公衆衛生や医療の進歩につながった．有害な細菌の数を減らすために，食物や飲料に熱を加え，加熱殺菌するようになった．また，飲料水の安全にも注意を払うようになった．1800年代後半には，近代的な下水設備が，英国ロンドンに初めて建築された．下水の放流先と都市の水源をはっきりと区別した．この下水設備によって，コレラや腸チフスなどの水を介して広がる感染症の発生率は低下した．1900年代の初頭以降の塩素処理や他の方法による飲料水の殺菌処理によって，多くの工業化した国々では，水で広がる伝染病はさらに減少した．

公衆衛生の進歩も，医療行為に伴う死亡率を低下させた．1800年代の中ごろに，ウィーンの外科医であったゼンメルヴァイス（Ignaz Semmelweis）は，患者を診察するごとに手を洗うよう医師に強く求め始めた．そのアドバイスは，彼の死後に，目に見えない生物が病気の原因であるという考え方をパスツール（Louis Pasteur）が広めるまで無視された．この考え方を受け入れたことが，外科手術の大変革となった．それまでは，衛生状態にほとんど注意が払われないまま外科手術が行われていた．

ワクチンと抗生物質も死亡率を下げる役に立った．1800年代には，予防接種が先進国では広く行われるようになった．抗生物質は最近の進歩である．広く使われるようになった最初の抗生物質であるペニシリンの大規模な生産は，1940年代以降である．

世界中で死亡率の低下が起こり，出生率はそれほど低下しないために，人口は爆発的に増え続けている．人口が10億人に達するまでには，10万年以上かかった．それ以降は，増加速度は上がり続けている．現在，人口は70億人であり，2050年には90億人に到達すると予測されている．

出生率と今後の成長

合計特殊出生率（total fertility rate）とは，一人の女性が出産可能な年齢の間に産む平均の子の数のことである．1950年には，世界の合計特殊出生率は6.5人だった．2011年までに，2.5人にまで減少したが，それでも人口が維持される出生率，すなわちある夫婦が，自らと同じ数の子を残すのに必要な出生率を超えている．現在では，人口維持出生率は先進国で2.1，開発途上国で2.5である．開発途上国で数字が大きいのは，生殖年齢に達する前に死亡する女子の数が多いからである．

現在では，中国（13億人）とインド（11億人）の人口が他の国々よりも著しく多く，両国で世界人口の38％を占める．次に多いのは米国で3億500万人である．これらの3カ国で，**齢構成**（age structure），すなわち年齢別の人口の分布を比較しよう（図15・12）．特に注意すべきなのは，今後15年間に子を産むことができる年齢の集団の大きさである．齢構造のグラフで裾野が広いほど，若い人の割合がより大きく，さらに予測される成長率もより高い．

現在すべての夫婦が，2人までしか子を産まないと決心しても，世界人口の増加が低下するのはずっと先である．それは，19億人が，出産可能な年齢になろうとしているためである．

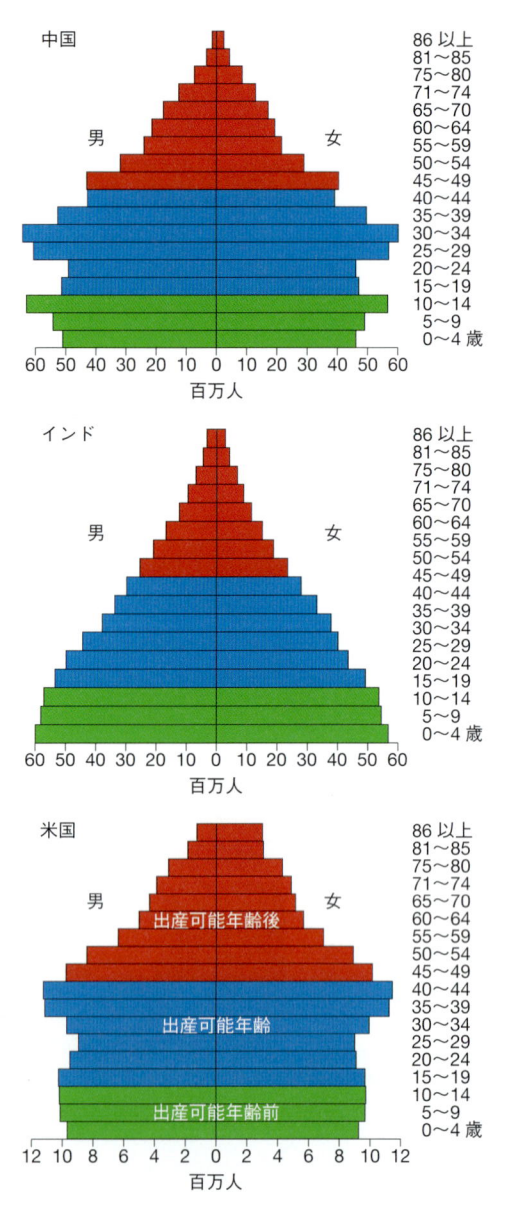

図15・12 世界で最も人口が多い3カ国の人口ピラミッド．それぞれの横棒の幅は5歳刻みの人口を表している．

表 15・2 エコロジカルフットプリント[†]			
国	1人当たりの面積(ha)	国	1人当たりの面積(ha)
米　国	8.0	メキシコ	3.0
カナダ	7.0	ブラジル	2.9
フランス	5.0	中　国	2.2
英　国	4.9	インド	0.9
日　本	4.7	世界平均	2.7
ロシア連邦	4.4		

[†] 2010年のデータ．www.footprintnetwork.org から作成．

人口過剰に直面している国がある一方で，出生率が低下し，平均年齢が上昇しつつある国もある．先進国のいくつかでは，合計特殊出生率の低下と平均余命の増加のため，老人層の割合が高くなっている．日本では，65歳以上の人が人口の20％を占めている．

資源消費

経済と工業の発展に伴い，資源消費は増加する．資源利用の程度を比較するために用いられる指標の一つが**エコロジカルフットプリント**（ecological footprint），つまり持続可能な方法で開発と消費を一定の水準に維持するために必要な面積のことである．表15・2は，2010年の1人当たりのエコロジカルフットプリントである．米国のエコロジカルフットプリントは世界平均の3倍近くであり，インドの値の約9倍である．

さらに，全地球規模で工業化された生活様式へと移行することで，限られた地球上の資源を過剰利用している．工業化した国の平均的な人が利用する再生できない資源は，工業化が進んでいない国の人よりもはるかに多い．たとえば，世界人口の約4.6％にあたる米国が，地球上の鉱物やエネルギーの供給量の25％を利用している．インドや中国，そして他の開発途上国に住む人も先進国の人が享受しているのと同じような消費財を所有したいであろう．地球には，それを可能とする資源はない．米国の世界資源研究所の推定によれば，現在生きているすべての人が，平均的な米国人のように生活するためには，地球4個分の資源が必要である．限られた資源のなかで，増え続ける人口の要求と必要をみたしていく方法を見つけることは，大きな挑戦である．

15・6　増え続けるカナダガン　再考

2009年1月，旅客機がニューヨークのラガーディア空港を離陸した直後に，2機のエンジンが停止した．近くのハドソン川に機長が着水させ，幸いにも，機上の155名全員が船に救助された．まもなく，エンジン停止の原因を機長はバードストライク（航空機への鳥の衝突）だと報告し，米国連邦航空局の調査官は，旅客機の翼のフラップとエンジンから鳥の羽と骨と筋肉の一部を発見した．DNAが分析された結果，両方のエンジンから得られた組織は，DNAの特異的な配列から，カナダガンのものだと確認された．少なくとも3羽が事故に関与していた．分析を行った研究者は，この不運なガンがどの個体群に属していたかさえ特定できた．水素の同位体比は緯度に沿って変化するので，羽の同位体比を調べれば，その羽が成長したとき，ガンがどこにいたかわかるのだ．このカナダガンは渡り鳥だった．事故を起こしたガンは，ニューヨークではなく，カナダで成長した個体だった．

まとめ

15・1 個体群とは，ある地域に生息し，そのなかで繁殖することが多い個体の集団である．個体群の研究は，生物学の一分野である生態学の一つの課題である．

15・2 個体群は，個体群サイズや個体群密度，個体群の分布などの点で，多様である．大半の個体群は，集中分布を示す．その理由は，種子などの分散が限られること，必要とする資源の分布が集中分布すること，さらに集団をつくって生息する利点があるためである．

15・3 出生率と死亡率が，個体群がどのくらいの速さで成長するかを決定する．個体当たりの成長率が一定で正であれば，指数関数的成長がみられる．この場合，すべての連続した期間を通じて一定の割合で個体群は成長する．その結果，個体数を時間に対して表すとJ字形の曲線になる．個体群成長率の理論的な最大値が，生物繁栄能力である．

供給量が十分でない必須の資源はすべて限定要因となる．ロジスティック成長モデルは，個体群成長の様式が，病気や資源を巡る競争といった密度依存限定要因によって，どのように影響されるかを記述する．個体群はゆっくりとした速度で成長を始め，急激な成長をする時期を経て，環境収容力に到達すると，成長は止まり安定する．環境収容力とは，ある環境において利用可能な資源量の下で，永続的に持続されうる個体数の最大値をいう．厳しい気象条件とその他の密度独立限定要因は，個体群サイズにかかわらず，すべての個体群に影響する．

15・4 成熟齢，繁殖の回数や1回の繁殖当たりの子の数，そして寿命の長さによって，生活史が決められる．生活史

は，一つのコホートつまり同齢の個体の集まりを追跡して研究される．

生存曲線には，寿命の後半で死亡率が高くなるもの，どの齢でも死亡率がほぼ一定のもの，寿命の前半で死亡率が高いものの3種類がある．生活史には，遺伝的な基盤があり，自然選択の対象となる．個体群がより成功するのが，個体が1回だけ繁殖するときなのか，あるいは多数回繁殖するときなのかは，環境に依存する．個体群密度が低いと，日和見生活史を示す種（それぞれの個体が多くの子を早くから産生する）が有利となる．個体群密度が高いと，均衡生活史を示す種（それぞれの個体が，非常に少数の質の高い子に，より多くの資源を投資する）が有利となる．

15・5 世界の人口は70億人を超えている．住む場所を広げ，農業の技術改革により，初期の人口増加が生じた．最近では，公衆衛生の改善や技術革新が，環境収容力を上げ，負の影響を及ぼす限定要因を抑えている．

個体群の合計特殊出生率は，女性が出産可能な年齢の間に産む平均の子の数である．世界の合計特殊出生率は減少している．個体群成長は，個体群の齢構成の影響を受ける．出産可能な年齢に達していない人口は非常に多いので，これから何年にもわたって，人口は増え続けるだろう．

先進国の国民のエコロジカルフットプリントは，開発途上国に比べてはるかに大きい．現在の世界の人口が先進国のようなライフスタイルで生活するのに十分な資源量は，地球にはない．

試してみよう（解答は巻末）

1. 生息場所における個体群の個体の分布様式でよくみられるものはどれか．
   a. 集中分布   b. ランダム分布
   c. 一様分布   d. どれでもない
2. 個体群のすべての構成員は ＿＿
   a. 同齢である   b. 繁殖する
   c. 同種である   d. a～cのすべて
3. 個体群の指数成長モデルが仮定しているのは，次のうちのどれか．
   a. 死亡率は個体群密度が増加するにつれて低下する
   b. 1個体当たりの成長率は変化しない
   c. 工業化のために出生率は著しく低下する
   d. 資源は有限である
4. ある種の理想条件下における個体数の指数成長率を ＿＿ という．
   a. 生物繁栄能力   b. 環境収容力
   c. 環境抵抗   d. 密度効果
5. 資源を巡る競争や病気が，個体群の成長率をコントロールする様式を ＿＿ という．
   a. 密度独立的   b. 密度依存的
6. ある環境下で被食者の個体群が成長しているとき，捕食者の環境収容力は ＿＿ と予想される．
   a. 増加する   b. 減少する
   c. 影響を受けない   d. 安定している
7. 多数の子を産生し，それぞれの子にはあまり投資をしない種が示す生活史は ＿＿
   a. 均衡生活史   b. 日和見生活史
8. 個体群のロジスティック成長モデルは，＿＿ を考慮し，＿＿ を考慮しない．
   a. 密度依存限定要因，密度独立限定要因
   b. 密度独立限定要因，密度依存限定要因
9. 現在の世界の人口はおおよそ ＿＿
   a. 70億人   b. 700万人
   c. 700億人   d. 7000万人
10. 開発途上国に比べて先進国では ＿＿ が高い．
    a. 死亡率   b. 出生率
    c. 合計特殊出生率   d. 資源消費率
11. 1000個体のハツカネズミの個体群が，1個体当たり月当たりの成長率が0.3で指数成長すると，1カ月後には個体群は何個体になるか．
    a. 3000個体   b. 3300個体
    c. 1300個体   d. 300個体
12. 左側の用語の説明として最も適当なものをa～eから選び，記号で答えよ．
    ＿＿ 環境収容力
    ＿＿ ロジスティック成長
    ＿＿ 指数関数的な増加
    ＿＿ 限定要因
    ＿＿ コホート

    a. 同じ時期に生まれた個体の集団
    b. S字形曲線の個体群の成長
    c. ある環境下の資源によって維持されうる最大の個体数
    d. J字形曲線の個体群の成長
    e. 減少すると個体群の成長を制限する必須資源

16 群集と生態系

16・1 外来のヒアリとの戦い
16・2 群集を形づくる要因
16・3 群集における種間の相互作用
16・4 群集はどのように変化するか
16・5 生態系の本質
16・6 生態系における栄養塩の循環
16・7 外来のヒアリとの戦い 再考

16・1 外来のヒアリとの戦い

RIFA (赤色輸入ヒアリ red improted fire ant) とよばれるアリ (図 16・1) は，南米原産であるが，人間の力を利用して，その分布域を劇的に広げつつある．RIFA はおそらく貨物とともに船で運ばれて 1930 年代に米国の南東部に到達した．RIFA は新天地でとても栄え，現在 11 州で個体群として定着している．さらに，米国を踏み台に，カリブ海の国々をはじめ，オーストラリア，ニュージーランドやアジア諸国にも広がっている．

RIFA は，健康被害や経済的に負の影響をもたらす害虫で，地表に生息し，アリ塚を形成する．このアリ塚に誤って踏込むと，多数のアリが飛び出してきて，噛んだり刺したりする．RIFA の針は，焼けつくような非常に強い痛みをひき起こし，刺された場所はかゆみを伴って腫れる．また，理由はわからないが，RIFA は電気モーターや電気器具やスイッチに集まり，これらの機器の誤作動をひき起こす．RIFA の分布の拡大阻止は防疫の中心課題であり，分布がみられない場所への分布域の土壌の移動は禁止されている．そのため，RIFA がすみ着くと，植物や芝生の栽培業者は大打撃を受ける．

生物学では，ある地域に存在するすべての種を**群集** (community) という．RIFA は，地域にもともといたアリ個体群を減少させ，結果的にその地域の群集を変化させる．RIFA はまた，在来種の卵や子を食べたり子を刺したりする (図 16・1b)．RIFA は，在来の植物にさえ影響する．RIFA は，在来の送粉者 (花粉媒介者) であるハチや種子を散布するアリを駆逐してしまう．

では，RIFA がもともと生息している南米ではどうなのだろうか．南米の RIFA の数は，寄生者や捕食者や病気のために，米国で影響がみられる地域に比べはるかに少なく，たいした問題ではない．南米から出発した RIFA は，そのときに天敵からも逃れ，利益を得たのだ．

16・2 群集を形づくる要因

群集の大きさはさまざまであり，しばしばある群集が他の群集の内部に含まれている．たとえば，微生物の群集がシロアリの腸内に見いだされる．そのシロアリは，倒木に生息している生物からなる大きな群集の一部である．この倒木の群集は，また，より大きな森林群集の一部分である．

同じような大きさの群集でも**種多様性** (species diversity) において違いがある．種多様性には二つの側面がある．一つは，種の豊富さ (species richness) であり，ある場所に存在する種の総数を意味する．もう一つは，種の均等度 (species evenness)，つまり，それぞれの種の相対的な多さである．5 種類のほぼ同数の魚が生息する池は，1 種の魚の数が非常に多く，残りの 4 種が非常に少ない池に比べ，均等度が高く，すなわち種多様性が

図 16・1　外来ヒアリ (RIFA, *Solenopsis invicta*)．人間によってもたらされた在来種への脅威である．(a) RIFA の働きアリ．一つの巣には数千匹の働きアリが生息し，そのそれぞれが毒針をもつ．(b) RIFA はウズラのような地面に巣をつくる鳥類の卵やふ化後間もないヒナを襲い殺す．

図 16・2　熱帯でみられる多様性．ニューギニアの熱帯多雨林に 12 種程度いる果実食のハトの 2 種．左は七面鳥くらいの大きさのオウギバト，右はやや小型のクロオビヒメアオバト．

より高い．

群集の構造は動的である．種の構成や構成する種の割合は，時間とともに変化する．群集が形成され成熟するにつれて，群集は長期間を経て変化する．また，自然あるいは人為的な撹乱の結果，群集は急速に変化することもある．

非生物的な要因

群集の構造は，地理的要因と気候的要因に影響される．これらの要因に含まれるのは，緯度や標高，そして水界の場合は水深に伴って変化する土壌の性質，日光の強度，降雨量，温度がある．熱帯は，最も多くの太陽光エネルギーを受け，温度変化は最も少ない．大半の植物や動物の分類群では，赤道付近の熱帯で種数が最も多く，両極に向けて移動するにつれて減少する．たとえば，熱帯多雨林群集は非常に多様であり（図 16・2），温帯の森林群集はそれほど多様ではない．同様に，熱帯のサンゴ礁の群集は，赤道から離れたところの似た海洋の群集よりも多様である．

生物的な要因

群集のさまざまな種の進化の歴史や適応が，群集の構造にも影響する．それぞれの種は，その種がふつうにみられる特定の場所，すなわち**生息場所**（habitat，生息地ともいう）に適応している．ある群集中に存在するすべての種は，同じ生息場所，つまり同じ"住所"を共有しているが，各種を別のものとする固有の生態的な役割をもっている．この役割が，その種の**ニッチ**（niche，生態的地位ともいう）であり，生存や繁殖に必要な環境条件，資源や相互作用の観点から記述される．動物のニッチは，その動物が耐えうる温度，食料，繁殖したり隠れたりできる場所などで決まる．植物のニッチは，植物が

必要とする土壌や水，光，送粉者などで決められる．

生物種間の相互作用も群集の構造に影響する．ある生物種の行動が他の種に影響することはよくある．その影響が間接的な場合もある．たとえば，イモ虫を食べる小鳥は，イモ虫が捕食する木本に間接的に利益をもたらし，また，イモ虫の数を直接的に減らしている．種間の相互作用がより直接的な場合もあり，直接的な相互作用とその結果について次節で考える．

16・3　群集における種間の相互作用

群集における種間の直接的な相互作用は 5 種類ある．片利共生，相利共生，競争，捕食，寄生である（表 16・1）．これらのうちの三つ，つまり，寄生，片利共生，相利共生は，**共生**（symbiosis）に含まれる．共生をする種は共生生物（symbiont）とよばれ，互いに，生活史全体あるいはその大半を密接に結びついて過ごす．内生共生者（endosymbiont）とは，その共生者の体内で生息する種をいう．

密接に相互作用する 2 種のうちの一方が他種に利益をもたらすか不利益をもたらすかにかかわらず，この 2 種は世代を重ねる間に**共進化**（coevolution）する可能性がある．共進化の過程では，それぞれの種が自然選択の要因となってもう一方の種の変異の程度に影響を及ぼす（§12・6）．

表 16・1　いろいろな種間相互作用

相互作用	種 1 に対する直接効果	種 2 に対する直接効果
片利共生	利益	なし
相利共生	利益	利益
競争	不利益	不利益
捕食	利益	不利益
寄生	利益	不利益

片利共生と相利共生

片利共生（commensalism）は，一方の種に利益をもたらし，他方には何の影響もない場合をいう．例としては，木の幹や枝に着生するランがある（図 16・3）．ランは，日当たりのよい生育地という利益を受け，木は特に影響されない．他の例としては，片利共生する細菌を腸内にもつ動物が多い．細菌は，暖かく，栄養分に富む生息場所を得るが，細菌の存在は動物には助けにも害にもならない．

消化を助けたり，ビタミンを合成したりして宿主を助

16・3 群集における種間の相互作用

図 16・3 片利共生．陽がよく当たる木の高いところにランが着生し生育する．ランが生育しても木は影響を受けない．

ける腸内細菌もいる．そのような相互作用は，双方の種に利益をもたらす**相利共生**（mutualism）である．被子植物では，動物が植物の送粉や種子散布を担う場合がある．植物の相利的関係は，根の表面や内部に生息する真菌類との間にもみられる．真菌類は無機イオンを土壌中から吸収し，それを植物と共有する．お返しに，真菌類は植物から糖質を受取る．

相利共生は，気楽な共同作業ではなく，むしろ双方の搾取合戦ともいえる．もし，その関係に携わることにコストがかかるのであれば，そのコストを低減できる個体は自然選択において有利になる．たとえば，少量の蜜を報酬にして送粉者を誘引できる植物は，より多くの蜜を与えている植物よりも有利になる．

相利共生は，それにかかわる生物の一方あるいは双方にとって必須となりうる．クマノミは，身を隠せるイソギンチャクがなければ，捕食者に食べられてしまうだろ

う（図 16・4）．刺胞に覆われているイソギンチャクの触手は，クマノミに影響を及ぼさないが，クマノミやその卵を食べる捕食者を寄せつけない．イソギンチャクはクマノミなしでも生きていける．しかし，クマノミの存在で利益を得ている．クマノミは，イソギンチャクの触手を食べることが可能な魚を追い払っているのである．

最後の例として，ミトコンドリアはおそらく初期の真核生物内部で細胞内共生者であった好気性の細菌から進化した（§13・3）．その細菌は，宿主の細胞に入り込むか，あるいは食物として取込まれた．世代を重ねて，細菌は独立して生息する能力を失った．宿主は，共生生物の生産する ATP に依存するようになった．同じように，葉緑体は光合成細菌から進化した．

競争的相互作用

マルサス（T. R. Malthus）やダーウィン（C. Darwin）が理解していたように，同じ種の個体間でみられる競争は，とても過酷な場合もあり，自然選択の重要な駆動力である（§11・3）．本章では，**種間競争**（interspecific competition），つまり異なる種の間でみられる競争に注目する．種間競争は，同じ種の個体間の競争ほど熾烈ではないことが多い．2種それぞれの資源要求性が，ある程度重複したとしても，同じ種の個体間のように重なることは決してない．

ときには，ある種に属する個体が資源を利用するのを他の種の個体が積極的に妨げることがある．たとえば，ワシやキツネのような腐食性動物は，死骸をめぐって互いに争う（図 16・5）．植物も競争相手を妨害する．たとえば，ヨモギの仲間が分泌する化学物質は，周辺の土壌に広がり，潜在的な競争相手が根を広げるのを妨げる．

一方，競争する種が積極的に相手を妨げないこともある．代わりに，競争にかかわるすべての生物が資源の"パイ"の分け前を奪い合うのである．たとえば，カケスとシカとリスは，カシの林では，ドングリを食べる．これらの動物は，ドングリを巡って戦いはしないが，競争はする．ドングリを食べたり，ためこんだりすることで，おのおのの種の個体が，他の個体が利用できるドングリの数を減らしている．

複数の種がある資源を巡って競争するとき，それぞれの種は，その種が単独で生息するときに比べて，少量の資源しか得られない．このように，競争によって，すべての競争にかかわる種に負の効果がもたらされる．競争する2種が似ていればいるほど，その2種はより熾烈に競争する．もし，2種が同一の有限の資源を必要とするならば，2種がともに利用している生息場所では，競争

図 16・4 相利共生．イソギンチャクの触手の中に身を置くクマノミ．この相利関係において，両種は互いを守っている．

図 16・5　腐食性動物間でみられる種間競争．ヘラジカの遺骸をはさんでにらみ合うイヌワシとアカギツネ(左)．イヌワシが爪を使ってキツネを攻撃し，キツネは死体をイヌワシに残して引き下がる(右)．

でより優位な種が劣る種を絶滅させる．この競争の結果を**競争的排除**（competitive exclusion）とよぶ．

競争的排除の概念は，1930年代にガウゼ（G. Gause）によって行われた実験から発展した．彼は，2種のゾウリムシ *Paramecium* を種別に，あるいは一緒に培養した（図16・6）．これらの原生生物は，餌の細菌を巡って激しい競争をする．2種が一緒に生息すると，一方の種がより早く増殖し，他種を絶滅に追いやる．

資源の要求性が完全には同一ではない競争種は共存することができる．しかし，競争にかかわるすべての種の個体群成長は競争によって抑制される．それぞれの種で，競争相手の種から最も異なっている個体が，自然選択において有利になるだろう．その結果，競争をしている種は互いに種間の競争が弱まるように進化するだろう．この過程の結果が，**資源の分割**（resource partitioning）である．資源の分割とは，必須の資源を細分化してそれぞれの種が利用することである．その結果，その資源を利用する種間でみられる競争が弱まる．たとえば，図

16・2に示したハトは，ニューギニアの森林に生息する，果実を餌とする12種程度のうちの2種である．12種のハトはすべて果実食だが，食べる果実の大きさと種類が異なっているので，共存できる．

捕食者と被食者の関係

捕食（predation）とは，寄生や共生をしていない種が，別の種を捕らえ，殺し，食べることである（図16・7）．捕食者は，選択圧として被食者に影響を及ぼし，最も優れた防御手段をもつ被食者が有利になる．一方で，被食者の防御を克服できる最も優れた捕食者が選択される．その結果，捕食者と被食者は，何世代にも渡って続く進化的な軍拡競争を繰広げることになる．

いくつかの防御に関する適応についてはすでに説明した．被食者の体の一部が，硬かったり尖ったりすることで，食べられにくくなっていることがある．巻貝の殻やヤマアラシの針がその例である．まずかったり，捕食者の吐き気を催すような化学物質を体内に含む被食者もい

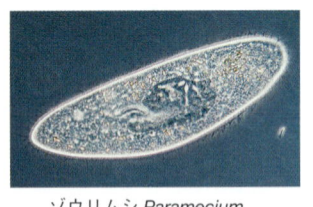

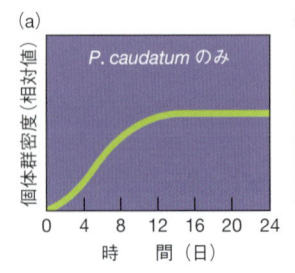

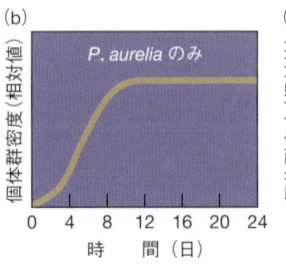

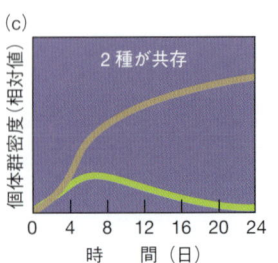

図 16・6　競争的排除．繊毛虫のゾウリムシの2種 *Paramecium caudatum* と *P. aurelia* はともに細菌を餌にする．それぞれの種を別に育てるとよく増える(a, b)．2種を一緒にすると，一種が他種を絶滅に追込む(c)．

図16・7 捕食．このオオヤマネコのような捕食者は，カンジキウサギのような被食者を捕らえ，殺し，食べる．

る．動物に含まれ防御に役立つ毒物の大半は，動物が食べた植物に由来する．たとえば，オオカバマダラの幼虫はトウワタ属の植物を食べ，そこから化学物質を体内に取込む．オオカバマダラの幼虫や成虫を食べた鳥が，それらを吐き出すのは植物由来の化学物質のためである．

防御に優れた被食者の多くは，**警告色**（warning coloration）を示す．警告色とは，目立つ色や模様のことで，これを捕食者が学習し，避けるようになる．たとえば，スズメバチやアシナガバチの仲間やミツバチ類などの刺すハチは，黒と黄色の縞模様である（図16・8a）．それらの似通った外見は，**擬態**（mimicry），つまりある種が別の種に似てくる進化的な様式の一つである．擬態の型の一つとして，防御能力に優れる種が，互いに外見が似ることで利益を得る場合がある．別の擬態の型として，被食者が自分にはない防御能力をもつ種になりすますことがある．たとえば，ハエは刺すことができないが，刺すことのできるミツバチやスズメバチやアシナガバチに似ているものがいる（図16・8b）．捕食者がハチに刺されて，それ以後ハチとともにこれらのハエも避けるようになり，それでハエは利益を得る．

攻撃してきた捕食者を驚かす究極の手段を備えた被食者もいる．§1・6では，目玉模様やシュッシュッという音を出して身を守るチョウを紹介した．トカゲは尻尾を体から切り離し，それがくねくねと動いて注意を惹きつけている間に逃げることができる．スカンクや一部の甲虫は，吐き気を催すほど臭いにおいをまき散らし，捕食者になるかもしれない動物を近づけない．

カムフラージュ（camouflage）とは，体の形や色のパターンや行動によって，被食者がまわりの風景に溶け込み，見つかりにくくなることである．カムフラージュのおかげで，被食者は捕食者から見つかりにくくなり，捕食者も被食者から気づかれにくくなっている（図16・9）．

捕食者には，被食者の体を保護する硬い部分を貫く鋭い歯や爪を進化の過程でもつようになったものが多い．被食者の足が速いと，より足の速い捕食者が選択される．たとえばチータは地上で最も足が速い動物であり，時速114キロで走ることができる．チータが好んで食べるトムソンガゼルは，時速80キロで走ることができる．

図16・8 警告色と擬態．(a) アシナガバチの黄色と黒の配色は，捕食者に対して刺すことを警告している．(b) このハエは刺さないが，アシナガバチの配色に擬態することで利益を得ている．

図16・9 カムフラージュ．(a) 体色と形態が花に似ているカマキリは，花にやってくる被食者の昆虫に見つかりにくい．(b) 土のような色で丸い形状のために，イシコロクサ *Lithops* は植食者の目から逃れやすい．

植物と植食者

植食（herbivory）とは，動物が植物を捕食することであり，食べられた植物は，その結果として，生き残ることも死ぬこともある．植物には，体の一部が失われることに抵抗性が高く，食べられた部分を素早い成長によって補うものもいる．たとえば，イネ科の草本が，植食によって枯れることはまずない．イネ科の草本は，短期間に成長でき，植食者のために失われた地上茎の代わりをつくるのに十分な資源を地下部にたくわえている．

カムフラージュによって，植食者の目から逃れられる植物がある．多肉植物であるハマミズナ科リトープス属 *Lithops* はイシコロゲサとよばれており，砂漠の石に似ているので，石の中にまぎれると見つからない（図16・9b）．

植食者を寄せつけない特徴を示す植物もある．物理的な抑止力となるものに，針やとげ，繊維質でかみにくい葉がある．植物が，植食者にとってまずいか吐き気を催すような化学物質を生産することもある．トウゴマが産生する毒物であるリシンは（§7・1），植食者の吐き気をひき起こす．コーヒー豆に含まれるカフェインやタバコの葉に含まれるニコチンは，昆虫から植物を守る．トウガラシを辛くする化学物質であるカプサイシンは，種子食の哺乳類から種子を保護する．カプサイシンに富むトウガラシの実が食べられないとわかった齧歯類の動物は，それに手を出さない．その実を食べるのはカプサイシンの味を感じない鳥類である．齧歯類の種子食者を防ぐことでトウガラシは利益を得ている．なぜなら，齧歯類の動物はかみくだいて種子を殺してしまうが，鳥類は種子を無傷の生きている状態で排泄するからである．

寄生者と捕食寄生者

寄生者（parasite）は，生きている**宿主**（host）から栄養を獲得している．細菌，原生生物や真菌類には寄生者もいる．サナダムシや吸虫は，寄生性の環形動物である．線虫や昆虫や甲殻類にも寄生者がいる．また，すべてのマダニも寄生者である．いくつかの植物も寄生者である．ネナシカズラは，ほとんどクロロフィルをもたない（図16・10a）．ネナシカズラの根は，宿主植物の茎に穴をあけ，そこから糖質を吸収する．ヤドリギも寄生植物である．

病原体は，宿主の病気をひき起こす寄生者である．寄生者が明瞭な症状をひき起こさないときでも，感染すると宿主は弱くなり，捕食されやすくなったり，繁殖相手にとって魅力的ではなくなったりする．不妊をひき起こす寄生者の感染もある．

寄生という生活様式における適応には，寄生者が宿主

図 16・10 寄生者と捕食寄生者．(a) ネナシカズラ *Cuscuta*．金色で葉がない茎は，宿主植物（写真ではイネ科の草本）に絡みつく．ネナシカズラの変形した根は，宿主の維管束組織から水や養分を吸い上げる．(b) コウウチョウのヒナとその里親．コウウチョウは，托卵つまり他種の鳥類の巣に卵を生むことで子育てのコストを最低限にしている．(c) 生物的防除として利用される捕食寄生者．捕食寄生者である寄生ハチが受精した卵をアブラムシに産みつけようとしている．寄生ハチの幼虫は，アブラムシを体内から食いやぶる．

を探し出し，気がつかれないように資源を獲得する形質がある．たとえば，哺乳類や鳥類に寄生するマダニは，熱や二酸化炭素の発生源に近づいていく．これらの発生源は，潜在的な宿主である可能性が高いためである．マダニの唾液中には，局所麻酔として働く化学物質が含まれるので，宿主は吸血しているマダニに気づかない．他の生物の体内に生息している寄生者が，宿主の免疫防御を回避するように適応していることも多い．

托卵（brood parasite）は，宿主を餌とするのではなく，宿主に親として世話をさせる．他の動物の巣に卵を産み，その動物をだまして子を育てさせる．欧州のカッコウや北米のコウウチョウが例である（図16・10b）．

親として世話をする制約がないので、雌のコウウチョウは、1回の繁殖期に30個もの卵を産むことができる。他の鳥類や魚類、昆虫にも托卵はみられる。

捕食寄生者（parasitoid）は、他者に自分の子の面倒をみさせるが、その方法はさらに踏み込んだものである。これらの昆虫は、他の昆虫の体に卵を産みつける。卵から孵化した幼虫は、宿主を体内からむさぼり食べ、最終的には宿主を殺してしまう。

害虫に対する生物的防除、すなわち害虫の天敵を利用して害虫の数を減らすときには、大規模に培養した寄生者や捕食寄生者を利用することが多い。害虫に対する生物的防除は、化学合成された殺虫剤の代替法となる。殺虫剤は、対象の害虫ではない多様な昆虫にとって致死的であり有害である。生物的防除に用いられる種は、ある特定の種の宿主や被食者のみを攻撃対象とする。図16・10(c)に示した捕食寄生者である寄生ハチは、生物的防除の手段として利用される。このハチは、多くの種類の作物の汁を吸って被害を与えるアブラムシに、卵を産みつける。

16・4 群集はどのように変化するか

生態遷移

群集の構造、すなわち、ある場所に生息する生物種の種類とそれらの相対的な量は、常に変化する。**生態遷移**（ecological succession）とは、生息している環境を生物が変化させるにつれて、種の組合わせが、時間を経て徐々に変化する過程である。ある生物群が、他の生物群と置き換わり、置き換わった生物群も、また別の生物に取って代わられ、これが続いていく。

図 16・11 一次遷移。氷河の跡地に森林群集が成立する様子。

一次遷移（primary succession）とは、土壌がなく、生物がいないかほとんどいない場所での遷移である（図16・11）。たとえば、氷河の後退により露出した岩の多い地域は一次遷移の過程にある。最初は、多細胞生物は存在しない❶。先駆種が足掛かりを得ると、群集は変化し始める❷。**先駆種**（pioneer species）とは、新規に生じた、あるいはそれまでの生物がいなくなった場所に移入する種をいう。先駆種には、地衣類や蘚類、風により散布される種子をつくる強壮な一年生植物が含まれる。先駆種が生育したり死んだりして、世代を重ねるにつれて、土壌の形成と発達が促される。そうなると、低木種の種子が、先駆種が形成したマット状の土壌に潜んで根を張る❸。時間がたつと、有機物のゴミや残渣がたまり、土壌の厚みと栄養塩の量が増して、高木が生育できるようになる❹。

二次遷移（secondary succession）が生じるのは、自然の、あるいは人為的撹乱により、生物種の組合わせが

図 16・12 火山噴火後の生態遷移。セントヘレンズ火山は1980年に噴火した(a)。火山灰によって、山麓に広がっていた群集が完全に埋まってしまったが、10年以内に、多くの先駆種が定着していた(b)。噴火の12年後に、ベイマツの実生は火山灰によって肥沃になった土壌に定着していた(c)。

取除かれた後である．この遷移は，野火に見舞われた森林の跡地や耕作放棄地でみられ，野生種が侵入し，その場所を占めていく．

米国ワシントン州セントヘレンズ火山の1980年の噴火により，進行中の遷移を観察する機会を科学者は得た（図16・12）．この噴火は火山岩や火山灰を山域に積もらせ，生育していた植物を全滅させ，成熟した土壌も覆ってしまった．それ以降，植物は侵入を続けており，遷移が進行している．

このような遷移の野外研究によって，遷移の過程の見方は変化しつつある．生態遷移の概念が最初に発展したのは1800年代の後半であった．このときには，遷移は最終的に持続的に存在し続ける種の組合わせである**極相群集**（climax community，極相群落ともいう）が形成される過程であり，予測可能なものとみなされた．極相群集に**撹乱**（disturbance）が生じた場合でも同じ極相群集が再構成されると考えられた．現在では，生態学者は3種類の要因が遷移に影響すると認識している．つまり，1) 気候のような物理的要因，2) 先駆種がその場に到達した順番などの偶然の要因，3) 撹乱の頻度と強度である．種が到達する順序や撹乱の頻度と強度は，予測できないような様式でばらつくので，ある特定の群集の構成がどのように遷移するかを正確に予測することは困難である．

撹乱への適応

特定の種類の撹乱に繰返しさらされる群集では，その撹乱に抵抗性を示したり，撹乱から利益を得る個体は，自然選択で有利になる．たとえば，定期的に野火が発生する地域の植物には，野火によって競争相手の植物がなくなった後で初めて発芽する種子を生産するものがある．野火の直後に地下部から芽を出す能力を有する植物もある（図16・13）．野火の影響の現れ方は種によって異なるので，野火の頻度は競争関係に影響する．たとえば，野火の自然発生が抑えられると，定期的な焼失に適応した植物は，競争における優位性を失う．野火に適応した植物よりも，むしろ成長や繁殖にすべてのエネルギーを投資している植物が，より大きく成長することになる．

キーストーン種

キーストーン種（keystone species）は，その種の個体数に比べて，不釣合いなほど重要な影響を群集に及ぼす種である．ペイン（R. Paine）が，磯でふつうにみられるヒトデ *Pisaster ochraceus* の研究結果を記述する用語として提案した．捕食者であるこのヒトデが群集の構造にどのように影響するかを明確にするために，種の豊富さが，すべてのヒトデを取除いた実験区とヒトデをそのままにしておいた対照区で比較された（図16・14）．ヒトデが捕食するのはおもにイガイなので，実験区からヒトデが取除かれると，イガイが優占した．イガイが増えて込み合うと，それ以外の7種の無脊椎動物が追い出

図 16・13 群集構造に対する野火の影響．カナメモチのような灌木には，野火の後に根から再度，発芽するものもある．野火が起こらないと，カナメモチは野火に対する抵抗性は低いがより成長の速い種に負けてしまう．

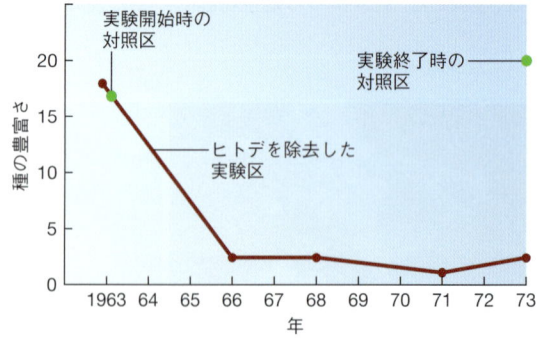

図 16・14 キーストーン種．ヒトデ *Pisaster* は磯のキーストーン種の一例である．実験区からヒトデを取除くと，種の豊富さ(茶の点と線)は，減少する．ヒトデを除去していない対照区では，種の豊富さ(緑の点)には減少がみられない．

図 16・15 米国で，有害生物になっている 3 種の外来種．(a) アジア原産のクズ．(b) マイマイガ．(c) ヌートリア．

され，藻類の種数も減少した．対照区では，種の豊富さに変化はみられなかった．ヒトデはキーストーン種の一つであると結論された．ヒトデは，イガイが潮間帯の生息場所を占めてしまうことを妨げることで，種の数を多く保つ働きをしている．

キーストーン種が捕食者であるとは限らない．たとえば，大型の齧歯類であるビーバーはキーストーン種になりうる．ビーバーは立木の幹をかじって切り倒し，切り出した木を使ってダムをつくる．ビーバーがつくったダムによって，本来は浅い小川であったはずの場所は，深い溜池となる．ビーバーは，小川の一部分の物理的条件を変更することによって，そこに生息する魚類や水生の無脊椎動物の種類に影響を与える．

外来種

新しい生息場所に導入され，そこに定着した種である**外来種**（exotic species）も，群集の構造に影響を及ぼす．導入された生息場所には，その種を抑制していた，共進化してきた寄生者や病原体や捕食者がいないので，外来種の数は急増することがある．

米国には 4500 種を超える外来種が定着している．§16・1 で述べた RIFA はその一例である．外来種は多様でそれが在来種に影響する方法もさまざまである．

最も悪名高いもの一つに，ツル植物のクズがある．アジアが原産地で，米国南東部に植食者の餌や土壌浸食の抑止策として導入された．しかし，クズはまもなく侵略的な雑草となった（図 16・15a）．

マイマイガは，ヨーロッパやアジア原産種で，米国北東部に 1700 年代の中ごろに侵入し，その分布域を南東部や中西部やカナダに広げてきている．マイマイガの幼虫（図 16・15b）はナラ類を好んで食べる．マイマイガの幼虫の被食によって葉量が減少すると木が弱り，寄生されやすくなり，弱くなる．

ヌートリアは，大型の半水生の齧歯類であり，毛皮をとることを目的に南米から 1940 年代に米国に導入された（図 16・15c）．いまでは，逃げ出したか，あるいは意図的に野に放たれたヌートリアの子孫は，淡水の湿地や河川に沿って 20 州で非常に繁栄している．ヌートリアは植物をとても好んで食べるので，在来の植生や作物を脅かしている．また，巣穴を掘るため，湿地の浸食が進み，堤防を損ない，洪水の危険を高めている．

16・5 生態系の本質

構成要素の概観

群集の生物は，**生態系**（ecosystem）の一員として環境と相互作用する．すべての生態系には，一方向に流れるエネルギーと，循環する基本的な構成要素が存在する（図 16・16）．§1・3 で説明したとおり，生態系の**生産者**（producer）はエネルギーを獲得し，それを使って自らの食物を環境中の無機物からつくり出す．生産者のエネルギー源は多くの場合は太陽光であり，生産者は，植物と，光合成を行う細菌や原生生物である．生態系の**消費者**（consumer）は，生産者や消費者の組織や排泄物や遺骸を食べることによって，エネルギーや有機物（炭素）を獲得する．植食者（草食動物）や捕食者や寄生者は生きている生物を食べる消費者である．カニやミミズなどの**腐食性生物**（detritivore）は，有機物の小片つまりデトリタス有機堆積物を食べる．最終的に，排泄物や生物の遺骸は，細菌や原生生物や真菌類などの**分解者**（decomposer）によって，生体の構成単位である無機物まで分解される．

生産者によって捕獲された光のエネルギーは，有機分子の結合エネルギーに転換され，熱を発散する代謝反応によって放出される．生物は，熱を有機分子の結合エネルギーに再度転換することはできないので，これは一方通行の過程である．

一方通行のエネルギーの流れとは違って，栄養分は生

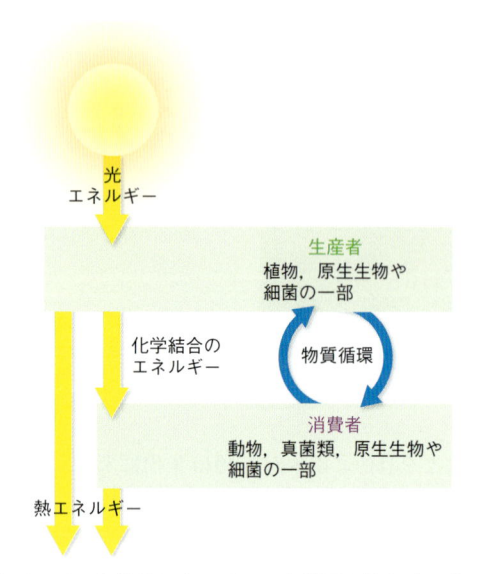

図 16・16　生態系において，一方通行に流れるエネルギー（黄矢印）と循環する物質（青矢印）の概念図．生産者は，光エネルギーを転換して，熱エネルギーと化学結合のエネルギーとする．消費者は，化学結合のエネルギーを利用し，さらに熱としてエネルギーを放出する．生態系に取込まれたすべての光エネルギーは，最終的には環境中の熱エネルギーに転換される．

態系の中で循環する．この循環回路の出発点は，生産者が水素，酸素，炭素を空気や水などの無機物から吸収するときである．生産者は，水に溶けている窒素やリンやそのほかの栄養塩も吸収する．栄養分は生産者から，それを食べる消費者へと移動する．分解によって栄養分は環境へと戻され，そこから生産者が再び栄養分を吸収する．

食物連鎖と食物網

ある生態系のすべての生物は，**栄養段階**（trophic level，troph は栄養の意味）といわれる，食うものと食われるものからなるピラミッド状の構造に属している．ある生物が他の生物を食べるとき，化学結合として含まれるエネルギーと栄養分は，食われるものから食うものに移行する．同じ栄養段階に属するすべての生物は，そのシステムに取込まれた最初のエネルギー段階から数えて，同じ数だけ上の段階にいることになる．

食物連鎖（food chain）とは，一次生産者によって獲得されたエネルギーがより高次の栄養段階へと移行する一連の段階である．たとえば，イネ科の草本や他の植物は，長草型プレーリーの主要な生産者である（図 16・17）．これらの植物が，この生態系の一次栄養段階である．一つの食物連鎖では，エネルギーはイネ科草本からバッタへと流れ，つづいてスズメに，さらにタカへ移行する．バッタは一次消費者で，二次栄養段階，バッタを食べるスズメは二次消費者で，三次栄養段階，スズメを食べるタカは，三次消費者で，四次の栄養段階にあたる．

多くの食物連鎖は，互いに他の連鎖と交差したりつながったりして**食物網**（food web）となる．図 16・18 は，北極の食物網の一部をなす種の例である．ほぼすべての食物網は，2 種類の食物連鎖を含んでいる．生きている植物が食べられる食物連鎖（生食連鎖）では，生産者の組織にたくわえられたエネルギーは，比較的大型であることが多い植食者へと移行する．植物の枯死体などが食べられる食物連鎖（腐食連鎖）では，生産者に含まれたエネルギーが移行するのは，小型の生物であることが多い腐食性生物や分解者である．

多くの陸上生態系では，生産者の組織にたくわえられたエネルギーの大半は，腐食連鎖に移行する．たとえば，北極の生態系では，ハタネズミ，ホッキョクウサギ，レミングなどの植食者が植物の一部を食べる．しかし，はるかに多くの植物体は植物遺骸となり，土壌に生息するミミズや昆虫や土壌性の細菌や真菌類などの分解者を支える．腐食連鎖と，生食連鎖は，互いにつながりながら総体的な食物網を形成している．

図 16・17　長草型プレーリーの食物連鎖の一例．一次の栄養段階にある種によって光エネルギーが固定される．矢印は，ある栄養段階から次の栄養段階への栄養分とエネルギーの移動を表す．

図 16・18 北極の食物網. 矢印は食べられるものから食べるものへ向かう.

より高次の栄養段階
植食者や他の肉食動物を食べる肉食動物の例

ヒト(イヌク族) / ツンドラオオカミ / ホッキョクギツネ
シロハヤブサ / シロフクロウ / オコジョ

二次栄養段階
植物を食べる一次消費者(植食者)の一部

ハタネズミ / ホッキョクウサギ / レミング

複数の栄養段階を利用する寄生的な消費者
カ / ノミ

一次栄養段階
生産者(植物)の例

イネ科やカヤツリグサ科の草木 / ムラサキクモマグサ(ユキノシタ科) / ホッキョクヤナギ

腐食性生物や分解者(線虫, 環形動物, 腐食性昆虫, 原生生物, 真菌類, 細菌)

一次生産と効率の低いエネルギーの移行

　生態系を通じたエネルギーの流れは**一次生産**(primary production), つまり生産者によるエネルギーの獲得と蓄積から始まる. 一次生産の速度は環境によってさまざまであり, 同じ生息場所でも季節によって異なる. 研究者は, 一次生産を単位面積当たりの取込まれた炭素の量として測定する. 平均では, 単位面積当たりの一次生産は, 海洋よりも陸上で大きい(図 16・19). しかし, 地球の表面の約 70% は海洋なので, 海洋は地球上の一次生産総量の約半分に貢献している.

　エネルギーピラミッド(energy pyramid)は, 生産者によって獲得されたエネルギーのどのくらいが, より高い栄養段階に到達するかを図示したものである. エネルギーピラミッドは, 生産者のエネルギーを表している底辺が必ず大きく, 先細りになっていく. 図 16・20 は, 米国フロリダ州の淡水生態系のエネルギーピラミッドである.

　通常は, ある栄養段階の生物の組織に含まれるエネル

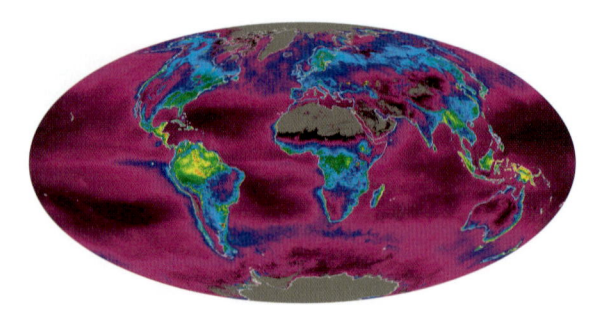

図 16・19　陸上と海洋の純一次生産を示す衛星画像. 最も高い赤から橙, 黄, 緑, 青の順で一次生産は低下し, 紫が最も低い.

図 16・20　淡水の水界生態系におけるエネルギーピラミッド. 数字はエネルギーを表し, 単位は kcal/m^2・年である.

上位の肉食動物	21
肉食動物	383
植食者	3,369
生産者	20,810

16・6　生態系における栄養塩の循環

生物地球化学的循環（biogeochemical cycle）において, 生命に必須なイオンや分子は, 環境中のいくつかの"貯蔵所"において, 地球上の生物に取込まれたり, 離れたりしながら循環する. 物理的, 化学的, 地学的な変遷が原因となって, 環境中のいくつかの貯蔵所の間で, 栄養塩は非常にゆっくりと移動する. それぞれの生態系の生産者は, 大気や土壌や水の中からさまざまな栄養塩を吸収する. 消費者が栄養塩を取込むのは, 水を飲んだときや, 生産者や他の消費者を食べるときである.

水, リン, 窒素, そして炭素という重要な要素を循環させる四つの生物地球化学的循環について考えよう.

水循環

水循環（water cycle）とは, 水が海洋から大気を経て陸域に達し, 淡水の生態系に入り, そして海洋に戻る循環である（図16・21）. 太陽光エネルギーは, 海洋や淡水の湖や池などからの水の蒸発を促す. 大気圏の下部に移動した水は, 水蒸気や雲や氷晶として一定の時間空中にとどまる. 大気中の水分は凝結して, 雨や雪として大気圏から落下する.

地上に落ちた降雨の大部分は, 土壌に浸透するか, あるいは川に向かって流れる雨水に合流する. 土壌中の水分には, 植物によって吸収されるものもあり, その大半は蒸散によって放出される. 蒸散とは, 植物の葉を通じた蒸発のことである.

地球上にはたくさんの水がある. その97%は海水である. 3%の淡水のうち, 大部分は氷河として存在する. **地下水**（groundwater）はもう一つの淡水の貯蔵所であり, 土壌中の水と**帯水層**（aquifer）とよばれる多孔質の岩からなる地層にたくわえられた水からなる. 小川や

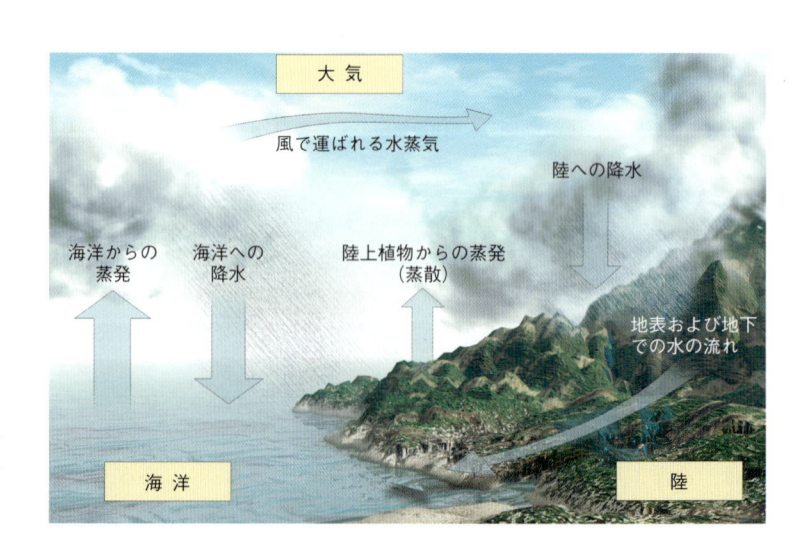

ギーのおよそ10%だけが次の栄養段階に属する生物の組織に達する. 移行の効率を制限する要因にはいくつかある. すべての生物は, 代謝熱としてエネルギーを消費する. 次の栄養段階に属する生物は, この失われたエネルギーを利用できない. また, 大半の消費者が分解できない分子にたくわえられているエネルギーもある. たとえば, 多くの肉食動物は, 骨や鱗, 毛や羽毛や毛皮に固定されているエネルギーを利用することはできない. エネルギーの移行効率の低さによって, 多くの場合食物連鎖のつながりが数段階以上に達しないことが説明できる.

淡水の貯蔵所	淡水の割合(%)
極氷, 氷河	68.7
地下水	30.1
地表水	0.3
その他	0.9

図 16・21　水循環. 水は, 海洋から大気へ移動し, 陸に降り注ぎ, 海に戻る. 表の数字は, 環境の貯蔵所に存在する水の割合を示している.

16・6 生態系における栄養塩の循環

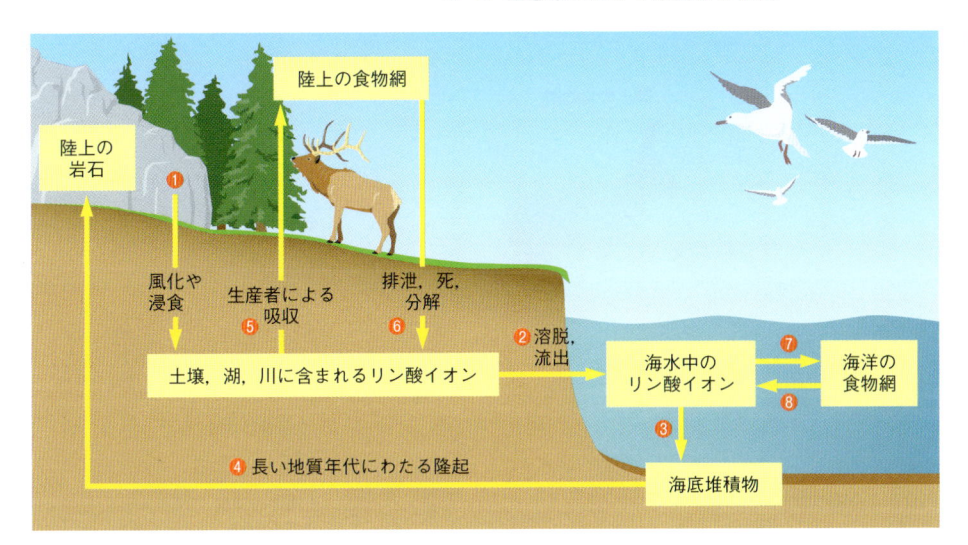

図 16・22 リン循環. リンの大部分はリン酸イオンとして移動する．リンの主要な貯蔵所は岩石や堆積物である．

川や湖や淡水の沼などに存在する地表水は，地球上の淡水の1%以下である．

リン循環

水循環は，生態系を通じた無機物の移動を促進する．地表に降り注ぎ，海へ流れる水は，シルトやリンをはじめとする溶け込んだ無機物を運ぶ．

地球上にあるリンの大部分は，酸素と結合しているリン酸塩であり，イオン PO_4^{3-} として岩石や堆積物中に存在する．リンは，気体にならないので，大気圏はリンの主要な貯蔵所にはならない．

リン循環（phosphorus cycle）において，リンは，地球上の岩石と土壌と水の間を移動し，食物網に入ったり出たりする（図16・22）．リン循環で生物がかかわらない部分では，風化や浸食によってリン酸イオンは岩石から土壌や湖や川へと移動する❶．溶脱や流出は，リン酸イオンを海洋へと運び❷，そこでは大部分のリン酸が析出し，大陸の沿岸域に沿って堆積物として沈殿する❸．何百万年もの年月を経て，地殻の移動によって海底の一部が陸上に隆起することがある❹．風化によってリン酸は岩石から流出する．水に溶けたリン酸は小川や河川に入り，リン循環が再び環境とかかわる．

リン循環が生物とかかわるのは，生産者がリン酸を吸収したときからである．陸上植物の根は，土壌水に溶け込んでいるリン酸を吸収する❺．陸生の動物は，植物や動物を食べることでリン酸を獲得する．排泄物や遺骸に含まれるリン酸は土壌へと返る❻．生産者が海水中に溶け込んだリン酸を吸収すると，リン酸が食物網に取込まれる❼．陸上と同様に，排泄物や遺骸から，再びリン酸が供給される❽．

土壌中のリン酸塩が不足すると，植物の成長が制限されることが多い．そのため，多くの肥料にはリン酸塩が含まれる．海鳥やコウモリの集団営巣地から得られる糞は，リンを豊富に含み，天然の肥料として採掘される．しかし，市販されている肥料の大半は，鉱山で掘られた鉱石から化学的な処理によって取出されたリンを含んでいる．

リン酸塩は水界の生産者にとっても限定要因となりうる．そのため，リン酸塩を水界に加えると，藻類の個体群の爆発的成長をひき起こすことがある（図16・23）．このような藻類ブルーム（大増殖，§13・6）は，水界の生物を脅かす．人間は，リンを含んだ洗剤や下水，溶け出した肥料や家畜飼育場の廃棄物によって水界を汚染

図 16・23 栄養塩添加実験の結果. 二つの水域からなる湖の水域の連結部で，カーテン状のプラスチックによって2区画を設置した．窒素と炭素とリンが一方に加えられ（写真の下方），他方には窒素と炭素が加えられた．数カ月以内に，リンが加えられた水域は単細胞の緑藻が水面を厚く覆った．

図 16・24 窒素循環．窒素の主要な貯蔵所は大気である．窒素固定細菌によって，気体の窒素は生産者が利用できる形状に変化する．

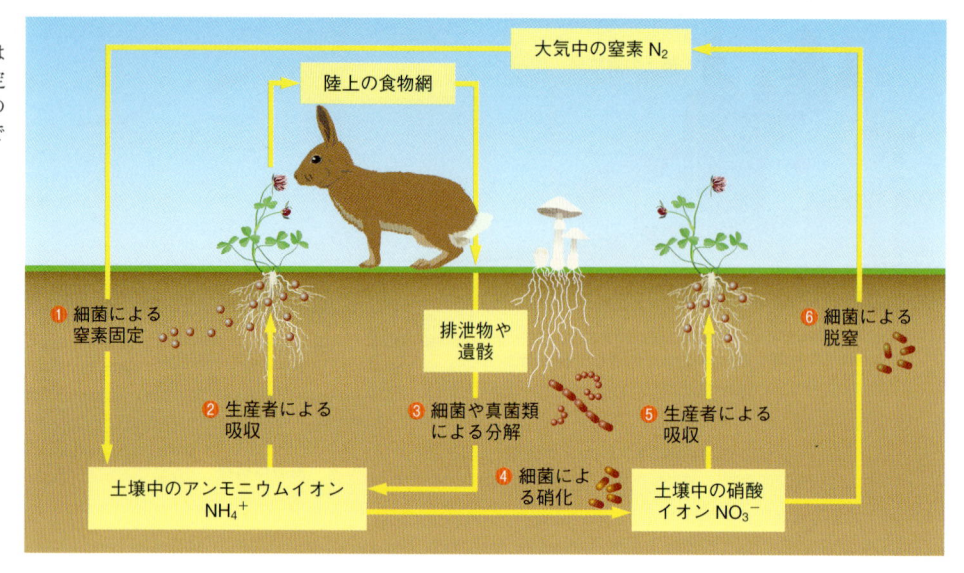

させ，藻類を大増殖させている．

窒素循環

地球の大気の 80％は窒素ガス N_2 で，大気は窒素の最大の貯蔵所である．**窒素循環**（nitrogen cycle）では，窒素は大気と土壌中および水中の貯蔵所の間を移動し，食物網に入ったり出たりする（図16・24）．

植物は気体の窒素を利用できない．それは，植物には二つの窒素原子を結びつけている三重の共有結合を切断する酵素がないためである．そのような酵素をもち，**窒素固定**（nitrogen fixation）を行う細菌もいる．この細菌は，窒素分子の結合を切り離し，窒素原子を用いてアンモニアを形成する．アンモニアは水に溶けると，アンモニウムイオン NH_4^+ を形成する❶．植物の根は，アンモニウム塩を土壌から吸収し❷，それを代謝反応で利用する．消費者は，窒素を植物や他の消費者を食べることで獲得する．

細菌や真菌類などの分解者も，窒素を豊富に含む排泄物や遺骸を分解するときに，アンモニウム塩を放出する❸．アンモニウム塩を硝酸イオン NO_3^- へと転換することでエネルギーを獲得する土壌細菌もいる．この過程は，**硝化**（nitrification）とよばれる❹．アンモニウム塩と同じように硝酸も，土壌中から生産者によって吸収され使われる❺．硝酸を気体の窒素に転換し大気中に放出する細菌によって，窒素は生態系から失われる❻．

炭素循環

炭素は大気中に酸素と結合した二酸化炭素 CO_2 として大量に分布する．**炭素循環**（carbon cycle）では，炭素は岩石と水と大気の間で移動し，食物網へ入ったり出たりする（図16・25）．炭素は生物体内で水の次に多い物質である．すべての有機化合物（糖質，脂肪，脂質やタンパク質）には炭素の主鎖がある．

陸上では，植物が光合成で二酸化炭素を取込み利用する❶．植物とそれ以外の大半の陸上生物は，好気呼吸をするときに，二酸化炭素を大気に放出する❷．二酸化炭素が水に溶け込むと，炭酸水素イオン HCO_3^- を生成する❸．水界の生産者は，光合成のために HCO_3^- を吸収し，二酸化炭素へと変換する．陸上と同様に，ほとんどすべての水界の生物も好気呼吸を行い，二酸化炭素を放出する❹．

地球上で最大の炭素の貯蔵所は，石灰岩などの堆積岩である．これらの岩石は，何百万年もの時を経て，炭素に富む海生生物の殻が圧縮されることで形成された❺．植物は，土壌中から水に溶け込んだ炭素を吸収することはできない．そのため，陸域生態系に生息する生物は堆積岩に含まれる炭素を直接利用することはできない．化石燃料は，もう一つの炭素の貯蔵所である❻．ただ，自然条件下では，生物はほとんど化石燃料を利用することはできない．

温室効果と地球環境変動

人間は化石燃料や木材を燃やすことで，余分な二酸化炭素や窒素酸化物を大気中に放出している．同時に，森林を切り開き，植物による二酸化炭素の地球規模での吸収を減少させている．その結果は，大気組成の変化にはっきりと表れている．

これらの大気の変化は，地球の気候に影響を及ぼしう

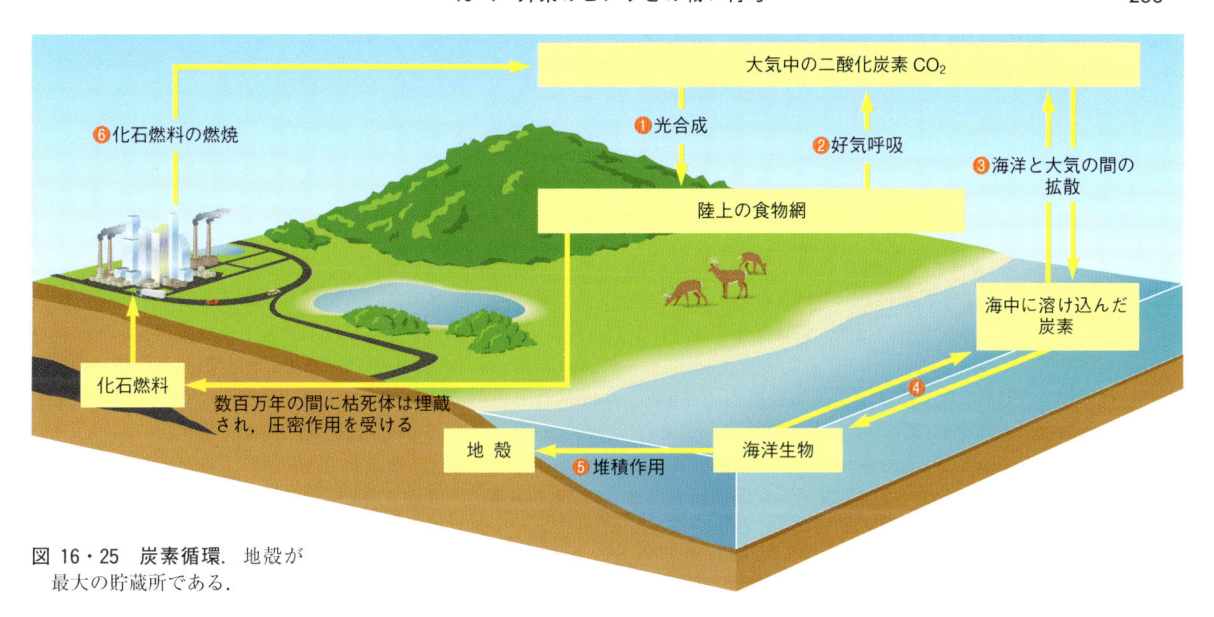

図 16・25 炭素循環．地殻が最大の貯蔵所である．

る．それは二酸化炭素と窒素酸化物はともに温室効果ガスだからである．**温室効果ガス**（greenhouse gas）は，地球から宇宙への熱の移動速度を低下させる，大気圏中の気体である（図16・26）．太陽熱で暖まった地球の表面からの熱放射で大気が暖められ，その熱が再び地表面を暖める過程は**温室効果**（greenhouse effect）とよばれる．

温室効果がなければ，地球の表面は低温で生命は存在できないであろう．しかし，研究者の推定によれば，大気中の二酸化炭素濃度は，この1500万年で最も高い水準にある．大気中の温室効果ガス濃度が上昇するにつれて，地球の平均気温も上昇している．過去100年で，地球の平均気温は，約0.74℃上昇し，温暖化の速度も加速している．

平均気温で1℃か2℃の上昇はたいしたことではないように思えるかもしれない．しかしそれは，氷河の融解を加速し，海水面を上昇させ，風の吹き方を変化させ，降雨や降雪の分布を変化させ，ハリケーンの頻度と強度を増すのに十分な上昇である．今日，温室効果ガスの増加による気候に関する影響を，**全球気候変動**（global climate change）と科学者たちはよんでいる．次の章では，全球気候変動とその効果について詳細に解説する．

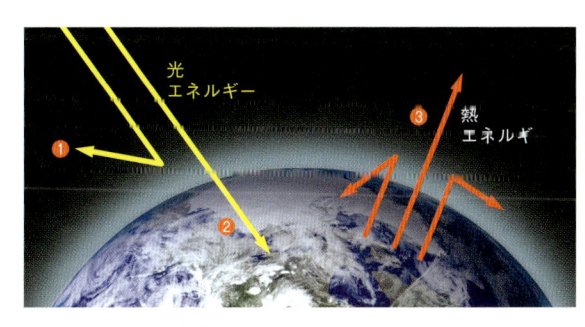

図 16・26 温室効果
❶ 太陽からの光エネルギーの一部は，地球の大気や地表で反射する．
❷ 反射するよりも多くの光エネルギーが，地表に到達し，地表を暖める．
❸ 暖められた地表から熱エネルギーが放射される．放射されたエネルギーの一部は，大気を通り抜けて宇宙空間へ逃げていく．しかし，このエネルギーの一部が温室効果ガスによって吸収され，あらゆる方向に放射される．温室効果ガスから放射されたエネルギーが，地表面や地表付近の大気を暖める．

16・7 外来のヒアリとの戦い 再考

RIFA の学名は，*Solenopsis invicta* である．invicta とは，ラテン語で"無敵の"という意味であり，RIFA は，その名に違わず生きてきた．これまで化学合成された殺虫剤は，この外来種の分布拡大をほとんど止められなかった．実際には，このような薬剤はむしろ外来の侵入者と競争したかもしれない在来のアリを殺すことで，外来の侵入者を助けるだろう．

RIFA に対するより優れた防御手段は，ブラジルから輸入された小型のノミバエを生物的防除の一員として利用することだろう．ノミバエは捕食寄生者であり，RIFA はその宿主である．雌のノミバエは RIFA の体に卵を産みつける．卵はふ化して幼虫となり，RIFA の体内で成長し，その柔組織を食べ進む．最終的に RIFA の頭部に入り込んだ幼虫は，頭部を切り落とし，アリ頭部の内側で成虫のノミバエへと変態する．

ノミバエが RIFA が侵入した地域ですべての RIFA を完全に駆除することはないだろう．だが，侵入している集団の密度を低下させることは期待できる．ノミバエは，北米に在来のアリとともに進化したわけではないので，北米の在来種のアリを攻撃しない．

まとめ

16・1 ある地域にいるすべての種が群集である．群集の構成員間での相互作用によって個体群は抑制される．群集に新たに導入され，天敵が存在しない種は，個体数を増やし，害虫や有害な雑草となる．

16・2 すべての種は，ある特定の生息場所を占めている．群集内の種には，それぞれのニッチ（生態的地位）がある．ニッチは，その種にとって必要な環境条件と資源，さらにその種がかかわっている相互作用を意味する．群集の種多様性は，どのように種が相互作用するかといった生物的要因とともに，気候のような非生物的要因によっても決まる．

16・3 種の相互作用の結果，共進化がみられることがある．複数の種が関連をもって生息することを共生という．片利共生では，一方の種は利益を得るが，他方の種は利益も損害も被らない．相利共生では，双方の種が互いを利用し，相互に利益を得る．

種間競争は，関係する双方にとって不利益をもたらす．競争的排除が起こるのは，同一の資源要求性を示す種が生息場所を共有するときである．資源の分割によって，似通っている2種でも共存できる．

捕食は，寄生や共生をしていない種が，被食者を殺し食べることである．擬態の一形態として，防御能力に優れる種が似たような警告色を示すことがある．防御能力がそれほど優れていない種も防御能力に優れる種に似ることがある．カムフラージュによって捕食者も被食者も隠れることができる．

植食によって植物は死ぬことも生き残ることもある．寄生者は宿主から栄養分を吸収するが，通常は宿主を殺すことはない．托卵は他種の巣に卵を産むことである．捕食寄生者は，その幼虫が宿主の体内で宿主を食べながら成長し，最終的には宿主を殺してしまう．

16・4 生態遷移は，群集において一連の種が経時的に置き換わっていく現象をいう．一次遷移は新たに生じた生息場所でみられる．二次遷移は撹乱を受けた場所で生じる．ある場所に最初に現れる種が先駆種である．先駆種が定着すると，他の種が定着する助けになる．群集構造がどのように変化するかを予測することは困難である．群集構造は，物理的な要因やランダムな要因や野火のような撹乱によって影響を受ける．

キーストーン種の存在は，群集構造に大きく影響する．外来種の侵入は，群集を劇的に変えてしまう．

16・5 生産者は，大部分の生態系において，太陽光のエネルギーを化学結合のエネルギーに転換し，生産者と生態系の消費者が必要とする栄養塩を吸収する．食物連鎖は，ある栄養段階から次の栄養段階へエネルギーが移動する経路である．いくつかの食物連鎖は，食物網として互いに交差する．典型的な陸上生態系では，生産者に含まれるエネルギーの大半は，腐食性生物や分解者に消費者を介さず移動する．エネルギーは熱として失われるとともに，食物にならない部分にも含まれるのでエネルギー転換の効率は高くなく，ほとんどの生態系でみられる栄養段階は数段階を越えない．

一次生産の速度，すなわち生産者によるエネルギーの獲得とその蓄積は，気候や季節やその他の要因の影響を受けて変化する．エネルギーピラミッドは，ある栄養段階から1段階上位に移動するにつれて，利用可能なエネルギーが減少する様子を示す．

16・6 生物地球化学的循環においては，水や栄養塩は，環境から生物を通じて移動し，最後に環境中の貯蔵所に戻る．

水循環において，水は海洋から大気を経て，地上に雨として降り注ぎ，主要な貯蔵所である海洋に流れ戻る．帯水層と土壌は地下水をたくわえるが，地球の淡水の大半は，氷として存在している．

リン循環では，生物は地表の岩石や堆積物から溶出し水中に溶け出したリンを吸収している．

窒素循環では，大気が主要な貯蔵所となっている．一部の細菌は，気体の窒素を植物が吸収できるアンモニウム塩に転換する窒素固定を行う．分解者として働く細菌と真菌類もアンモニウム塩を放出する．

炭素循環では，炭素は貯蔵所である岩石や海水から，大気中の気体 CO_2 や生物の間を移動する．

二酸化炭素と窒素酸化物は，温室効果ガスであり，温室効果により地球の大気中に熱を引き留めて，生命が存在することを可能としている．大気中でこれらの気体濃度が増加すると，全球気候変動をひき起こす．

試してみよう （解答は巻末）

1. 左側の種間相互作用の用語の説明として最も適当なものを a～d から選び，記号で答えよ．

　___ 相利共生　　a. ヘビがネズミを食べる
　___ 競争　　　　b. ミツバチは蜜を得るときに花粉を運
　___ 捕食　　　　　 ぶ
　___ 植食　　　　c. フクロウとアメリカオシドリは，ともに木の洞を巣として利用する
　　　　　　　　　d. ヤギが草を食べる

2. 種間競争の下では，自然選択により選ばれるのは，競争しているどちらの種においても，競争相手の種と最も___個体である．

　a. 似ている　　　b. 異なっている

3. できたばかりの火山島に群集が成立する過程を＿＿＿という．
   a. 一次遷移　　b. 二次遷移
   c. 競争的排除　d. 資源の分割

4. 左側の用語の説明として最も適当なものをa～dから選び，記号で答えよ．
   ＿＿＿生産者　　a. 親の世話を盗む
   ＿＿＿托卵　　　b. 有機物の小片を食べる
   ＿＿＿分解者　　c. 排泄物や遺骸を無機物まで分解する
   ＿＿＿腐食性生物
   　　　　　　　　d. 太陽の光エネルギーを固定する

5. 長草型プレーリーの食物網のエネルギーピラミッドにおいて，一番下の段に相当する生物はどれか．
   a. 草本
   b. バッタ
   c. バッタを食べるスズメ
   d. スズメを食べるタカ

6. 左側のそれぞれの物質の貯蔵所としての役割が大きいのはどれか．選択肢は，複数回使ってもよい．
   ＿＿＿炭素　a. 海水
   ＿＿＿水　　b. 岩石や堆積物
   ＿＿＿リン　c. 大気
   ＿＿＿窒素

7. 地球上で，淡水の最大の貯蔵所は＿＿＿
   a. 湖　　　　b. 地下水
   c. 氷河の氷　d. 生体内の水分

8. 気体の窒素を生産者が吸収できる形態に転換するのは＿＿＿である．
   a. 真菌類　b. 細菌　c. 哺乳類　d. 蘚類

9. 水に加えると藻類の大増殖をひき起こすのは＿＿＿
   a. 二酸化炭素　　b. リン酸イオン
   c. 食塩　　　　　d. 炭酸水素イオン

10. 生物的防除の作用因子は，病害虫や有害な雑草の＿＿＿である．
    a. 被食者　b. 子孫　c. 相利共生の相手　d. 天敵

11. 温室効果ガスの説明として最もふさわしいものをa～dから選び，記号で答えよ．
    a. 大気中に熱をたくわえる
    b. 化石燃料の燃焼によって放出される
    c. 大気中の濃度が高まると，全球気候変動をひき起こす可能性がある
    d. a～cのすべて

12. 遷移の初期に現れる種は＿＿＿である．
    a. キーストーン種　　b. 先駆種
    c. 片利共生にある種　d. 外来種

17 生物圏と人間の影響

17・1 広がる影響
17・2 気候に影響する要因
17・3 主要なバイオーム
17・4 水界生態系
17・5 生物圏に対する人間の影響
17・6 生物多様性の維持
17・7 広がる影響 再考

17・1 広がる影響

氷で覆われた北極海に浮上した米国の潜水艦が狩りをするホッキョクグマを発見した（図17・1）．そこは，北極点から435 km，そして最も近い陸地から800 kmほどのところである．

地球上のどこでも，もはや人間の影響の及ばない場所はない．温室効果ガスの濃度が増加することで，地球の大気と海水の温度は上昇している．北極では，温暖化によって海氷が薄くなり，陸から離れて狩りをしているホッキョクグマが取残されて氷が溶ける前に陸地に戻れない危険性が高まっている．

ホッキョクグマの組織には高い濃度の水銀と有機系殺虫剤が含まれている．これらの汚染物質は，北極からはるかに遠い，もっと暖かな地域で水や大気に混ざり，風や海流によって極域まで運ばれてきた．

北極ほど離れていないところでは，環境はより直接的に人間の影響を受ける．世界は住宅や工場や農地に覆われつつあり，人間以外の種の生息場所はしだいに少なくなっている．人間はまた，資源を巡っての競争や，乱獲や外来種の導入などで，多くの種を危うくしている．

生物の世界に，深刻な衝撃を与えるのは人間だけではない．進化の過程では，成功した生物種や生物群がいれば，その犠牲になった他の種もいる．ただこれまでと違うのは，変化の速度が増加していることと，この速度の増加における役割を人間自らが認識し，その役割を変える能力ももっている点である．

生物圏（biosphere）とは，地球上で生命が存在するすべての場所である．本章では，生物圏全体に広がる生物の分布に影響を及ぼす物理的過程に注目する．また，人間がこれらの過程を変化させ，自然界を混乱させていることも考える．

図17・1 ホッキョクグマ．北極海の海表面に浮上した潜水艦を探索している．

17・2 気候に影響する要因

大気循環

気候（climate）は，長期間の平均的な，温度，湿度，風速，雲量，降水量などの気象条件のことである．多くの要因がある地域の気候に影響し，その気候がそこに生息できる生物の種類に影響を及ぼす．

ある地域が受取る太陽光エネルギーは，その場所の緯度で決まる．赤道付近は緯度が高い場所よりも常に多くの太陽光を受ける．それには二つ理由がある（図17・2）．第一に，高緯度地帯に達する太陽光は，地表面に到達するまでに，赤道付近と比べより長く大気中を通過する．非常に微細な塵や水蒸気や温室効果ガスが太陽光の一部を吸収し，また宇宙空間へ反射するため，ごく少量の光エネルギーしか両極には到達しない．第二に，同じ量のエネルギーをもつ光の束として届いた太陽光は，高

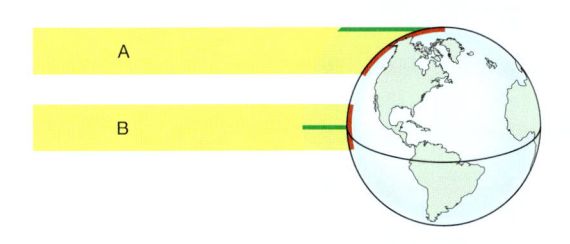

図 17・2 春分・秋分の日に太陽光が地表に到達する様子. 緑の線は太陽光が大気圏(青)を通過する距離を,赤の線は同じ量のエネルギーをもつ太陽光が地表に到達したときの広がりを示す.A: 高緯度,B: 赤道付近.

❹ 極では,冷えた乾いた空気が沈み込み,低緯度に向かって移動する

❸ 北緯・南緯60度付近で空気は再び上昇する.そこで両極に向かって流れていた空気が両極からの空気とぶつかる

❷ 北緯・南緯30度付近で,温度が低下し,乾いた空気は地表に降りる

❶ 温暖で湿潤な空気が赤道で上昇する.空気が北か南に流れると気温が下がり,雨として水分を失う

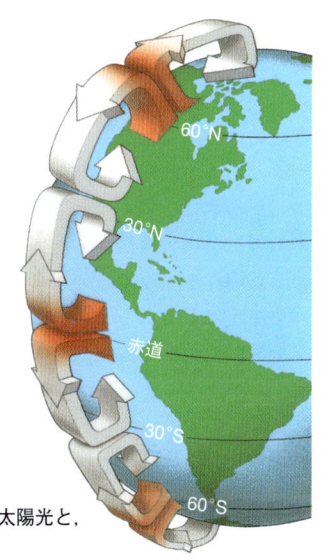

図 17・3 地球に到達する太陽光と,気流のパターン

緯度では広い面積に,赤道付近では小さな面積に広がる.したがってより多くのエネルギーが地表面に集中する.その結果,赤道付近の地表は両極付近よりも暖まりやすい.

地表面の暖かさが緯度によって異なり,この温度の差は大気と海洋に影響し,大気循環と降雨の全球的なパターンが生じる(図17・3).赤道では,強烈な太陽光が大気を暖め,海洋からの水の蒸発を促す.熱せられた空気は膨張し,上昇する❶.これは熱気球の空気を熱すると気球が膨らみ浮かぶのと同じ原理である.赤道付近で大気の塊が上昇し,北か南に流れて冷え始める.温度が下がった大気は,温度が高い空気ほどは水分を保持できず,水分は雨となって地表に降り,熱帯多雨林を育む.

上昇した大気の塊が北緯あるいは南緯30度付近に達するころまでに,大気の塊は冷えて乾燥する.冷えたために,大気は下方へと吹き降りる❷.この大気が地表に降りると,土壌から水分を奪い,その結果,北緯あるいは南緯30度付近には砂漠が形成される.

地球表面に沿って両極に向かって流れ続ける大気は,再び熱と水分を吸収する.緯度60度付近で大気は再び暖まり,湿度も高くなる.そして,水分を雨として失いながら上昇する❸.極域では,ほとんど水分を含まない冷たい大気が降りてくる❹.降雨量は限られ,極地砂漠ができる.

地形も降雨に影響する.水分をたっぷり含んだ風は,山を登っていく途中で水を保持しきれなくなり,雨を降らす.山脈を越えた乾燥した地域は,**雨の蔭**(rain shadow)とよばれる.砂漠ができやすいのは,海岸付近の山脈の風下である.

海洋循環

地球の海水は全球を通じて循環しており,この海洋の

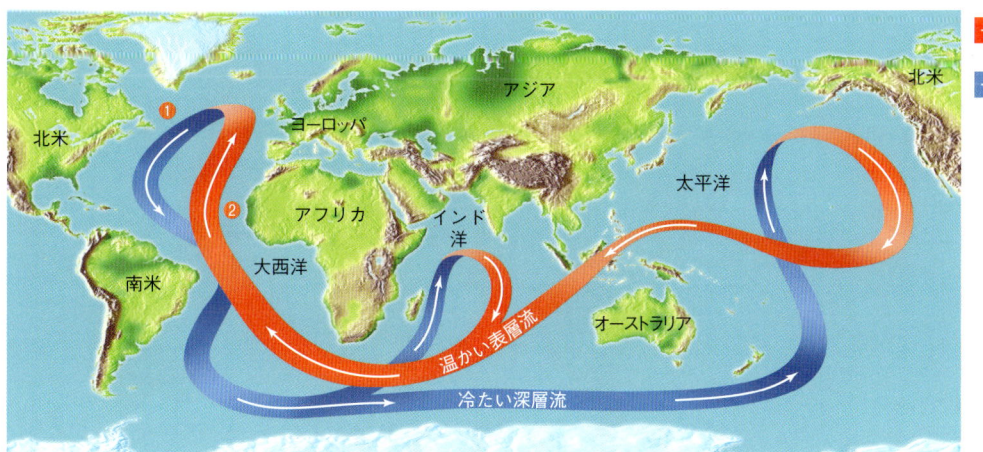

図 17・4 全球の海洋循環. 海流の機能は巨大なベルトコンベヤーのように熱と栄養塩を移動させることである.

動きが気候に影響する．北大西洋では，北極からの風によって海洋表面の表層水の温度が下がり，密度が高まり，表層水は海底に沈降する（図 17・4）．温度が低く，密度の高い海水は，深層流として南へ流れる❶．温かな海水からなる表層流は，風に駆動され，北に移動し，沈み込んだ海水にとって代わる❷．大西洋におけるこの海洋の循環は，南大西洋から北大西洋へと熱を移動させ，そのため海洋が循環しない場合に比べ米国東部やヨーロッパを温暖にしている．これは熱や栄養塩を地球全体の海洋を通じて分配する大規模な海洋循環の一部である．

17・3 主要なバイオーム

気候の違いによって，地域ごとに異なる種類の植物が生育し，そのために，生息する動物の種類にも違いが生じる．科学者は，陸上の生態系をさまざまな**バイオーム**（biome）に分類している．それぞれのバイオームは気候と主要な植生によって特徴づけられている．図 17・5 は主要なバイオームの分布を示している．あるバイオームには，連続しない複数の地域が含まれているのがふつうである．それぞれのバイオームを簡単に記述して，生物圏の全域にわたるバイオームの分布にどのように気候が影響し，地球の生物多様性にバイオームの違いがどのように貢献しているかを示そう．

森林のバイオーム

被子植物である常緑広葉樹が優占する**熱帯多雨林**（tropical rain forest）は，赤道付近のアジアやアフリカや南米にみられる（図 17・6a）．豊富な降雨量と温暖な気温に加え，日長の変化がほとんどないため，植物は1年中成長できる．植物が連続的に成長するので，熱帯多雨林は他のどのバイオームよりも単位面積当たりで多くの二酸化炭素を吸収し，多くの酸素を放出する．そのため熱帯多雨林は地球の"肺"とよばれることもある．

熱帯多雨林は，最も複雑な構造のバイオームであり，高さが 30 m に達する多くの種類の高木が生育する．それらの高木にはつる植物が絡まり，高木の幹や枝でランやシダが生育する．光は林床までほとんど届かないので，林床で育つ植物はほとんどない．常に温暖なため分解は素早く進み，落葉や落枝が堆積することはない．そのため，土壌の栄養塩は比較的乏しい．

単位面積当たりでみると，熱帯多雨林の植物や動物の種数は他のどのバイオームよりも多い．熱帯多雨林は最古のバイオームであり，その古さが多様性をもたらす鍵となっている．最も新しく成立した熱帯多雨林でも 5000 万年以上存在し続けており，進化的な種分化が生じる十分な時間があった．

熱帯でも雨が降らない季節がある地域には，熱帯季節林が存在する．このような森林に優占する広葉樹は，熱帯多雨林に比べると背が低く，ほとんどの種が乾季には葉を落とし休眠する．

温帯落葉樹林（temperate deciduous forest）の樹木は，氷点下の寒さのため成長に適さない冬に葉を落とし，休眠する（図 17・6b）．春には，落葉樹は花を咲かせ，新しい葉を展葉する．同じころ，前年の秋に落ちて積もった落葉は分解され，栄養分に富む土壌を形成する．生育期間であっても，林冠の隙間を通じて太陽光が地面に届くので，林床には背の低い林床植物が繁茂する．

最も広範囲にみられるバイオームは**北方林**（boreal forest），つまり針葉樹が優占する森林であり，アジアや

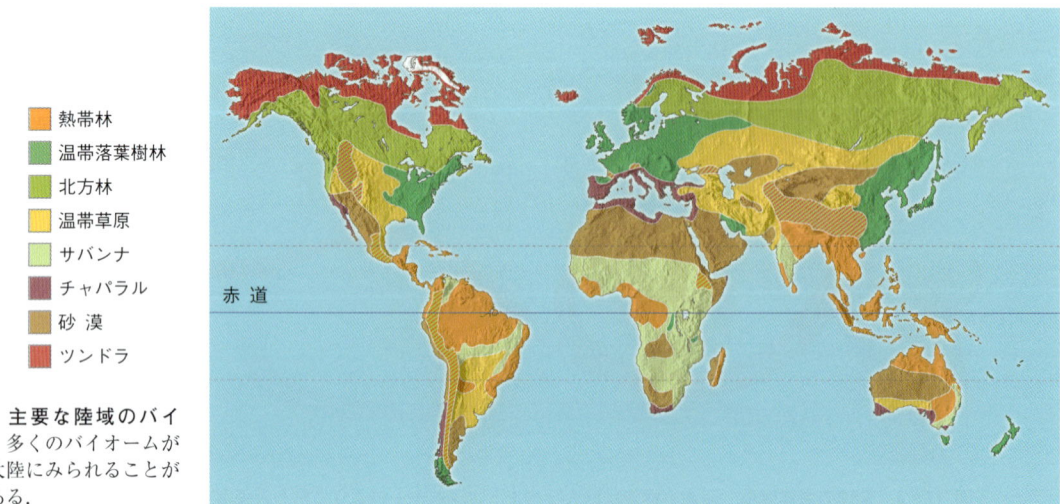

図 17・5 主要な陸域のバイオーム．多くのバイオームが複数の大陸にみられることが特徴である．

凡例：
- 熱帯林
- 温帯落葉樹林
- 北方林
- 温帯草原
- サバンナ
- チャパラル
- 砂漠
- ツンドラ

17・3 主要なバイオーム

図 17・6 森林のバイオーム．(a) 東南アジアの熱帯多雨林．(b) 米国ニューイングランドの温帯落葉樹林，秋の景観．(c) シベリアの北方林，夏の景観．

ヨーロッパや北米の北部を横断している（図 17・6c）．北方林はタイガ（taiga）ともよばれる．タイガとはロシア語で"湿地林"を意味し，夏には降った雨で土壌が水浸しになる．冬は乾燥して気温が低くなる．針葉樹はおもにトウヒやモミやマツである．これらの針葉樹の樹形は円錐形で，木には雪が積もりにくい．また，針のような形状の葉は，凍結した土壌から水を吸収できない冬に，蒸散による水の喪失を最小限にするのに役立っている．

草原とチャパラル

草原は，多年生草本やその他の木本以外の植物が優占し，これらの植物は，動物による植食や乾燥期や定期的な野火に抵抗性を示す．このような環境条件のため，木本植物や灌木が草本植物にとって代わることはできない．草原には非常に肥沃な土壌がある．草原がみられるのは，大陸の中央部や，灌木帯や砂漠の周縁部である．

北米の温帯草原は，**プレーリー**（prairie）とよばれ，かつては北米大陸の内陸部の大半を覆っていた．内陸部では，夏は暑く，冬は寒く雪も多い．プレーリーには，オオカミの被食者であるヘラジカやプロングホーンやバイソンの群れ（図 17・7a）が多くみられた．今日では，これらの捕食者と被食者は，かつてそれらが分布した範囲の大半で，ほとんどみられなくなった．ほぼすべてのプレーリーは耕作地となり，肥沃な土壌が小麦やその他の穀物の生産を支えている．

サバンナ（savanna）は，灌木や高木が点在する熱帯の草原である．アフリカやインドやオーストラリアの熱帯多雨林と気温が高くなる砂漠の間にある．気温は年間を通じて高く，明瞭な雨季がある．アフリカのサバンナは，野生動物の豊富さで有名である．植食者として，キリンやシマウマやゾウ，アンテロープのさまざまな種，そして莫大な数のヌーの群れ（図 17・7b）がいる．ライオンやハイエナが，これらの植食者を捕食する．

チャパラル（chaparral）には，小型で堅い葉をもち，耐乾性があり野火に適応した灌木が優占する．チャパラルは，北半球と南半球の両方で，大陸の西岸に緯度 30 度から 40 度の範囲にみられる．比較的温暖な冬にはある程度の量の雨が降る．夏は暑く乾燥している．チャパラルは米国カリフォルニア州で最も広範囲にみられる生態系（図 17・7c）であり，チリやオーストラリアや南アフリカや，地中海の沿岸地域にもみられる．

砂　漠

年間降雨量の少なさが特徴の**砂漠**（desert）は，地球上の陸地の 1/5 を占めるバイオームである．砂漠の多くは，北緯あるいは南緯 30 度付近にある．そこでは，全球の大気循環のために乾いた空気が上空から吹き降りてくる．雨の蔭も降雨量を減少させる．たとえば，ヒマラヤ山脈のせいで，中国のゴビ砂漠では雨が少ない．

雨がほとんど降らないために，砂漠では湿度が低く保たれている．太陽光の妨げとなる水蒸気がほとんどないので，強い日射と熱が地表まで届いている．夜には断熱効果がある水蒸気が大気中にほとんどないので，気温は急速に低下する．そのため，砂漠では 1 日の温度変化が

砂漠には，非常に発達した根系を有し，利用可能なごく限られた水分を吸収する灌木も生育する．また雨の降った後だけに葉をつける灌木も多い．

ツンドラ

北半球では，**ツンドラ**（tundra）は極域の氷床と帯状に連なる北方林の間に形成され，ほとんどはロシア北部やカナダにみられる．ツンドラは地球上で一番新しいバイオームであり，最終氷期が終わって氷河が後退した約1万年前に現れた．氷河に覆われていた地表が出現したので，現存の群集が形成される一次遷移の過程が始まった．

極地ツンドラは，1年のうち最長で9カ月も積雪に覆われる．短い夏の間に，ほとんど沈まない太陽の下で，植物は速く成長する（図17・8b）．地衣類と地表面近くに根を広げる背の低い植物が食物網を支える基盤となる．昆虫が無数に飛び交う夏には，多数の移動性の夏鳥がツンドラで営巣する．真夏でも，ツンドラの土壌は，

図 17・7 時々生じる野火に適応した植物が優占するバイオーム．（a）北米のプレーリー．温帯草原であり，バイソンは在来の植食者である．（b）アフリカのサバンナ．灌木が点在する熱帯の草原．サバンナには，草食のヌーの大群が存在する．（c）米国カリフォルニア州のチャパラル．小型で堅い葉をもち，耐乾性がある灌木が優占する．

ほかのバイオームに比べて大きい．

過酷な環境条件にもかかわらず，大半の砂漠には植物が生育する（図17・8a）．サボテン科は西半球原産の植物である．サボテンはすべてCAM植物（§5・5）であり，蒸発による水の喪失が最も起こりにくい夜間に，ガス交換を行う．雨が降るとサボテンは水を取込み，その水を乾燥しているときに使うために海綿状組織にたくわえる．とげ状に変形した葉は水を得ようとする動物からサボテンを守っている．

図 17・8 砂漠とツンドラ．極限の気候の下に成立するバイオーム．（a）冬に雨が降った後のモハーベ砂漠（米国カリフォルニア州）．乾燥に適応し成長速度が遅い多年生のサボテンの下で，一年生植物が数週間で発芽し，開花し，結実し，枯死する．（b）夏期の極地ツンドラ．夏には日がほとんど沈まず，背の低い灌木状の植物が成長する．

表層しか溶けない．表層の下にある，**永久凍土**（permafrost）の厚さは，500 mに達している．永久凍土層が水の浸透を妨げるため，表層土壌はずっと水浸しである．冷涼で嫌気的な条件が分解の妨げとなって，枯れた植物などが堆積し続け，永久凍土は地球上で最も大きい炭素の貯蔵所の一つである．

17・4 水界生態系

陸上のバイオームと同じように，水界の生態系を類型化し区別することができる．温度や塩分，水の移動速度，水深が水界群集の構成に影響を及ぼす．

淡水生態系

湖とは，移動しない淡水が一定量集まったものである．非常に浅いものを除いて，すべての湖には，物理的な特性やそこに生育する生物種の構成が異なる水域が存在する．岸の近くは日光が湖底にまで届く場所であり，根をもつ水生植物や湖底にみられる藻類が一次生産者となる．ある湖の開放水面には，上部のよく光が届く層と，湖が深いかあるいは濁っていれば光が届かない層がある．光が届く場所では，生産者は光合成を行う原生生物や細菌である．水深が深く暗い場所では，表層から沈んできた有機物を餌にする消費者が存在する．

湖に生育する生物の群集は，時間がたつにつれて変化する（§16・4）．形成されて間もない湖は深く，その透明度は高く，栄養塩の濃度は低く，一次生産力は小さい（図17・9）．堆積物によって，湖は浅くなっていく．栄養塩も蓄積するので，水の透明度を低下させる光合成細菌や珪藻類やその他の生産者の成長が促進される．これらの生産者は小型の甲殻類の餌になり，甲殻類は魚に食べられる．

小川は流水の生態系である．小川は雨水や雪や氷が溶けた水から始まることが多く，流れ下るにつれて大きくなり，合流し大きな川となる．小川や川の特性は，流域ごとに異なる．小川にある岩の種類は，小川に溶ける物質の濃度に影響する．たとえば，石灰岩はカルシウムを水に加える．浅い流れが岩の上を速い速度で流れると，空気が溶け込み，深くゆっくりした流れよりも多くの酸素が水に含まれる．また，冷たい水は温かい水よりも多くの酸素を含む．その結果，小川や川の中の異なる場所では異なる酸素要求性をもつ生物種をみることができる．たとえば，ニジマスは水温が低く酸素含有量の高い水でしか生息できない．

海洋生態系

河口（estuary）は，多くの場合周囲を陸に囲まれており，川や小川から流れてきた栄養塩に富む淡水が海水と混ざり合い，栄養塩が補給され続けるので，河口では一次生産力が非常に高い．また河口で一次生産が大きい理由は，光合成細菌や原生生物が干潟に生育しているためだといわれている．水位や塩分濃度の変化に抵抗性をもつように適応した植物も生産者となる．

海岸の生物は，波の打ちよせる物理的な力や潮位の変化に適応している．満潮時には海中に潜り，干潮時には水の外に出る生物の種は多い．磯では，波のために有機物が堆積しにくいので，岩の表面に密着した藻類が生食連鎖における生産者である．一方砂浜では，砂地は波で常にかき回されているので，藻類の定着は困難である．ここでは陸や沖合から流れてきた有機堆積物を餌とする腐食連鎖が存在する．

温かくて浅い，光がよく届く熱帯の海では，**サンゴ礁**（coral reef）が育まれる．サンゴ礁は，無脊椎動物であるサンゴが何世代にもわたって分泌した炭酸カルシウムによってつくられる構造である（§14・3）．熱帯多雨林と同様に，熱帯のサンゴ礁は非常に多様な種の生息場所になっている（図17・10）．サンゴ礁群集の主要な生産者は，造礁サンゴの組織内に共生する光合成をする渦鞭毛藻類である．これらの原生生物は，宿主であるサンゴに糖を提供する．もし，サンゴが海水温変化などの環境変化によるストレスにさらされると，サンゴは共生している原生生物である渦鞭毛藻類を排出する反応を示すことがある．この反応は**白化**（coral bleaching）とよばれる．もし，環境条件が時間をおかずに改善すれば，共生

図17・9 貧栄養湖．米国オレゴン州のクレーター湖は，約7700年前に崩壊した噴火口が雪解けの水で満たされ，形成された．地質学的な観点からは，この湖は新しい湖であり，水の透明度が高いことは，一次生産力の低さを示している．

図 17・10 フィジーのサンゴ礁. サンゴ礁は最も生産力が高く, 種多様性の高い水界生態系である. このサンゴ礁の本体はサンゴのポリプの群体であり, ポリプには, 光合成をする原生生物(渦鞭毛藻類)が共生している.

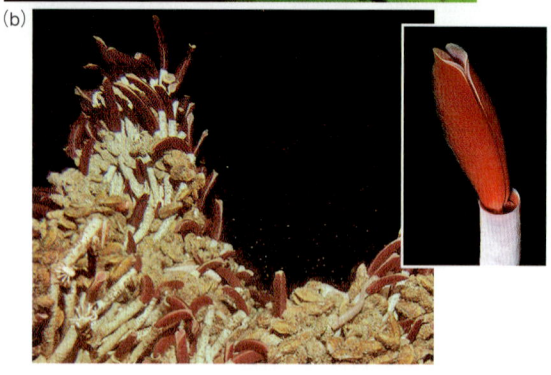

図 17・11 まだわからないことが多い海底の生態系. (a) アラスカ沖の海山を描いた三次元地形マッピング(コンピューターグラフィックス). 後方のパットン海山は, 海底から3.6 kmの高さに隆起し, その山頂は海面から240 mの深さにある. 挿入写真は, カリフォルニア沖の海山で発見された未知の種の一つで, ハエトリソウのような形状のイソギンチャクである. (b) 熱水孔. ここでは無機物からエネルギーを獲得する細菌やアーキアが生産者である. 消費者にはカニやハオリムシ(拡大写真)がいる. ハオリムシは何も食べずに1 mにも成長する. ハオリムシは, その組織内に生息する細菌から食物を得ている.

者である渦鞭毛藻類の個体群がサンゴのなかに回復する. しかし悪条件が続くと, 回復することはなく, サンゴは死滅し, 白化したサンゴの骨格だけが残される.

開放的な海洋の光が差込む明るい海水中では, 藻類や細菌など光合成を行う微生物が一次生産者であり, 生食連鎖が優占している. 海域にもよるが, 水深1000 mまで光が差込むことがある. それよりも深いところでは, ずっと続く暗黒のなかで生物は生きており, 腐食連鎖が優占している.

海底で, 種数が最も多いのは, 大陸の周縁部や海山のあたりである. **海山** (seamount) は海中の山で, 1000 m以上の高さのものもあるが, 頂上は海面に出ない(図17・11a). 海山は多くの魚類をひきつけ, 多くの海生無脊椎動物の生息場所である. 島と同様に, 海山はそこで進化し, 他所にはいない多くの種の生息場所となっている.

高温で無機物に富む水が, 海底の**熱水孔** (hydrothermal vent) から噴出している. この無機物を多く含む熱水が冷たい海水と混じると, 無機物が析出し多量に堆積する. この堆積物からエネルギーを獲得できる細菌とアーキアが一次生産者となっている食物網には, ハオリムシやカニなどの無脊椎動物も含まれる(図17・11b). §13・2で述べたように, 生命は熱水孔の近くで誕生したとする仮説がある.

17・5 生物圏に対する人間の影響

人口の増加と工業化の発展が, 広範囲な生物圏に影響を及ぼしている. ここでは, 人間の活動がどのように個々の生物種に影響するか, そして次により広範な影響を与える活動について考えよう.

絶滅する種の増加

絶滅は種分化と同様に自然の過程である. 種の誕生と絶滅は, いつも一定の割合でみられる. 絶滅の速度が劇的に上昇するのが大量絶滅であり, このとき多くの異なる生息場所でさまざまな生物が比較的短い期間に絶滅する. 現在はまさにこの最中である. しかも, これまでの歴史のなかで起こった大量絶滅とは異なり, いまの大量絶滅は小惑星の衝突のような自然の大災害のためではない. むしろ, この大量絶滅はヒトという一生物種の成功とその地球への影響の結果である.

ハシジロキツツキ(図17・12a)は, 米国南東部の湿地林に自生していた. これらの森林が伐採されたときにこの鳥は減り始め, 1940年代に絶滅したと思われてきた. ハシジロキツツキではないかという目撃情報が

2004年に寄せられ，その生存の証拠を探す徹底的な調査が行われたが，この種が現在でも生きているという確かな証拠はまだ得られていない．

もし，まだどこかにハシジロキツツキがいるとすれば，それは，**絶滅危惧種***（endangered species，**絶滅危惧IB類**）であり，その生息域の全体あるいは一部分で絶滅に瀕している種である．**絶滅危機種***（threatened species）は，近い将来に絶滅の恐れがある種である．個体数の少ない種がすべて絶滅危機種や絶滅危惧種というわけではない．以前から，まれであまり見られない種もいる．もし，その種の個体数が安定していれば，絶滅の恐れはない．

それぞれの種は，固有の生息場所が必要であり，生息場所が失われたり，劣化したり，分断化されたりすると，個体群の数が減少する．**固有種**（endemic species）とは，それが進化した場所でのみみられる生物種で，分布域がより広域に広がる生物に比べて，絶滅する可能性が高い．たとえば，ジャイアントパンダは中国の竹林に固有である．竹林の消滅に伴い，おそらく10万頭程度だったパンダの数は，現在は野生では1000頭程度に減少した．

米国では，絶滅が危惧される被子植物の700種以上のほとんどすべてで，生息場所の消失が影響している．たとえば，広範囲に及ぶプレーリーから農地への転換や宅地開発によって，サギソウの仲間が脅かされている（図17・12b）．

われわれは，間接的にも生息場所を悪化させている．たとえば，米国テキサス州のエドワード帯水層は，水が豊富な地下の石灰岩層にあり，サンアントニオ市に飲み水を供給している．この帯水層からの過剰な取水は帯水層の水源である水の汚染とあいまって，その層に生息する生物の生存を危うくしている．オナガサンショウウオ属のサンショウウオ（図17・12c）も，絶滅危惧種の一つである．

意図的であれ偶然であれ，種の導入も生息環境を劣化させる．§16・1で詳細に述べたように，南米から米国に偶然に導入されたヒアリがいまでは在来種を脅かしている．同じように，ネズミやイエネコはハワイ原産の鳥類の多くの種を脅かしている．

図17・12 北米で生存が脅かされている生物．(a) ハシジロキツツキ．白黒写真に着色している．(b) サギソウの仲間．(c) エドワード帯水層のオナガサンショウウオ属のサンショウウオ．

乱獲もまた一つの脅威である．乱獲が大西洋タラの個体群において個体数の激減をもたらした経緯をすでに述べた（§15・4）．アワビも同じような運命をたどりつつある．アワビは，カリフォルニア沿岸の大型海草ケルプの林の在来種である．1970年代の乱獲により，個体数は約1％にまで減少した．アワビは2001年に絶滅危惧種として記載された最初の無脊椎動物である．

表17・1に，国際自然保護連合（IUCN）による絶滅危惧種の一部を示した．生物全体では調査された評価種数のおよそ30％が絶滅危惧種である．これまでに命名された種は180万種に上るが，まだ発見されていない種はその何倍もあると考えられ，そのうちのどれほどが絶滅危惧種であるかは不明である．

森林伐採と砂漠化

森林伐採（deforestation）により，ある地域から木本植物が取去られることは，多くの地域で進行中の脅威である．北米やヨーロッパや中国では，森林の総面積は安定しているか増加しつつある．しかし，熱帯多雨林はすさまじい勢いで失われ続けている（図17・13）．熱帯多

---

* 訳注：WWFではthreatened speciesを絶滅危機種，endangered speciesを絶滅危惧種，わが国の環境省はそれぞれ絶滅危惧と絶滅危惧IB類としている．

表 17・1 分類群別にみた絶滅の恐れのある生物種数[†]

分類群	既知種数	評価種数	絶滅危惧種
脊椎動物			
哺乳類	5,501	5,501	1,139
鳥類	10,064	10,064	1,313
爬虫類	9,547	3,755	807
両生類	6,771	6,374	1,933
魚類	32,400	10,590	2,058
小計	64,283	36,284	7,250
無脊椎動物			
昆虫類	1,000,000	4,003	829
軟体動物	85,000	6,183	1,857
甲殻類	47,000	2,399	596
サンゴ	2,175	858	236
クモ類	102,248	34	20
カギムシ類	165	11	9
カブトガニ類	4	4	0
その他	68,658	50	23
小計	1,305,250	13,542	3,570
植物			
コケ類	16,236	102	76
シダ植物	12,000	311	167
裸子植物	1,052	1,012	374
被子植物	268,000	14,178	8,764
緑藻類	4,242	13	0
紅藻類	6,144	58	9
小計	307,674	15,674	9,390
真菌類および原生生物			
地衣類	17,000	2	2
真菌類	31,496	1	1
褐藻類	3,127	15	6
小計	51,623	18	9
総計	1,728,830	65,518	20,219

[†] 国際自然保護連合(IUCN)の2012年2月のデータをもとに作成.http://iucn.jp/species/redlist/redlisttable2012.html 参照.

図 17・13 森林伐採.地表での光景(上)と上空からの光景(下).ブラジルのマトグロッソ州のある地域では,熱帯多雨林が切り払われて,牧草地やダイズやサトウキビやトウモロコシの大規模農場に変わっている.

されたため,この地域に定常的に吹く風に土壌がさらされるようになった.干ばつの影響もあり,経済的かつ生態的な災害が生じた.10億トン以上の表土を風が巻き上げて巨大な土砂嵐となり,この地域は黄塵地帯として知られるようになった.同じような状況が,いまではアフリカでみられる.そこではサハラ砂漠の拡大によって生じた砂塵の雲が大西洋を飛び越えている(図17・14).

雨林の破壊は,ある地域に限られた問題ではない.前にも述べたように,熱帯多雨林は陸上のバイオームで最も生産性が高いので,その減少は炭素の貯蔵と酸素の生産に深刻な影響を及ぼすであろう.さらに,熱帯多雨林はどのバイオームよりも多くの生物種を育んでいる.そのため,ある面積の熱帯多雨林が破壊されると,同じ面積の温帯林や北方林が失われるよりもはるかに多くの種を絶滅の危機にさらすことになる.

無計画な農業の実践により,土壌浸食が進み,草原や森林から砂漠への変化が短期間で生じる過程を**砂漠化**(desertification)とよぶ.1930年代の中ごろ,北米のグレートプレーンズの南部では,プレーリーの大半が耕起

図 17・14 大西洋に広がるサハラ砂漠からの砂塵

17・5 生物圏に対する人間の影響

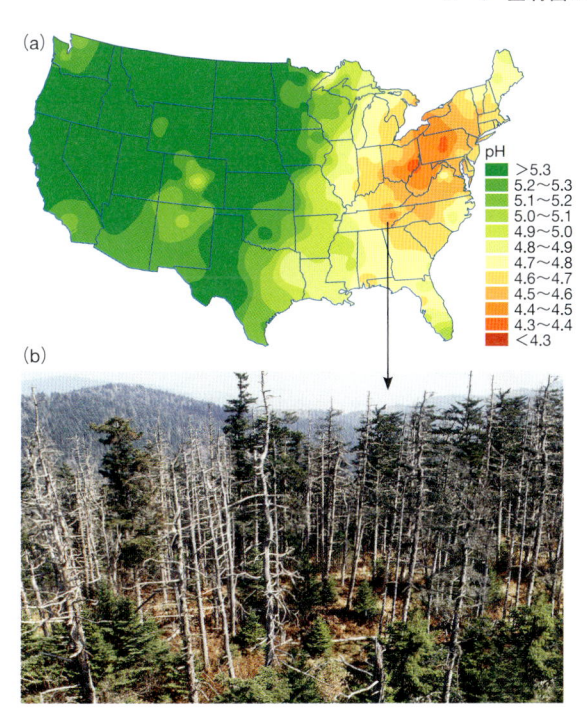

図 17・15 酸性雨．(a) 米国での降雨の平均酸性度．pH の数値が低いほど，雨の酸性度が高くなる．(b) 米国グレートスモーキー山岳国立公園の枯死しつつある樹木．

酸 性 雨

汚染物質（pollutant）は，天然あるいは人為的な物質で，本来土壌や大気や水中に存在する量よりも多く放出されたものである．汚染物質は生物の生理的機能を撹乱する．生物は，汚染物質がないなかで進化してきたか，あるいははるかに低い濃度に適応してきた．石炭やその他の化石燃料を燃やすことで発生した大気汚染物質が水蒸気と結びついて地表に降ると，**酸性雨**（acid rain）となる．酸性雨は，通常の雨よりも酸性度が 10 倍も高くなることがある（図 17・15a）．水路や池や湖に降ったり流れ込んだ酸性雨は，水界の生物に害を及ぼす．酸性雨が森林に降れば，葉を枯らし，土壌からは栄養塩のイオンの溶出をもたらす．その結果，樹木は栄養不足となり，病気にかかりやすくなる．標高が高い場所では，酸性の水滴でできた雲に樹木がさらされ，影響は非常に顕著になる（図 17・15b）．

生 物 濃 縮

生物の体内に存在する化学汚染物質の濃度が，その物質が環境中にあるときよりもはるかに高まることがある．一つは，生物によって取込まれた化学物質が生物の組織に蓄積する場合である．その結果，年をとっている個体には，若い個体よりも多くの汚染物質が含まれる．

第二に，食物連鎖を通じて化学物質の濃度が，栄養段階が高まるにつれて増加する過程である．この過程は**生物濃縮**（biological magnification）とよばれる．たとえば，石炭火力発電所などから放出される有機水銀は，毒性の強い汚染物質であり，捕食者である大型の魚，たとえばメカジキやクロマグロやビンナガマグロなどの体内では非常に高い濃度になる．有機水銀は神経系の発達を阻害するので，妊娠や授乳をしている女性や子供は，これらの魚を食べるべきではない．

ゴ ミ

埋められたゴミからしみ出した化学物質が地下水を汚染することは，今日ではよく知られている．また，海に流れ込んだプラスチックゴミは，海生生物の生命を脅かす危険性を有する．たとえば，海鳥は浮遊しているプラスチックの小片を食べ，ヒナに給餌し，致命的な結果をまねくことが多い．

オゾンの減少

海抜 17〜27 km 上空は，オゾン O_3 の濃度が非常に高く，**オゾン層**（ozone layer）とよばれている．オゾン層は地球に届く太陽光の紫外線（UV）の大半を吸収する．紫外線は，DNA に損傷を与え，突然変異をひき起こす（§6・4）．

1970 年代の中ごろ，オゾン層が減少していることに科学者は気づいた．オゾン層の厚さは季節によって少し変わるが，現在までは毎年確実に減少してきた．1980 年代の中ごろまでに，南極の上空に広がるオゾン層が春先に非常に薄くなっており，このオゾンの少ない地域は**オゾンホール**（ozone hole）とよばれる（図 17・16）．オゾンの減少は，すぐに国際的に懸念されるようになった．南極点の上空に広がるオゾンホールは，オゾン層が世界中で減少していることの象徴である．

クロロフルオロカーボン（chlorofluorocarbon: CFC）がオゾン層を破壊する主要な要因である．この無臭の気体は，スプレー用の高圧ガスや冷媒，クリーニング用溶

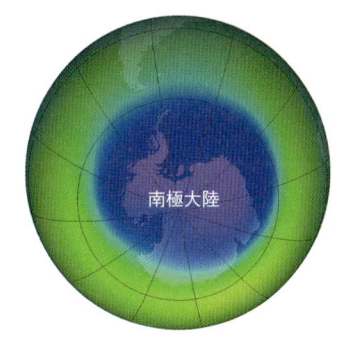

図 17・16 地球の大気圏の上層（成層圏）におけるオゾン濃度（2007 年 9 月の値）．紫が最も濃度が低いことを表し，青，緑，黄としだいに濃度が高くなる．

図 17・17 気候変動と温室効果ガス．大きなグラフは，1850 年から 2005 年の全球レベルでの平均気温の上昇を示している．小さなグラフは，大気中の二酸化炭素の増加を，上の期間のうち最近の 45 年分について示している．

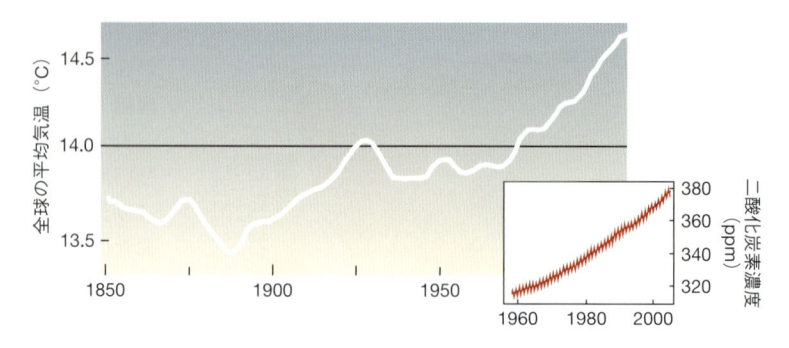

剤，発泡スチロールなどに広く使われた．オゾン層の減少による脅威に対応するために，世界中の国が，CFC などのオゾンを破壊する化学物質の製造を段階的に停止することに合意した．この合意の結果，CFC の大気中の濃度の著しい上昇はみられなくなった．しかし CFC の分解には非常に時間がかかるので，科学者の予想によれば，CFC はオゾン層を劣化させる程度の濃度で数十年間残存する．

気候変動の要因

地球の気候は，その長い歴史を通じて大きく変動してきた．数回の氷河期があり，そのときには地球の大部分が氷河によって覆われた．また，きわめて暑い時期もあり，熱帯の植物やサンゴ礁が，現在では冷涼な緯度のところで繁栄していた．科学者によれば，過去の気温の長期的変動は 10 万年周期で変動する公転軌道の変化と関連づけることができるし，また，4 万年周期で変動する自転軸の傾きにも影響される．太陽の活動や火山の噴火も気温に影響を与える．しかし，これらの要因では，現在，経験している平均気温の上昇を説明することはできない．この変化の要因は，人為的にひき起こされた二酸化炭素などの温室効果ガスの増加だと考えられている（図 17・17）．温室効果ガスは，化石燃料の燃焼により放出され，1700 年代の後半の産業革命の始まり以降，劇的に増加している．温室効果ガスにより，熱は宇宙へと放射されることなく，地球の地表付近にとどめられるので（§16・6），その濃度が高まれば高まるほど，とどまる熱も増加する．

気温の温暖化により，海水が膨張し，また，氷河の融解（図 17・18）で海水の体積が増加するので，海面が上昇する．陸域や海洋の温度は，蒸発や風や海流に影響する．その結果，気象のパターンの多くが気温上昇のために変化すると予想される．たとえば，気温の上昇は，長期の乾季と激しい降雨という極端な気象をもたらすことがある．海水温の上昇は，ハリケーンや台風の強さを増すとも予想されている．

気候変動は，すでに生物系にも広範な影響を及ぼしている．気温の変化は，温帯域に生息する多くの生物にとって重要な出来事である．例年よりも温度が高い春は，落葉樹の展葉を早め，開花も早める．動物の渡りや繁殖時期も変化している．以前には寒すぎて耐えられなかった緯度や標高が高いところにも，温暖化により分布域が広がるので，有利になる種もいる．一方で，温度の上昇が有害な種もいる．たとえば，熱帯の海水の温度上昇は，すでに造礁サンゴにはストレスになっていて，白化の発生頻度は増加している．

図 17・18 全球気候変動の兆候．米国アラスカ州におけるミューア氷河の後退．（左）1941 年，（右）2004 年．

17・6 生物多様性の維持

生物多様性の価値

すべての国には，物質的な財産や文化的な財産とならんで，生物学的な財産，すなわち**生物多様性**（biodiversity）がある．ある地域の生物多様性は，種内での遺伝的多様性，種の多様性，そして生態系の多様性の三つのレベルで評価できる．

なぜ生物多様性を守る必要があるのだろうか．非常に利己的な観点からは，生物多様性の保全は未来への投資であるといえる．健全な生態系はヒトという種が生き残るために必須である．ヒトが呼吸する酸素や食物は，ヒト以外の生物によってつくり出されている．ヒト以外の生物によって空気中から余分な二酸化炭素が除去され，他の排泄物も分解や無毒化が行われている．植物は雨を吸収し，土壌をその場に保持し，流出を防ぎ，洪水の危険を減らしている．

野生生物に含まれる化学物質が，医薬品となることは多い．抗がん剤のビンクリスチン（vincristine）とビンブラスチン（vinblastine）は，マダガスカルの熱帯多雨林に自生するツルニチニチソウから抽出された．熱帯の海に生息するイモガイ類は，非常に効果がある鎮痛薬の原料である．

栽培植物の野生の近縁種は，育種家が栽培植物の抵抗性を高め改良する際に必要な遺伝的多様性の保存庫である．栽培植物に比べ，その祖先にあたる野生の植物には病気や過酷な状況への抵抗性を高める遺伝子があることが多い．育種家は，伝統的な異種間の交配や，野生種から栽培種に遺伝子を導入するバイオテクノロジーの手法を用いて，より優れた品種をつくり出している．

生物多様性の減少は，われわれが依存している自然の基盤的な機構に問題が生じていることを示している．環境の健全性の指標は環境の変化に特に敏感な生物種である**指標生物**（indicator species，指標種ともいう）を観察することで，知ることができる．小川からカゲロウがいなくなると，その小川の水質が悪化していることがわかる．

さらに，生物多様性の保全には倫理的な理由がある．これまでも強調してきたように，生きているすべての生物種は，数十億年も連綿と続き，現在も進行している進化の過程の結果なのである．すべての生物種は，さまざまな性質を兼ね備えた代わりがないものである．一つの種の絶滅は，その代わりがない特性の集まりを，生物の世界から永遠になくしてしまう．

保全生物学

生物多様性は，種内での遺伝的多様性，種の多様性，そして生態系の多様性という三つのレベルのどれにおいても，世界のあらゆる場所で減少している．生物多様性の減少に取組む生物学の比較的新しい分野である**保全生物学**（conservation biology）の目標は，生物多様性の範囲を調査し，人々が生物多様性の価値を認め，人間社会にとって利益があるような方法で，生物多様性を維持し利用するように勧めることである．

非常に多くの種と生態系が危機的状況にあるので，保全生物学者は第一に保護すべき対象を選定するという困難な選択を迫られている．研究者は，固有種が多く，破壊や消失の強い脅威にさらされている**ホットスポット**（hotspot）とよばれる場所を確認する努力をしている．認定されたホットスポットは，全世界的な保全活動において，優先的に取扱われる．この優先順位づけの目標は，地球上に現存するすべてのバイオームを象徴する実例を守ることである．個々の生物種ではなく，ホットスポットという場所を対象とすることで，生物多様性を保ってきた生態系そのものを保全したいと，研究者は考えている．

世界野生生物基金（World Wildlife Fund: WWF）の保全生物学者は，保全のための努力を最優先に振り向けるべきだと考えられる867箇所の代表的な陸上生態域を定めた．それぞれの生態域には非常に多くの固有種が存在

図17・19 クラマス-シスキュー林．北米の保全におけるホットスポットの一例．絶滅危惧種のニシアメリカフクロウ（内側の写真）は，この森林の老齢の樹木に営巣する．

図 17・20 ジャガー. コスタリカのモンテベルデ雲霧林に生息する多くの絶滅危惧種の一つである.

し，破壊の脅威にさらされている．米国オレゴン州南西部からカリフォルニア州北西部にまたがるクラマス-シスキュー林はホットスポットの一つである（図17・19）．この森林は希少な針葉樹の多くの自生地となっている．絶滅危惧種の2種の鳥，ニシアメリカフクロウとマダラウミスズメは，この森林の老齢林で営巣する．絶滅が危惧されているギンザケは，この針葉樹林を流れる川で繁殖する．森林伐採がこの地域の最大の脅威であるが，針葉樹に感染する最近に侵入した病原体も懸念される．

生物多様性の保護は扱いにくい事案であることが多い．先進国においてさえ，環境保護に反対する人は多い．それは保護対策が経済発展を妨げる結果になることを恐れるためである．しかし，環境を大事にすることは経済的効果にもつながる．たとえば，コスタリカのモンテベルデ雲霧林自然保護区は，100種以上の哺乳類，400種以上の鳥類，120種以上の両生類と爬虫類を保護している．この保護区は，オセロットやピューマやジャガーにわずかに残された生息場所の一つである（図17・20）．ここには毎年7万人以上の観光客が訪れ，大きな収入源となっている．

生態的復元

ときには，生態系がすでに大きく損なわれ，ほとんど残されていないので，生物多様性を維持するためには保全だけでは十分ではないことがある．**生態的復元**（ecological restoration）は，全体や一部分が劣化したり破壊されたりした自然の生態系の回復を目指す計画的な作業である．たとえば，米国の海岸湿地の40%以上はルイジアナ州にある．この湿地帯は生態学的あるいは経済的な財宝である．数百万羽の渡り鳥が，ここで越冬し，数十億ドルに上る魚やエビや貝が採れる．しかしこの湿地帯は危機に瀕している．湿地帯の上流につくられたダムや堤防のため海に流出してしまった土砂は補充されなくなっている．また，石油探査と石油生産のための湿地を分断する水路は，土壌流出を助長し水位を上昇させるので，生育している植物を冠水させる恐れがある．1940年代以降，ルイジアナ州はロードアイランド州と同じくらいの面積（滋賀県とほぼ同じ）の湿地を失った．この喪失の一部を取戻し，残された湿地の種を保全すべく，回復のための努力が払われている（図17・21）．

持続可能な生き方

地球が健全でいられるか否かは，最終的には，生物全体の生存を支配するエネルギーの流れと資源の有限性という原理を人間が理解できるかどうかにかかっている．この原理を胸に刻み，有限性のなかで生きる道を見いださなければならない．目的は，**持続可能な発展**（sustainable development）であり，これは未来の世代の可能性を損なうことなく現在の世代の需要をみたすことである．

持続可能に生きることは現在のライフスタイルが環境に及ぼす結果を認識することから始まる．工業国は，莫大な量の資源を使用しており，また，資源の採取と輸送

図 17・21 米国ルイジアナ州のサビーン川国立自然保護地区における生態的復元. (a) 水没してしまった湿地には堆積物が導入され，そこに湿生のイネ科植物が植栽された．(b) 生態的復元により，夏に湿地に営巣するベニヘラサギなどの在来種が保全される．

図 17・22 資源の採掘．米国ユタ州のソルトレークシティ近くにあるビンガム銅鉱．この採掘坑は幅が 4 km あり，深さは 1200 m である．

は，鳥類やコウモリ類にとって有害である．太陽光エネルギーを利用するソーラーパネルは，再生可能ではない鉱物資源を使ってつくられており，パネルの製造によって汚染物質が生じる．

要するに，商業的に生産されたすべてのエネルギーは，環境に対して何らかの負の影響をもたらす．そのため，環境の負荷を最小限にする最も優れた方法は，エネルギーの使用量を減らすことである．

17・7 広がる影響 再考

北極は独立した大陸ではなく，複数の大陸の最北部を含む地域である．米国，カナダ，ロシアを含む 8 カ国がそれぞれ北極の一部を統治しており，莫大な量の石油，天然ガスや鉱物資源に対する権利を有している．最近まで海氷が北極海を 1 年中覆っていたので，船舶による北極圏の陸塊への行き来は困難であった．その海氷が現在では縮小しつつある（図 17・23）．同時に，北極海の島嶼や大陸沿岸部を覆う氷床は溶けつつある．これらの変化は地球温暖化を加速し，鉱物や化石燃料を北極圏からもち去りやすくするであろう．世界的に燃料と鉱物資源の供給が減少して，北極の資源探査を望む圧力が高まっている．しかし，保護論者は，こうした資源の採掘が，全球気候変動によって生存を脅かされつつあるホッキョクグマのような北極圏の生物種に害をもたらすと警告している．

は，生物多様性に負の影響をもたらす．たとえば，米国の平均的な新しい家 1 軒には，配線や配管におよそ 230 kg の銅が使われている．銅の大半は，地中から採掘される（図 17・22）．大部分の採掘場は汚染をもたらし，生態学的には死の地域である．

エネルギー消費量を削減することも，持続可能性に貢献する．石油や天然ガスや石炭のような化石燃料は，先進国で使われるエネルギーの大半をまかなう．よく知られているように，このような再生可能ではない燃料を使用すると，地球温暖化と酸性雨を加速する．さらに，これらの化石燃料の採掘と輸送は環境に負の影響をもたらす．パイプラインやタンカーから漏れる石油は多くの種にとって有害である．再生可能なエネルギー源は温室効果ガスを生み出さないが，個々の再生可能エネルギーにはそれぞれ特有の欠点がある．たとえば，ダムでは再生可能な水力発電が行われているが，絶滅危惧種のサケは，ダムにより繁殖のために川を遡上することができない．同じように風力発電の風車

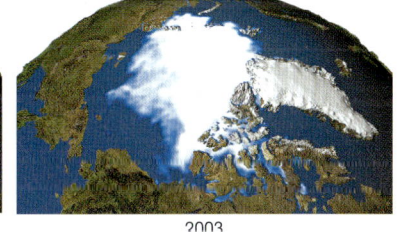

図 17・23 北極の海氷の減少．氷が失われると，地球温暖化が加速する．それは，氷は太陽光を反射するが，地表や水面は太陽光を吸収し，吸収したエネルギーを熱として放射するためである．

まとめ

17・1 人間活動によって生み出された化学汚染物質は，生物圏のすみずみまですでに到達している．

17・2 気候とは，一定の期間を通じた気象条件の平均を意味する．気候の違いは地球上の場所の違いによって到達する太陽光の量が異なることによる．赤道に近い地域ほど，より多くの太陽光エネルギーが到達している．赤道付近で大気が暖められることが始まりとなって，地球全体でみられる大気の流れと海流のパターンが形づくられる．沿岸の山脈が雨の蔭の原因となるように，地形も気候に影響を与える．

17・3 バイオームは，陸上の主要な生態系を類型化したものであり，おもに気候の違いによって現在のような状態に保たれ，優占する植生によって名前をつけられている．

赤道付近では，熱帯多雨林が育まれる．熱帯多雨林は，地球で最も生産性が高く歴史が古いバイオームである．温帯落葉樹林では，木本は温暖な夏に成長し，冬には葉を落とし休眠する．北方林は，針葉樹が優占する最も面積が広いバイオームである．

中緯度の大陸の内陸部には草原が形成され，植食者による被食に適応した植物が優占する．プレーリーは，北米の草原バイオームであり，サバンナは，アフリカの草原バイオームであり，灌木も散在する．冬は冷涼かつ湿潤で，夏は暑く乾燥した地域に生じるバイオームがチャパラルであり，堅い葉をもつ灌木状の植物が優占する．

砂漠は，北緯あるいは南緯30度付近にあり，年間の降雨量は少ない．砂漠の植物は，乾燥に耐えられるように適応している．

ツンドラは，北半球の高緯度地域に形成される．ツンドラは，最も歴史が新しいバイオームであり，永久凍土の上に成立している．

17・4 水界の生態系には，入射する太陽光，水温，塩分濃度，溶存している気体などの勾配がある．湖では，水深と岸からの距離の違いによって，異なる群集が生息している．

小川や川の流域によって異なる物理的な特性は，そこに生息する生物の種類に影響する．川からの栄養塩に富む水が海水と混じる閉鎖的な場所を河口といい，生産性が非常に高い．海岸は岩や砂からなる．藻類に基づく生食連鎖は磯でみられる．腐食連鎖は砂地で優占する．

サンゴ礁は種多様性に富む生態系であり，暖かく日がよく差込む熱帯でみられる．主要な生産者は光合成を行う原生生物であり，サンゴの組織内に生息している．

海洋の開放水面上部には，光合成生物が存在し，生食連鎖の基盤となっている．水深がより深い群集は，浅いところから沈降してくる物質を栄養源としている．熱水孔の生態系では，無機物からエネルギーをひき出すことができる細菌やアーキアが生産者となる．海山は，海面下の山であり，生息する種の数が非常に多い．

17・5 人間によって，種の絶滅速度は増している．絶滅危惧種は，現時点で絶滅の危機にさらされている種であり，絶滅危機種は，絶滅危惧種になる可能性の高い種である．固有種は，広範囲に分布する種よりも絶滅しやすい．砂漠化や森林伐採などが，生態系全体を脅かす．酸性雨の原因となる汚染物質は森林生態系にとって脅威である．食物連鎖に沿って汚染物質が移行するとき，生物濃縮が生じる．クロロフルオロカーボンとよばれる化学物質の使用によるオゾン層破壊は，地球規模の脅威である．温室効果ガスの濃度の増加が原因となっている全球気候変動も，生物圏を脅かしている．

17・6 生物多様性には，遺伝的多様性，種の多様性，そして生態系の多様性が含まれる．これらの三つすべてのレベルで生物多様性が脅かされている．指標生物が失われることは，その場所の生息環境が劣化していることの警告である．

保全生物学者は，生物多様性を記載し，その保全方法を探し求め，危機が最も差し迫っている生物多様性が高いホットスポットを優先して注目する．生態的復元は，被害を受け破壊された生態系を再生する仕事である．持続可能に生きることで，生物多様性を維持し，資源を将来の世代へと残すことを確かにできる．

試してみよう（解答は巻末）

1. 空気が熱せられると＿＿＿＿
   a. 下降して，より少ない量の水を含むことができる
   b. 下降して，より多くの量の水を含むことができる
   c. 上昇して，より少ない量の水を含むことができる
   d. 上昇して，より多くの量の水を含むことができる
2. 植物が野火に適応しているバイオームは＿＿＿＿
   a. 砂漠　b. 北方林　c. 熱帯多雨林　d. チャパラル
3. 永久凍土層の上に成立しているバイオームは＿＿＿＿
   a. サバンナ　b. ツンドラ　c. 砂漠　d. プレーリー
4. 最も古くて，最も生産性の高いバイオームは＿＿＿＿
   a. 北方林　b. ツンドラ　c. 熱帯多雨林　d. 砂漠
5. 細菌とアーキアが，無機物からエネルギーを獲得し，主要な生産者となっている生態系は＿＿＿＿
   a. 熱水孔　b. 河口　c. サンゴ礁　d. 海山
6. 左側のバイオームの説明として最も適当なものをa〜hから選び，記号で答えよ．

   ＿＿＿ツンドラ　　　　a. 淡水と海水が混ざる
   ＿＿＿チャパラル　　　b. 湿度が低く降雨量が少ない
   ＿＿＿砂漠　　　　　　c. 北米の草原
   ＿＿＿プレーリー　　　d. 野火に適応した堅い葉をもつ灌木
   ＿＿＿河口域　　　　　e. 永久凍土の上に成立する背が低い
   ＿＿＿北方林　　　　　　植生
   ＿＿＿サンゴ礁　　　　f. 最も面積が広いバイオーム
   ＿＿＿熱帯多雨林　　　g. 主要な生産者は原生生物
   　　　　　　　　　　　h. 広葉樹で1年を通じて活動

7. 個体数が非常に少なく，近い将来に絶滅する可能性が高い種を＿＿＿＿とよぶ．
   a. 固有種　b. 絶滅危惧種　c. 指標種　d. 外来種
8. 環境の健全性のめやすになりうる種を＿＿＿＿とよぶ．
   a. 固有種　b. 絶滅危惧種　c. 指標種　d. 外来種
9. オゾン層の特徴として，正しいものはどれか．
   a. 厚みを増しつつある
   b. 地球の温度を保つ役に立っている
   c. 地表の近くにある
   d. 紫外線の放射を遮っている
10. 酸性雨の特徴として，正しいものはどれか．
    a. 水界の生物にとって有害である
    b. 木本植物を枯らす
    c. 環境汚染の一つである
    d. a〜cのすべて
11. 生物濃縮によって汚染物質の濃度が高まるのはどれか．
    a. 生産者　b. 帯水層　c. 捕食者　d. 成層圏

18 動物の組織と器官

18・1 幹細胞の可能性
18・2 動物の構造と機能
18・3 動物の組織
18・4 器官と器官系
18・5 体温調節
18・6 幹細胞の可能性 再考

18・1 幹細胞の可能性

再生医療は，体の失われたり傷ついたりした部分を補うことをめざしている．この夢が，幹細胞を研究する科学者のモチベーションになっている．図18・1に示すように，**幹細胞**（stem cell）は自己増殖する細胞で，分裂してより多くの幹細胞を生じることができる❶．さらに，幹細胞は体の個々の部分をつくる特別なタイプの細胞に分化（§7・7）することもできる❷．要するに，体のすべての細胞は幹細胞に由来する．

血球や皮膚では，成体（組織）幹細胞から常に新しい細胞が供給されている．成体幹細胞は，ふつうは限られた細胞種にのみ分化する特別な細胞である．たとえば，成体の骨髄にある幹細胞は種々の血球にはなれるが筋細胞や神経細胞にはなれない*1．成体ではニューロン（神経細胞）や筋細胞に分化できる幹細胞はまれである．だから，神経や筋肉は，皮膚や血球と異なり，傷ついたり死んだりしても置き換えられることはほとんどない．したがって脊髄神経の損傷は永久的な麻痺をもたらす．傷ついたニューロンと置き換わる新しいニューロンは生じない．同様に心筋が傷害を受けた心臓は，一生弱ったままである*2．

対照的に，哺乳類の初期胚は多分化能をもった（**多分化能性** pluripotent）幹細胞を含んでいる．この細胞はヒトの体の何百種類もの細胞になることができる．出生時には，幹細胞はある程度分化していて，それほどの融通性をもたない．

胚性幹細胞（embryonic stem cell, **ES細胞**）は，受精後すぐに，細胞分裂によって胚がピンの頭ほどになったときの，一部の細胞から人工的に作製された幹細胞である．この細胞は，ほとんどあらゆる細胞に分化することができるので，**全能性**（totipotent）をもつといわれる．ES細胞は，ひとたび樹立されると，ガラス器内で増殖させることができる．

また，分化した成体の細胞からも幹細胞がつくられた．山中伸弥（2012年ノーベル医学生理学賞受賞）らは，成体の細胞にいくつかの遺伝子を導入して，ES細胞と同じような分化能をもつ**人工多能性幹細胞**（induced pluripotent stem cell, **iPS細胞**）を作製した．

理論的にはこれらの人工幹細胞による**再生医療**（regenerative medicine）は，麻痺した患者に新しいニューロンを供給したり，心臓病，筋ジストロフィー，パーキンソン病などの神経や筋肉の病気の治療にも役立つはずである．しかし，人工幹細胞を用いて治療を行う臨床試験は始まったばかりである．現在行われている臨床試験は，iPS細胞由来の網膜細胞を用いている．研究室で分化させた網膜細胞が，失明をもたらす網膜の退行

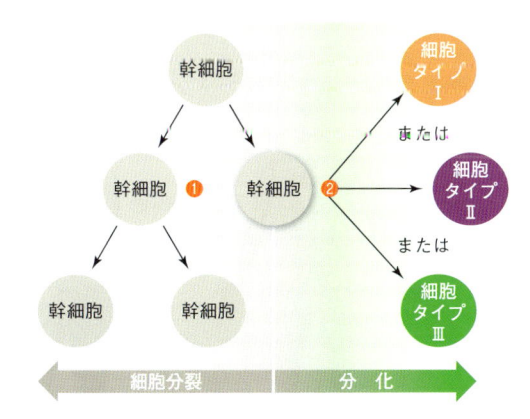

図18・1 幹細胞． 幹細胞は分裂して新しい幹細胞を生じることも，分化して特殊化した細胞になることもできる．

---

*1 訳注：骨髄幹細胞のあるものは神経系の細胞にも分化できる．
*2 訳注：近年，神経系や筋肉にも幹細胞があることがわかってきた．

性疾患をもつ患者の眼に移植されている．

このような人工幹細胞を用いた治療が安全で効果的であるかどうかは，まだ確定していない．ヒトの免疫系が移植された外来の細胞を攻撃して破壊するかもしれない．また，無限に増殖できる能力は幹細胞の利点ではあるが，移植後もそのような性質が残っていると，腫瘍が形成されるかもしれない．

本章では，細胞の集合体である種々の組織の構造と機能について学ぶ．

18・2 動物の構造と機能
組織化と統合

すべての動物は多細胞で，ほとんどすべての動物では細胞が組織を構成する．**組織**（tissue）は1種類以上の細胞と，しばしば**細胞外基質**（extracellular matrix）からなる．細胞と細胞外基質は全体として固有の仕事を果たす．すべての脊椎動物では，4種類の組織がみられる．

1. 体の外表面や内表面を覆い，内部の腔所を裏打ちする上皮組織
2. 体の各部を維持し，構造的な支持をする結合組織
3. 体とその各部を動かす筋組織
4. 刺激を感知し情報を伝える神経組織

すべての組織は含まれる細胞の種類とその比率で特徴づけられる．たとえば神経組織は筋組織や上皮組織にはみられないニューロンを含んでいる．

多くの場合，動物の組織は集まって器官を構成する．**器官**（organ）は，2種類またはそれ以上の組織が固有の様式で集まり，固有の仕事をする構造上の単位である．

たとえばヒトの心臓は器官（図 18・2）であり，4種類の組織を全部含んでいる．心臓の壁はほとんどが心筋組織からできている．結合組織の薄い膜が心臓を包み，内部の部屋は上皮組織で裏打ちされている．神経組織が心臓にシグナルを伝え，心臓からも情報をもたらす．

器官系（organ system）では，二つ以上の器官やその他の構成要素が，日常的な仕事をするために物理的にも化学的にも相互作用をする．たとえば，拍動する心臓による力が，体中にはりめぐらされた血管系を通る血液を動かす．

動物が活動すると溶質や水を得たり失ったりする．また，温度変化にもさらされる．生きている細胞は自分を生かしておく代謝活動をしている．同時に，器官や器官系は，内部環境の溶質濃度や温度を細胞が耐えられる範囲内に保つために相互作用している．この相互作用が内部環境を許容範囲内に保っているのであり，このプロセスは**ホメオスタシス**（homeostasis，恒常性維持ともいう）とよばれる．

18・3 動物の組織
上皮組織

上皮組織（epithelial tissue）は単に**上皮**ともよばれ，一方の側が自由表面になっているシート状の組織である．もう一方の側は多くの場合結合組織に接している．上皮細胞が分泌した物質が下の組織と上皮を接着させる非細胞性の基底膜を形成する（図 18・3）．上皮細胞は，細胞間に細胞外基質をほとんどもたない．細胞どうしは密着結合（§3・6）によって接着している．血管は上皮の中に入らないので，栄養分は隣接する結合組織中の血

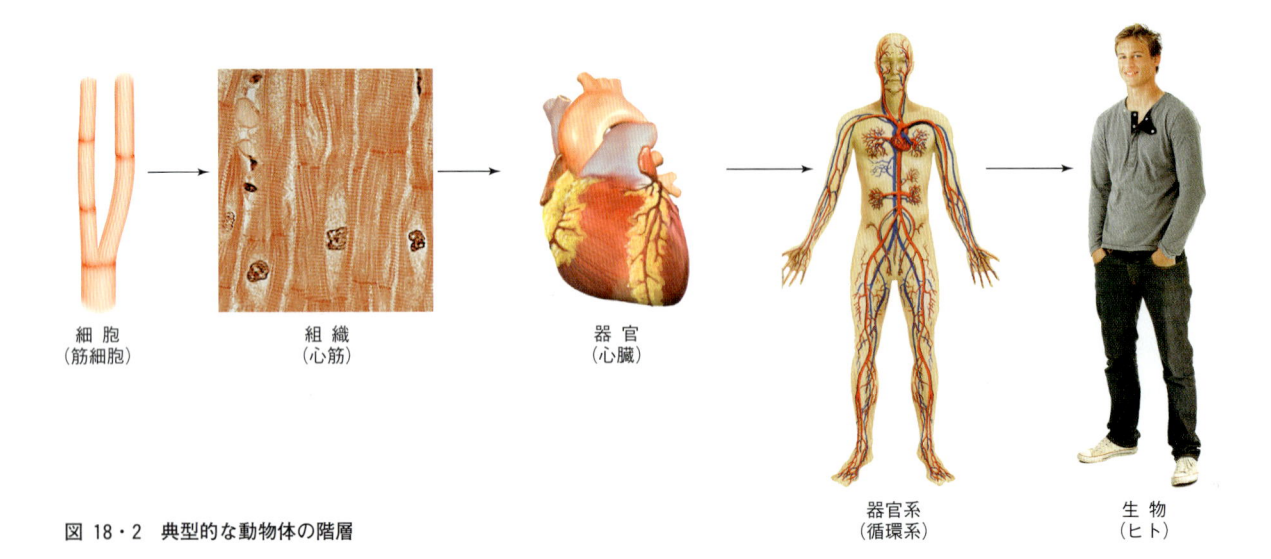

細胞　　　　組織　　　　器官　　　　　　　器官系　　　　　生物
(筋細胞)　　(心筋)　　　(心臓)　　　　　　(循環系)　　　　(ヒト)

図 18・2　典型的な動物体の階層

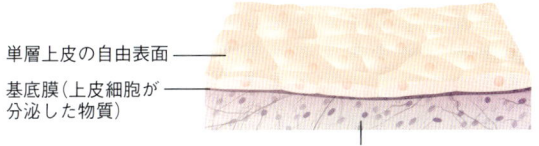

図 18・3 上皮の一般的な構造

単層上皮の自由表面
基底膜(上皮細胞が分泌した物質)
結合組織

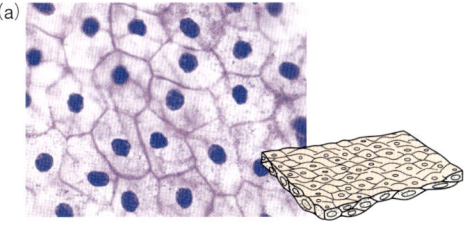

(a) 単層扁平上皮
・血管, 心臓, 肺胞の表面
・物質は上皮を横断して拡散できる

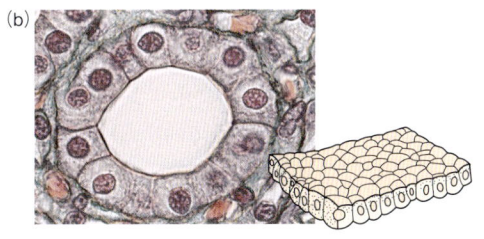

(b) 単層立方上皮
・尿細管(腎臓), いくつかの腺, 卵管の表面
・吸収, 分泌, 物質移動

(c) 粘液分泌腺細胞

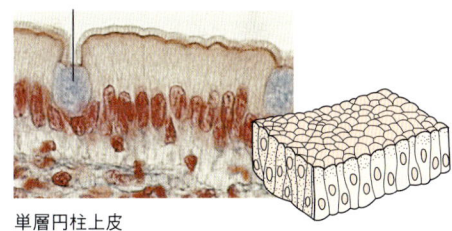

単層円柱上皮
・気道の一部, 腸管の一部の表面
・吸収, 分泌

図 18・4 単層上皮の種類と, その機能と存在する場所

管から拡散によって細胞に到達する.

鏡で自分の体を見るときに見えるほとんどのもの, 皮膚, 毛, 爪などは上皮組織またはそれに由来するものである. 上皮は眼球の外表面さえ覆っている. 体の内部では, 血管, 気道, 消化管, 尿管, 生殖器官の管など, 多くの管や腔を覆っている.

上皮組織は細胞の形態と細胞層の数で分類される. 単層上皮は細胞が1層である. 多層上皮は細胞層が複数である. 扁平上皮の細胞は扁平または板状である(図18・4a). 立方上皮の細胞は短い筒状で, 断面ではさいころのように見える(図18・4b). 円柱上皮の細胞は幅より高さが大きい(図18・4c).

異なる上皮は異なる仕事に適応している. 最も薄いタイプである単層扁平上皮は, 血管や肺の内表面を覆っている. これは物質の交換機能をもっている. ガスや栄養分は容易にそこを通り抜ける. 対照的に, 多層扁平上皮は保護の機能をもっている. これはヒト皮膚の外層をつくっている.

立方上皮や円柱上皮の細胞は吸収や分泌の機能をもっている. 腎臓や小腸の内壁のようないくつかの組織では, **微絨毛** (microvillus, *pl.* microvilli) とよばれる指状の突起が上皮細胞の自由表面から突出している. この突起は物質を吸収する表面積を増大させている. 上部気道や卵管などの組織では上皮の自由表面には繊毛が生えている. 気道の繊毛の働きは吸入したほこりなどの微粒子を粘液とともに肺から運び出すことである. 卵管の繊毛は卵を子宮のほうに動かす働きをもっている.

上皮組織のみが腺細胞を含んでいる. 腺細胞は細胞外で機能する物質を分泌する. ほとんどの動物で分泌細胞は腺 (gland) の内部に集合している. 腺は物質を皮膚の外部, 体腔の内部, あるいは体液中に放出する. **外分泌腺** (exocrine gland) は分泌物を内表面または外表面に運ぶ管をもっている. 外分泌には, 粘液, 唾液, 涙, 乳, 消化酵素, 耳垢などがある. **内分泌腺** (endocrine gland) は管をもたない. 内分泌腺の産物はホルモンとよばれるシグナル分子であり, 体液中に放出される. 一般的にはホルモンは血流に入って体中に配達される.

成体の筋細胞やニューロンはほとんど更新されないが, 上皮細胞は更新することができる. たとえば, 皮膚の細胞は毎日失われ, 新しい細胞がそれを補う. 成体では毎年およそ 0.7 kg の皮膚がはがれ落ちる. 同様に, 腸の上皮は4ないし6日で更新される. そのための細胞分裂によって, がんの発生にも結びつく DNA 複製の誤りの機会が生じる. 上皮組織はがん化する可能性の大きい組織である.

結合組織

結合組織 (connective tissue) は脊椎動物の組織としては最も多く, 広く分布している. 結合組織は軟性結合組織から, 骨組織, 軟骨組織, 脂肪組織, 血液といった特殊化したタイプまで, 広い範囲にわたっている. 上皮組織とは異なり, 結合組織の細胞は密着していない. その代わり, 細胞は分泌した細胞外基質中に拡散している.

2種類の軟性結合組織(疎性および密性結合組織)は同じ構成要素を含んでいるが, その比率が異なっている.

この組織における主要な細胞である**繊維芽細胞**（fibroblast）は細胞外基質成分を産生して分泌する（§3・6）．成分としては，体で最も多いタンパク質であるコラーゲンや多糖類がある．この非細胞性の細胞外基質が組織の細胞を囲んで支持している．

疎性結合組織（loose connective tissue）は基質中に繊維芽細胞とコラーゲン繊維が散在している（図18・5a）．この組織は脊椎動物の体では最もふつうのもので，器官や上皮を特定の場所に維持している．

2種類の**密性結合組織**（dense connective tissue）は繊維芽細胞とコラーゲン繊維がぎっしり詰まった細胞外基質をもっている．図18・5(b)に示すように，密性不規則結合組織では繊維があらゆる方向に走行している．この組織は皮膚の深部を構成している．また，腸の筋肉を支持し，腎臓のように拡張しない器官の皮膜をつくっている．密性規則結合組織は平行に密集した繊維束の中に繊維芽細胞が規則正しく並んでいる（図18・5c）．この構造は引き伸ばされたときに組織が裂けないようにしている．腱と靱帯は密性規則結合組織である．腱は骨格筋と骨を結合している．靱帯は骨と骨を結びつけている．

特殊な結合組織

すべての脊椎動物の骨格系は**軟骨**（cartilage，図18・5d）を含んでいる．これはコラーゲン繊維とゴムのような糖タンパク質からなる細胞外基質をもっている．軟骨細胞が基質を分泌し，基質はやがて細胞を閉じ込める．胚では軟骨が発達しつつある骨格の鋳型をつくっていて，しだいに骨がそれに置き換わっていく．軟骨は成体になっても外耳，鼻，気管などを支えている．また関節のクッションとなり，椎骨間のショックアブソーバーとして働く．血管は軟骨中に進入しないので，栄養分と酸素は近くの組織の血管から拡散する．また，他の結合組織とは異なり，軟骨細胞は成体ではほとんど分裂しないので，すり切れた軟骨は修復できない．

多くの細胞は少量の脂肪を蓄積するが，**脂肪組織**（adipose tissue，図18・5e）の細胞は多量の脂肪をたくわえる．そのためこの細胞は，核を含む細胞要素が一方に押しやられている．脂肪組織を走る毛細血管が細胞に脂肪を運び，細胞からも運び出す．脂肪組織はエネルギー貯蔵機能のほかに，体部のクッションとして働き，保護している．また皮下脂肪層は断熱材としても役立つ．

骨組織（bone tissue，図18・5f）は，細胞がカルシウムで固化された細胞外基質によって囲まれている結合組織である．骨組織は骨の主要な要素で，骨格筋と相互作用して体を動かす．骨は体内部の器官を支持し保護し，またいくつかの骨の骨髄は血球を産生する．

(a) 疎性結合組織
・大部分の上皮を裏打ち
・弾性を与える

(b) 密性不規則結合組織
・皮膚の深部，腸の周囲，腎臓の被膜
・体部を結合，支持，保護

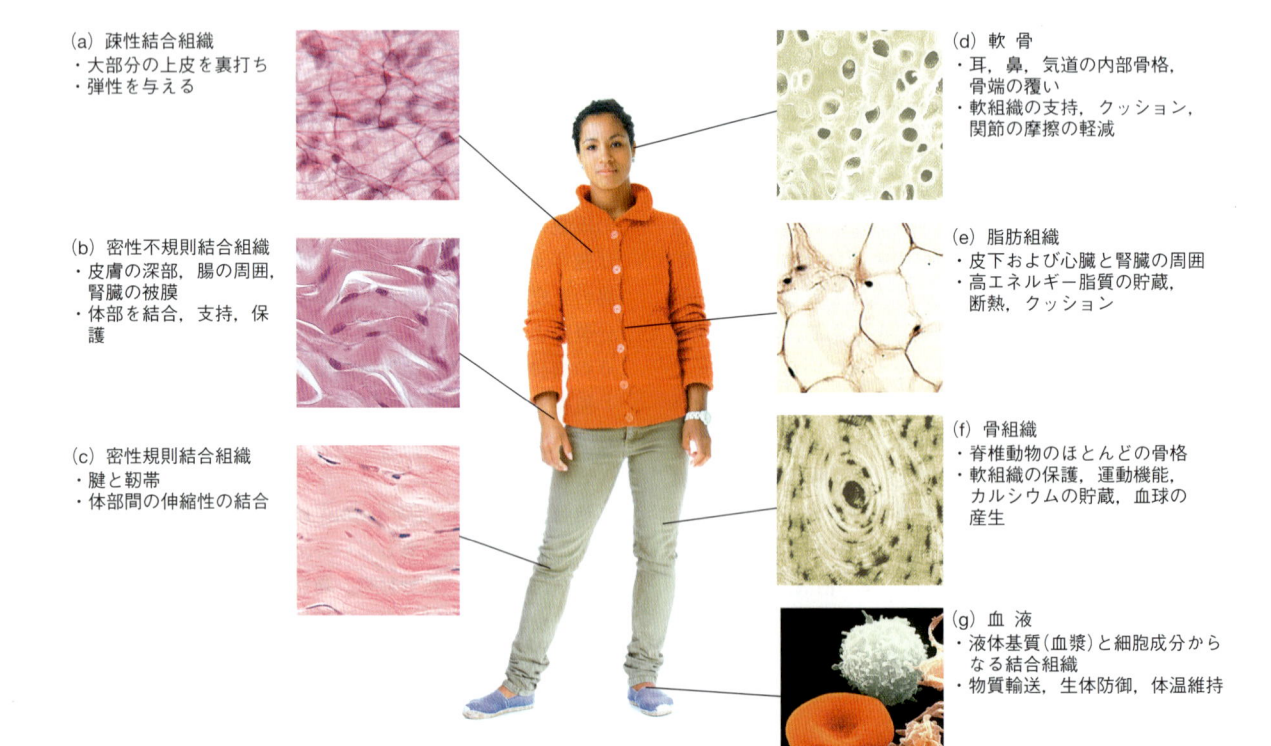

(c) 密性規則結合組織
・腱と靱帯
・体部間の伸縮性の結合

(d) 軟骨
・耳，鼻，気道の内部骨格，骨端の覆い
・軟組織の支持，クッション，関節の摩擦の軽減

(e) 脂肪組織
・皮下および心臓と腎臓の周囲
・高エネルギー脂質の貯蔵，断熱，クッション

(f) 骨組織
・脊椎動物のほとんどの骨格
・軟組織の保護，運動機能，カルシウムの貯蔵，血球の産生

(g) 血液
・液体基質(血漿)と細胞成分からなる結合組織
・物質輸送，生体防御，体温維持

図18・5 結合組織の顕微鏡写真とその機能

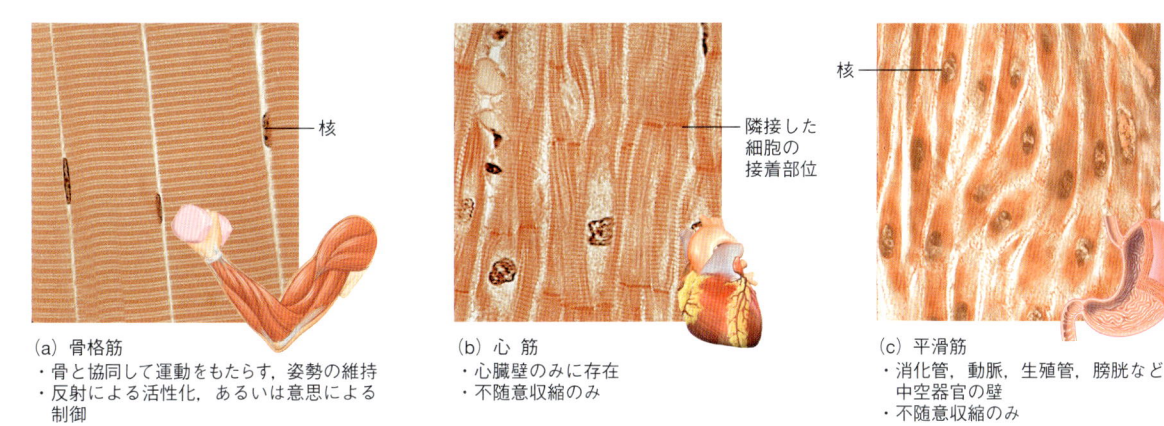

(a) 骨格筋
・骨と協同して運動をもたらす，姿勢の維持
・反射による活性化，あるいは意思による制御

(b) 心筋
・心臓壁のみに存在
・不随意収縮のみ

(c) 平滑筋
・消化管，動脈，生殖管，膀胱など中空器官の壁
・不随意収縮のみ

図 18・6 筋組織の顕微鏡写真とその機能

血液 (blood，図 18・5g) はその細胞と血小板が骨髄の細胞に由来するので，結合組織と考えられる．赤血球は酸素を運搬する．白血球は病原体から体を防御する．血小板は細胞の断片であり，血液凝固を助ける．血漿は血液の液体成分で，ほとんどが水分であり，ガス，タンパク質，栄養分，ホルモン，その他の物質を運搬する．

筋組織

筋組織 (muscle tissue) の細胞は神経組織からのシグナルに反応して収縮する．**骨格筋組織** (skeletal muscle tissue) は骨に付着して体やその各部を動かす．この組織は多核の筋繊維が平行に並んで集合したものである (図 18・6a)．骨格筋は収縮単位が規則正しく並んでいるので，縞模様をもっている．筋繊維は筋収縮の機能をもつ一群のタンパク質からなる多数の収縮単位（筋原繊維）を含んでいる．骨格筋は反射的に収縮することもあるが，われわれは体を動かそうと思うときは意思で収縮させることもできる．そのため骨格筋は**随意筋** (voluntary muscle) とよばれる．

心臓壁のみが**心筋組織** (cardiac muscle tissue) を含んでいる (図 18・6b)．その細胞は，細胞間の向かい合った細胞膜上のギャップ結合 (§3・6) を通過するシグナルに反応して，全体がひとまとまりになって収縮する．それぞれの枝分かれした心筋細胞は単一の核をもつ．他の筋細胞よりはるかに多くのミトコンドリアを含んでいる．それは，心臓の絶え間ない収縮が一定の ATP の供給を必要とするからである．心筋組織も縞模様をもつが，それほど明瞭ではない．心筋と平滑筋はどちらも**不随意筋** (involuntary muscle) であって，われわれはこれらの筋肉を意思で収縮させることはできない．

胃，膀胱，子宮など多くの内部器官（内臓）の壁には**平滑筋組織** (smooth muscle tissue) 層がみられる (図 18・6c)．平滑筋の収縮によって，いろいろなことが起こる．たとえば，腸の内容物は運ばれ，血管の内径は狭くなり，眼の虹彩は絞られる．平滑筋細胞は枝分かれせず，両端は細くなり，核は一つである．収縮単位は繰返し構造をもたないので平滑筋には縞模様がない．心筋と同様にギャップ結合によって細胞間にシグナルが伝わる．

神経組織

神経組織 (nervous tissue) は体が内部や外部の変化を検出して反応することを可能にする．この組織は刺激を検出し，情報を統合し，筋肉や腺の活動を制御する．

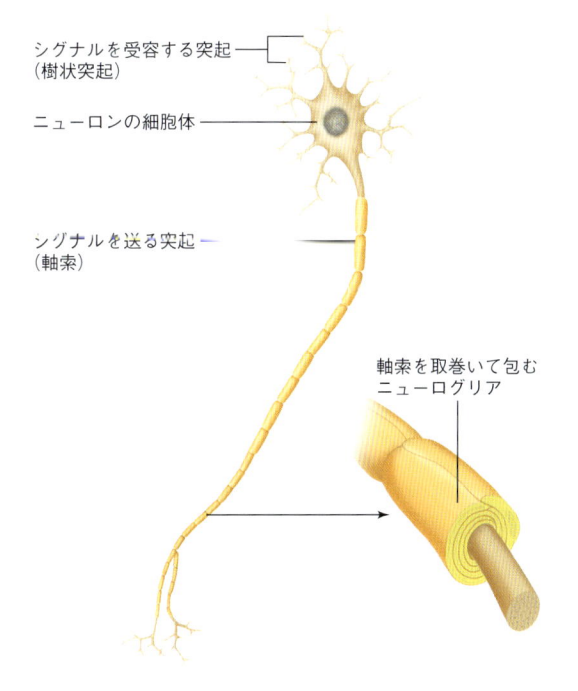

図 18・7 運動ニューロンとそれを取巻くニューログリア

図18・7は神経組織中の興奮する細胞の一種である**ニューロン**（neuron，神経細胞ともいう）を示している．ここで"興奮する"というのは，電気シグナルが細胞膜に沿って移動できることを意味する．ニューロンは化学的メッセージを分泌することで，ニューロンどうし，あるいは筋肉や腺と連絡することができる．

ニューロンは核などの細胞小器官を含む細胞体をもっている．細胞体からは細長い細胞質の突起（軸索）が伸びている．あるものはとてつもなく長い．たとえば脊髄から足までシグナルを伝える細胞質突起は長さが1 mを超える．クジラでは同じ構造物は何十メートルにも達する．

ニューロンは神経組織の唯一の細胞ではない．神経組織の体積の半分以上はニューロンを支持して保護する**ニューログリア**（neuroglia，神経膠細胞，グリア細胞ともいう）とよばれる細胞からなっている．

18・4　器官と器官系

組織は集合して器官を構成する．心臓，胃，肝臓などは器官であり，眼，腎臓，肺もそうである．ほとんどの器官は4種類の組織をすべて含んでいる．

体腔内の器官

ヒトの器官の多くは体腔内に位置している．他の脊椎動物同様，ヒトは左右相称であり，体腔（coelom）とよばれる腔所をもっている（§14・2）．横隔膜という平滑筋のシートが体腔を上の胸腔と下部の腹腔と骨盤腔とに分けている（図18・8）．心臓と肺は胸腔にある．胃，腸，肝臓などの消化器官は腹腔に，膀胱と生殖器官は骨盤腔にある．頭部の頭蓋腔は脳を保持し，脊髄腔は脊髄を入れている．この二つは体腔に由来するのではない．

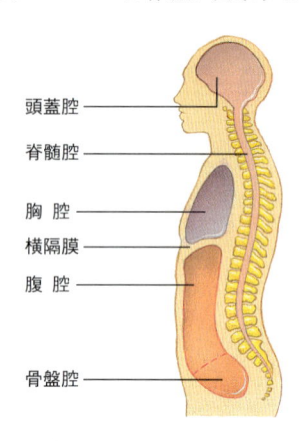

図18・8　多くのヒトの器官が入っている体腔

皮膚：最大の器官

ヒトの最大の器官は体内にあるのではない．それは表面を覆う皮膚である（図18・9）．皮膚の外側の**表皮**（epidermis）は多層扁平上皮である．つまり多くの扁平な細胞層からなる❶．表皮最深部の細胞が常に分裂することで，細胞は表面へと押し出される．古い細胞は上に移動するにつれて，外からかかる摩擦と，下にある大きくなる細胞塊の力で，平らになり，やがて死滅する．死んだ細胞は表面からはがれ落ちる．

表皮の大部分の細胞はケラチノサイト（角質細胞）である．この細胞はケラチン（keratin）という繊維状のタンパク質をつくる．爬虫類，鳥類，哺乳類では大量のケラチンがあることで皮膚が水を通しにくく，これは陸上生活への適応である．表皮はメラニン（melanin）という褐色のタンパク質を産生するメラノサイトも含んでいる．ケラチノサイトはメラノサイトからメラニンを受

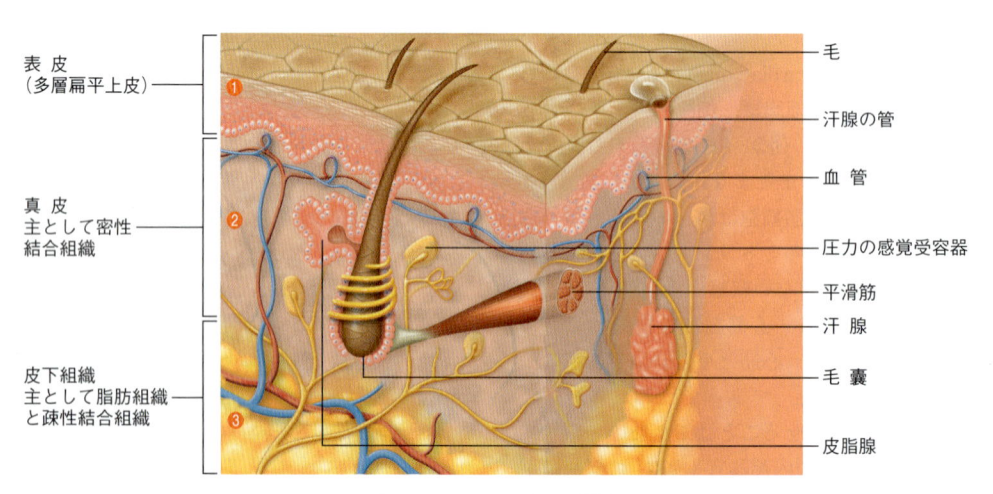

図18・9　ヒトの皮膚の構造

取り，特別な細胞小器官にたくわえる．人種間ではこの小器官の大きさと分布が異なり，それが皮膚色の違いのもとになっている．

　表皮の下にある**真皮**（dermis）は大部分が密性結合組織からなる❷．感覚受容器と毛細血管が真皮中に張り巡らされている．汗腺は発生の途中に真皮に陥入した表皮細胞からできている．腺が上皮性であることを思い出そう．

　真皮に陥入した上皮組織は毛囊も形成する．毛囊の基部は生きた毛の細胞を保持していて，これはヒトの体で最も速く分裂する細胞である．これらの細胞が分裂して細胞を上に押し上げ，毛を長くする．皮膚の表面から突出する毛の部分は，死んだ細胞のケラチンを多く含む残存物からなる．それぞれの毛には平滑筋が付随する．寒さや驚愕によってこの筋肉が反射的に収縮すると毛は直立する．毛は自然状態では毛囊の近くにある皮脂腺から

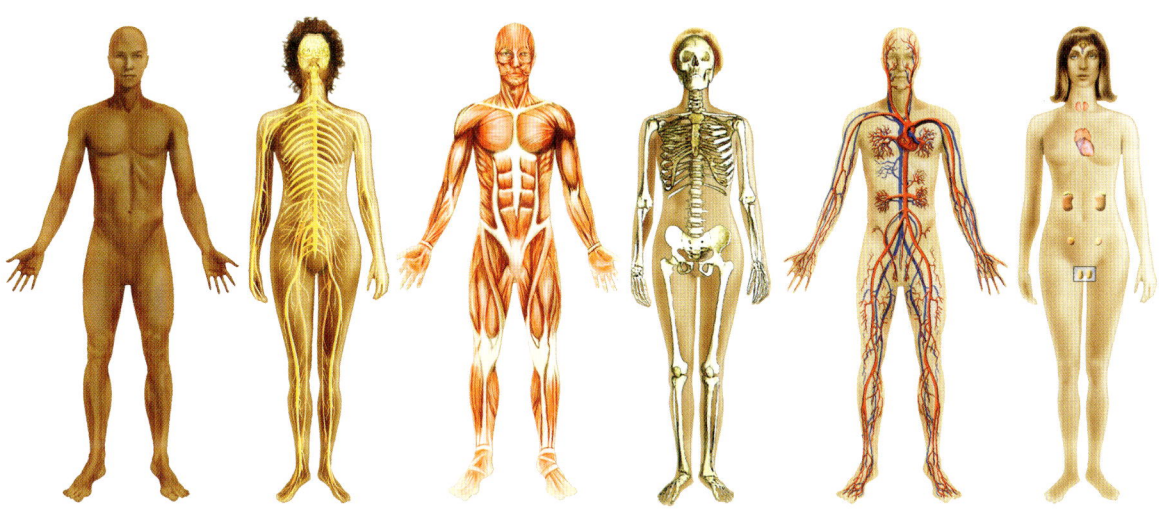

外皮系
体を外傷，脱水，病原体から保護．体温制御．老廃物の排出．外部刺激の受容

神経系
外部および内部の刺激の検出．刺激に対する反応の統御．すべての器官系の活動の統合

筋肉系
体と内部の運動．姿勢の維持．代謝活動の上昇による熱生産

骨格系
体部の支持と保護．筋肉付着部の提供．血球の産生．カルシウムやリンの貯蔵

循環系
細胞への，あるいは細胞からの，多くの物質の急速な輸送．体内のpHや温度の安定化

内分泌系
いろいろな機能のホルモンによる統御．神経系とともに長期および短期の活動の統御（男性の精巣も示す）

リンパ系
組織液の一部を集めて血流に還元．感染や組織損傷に対する防御

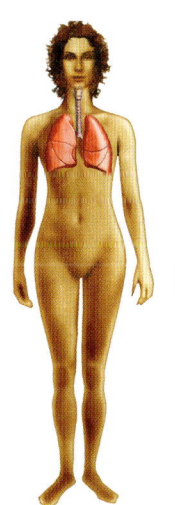

呼吸系
すべての細胞を浸している組織液への酸素の供給．細胞からの二酸化炭素の排出．pHの制御

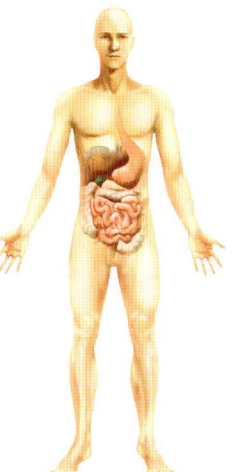

消化系
食物の消化．食物の物理的および化学的分解と低分子の体内への吸収．水分の吸収．食物残渣の排出

排出系
体液の量と溶質組成の維持．過剰な体液，溶質，可溶性老廃物の排出

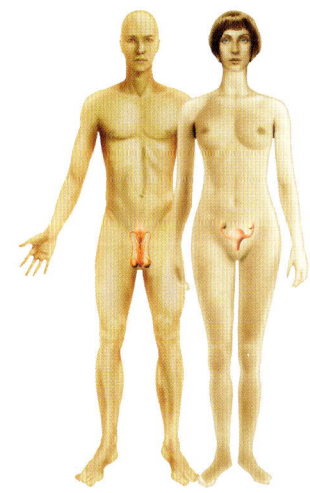

生殖系
男性：精子の生産と女性への伝達
女性：卵の生産．受精後の新しい個体の発生に対する保護，栄養環境の提供．両性のホルモンは他の器官系へも影響を与える

図 18・10　脊椎動物の器官系

の分泌物によって，柔らかくまた輝きをもっている．皮脂腺も汗腺同様，真皮中に陥入した表皮組織である．

ほとんどの体部で，皮膚は皮下組織とよばれる疎性結合組織と脂肪組織の層の上にある❸．皮下組織には大きな血管があって，そこから真皮に小血管が走行する．

皮膚の構成要素は協同して多様な仕事をしている．表皮は病原体が体内の深部に侵入することを防ぐ障壁である．皮膚の神経終末は温度，圧力，触覚などを検出し，脊髄と脳にシグナルを送る．皮膚は温度調節にも有用な役割を果たす．

器官系

皮膚と，そこから派生した毛，毛皮，ひづめ，かぎ爪，爪，羽毛などは脊椎動物の外皮系であり，脊椎動物の多くの器官系の一つである（図 18・10）．

器官系は協同して生殖や生存のための仕事を行う．たとえば，細胞に必要な物質を提供して老廃物を取除くには，いくつかの器官系が働く（図 18・11）．食物や水は，胃や腸といった消化器官と，消化を助ける膵臓や胆嚢を含む消化系によって体内に入る．消化系は未消化の老廃物を排泄する．酸素は肺と，そこに通じる気道からなる呼吸系を通って体に入る．循環系の心臓と血管は栄養分と酸素を細胞に運搬し，そこから二酸化炭素と老廃物を取除く．循環系は二酸化炭素を呼吸系に引き渡し，呼吸系がそれを排出する．循環系は余分な水分，塩分，および可溶性の老廃物を排出系に運ぶ．排出系の器官は，老廃物を血液から濾し取って尿を産生する腎臓と，排泄まで尿をためておく膀胱からなる．

図 18・11 は，神経系，内分泌系，筋肉系，骨格系を示していない．しかしこれらの器官系も基本的物質の獲得と老廃物の排出に役立っている．たとえば，神経系は水分，溶質，栄養分の体内濃度の変化を検出する．神経系や内分泌系からのシグナルは，水分の保持あるいは排出をひき起こす．神経系からのシグナルはさまざまな運動をひき起こす．

18・5 体温調節

変化の検出と反応

ホメオスタシスというのは，体内の条件を細胞が生存できる範囲内に保つ機能のことであると述べた．脊椎動物ではホメオスタシスは感覚受容器，脳，そして筋肉や腺の相互作用を含んでいる．**感覚受容器**（sensory receptor）は特別な刺激を検出する細胞または細胞の要素である．ホメオスタシスに関係する感覚受容器は体内の監視装置のようなものである．それらは体の変化をモニターしている．体中の感覚受容器からの情報は脳に流れる．脳は入ってくる情報を評価して，体の機能を正常に保つために筋肉や腺に必要な行動をとる指令を出す．

正常体温を保つ

ホメオスタシスはしばしば**負のフィードバック**（negative feedback）を含んでいる．これはある変化が，それとは反対の変化をひき起こす反応をもたらすことである．わかりやすい例は，サーモスタット付の加熱器である．サーモスタットを望みの温度に設定すると，温度が設定より低くなると加熱器にスイッチが入って熱を出す．温度が望みの高さに達するとサーモスタットが切れる．同様に負のフィードバックがヒトの体温をおよそ 37 ℃ に保っている．

図 18・11 器官系間のつながりに関する模式図．図は，器官系が協調して，体が必要なものを取込み，不要な老廃物を排出する様子の一部を示している．ここには示していない他の器官系もこの機能に関与している．

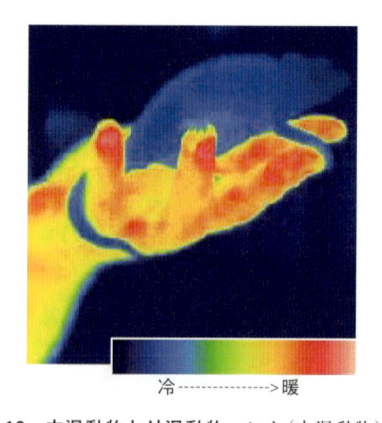

図 18・12 内温動物と外温動物．ヒト（内温動物）の手の上にのっているカメレオン（外温動物）を温度感受性のフィルムを用いて撮影．カメレオンの体温は周囲の気温とほぼ同じなので，背景に溶け込んでいる．ヒトは大量の代謝熱を生産するので，周囲より体温が高い．

刺激
暑い日の運動が体温を上昇させる

感覚受容器
受容器が体温上昇を感知し，脳に伝える

脳
感覚受容器からシグナルを受けると脳は，筋肉と腺にシグナルを送る

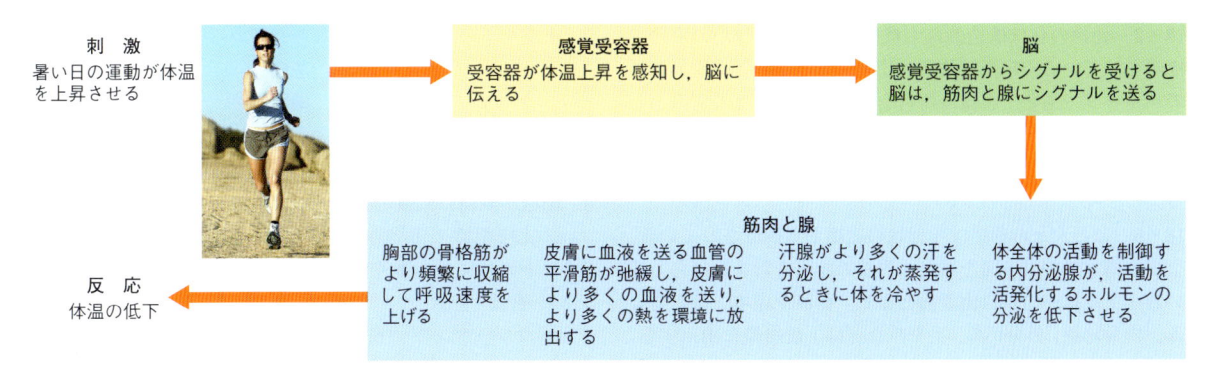

筋肉と腺
胸部の骨格筋がより頻繁に収縮して呼吸速度を上げる

皮膚に血液を送る血管の平滑筋が弛緩し，皮膚により多くの血液を送り，より多くの熱を環境に放出する

汗腺がより多くの汗を分泌し，それが蒸発するときに体を冷やす

体全体の活動を制御する内分泌腺が，活動を活発化するホルモンの分泌を低下させる

反応
体温の低下

図 18・13　暑い日に体温を下げる負のフィードバック機構

　ヒトや哺乳類は体温を保つ**内温動物**（endotherm）である（§14・6）．内温動物は環境の温度によって体温が変化する外温動物より多くの代謝熱を産生して体温を一定に保つ（図 18・12）．

　暑い日に運動していることを考えよう．筋肉の活動で熱が生じるので体内温度は上昇する．皮膚の感覚受容器がその上昇を感知して脳にシグナルを送る．脳は体の反応をひき起こすシグナルを送る（図 18・13）．血流が変化して熱い体内から皮膚により多くの血液が流れるようになる．この変化で周囲の大気に放出される熱が最大になる．同時に汗腺の分泌が増加する．汗の蒸発が体表面を冷やす．呼吸が速く深くなり，肺から空気への熱の伝達が速くなる．ホルモンの変化で，疲れが感じられる．活動レベルが下がって熱の放出が増大し，体温が低下する．

　このようなフィードバック機構にもかかわらず，体温が危険なまでに上昇する異常高温によって死亡する危険性もある．過度の発汗は水分や塩分の喪失をもたらし，体液の組成を変化させる．消化器と肝臓への血流が減少する．これらの器官は栄養分と酸素が不足して，神経系やその他の器官系の機能に干渉する毒素を放出する．その結果，その個体は異常を認識して正しく反応することができなくなる．

　皮膚の受容器は環境が寒くなるとやはり脳にそのことを知らせる．すると脳は血流を皮膚から遠ざけ，周囲の空気への熱放出が起こる体表への熱の移動を少なくする．別の反応として，皮膚の平滑筋が反射的に収縮して毛を直立させ，いわゆる"鳥肌"状態にする．毛は寝ているときより立ったときのほうがよく熱を保つ．寒さが続くと脳は骨格筋に命令して1秒に10回か20回収縮させる．この震え反応は筋肉による熱生産を増加させるが，高いエネルギーコストを要求する．

　継続的に寒さにさらされると，体内の温度が危険なところまで低下する低体温症になることもある．体温が 35 °C まで下がると脳の機能が変化する．"ことばのつまり，つぶやき，ぎこちない動作"が初期の低体温症の症状である．極端な低体温症は意識喪失，心臓拍動の乱れをもたらし，致死的のこともある．

18・6　幹細胞の可能性　再考

　ES 細胞や iPS 細胞を再生医療に用いる研究は，多くの研究室や病院で行われている．iPS 細胞は，ヒトの胚を破壊しないですむことや，患者自身の細胞から作製することができるので，免疫の問題も少ないという利点がある．しかしこのような進歩にもかかわらず，iPS 細胞を用いた臨床応用は始まったばかりである．さまざまな病気の治療に応用するには，まだ乗り越えなければならない問題点も多い．

　それでも，成体の細胞に多分化能を誘導して特定の細胞に分化させることは，医学研究において多くの利点があり，パーキンソン病などの研究にすでに応用されている．この病気は，直接的には研究することの困難な脳の奥深くのニューロンが死ぬことで発症する．研究者は，遺伝的なパーキンソン病の患者の皮膚から細胞をとって，その細胞を多分化能性にし，ニューロンに分化させる．このような細胞を研究することは，パーキンソン病の症状をもたらす遺伝的な欠陥の研究に多くの知見を与えるであろう．

まとめ

18・1　幹細胞は分裂して多くの幹細胞をつくり出すか，あるいは分化して特殊化した細胞になる．体のすべての細胞は胚に存在する幹細胞に由来する．ES 細胞や ES 細胞と似た性質をもつ iPS 細胞は，やがて病気の治療に役立つと思われる．

18・2　動物の体は構造的にも機能的にもいくつかの階層で構成されている．組織は共通の仕事をする細胞と細胞外基質のグループである．組織は器官をつくり，器官は器官系としてともに働く．すべての階層での活動は，体の内部環境を許容範囲内に保つプロセスであるホメオスタシスに役立っている．

18・3　ほとんどの動物は4種類の組織から構成されている．上皮組織は体の外表面を覆い，内部の腔所や管を裏打ちしている．上皮は一方が自由表面となり，体液や環境と接している．内分泌腺，外分泌腺，毛や爪などは上皮組織に由来する．

結合組織は他の組織を結合し，保護し，隔離している．軟性結合組織には細胞外基質中のタンパク質繊維，繊維芽細胞，その他の細胞の比率が異なるものがある．特別な結合組織として，軟骨，骨，脂肪組織，血液がある．

筋組織は刺激されると収縮する．体や体部を動かす役目をする．骨格筋，平滑筋および心筋の3種類がある．

ニューロンは神経組織の通信線である．ニューロンは細胞膜に沿って電気シグナルを伝える．ニューログリアとよばれる細胞がニューロンを保護する．

18・4　器官は，組織が一定の比率とパターンで集合して共通の仕事をする構造上の単位である．皮膚は4種類すべての組織からなる器官である．皮膚は保護，体温調節，環境変化の検出，および防御の機能をもっている．器官系は個々の細胞や体全体の機能を維持するために，二つ以上の器官が相互作用している系である．

18・5　体温調節はホメオスタシスの一例である．ヒトの体温調節は，変化を検出する感覚受容器，受容器からシグナルを受けて反応を連係させる脳，そして反応を実行する筋肉や腺を含んでいる．体温調節はある変化がその変化をもとに戻す反応をもたらす，負のフィードバックを含んでいる．

試してみよう （解答は巻末）

1. シート状で，一方が自由表面になっている組織は ____
   a. 上皮組織　b. 結合組織　c. 神経組織　d. 筋組織

2. 上皮を下の結合組織に接着させているのは ____
   a. ギャップ結合　　　b. 基底膜
   c. ケラチノサイト　　d. 細胞膜

3. 腺が由来するのは ____
   a. 上皮組織　b. 結合組織　c. 筋組織　d. 神経組織

4. 細胞が表面に微絨毛をもつのは ____
   a. 上皮組織　b. 結合組織　c. 筋組織　d. 神経組織

5. ヒトの体に最も多く，繊維芽細胞によって産生されるタンパク質は ____
   a. コラーゲン　　　b. ケラチン
   c. メラニン　　　　d. ヘモグロビン

6. 体で最も多く，広く分布している組織は ____
   a. 上皮組織　b. 結合組織　c. 神経組織　d. 筋組織

7. 細胞が収縮できる組織は ____
   a. 上皮組織　b. 結合組織　c. 筋組織　d. 神経組織

8. 縞模様をもち随意筋である筋組織は ____
   a. 骨格筋　b. 平滑筋　c. 心筋　d. aとc

9. 環境変化の情報を検出し統合して，それに対する反応を統御するのは ____
   a. 上皮組織　b. 結合組織　c. 筋組織　d. 神経組織

10. 脊髄からつま先までシグナルを運ぶ，ニューロンの細い細胞質の突起はなんとよばれるか．

11. 左側の用語の説明として最も適当なものをa～iから選び，記号で答えよ．

    ____ 外分泌腺　　a. 皮膚の最外層
    ____ 内分泌腺　　b. 管を通しての分泌
    ____ 表皮　　　　c. 心臓のみにある
    ____ 真皮　　　　d. 外耳や鼻の支持組織
    ____ 平滑筋　　　e. 収縮する，縞模様なし
    ____ 心筋　　　　f. 主として密性結合組織
    ____ 血液　　　　g. 血漿，血小板，細胞
    ____ コラーゲン　h. 管のないホルモン分泌器官
    ____ 軟骨　　　　i. 繊維芽細胞が分泌，ヒトの体で最も多いタンパク質

19　免　疫

19・1　病原性ウイルスとの戦い
19・2　脅威に対する総合的反応
19・3　表面障壁
19・4　先天性免疫応答
19・5　抗原受容体
19・6　後天性免疫応答
19・7　免疫不全症
19・8　ワクチン
19・9　病原性ウイルスとの戦い　再考

19・1　病原性ウイルスとの戦い

　子宮頸がんは，女性のがんによる死亡率のなかでは高いほうである．日本では毎年およそ3000人，米国では3600人がこのがんで亡くなっている．

　子宮頸部は子宮の最下部である．頸部の細胞ががん化しても，ふつうはそのプロセスはゆっくりである．細胞はいくつかの前がん状態を経るが，それは通常のパップ試験（子宮頸部の細胞診検査）で検出することができる．しかし多くの女性は規則的に検診を受けることがむずかしい．痛みや出血によって婦人科を訪れる女性は，進んだ頸がんの症状になっているかもしれない．そして治療をしてもその生存率は9％にすぎない．定期的な婦人科健診が行われていない地域でははるかに多くの女性が死亡している．一方，日本のように検診率が高いところでは，検診率の上昇に伴って子宮頸がんによる死亡率は低下してきた．

　頸部細胞は，**ヒトパピローマウイルス**(human papillomavirus; HPV)の感染によってがん細胞へと変化（形質転換）する．HPVはDNAウイルスで，皮膚と粘膜に感染する．HPVには100種類ほどの異なるタイプがあり，あるものは手足あるいは口内にいぼをつくる．別の30種類ほどのウイルスは生殖器部位に感染して生殖器のいぼをひき起こすが，たいていは感染の徴候はみられない．

　生殖器がHPVに感染しても多くの場合なにも起こらないが，常に，とは限らない．およそ10株のウイルスのうちの一つが，頸がんの主要なリスク要因である（図19・1）．特に危険なのはタイプ16と18である．すべての頸がんの70％以上にどちらかのウイルスが見いだされている．2006年に米国食品医薬品局（FDA）はタイプ16と18を含む4種類のHPVに対するガーダシルという商品名のワクチンを承認した．ワクチンはこれらのウイルスによる頸がんを予防する．

　しかし，子宮頸がんの治療にはなにより早期発見が重要である．新しく浸潤性の頸がんと診断されたほとんどの女性は，過去5年間にパップ試験を受けておらず，多くの女性は一度も受けていなかった．パップ試験やHPVワクチンなどのテストや治療は，人間の体がもつ病原体に対する作用を利用している．このような作用は，**免疫**（immunity）とよばれる．

19・2　脅威に対する総合的反応

体の防御システムの進化

　ヒトはウイルス，細菌，真菌類，寄生虫，その他の膨大な病原体と出会うが，ヒトはこれらの病原体とともに進化してきたので，それらの感染に抵抗しそれと戦う免疫のしくみをもっている．免疫は多細胞真核生物が進化するはるか以前から備わっていた．突然変異によって新しい膜タンパク質が生じ，それは細胞ごとに固有のもの

図19・1　HPVと子宮頸がん．パップテストは，子宮頸部の正常な細胞の間にあるがん細胞（大型で不規則な核をもつ細胞）を示す．多核の細胞はHPV感染の特徴を示す．

になった．多細胞性が進化するにつれて，そのタンパク質を自己のものとして認識する機構が進化した．

10億年前までに，非自己の認識も進化していた．すべての現生多細胞生物は，病原体の表面または内部に存在する，およそ1000個の異なる分子パターンを認識する受容体のセットを備えている．このパターンは，病原体関連分子パターン（pathogen-associated molecular pattern: PAMP）とよばれる．PAMPのなかには，細菌の鞭毛や線毛（§3・4），細菌の細胞壁の構成要素，いくつかのウイルスにみられる二本鎖RNAなどが含まれる．PAMPは，体が非自己と認識する分子や粒子を意味する**抗原**（antigen）の例である．ある細胞の受容体がこれらの抗原の一つと結合すると，速やかな全身的防御反応がひき起こされる．たとえば哺乳類では，この結合は補体の活性化をもたらす．**補体**（complement）は血液や体液などによって全身を不活性な形で循環している一群のタンパク質である．活性化された補体は，微生物に結合して破壊するか，食作用（細胞が周囲の物質や細胞を取込んで消化すること）をもつ細胞による破壊のための目印となる．パターンの受容とそれが開始させる反応は感染に対する早くて全身的な防御である**先天性免疫**（innate immunity，**自然免疫**ともいう）の一部である．すべての多細胞生物はその生涯の最初からこの防御法をもっていて，それは一生あまり変わることがない．

脊椎動物は細胞，組織，タンパク質が相互作用することで実行されるもう一つの防御法をもっている．これは**後天性免疫**（adaptive immunity，**獲得免疫**ともいう）で，その生涯に出会う膨大な特異的病原体に対する免疫的防御をつくり上げる．表19・1に先天性免疫と後天性免疫を比較した．

防 御 戦 線

後天性免疫のしくみは先天性免疫を前提として進化した．かつては二つの免疫系が独立に作用すると考えられていたが，いまでは共同して機能することが知られている．ここでは両者の働きを三つの防御戦線に分けて考えよう．最初のものは病原体を体の外に止める物理的，化学的，機械的障壁である（図19・2）．第二の戦線は先天性免疫で，組織が傷害されるか抗原が体内に検出された後に動き出す．その一般的な反応機構は，侵入者が体内に定着する前に取除くことである．

先天性免疫の活性化は第三の戦線，つまり後天性免疫を起動させる．特異的な抗原を標的とする膨大な数の白血球集団が形成されて，その抗原をもつあらゆるものを破壊する．後天性免疫の間に分化する白血球のいくつかは感染が終了しても長い間残存する．もし同じ抗原が戻ってくれば，この記憶細胞は二次応答を開始する．

防御担当細胞

白血球はすべての免疫応答を実行する．多くのものは血液やリンパ液にのって体中を循環している．他のものはリンパ節，脾臓，その他の組織に定住している．白血球のあるものは食作用をもっていて，あちこち移動して他の細胞を飲込んでしまう．すべての白血球は分泌作用をもつ．分泌物には**サイトカイン**（cytokine）とよばれるペプチドやタンパク質がある．サイトカインは免疫系の細胞が互いに連絡するときに用いるシグナル分子である．連絡は，免疫応答時に細胞が活動を協調させることに役立つ．

図19・3は白血球を示している．それぞれの細胞は，たとえば食作用（§4・6）などの個々の機能にあうように特殊化している．**好中球**（neutrophil）は循環する食細胞としては最も数が多い．食作用のある**マクロファージ**（macrophage，大食細胞ともいう）は，血中の単球（monocyte）が成熟したもので，組織液中を巡回している．**樹状細胞**（dendritic cell）は，免疫系に組織中に抗原があることを警告する細胞で，食作用をもっている．

白血球のいくつかは顆粒をもっている．分泌顆粒は，抗原の結合などの刺激に反応して細胞が放出する．サイトカイン，酵素，あるいは病原体を攻撃する毒素などを

図 19・2 感染に対する物理的障壁． 粘液と繊毛の動きが肺に至る気道に病原体が定着することを防いでいる．細菌などの粒子は杯細胞（金色）が分泌する粘液に捕えられる．繊毛（ピンク）は粘液を喉のほうに送って排除する．

表 19・1 先天性および後天性免疫の比較

	先天性免疫	後天性免疫
応答時間	すぐ	およそ1週間
抗原検出	PAMPに対する固定された受容体セット	抗体遺伝子のランダムな組換えによる抗原受容体
特異性	およそ1000個のPAMP	何十億もの抗原
持続期間	なし	長期

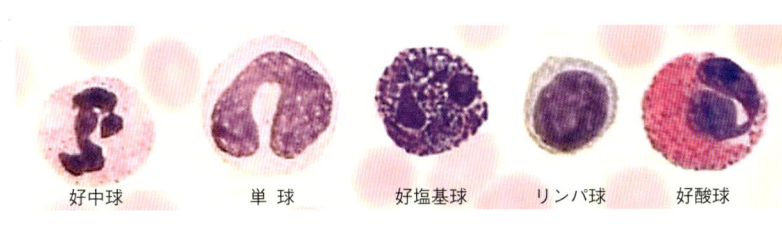

図 19・3 血液中を循環する白血球．染色によって酵素，毒素，シグナル分子などを含む細胞質顆粒の詳細が明らかになる．

好中球　単球　好塩基球　リンパ球　好酸球

含んでいる．好中球や**好酸球**（eosinophil）は食作用で攻撃するには大きすぎる寄生虫などを攻撃目標とする．血中を循環する**好塩基球**（basophil）と，組織に定住している**肥満細胞**（mast cell，マスト細胞ともいう）は傷害や抗原に反応して顆粒中の分泌物を放出する．肥満細胞は神経系からの化学シグナルにも反応する．

リンパ球（lymphocyte）は白血球の特別な一群で，後天性免疫では中心的存在である．**B 細胞**（B cell，B リンパ球 B lymphocyte ともいう）と **T 細胞**（T cell，T リンパ球 T lymphocyte ともいう）は何十億という個々の抗原を認識する能力をもっている．T 細胞には数種類あって，そのなかには感染細胞や自己のがん細胞を標的とする**細胞傷害性 T 細胞**（cytotoxic T cell）もある．**ナチュラルキラー細胞**（natural killer cell，NK 細胞ともいう）は細胞傷害性 T 細胞が処理できない感染細胞やがん細胞を破壊することができる．

19・3　表面障壁

皮膚は常に外部環境と接しているので，通常 200 種類もの異なる酵母菌，原生物，細菌が付着している．シャワーを浴びた後にも，皮膚の表面の 1 cm² におそらく数千の微生物がいるだろう．シャワーを浴びなければその数は何十億にもなる．微生物は，たとえば足指の間のような，暖かくて湿った場所で増殖する傾向がある．体の外表面に開いた穴や管，たとえば眼，鼻，口，肛門，生殖器などには膨大な数の微生物が生息している．

ヒトの体表面や，消化管，呼吸系の管など内部の管や腔にいつも生息している微生物は**常在性微生物相**（normal flora，図 19・4）とよばれる．ヒトの体表面は微生物に安定した環境と栄養分を提供している．その代わり，その集団はもっと攻撃的な種が表面に侵入したり定着することを妨げている．さらに，食物の消化を助け，細菌だけが産生するビタミン K や B₁₂ のようなわれわれが必要とする栄養分を産生する．

常在性微生物相は体の組織の外にいるときだけが有用である．もしそれが内部環境に侵入すると，肺炎，潰瘍，大腸炎，百日咳，髄膜炎，肺や脳の膿瘍，結腸がん，胃がん，大腸がんのような重大な病気をひき起こしたり悪化

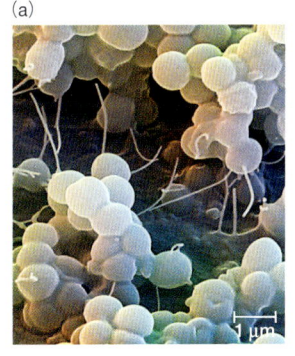

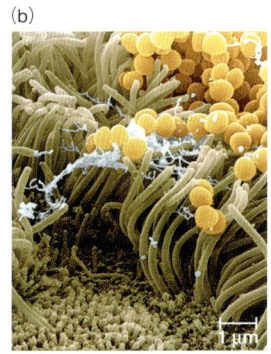

図 19・4　常在性微生物相の例．(a) *Staphylococcus epidermis*．ヒトの皮膚における最もふつうの定住細菌．(b) *Staphylococcus aureus*（黄）．ヒト鼻粘膜細胞が分泌した粘液上に集積している．

させたりする．破傷風菌 *Clostridium tetani* の毒素はしばしば腸から吸収されるので，この細菌は常在性の生息者であると考えられている．ジフテリアの病原体 *Corynebacterium diphtheriae* は，広範囲のワクチン接種によってこの病気を根絶するまでは，皮膚の常在性微生物であった．ブドウ球菌 *Staphylococcus aureus*（図 19・4b）はヒトの皮膚，口や鼻，喉，腸の表面に生息し，ヒトの細菌病の原因の筆頭である．現在では抗生物質耐性の *S. aureus* が広く蔓延している．最も危険な種類である MRSA（メチシリン耐性 *S. aureus*）は広範囲の抗生物質に耐性で，世界中のほとんどの病院に常に生息している．

体表面とは対照的に，健康なヒトの血液と体液はほとんど無菌である．ふつうは表面の障壁が，常在性微生物が内部環境に侵入することを防止している．脊椎動物の皮膚の丈夫な外層である表皮（§18・3）がその例である．微生物は，皮膚の水分をはじく油の存在する表面で増殖するが，めったに厚い表皮の中には侵入しない（図 19・5）．

体の内部の管や腔を覆う薄い上皮組織も表面障壁をもっている．図 19・4 (b) は，上皮細胞が分泌する粘着性の粘液が微生物を捕らえるところを示している．粘液は**リゾチーム**（lysozyme）という細菌を殺す酵素を含んでいる．鼻腔や呼吸器の管では，微生物がこれらの構造のもっと繊細な内壁に到達する前に，協調した繊毛の

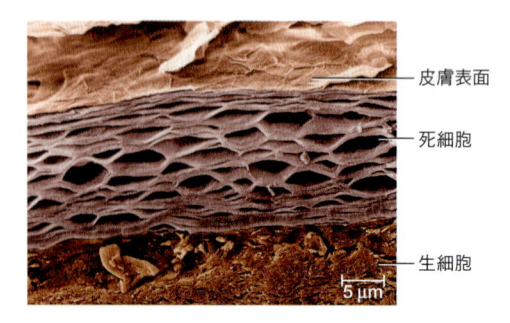

図 19・5　感染に対する表面障壁. ヒト表皮の厚い死細胞の層が, 体の外表面の常在性微生物相を維持する.

働きで微生物を捕らえて掃き出す.

　口は多くの栄養分, 暖かさ, 湿度, そして生息場所を供給するので, 微生物にとってとりわけ住み心地のいい場所である. したがって, 膨大な常在性微生物が生息している. 口にいつも生息する微生物は, 唾液中のリゾチームに抵抗性である. 飲込まれた微生物は, たいてい胃のタンパク質分解酵素と酸の強力な混合物である胃液によって殺される. そこを生き延びて小腸に到達するものの多くは胆汁塩によって殺される. 大腸まで到達するしぶとい微生物は, そこに生息することに適応し, すでに大きな個体群を形成している 500 種類もの常在性微生物と競合しなければならない. 常在性微生物を押しのけた微生物の大部分は, 下痢によって排泄される.

　乳酸菌 *Lactobacillus* によって産生される乳酸が, 膣の pH をほとんどの真菌や細菌の生息可能範囲外に保っている.

19・4　先天性免疫応答

　表面障壁をある病原体がすり抜けて体の内部環境に侵入したら, 何が起こるだろうか. 動物は通常, 第二の備えとして, 侵入した病原体が内部環境で足場を固めるのを妨ぐための, 作用が早くて, すぐに使える免疫防御のしくみを備えている.

補　体

　脊椎動物の血液中や組織液中には不活性な補体分子が 30 種類ほど循環している. そのいくつかは, 細胞やミトコンドリアから漏れ出したタンパク質に出会うと活性化される. 他のものは抗原や, 抗原に結合した抗体 (§19・5 参照) に出会うと活性化される.

　活性化された補体は他の補体を活性化し, それがまた別の補体を活性化する. このカスケード反応によって活性化した補体の大きな複合体 (膜攻撃複合体) ができ, それは抗原などが存在する場所から濃度勾配を形成する.

　活性化された補体のいくつかは病原体に結合し, 白血球による食作用を促進する覆いを形成する. 他の補体は, 非自己細胞や性質の異なる自己細胞の脂質二重層に挿入されて, 細胞内部の物質を流出させてしまうようなタンパク質の複合体を形成する (図 19・6a).

　健康な体細胞は補体を不活化するタンパク質を絶えず産生して, 補体の活性化が健康な組織にまで広がることを阻止する負のフィードバックを行っている. 微生物はこのような阻害タンパク質を産生できないので, 破壊の対象となる.

食作用

　樹状細胞, マクロファージ, 好中球などの食細胞は活性化された補体に対する受容体をもっていて, 補体の濃度勾配をさかのぼって抗原のある部位までたどりつく. 樹状細胞は気道などの外部環境と接触する組織に多く存在している. これらの細胞による食作用は, 病原体などの有害な粒子から肺を保護する重要な役割をもってい

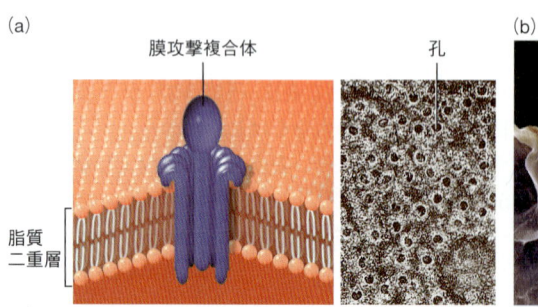

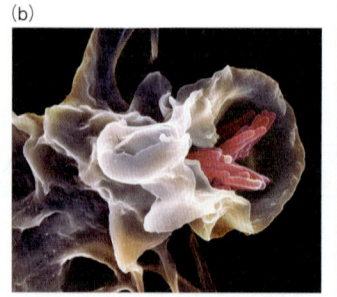

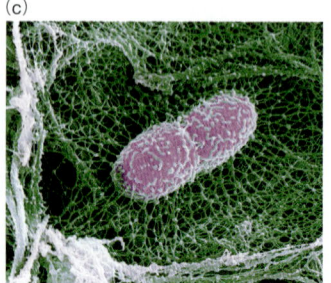

図 19・6　先天性免疫の例. (a) 補体. 活性化された補体が膜攻撃複合体として集合し, 複合体は細菌の脂質二重層に挿入される (左). それによって生じる孔 (右) が細胞の崩壊をひき起こす. (b) 食作用. マクロファージが結核菌 (赤) を貪食している. (c) 好中球の網. 2 個の肺炎桿菌 *Klebsiella* (紫) が肺組織中で好中球によって排除されている.

る．しかし樹状細胞の主要な機能は，抗原をT細胞に提示することである（§19・5）．

体液中のマクロファージは，健康な体細胞以外のほとんどあらゆる細胞を貪食する（図19・6b）が，単なる掃除屋ではない．マクロファージは抗原を貪食すると，後天性免疫系に脅威があることを知らせるサイトカインを放出する．

好中球は微生物を貪食してもっている顆粒の内容物を放出する．細胞外の体液中に放出された酵素や毒素は，健康なものも含めてあらゆる周囲の細胞を破壊する．最近研究者は，好中球がいくつかのシグナル分子や補体の複合体に反応して，文字どおり爆発し，顆粒の内容物とともに核DNAやそれに結合しているタンパク質まで放出することを明らかにした．これらの混合物は固化して網状になり，その周囲に病原体を捕獲する（図19・6c）．好中球の網は，きわめて効率よく細菌を殺す．

炎　症

炎症（inflammation）は組織の傷害や感染に対する速やかな局所的反応で，影響を受けた組織を破壊するとともにすぐに治癒過程を開始させる（図19・7）．炎症は，白血球が顆粒の内容物を放出すると起こる．顆粒の崩壊は，受容体が細菌の表面抗原に結合するなどの種々の刺激で起こりうる❶．活性化された補体も白血球の細胞膜の受容体に結合すると顆粒崩壊をひき起こす．

顆粒崩壊によって放出される物質には，ヒスタミンやプロスタグランジンのようなシグナル分子がある❷．シグナル分子は二つの局所的効果をもっている．第一に，毛細血管を拡張させる．それにより血流が増加する．血流の増加は，サイトカインで誘引される食細胞の到着を早める❸．第二にシグナル分子は毛細血管の壁にある細胞の間隔を広げる．それで組織の毛細血管は"漏れやすく"なる．食細胞は血管の細胞の間をすり抜けて血管を出る❹．侵入した細菌は活性化された補体で覆われていて，食作用の標的になりやすくなっている❺．

炎症の特徴は発赤と熱感だが，これはその部位の血流が増大したことの表れである．膨張と疼痛は漏れやすくなった毛細血管から出た血漿タンパク質が組織液を血液に対して高張にするからである．より多くの水分が組織に浸透し，それが膨張することで疼痛が起こる．

炎症はその原因が存続するあいだ続く．侵入した細菌が感染部位から排除されて刺激が収まると，マクロファージは炎症を抑制して組織の修復を促す物質を産生する．刺激が続くと炎症は慢性になる．慢性の炎症は正常な状態ではなく，体に悪影響を及ぼす．慢性炎症は，喘息，クローン病，関節リウマチ，アテローム性動脈硬化症，糖尿病，がんなど，多くの病気の原因となったり，悪化させたりする．

発　熱

発熱（fever）は，体温が平熱の37℃を超えることで，感染に対する反応としてよく起こる．いくつかのサイトカインは脳の細胞に対してプロスタグランジンを産生・放出するように刺激し，プロスタグランジンは視床下部に作用して体内の体温の設定温度を上げさせる．体温が設定温度より低いと，視床下部は皮膚の血管を収縮させて皮膚からの熱の放出を減少させるシグナルを出す．このシグナルは筋肉の代謝熱を増加させる"震え"という反射運動もひき起こす．両方の反応が体温を上げる．

発熱は，酵素活性を上げて代謝を活発にし，組織修復

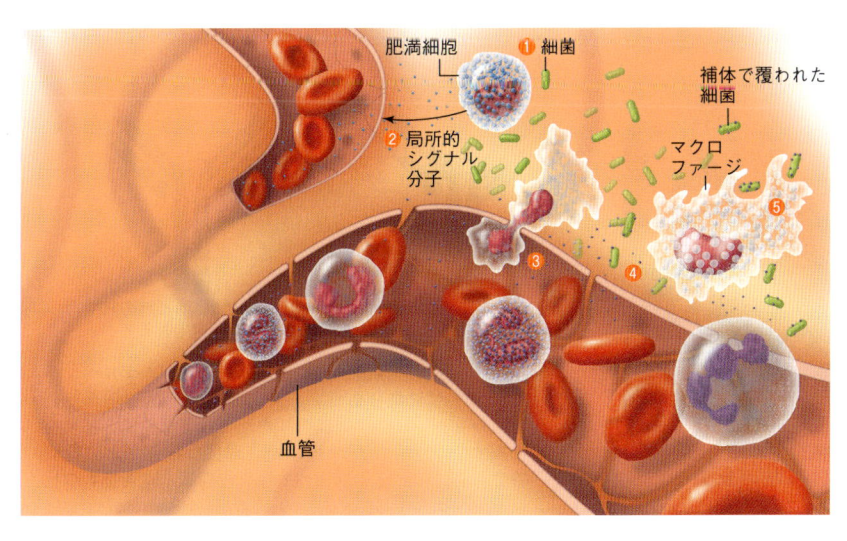

図 19・7　細菌の感染による炎症
❶ 組織中の肥満細胞の受容体が細菌の抗原を認識して結合する．
❷ 肥満細胞はシグナル分子（青い点）を放出し，それが毛細血管を拡張させる．血流が増加して発赤と熱感をひき起こす．
❸ シグナル分子はまた，毛細血管の透過性を高め，食細胞が血管壁を通り抜けて組織に出ることを容易にする．血漿タンパク質が毛細血管からしみ出し，組織は液体で膨張する．
❹ 細菌の抗原が補体（紫の点）を活性化する．活性化した補体が細菌に結合する．
❺ すぐに組織中の食細胞が，補体が結合した細菌を認識して飲込む．

や食細胞の産生と活動を高め，それによって免疫的防御を促進する．ある種の病原体は高温では増殖が低下するので，白血球は増殖の競争で病原体をしのぐことができる．

発熱は体が何かと戦っていることのサインであるから，無視してはいけない．しかし，40.6 ℃以下の熱は，健康な成人では特別の処置は必要ない．ふつうは体温がそれを超えることはないが，もし超えたらすぐに入院することが必要である．42 ℃の熱は脳に傷害を与え，死に至ることもあるからである．

先天性免疫応答の例

にきびは先天性免疫の影響の一つである．この皮膚の状態は，一部はごくありふれた常在性微生物であるニキビ菌 *Propionibacterium acnes*（図 19・8a）によってもたらされる．この細菌は毛や皮膚をうるおしている皮脂を餌にしている．皮脂は，脂肪，ろう，グリセリドのべたべたした混合物である．皮膚の腺は皮脂を毛囊に分泌する．思春期になるとステロイドホルモンが皮脂産生を高めるようになる．過剰の皮脂が死んではがれ落ちる皮膚の細胞と結合して毛囊の開口部をふさいでしまう．ニキビ菌は皮膚の表面でも生存できるが，ふさがった毛囊の内部のような無気的な生息場所をずっと好む．そのような場所では膨大な数にまで増殖する．数を増やしたニキビ菌の分泌物は内部に漏れていき，好中球を誘引し，それが毛囊の周囲の組織に炎症を起こす．その結果生じる吹き出物がにきびとよばれる．

通常の先天性免疫応答の別の例は口の中にみられる．口にはおよそ 400 種類の微生物が定住している．そのいくつかは**歯垢**（dental plaque）という，細菌やまれにアーキアと，その細胞外物質，および唾液のタンパク質からなる厚いフィルム（バイオフィルム）を形成する（図 19・8b）．歯垢は歯にしっかりと接着する．そこに生息する細菌のあるものは発酵を行う．その細菌は歯に付着した糖質を分解し，乳酸を分泌する．乳酸は歯のエナメル質を溶かし，穴をうがつ．

19・5 抗原受容体

もし先天性免疫機構が，侵入した病原体を素早く排除できなかったとすると，内部組織への感染が確立してしまう．でもそのころまでに，長続きのする後天性免疫が，その侵入者を特異的に攻撃し始めている．この攻撃は，抗原受容体を介して白血球が抗原を検出することから始まる．PAMP を認識する細胞膜タンパク質は抗原受容体の一種である．抗体も別の抗原受容体である．**抗体**（antibody）は B 細胞のみによって産生・分泌される Y 字形のタンパク質である．抗体の多くは血液中を循環し，また炎症時には体液中にも入るが，病原体を直接殺すことはない．抗体は補体を活性化して食作用を容易にする．抗体は病原体が体細胞に接着することを妨げ，またいくつかの毒性のある分子を中和する．

抗体は抗原と特異的に結合する．Y の先端が抗原結合部位であり，固有の立体構造と電荷をもっている（図 19・9a）．これらの結合部位が抗体の受容体部分であり，相補的な立体構造と電荷をもつ抗原とのみ結合でき

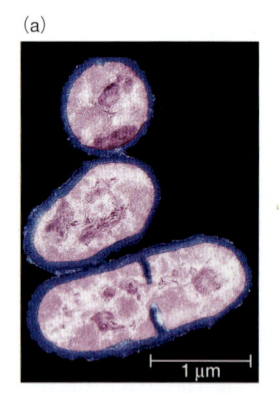

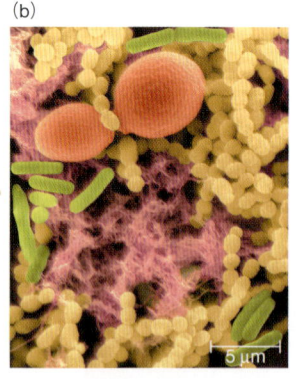

図 19・8 健康に問題を起こす常在性微生物相．(a) ニキビ菌 *Propionibacterium acnes* はにきびの原因となる．(b) 歯垢のおもな原因となる *Streptococcus mutans*.

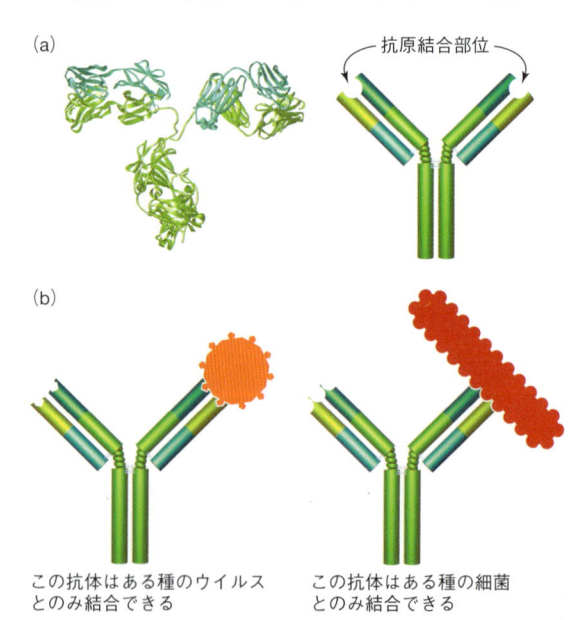

図 19・9 抗体の構造．(a) 抗体分子は 4 本のポリペプチドが Y 字形に集合している．どの抗体も抗原結合部位を二つもっている．鎖は折りたたまれて抗原結合部位を形成する．(b) 抗体の抗原結合部位は抗体ごとに特異的である．結合部位は相補的な立体構造と電荷をもつ抗原とのみ結合する．

る（図 19・9b）．

B細胞受容体（B cell receptor）は分泌されないでB細胞の細胞膜にとどまっている抗体である．T細胞は，**T細胞受容体**（T cell receptor: TCR）とよばれる特別な抗原受容体をもっている．TCRの一部は抗原を非自己として認識する．また別のTCRは体細胞の表面タンパク質のいくつかを自己として認識する．これらの自己タンパク質はそれらをコードする遺伝子にちなんで**MHCマーカー**（MHC marker，MHCは major histocompatibility complex 主要組織適合性複合体の略）とよばれる．MHC遺伝子は何千という対立遺伝子をもち，それゆえにごく近縁の個体でもめったに同じMHCマーカーをもたない．

抗原受容体の多様性

ヒトは何十億もの特異的な抗原受容体を産生することができる．この多様性は，受容体をコードする遺伝子が異なる染色体上のいくつかの断片として存在し，それぞれの断片にいくつかの異なる型があることによる．B細胞やT細胞の分化に伴って各断片はスプライシングされるが，それぞれの細胞における抗原受容体遺伝子の各断片でどの型が選択されるかは，ランダムである．1個のBまたはT細胞が分化すると，それは可能なおよそ25億通りの組合わせの一つの型をもつようになる．

他のすべての血球と同じく，リンパ球は骨髄で形成される．新しいB細胞は骨髄を出る前にすでに受容体をつくり始めている．受容体の根元の部分は細胞膜の脂質二重層に埋込まれ，Yの先端の2本の腕が細胞外に突出する．成熟したB細胞は十万以上の受容体をもっている（右図）．T細胞も骨髄で形成されるが，内分泌器官の一つである胸腺で成熟する（図 19・10a）．T細胞は胸腺で受容体の産生を促進するホルモンの作用を受ける．

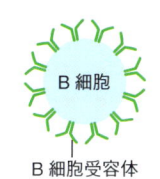

抗原の処理と提示

新しいB細胞やT細胞は"ナイーブ（naive）"である．ナイーブというのは，抗原がその受容体に結合したことがない，という意味である．B細胞受容体は直接抗原に結合できるが，T細胞受容体は，抗原が抗原提示細胞によって提示されるまで抗原を認識しない．マクロファージ，B細胞，あるいは樹状細胞が抗原提示をする（図

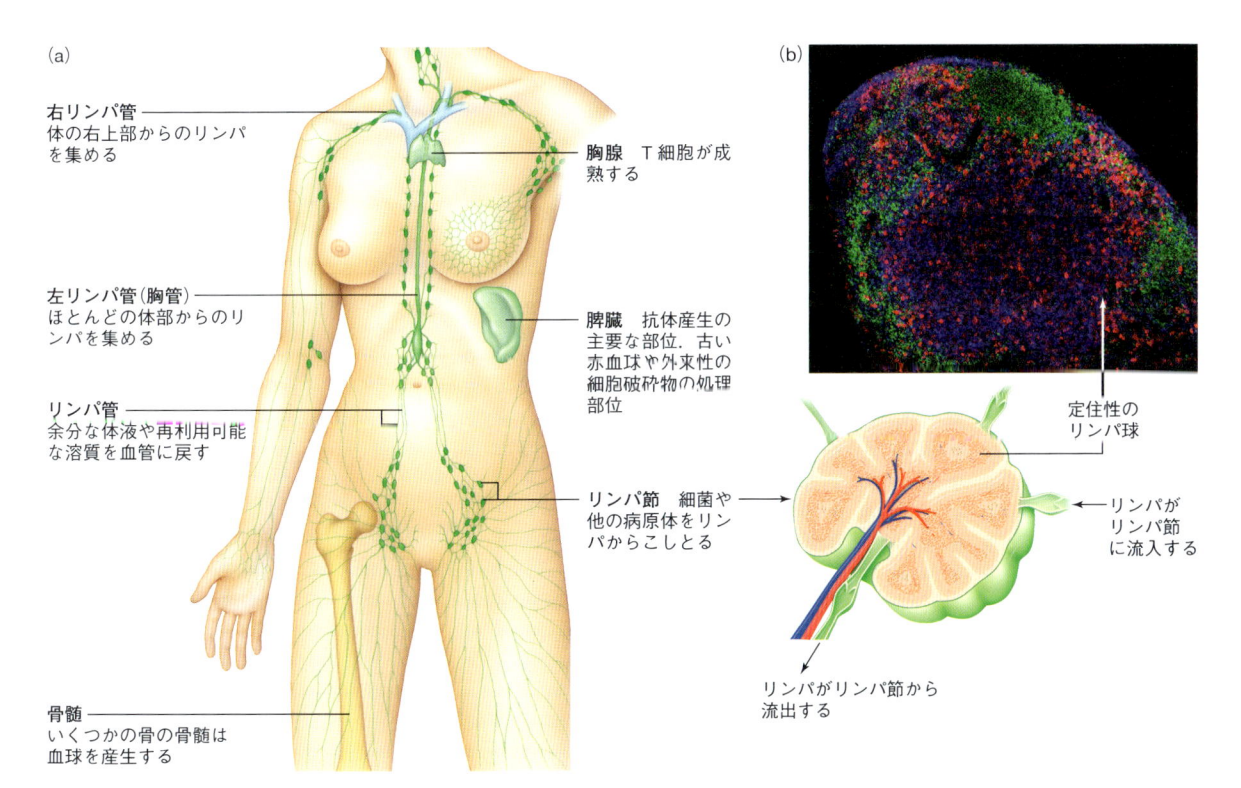

図 19・10　後天性免疫応答．(a) ヒトリンパ系のおもな要素とその機能．(b) リンパ節の断面図．リンパは血流と合流する以前に少なくとも1回はリンパ節を通過する．蛍光顕微鏡の写真は，リンパ節を通過中のT細胞（青）が，定住性のB細胞（緑）や抗原提示樹状細胞（赤）と相互作用していることを示す．

図 19・11 抗原の処理. B 細胞, マクロファージ, あるいは樹状細胞が抗原となる物質を飲込み, 抗原と出会ってからそれを提示するまでの過程.
❶ 食細胞が細菌を飲込み, 細菌の周囲に小胞が形成される.
❷ 小胞は, 酵素と MHC 分子を含むリソソームと融合する.
❸ リソソーム酵素が細菌を分子レベルまで分解する. 小胞の内部で細菌の抗原が MHC 分子と結合する.
❹ 小胞はエキソサイトーシスによって細胞膜と融合する. 抗原-MHC 複合体が白血球の表面に提示される.

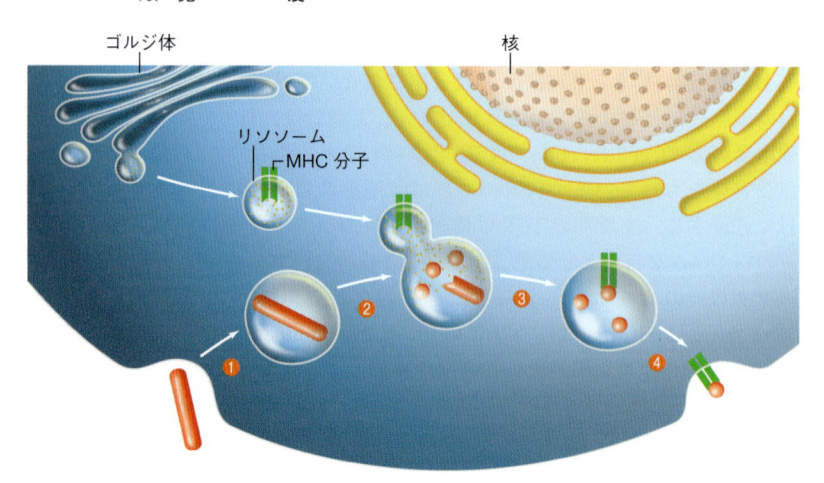

19・11). まずこれらの細胞は抗原をもっている細胞などを食作用で取込む❶. 抗原をもつ粒子を含む小胞が細胞質内に生じ, リソソームと融合する❷. §3・5 で述べたように, リソソームは強力な消化酵素を含む小胞である. この酵素が飲込まれた粒子を分子にまで分解する. リソソームは抗原をもつ分子と結合する MHC マーカーも含んでいる❸. その結果生じる抗原と MHC の複合体が, 小胞が細胞膜と融合すると, 細胞表面に提示される❹. 抗原-MHC 複合体が提示されると, T 細胞を誘引するシグナルとなる.

抗原提示細胞はリンパ節で T 細胞と相互作用する. 毎時 500 個のナイーブ T 細胞がリンパ節を通過し, 一群の B 細胞, マクロファージ, 樹状細胞が提示する抗原を検査している (図 19・10b). これらの食細胞のいくつかはリンパ節の定住者であり, リンパ中の抗原粒子を捕らえて処理しようと待ちかまえている. 他の食細胞は体の他の部分で抗原を貪食して処理したのちにリンパ節に移動して定住する. どちらの場合も食細胞はリンパ節を通過するナイーブ T 細胞に抗原を提示する. 食細胞が提示する抗原を認識して結合する受容体をもつ T 細胞は, 後天性免疫応答を開始する (図 19・12).

感染中は T 細胞がリンパ節の内部に集積するのでリンパ節が腫れる. 感染すると, 顎の下などに腫れたリンパ節が柔らかい塊として感じられるだろう.

19・6 後天性免疫応答

ボクサーがワンツーパンチを繰り出すように, 後天性免疫は独立した二つの戦法を用いる. 抗体依存性戦法と細胞依存性戦法である. 二つの反応は共同して種々の脅威を排除する. なぜ二つの戦法があるのだろうか. すべての脅威が同じではないからである. たとえば, 細菌や

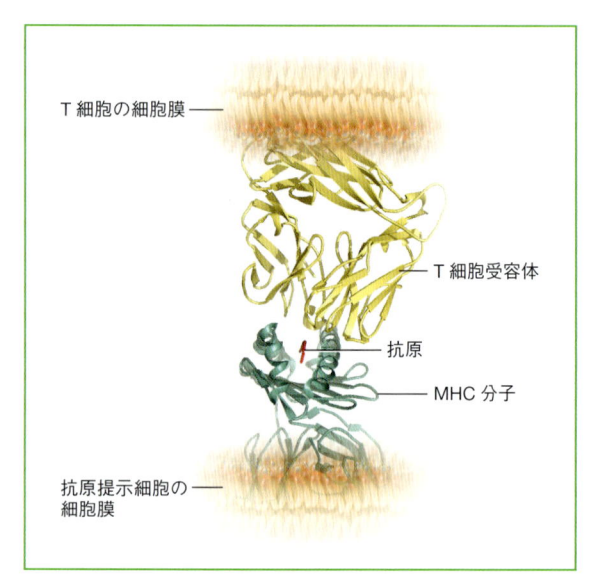

図 19・12 T 細胞受容体が食細胞の表面の抗原-MHC 複合体を認識して結合する. 結合によって抗原を標的とした後天性免疫が誘起される.

真菌類, あるいは毒素は血液や体液中を循環する. これらの細胞や毒素は, **抗体依存性免疫応答** (antibody-mediated immune response, **体液性免疫** humoral immunity ともいう) で相互作用する B 細胞やその他の食細胞によって素早く排除される. この反応では B 細胞が, 特異的抗原をもつ粒子と結合するタンパク質である抗体を産生する. しかし, 抗体依存性免疫応答は, 他の脅威に対しては最も有効な対応手段というわけではない. たとえばいくつかのウイルス, 細菌, 真菌類, 原生生物などは体細胞の内部に隠れて増殖することができる. B 細胞がそれらに対抗できるのは, それらがある細胞から出て他の細胞に感染する短い時間だけである. このような細胞内病原体は主として**細胞依存性免疫応答** (cell-mediated immune response, **細胞性免疫** cell immunity ともいう）によって攻撃される．これには抗体が関与しない．この反応では細胞傷害性 T 細胞や NK 細胞が感染した細胞やがん細胞を検出して破壊する．

典型的な後天性免疫応答では，ナイーブ T 細胞は抗原提示細胞の表面に提示された抗原と MHC の複合体を認識して結合する．すると一次免疫応答でただちに活動する B 細胞や T 細胞などの**実行細胞**（effector cell，エフェクター細胞）の分化がひき起こされる．また，**記憶細胞**（memory cell）も形成される．これは，将来同じ抗原に出会うときのために保存される長命の細胞である．記憶細胞は最初の感染が終了してから数十年も存続できる．もし後に同じ抗原が体に侵入すると，記憶細胞ははるかに速くて強力な二次応答を開始する（図 19・13）．

実行細胞とその分泌物が大部分の抗原をもった粒子を破壊すると，戦いは終末を迎える．抗原が減少して免疫戦闘要員も少なくなる．抗原-抗体複合体は大きな塊を形成し，それは肝臓や脾臓で血中から速やかに除去される．補体タンパク質が排除を助ける．免疫応答は抗原をもった粒子が体から除かれると終了する．

抗体依存性，細胞依存性どちらの免疫応答でも実行細胞と記憶細胞の活動が，後天性免疫応答の次の四つの性質に対して重要である．

- **自己・非自己の認識**（self/nonself recognition） TCR が自己を（MHC マーカーとして）認識し，すべての抗原受容体が抗原を非自己と認識することに基づいている．
- **特異性**（specificity） 特異的な抗原と戦うように特異的な後天性免疫応答が生じるという意味である．
- **多様性**（diversity） B 細胞と T 細胞の集合体上にある抗原受容体の多様性を意味している．
- **記憶**（memory） 後天性免疫系が（記憶細胞によって）抗原を"記憶"する能力を意味している．

抗体依存性応答

たまたま指に傷をつけてしまったとしよう．皮膚にいたふだんは無害な黄色ブドウ球菌 Staphylococcus aureus があっというまに傷口から内部に侵入してしまった．組織液中の補体が素早く細菌の細胞壁にある糖質を攻撃し，補体活性化反応をひき起こす．

1 時間以内に，補体で覆われた細菌はリンパ管を通ってひじのリンパ節に到達する．そこで細菌は一群のナイーブ B 細胞の中を通過する（図 19・14）．リンパ節にいるナイーブ B 細胞の 1 個が S. aureus の細胞壁の糖質を認識する抗原受容体をつくっている❶．B 細胞は受容体によって細菌に結合する．補体の覆いが，B 細胞が細菌を飲み込んで消化することを刺激する．

やがて，より多くの S. aureus が傷のまわりの組織液中に代謝産物を分泌する．分泌物は食細胞を誘引する．食細胞の一つである樹状細胞がいくつかの細菌を飲込み，ひじのリンパ節に移動する．リンパ節に到着するまでに細菌を消化し，その断片を MHC マーカーに結合した抗原としてその表面に提示する❷．

数時間のうちに 1 個の T 細胞が樹状細胞の提示する S. aureus 抗原を認識して結合する❸．この T 細胞は，他のリンパ球が抗体を産生して病原体を殺すことを助けるので，**ヘルパー T 細胞**（helper T cell）とよばれる．ヘルパー T 細胞と樹状細胞はおよそ 24 時間相互作用する．二つの細胞が離れると，ヘルパー T 細胞は循環系に戻って分裂を開始する．膨大なヘルパー T 細胞集団が形成される．これらのクローンは実行細胞と記憶細胞に分化するが，どちらも同じ S. aureus の抗原を認識する受容体をもっている．

リンパ節の B 細胞に戻ろう．このころまでに B 細胞は細菌を消化していて，その細胞膜表面に S. aureus の一部を MHC マーカーとともに提示している．新しい T 細胞の一つが，B 細胞が提示する抗原-MHC 複合体を認識する．これらのヘルパー T 細胞の 1 個が B 細胞に結合する．久しぶりに出会った友人のように，B 細胞と

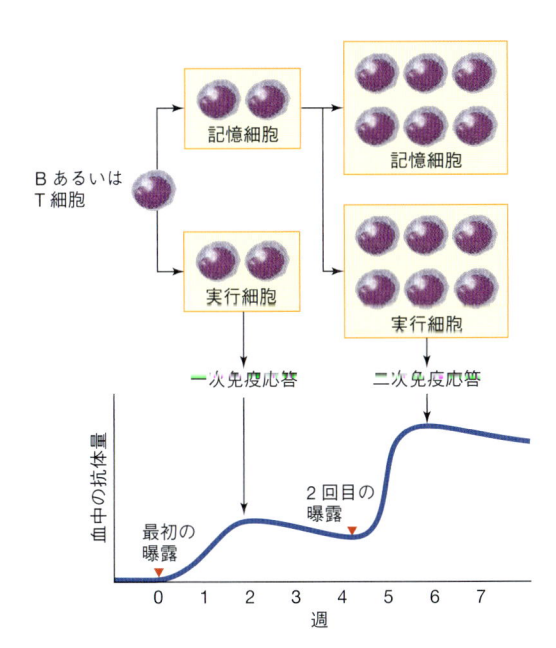

図 19・13 **一次および二次免疫応答**．抗原との最初の遭遇によって実行細胞が感染と戦う一次免疫応答が誘起される．記憶細胞も一次応答のときに形成されるが，これらは場合によっては何十年もそのままとっておかれる．もし抗原が再びやってくると，記憶細胞はより速く，より強い二次応答を開始させる．

し，同時に急速な食作用のための目印をつけることにもなる．抗体はまた，異物細胞を塊にしてそれらはすぐに循環系から排除される．

T細胞の働き：細胞依存性応答

正常でない体細胞は健康な細胞にはみられない抗原を提示する．たとえば，がん細胞は変化したタンパク質を提示し，細胞内病原体が感染した細胞は感染因子のポリペプチドを提示する．どちらの細胞も検出されて細胞依存性応答で破壊される．

細胞依存性応答は多くの場合炎症中の組織液で始ま

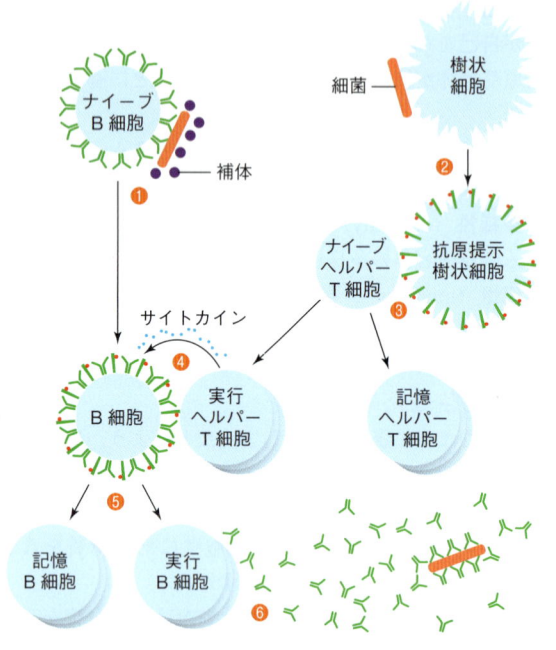

図 19・14　抗体依存性免疫応答
❶ ナイーブB細胞の受容体が細菌(赤)表面の抗原に結合する．補体(紫)が，B細胞がその細菌を飲込むことを刺激する．細菌の破砕物とMHCの複合体が活性化されたB細胞の表面に提示される．
❷ 樹状細胞が同じ細菌を飲込む．細菌の消化された断片とMHCの複合体が樹状細胞の表面に提示される．
❸ 抗原提示細胞上の抗原とMHCの複合体はナイーブヘルパーT細胞のTCRによって認識される．T細胞は分裂して，実行ヘルパーT細胞と記憶ヘルパーT細胞とに分化する．
❹ 実行ヘルパーT細胞のTCRがB細胞の抗原-MHC複合体と結合する．結合によってT細胞はサイトカイン(青の点)を分泌する．
❺ サイトカインはB細胞を分裂させ，多くの同一のB細胞を生じる．細胞は実行B細胞と記憶B細胞に分化する．
❻ 実行B細胞は抗体を産生して分泌する．抗体はもとのB細胞と同じ抗原を認識する．新しい抗体が体中を循環して，残った細菌に結合する．

ヘルパーT細胞はしばらく一緒にいて，連絡をとり合う❹．この連絡には，ヘルパーT細胞が分泌するサイトカインが使われる．サイトカインは，細胞が離れた後に，B細胞が分裂を始めることを刺激する．B細胞は繰返し分裂し，どれもが同じ *S. aureus* 抗原に結合できる受容体をもった，遺伝的に同一の巨大な集団をつくり，実行細胞と記憶細胞に分化する❺．実行B細胞は抗体を産生して分泌する❻．新しい抗体は，もとのB細胞受容体と同じ *S. aureus* 抗原を認識する．

ものすごい数の抗体が体中を循環し，細菌細胞に結合する．抗体の覆いが，細菌が体細胞にふれることを阻止

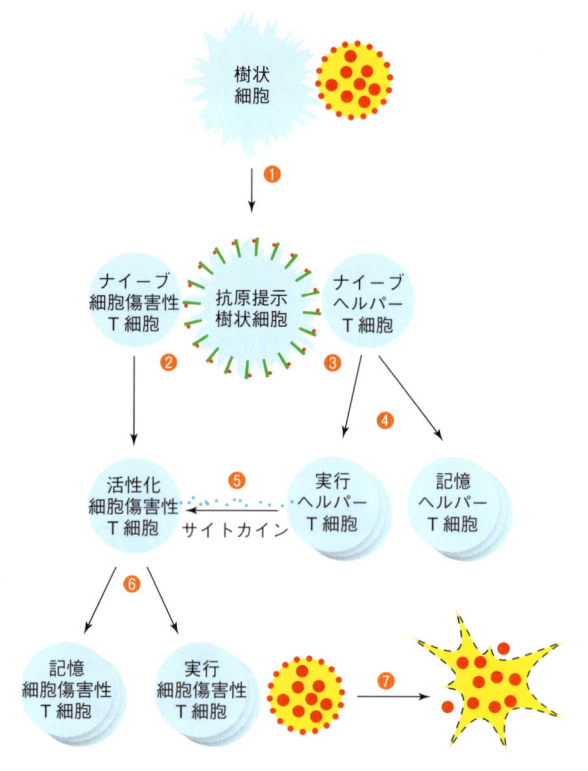

図 19・15　ウイルスが感染した細胞に対する細胞依存性免疫応答
❶ 樹状細胞がウイルス感染細胞を飲込み，抗原提示細胞となって，リンパ節に移動する．
❷ ナイーブ細胞傷害性T細胞の受容体が樹状細胞の抗原-MHC複合体に結合する．この相互作用によって細胞傷害性T細胞が活性化される．
❸ ナイーブヘルパーT細胞も抗原提示樹状細胞との相互作用によって活性化される．
❹ 活性化ヘルパーT細胞は分裂し，実行細胞と記憶細胞に分化する．
❺ 実行ヘルパーT細胞はサイトカインを分泌する．
❻ サイトカインは活性化細胞傷害性T細胞を分泌させ，その子孫細胞は実行細胞と記憶細胞に分化する．
❼ 新しい実行細胞傷害性T細胞は全身を循環する．それらは，表面にウイルス抗原とMHCの複合体を提示するすべての体細胞を認識して殺してしまう．

る．そこでは樹状細胞が病気の体細胞かその残存物を認識し，飲込み，消化する（図19・15）．樹状細胞は病気の細胞の一部である抗原を提示し，脾臓かリンパ節に移動する❶．そこで樹状細胞は抗原-MHC複合体を，ナイーブ細胞傷害性T細胞❷とナイーブヘルパーT細胞❸に提示する．ナイーブ細胞のいくつかは樹状細胞上の複合体を認識して結合するTCRをもっている．結合によってT細胞は活性化される．

活性化されたヘルパーT細胞は分裂して実行ヘルパーT細胞と記憶ヘルパーT細胞集団に分化する❹．新しい実行ヘルパーT細胞はマクロファージが提示する抗原-MHC複合体を認識して結合する．マクロファージはヘルパーT細胞と相互作用すると，病原体を破壊する酵素や毒素の産生を増し，食細胞を誘引するサイトカインの分泌も増加する．

実行ヘルパーT細胞もサイトカインを分泌する❺．抗原提示細胞との相互作用で活性化された細胞傷害性T細胞は，これらのサイトカインを認識して繰返し分裂し，その多くの子孫細胞は実行および記憶細胞傷害性T細胞に分化する❻．これらすべての新しい細胞はもともとの正常でない細胞が提示したのと同じ抗原を認識して結合する．

実行細胞傷害性T細胞は，血中や組織液中を循環してもともとの抗原とMHCマーカーをともに提示している他の体細胞に結合する❼．細胞傷害性T細胞は病気の細胞に結合する（図19・16）と，タンパク質分解酵素とパーフォリン（perforin）とよばれる低分子を放出する．パーフォリンは，細胞膜を攻撃するタンパク質複合体と同様に，複合体を形成して膜に挿入され，病気の細胞に孔を開けて細胞を死に至らしめる．この孔が酵素の細胞への侵入をもたらし，細胞は破裂するか自殺する．

体細胞を殺すために細胞傷害性T細胞はその細胞表面のMHC分子を認識しなければならない．しかし，ある種の感染やがん化は体細胞を変化させてMHCマーカーのある部分，あるいは全体を失わせてしまう．細胞傷害性T細胞とは異なり，NK細胞はMHCマーカー欠如の体細胞を殺す．ヘルパーT細胞が分泌するサイトカインは，NK細胞の分裂も促進する．こうして生じる実行NK細胞の集団は，抗体の標識のついた体細胞を攻撃して破壊する．NK細胞はストレスによって体細胞が提示するようになったタンパク質も認識する．正常なMHCマーカーをもつストレス細胞は殺されない．MHCマーカーが変化したり欠如している細胞だけが破壊される．

抗体依存性応答と同じように，記憶細胞は一次細胞依存性応答でも形成される．この長命の細胞はすぐには活動しない．のちに抗原が再び侵入すると，記憶細胞は早くてより強い二次応答をひき起こす．

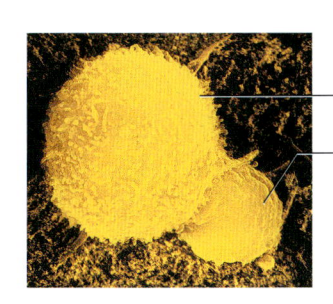

19・7 免疫不全症

免疫系の機能には何重もの制御機構が組込まれているが，それでも免疫が常に完全に作用するわけではない．その複雑性が問題の一部である．なぜなら，多くの要素が含まれれば，それだけ多くのまちがいが生じる可能性が増大するからである．免疫機能のわずかなまちがいも健康には重大な影響がある．

アレルギー

ふつうは無害な物質が何百万人もの人に免疫応答をひき起こすことがある．通常は無害だがそのような反応を誘起する物質は**アレルゲン**（allergen）とよばれる．アレルゲンに感受性のあることを**アレルギー**（allergy）という．薬物，食物，花粉，ダニ，真菌類の胞子，ハチなどの昆虫の毒，などが最もふつうのアレルゲンである．

典型的なアレルギーでは，初めてアレルゲンにさらされると，B細胞が刺激されて抗体を産生・分泌し，それは肥満細胞や好塩基球に固定される．もう一度アレルゲンにさらされると抗原が抗体に結合する．結合によって抗体をもつ細胞が顆粒の内容物を放出し，炎症が起こる．もしアレルゲンが気道の肥満細胞によって検出されると，たくさんの粘液が分泌されて気道は狭くなる．くしゃみや鼻づまりが起こり，鼻水が出る．抗ヒスタミン薬はヒスタミンの効果を弱めて，アレルギーの症状を和らげる．他の薬は肥満細胞の崩壊を阻止してヒスタミンの放出を抑制する．

過度の応答

脅威を取除くための免疫防御が体の組織に傷害を与えることがある．したがって，免疫応答を制限する多くのしくみが常に働いている．たとえば，1個の補体タンパク質が感染や組織の傷害なしに活性化されることがある．このタンパク質を不活化する機構がないと，補体のカス

図19・16 がん細胞を殺している細胞傷害性T細胞

（細胞傷害性T細胞／がん細胞）

免疫応答を制限するしくみが働かないと，急性の病気が生じる．アレルゲンへの曝露はときとして，**アナフィラキシーショック**（anaphylactic shock）とよばれる，重度の全身的アレルギー反応をもたらすことがある．全身で多量のサイトカインとヒスタミンやプロスタグランジンが放出されて急速な全身的反応をひき起こす．血管から液体が組織中に漏出して血圧を低下させ（ショック），組織は膨潤して気道を圧迫する．アナフィラキシーショックは，まれではあるが生命を脅かし，ただちに治療を要する．ショックはわずかなアレルゲンにさらされたときでさえ，いつでも起こりえる．危険因子としては，事前に何らかのアレルギー反応を起こしていることがあげられる．

自己免疫疾患

体はふつう，自分の健康な細胞の分子に対する抗体を産生しない．それは胸腺がまちがった受容体をもつT細胞を排除する品質管理機構をもっているからである．このしくみが働かないと，ときとして自己と非自己を区別できない成熟リンパ球がつくられる．そうすると，**自己免疫応答**（autoimmune response），つまり自分の組織を攻撃する免疫応答が起こる．自己免疫応答は，細胞依存性免疫応答ががん細胞に向けられるという利点もあるが，多くの場合はそうはならない．

自己反応性のT細胞が神経を攻撃すると，神経の病気や多発性硬化症などが発症する．症状は，軽度の衰弱や平衡感覚の喪失から，麻痺や失明まで広範囲である．MHCマーカーのある対立遺伝子が感受性を高めることもあり，また，細菌やウイルスの感染が病気をひき起こすこともある．

免疫不全症とエイズ

免疫機能が損なわれることは危険で，ときとして致死的である．免疫不全症はその個体を，健康な場合にはほとんど無害な日和見因子による感染に対して脆弱にしてしまう．出生時にすでに起こっている原発性免疫不全症は突然変異の結果である．いくつかの複合免疫不全症（SCIDs，§10・5）がその例である．続発性免疫不全症はウイルスのような外部の因子にさらされた後に起こる免疫機能の喪失である．**エイズ**（**後天性免疫不全症候群** acquired immunodeficiency syndrome: AIDS）は最も多い続発性免疫不全症である．エイズは**ヒト免疫不全ウイルス**（human immunodeficiency virus: HIV）の感染によって起こる病気の集合体である（§13・4）．このウイルスは免疫系の機能を損ない，他の病原体の感染や，まれながんの形成に対する感受性を高める．現在，世界中ではおよそ3330万人がHIVに感染している．

HIV感染者は，最初は健康で，インフルエンザにかかった程度である．しかし，しだいにエイズを予感させる徴候が現れる．発熱，多くのリンパ節の腫脹，慢性の疲労感と体重減少，そして激しい夜間の発汗などである．ついで，ふつうなら無害な微生物による感染が襲う．酵母による口，食道，膣への感染がしばしば起こり，また真菌類であるカリニ肺炎菌 *Pneumocystis jiroveci* による肺炎も起こる．酵母やウイルスの腸管への感染によって下痢が起こる．色素をもった病斑が皮膚に突出する．これはエイズ患者によくみられるがんの一種，カポジ肉腫の徴候である．

HIVは主として**マクロファージ**，樹状細胞，およびヘルパーT細胞に感染する（図19・17）．ウイルスが体内に入ると樹状細胞がそれを飲み込む．樹状細胞はリンパ節に移動し，処理したHIVの抗原をナイーブT細胞に提示する．HIVを中和する抗体とHIV特異的細胞傷害性T細胞の一群が形成される．何年も，あるいは何十年もの間，抗体は血中のHIV濃度を低く抑える．この段階で患者は，エイズの徴候は示さないが感染性をもっている．HIVはいくつかのリンパ節の少数のヘルパーT細胞中に残存している．しだいに血中のウイルスを中和する抗体量が低下し，T細胞の産生もゆっくりになる．なぜ抗体量が下がるかということは重要な研究課題であるが，その結果は明らかである．後天性免疫系はウイルスとの戦いでしだいに有効性を失っていく．ウイルス粒子の数が増加して，感染したT細胞数が増加する．1日に10億個のウイルスがつくられる．20億個のヘルパーT細胞が感染する．ウイルスの半分は破壊され，ヘルパーT細胞の半分は2日ごとに置き換わる．リンパ節が感染したT細胞で腫れるようになる．二次感染とが

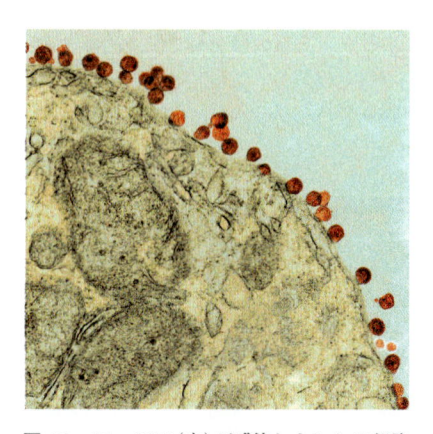

図 19・17　HIV（赤）が感染したヒトT細胞

んが患者を死に至らしめる．

ウイルスの複製を標的とする治療薬が開発され，エイズは短期間に死に至る病から，ゆっくり進行し，しばしば，制御可能な病気に変化した．また，逆転写酵素の阻害剤からなる薬を予防的に用いることで，危険性の高い集団でもHIVの感染は相当に減少している．

HIVは感染者との無防備な性交渉をもつことで感染することが多い．HIVはまた，薬物使用者や病院で少量の血液のついた注射筒を使い回すことでも感染する．多くの人が輸血によって感染したが，現在ではほとんどの血液は使用前に検査されるので，このような感染はめったに起こらない．感染した母親が妊娠中，分娩時，あるいは授乳時に子にHIVを感染させることもある．

ほとんどのエイズ検査は，血液，唾液，尿についてHIV抗原と結合する抗体を用いて行う．この抗体は感染後3カ月以内の人でも99％の確率で検出することができる．

19・8 ワクチン

免疫付与（immunization，免疫感作ともいう）は，免疫を誘導する方法を意味する．能動的免疫付与では抗原を含む調製品，すなわち**ワクチン**（vaccine）が経口的に，あるいは注射で与えられる．最初の免疫付与で，あたかも感染が起こったときと同様，一次免疫応答が誘起される．二次免疫付与は，ブースターとよばれ，より強力な二次免疫応答をひき起こす．

受動的免疫付与では，他人の血液から精製した抗体が注射される．この処置は，破傷風，狂犬病，エボラウイルス，あるいはヘビ毒や毒素などの，致死的である要因にさらされた患者にただちに効果をあげる．抗体は患者のリンパ球でつくられたものではないので，実行細胞や記憶細胞は形成されず，注射された抗体が存続する間だけ効果が現れる．

最初のワクチンは，18世紀後半に，天然痘の大流行から身を守ろうとする懸命の試みから生まれた（図19・18）．1796年に英国の医師ジェンナー（Edward Jenner）が牛痘の膿の液体を健康な少年に接種した．6週間後，ジェンナーはその少年に天然痘の膿の液体を注射した．幸いなことに少年は天然痘にならなかった．少年は免疫されていて，接種によっても発病しなかったのである．ジェンナーはこ

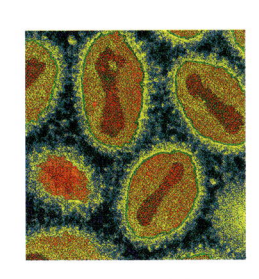

図 19・18 天然痘ウイルス

の方法を，牛痘のラテン語であるvacciniaにちなんでワクチンとよんだ．ジェンナーのワクチンの使用は，急速にヨーロッパに，そして世界中に広まった．知られている最後の天然痘患者は，1977年のソマリアにおいてである．

現在では，牛痘のウイルスが天然痘のワクチンとして有効なのは，その抗体が天然痘ウイルスの抗原も認識するからだということが，知られている．免疫系がどのように働くかというわれわれの知識は，毎年何百万人もの生命を救う多くのワクチンの開発を可能にしている．ワクチンは世界的な公衆衛生プログラムの重要な一部である（表19・2）．ワクチンは多くの感染症による発病や死亡を劇的に減少させた．しかし人々のワクチンに対する信頼が，成功させる一部である．かなりの人がワクチン接種を拒否すれば，致死的ではあるが制御可能なはずの感染症が大流行することもある．

表 19・2 ワクチン接種の実施年齢（日本）[1]

ワクチン	接種年齢
BCG[2]	3カ月～6カ月
ポリオ	3カ月～1歳半
ジフテリア・破傷風・百日咳（Ⅰ期初回）	3カ月～3歳
ジフテリア・破傷風・百日咳（Ⅰ期追加）	初回終了後1年～1年半
ジフテリア・破傷風・百日咳（Ⅱ期）	11歳～12歳
麻疹・風疹（MRワクチン）（Ⅰ期）	1歳～2歳未満
麻疹・風疹（MRワクチン）（Ⅱ期）	5歳～6歳
日本脳炎（Ⅰ期3回）	3歳～5歳未満
日本脳炎（Ⅱ期）	9歳

[1] 予防接種法による定期接種のみ，標準的接種年齢，国立感染症研究所，2012年4月による．
[2] BCGは結核予防法による．

エイズに対する有効なワクチンは，まだ見つからない．このウイルスは突然変異の率が高く，抗体はウイルスに対して選択圧をかけるにすぎない．有効なHIVワクチンは，今後生じるかもしれない変異体も含めてすべての変異体を効果的に認識して中和するものでなければならない．HIVの弱毒ウイルスによる免疫は，チンパンジーでは有効なワクチンであるが，ヒトではワクチン接種時の感染の危険性が大きいので，利用されていない．他のHIVワクチンはほとんど効果がない．エイズを発症しているヒトの抗体から得られた抗体を用いて，抗体がウイルスのどこを認識するかという研究も，続けられている．

19・9 病原性ウイルスとの戦い 再考

HPVに対するガーダシルワクチンは，ウイルスのキャプシドタンパク質からできていて，これは自己集合してウイルス様の粒子（VLP）を形成する．このタンパク質は遺伝子組換えの酵母 *Saccharomyces cerevisiae* でつくられる．酵母はHPVの4種類の系統のそれぞれ一つに由来する表面タンパク質の遺伝子をもっているので，VLPはウイルスのDNAをもっていない．したがってVLPは感染性ではないが，それをつくっている抗原性のタンパク質はHPVウイルスの感染と少なくとも同程度の免疫応答をもたらす．

まとめ

19・1 子宮頸がんのような病気のスクリーニング，治療，ワクチンは，ヒトの体がどのように病原体に対処するかについての理解が深まった直接的な成果である．

19・2 感染に対して体が抵抗したり戦ったりする能力を免疫とよぶ．表面障壁を突破した抗原をもつ病原体が，先天性免疫をひき起こす．先天性免疫は病原体の集団が体内環境中に定着することを阻止する一般的な防御である．何十億という異なる抗原を特異的に標的とする後天性免疫がそれに続く．補体とサイトカインのようなシグナル分子が，両方の応答を実行する樹状細胞やマクロファージのように食作用をもつ白血球の活動を協調させる．リンパ球（B細胞，T細胞，NK細胞）は免疫応答で特別な役割を果たす白血球である．

19・3 皮膚や体の管や腔の外表面に常在する微生物相は，内部の組織に侵入しない限り病気の原因とはならない．脊椎動物は体表の病原体を，物理的，機械的，化学的障壁（リゾチームを含む）で防御する．

19・4 先天性免疫応答は，活性化された補体または病原体や抗原をもつ粒子を貪食した白血球によってひき起こされる．抗原や組織の傷害によって活性化された補体は食細胞を誘引し，病原体を覆い，細胞膜を攻撃して細胞死をひき起こす複合体を形成する．

炎症は，感染組織や傷害された組織の白血球が食細胞を誘引し，その部位での血流を増加させるシグナル分子を放出すると始まる．毛細血管からしみだした血漿タンパク質が膨潤と痛みをもたらす．炎症を起こす刺激に長期間さらされると慢性の炎症が起こる．これは多くの病気にみられる状態である．歯垢の原因となる常在性の微生物相がアテローム性プラークとなることもある．発熱は代謝速度を上げて病原体の増殖を抑制する．

19・5 T細胞受容体は自己，非自己の区別の基礎である．この受容体は抗原提示細胞がMHCマーカーとともに提示する抗原を認識する．B細胞受容体は，B細胞から放出されない抗体である．2種類の受容体は全体として何十億という特異的抗原を認識できる．この多様性は抗原受容体遺伝子のランダムなスプライシングによって生じる．抗原を貪食し，処理し，T細胞に提示する食作用をもつ白血球は，すべての後天性免疫応答の中心的存在である．

19・6 後天性免疫の4種類の特徴は，自己・非自己の認識，特異的な脅威に対する感受性，きわめて多様な病原体を迎撃する能力，そして記憶である．抗体依存性および細胞依存性の免疫応答が協同して特異的な病原体を取除く．抗体依存性免疫応答（体液性免疫）では，特異的抗原を認識する抗体がB細胞によって産生される．細胞依存性免疫応答（細胞性免疫）では細胞傷害性T細胞が感染やがん化によって変化した体細胞を排除する．NK細胞は細胞傷害性T細胞が見逃した病気の細胞を殺すことができる．

どちらの応答でも，多くの実行細胞が形成され，抗原をもつ粒子を標的とする．記憶細胞も形成され，後に抗原と出会うときに備えて保存される．そのさいには記憶細胞はより速く，より強い二次応答をひき起こす．

19・7 アレルゲンは，通常は無害であるが免疫応答を誘導する物質である．アレルゲンに対する過度の感受性はアレルギーとよばれる．免疫機能が低下すると，危険な症状をもたらすことがある．免疫不全は免疫応答を開始する能力の低下である．自己免疫応答では，自分の体の細胞を不適切にも非自己と認識して攻撃する．

エイズはHIVによってひき起こされる．初期の免疫応答によって，すべてではないが大部分のウイルスは除かれる．ウイルスはヘルパーT細胞に感染し，しだいに後天性免疫系を破壊する．

19・8 ワクチンによる免疫付与は個々の病気に対する免疫を誘導するもので，世界的な衛生プログラムとして毎年何百万人もの生命を救っている．効果的なワクチンのプログラムには，多くの人が接種を受けることが必要である．

試してみよう（解答は巻末）

1. 次のうち，感染に対する最初の免疫的防御に属さないものはどれか．
   a. 皮膚   b. 酸性の胃液
   c. 唾液のリゾチーム   d. 定住性の細菌集団
   e. 補体の活性化   f. 下痢

2. 先天性免疫の一部でないものはどれか．
   a. 食細胞   b. 発熱   c. ヒスタミン
   d. サイトカイン e. 炎症   f. 補体の活性化
   g. 抗原提示

3. 後天性免疫の一部でないものはどれか．
   a. 食細胞   b. 抗原提示細胞 c. ヒスタミン
   d. サイトカイン e. 抗原受容体   f. 補体の活性化
   g. 抗体   h. どれも関与する

4. 活性化した補体タンパク質は ＿＿
   a. 細胞膜に穴をあける複合体を形成する
   b. 炎症を促進する
   c. 食細胞を誘引する
   d. a〜c のすべて
5. 免疫応答をひき起こすのは ＿＿
   a. サイトカイン　　b. リゾチーム
   c. 抗体　　　　　　d. 抗原
   e. ヒスタミン　　　f. a〜e のすべて
6. 先天性免疫の定義となる性質を一つあげよ．
7. 後天性免疫の定義となる性質を一つあげよ．
8. 抗体は ＿＿
   a. 抗原受容体である
   b. B 細胞のみによってつくられる
   c. タンパク質である
   d. a〜c のすべて
9. 樹状細胞が細菌を貪食したときに細菌の一部とともに表面に提示するのは ＿＿
   a. MHC マーカー　　b. 抗体
   c. T 細胞受容体　　　d. 抗原
10. 抗体依存性免疫応答が最も強く作用するのは ＿＿
    a. 細胞内病原体　　b. 細胞外病原体　　c. がん細胞
    d. a と b　　　　　e. b と c　　　　　f. a, b, c
11. 細胞依存性免疫応答が最も強く作用するのは ＿＿
    a. 細胞内病原体　　b. 細胞外病原体　　c. がん細胞
    d. a と b　　　　　e. a と c　　　　　f. a, b, c
12. 細胞傷害性 T 細胞の標的となるのは ＿＿
    a. 血液中の細胞外ウイルス粒子
    b. ウイルスが感染した体細胞またはがん細胞
    c. 肝臓の寄生虫
    d. 膿の細菌細胞
    e. 鼻粘液中の花粉
13. アレルギーが起こるのは体が何に応答したときか．
    a. 病原体　　　　　b. 毒素
    c. 通常は無害な物質　d. a〜c のすべて
14. 左側の免疫細胞の説明として最も適当なものを a〜e から選び，記号で答えよ．
    ＿＿ 樹状細胞　　　　　a. ウイルス感染細胞を殺す
    ＿＿ B 細胞　　　　　　b. 抗原提示細胞
    ＿＿ ヘルパー T 細胞　　c. 他のリンパ球を活性化する
    ＿＿ NK 細胞　　　　　d. がん細胞を殺す
    ＿＿ 細胞傷害性 T 細胞　e. 抗体を産生する
15. 左側の免疫の考え方の説明として最も適当なものを a〜g から選び，記号で答えよ．
    ＿＿ アナフィラキシー　　a. 抗原の認識
    　　　ショック　　　　　b. 不十分な免疫応答
    ＿＿ 免疫記憶　　　　　　c. 全身的防御
    ＿＿ 自己免疫　　　　　　d. 自分の体に対する免疫応答
    ＿＿ 炎症　　　　　　　　e. 二次応答
    ＿＿ 免疫不全　　　　　　f. 全身的アレルギー反応
    ＿＿ 抗原受容体　　　　　g. 抗原と MHC マーカーの同
    ＿＿ 抗原処理　　　　　　　 時提示

20 神経系と感覚器官

20・1 神経系と向精神薬
20・2 ニューロン
20・3 動物の神経系
20・4 末梢神経系
20・5 中枢神経系
20・6 感　覚
20・7 神経系と向精神薬 再考

20・1 神経系と向精神薬

　エクスタシーは違法な麻薬であり，自分が社会的に受け入れられているように思わせ，不安を軽減し，周囲の状況や感覚刺激に鋭敏にする．しかしそれは，体温を急激に上昇させて体のすべての開口部から出血させ，命を落とす原因ともなりかねない．犠牲者の家族や友人は，犠牲者が息を引取るのを見て，恐怖と悲しみに陥る．

　エクスタシーは向精神薬であり，精神機能を変化させる．活性のある含有物は MDMA (3,4-methylenedioxy-methamphetamine) で，メタンフェタミンと構造が似ている．どちらもニューロン（神経系でシグナルを伝える細胞）の機能に干渉する．つまりニューロンが化学シグナルを放出し，受容し，それに反応し，そしてシグナルを排除することを妨げる．MDMA は脳のニューロンの膜にあるシグナルの輸送分子に結合する．この結合によって気分や記憶に影響する化学シグナルが異常に高濃度に蓄積してしまう．脳におけるこの分子の蓄積が，エクスタシーの精神に対する効果の源である．その効果は，エネルギーの増進，共感，高揚感，そして不安感の低下などである．

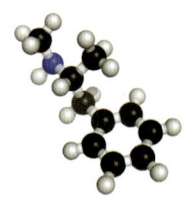

メタンフェタミン　　エクスタシー(MDMA)

　しかし，MDMAの効果は脳にとどまらない．この薬物の効果によって，体は非常時のようにふるまう．心臓の拍動促進，血圧の上昇，あごの筋肉の収縮，瞳孔の散大がひき起こされる．唾液分泌が抑制されるので，口が渇く．その感覚に対応して水を飲むと，MDMA は尿生産と排尿を阻害するので，問題が生じる．余分な水分を排出しないまま多量の水を飲むと，体液が極端に薄まり，痙攣の原因になる．一方，水の摂取が少なくて，MDMAによって体の状態が活発になりすぎると，体温が生命を脅かすほど上昇する．

20・2 ニューロン

ニューロンと支持細胞

　すべての多細胞生物のなかで，動物は外界の刺激に最も速く反応する．ニューロンを中心とする神経系がこの速い反応の鍵である．ニューロン (neuron, 神経細胞) はその細胞膜に沿って電気信号を伝え（伝導），化学的メッセージによって他の細胞と連絡する．ほとんどの神経系では3種類のニューロンが相互作用する（図20・1）．感覚ニューロン (sensory neuron) は，光や接触あるいは熱などの固有の刺激で活性化されると，介在ニューロンや運動ニューロンにシグナルを伝える．介在ニューロン (interneuron) は感覚ニューロンや他の介在ニューロンからのシグナルを統合し，運動ニューロンにシグナルを送る．運動ニューロン (motor neuron) は筋肉と腺の活動を支配する．

　ニューロンのそれぞれの種類は固有の機能に適応している．すべてのニューロンは核やほとんどの細胞小器官を含む細胞体をもっている．またすべてのニューロンは，電気信号を伝え，その末端から化学伝達物質を放出する1本の**軸索** (axon) をもっている．感覚ニューロンの多くは，刺激を検出するための受容終末をもっている（図20・1a）．他端は介在ニューロンや運動ニューロンに信号を送る軸索末端になっている．介在ニューロンと運動ニューロンは軸索のほかに，**樹状突起** (den-

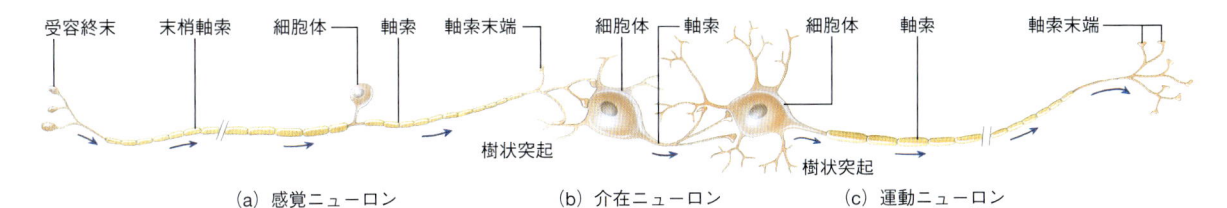

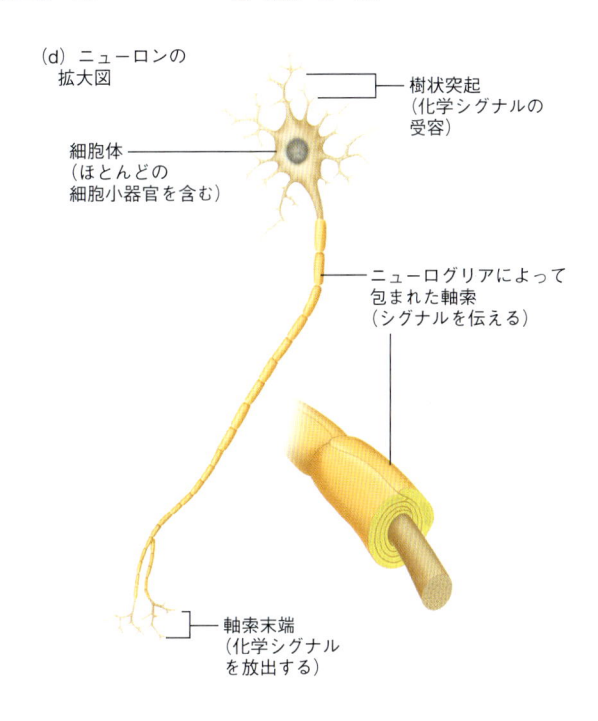

20・2 ニューロン

図20・1 3種類のニューロン． 矢印はシグナルの伝わる方向を示す．(a) 感覚ニューロンは，受容終末が光や接触などの特異的刺激を検出すると興奮し，化学シグナルを介在ニューロンや運動ニューロンに送る．(b) 介在ニューロンは感覚ニューロンや他の介在ニューロンからの化学シグナルを受け，他の介在ニューロンあるいは運動ニューロンに化学シグナルを送る．(c) 運動ニューロンは感覚ニューロンや介在ニューロンから化学シグナルを受け，支配する筋肉や腺に化学シグナルを送る．(d) 1本の運動ニューロンとそれを取巻くニューログリアの拡大図．

drite) とよばれる枝分かれした細胞質の突起をもっている．樹状突起は他のニューロンからの化学シグナルを受容し，電気信号に変換する（図20・1b, c）．

ニューログリア（neuroglia，グリア細胞，神経膠細胞ともいう）は，ニューロンをきちんと保持する枠組として働く（glia はラテン語で，のりの意味）．ニューログリアはニューロンの機能にも重要である．たとえば，いくつかのニューログリアは，軸索の周囲を覆う（図20・1d）．これらのニューログリアは，電線の被覆のような働きをする絶縁物質である**ミエリン鞘**（myelin sheath）を形成する．ミエリン鞘は，シグナルが軸索内を伝わる速度を上げる．

ミエリンの重要性は，自分の免疫系が脳や脊髄の軸索のミエリンを攻撃して破壊する自己免疫疾患である多発性硬化症を考えるとよくわかる．発症した人は筋肉の弱化，ひどい疲労感，無感覚，視覚低下などの症状をもつ．

静止電位

ニューロンが互いに，あるいは他の種類の細胞とシグナルを伝え合うことができるのは，ニューロンの細胞膜の性質による．すべての細胞と同様に，ニューロンの細胞膜もイオンや高分子を通過させない脂質二重層から構成されている．輸送タンパク質が膜を通過するイオンの移動を制御する．また，他の細胞と同様にニューロンも細胞膜を挟んで電気的勾配および物質の濃度勾配をもっている．その細胞質液は，負に荷電したイオンやタンパク質を細胞外の組織液より多く含んでいる．

細胞質中の負に荷電したタンパク質は，膜を隔てた勾配の形成に寄与する．タンパク質分子は大きくかつ荷電しているので，膜の脂質二重層を通過できない．正に荷電しているカリウムイオン K^+ とナトリウムイオン Na^+ の分布も電気的勾配の形成に重要である．細胞外液には内部より多くのナトリウムイオンがあり，カリウムイオンについてはその逆である．イオンの濃度は図のように示すことができる（文字の大きいほうが高い濃度を表す）

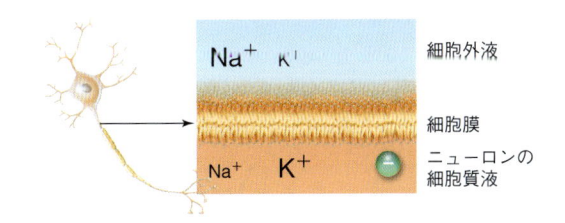

電池と同様に，この膜で隔てられた電荷は潜在的なエネルギーをもっていて**膜電位**（membrane potential）とよばれる．刺激されていないニューロンの膜電位は**静止電位**（resting potential）である．

活動電位

ニューロンと筋細胞は"興奮性"の細胞であるといわ

れる．それは適切に刺激されると活動電位を生じるからである．**活動電位**（action potential）は細胞膜を挟んだ電位の短時間の逆転を意味する．活動電位は，ある決まった膜電位に達するとイオンの出入口（ゲート）にあるチャネルタンパク質が開いたり閉じたりすることでひき起こされる（図20・2）．

活動電位は細胞体に近接した軸索の一部である刺激領域に生じる．ニューロンが静止状態であるとこの領域のナトリウムおよびカリウムのゲートをもったイオンチャネルは閉じられていて，軸索の内部には外より多くの負のイオンがある❶．

他のニューロンからのシグナルなどの刺激は，静止状態のニューロンの膜電位を変化させる．もし刺激が十分大きければ，刺激領域では**閾値電位**（threshold potential）に達する．これはナトリウムチャネルが開いて刺激領域に活動電位が生じる膜電位である．

ナトリウムチャネルが開くとナトリウムイオンは濃度勾配に従って外液からニューロン内に拡散する❷．内向きのナトリウムイオンの流れは膜電位を逆転させる．活動電位が最も大きいときには，膜の外側は内側に対して負に荷電する．ナトリウムイオンが流入すると細胞質はより正に荷電し，より多くのナトリウムチャネルが開く．

❶ 静止電位期におけるニューロンのシグナルの出発点．白いプラスとマイナスの記号は，細胞質の電荷が外液に対して負になっていることを示す．すべての電位依存性イオンチャネルは閉じている．細胞のすぐ外側の外液には，細胞内に比べて多くのNa^+があり，K^+についてはその逆である

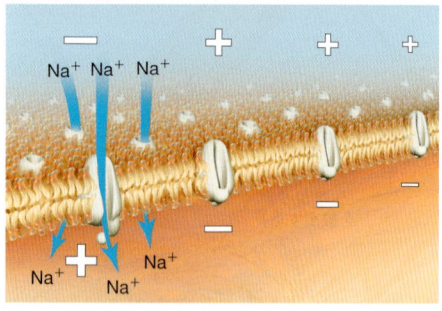

❷ 膜電位が閾値に達すると，膜のナトリウムチャネルが開き，Na^+がその濃度勾配に従って細胞質に流入する．Na^+の流入が膜の電位を逆転させる．この状態は活動電位とよばれる

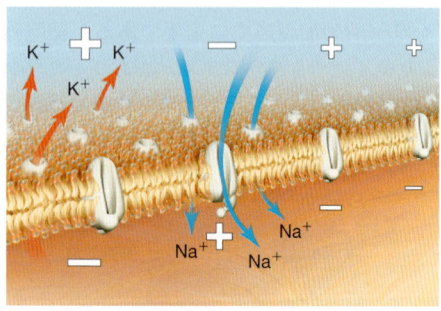

❸ 電位の逆転はナトリウムチャネルを閉じ，閉じていたカリウムチャネルを開き，K^+が流出する．同時に，Na^+が活動電位の領域から隣の領域に拡散して，そこの電位を閾値に達するようにして，新しい活動電位をひき起こす

❹ 活動電位が生じた領域で電位が低下すると，カリウムチャネルが閉じる．活動電位の後ではナトリウムチャネルは一時的に不活性になり，活動電位は一方向，すなわち軸索末端方向にのみ移動する

```
     より多くの$Na^+$が
     ニューロンに流入
より多くの              ニューロンの
$Na^+$チャネルが  ←    内部はより正に
開く                   荷電する
```

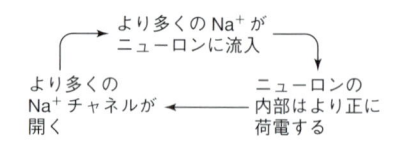

このようなナトリウムイオンの内向きの流入は正のフィードバックの例である．つまり，ある反応が，それをもたらす状態を促進する．

ナトリウムイオンの流入によって，1ミリ秒のうちに膜電位は逆転する．細胞外液が内部より負に荷電する．この電位の短時間の逆転が活動電位である．

電位の逆転はナトリウムチャネルを閉じ，カリウムチャネルを開く❸．カリウムイオンが濃度勾配に従って開いたチャネルを通って流出すると，軸索の細胞質は再び外液に対して負に荷電することになる．膜電位が低下すると，カリウムチャネルが一気に閉じる．

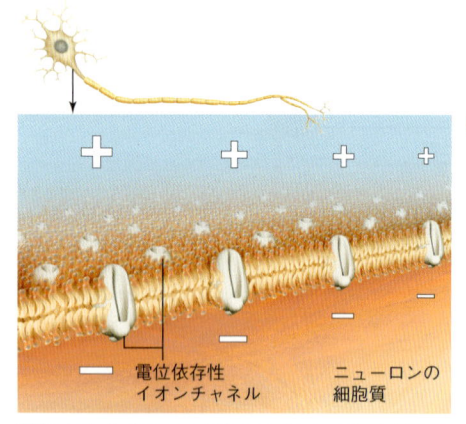

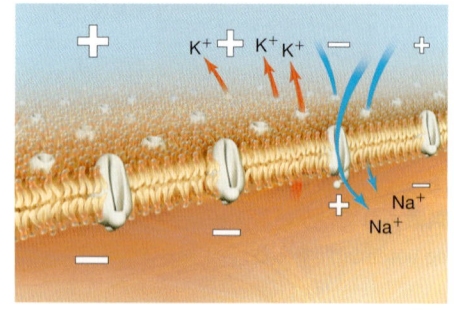

図20・2 活動電位．青い矢印はナトリウムイオンNa^+の流れを，赤い矢印はカリウムイオンK^+の流れを示す．

活動電位は全か無かの出来事である．ひとたび閾値に達すると常に活動電位が生じ，すべての活動電位は同じ大きさである．活動電位の最大値はいつも同じであり，この電位でナトリウムチャネルを閉じ，カリウムチャネルを開く．この活動によってその領域に生じた活動電位を末端まで移動させることができる．

活動電位は，軸索を刺激領域から末端に移動する際に，それぞれの領域の膜にごく短い時間影響するにすぎない．ある領域のナトリウムチャネルが開くと，流入したナトリウムイオンの一部は周辺の領域に拡散し，膜電位を閾値電位まで下げ，それによって新たな活動電位が生じる．

ナトリウムチャネルは，閉じた後にしばらくは開くことができないので，活動電位は後戻りすることがない．一方軸索末端側のナトリウムチャネルは，閾値に達すると開くことができる．次つぎとナトリウムチャネルが開くことで，活動電位は一定速度で末端に向かって進行する❹．前述のように活動電位は常に同じ大きさなので，電気信号は減衰することなく移動する．電位は，ある閾値に達すると常に同じ大きさまで逆転する．

化学シナプスとシグナル伝達

活動電位は軸索中をその末端まで移動することができるが，細胞から細胞へジャンプすることはできない．細胞間では化学シグナルがメッセージを伝える（図20・3）．**化学シナプス**（chemical synapse）が二つのニューロン間，あるいはニューロンと筋細胞または腺細胞の間をつないでいる❶．シナプスでは狭いシナプス間隙が，シグナルを送るニューロンの軸索末端とシグナルを受ける細胞を隔てている．**神経伝達物質**（neurotransmitter）とよばれる化学シグナルがこの間隙を通って情報を運ぶ．軸索末端は細胞質のシナプス小胞に神経伝達物質をたくわえている❷．活動電位が末端に到達すると，エキソサイトーシス（§4・6）が起こる．シナプス小胞は細胞膜のほうに移動して融合する．融合すると神経伝達物質はシナプス間隙に放出される❸．

シグナルを受ける細胞は，神経伝達物質の受容体である細胞膜タンパク質をもっている❹．神経伝達物質は間隙中を拡散して受容体に結合する．いくつかの受容体はイオンチャネルである．神経伝達物質が結合するとチャネルが開口する．イオンはチャネルを通ってシグナルを受ける細胞に入ったり流出したりする❺．これらのイオンの到達はシグナル受容細胞の膜電位を変化させ，閾値電位に近づけたり遠ざけたりする．

異なるニューロンは異なる神経伝達物質を産生する．表20・1に，いくつかの主要な神経伝達物質とその作用

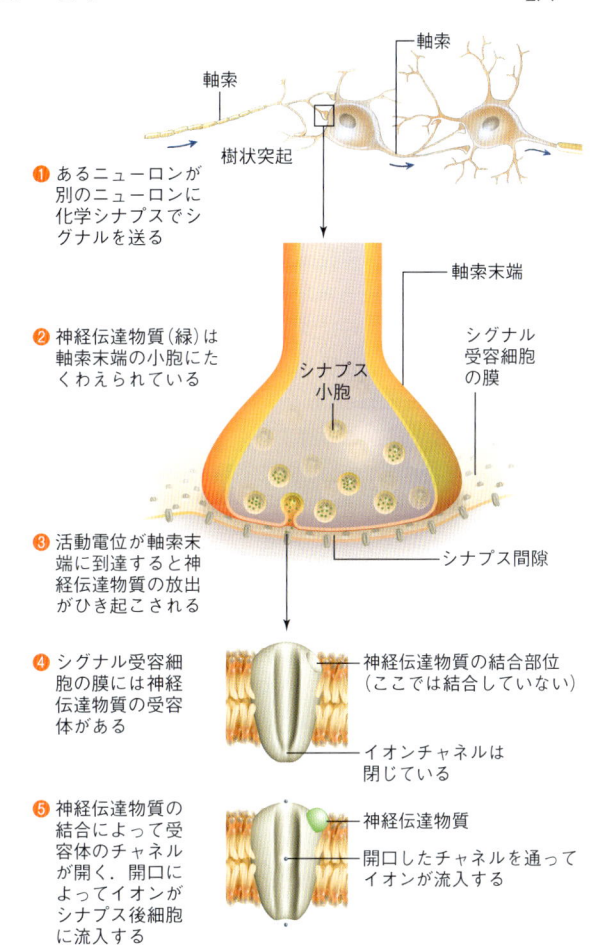

❶ あるニューロンが別のニューロンに化学シナプスでシグナルを送る

❷ 神経伝達物質(緑)は軸索末端の小胞にたくわえられている

❸ 活動電位が軸索末端に到達すると神経伝達物質の放出がひき起こされる

❹ シグナル受容細胞の膜には神経伝達物質の受容体がある

❺ 神経伝達物質の結合によって受容体のチャネルが開く．開口によってイオンがシナプス後細胞に流入する

図 20・3　化学シナプス

表 20・1　主要な神経伝達物質とその作用

神経伝達物質	作用例
アセチルコリン（ACh）	骨格筋収縮の誘起，心筋収縮速度の低下，気分，記憶に対する作用
アドレナリンノルアドレナリン	心拍数の上昇，瞳孔の散大，肺への気道の拡張，腸管収縮の低下，不安感の増大
ドーパミン	他の神経伝達物質による興奮作用の軽減，記憶，学習，繊細な運動に対する作用
セロトニン	気分の上昇，記憶に対する作用
エンドルフィン	苦痛の緩和，気分改善，幸福感の助長

を示した．たとえば，アセチルコリン（acetylcholine: ACh）は骨格筋，平滑筋，心臓，多くの腺，および脳に作用する．運動ニューロンが骨格筋とのシナプスにAChを放出すると，筋肉は活動電位を発生し，収縮する．AChは心臓では心筋の収縮を抑制する．骨格筋細

胞と心筋細胞は異なるACh受容体をもっている．どちらもAChと結合するが，結合後に異なるイオンが筋細胞に入るようにする．

神経伝達物質は作用するとすぐにシナプス間隙から排除されなければならない．新しいシグナルが送られる必要があるからである．いくつかの神経伝達物質は単に拡散してなくなる．他の神経伝達物質は膜輸送タンパク質によって能動的にニューロンまたは近傍のニューログリア中に回収される．さらに別の神経伝達物質は間隙に分泌された酵素によって分解される．たとえば，アセチルコリンエステラーゼはAChを分解する．神経毒のガスであるサリンなどは，この酵素を阻害することで，致死的な効果を発揮する．その結果蓄積するAChは混乱，頭痛，骨格筋の麻痺，そしてサリンの濃度が高ければ，死をもたらす．

シグナルの途絶

シナプスにおけるシグナルの途絶による神経障害をもっている人がいる．また，向精神薬を使用してわざわざシナプス機能を破壊している人もいる．

アルツハイマー病は認知症の最も重要な原因である．これはAChを分泌する脳のニューロンの障害による．この病気は記憶の減弱に始まり，症状が進行すると患者は混乱し，意思の疎通が困難になり，最終的には自立して生活できなくなる．酵素によるAChの分解を阻害する薬品は精神的な衰弱を遅らせることができる．

いくつかの神経伝達物質は気分に作用する．これらの神経伝達物質濃度が極端に低くなると，定常的な悲しみや，喜びの喪失を伴ううつ病になることがある．抗うつ薬として最も広く処方されているプロザック®やパキシル®は，セロトニンが軸索末端に再吸収されることを阻害して，その濃度を高める．

パーキンソン病は，運動の神経系を支配する脳の領域でドーパミンが不足すると起こる（図20・4）．手の震えが最初の症状である．後には平衡感覚が損なわれ，運動が困難になり，言語が不明瞭になる．これらの症状はドーパミンの欠乏によるので，患者は体内でドーパミンに変わる薬（レボドパ）による治療を受ける．

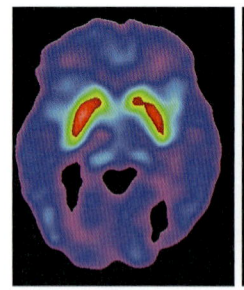

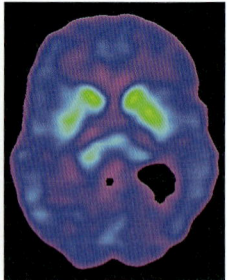

すべての依存性の薬物は報酬学習に重要な神経伝達物質であるドーパミンの放出を刺激する．ほとんどの動物において，ドーパミン放出は，動物が生存あるいは生殖を促進する行動をしたときに，快感を伴うフィードバックをもたらす．この反応は適応的である．これは動物が，自分にとって利益のある行動を繰返すことを学習するように仕向ける．薬物の常用者は，逆に，薬物を摂取することが自分の幸福感に必須であると思い込むのである．

モルヒネ，コデイン，ヘロイン，フェンタニル，オキシコドンのような麻薬性鎮痛薬は体の天然の神経伝達物質（エンドルフィン）の働きを模倣する．エンドルフィンは苦痛を和らげ，気分を高揚させる作用をもつ．しかしこれらの薬物は急速な高揚感をもたらすこともあり，また高度に依存性である．ケタミンとPCP（フェンサイクリジン）は異なる鎮痛薬に属する．これらは使用者に幻覚作用を与え，シナプスにおける神経伝達物質の除去を遅らせることで手足の感覚を失わせる．

アルコールやバルビツール酸塩のような抑制薬はAChの出力を阻害して運動反応を遅らせる．アルコールはエンドルフィンの放出を促進するので，飲用者は短い高揚感とそれに続く抑うつを経験する．

覚醒剤はその使用者に興奮作用をもたらすと同時に不安にもさせる．ニコチンは覚醒剤であり，いろいろな効果のほかに，脳のACh受容体を阻害する．コカインとアンフェタミンも覚醒剤である．エクスタシーはアンフェタミンの一種であり，メタンフェタミンも同様である．

幻覚剤は知覚作用をゆがめて夢遊状態にする．LSD（リセルグ酸ジエチルアミド）はセロトニンと類似していて，その受容体に結合する．LSDは依存性ではないが，その使用者は，車が近づいているといった危険を感知して反応することができないので，傷ついたり死亡したりする．知覚が短時間ゆがめられるフラッシュバックが，最後のLSD摂取から何年もたって現れることがある．

マリファナは大麻という植物に由来する．大量のマリファナを吸入すると幻覚が現れる．もっとふつうには，使用者はリラックスし，眠くなり，不注意になる．活性をもつ成分はTHC（テトラヒドロカンナビノール）で，脳のドーパミン，セロトニン，ノルアドレナリン（ノルエピネフリン），GABAの脳内の量を変化させる．習慣的に使用すると短期記憶と決定能力が損なわれる．

図 20・4　パーキンソン病．脳のPET画像．赤と黄色は，ドーパミン分泌ニューロンの高い代謝活性を示す．

20・3 動物の神経系

無脊椎動物の神経系

イソギンチャクやクラゲなどの刺胞動物は神経をもつ最も単純な動物である．これらの放射相称の水生動物は，互いに連絡したニューロンの網からなる**神経網**（nerve net）をもつ．情報は神経網の細胞ではどの方向にも流れ，脳のように働く，中枢化した制御器官は存在しない．神経網は体壁の細胞を収縮させて口の大きさを変化させ，体形を変え，触手の位置を移動させる．

ほとんどの動物は左右相称の体をもっている（§14・2）．左右相称の体制の進化は，感覚ニューロンや介在ニューロンが体の前方端，つまり頭の方に集中することで達成された．

たとえば，プラナリアの頭端には1対の神経節がある（図20・5a）．**神経節**（ganglion）はニューロンの細胞体の集合体で，統合センターとして機能する．プラナリアの神経節は眼点と頭部にある化学受容器からのシグナルを受取る．神経節は体長に沿って走る1対の神経索とも連絡している．神経が神経索の間を横断していて，神経系ははしご状に見える．**神経**（nerve）は結合組織で包まれた軸索の束のことである．

ザリガニなどの節足動物は単純な脳と連絡した1対の神経索をもっている（図20・5b）．さらに各体節に1対の神経節が体節筋肉に対して局所的な支配をしている．

脊椎動物の神経系

脊椎動物の神経系には二つの区分がある．ほとんどすべての介在ニューロンは脳と脊髄からなる**中枢神経系**（central nervous system）にある．残りの体部に広がる

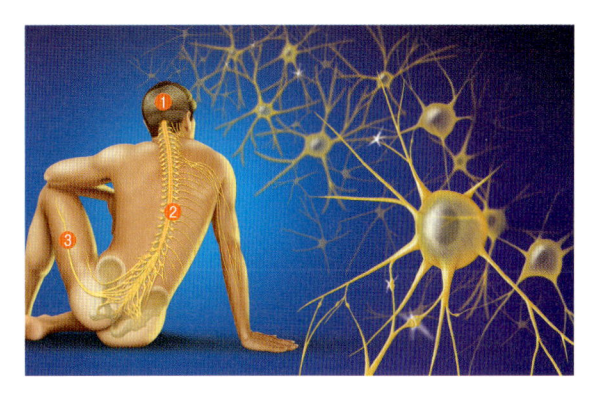

図20・6 ヒト神経系の各要素．脳❶と脊髄❷は中枢神経系を構成する．末梢神経系は脊髄神経，脳神経，およびそれらの枝分かれした神経を含み，体中に伸びている．坐骨神経❸のような末梢神経は中枢神経からのシグナルや中枢神経へのシグナルを伝える．

神経は**末梢神経系**（peripheral nervous system）を構成する．図20・6は，脳❶，脊髄❷，およびいくつかの末梢神経を示している．末梢神経は感覚ニューロンと運動ニューロンを要素としてもっている．感覚ニューロン軸索は感覚受容器からのシグナルを中枢神経系に伝え，運動ニューロン軸索はシグナルを中枢から筋肉に伝える．たとえば，坐骨神経は脊髄から足に伸びている❸．この神経は何百というニューロンの束からなっている．束の中のあるニューロンは足を動かす骨格筋や足の動脈の血液量を調節する平滑筋にシグナルを伝える．他の軸索は足の筋肉，関節，皮膚の感覚ニューロンからのメッセージを運搬する．

図20・7に脊椎動物神経の構造を示す．神経は結合組織に囲まれた軸索の束からなっている．前述のように，

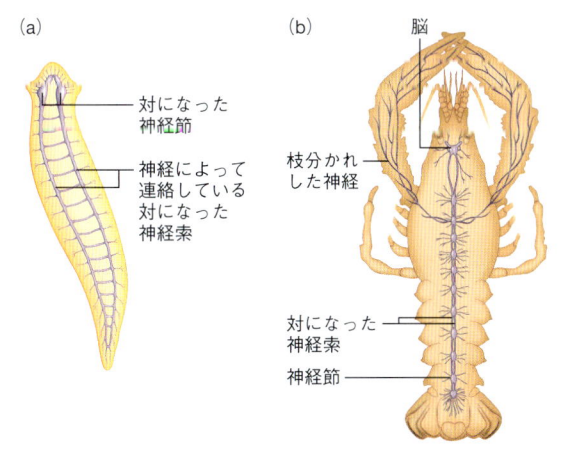

図20・5 無脊椎動物の神経系．(a) プラナリアは，頭部に対になった神経節（神経細胞の細胞体の集合）とそこから伸びている神経索をもつ．(b) ザリガニは脳と，各体節に神経節のある対の神経索をもつ．

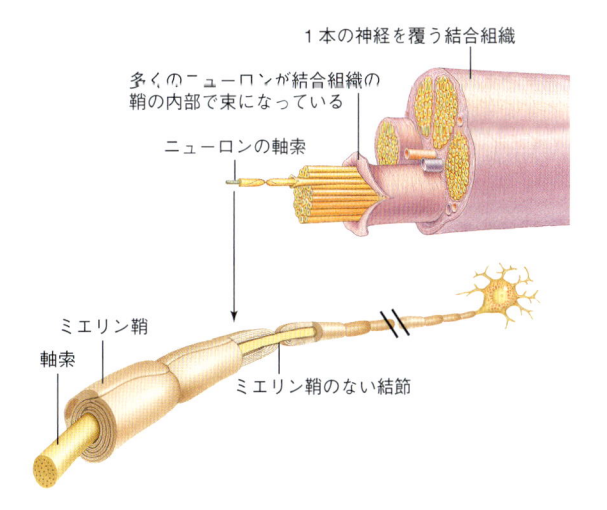

図20・7 末梢神経の構造．軸索の周囲にあるミエリン鞘は活動電位の伝導速度を上げる．

ほとんどの軸索は，それを包んでミエリン鞘を形成するニューログリアによって囲まれている．ミエリン鞘はナトリウムイオンが軸索から外液に拡散することを阻止する．これによって，ミエリン鞘をもつ軸索では，活動電位が結節から結節へと"ジャンプ"するので，伝導速度が著しく速くなる．

20・4 末梢神経系

脊椎動物の**末梢神経系**は 2 種類の神経系からなる（図 20・8）．**体性神経系**（somatic nervous system）は骨格筋への指令を伝える．これは神経系のなかで唯一意志の支配下にある神経である．体性神経系はまた，皮膚や関節の感覚受容器からの情報を中枢神経系に伝える．つま先の痛みを感じたり，つま先を動かしたりできるのはシグナルが体性神経系を伝わるからである．

自律神経系（autonomic nervous system）はシグナルを平滑筋，心筋，腺に伝える．また，内部環境のシグナルを中枢神経系に伝える．自律神経系をシグナルが伝わることで，われわれは呼吸し，拍動数を調節し，血圧を脳に知らせることができる．

自律神経系には二つの区分がある．交感神経系と副交感神経系である．どちらもほとんどの器官に拮抗的に，つまり一方の区分のシグナルは他方のシグナルと拮抗的に作用する（図 20・9）．**交感神経**（sympathetic nerve）は興奮したり危険が迫ったときに最も活発になる．その軸索末端はノルアドレナリン（ノルエピネフリン）を分泌する．**副交感神経**（parasympathetic nerve）はリラックスしているときに活発になる．軸索末端からの ACh の放出は消化や尿産生などを促進する．

われわれが何かに驚いたり脅かされたりすると，副交感神経はそのシグナルの量を低下させ，交感神経は増加させる．交感神経のシグナルは拍動数や血圧を高め，発汗と呼吸を多くし，副腎からのアドレナリン（エピネフリン）分泌を促進する．これらのシグナルは体を興奮状

図 20・8 末梢神経系の機能的な分類．この系は，脊髄神経，脳神経，および体中に伸びるそれらの枝分かれした神経からなる．

末梢神経系
- 体性神経系：骨格筋の制御　関節や皮膚からのシグナルの伝達
- 自律神経系：内部器官や腺の制御　内部器官のシグナルの伝達
  - 副交感神経："体の通常の状態の維持"
  - 交感神経："闘争・逃走"反応に備える

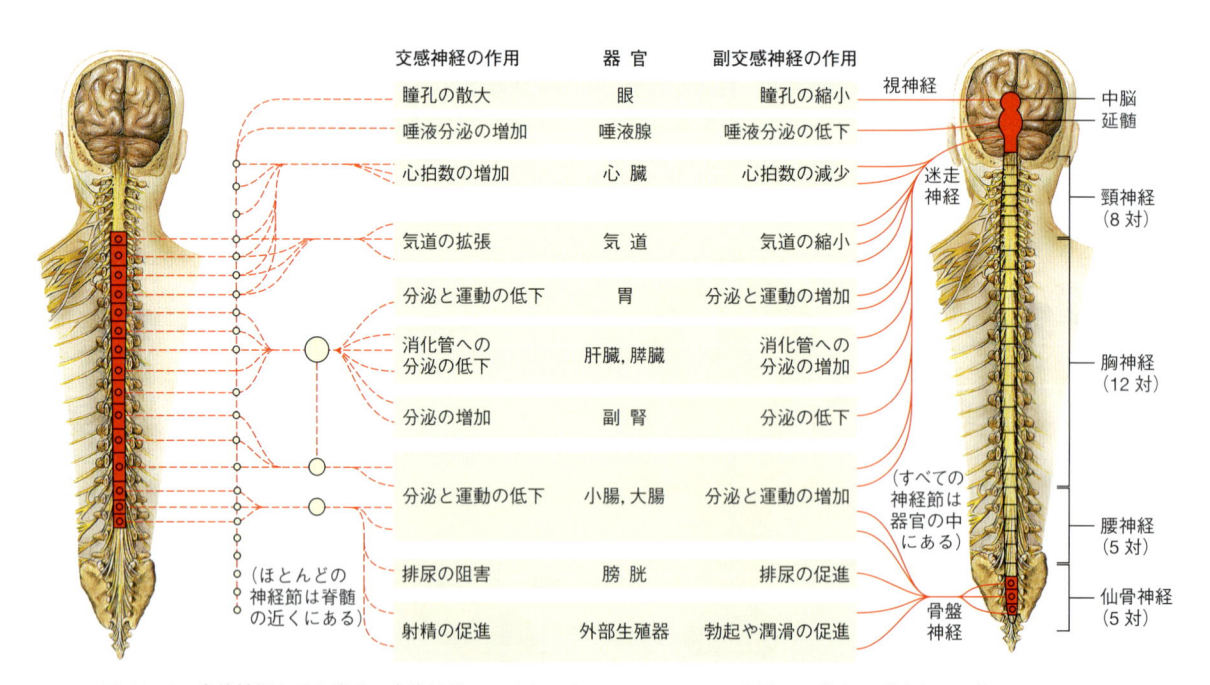

図 20・9 自律神経とその働き．自律神経のシグナルは二つのニューロンを通って器官に到達する．第一のニューロンは細胞体を脳または脊髄領域にもっている（赤）．このニューロンは神経節で次のニューロンにシナプス結合する．交感神経節は脊髄の近くにある．副交感神経節は効果を及ぼす器官の内部に存在する．この第二のニューロンが器官の筋細胞や腺細胞とシナプスを形成する．

交感神経の作用	器官	副交感神経の作用
瞳孔の散大	眼	瞳孔の縮小
唾液分泌の増加	唾液腺	唾液分泌の低下
心拍数の増加	心臓	心拍数の減少
気道の拡張	気道	気道の縮小
分泌と運動の低下	胃	分泌と運動の増加
消化管への分泌の低下	肝臓，膵臓	消化管への分泌の増加
分泌の増加	副腎	分泌の低下
分泌と運動の低下	小腸，大腸	分泌と運動の増加
排尿の阻害	膀胱	排尿の促進
射精の促進	外部生殖器	勃起や潤滑の促進

（ほとんどの神経節は脊髄の近くにある）
視神経／中脳／延髄／迷走神経／頸神経（8 対）／胸神経（12 対）／（すべての神経節は器官の中にある）／腰神経（5 対）／仙骨神経（5 対）／骨盤神経

態にして，戦ったり素早く逃げたりする準備をさせる．これは"闘争・逃走反応"とよばれる．

拮抗的な交感神経と副交感神経がほとんどの器官を支配している．たとえば消化管の平滑筋細胞には両者が作用している．交感神経はこの細胞とのシナプスにノルアドレナリンを放出し，一方副交感神経は同じ細胞の異なるシナプスに ACh を放出する．一方が筋収縮を遅らせ，他方は促進する．刺激を受容する筋細胞による，この相反する命令の解釈が，筋肉の反応を決定する．

20・5 中枢神経系

脳と脊髄が**中枢神経系**の器官である．**髄膜**（menix, *pl.* meninges）とよばれる3枚の保護膜が，無色の**脳脊髄液**（cerebrospinal fluid）に浸っているこれらの器官を包んで保護している．この液体は，脳の毛細血管から水分と塩類がしみ出してつくられる．脳脊髄液の組成は，望ましくない物質が液に入ることを阻止する**血液脳関門**（blood-brain barrier）によって制御されている．関門は血管壁とニューログリアからなる．ときとして細菌やウイルスが関門を通って髄膜と脳脊髄液に侵入する．この感染は髄膜炎とよばれ，生命にとって危険なこともある．

脳と脊髄には肉眼的に区別できる2種類の組織がある．**白質**（white matter）はミエリン鞘をもった軸索の束からなる．中枢神経系ではこの束は神経というよりは神経路とよばれる．神経路は中枢神経系の一部から他の場所へ情報を伝達する．**灰白質**（gray matter）は細胞体，樹状突起，および支持細胞であるニューログリアからなる．

脊髄

脊髄（spinal cord）は親指ほどの太さである．脊柱の中を走行して，末梢神経と脳をつないでいる．脊髄のシグナルが遮断されると生涯にわたる感覚の喪失と麻痺をもたらす．その症状は，脊髄のどこが損傷を受けたかによって異なる．上半身のシグナルを受取ったり送り出したりする神経は，下半身のそれより上の方で脊髄を出る．脊髄の下部の傷害はしばしば足の麻痺を起こさせる．脊髄の最も上の部分の傷害は，すべての手足と呼吸の筋肉を麻痺させる．

脊髄は脳からのシグナルや脳へのシグナルを伝達するだけでなく，いくつかの反射経路でも機能している．**反射**（reflex）は刺激に対する自律的な反応で，思考を必要としない運動や行動である．図20・10 にある伸展反射がその例である．この反射は重力などの力が筋肉を伸展させたときに起こる筋肉の収縮反応である．たとえば，二頭筋の伸展は筋紡錘という感覚受容体に活動電位

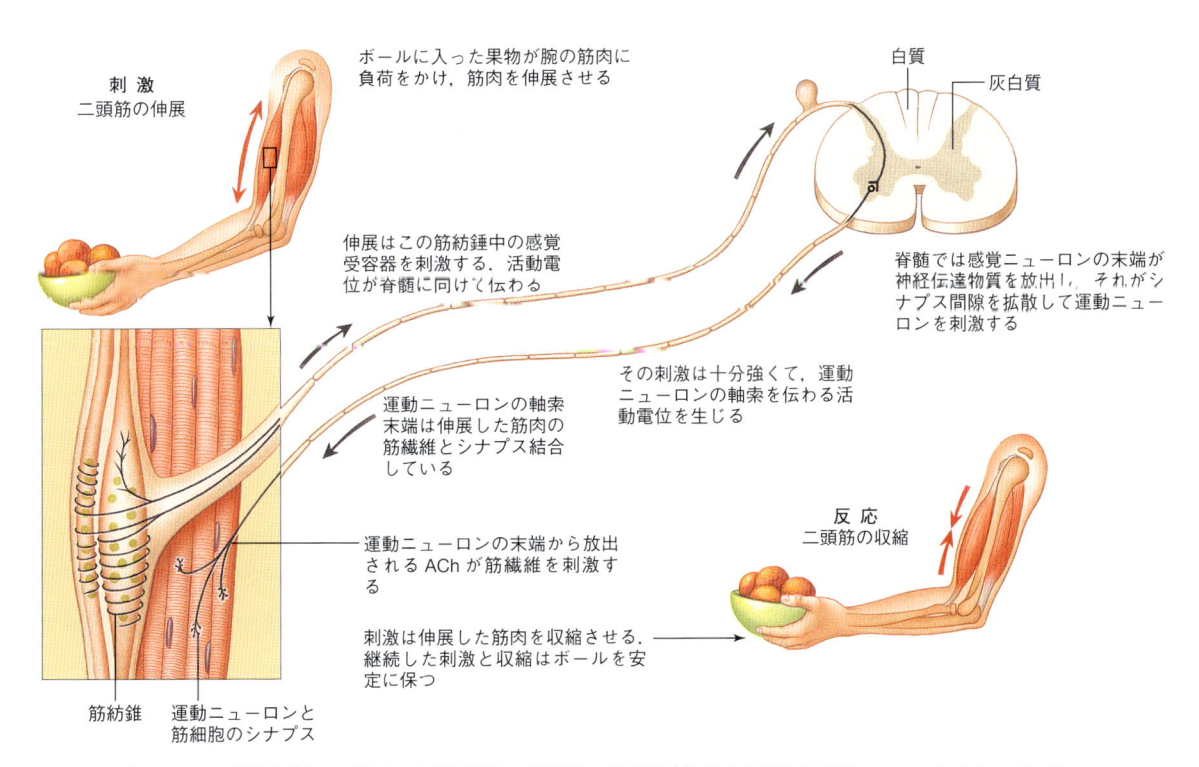

図 20・10 **脊髄反射の一例である伸展反射**．骨格筋の筋繊維は伸展を検出する感覚ニューロンをもっている．

を生じさせる．活動電位は脊髄への軸索を伝わり，脊髄では軸索が二頭筋を支配する運動ニューロンとシナプスを形成している．感覚ニューロンのシグナルは運動ニューロンに活動電位を誘起する．それにより，二頭筋が収縮して腕はしっかり保持される．

ヒトの脳の各領域

ヒトの脳の平均重量は 1240 g である．およそ1千億個の介在ニューロンを含み，ニューログリアがその体積の半分以上を占めている．発生時には，脳は前脳，中脳，後脳という三つの機能的な領域として形成される（図 20・11）．後脳は脊髄のすぐ上に位置している．脊髄の直上の器官である**延髄**（medulla oblongata）は心臓の拍動の強さや呼吸のリズムを制御する．また，嚥下，咳，嘔吐，くしゃみなどの反射を制御する．延髄の上には**橋**（pons）があり，これも呼吸に影響する．その名のとおり，神経路が橋を通って中脳に伸びている．

小脳（cerebellum）は脳の背側にあってプラムぐらいの大きさである．きわめて多くのニューロンが詰まっていて，その他の領域を全部合わせたより多い．小脳は姿勢と随意運動を制御する．アルコールを飲み過ぎると小脳のニューロンに影響を与えて，制御が乱される．警官が，飲酒運転しているかもしれない人をまっすぐ歩けるかどうか試すのはそのためである．

ヒトでは，中脳は3領域のなかでは最も小さい．ここは報酬に基づく学習で重要な役割を果たす．橋，延髄，中脳は合わせて**脳幹**（brain stem）とよばれる．

前脳はヒトの脳で最大の部分である**大脳**（cerebrum）を含んでいる．脳溝が大脳を左右の半球に分けている．脳梁とよばれる厚い組織が両半球を結びつけている．どちらの半球も大脳皮質とよばれる灰白質の外層をもっている．われわれの大きい皮質は言語や抽象的思考といったユニークな能力のもとになる部分である．

大脳に向かう感覚シグナルのほとんどは，隣接の視床を通過する．視床はそれらのシグナルをよりわけて大脳皮質の適切な領域へと送る．**視床下部**（hypothalamus）は内部環境のホメオスタシスの中枢であり，体中の状態に関するシグナルを受け，乾き，食欲，性欲，体温などを調節する．また，近接の下垂体と相互作用する内分泌腺でもある．

大脳皮質の詳細

大脳皮質は厚さが 2 mm の，灰白質の外層で，多くのしわをもっている．皮質の大きなしわは，大脳を前頭葉，頭頂葉，側頭葉，および後頭葉に分ける目印となっている（図 20・12）．

左右の前頭葉は情報を統合し意識的活動をもたらす統

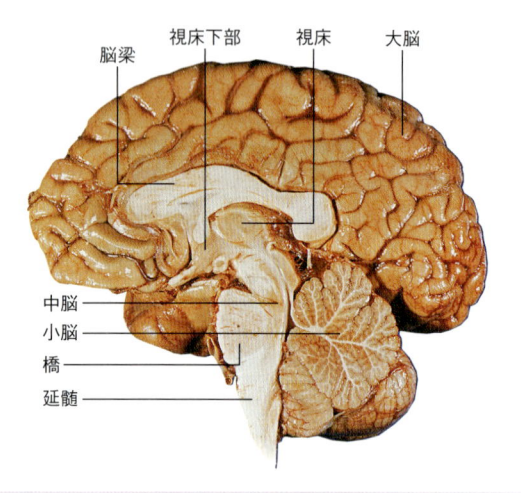

前脳		
大 脳	感覚入力の場，その処理 骨格筋活動の開始と制御 記憶，感情，抽象的思考の支配	
視 床	大脳皮質への，および皮質からの感覚シグナルの中継 記憶への関与	
視床下部	下垂体とともにホメオスタシスに関与．内部環境の体積，組成，温度の調節 ホメオスタシスを保証する行動（乾き，飢え）の支配	
中脳	感覚入力の前脳への中継	
後脳		
橋	大脳と中脳の橋，および脊髄と前脳の橋．延髄とともに呼吸の速度と深さの調節	
小 脳	四肢の運動活動の統御と姿勢の維持，空間的方向づけの維持	
延 髄	脊髄と橋の間のシグナルの中継 心拍，血管の直径，および呼吸速度に影響する反射における機能．嘔吐，せきなどの反射機能にも関与	

図 20・11 ヒトの脳．（上）脳の右半分．主要な構造を示す．（下）脳の3主要領域．各領域のおもな構造と機能を示す．

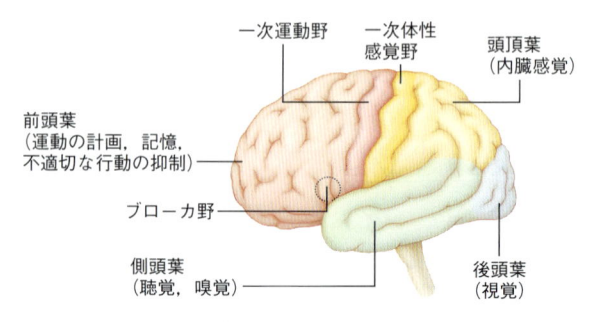

図 20・12 **大脳の葉と，大脳皮質のいくつかの連合野と感覚野**．前頭葉のブローカ野は，言語を発することに関与する．

合領域である．将来の計画を立て，社会生活を営むには前頭葉を必要とする．前頭葉の重要性はそこが損傷すると明らかになる．1950年代には，2万人が前頭葉切断術（ロボトミー）を受けて前頭葉に損傷をおった．この外科処置は精神疾患，パーソナリティ障害，そしてひどい頭痛の治療にさえ，用いられた．前頭葉ロボトミーはときには患者を落ち着かせた．しかし術後ずっと感情を低下させ，計画を立てたり集中したり社会的状況のなかで適切にふるまう能力を損なった．

前頭葉のすぐ後ろには骨格筋を制御する領域である一次運動野がある．左右の半球は体の反対側からのシグナルを受容し，制御する．たとえば，右腕を動かすシグナルは左半球の運動野から生じる．頭頂葉の一次体性感覚野は皮膚や関節からの感覚入力を受容する領域である．だれかがあなたの左肩をたたくと，右の頭頂葉の一次体性感覚野に到達するシグナルが，だれかが肩をたたいた，と知らせる．頭頂葉の他の感覚野は味覚のシグナルを受容する．後頭葉では一次視覚野が眼からの入力シグナルを統合する．聴覚や嗅覚の知覚は，側頭葉の一次感覚野に生じる．

左右の半球の機能は少し異なっている．90％のヒトは右利きで，運動や言語の支配では左半球のほうが活発である．左右の半球の能力は可塑的である．脳の一方の側が脳卒中や脳傷害でダメージを受けると，もう一方の半球がしばしばその能力を引継ぐ．ヒトは片方の半球だけでも生活ができる．

脳腫瘍

ニューロンは一般に分裂しないので，腫瘍を生じることはない．しかし，ニューログリアを生じる細胞の無秩序な分裂はときとして腫瘍をもたらす．腫瘍は，髄膜や，下垂体のような内分泌腺の上皮細胞から生じることもある．さらに，体の他の部分に生じたがん細胞がやってきて脳腫瘍を形成することもある．脳に生じるほとんどの腫瘍は上皮性の悪性腫瘍ではない．しかし，良性の腫瘍であっても，重要な脅威となることがある．良性腫瘍は他の部位に広がることはないが，頭蓋の限られた空間の中に生じた腫瘍の成長は，近隣の神経組織を圧迫し，ニューロンに障害を与える．

20・6 感 覚

感覚受容器

感覚ニューロンの末端にある感覚受容器は神経系の歩哨として働く．これらの特殊化した構造は，体の内外の状況とその変化を監視する．**温度受容器**（thermoreceptor）は熱あるいは寒冷に感受性をもつ．**機械受容器**（mechanoreceptor）は圧力，体の位置，加速度の変化を検出する．痛覚受容器（傷害受容器）は傷を検出する．**化学受容器**（chemoreceptor）は，それを浸している液体中に溶解している物質を検出する．**光受容器**（photoreceptor）は光エネルギーに反応する光感受性の色素を含んでいる．

動物は，もっている感覚受容器の種類と数に従って，異なる方法で環境をモニターしている．多くの動物はヒトがもたない感覚能力を備えている．たとえば，ニシキヘビは温血性の獲物を検出できる温度受容器をもっている（図20・13a）．コウモリはわれわれの聴覚範囲を越えた超音波を検出する機械受容器をもっている（図20・13b）．

すべての感覚受容器は刺激のエネルギーを活動電位に変換する．活動電位が，その大きさが一定の"全か無か"の電位であるとすれば，脳はどのようにして刺激の強さを知るのだろうか．三つのしくみがその情報を与える．第一に，動物の脳はある神経の活動電位を決まったやり方で解釈するように配線されている．たとえば，脳は視神経からのシグナルはいつでも"光"として解釈する．

第二に，刺激の強さが増大するにつれて，感覚受容器

図 20・13 感覚受容器の例．（a）ニシキヘビの口の上下にある孔の温度受容器は，近くの獲物の体温や赤外線エネルギーを検出できる．（b）コウモリの耳にある機械受容器は，超音波などの高周波を受容できる．

が発生する活動電位の頻度も増大する．同じ受容器が，ここちよいささやきを聞くこともあれば，熱狂的な大声を聞くこともある．脳はその違いを活動電位の頻度の違いで解釈する．

第三に，強い刺激は弱い刺激に比べてより多くの感覚受容器を動員する．腕の皮膚にそっとさわると数少ない受容器が活性化される．もっと強く押すとより多くの受容器が活性化される．脳は活性化される受容器が多いと，刺激の強さが増加したと解釈する．

ある場合には，感覚ニューロンの活動電位頻度が，刺激が一定の強さで継続しても，低下したり停止することがある．継続している刺激に対する反応が低下することは，**感覚順応**（sensory adaptation）とよばれる．皮膚のいくつかの機械受容器は継続した刺激に早くに順応する．たとえば，服を着ると，受容器は順応してその存在に気づかないようになる．

体性感覚と内臓感覚

体性感覚に関する感覚ニューロンは皮膚，筋肉，腱，関節に存在する．**体性感覚**（somatic sensation）は体の固有の場所に局在する．**内臓感覚**（visceral sensation）は内臓の壁にあるニューロンに生じ，しばしば場所を特定することがむずかしい．皮膚への接触は，それがどこであるかは正確にわかるが，胃痛の正確な場所はそれほど簡単にはわからない．

多くの受容器が触覚，圧覚，冷覚，温覚，痛覚を体表の近くで検出する．指先のように最も多くの感覚受容器が存在する場所が最も感受性が高い．もっと感受性の低い，手の甲のようなところでは受容器がずっと少ない．

骨格筋，関節，靱帯(じんたい)などの機械受容器は手足の運動を検出する．図20・10に示した，伸展反応をひき起こす筋肉はその一例である．この受容器の反応は，筋肉がどれほど強く速く伸展するかに依存している．

痛覚（pain sensation）は組織の傷害を知覚する．皮膚，骨格筋，関節，腱の痛覚受容器からのシグナルは，体性の痛覚をもたらす．内臓痛覚は体腔内の器官と関連したものである．これは，平滑筋の痙攣，内部器官への血流の不足，内腔のある器官の過度の伸張，などの異常な状態に対する反応として生じる．

損傷を受けた体細胞は，近傍の痛覚受容器を刺激する化学物質を放出する．ついで痛覚受容器からのシグナルが感覚ニューロンの軸索に沿って脊髄に伝えられ，感覚ニューロンは脊髄介在ニューロンとシナプスを形成し，それによって痛みのシグナルが脳に運ばれる．

痛覚は動物に組織の傷害を知らせる適応的メカニズムである．痛みに対する動物の反応は，傷害を受けた場所に治癒の時間を与える．しかし，耐えられないほどの痛みは，動物が脅威に反応することを妨げるかもしれない．そのために脊椎動物は，傷を受けると脳から**エンドルフィン**（endorphin）という天然の痛み緩和物質を放出する．エンドルフィンは痛みに関連したシグナルの脳への流れを抑制し，痛みを緩和する．モルヒネのような合成鎮痛薬はエンドルフィンの作用を模倣している．アスピリンは異なるやりかたで痛みを緩和する．アスピリンは，痛覚受容器の感受性を高める局所的シグナル分子であるプロスタグランジンの産生を抑制する．細胞は組織の傷害に反応してプロスタグランジンを放出する．

化学感覚：嗅覚と味覚

においと味は化学感覚である．刺激は，化学受容器の周囲の液体中に溶解している特異的な化学物質が受容器に結合すると，検出される．嗅覚受容器に化学物質が結合すると，活動電位が脳にある二つの嗅球のどちらかに伸びている軸索を流れる．この小さな脳の構造物では，軸索がにおいの要素を選別する一群の細胞とシナプスを形成する．情報はそこから嗅索を経て大脳に運ばれ，さらに処理される（図20・14）．

多くの動物は嗅覚情報を，食物を探し，捕食者から逃げるために用いる．多くの動物はまた，**フェロモン**（pheromone）を利用して連絡をはかる．フェロモンはある個体によって産生され，同種の別の個体に作用するシグナル分子である．たとえばカイコガの雄は，触角にある嗅覚受容器によって，風上1kmより遠くにいるフェロモンを分泌している雌の場所を知ることができる．

爬虫類やほとんどの哺乳類では，一群の感覚細胞からなるフェロモンを検出する鋤鼻器(じょびき)を形成している．ヒト

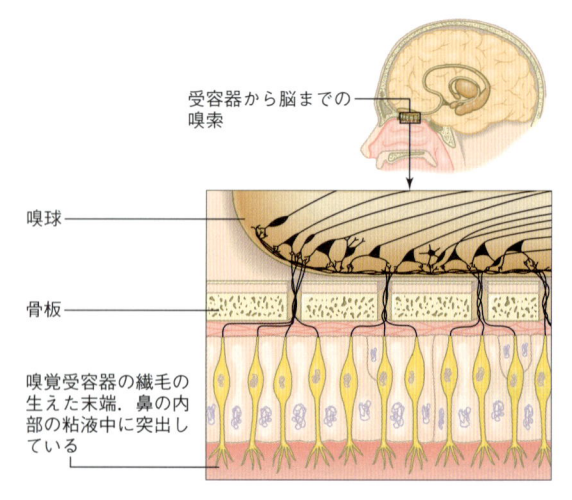

図20・14 ヒトの鼻にある嗅覚受容器．受容細胞の軸索は，鼻腔の上皮と脳の間にある骨板の孔を通る．

を含む霊長類ではこの器官の縮小したものが, 左右の鼻孔を隔てる鼻中隔に存在する. ヒトの鋤鼻器が機能的であるか, 機能的だとすればヒトの行動でどのような役割をもっているかは, まだ明らかではない.

味覚に関する化学受容器は, 動物によって, 触角, 脚, 触手, あるいは口の内部に存在する. ヒトでは口, 喉, そして特に舌の上面に味蕾とよばれる1万個ほどの感覚器官が存在する (図20・15). 味蕾は, 味覚受容細胞とニューロンを含んでいる. 味覚受容細胞の微絨毛には受容体が存在し, それが小孔から突出して, 唾液に混じっている食物の分子と接触する.

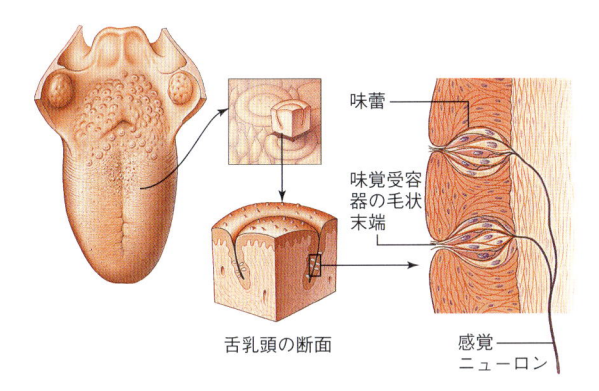

図 20・15 ヒトの舌の味覚受容器. 舌乳頭とよばれる構造が味蕾を含む上皮組織を囲んでいる. ヒトの舌はおよそ1万個の感覚受容器をもち, それぞれの中におよそ150個の化学受容器がある.

われわれは多くの異なる味を見分ける. しかしそれらすべては五つの基本的感覚の組合わせから生じる. 甘味 (単糖), 酸味 (酸), 塩味 (NaClなどの塩), 苦味 (アルカロイド), およびうま味 (熟成したチーズや肉のうま味を与えるグルタミン酸などのアミノ酸) である. MSG (グルタミン酸ナトリウム) は人工のうまみ調味料で, うま味感覚に関与する受容体を刺激する.

光 の 検 出

視覚 (visual sensation) とは, 光受容器による光の検出と, その情報を処理して環境中の対象に関する像を形成することである. ミミズのようないくつかの無脊椎動物は体表面に光受容器をもっている. これらの動物は光を, 体の定位と生物時計の調節に用いている. しかしこれらの動物は, 眼をもつ動物のように周囲の世界の像を形成することはできない.

眼 (eye) は光受容器が密に詰まった感覚器官である. 最も効果的な眼は**レンズ** (lens) をもっている. レンズは透明な構造物で, 通過する光を屈折させて, 光が光受容器に集まるようにする. 昆虫は, それぞれがレンズをもつ, 多くの独立した光検出単位からなる複眼をもっている (図20・16). 複眼は詳細な視覚を得ることはできないが, 運動する物体に対してはきわめて感受性が高い. イカやタコのような軟体動物の頭足類は, 無脊椎動物で最も複雑なカメラ眼をもっていて, その眼には光を暗箱の中に導入できる調節可能な開口部がある. 眼の単一のレンズは, 光受容器が密に集積した**網膜** (retina) に光の焦点を合わせることができる. カメラ眼の網膜は, フィルムカメラのフィルムと同等のものである.

脊椎動物もカメラ眼をもつが, 脊椎動物は頭足類とは近縁ではないので, カメラ眼はこの2系統で独立に進化したと考えられる. これは形態学的収斂 (§11・6) の例である.

ヒ ト の 眼

ヒトの眼球は, 眼窩とよばれる保護の働きをする盃状の骨の空洞の中に収まっている. 眼の後方から眼窩の骨に走る骨格筋が眼球を動かす.

まぶた, まつげ, 涙がデリケートな眼の組織を保護している. 周期的に起こるまばたきは, 眼球の表面に涙の膜を広げる反射運動である. **結膜** (conjunctiva) とよばれる保護のための粘膜がまぶたの内表面を覆い, 折返して眼の外表面のほとんどを覆っている. 結膜炎はウイル

図 20・16 ハエの複眼

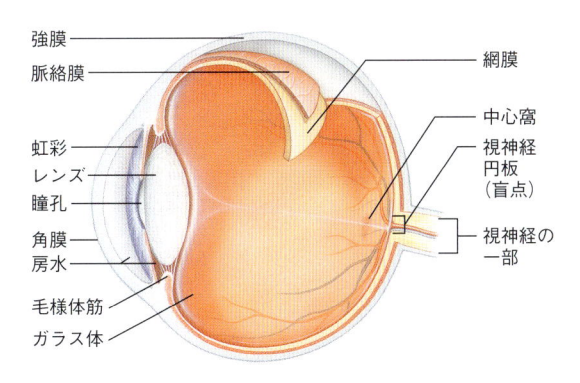

図 20・17 ヒトの眼

図 20・18 ヒトの眼におけるパターン. 網膜に投射する光線は、上下左右が逆転したパターンをつくる.

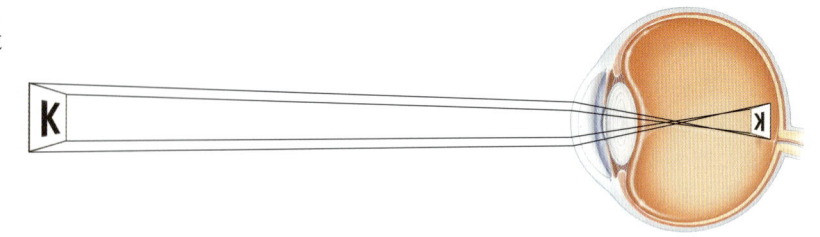

スや細菌がこの膜に感染して生じる.

眼球は球体で、3層からなる（図20・17）. 眼の前方は**角膜**（cornea）という透明な膜で覆われている. 厚くて白い繊維性の**強膜**（sclera）が眼の外表面の残りの部分を覆う.

眼の中層は脈絡膜、虹彩、毛様体からなる. 血管に富んだ**脈絡膜**（choroid）は、茶褐色のメラニン色素で黒っぽい色をしている. この黒い層は、眼球の中で光が反射することを阻止して、明瞭な画像を得ることに貢献している. 脈絡膜に接して、角膜の後方には、筋肉性のドーナツ形をした**虹彩**（iris）がある. これもメラニンをもっている. 眼の色が青であるか茶であるか緑であるかは、虹彩のメラニン量による.

光は虹彩の中央に開いた穴である**瞳孔**（pupil）から眼の内部に入る. 虹彩の筋肉が、光の状況に応じて瞳孔の直径を調節する. 暗いところでは瞳孔が広がり、より多くの光が入る. 交感神経の刺激も瞳孔を広げるが、これは危険時や興奮時によりよく見えるようにするためであろう.

筋肉、繊維、および腺細胞からなる毛様体が脈絡膜と接着してレンズを瞳孔の後ろに固定する. 伸縮性のある透明なレンズは直径が1 cmくらいで、両凸の円盤形をしている.

眼は内部に二つの部屋をもっている. 毛様体が液体を分泌してそれが前眼房を満たしている. 房水とよばれるこの液体は、虹彩とレンズを浸している. ゼリー状のガラス体がレンズ後方の大きな部屋に収まっている. 眼の最内部の網膜はこの部屋の奥にある. 網膜は光を検出する受容器を含んでいる.

角膜とレンズは、異なる点からの光を屈折させてすべてが網膜に収束するようにしている. 網膜上の像は実世界とは逆になっている（図20・18）が、脳はあたかも世界を正しい方向で見ているように、像を解釈する.

ものを見るときには、その物体が反射する光線を知覚する. 近くの物体と遠くの物体から反射する光は、眼に異なる角度で入射する. しかしレンズの調節によってすべての光線は網膜に焦点を合わせる. レンズの調節は、それを取巻いて毛様体に付着させている毛様体筋によ

る. 近くのものに焦点を合わせるときは、毛様体筋が収縮してレンズを外側に膨出させる. その結果、近くの物体からの光線は曲げられて網膜に像を結ぶ（図20・19a）. 物体が遠ざかると、光線は網膜に焦点を結ぶのにそれほど屈折させないですむ. 毛様体筋は少し弛緩してレンズが平らになるようにする（図20・19b）.

コンピューター画面や本などの近い物体を継続的に見ることは、毛様体筋をずっと収縮させることになる. 眼の疲れを防ぐには、休みをとって遠くのものを見るとよい. それによって毛様体筋は弛緩する.

米国人のおよそ1億5千万人が眼の焦点を合わせられない障害をもっている. 乱視では、角膜の曲率が一様でないので、レンズに入射する光を適切な像に結ばせることができない. 近視では、眼の前方と後方の距離が正常より長いか、毛様体筋があまりに強く反応する. どちらの場合も、遠くの物体からの光線は、網膜上ではなくそれより手前に収束するので、遠くを見ることがむずかしい. 近くはふつうに見える. 遠視では、眼の前方と後方の距離が短すぎるか、毛様体筋が弱いか、あるいはレンズの柔軟性が欠けていて、容易に伸張しない. その結

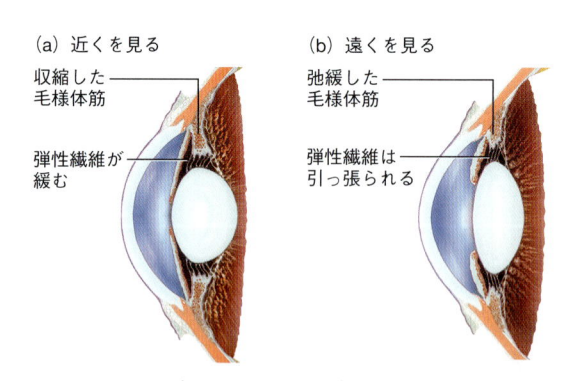

図 20・19 眼が焦点を合わせるしくみ. レンズは毛様体筋によって囲まれている. 弾性繊維が筋肉とレンズを結合している. レンズの形は、毛様体筋が収縮するか弛緩するかによって、弾性繊維の張力が増大または減少して、調節される.（a）毛様体筋の収縮は弾性繊維を緩ませ、レンズは丸くなって近い物体からの光の像を網膜に結ぶ.（b）毛様体筋の弛緩は弾性繊維を引っ張り、それによってレンズは平らに伸ばされて遠くの物体からの光の像を網膜に結ぶ.

果，近くの物体からの光線は網膜の後方に像を結ぶ．レンズはふつう，年齢とともに柔軟性を失う．多くの人が40歳を過ぎると近くを見るのに読書用眼鏡をもつのはそれが理由である．

レンズタンパク質の構造変化は，眼が白濁する白内障の原因となる．紫外線への過度の曝露，喫煙，ステロイド剤の使用，糖尿病などいくつかの病気は，白内障を促進する．ふつうは両眼とも影響を受ける．白内障になると，最初は光がちかちかし，視野がぼやける．しだいにレンズが不透明になり，最後は盲目になる．白濁したレンズを交換する白内障手術によって視覚は回復する．

網　膜

前節で述べたように，角膜とレンズは光線が網膜上に落ちるように光線を屈折させる．眼科医が眼球の内部にある網膜を，光源付きの拡大鏡（眼底鏡）を用いて見ると，光受容器が最も豊富な網膜領域である**中心窩**（fovea）は比較的血管の乏しい領域に赤っぽいスポットとして見える（図20・20a）．正常な眼では，ほとんどの光線は中心窩に像を結ぶ．

網膜は数層の細胞からなる（図20・20b）．光受容器である**桿体細胞**（rod cell）と**錐体細胞**（cone cell，図20・20c）は視覚シグナルを処理する数層の介在ニューロンの奥にある．桿体細胞は弱い光を検出し，対象物が運動したことを示す視野の光の強さの変化に反応する．色覚と鮮明な日中の視覚は錐体細胞が光を吸収すると始まる．錐体細胞には3種類あり，異なる色素をもつ．それぞれの色素は，主として赤い光，青い光，緑の光，を吸収する．正常なヒトの色覚は3種類の錐体細胞をすべて必要とする．1または2種類の錐体細胞を欠くヒトは，色覚異常（色覚障害）である（§9・7）．そのようなヒトは，しばしば薄暗いところでは赤と緑の区別が困難であり，なかには明るいところでも区別がむずかしいヒトもいる．

シグナルの統合と処理は網膜で始まる．桿体細胞や錐体細胞の上に位置する細胞は，これらの光受容器からの情報を受取ってそのシグナルを処理し，神経節細胞に送る．神経節細胞の束になった軸索は，網膜を出て視神経となる．視神経が網膜を出発する領域は光受容器を欠いている．ここは光に反応できないので，"盲点"とよばれる．だれでも両方の眼に盲点をもっているが，ふつうはそれに気づかない．それは，片方の眼でその領域で失われている情報は，もう一方の眼から脳に供給されるからである．

聴　覚

音は圧縮された空気の波であり，機械エネルギーの一種である．手をたたいたり叫び声を上げると，空気を圧縮して波を生じ，それが空気中を伝わる．波の頻度（1秒当たりの数）が音程を決定する．波の振幅が音の大きさを決定し，それはデシベルで測定される．ヒトの耳は音の1デシベルの違いを聞き分けることができる．10デシベルの増加は大きさが10倍になるということである．ふつうの会話はおよそ60デシベルで，ロックコンサートの音楽はおよそ120デシベルである．

図20・21は耳の三つの領域を示している．外耳は音を集める．皮膚に覆われた音を集めるための軟骨性の突起物である耳介は頭の両側から側方に出ている❶．外耳は音を中耳に運ぶ外耳道も含む．

中耳は空気の波を拡大して内耳に伝える❷．外耳道を通過した圧力波は薄い膜である**鼓膜**（eardrum）を振動させる．鼓膜の裏側には空気で満たされた腔があり，そ

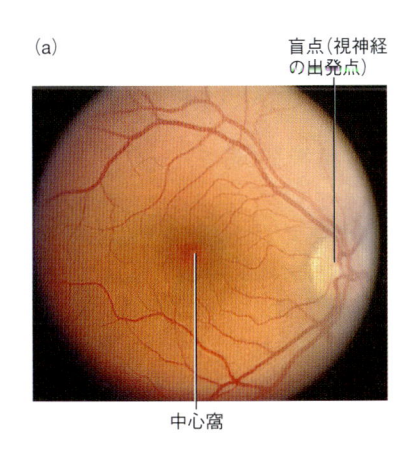

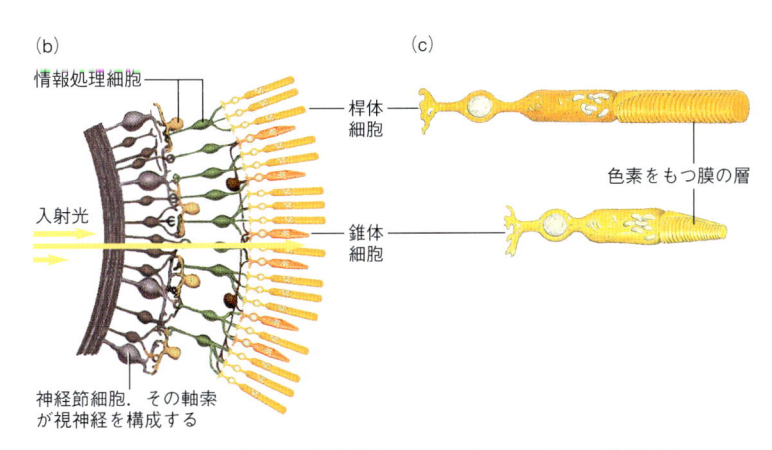

図 20・20　網膜．（a）眼底鏡で網膜を見たところ．中心窩は光受容器が最も集中しているところである．視神経は盲点から出発する．（b）網膜の細胞層．（c）桿体細胞と錐体細胞は光感受性の色素を含む光受容器である．

20. 神経系と感覚器官

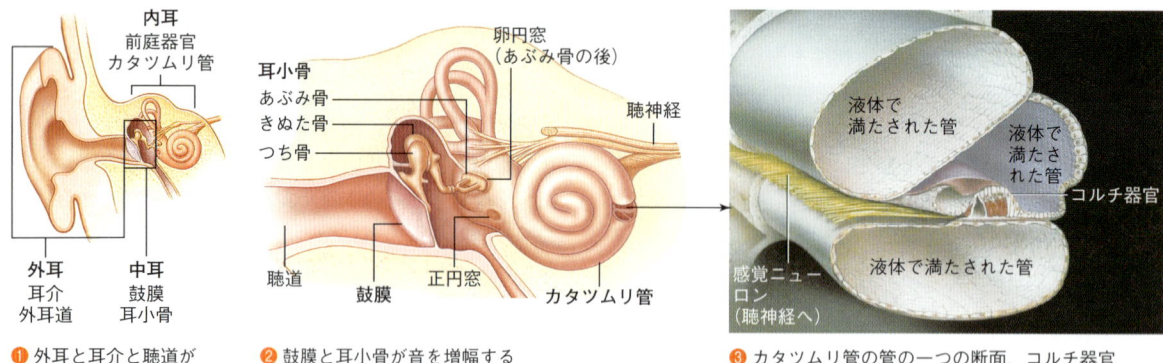

❶ 外耳と耳介と聴道が集音する

❷ 鼓膜と耳小骨が音を増幅する

❸ カタツムリ管の管の一つの断面. コルチ器官は液体で満たされた管の圧力波を検出する

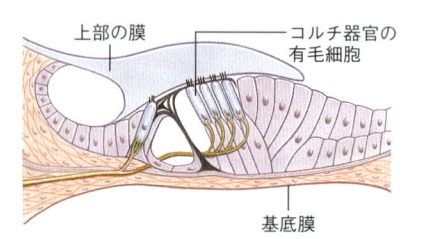

❹ 圧力波はコルチ器官の下の基底膜を上方に動かす. その運動が有毛細胞を上の膜に押しつける. 生じた活動電位が聴神経を脳まで伝わる

図 20・21　ヒトの耳の解剖学と聴覚のしくみ

こにはつち骨, きぬた骨, あぶみ骨とよばれる一組の耳小骨がある. これらの骨は音波の力を鼓膜から卵円窓の小さい表面に伝える. この柔軟な膜が中耳と内耳の境界である.

内耳は平衡を司る前庭器官（後述）とカタツムリ管（蝸牛管）を含む. マメほどの大きさで液体に満たされた**カタツムリ管**（cochlea）はカタツムリの殻に似ている. 内部の膜によってカタツムリ管は3本の液体に満たされた管に分かれる❸. あぶみ骨から卵円窓に伝えられた圧力はこれらの管の液体に圧力波を生じさせる. その波がカタツムリ管の膜性の壁を振動させる.

聴覚に関与する**コルチ器官**（organ of Corti）は管の一つの膜（基底膜）上に位置する❹. 器官の内側には有毛細胞とよばれる機械受容体の列がある. 有毛細胞から特殊な繊毛が上部の膜に向かって生えている. 圧力波が膜を動かすと, 有毛細胞が傾いて活動電位を生じる. このシグナルが聴神経を経て脳まで伝わる.

脳は音の大きさと音程を, 聴神経をどれだけの活動電位が流れたか, そしてカタツムリ管のどの部分からこの活動電位が発生したかを評価して決定する. 音が大きいほど有毛細胞は大きく傾く. 音程は, カタツムリ管のどこで有毛細胞が最も傾くかを決定する. 高い音程の音はコルチ器官の入口付近で振動を生じ, 低いものはコイルのもっと奥で振動をひき起こす.

平衡感覚

ヒトの平衡感覚（平衡覚）は, 三つの半月形の, 液体で満たされた管（半規管）からなる**前庭器官**（vestibular apparatus）による（図 20・22）. 頭が回転したり停止したりすると機械受容器が刺激される. 脳は両側の耳にある平衡器官, 皮膚, 関節, 腱にある受容体からの情報を統合して, 体の位置と運動を制御する.

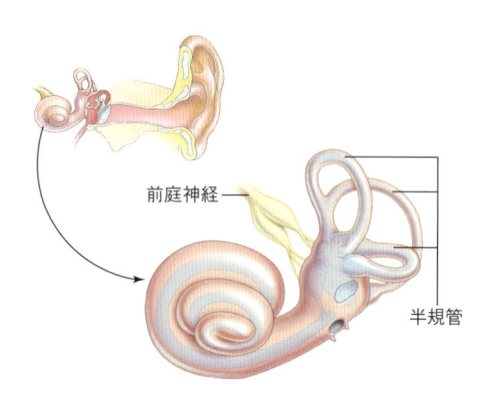

図 20・22　前庭器官とカタツムリ管

20・7　神経系と向精神薬　再考

脳の機能について学んだところで, エクスタシーの有効成分である MDMA の効果について考えてみよう. MDMA はセロトニンという神経伝達物質をシナプス間隙から軸索末端に再吸収する輸送タンパク質に結合して活性を阻害する. その結果, 余分なセロトニンがシナプス後細胞に作用して, 高揚感を生じる. これがエクスタシーの常用者が求めるものである. しかしこの薬の後遺症として, セロトニン産生細胞はこの必須の神経伝達物質を産生できなくなってしまって, 低セロトニン状態は

うつをひき起こす.実際,エクスタシー使用の影響として一過性のうつがよく知られている.セロトニン欠乏は,MDMAのもつ記憶に対する有害な影響の原因でもある.

まとめ

20・1 エクスタシーは脳に対する作用によって,快楽を高め,興奮させる非合法の薬物である.それは,記憶の低下,パニックの襲来,そして死を招くこともある.

20・2 ニューロンは電気的に興奮性の細胞で,化学的メッセージによって他の細胞にシグナルを送ることができる.感覚ニューロンは刺激を検出する.介在ニューロンはニューロン間のシグナルを伝える.運動ニューロンは筋肉や腺などの効果器にシグナルを送る.ニューログリアは,ミエリンによって軸索を被覆するなど,ニューロンを支持する.

ニューロンの樹状突起に到達したシグナルは,細胞膜を挟むイオンの分布を変化させる.強い刺激は変化を活動電位の閾値まで高め,活動電位はニューロンの軸索末端に向かって移動する.

活動電位はニューロンの細胞膜を挟んだ電位の,突然かつ短い逆転である.逆転は隣接した膜領域に活動電位をひき起こし,それがまた次に,というようにして軸索末端に至る.活動電位は"全か無か"である.つまり,細胞があるレベルに達するときだけ起こり,かつ常に同じ大きさである.

ニューロン間,あるいは運動ニューロンとそれが支配する細胞の間の情報伝達は,化学シナプスによる.活動電位が到着するとニューロンの軸索末端が神経伝達物質を放出する.このシグナル分子はシグナル受容細胞の受容体に結合する.シグナル分子に対する細胞の反応は,同時に到達する他のシグナルによってある程度影響を受ける.向精神薬は化学シナプスのシグナル伝達を変化させることで効果を発揮する.

20・3 最も単純な神経系は,中枢をもたない神経網である.大部分の動物は左右相称の神経系をもっていて,頭側の端に神経節の集団あるいは脳をもっている.脊椎動物の神経系は機能的に,中枢神経系(脳と脊髄)と末梢神経系(脊髄や脳と体部を結合する神経)に分かれる.

神経は結合組織性の鞘に包まれた軸索の束である.ほとんどの脊椎動物の軸索は絶縁体であるミエリンに包まれ,伝導速度が大きくなっている.

20・4, 20・5 末梢神経系は脳や脊髄中の細胞体から体中に伸びている.それらはシグナルを両方向に伝える.体性神経系は骨格筋にシグナルを送り,関節や皮膚の受容体からのシグナルを受取る.自律神経系(交感神経と副交感神経)は内部器官に結合し,しばしば拮抗的に作用する.闘争・逃走反応では交感神経が優勢になり,リラックスした状態では副交感神経が優越する.

中枢神経系の器官は保護膜(髄膜)に包まれ,血液から濾過される液体(脳脊髄液)に浸っている.血液脳関門が,有害な物質がこの液体に入らないようにしている.

脊髄は体部からのシグナルを脳に伝える.脊髄は脳の関与しない反射の統合中心でもある.反射は刺激に対する自律的な反応である.

後脳と中脳は,呼吸や嚥下,咳などの反射を調節する脳幹を構成する.脳幹は随意運動を統御する小脳も含む.前脳の大部分は大脳で,ホメオスタシスに関連した機能を統合する視床下部を含む.大脳の表面にある薄い灰白質の層は大脳皮質で,言語や抽象的思考などの複雑な機能を支配する.皮質には種々の異なる感覚入力を受ける領域や随意運動を制御する領域がある.

20・6 感覚受容器は,特異的刺激に反応して活動電位を生じる.脳は感覚受容器からの情報を,どの神経が伝えたか,活動電位の頻度,ある時間内に興奮した軸索の数などによって評価する.

触覚のような体性感覚は,皮膚や,近傍の筋肉,関節などに存在する感覚受容器から生じる.内臓感覚は体腔内の器官にある受容体から生じる.痛覚は組織が傷害されたときに生じ,エンドルフィンはそれを緩和する.

味覚と嗅覚は特異的な化学物質を検出する化学受容器による.ヒトでは味覚受容器は舌や口壁の味蕾に集中している.嗅覚受容器はヒトの鼻腔にある.多くの動物はフェロモンとよばれる社会性のシグナル分子を検出する化学受容器をもっている.

ヒトの眼では,光が角膜を通過して瞳孔を経て内部に入る.瞳孔の直径は虹彩によって調節される.レンズは,光を網膜の中心窩の光受容器(桿体細胞と錐体細胞)に焦点を合わせる.網膜の他の細胞はシグナルを統合し,処理する.シグナルは視神経によって脳に運ばれ,最終的な処理と解釈がなされる.

聴覚では外耳が音波を集め,音波は鼓膜を振動させ,中耳がそれを増幅し内耳のカタツムリ管に伝える.カタツムリ管の内部にあるコルチ器官には機械受容体があり,興奮するとシグナルを脳に送る.内耳の前庭器官は運動と体の位置の変化を検出する.

試してみよう (解答は巻末)

1. 神経伝達物質を放出するのは ＿＿
   a. 軸索末端　　b. 細胞体
   c. 樹状突起　　d. a〜cのすべて
2. 主として脳と脊髄に存在するのは ＿＿
   a. 感覚ニューロン　　b. 運動ニューロン
   c. 介在ニューロン　　d. bとc
3. いすに座って静かに読書しているときに優勢なのは ＿＿
   a. 交感神経　　b. 副交感神経

4. 活動電位が生じるのは ___
   a. ニューロンの電位が閾値に達したとき
   b. ナトリウムチャネルが閉じたとき
   c. カリウムチャネルが開いたとき
5. 骨格筋を支配するのは ___
   a. 交感神経   b. 副交感神経
   c. 体性神経   d. aとb
6. 大脳の二つの半球は ___
   a. 同等の機能をもつ
   b. 自律神経系の一部である
   c. 脳梁によって結合されている
   d. 主として運動ニューロンによって構成されている
7. 血液脳関門は，有害物質が ___ に侵入することを防止している．
   a. 血液   b. 脳脊髄液   c. 末梢神経   d. aとb
8. 体性感覚はどれか．
   a. 聴覚   b. 嗅覚   c. 触覚
   d. 味覚   e. aとc   f. a～dのすべて
9. 継続した刺激に対する反応の低下は ___
   a. 伝搬   b. 知覚
   c. 感覚順応   d. シナプス統合
10. 化学受容器が働くのは ___
    a. 聴覚   b. 嗅覚   c. 視覚   d. 痛覚
11. 脊椎動物の眼において光受容器が存在するのは ___
    a. 結膜   b. 角膜   c. レンズ   d. 網膜
12. 色覚異常が生じるのは ___ がないか，あるいは機能不全のときである．
    a. 有毛細胞   b. 桿体細胞
    c. 錐体細胞   d. ニューログリア
13. 左側の用語の説明として最も適当なものをa～jから選び，記号で答えよ．

   ___ 桿体細胞   a. フェロモンの検出
   ___ カタツムリ管   b. 脊髄に結合する
   ___ 小脳   c. 圧力波を選別する
   ___ 脳幹   d. 脳や脊髄を有毒物質から保護する
   ___ 大脳皮質
   ___ 味蕾   e. シグナル伝達の速度を上げる
   ___ ミエリン   f. 化学受容器を含む
   ___ 神経伝達物質   g. シナプスで分泌される
   ___ 血液脳関門   h. 高等な思考を支配する
   ___ 鋤鼻器   i. 随意運動を統御する
                      j. 光を検出する

21 生殖と発生

21・1 生殖補助医療
21・2 動物の生殖と発生
21・3 ヒトの生殖系
21・4 受精と着床
21・5 胚期と胎児期
21・6 出産と新生児
21・7 生殖,発生と健康
21・8 生殖補助医療 再考

21・1 生殖補助医療

自然妊娠できないカップルは,**試験管内受精**(体外受精 in vitro fertilization: IVF)による妊娠を選択することができる.これは卵と精子を体外で受精させる生殖補助医療である.IVFに使用する卵は,女性に一度に複数の卵を成熟させるホルモンを投与して得る.卵は精子と受精される.受精後接合子は分裂を行い,細胞からなる微小なボール状の構造を形成する.これを子宮内に挿入し,出生まで発生させる.

IVFによって最初の子供が生まれたのは1978年で,当時多くの人々は,この"試験管ベビー"の出生に愕然とした.科学者や倫理学者や宗教界のリーダーたちが,ヒトの胚を操作することの社会的意味について議論した.

このように初期には躊躇があったが,IVFはいまや広く受容され,実践されている.世界的にみるとこの方法で300万人以上の子供が生まれている.初期の試験管ベビーはもう成人となって,その子供も生まれている.

IVFの研究は,種々の生殖補助医療への道を開いた.もしある男性が精子はつくれるが,それを射精することができなかったり,正常な方法で受精するには数が少なすぎる場合には,そのパートナーの卵細胞質内に精子を注入することができる.卵をつくることができないが子供はほしいという女性には,卵のドナーからの若い胚で妊娠させることができる.卵はつくれるがそれを妊娠できない,あるいは妊娠したくない女性については,IVFで受精して,それを代理母に着床させることができる.卵,精子,胚は使用前に何年も冷凍保存することができる.IVFのどの技術でも,両親は胚の遺伝的な欠陥を着床以前にスクリーニングすることができる(§9・9).

IVFによって生じたヒトの受精卵

21・2 動物の生殖と発生

無性生殖

無性生殖(asexual reproduction)では1個の個体が遺伝的に親と同じ子を生じる.その結果,親はすべての遺伝子を子に伝える.子どうしも遺伝的に同じである.無性生殖は安定した環境中では有利である.親に成功をもたらしている遺伝子の組合わせが子孫にも有利に作用すると思われる.しかし,環境が安定でないときには,特定の遺伝子の組合わせが固定されていると,不利になることもある.

多くの無脊椎動物は無性的に生殖する.あるものは断片化によって,つまり体の一部がちぎれて,それが新しい個体へと成長する.他の動物では新しい個体は親から出芽して生じる(図21・1).昆虫類,魚類,両生類,あるいはトカゲの子は,未受精卵から**単為生殖**(parthenogenesis)という過程で発生することがある.哺乳類は無性的に生殖することはない.

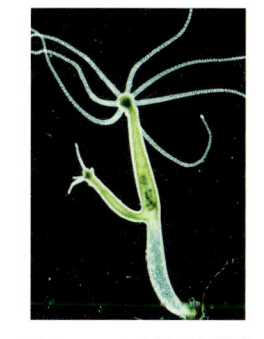

図 21・1 ヒドラの無性生殖.新しい個体(左側)は出芽によって生じる.

有性生殖

有性生殖(sexual reproduction)では,両親が配偶子を形成し,それが受精によって融合する.減数分裂と受精時の遺伝子の再編成によって,子は父親と母親の遺伝子を固有の組合わせでもつ(§8・7).有性的に生殖することで親は,子孫のあるものが新しく変化する環境に適合した遺伝的性質の組合わせを受け継ぐ可能性を増加させている.

いくつかの種は，有性生殖と無性生殖の両方を行う．植物の樹液を吸うアブラムシという昆虫はその例である．雌のアブラムシは夏に植物に定住して，その体の中で未受精卵から発生させた無翅の雌をたくさん産む．この雌たちは母親と同じ植物，あるいはその隣の植物に生息するので，多かれ少なかれ似た状況を経験することになる．秋になると，雄が生まれて有性生殖によって遺伝的に異なる雌が生まれる．この雌は休眠状態で冬を過ごす．春になると新しい植物を求めて，遺伝的に同一である雌世代を産む．

有性生殖の多様性

有性生殖動物で卵と精子をともにつくるのは**雌雄同体**（hermaphrodite）とよばれる．条虫類や線虫類は同時的雌雄同体であり，卵と精子を同時につくって，それらが受精できる．ミミズやナメクジも同時的雌雄同体であるが，これらの動物はパートナーと配偶子を交換する．ある軟体動物や魚類には時間差雌雄同体のものもいる．この場合は，生涯の間に一方の性から他方にスイッチする．ふつうの脊椎動物は，生涯変わらない固定した性をもつ．個体は精子をつくる雄か卵をつくる雌か，どちらかである．

受精は体外受精か体内受精か，どちらかである．体外受精の場合には，大量の配偶子が水中に放出される．精子は卵まで泳いでいき，発生はほとんどの場合環境中で進行する．大部分の水生無脊椎動物や硬骨魚類は体外受精である．体内受精では，特殊化した器官（ペニス）が精子を雌の生殖器官に送り込む．軟骨魚類，いくつかの硬骨魚類，昆虫類，ナメクジ，羊膜類（爬虫類，鳥類，哺乳類）を含むほとんどの陸生動物は体内受精である．

体内受精した卵は鳥類の場合のように環境中に放出されて発生するか，軟骨魚類，ある種のトカゲやヘビ，そして大部分の哺乳類のように母親の体内で発生する．動物群によって，母親の体内で発生する胚は，卵内の貯蔵栄養分，母親の分泌物である栄養分，あるいはその両方によって栄養を得る．

生殖と発生の段階

動物は一続きの段階を経て発生する．図21・2は，組織や器官をもつ動物の，生殖と発生の6段階を示している．

生殖は配偶子形成に始まる．**配偶子**（gamete，卵と精子）は一次生殖器官（生殖腺）で生殖細胞から減数分裂によって形成される．精子は父親のDNAおよび卵に到達して進入するのに必要なわずかな細胞構造しかもたない．細胞質はほとんどない．卵は精子よりずっと大き

(a) 卵は雌の生殖器官で，精子は雄の生殖器官で，形成され，成熟する

(b) 精子が卵に進入する．核が融合し，接合子ができる

(c) 細胞分裂によって，細胞のボール状の塊である胞胚が形成される．それぞれの細胞は卵細胞質の異なる部分を受け継いでいる

(d) 細胞分裂，細胞移動，および配置替えによって，一次組織層をもつ原腸胚が生じる

(e) 異なるタイプの細胞が相互作用して体の設計図の細部がつくられ，決まったパターンの器官や組織が形成される

(f) 器官が成長し，成熟して，しだいに固有の機能を果たすようになる

配偶子形成 → 受精 → 卵割 → 原腸形成 → 器官形成 → 成長，組織の特異化

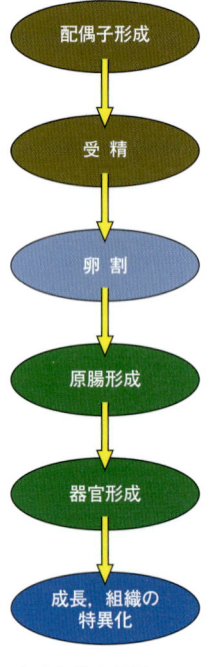

図 21・2 組織や器官をもつ動物の生殖と発生過程

く，内部も複雑である．卵は成熟すると酵素，mRNA，その他の物質を細胞質中にたくわえる．多くの動物卵は発生中の個体に栄養を与える脂質とタンパク質の混合物である**卵黄**（yolk）を含んでいる．

受精（fertilization）は，精子が卵に進入することから始まり，精子と卵の核が融合して，新しい個体の細胞である**接合子**（zygote，**接合体**ともいう）が形成されると終了する．接合子の細胞質はほとんど卵に由来する．

発生過程によって単細胞である接合子が成体になる．図21・3は，脊椎動物の発生の一例としてカエルの発生を示す．受精後の発生は**卵割**（cleavage）から始まる．卵割中は細胞分裂によって細胞数が増えるが，もとの接合子の体積は増大しない❶．卵の細胞質には物質がランダムに分布しているわけではないので，卵割によって異なるmRNAが異なる細胞に分配される．どの"母性メッセージ"を受取るかで，その細胞の系譜（系列）の運命が決まることがある．たとえば，ある細胞系譜だけが，胚の特定の発生過程を進める鍵遺伝子のmRNAを受取る，ということがある．

卵割は**胞胚**（blastula）形成で終了する．胞胚は液体で満たされた中心部の周囲に細胞があるボール状の胚である❷．胞胚形成後，細胞分裂はゆっくりになり，**原腸形成**（gastrulation）へと進む．これは胚の構造の編成過程であり，胞胚の表面の細胞が内部に移動する．この細胞移動によって**原腸胚**（gastrula）ができる．これは

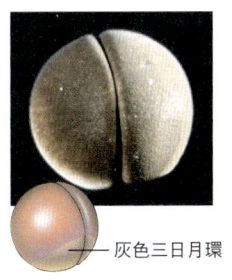

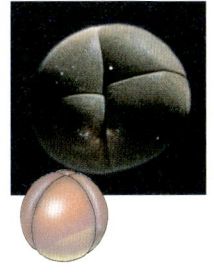

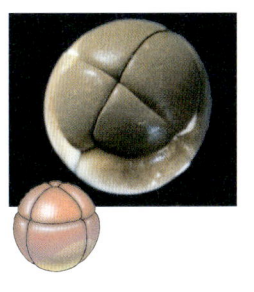

❶ 接合子の細胞質を分割する3回の卵割を示す．この種では，卵割によって液体で満たされた腔をもつ細胞のボール状の塊である胞胚が形成される

❷ 胞胚が形成されると，卵割は終了する

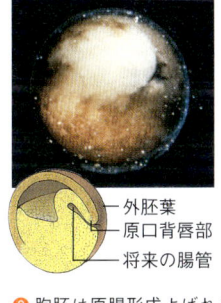

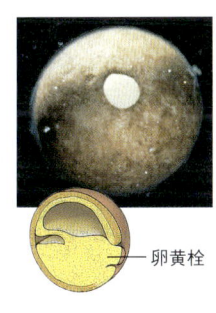

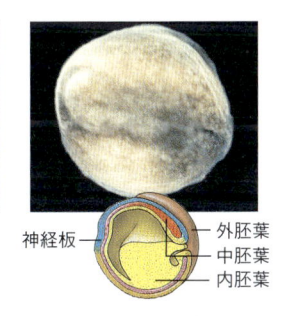

❸ 胞胚は原腸形成とよばれる過程によって，3胚葉からなる原腸胚になる．胞胚に現れる外胚葉性の開口部である原口背唇部では，細胞が内部に移動して配置を変え始める

❹ 原始腸管ができるにつれて器官が形成され始める．神経管，脊索，その他の器官が形成される

オタマジャクシ．節に分かれた筋肉と尾まで伸びる脊索をもった泳ぐ幼生

成体に至る変態時には，四肢が成長し，尾が吸収される

四肢をもち，性的に成熟した成体ヒョウガエル

❺ カエルの体形は，成長して組織の特異化が進むと変化する．胚はオタマジャクシになり，変態して成体となる

図 21・3 脊椎動物(ヒョウガエル)の発生段階

3種の一次組織層(胚葉とよばれる)をもつ胚の状態である❸．この胚葉に由来する細胞が，成体のすべての組織と器官を生じる．

外胚葉(ectoderm)は最外層で，最初に生じる．これは神経や皮膚の表皮のもとである．内部の**内胚葉**(endoderm)は腸管の上皮や，それに由来する器官のもとである．ほとんどの動物で，**中胚葉**(mesoderm)が外胚葉と内胚葉の中間に形成される．これは筋肉，大部分の骨格，循環系，生殖系，排出系，および腸管や皮膚の結合組織を生じる．

胚のすべての細胞は接合子の子孫であるから，すべての細胞は同じ数の同じ種類の遺伝子をもっている．それではどうして，異なる細胞種が生じるのだろう．発生の間，異なる細胞系譜ではある遺伝子群は発現するが他の遺伝子群は発現しなくなる．§7・7で説明したように，選択的遺伝子発現が**分化**(differentiation)という過程をひき起こす．この過程により，細胞系譜が特殊化する．たとえば，すべての細胞は解糖を実行する酵素の遺伝子を利用する．一方，レンズ細胞になる細胞のみが透明なタンパク質であるクリスタリンの遺伝子を発現する．

異なる組織が生じてある決まったパターンで組立てられると，器官形成が始まる❹．成長と組織の特異化が動物発生の最後の段階である❺．この段階はふつう成体期の初期まで続く．組織や器官は遺伝的にプログラムされた，秩序正しい発生をする．体がその特徴的な形態をとるのは，種々の系譜の細胞が分裂し，移動し，大きさと形を変え，決まった時間と場所で死ぬからである．カエルの幼生(オタマジャクシ)の尾は成体への変態時に，尾の細胞が死んで消失する．この過程は**アポトーシス**(apoptosis)とよばれる．似た過程がヒトの手でも起

こっている．手は櫂のような形の構造物（手板）として出発し，そのとき指はみずかきのようなものでつながっている．みずかきの細胞が死んで，5本の指が独立する．

21・3　ヒトの生殖系

今度はわれわれ自身の生殖と発生に目を向けよう．ヒトでは，他の有性生殖動物と同様に，生殖は配偶子形成から始まる*．配偶子は生殖腺とよばれる特別な1対の器官の内部で，減数分裂によって形成される．精子は男性の生殖腺である**精巣**（testis）で，卵は女性の生殖腺である**卵巣**（ovary）でつくられる．男性の生殖系には精子を貯蔵したり，精子を男性の体から女性の生殖管に移行させる部分がある．女性の生殖系には精子を受取り，子の発生を支える部分がある．

男性の生殖系

男性でも女性でも，生殖腺は体の奥深くに形成される．男児が生まれる前に，精巣は**陰嚢**（scrotum）という，腰帯からつり下がった袋の中に降りてくる（図21・4）．陰嚢の平滑筋が精巣を取囲んで，筋肉の反射的収縮と弛緩が精巣の位置を調節する．男性が寒さを感じたり驚いたりすると筋肉が収縮して精巣を体に引寄せる．暖かいときは陰嚢の筋肉が弛緩して精巣が下がり，精子形成細胞が過熱しないようになる．この細胞は正常体温よりやや低い温度で最もよく機能する．

男性が思春期（生殖器官が成熟する発育段階）に達すると，精巣からのテストステロン分泌が増加し，精子形成が始まる．テストステロンは二次性徴の発達を促す．二次性徴としては，声帯が厚くなり声が太くなる，顔，胸，脇の下，恥部の毛の成長が速くなる，そして脂肪と筋肉の分布の変化などがある．

精巣で形成された未成熟な精子は繊毛によって精巣に付着したコイルのような管である精巣上体に運ばれる．精巣上体からの分泌物は精子に栄養分を与え，成熟を促す．

精巣上体の最後の部分は成熟した精子を貯蔵し，**輸精管**（vas deferen）の最初の部分と連続している．輸精管は精子を精巣上体から短い射精管に運ぶ管である．射精管は精子を，男性のペニスを通って体表の開口部まで伸びている尿道まで運ぶ．

ペニスは男性の性交器官である．丸い亀頭をもっていて，そこにある神経末端は触覚に敏感である．ペニスの皮膚の下には結合組織が3本の海綿状組織の長い筒を取囲んでいる．男性が性的に興奮すると，神経系からのシグナルが海綿状組織への血液の流入を流出より速くする．液体の圧力が高まると，ふだんは柔軟なペニスが勃起する．

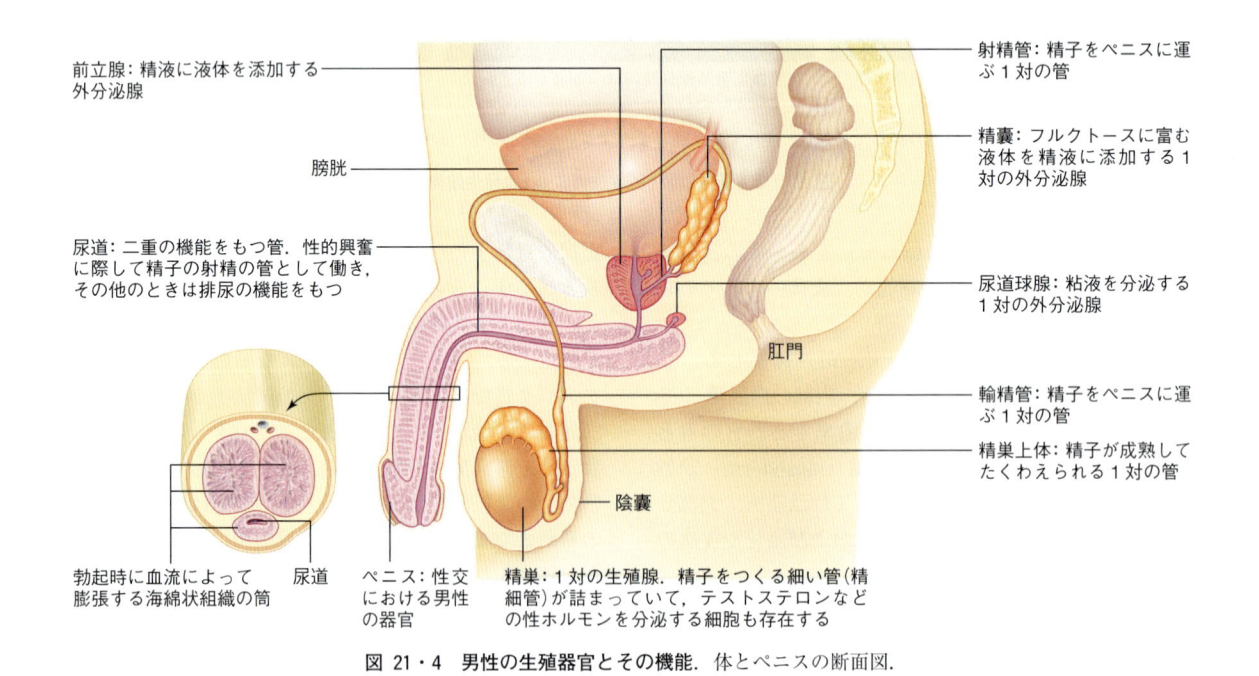

図 21・4　男性の生殖器官とその機能．体とペニスの断面図．

* 訳注：ヒトについては，他の動物とは異なる用語が用いられることが多い．たとえば，胚（ヒトでは胚子），卵（卵子），濾胞（卵胞）など．ここでは生物学用語を主として用いている．

精巣上体に貯蔵されている精子は，男性が性的興奮の頂点に達して**射精**（ejaculation）するときだけ，体外への旅を続ける．射精に際しては，精巣上体や輸精管の壁の平滑筋が断続的に収縮して，精子や付属腺の分泌物を，**精液**（semen）とよばれる濃い白色の液体として放出させる．精液は精子，タンパク質，栄養分，イオン，およびシグナル分子の混合液である．精子は精液の体積の5%しかなく，付属腺の分泌物が95%を占める．**精嚢**（seminal vesicle）は膀胱の基部にある外分泌腺で，輸精管にフルクトース（果糖）を多く含む液体を分泌する．精子は糖であるフルクトースをエネルギー源として利用する．**前立腺**（prostate gland）は尿道を囲む外分泌腺で，尿道中に液体を分泌し，それが精液の体積のかなりの部分を占める．前立腺の分泌物は女性の生殖管のpHを高めるのに役立ち，それで精子はより効率よく泳ぐことができる．

精子形成

精巣はゴルフボールより小さいが，その中には引き伸ばすと125 mに達する精細管というコイル状の管がある（図21・5a）．二倍体の雄性生殖細胞（精原細胞，精祖細胞）が管の内側にある（図21・5b）．この細胞は繰返し分裂し，その子孫細胞は一次精母細胞に分化する．一次精母細胞は減数分裂I（減数第一分裂）によって二次精母細胞を形成する．減数分裂の完成で未成熟精子が生じ，それが成熟精子へと分化する．管の中にあるセルトリ細胞は，形成途中の精子を栄養の面で支える．

成熟した精子は一倍体で鞭毛をもつ細胞である（図21・5c）．精子は鞭毛を用いて，卵に向かって泳ぐ．中片にあるミトコンドリアは，運動に必要なエネルギーを供給する．精子の"頭部"にはDNAと，酵素を含む帽子が詰まっている．酵素は受精時に卵に進入することを助ける．

男性でも女性でも同じ視床下部と下垂体のホルモンが配偶子形成を制御する．視床下部から分泌される生殖腺刺激ホルモン放出ホルモン（gonadotropin-releasing hormone: GnRH）は下垂体を標的とするホルモンの一つである．GnRHは下垂体前葉の細胞を刺激して黄体形成ホルモン（luteinizing hormone: LH）や濾胞（卵胞）刺激ホルモン（follicle-stimulating hormone: FSH）を分泌させる．雄では，LHとFSHは精巣内部の細胞を標的として，テストステロンの分泌と精子形成を促す．

女性の生殖系

卵巣は体の奥にあり，大きさはアーモンドくらいである（図21・6）．繊毛の生えた**卵管**（oviduct，輸卵管ともいう）が卵巣と**子宮**（uterus）を結合している．子宮は空洞のある洋ナシ形の器官で，膀胱の上にある．受精が成立すると，胚が生じて子宮中で発生する．厚い平滑筋の層が子宮壁の大部分を構成している．子宮内壁は腺上皮，結合組織，血管からなる．子宮の最下部は狭くなって，膣に通じる**子宮頸部**（cervix）となる．

膣（vagina）は子宮から体外へと通じる筋肉質の管である．膣は女性の性交器官として，また出産時の通路として機能する．膣と尿道の開口部（外陰部）を2対の皮膚のひだが取囲んでいる．外側（大陰唇）のひだは脂肪組織が多い．内側のひだ（小陰唇）は血管に富み，性的興奮に際して肥大する．鋭敏な生殖器官である陰核（クリトリス）の先端が，小陰唇の間，尿道のすぐ上に位置する．陰核とペニスは同じ胚性器官から発生する．どちらもきわめて鋭敏な触覚受容器をもち，性的興奮に際して勃起する．

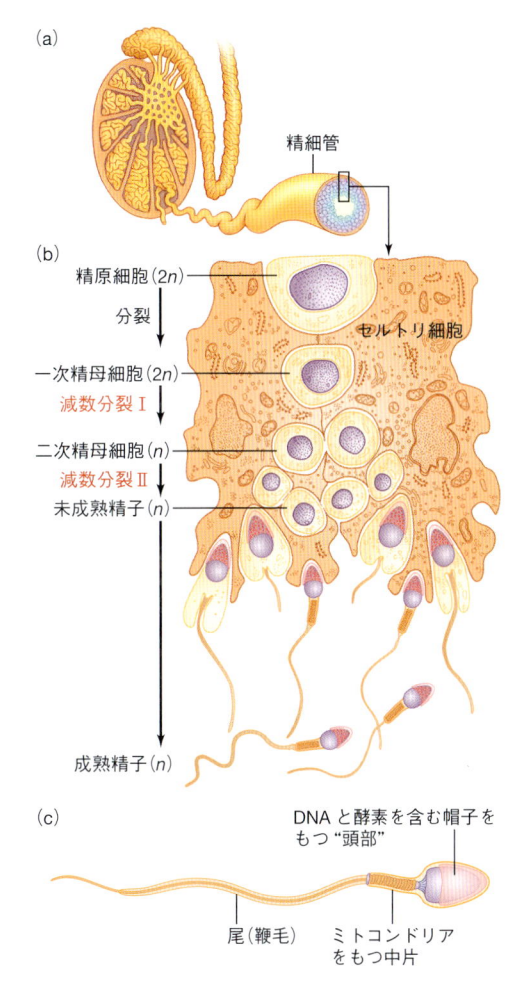

図 21・5　精子形成．(a) 精巣中の精細管の配置．(b) 精細管における精子形成の各段階（nは染色体数）．(c) 成熟した精子．

298　　　　　　　　　　　　　　　　　21. 生殖と発生

卵巣: 卵と性ホルモンをつくる1対の生殖腺. 卵細胞を形成し, 女性ホルモン(エストロゲンとプロゲステロン)を分泌する

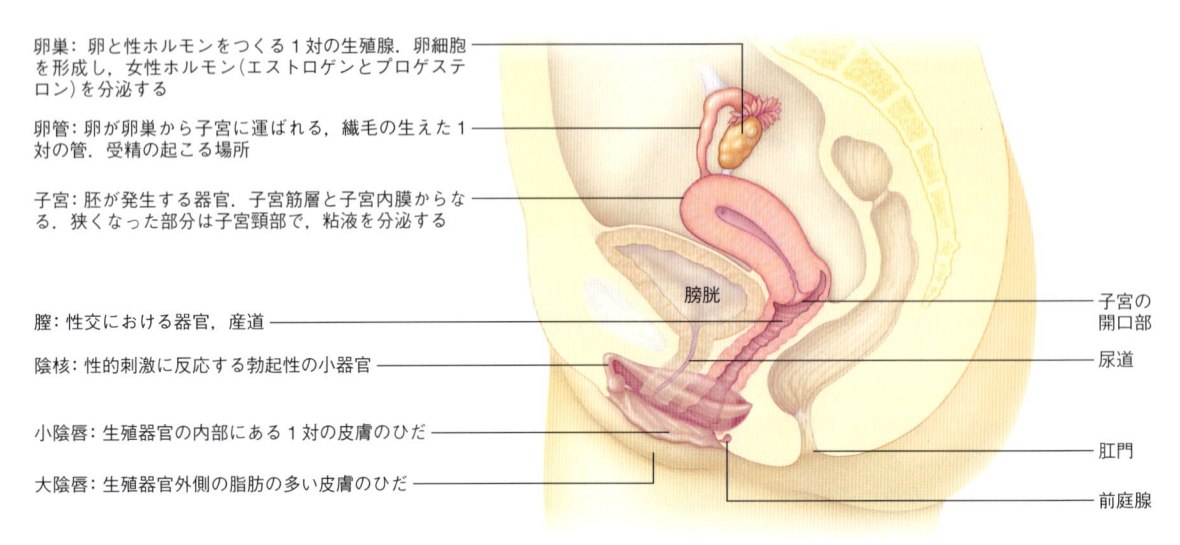

卵管: 卵が卵巣から子宮に運ばれる, 繊毛の生えた1対の管. 受精の起こる場所

子宮: 胚が発生する器官. 子宮筋層と子宮内膜からなる. 狭くなった部分は子宮頸部で, 粘液を分泌する

腟: 性交における器官, 産道

陰核: 性的刺激に反応する勃起性の小器官

小陰唇: 生殖器官の内部にある1対の皮膚のひだ

大陰唇: 生殖器官外側の脂肪の多い皮膚のひだ

膀胱

子宮の開口部
尿道
肛門
前庭腺

図 21・6　女性の生殖器官とその機能. 体の断面図.

卵形成と卵巣周期

男性の生殖細胞とは異なり, 女性の生殖細胞は生後には分裂しない. 女児は卵巣におよそ200万個の一次卵母細胞をもって生まれる. **卵母細胞**(oocyte)は未成熟卵の一般的な名称である. 一次卵母細胞は減数分裂に入り, 減数分裂Ⅰの前期で停止している. 女性が思春期に達すると, およそ28日の卵巣周期に従って, 1回に1個の一次卵母細胞が成熟を開始する.

図 21・7 は, 卵母細胞がこの周期でどのように成熟するかを示している. 一次卵母細胞と周囲の細胞が**沪胞**(ovarian follicle, 卵胞ともいう)を形成する❶. 周期の最初には卵母細胞が大きくなるにつれて周囲の細胞が繰返し分裂し, タンパク質の層を分泌する. 沪胞が成熟すると液体で満たされた腔が卵母細胞の周囲に生じる❷. しばしば2個以上の沪胞が成熟するが, ふつうは1個だけが完全に成熟する. そのような沪胞では, 一次卵母細胞が減数分裂Ⅰを完了して不等分裂を行う. その結果, 1個の二次卵母細胞と, 1個の微小な極体が形成される

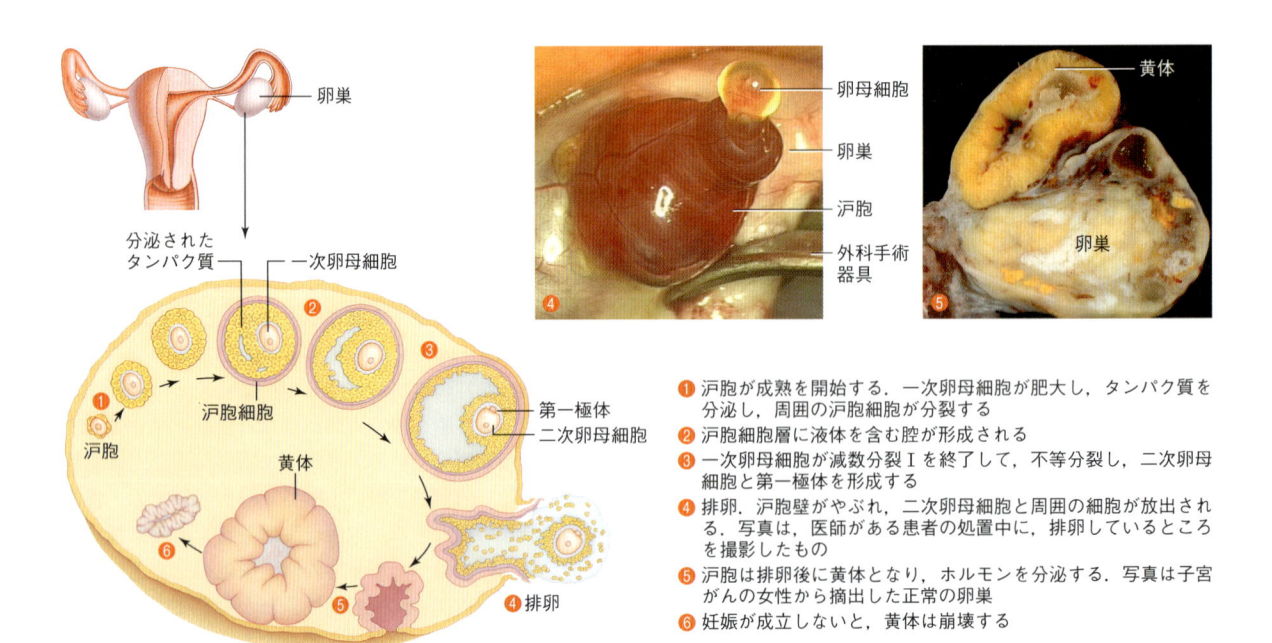

❶ 沪胞が成熟を開始する. 一次卵母細胞が肥大し, タンパク質を分泌し, 周囲の沪胞細胞が分裂する
❷ 沪胞細胞層に液体を含む腔が形成される
❸ 一次卵母細胞が減数分裂Ⅰを終了して, 不等分裂し, 二次卵母細胞と第一極体を形成する
❹ 排卵. 沪胞壁がやぶれ, 二次卵母細胞と周囲の細胞が放出される. 写真は, 医師がある患者の処置中に, 排卵しているところを撮影したもの
❺ 沪胞は排卵後に黄体となり, ホルモンを分泌する. 写真は子宮がんの女性から摘出した正常な卵巣
❻ 妊娠が成立しないと, 黄体は崩壊する

図 21・7　卵巣の月経周期における変化

❸. 極体には生殖機能がなく，後に崩壊する．二次卵母細胞は減数分裂 II に入り，中期で停止する．

周期が始まっておよそ 2 週間後に，濾胞が破れて**排卵**（ovulation）が起こる．二次卵母細胞と極体が近接の卵管に放出される❹．卵管中で卵母細胞が受精するには，排卵後 12 時間から 24 時間の間に精子と出会わなければならない．二次卵母細胞は精子が進入するまで，減数分裂を完了しない．

一方卵巣では，破れた濾胞の細胞が**黄体**（corpus luteum）とよばれるホルモン産生構造に変化する❺．もし妊娠が成立しなければ黄体は崩壊する❻．黄体が消滅すると，新しい濾胞が成熟を開始する．

ホルモンと月経周期

卵巣の周期的変化は子宮の変化と関係している．子宮におけるほぼ 1 カ月周期の変化を**月経周期**（menstrual cycle）とよぶ．月経周期の第一日は，**月経**（menstruation）の開始によってわかる．子宮内膜の一部と少量の血液が子宮，頸部，膣を通って流出する．

図 21・8 に，ホルモンの量と子宮内膜の厚さが月経周期とともにどのように変化するかを示す．またそれが卵巣周期とどのように関係するかも示している．

精巣と同様に，卵巣も GnRH の支配下にある．月経周期が始まると，視床下部の GnRH が下垂体前葉の細胞に FSH と LH の分泌を増加させる❶．FSH は，濾胞刺激ホルモンという名前のとおり，卵巣の濾胞の成熟を促進する❷．濾胞が成熟すると卵母細胞の周囲の細胞がエストロゲン（雌性ホルモンの一種）を分泌❸し，子宮内膜の肥厚を促進する．

下垂体は血中のエストロゲン濃度の上昇を検出し，その反応として LH を放出する❹．LH サージ（大放出）は一次卵母細胞が減数分裂 I を終了して細胞分裂を開始することを促す．LH サージはまた，濾胞の膨張と破裂もひき起こす．こうして，周期半ばの LH サージが排卵のきっかけとなる❺．

排卵直後にエストロゲン量は黄体形成が起こるまで下がる．黄体は少量のエストロゲンと多量のプロゲステロン（雌性ホルモンの一種）を分泌する❻．エストロゲンとプロゲステロンは子宮内膜の肥厚をもたらし，血管がそのなかに進入することを促進する．子宮はこうして妊娠の用意をする❼．

もし妊娠が起こらなければ，黄体はおよそ 12 日間存続する．エストロゲンとプロゲステロンは下垂体が FSH を分泌することを抑制し，したがって新しく濾胞が成熟することはない．黄体が崩壊を始めると，エストロゲンとプロゲステロンの量が低下する❽．視床下部は

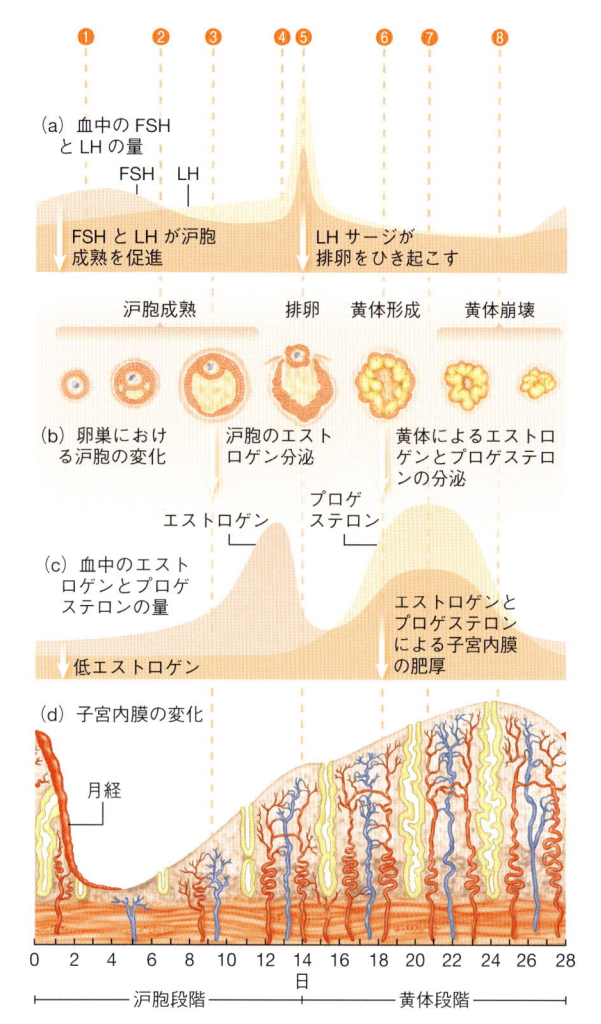

図 21・8 卵巣と子宮の変化と，ホルモン量の変化の関係． 月経の開始を，およそ 28 日の周期の第 1 日としている．(a), (b) 視床下部からの GnRH によって下垂体前葉は FSH と LH を分泌し，卵巣における濾胞の成長と卵細胞の成熟を刺激する．周期半ばの LH サージが排卵と黄体の形成をひき起こす．排卵後の FSH の低下によってその後の濾胞成熟が停止する．(c), (d) 早い時期に成熟濾胞からのエストロゲンが子宮内膜の修復と再構築を促す．排卵後，黄体は少量のエストロゲンと多量のプロゲステロンを分泌して子宮を妊娠に備えさせる．もし妊娠が起こると黄体は持続し，その分泌物は子宮内膜の維持を促進する．

この低下を検出し，下垂体に再び FSH と LH を分泌し始めるように働きかける．子宮ではエストロゲンとプロゲステロンの低下は肥厚した内膜が崩壊を始め，月経が始まる．

多くの女性は月経が始まる 1 週間ほど前からたまに不調を経験する．月経前の変化がアルドステロン分泌に影響して体の組織が膨潤する．この副腎皮質ホルモンはナ

トリウムの再吸収を促進し，間接的に水の吸収も増加させる．乳房は，ホルモンの変化が内部の乳管を増大させるので，乳房が張り，痛みを伴うことがある．周期に依存したホルモンの変化は，抑うつ，興奮，不安，頭痛をもたらすこともある．この症状が周期ごとに起こるのは，前月経症候群とよばれる．月経中は，局所的なシグナル分子（プロスタグランジン）が子宮壁の平滑筋の収縮を促進する．多くの女性はこの収縮にほとんど気づかないが，一部の女性は，生理痛とよばれる鈍い，あるいは鋭い痛みを経験する．

月経周期は，女性が**閉経**（menopause）に達すると完全に停止し，受胎能力がなくなる．ふつうは 50 歳ごろである．閉経に関与するホルモン変化は，多くの女性に一過性熱感をもたせる．このときは，突然に不愉快な熱感をおぼえ，血液が皮膚に集中するので汗をかきやすくなる．ホルモン補充療法（エストロゲン，ある場合にはプロゲステロンも）は症状を軽くするが，健康上のリスクが若干ある．

21・4 受精と着床
受精

ヒトでは，平均すると 1 回の射精で 1 億 5 千万ないし 3 億 5 千万個の精子が膣中に放出される．30 分以内にそのうちのいくつかが卵管に到達する．卵が受精する卵管の上部までの長い旅を生き抜く精子はわずかに数百個である（図 21・9）．

排卵される二次卵母細胞はタンパク質層と沪胞細胞によって包まれている❶．精子は沪胞細胞の間をくぐり抜けてタンパク質層に到達する．精子頭部の細胞膜にある受容体が卵タンパク質と結合すると，精子頭部からタンパク質分解酵素の分泌をひき起こす．複数の精子からの酵素の働きで卵細胞膜への道が開かれる．卵細胞膜の受容体が精子の膜と結合し，二つの膜は融合し，精子が卵に進入することを可能にする．精子の進入は，卵母細胞のタンパク質層を変化させ，他の精子は結合することができないので，ふつうは 1 個の精子しか進入できない．

卵母細胞に入ると精子は崩壊するが，核は正常なままである．精子の進入によって二次卵母細胞が減数分裂Ⅱを速やかに終了し，成熟した**卵**（ovum）と，第二極体となる❷．卵の核と精子の核が融合し❸，接合子は二倍体となり，新しい個体の最初の細胞となる❹．

ときとして 2 個の卵が成熟して同時に排卵され，異なる精子で受精することがある．その結果，二卵性双生児が生じる．これはふつうの兄弟姉妹以上に似ているということはない．

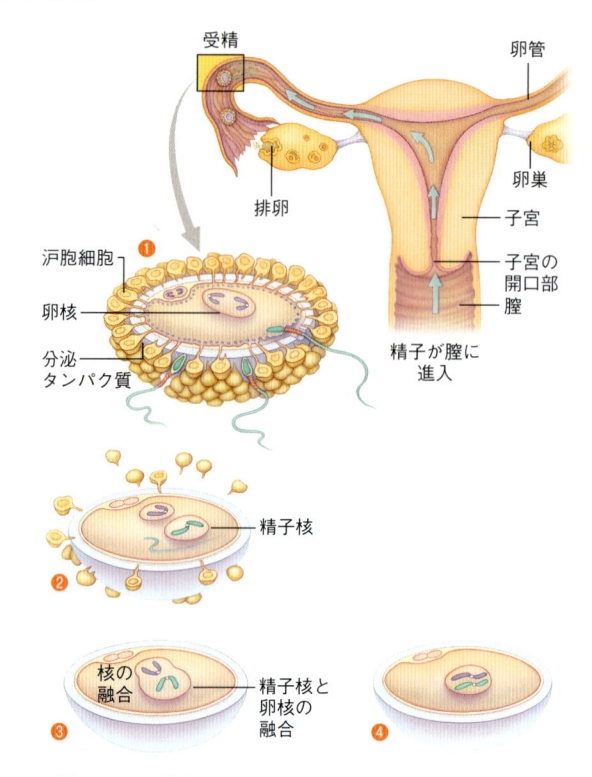

図 21・9 受精
❶ 精子が二次卵母細胞を取囲み，卵母細胞周囲のタンパク質層を分解する酵素を放出する．
❷ 精子が卵母細胞に進入すると，タンパク質層が変化して，他の精子は進入できない．精子の卵母細胞への進入は，卵母細胞核の減数分裂Ⅱを促進する．
❸ 精子の尾は崩壊する．核は膨潤し，卵母細胞の核と融合する．
❹ 核の融合によって接合子が形成され，受精は終了する．

卵割と着床

正常の受精では，卵は卵管の上部で精子と出会う（図 21・10）．卵割は 1 日以内に始まり，接合子は卵管の繊毛によって運ばれる．接合子は分裂によって 2, 4, 8 と細胞数を増やしていく❶．ときには 4 あるいは 8 個の細胞の塊が二つに分かれて，独立に発生し，一卵性双生児を生じる．しかしほとんどの場合は，細胞はしっかり接着して卵割が進行する．

受精後 5 日で細胞群は子宮に到達し，胞胚に相当する胚盤胞を形成する❷．**胚盤胞**（blastocyst）は 200～250 個の細胞からなり，外層，分泌液で満たされた胞胚腔，および内部細胞塊から構成されている．胚は，30 個ほどの内部細胞塊から発生する．外層の細胞は胚を包む膜を形成する．

胚盤胞は着床する前に，周囲のタンパク質層から脱出しなければならない．この層が破れると，胚盤胞は子宮壁に付着し，そのなかに潜り込み始める❸．着床の間

に，内部細胞塊が平らな2層の細胞層に発生し，これは胚盤とよばれる❹．同時に，胚膜が形成される．**羊膜** (amnion) が羊水で満たされた胚盤と胚盤胞表面の間の羊膜腔を囲む．羊水は浮力のあるゆりかごで，胚はその中で成長し，自由に運動することができ，温度変化や機械的衝撃から保護される．羊膜が形成されるころ，他の細胞は胚盤胞の内壁に沿って移動し，卵黄嚢を形成する．爬虫類や鳥類では卵黄嚢は卵黄を含んでいるが，ヒトの卵黄嚢は卵黄をもたず，胚の栄養供給には貢献しない．ヒトの卵黄嚢のいくつかの細胞は胚の最初の血球となり，また他の細胞は生殖腺に移動して生殖細胞になる．

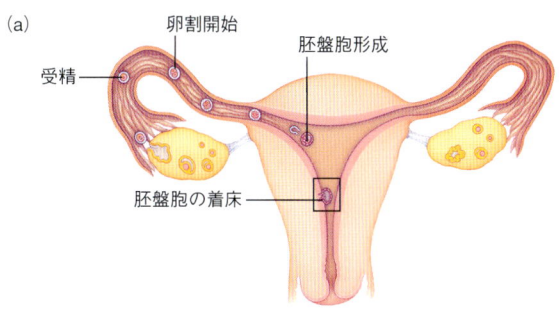

着床が進行すると，胚盤胞周囲の子宮組織は毛細血管の裂け目から漏れ出る血液で満たされる．**漿膜** (chorion) とよばれる胚膜が，この血液を含む母親の組織中に多くの細かい絨毛を形成する❺．漿膜は母親と発生中の子（胎児）の間で物質を交換する**胎盤** (placenta) の一部となる．

胚盤胞が着床すると漿膜が**ヒト絨毛性ゴナドトロピン** (human chorionic gonadotropin: HCG) を分泌して月経を妨げる．これは新しいヒト個体が分泌する最初のホルモンで，黄体の崩壊を阻止する．3週目の初めにはHCGが母体の血液あるいは尿中に検出される．家庭用の妊娠テストにはHCGを含む尿と接すると色が変わるスティック（テスター）が用いられる．

胎盤の機能

胚と母親の物質交換はすべて胎盤を通して行われる．胎盤は，子宮の膜と胚膜からなる，血液を多く含むパンケーキ状の器官である（図21・11）．

胎盤は妊娠初期に形成が始まる．3週までに母体の血液が子宮壁にたまり始める．胚の漿膜から突出する微小な指状の突起である漿膜絨毛がこの血液プールの中に進入する．胚の血管は臍帯（へそのお）を通って胎盤にいき，母親の血液に浸っている絨毛の中に入る．母親と胚の血液は決して混ざらない．物質は絨毛中の胚の血管壁を通して，母親の血液と胚の血液の間で，拡散によって移動する．酸素と栄養分が母親の血液プールから絨毛の胚血管に拡散する．老廃物は反対方向に拡散し，母親の体がそれらを処分する．

胎盤はホルモン器官としても働く．3カ月以後，胎盤

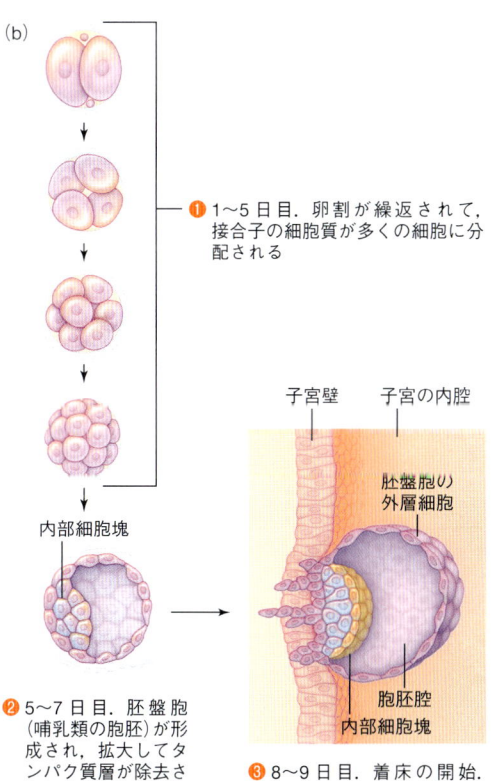

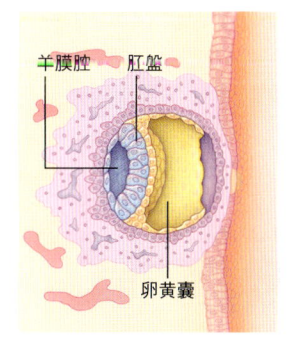

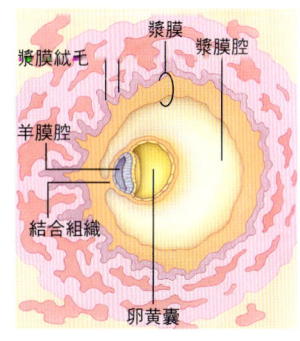

図21・10 受精から着床まで．(a) 卵巣と子宮．(b) 初期発生の段階．

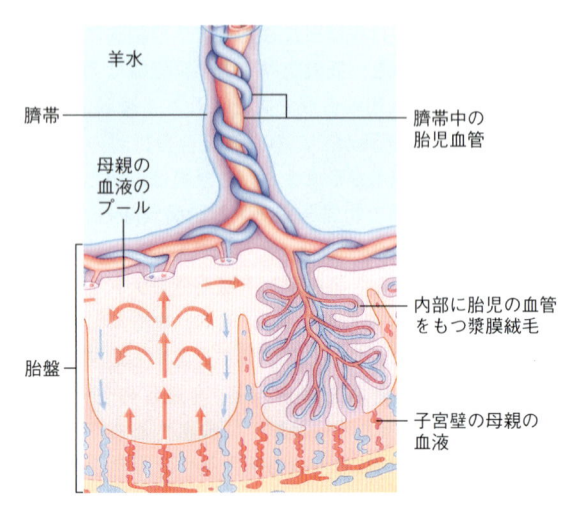

図 21・11 **胎盤の構造**．母親と胎児の両方の組織からなる．漿膜絨毛を流れる胎児の血液は絨毛周囲の母親の血液との間で，拡散によって物質を交換する．しかし，血流そのものは混じり合わない．

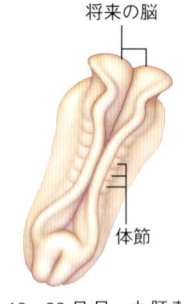

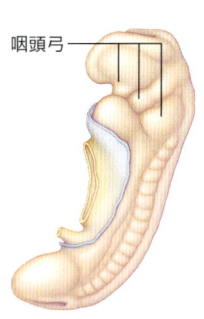

図 21・12 **器官形成の開始**

16日目．原腸形成が起こり，神経褶の融合で神経管が形成される

18〜23日目．中胚葉の細胞塊（体節）が形成される．体節は頭部や胴部の筋肉と骨に発生する

24〜25日目．咽頭弓が出現する．これらは頭部と頸部の構造を形成する

は大量のHCG，プロゲステロンおよびエストロゲンを生産する．これらのホルモンは子宮内膜の維持を支える．

21・5 胚期と胎児期

出産以前の発生は，ヒトではふつう受精後38週間続く．この期間に細胞分裂によって，単細胞である接合子はおよそ30兆個の，多くの異なるタイプの細胞からなる新生児へと変化する．

初期の発生中の個体を**胚**（embryo）という．原腸形成は受精後2週間で起こる．胚盤の上層の細胞が下方に移動して3層の胚を形成する．原腸形成後，胚の表面に対になった神経褶が現れる（図21・12）．神経褶は背中側で融合して，脊髄と脳に発生する神経管を形成する．3週の終わりまでに神経管の左右に体節が出現し始める．この対になった中胚葉性の細胞塊は頭部や胴部の骨や骨格筋へと発生する．

心臓は受精後3週間を少し過ぎるころから拍動を始める．最初は魚類の心臓に似た，収縮性の細胞からなるまっすぐな管である．心拍は聴診器でも聞こえないほど微弱である．発生が進行するとこの管が折れ曲がって，両生類の心臓のような3室からなる心臓を形成し，最終的には4室の心臓となる．

咽頭弓とよばれる一連の構造が4週の初めに形成される．これらは後に咽頭，喉頭，顔面，頸部，口，鼻などに寄与する．魚類では咽頭弓は鰓に分化するが，ヒトの胚では鰓は生じない．酸素は胎盤を経て供給される．

4週の終わりには胚の大きさは出発点の500倍になっている．しかしそれでも体長は1cmにみたない（図21・13）．体の1/6に相当する目立つ尾がある．成長速度は，胚の器官の細部ができるにつれてゆっくりになる．手足も櫂状のものから，指の間の細胞が細胞死を起こして指が独立して生じる．

8週の終わりにはすべての器官系が形成されていて，尾も退縮する．これ以後発生中の個体は**胎児**（fetus）とよばれる．胎児の心拍は5カ月から明瞭になり，受精後5〜6カ月で母親は胎児の反射的運動を感じ始める．胎児は柔らかい産毛で覆われる．胎児の皮膚にはしわがより，赤くて，厚いチーズのような覆いで傷つかないように保護されている．まぶたが形成され，眼は7カ月で開く．

平均的には，出産は推定の受精時からおよそ38週目である．技術の進歩によって，より早期の未熟児を生存させることができるようになった．2011年の段階では生存した最も早期の胎児は21週である．28週（7カ月）より前の出産は，主としてまだ肺が十分に発達していないので，危険である．

21・6 出産と新生児

出産の過程

妊娠女性の体は，臨月が近づくと変化する．それまで子宮頸部はしっかりしていて，胎児が早期に子宮から滑り出さないように支えているが，妊娠の最後の週には，頸部は薄くて柔らかく，柔軟になる．これによって胎児が通過することができるくらい十分に伸びる準備がなされる．

出産の過程では**陣痛**（labor）が起こる．破水が起こると陣痛が始まる．破水は羊膜が破れて大量の羊水が膣

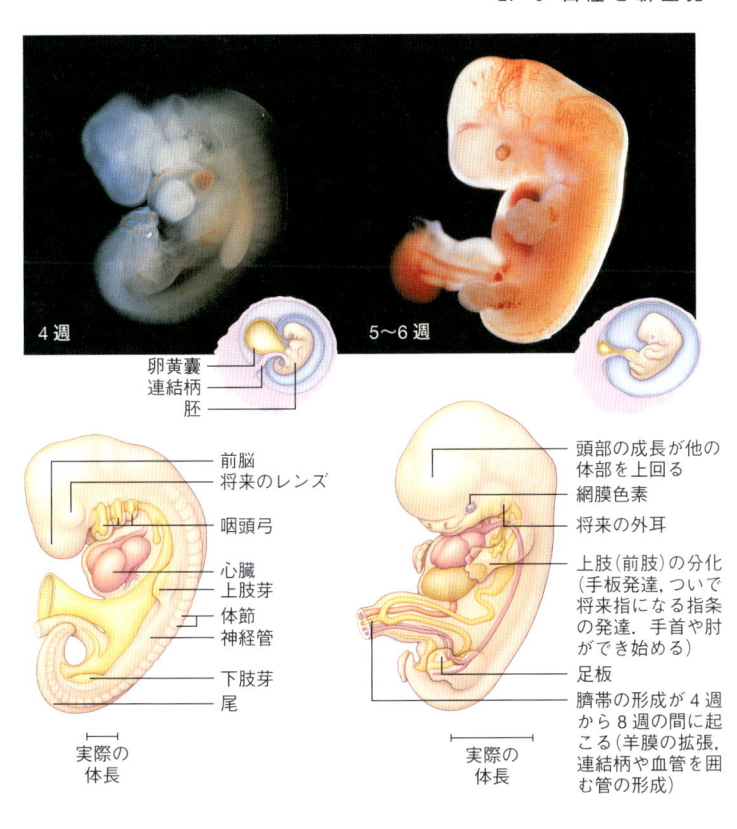

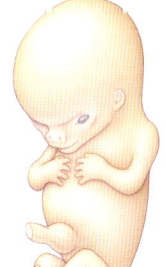

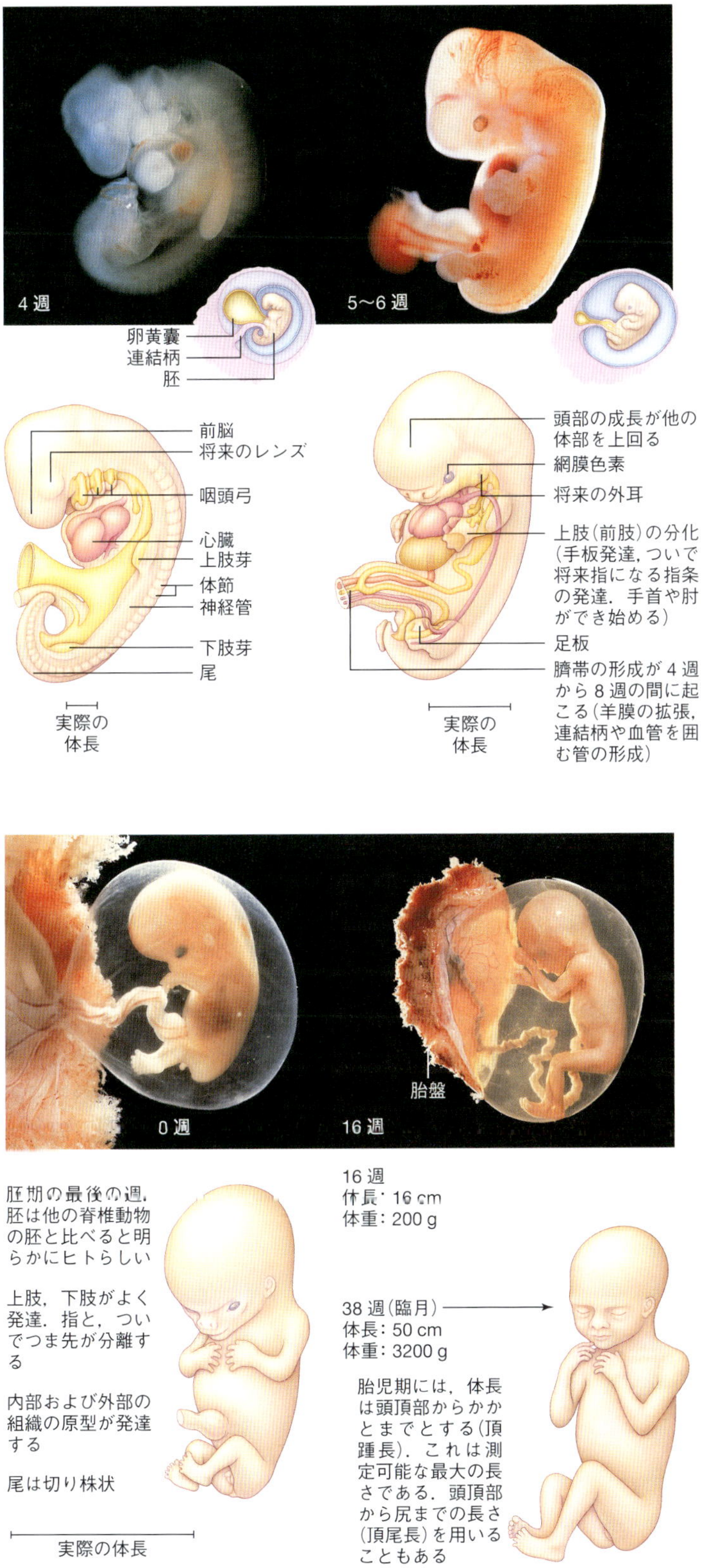

からあふれ出ることである．陣痛の間は頸部が拡張して胎児はそこを通り，膣に，そしてついに外界へと移動する（図21・14）．

オキシトシンというホルモンが陣痛のときに平滑筋の収縮を刺激する．胎児は臨月が近づくと頭を下にして，頭が頸部にふれる．頸部の受容体がこの機械的圧力を感じて視床下部にシグナルを送り，視床下部は下垂体後葉にオキシトシン分泌を命じる．

オキシトシンが子宮の平滑筋に結合すると収縮が強まり，それによって機械的圧力が増す．それがより多くのオキシトシン分泌をもたらす．このように正のフィードバックがもたらされる．頸部の拡張がオキシトシン分泌をひき起こし，それがさらに拡張をもたらす．このフィードバックは胎児が排出され，頸部にもう圧力がかからなくなるまで続く．しばしば収縮を誘導したり強化するために合成のオキシトシンの静脈注射が用いられる．

強い収縮は胎盤が子宮から剥離し，後産として排出されることを助長する．収縮はまた，胎盤が子宮に付着していた部位の血管を収縮させて，そこからの出血を停止させる働きもある．臍帯は切られてしばられ，数日後には縮んでへそとなる．

新生児への栄養

妊娠していない女性の乳房はほとんどが脂肪組織である（図21・15a）．乳腺や乳管は小さく不活性である．妊娠すると下垂体前葉から分泌されるホルモンであるプロラクチンが新生児に栄養を与える乳をつくる乳腺の成長を刺激する（図21・15b）．

出産後最初の数日は，乳腺はタンパク質とラクトース（乳糖）を多く含む透明な液体を産生する．ついで乳の生産が始まる．乳はラクトースとタンパク質に加えて消化の良い脂肪，ビタミン，ミネラル，そして消化を助ける酵素を含んでいる．乳中の物質は有用な細菌の増殖と有害な

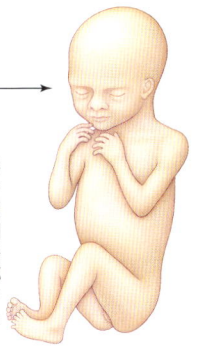

図 21・13　ヒトの胚期および胎児期の発生．体長，体重は平均的な値．

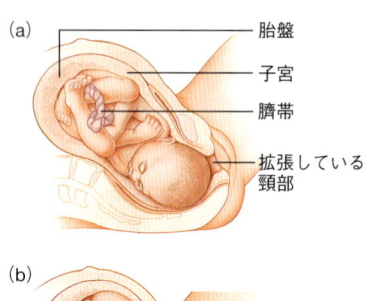

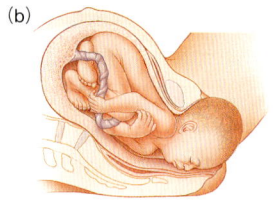

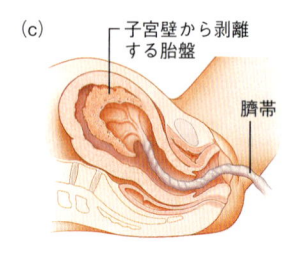

図 21・14 陣痛と出産. (a) 胎児は出産に備えた姿勢をとる. 頭は拡張した子宮頸部に向いている. (b) オキシトシンによってもたらされる筋収縮によって胎児は, 子宮および膣を経て押し出される. (c) 胎盤が子宮壁から剥離して排出される.

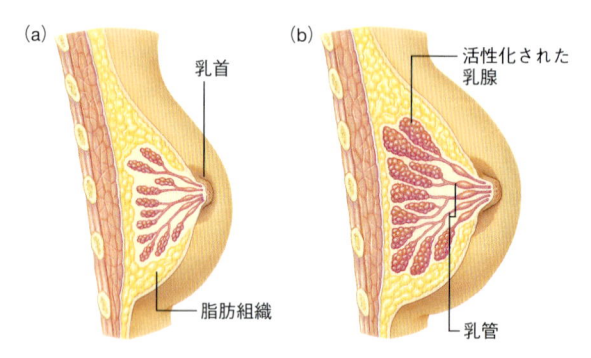

図 21・15 乳汁分泌による乳房の変化. (a) 妊娠していない女性の乳房. (b) 授乳中の女性の乳房.

細菌の排除を促進する. さらに新生児の咽頭や消化管の内面を覆って危険な感染を阻止する抗体を含んでいる.

母乳保育は子供ばかりでなく母親にも好影響がある. 乳首への刺激で分泌されるオキシトシンは平滑筋を収縮させて乳を乳管に押し出す. このホルモンはまた, 子宮の平滑筋を収縮させて妊娠以前のサイズまで縮小させる.

母乳保育をする母親は, 母親の体に入る毒素が乳に入ることを覚えておかなければならない. 乳中のニコチンやアルコールを摂取すると子供は睡眠能力を損なわれる. 乳中のアルコールは新生児の運動能力の発達にも影響する. HIV やいくつかのウイルスも乳によって感染する.

生後の発達

多くの動物同様, ヒトも性的成熟に達するまでに体の大きさや釣合が変化する. 生後の成長は13歳から19歳の間が最も急速である. 性ホルモンの分泌が二次性徴の発達と性的成熟を促進する. 成体になるまでは骨は完全には成熟しない.

21・7 生殖, 発生と健康

生殖や発生は, われわれの健康とも深い関係がある. 性行為や妊娠中の不注意な行為によって不幸な事態を招かないよう, 生物学に基づいた正しい知識を身につけることが重要である.

避　　妊

妊娠を防ぐ方法は**避妊**（contraception）といわれる. 表 21・1 にふつうに用いられる方法とその有効性を示した. 最も有効なのは禁欲, つまり性交渉をもたないことで, 100%有効である. しかしこれは非常な克己心を必要とする. 周期法は, 女性が妊娠可能な期間は性交渉を避けるものである. 女性は, 毎朝体温を測定し, いつ排卵するかを計算する.

ペニスを射精以前に抜いてしまう中断や性交直後に膣を洗浄することは確かな方法ではない. 通常精子は子宮頸部を射精後数秒で通り抜けてしまう. 男性の輸精管切除, 女性の卵管結紮または卵管切除のような外科的方法はきわめて有効であるが, その人が終生不妊になることを意味する.

その他の妊娠をコントロールする方法は, 物理的あるいは化学的方法で精子が卵に到達することを阻止する. 最もふつうの方法はコンドームやペッサリーの使用で, コンドームは性感染症の予防にもある程度有効である. しかしコンドームは破れたり漏れたりすることもある. 子宮内避妊具（IUD）は医師によって子宮内に装着される. いくつかの IUD は子宮頸部の粘液を増加させ, 精子がそこを泳げないようにする. 他のものは, 銅を放出して初期胚が子宮に着床することを妨げる.

バースコントロール用のピルは先進国では最も広く用いられている. ピルは合成のエストロゲンとプロゲステロン様のホルモンの混合物で, 卵母細胞の成熟と排卵を

表 21・1　よく使われる避妊法

方法	説明	妊娠率
禁欲	性交を避ける	0％/年
周期法	妊娠可能期間は性交を避ける	25％/年
性交中断	射精以前に性交を終了する	27％/年
膣洗浄	性交後に膣の精液を洗浄する	60％/年
精管結紮	男性の輸精管を切断または結紮する	＞1％/年
卵管結紮	女性の卵管を切断または結紮する	＞1％/年
コンドーム	ペニスを覆って精子の膣への進入を阻止する	15％/年
ペッサリー	頸部を覆って精子の子宮への進入を阻止する	16％/年
殺精子剤	精子を殺す	29％/年
IUD	精子の子宮への進入あるいは胚の着床を妨げる	＞1％/年
経口避妊薬	排卵を抑制する	＞1％/年
ホルモンのパッチ，インプラント，注射	排卵を抑制する	＞1％/年
事後ピル	排卵を抑制する	15～25％/使用

抑制する．これはきちんと服用すればきわめて有効である．バースコントロールパッチは，皮膚に貼る小さいパッチで，経口避妊薬と同じホルモン混合物を与え，同じやり方で排卵を阻止する．

ホルモンの注射やインプラントは排卵を阻止する．注射は数カ月，一方インプラントは3年間有効である．どちらもきわめて有効であるが，ときとして大出血を起こすことがある．

緊急に避妊する必要がある場合に用いられるモーニングアフタービル（事後ピル）は現在17歳以上の女性には処方なしで利用可能である．

妊娠中絶

妊娠したことを知った女性のうち10％は自然妊娠中絶，つまり流産を経験する．そのリスクは35歳以上の女性で高い．もっと多くの妊娠が，気づかれることなく終わっている．受精卵の50％が，多くは遺伝的欠陥のため自然に流産していると見積もられている．

人工中絶は胚あるいは胎児を故意に子宮から取除くことである．米国では，予期せぬ妊娠のおよそ半分は人工中絶で終わっている．ミフェプリストン（RU-486）とプロスタグランジンが妊娠9週までの中絶に用いられ

る．両者は子宮におけるプロゲステロン受容体に干渉する．プロゲステロンの作用がないと，妊娠は維持されない．

性感染症

性感染症（sexually transmitted disease: STD）の原因になる病原体が毎年何百万人もの米国人に感染している（表21・2）．女性は男性よりも感染しやすく，しかもより多くの合併症を発症する．たとえば，骨盤内感染症は細菌によるSTDの二次的病気であり，女性の生殖管に瘢痕をつくり，不妊，慢性の痛み，そして卵管妊娠などの原因となる．妊娠中にSTDにかかると，中絶，未熟児，先天性障害などのリスクが増大する．

米国における最も多いSTDであるトリコモナス症は，原生生物であるトリコモナスによる．女性の症状は黄色のおりもの，膣の痛みとかゆみである．男性はふつう症状がない．どちらも感染を放置すると不妊になる．クラミジアと淋病は細菌性のSTDであり，しばしば同時に発症する．どちらもペニスや膣からの分泌物と，排尿時の痛みを伴う．しかし感染しても症状がない場合も多い．未治療の場合は，不妊のリスクがある．

もう一つの細菌性STDである梅毒の初期症状は，痛みのない皮膚の潰瘍である．治療をしないと，より多くの下痢が生じる．感染が継続すると体中の内部器官が障害を受け，関節痛，精神障害，失明，そして死に至る．ほとんどのSTDは抗生物質で治療することができるが，抗生物質に耐性の細菌が増加している．

ヒトパピローマウイルス（human papillomavirus: HPV）のうち数株が手足や男女の生殖器にいぼをつくる．HPVは子宮頸がんの原因になることもある．近年，ウイルスの感染より前に服用すると，感染を予防できるワクチンが承認された．

タイプ2単純ヘルペスによる性器への最初の感染は，感染箇所のちょっとした痛みをひき起こすだけである．痛みはひくが，ひとたび感染した男女は，一生ウイルス

表 21・2　主要な性感染症（数字は概数）

性感染症	米国における1年間の発症数	病原体
トリコモナス	7,400,000	原生生物
HPV感染	6,000,000	ウイルス
クラミジア	3,000,000	細菌
性器ヘルペス	1,000,000	ウイルス
淋病	300,000	細菌
HIV感染	40,000	ウイルス
梅毒	14,000	細菌

出生前発生に対する母親の影響

胚や胎児は栄養分の供給を母親に依存している．一方，胎盤を通して，母親の体内に侵入した病原体や毒素にもさらされる．

妊娠女性は十分な食事をとらなければならない．そうでないと，新生児の体重が低すぎることになる．ある種のミネラルやビタミンなどのサプリメントは発生が正常に進行することを助けることがある．たとえば，妊娠初期にビタミンB複合体，特に葉酸を摂取することは，胚の重篤の神経管障害のリスクを低下させる．

いくつかの病原体は胎盤を通過する．受精後6週までの器官系がまだ形成中の時期には病気は特に危険である．たとえば，妊婦がこの時期に風疹にかかると，子供の器官のいくつかが正常に形成されない確率が50％ある．もし胚の耳が形成されているときにしかかかると，新生児は聴覚障害になる可能性がある．妊娠4カ月以後にこの病気にかかっても，ほとんど影響はない．トキソプラズマも胎児に感染して，発生障害，流産，死産をもたらすことがある．

アルコールは胎盤を通過するので，妊婦が酒を飲むと胚や胎児はその影響を受ける．アルコールにさらされると胎児性アルコール症候群（FAS）になるかもしれない．その特徴は，小頭，脳の萎縮，顔面の異常，成長の遅滞，精神疾患，心臓病，そして統合失調症などである．この症状は生涯続く．したがって，医師は妊婦や妊娠しようとしている女性にアルコールを控えるようにアドバイスする．また，母親が喫煙したり副流煙にさらされると，流産や，胎児の成長と発生への悪影響のリスクが高まる．

いくつかの薬物も発生障害をひき起こす．かつて鎮痛薬として用いられたサリドマイドが四肢の形成に異常をひき起こすという大きな事件があった．抗うつ薬のいくつかも，出生異常のリスクを高める．パロキセチン（パキシル）とその関連薬品はセロトニンの再吸収を阻害する．妊娠初期にこれらの薬品を服用すると，心臓の形成異常の可能性を高める．妊娠後期に摂取すると，子供が重篤の心臓病や肺の病気になるリスクを高める．さらにメタンフェタミンやコカインのように高度に興奮性の薬物も胎盤を通過する．それらは周産期の脳卒中や，出生時の体重減少のリスクを増加させる．

21・8 生殖補助医療　再考

IVFのマイナス効果の一つは，多胎出産の増加である．IVFによる胚はしばしば着床と発生に失敗するので，医師は胚の生存可能性を高めるために複数の胚を子宮に戻すことがある．もし全部の胚が発生すると，女性は多胎と関連したリスクをおうことになる．一人しか妊娠していない女性と比べると，多胎の女性は流産や早産のリスクが多くなり，また胎児も出生時の体重減少や種々の先天性疾患の可能性が高くなる．

公的機関は医師たちに対して，胚の数を制限するように要請してきた．しかしこの忠告はしばしば無視される．2009年にある女性に対して医師がIVFによって受精した12の胚を着床させた．この女性は8人の子供を産んだ．子供は9週早く生まれてきて，どの子供も低体重であった．この女性は，やはりIVFによって受精した6人の子供をもっており，今や彼女は14人の子供の母となった．この医師は医師免許を取消された．

IVFの技術は両親が使用したいと望むより多くの受精卵をつくり出す．それにより，余剰の胚をどうするかという問題が生じる．多くの場合，余剰の胚は冷凍保存される．これらの胚を幹細胞研究の材料として提供する人もいる．

まとめ

21・1　試験管内受精（IVF）は自然妊娠できないカップルにとって，すでに確立された解決法である．しかし多くの胚を子宮に戻すことは，問題を生じることもある．

21・2　無性生殖は親の遺伝的なコピーをつくり出す．有性生殖は変異をもつ子孫を残すので，世代ごとに条件が変化する環境では有利である．

ほとんどの動物は有性生殖を行い，雌雄が存在する．しかし，卵と精子をつくる雌雄同体の動物もいる．体外受精では配偶子は水中に放出される．陸生動物の多くは体内受精で，配偶子は雌の体内で出会う．

有性生殖は精子と卵という配偶子の形成に始まり，それらは受精によって融合して接合子をつくる．卵は栄養分としての卵黄を含むことが多い．卵割時には細胞分裂によって細胞数が増加するが，接合子のもとの体積は増加しない．卵割によって，液体で満たされた腔をもつ細胞集団，つまり胞胚が生じる．原腸形成では，細胞が外胚葉，中胚葉，内胚葉という一次組織層に組織化される．器官はこれらの層の細胞が分化することで形成される．体の形態の形成には，細胞の移

動, 形の変化, 細胞死 (アポトーシス) などが関与する. 最後の段階では成長と組織の特異化が起こり, 器官は拡大して固有の性質をもつようになる.

21・3 精巣は雄の一次生殖器官である. 精巣は精子と性ホルモンであるテストステロンを産生する. 精嚢や前立腺などの付属腺が精液の他の構成要素をつくる. これらの要素は, 精子が体外まで運搬される輸精管を通過する際に付加される. 精液は射精時に体外に放出される.

卵巣は雌の一次生殖器官である. 卵巣は卵と性ホルモンであるエストロゲンとプロゲステロンを産生する. 下垂体ホルモン (LH, FSH) が精子と卵の生産を調節する.

男性は精子を継続的に生産する. 女性は未成熟な卵をもって生まれる. 思春期以後, およそ1カ月の月経周期に伴って1個の卵が成熟する. このサイクルではFSHが沪胞の成熟を促進し, ついで周期の半ばにLHサージが排卵を誘発する. 卵細胞は卵管を通って子宮に向かう. 排卵後, 残った沪胞はホルモンを分泌する黄体となる. 成熟沪胞と黄体によって分泌されるホルモンが子宮内膜の肥厚を促進する. 妊娠が起こらないと, 黄体は崩壊して子宮壁は月経時に崩壊する.

21・4 性行為によって何億という精子が放出されるが, ふつうは1個だけが二次卵母細胞に進入する. 受精はたいてい卵管で起こる. 受精後, 卵細胞は減数分裂IIを終了して成熟した卵になる. 受精によって卵と精子が融合し, 接合子となる. 卵割によって胚盤胞が形成され, 子宮壁に進入する. 胚盤胞の周囲には羊膜や漿膜が形成される. そのうちあるものは母親の組織と結合して, 母親と胚の酸素や栄養分の交換を行う胎盤を形成する.

21・5 胚は原腸形成によって3胚葉の胚となり, 器官形成期に入る. 8週の終わりに, 胚は尾を失って胎児になるが, このときすべての器官系はすでに形成されている. 7カ月を過ぎると, 早産でも生存することができる.

21・6 ホルモンは女性の体に妊娠, 陣痛, および哺乳などの準備をさせる. 陣痛時には子宮の収縮が胎児と胎盤を押し出す. 乳腺から分泌される乳は栄養分と, 新生児の感染に対する抵抗性を高める抗体を供給する. 発達と成長は成体になるまで続く.

21・7 生殖や発生は健康とも密接な関係がある. 妊娠は排卵, 受精, 着床を阻止するいろいろな行為, 方法によって避けることができる. 一方, 不妊のカップルには生殖補助医療がなされる. 試験管内受精は, 体外で精子と卵を融合させ, 受精させる方法である.

性感染症 (STD) は原生生物, 細菌, ウイルスなどの病原体によるもので, 安全でない性行為で広がる. 治療しないと, STDは不妊の原因となり, 親と子の健康を損なうことがある. 妊娠中の母親の栄養, 病気, 感染などは胚, 胎児に影響を与えることがある. 胎盤が種々のウイルス, 薬物などを通過させることが原因である.

試してみよう (解答は巻末)

1. 同一個体が卵と精子をつくるのは ____
   a. 雌雄同体   b. 無性生殖   c. 卵巣   d. 精巣
2. 原腸形成を起こす中空の細胞塊は ____
   a. 原腸胚   b. 胞胚   c. 胎盤   d. 内部細胞塊
3. 精子をつくる減数分裂が起こるのは ____
   a. 精細管   b. 前立腺   c. ペニス   d. 精嚢
4. 通常ヒトで受精が起こるのは ____
   a. 子宮   b. 膣   c. 卵管   d. 卵巣
5. 月経周期の半ばに, 下垂体から分泌されて排卵を誘発するのは ____
   a. エストロゲン   b. プロゲステロン
   c. LH   d. FSH
6. 排卵後に黄体が分泌するのは ____
   a. LH   b. FSH
   c. プロゲステロン   d. プロラクチン
7. 子宮壁に着床するのは ____
   a. 接合子   b. 胚盤胞   c. 原腸胚   d. 胎児
8. ヒトの発生に関する現象について, 順番を番号で示せ.
   ____ 原腸形成が起こる
   ____ 胚盤胞が形成される
   ____ 接合子が形成される
   ____ 尾が消失する
   ____ 神経管が形成される
   ____ 心臓の拍動が始まる
9. 以下のSTDのうち細菌によるものは ____
   a. クラミジア   b. 淋病   c. 生殖器のいぼ
   d. トリコモナス病   e. aとb   f. a～dのすべて
10. ヒトの乳が含むのは ____
    a. 抗体
    b. ラクトース
    c. 消化しやすい脂肪とタンパク質
    d. a～cのすべて
11. 陣痛時にオキシトシン分泌が促進するのは ____
    a. 子宮平滑筋の収縮   b. 子宮頸部の弛緩
    c. 乳分泌   d. 排卵
12. 左側のヒトの生殖器系の用語の説明として最も適当なものをa～hから選び, 記号で答えよ.
    ____ 精巣   a. 母親と胎児の組織からなる
    ____ 輸精管   b. 液体を精液に加える
    ____ 胎盤   c. テストステロンを産生する
    ____ 膣   d. エストロゲンとプロゲステロンを産生する
    ____ 卵巣
    ____ 卵管   e. 卵を子宮に運ぶ
    ____ 前立腺   f. 乳を分泌する
    ____ 乳腺   g. 出産の経路
              h. 精子を尿道に運ぶ

22 植物の世界

22・1 植物と環境問題
22・2 植物の特徴とその進化
22・3 陸上植物
22・4 植物の構造と発生
22・5 植物の生殖
22・6 植物の生理
22・7 植物栄養
22・8 水や栄養分の輸送
22・9 植物と環境問題 再考

22・1 植物と環境問題

開発途上国では，急激に人口が増えており，今後，食料，燃料，材木などさまざまな生活物資が足りなくなることが危惧されている．この危機的状況に対して，植物は多大な貢献をしている．植物そのものが食糧や燃料になるだけでなく，森林は，二酸化炭素を吸収し，森のダムとしても機能する．特に，熱帯多雨林には，ここ1万年の間，地球上の約50％の植物が生息してきた．ところが，たった40年で人類は世界の熱帯多雨林の約半分を破壊した．熱帯多雨林が更地になると，樹木からの蒸散がなくなり，雨が降らなくなる．雨が降っても，森のダムに水分をたくわえることができず，すぐに水分がなくなってしまう．さらに，それにより，栄養が流され，貧栄養地となってしまう．しだいに乾燥し，砂漠化が進むことになる．

その問題に対して，植林は有効な一つの解決策となる．ケニアの生物学者 マータイ（Wangari Maathai）は，1977年から植林を進め，2007年までに4000万本の木をアフリカ内に植林し，砂漠化を防いできた．この貢献により，2004年にノーベル平和賞を受賞した．

植物は，環境を維持するだけでなく，さまざまな毒素を浄化する機能をもっている．トリクロロエチレン（TCE）は神経系に作用し，ヒトを含めた動物に大きな健康被害をもたらす化学物質であり，化学兵器としても利用されたことがある．第一次大戦後，米国は，TCEを含む化学兵器をプラスチックや他のゴミと一緒に燃やしてしまい，甚大な土壌汚染が起こった．TCE除去のためにポプラが植林された．ポプラはTCEの一部を分解し，また一部を空気中に放出した．TCEは土壌中よりも空気中のほうが分解速度が速いので，空気中に放出されてもさほど問題ではない．このようにして，ポプラによる土壌改良が成功した．

本章では，環境に大きく貢献する植物に焦点を当て，その構造や生理について考えてみよう．

22・2 植物の特徴とその進化

植物の進化とは乾燥への適応の歴史にほかならない．多細胞の緑藻類は水中で生活しているので，体表から容易に水や栄養分を吸収することができる．一方，乾燥した環境で生育する陸上植物は，水分保持のために多くの機能を進化させており，陸上植物の進化には，形態的特徴だけでなく，生活環にも大きな変化が必要だった．

植物の生活環

動物の場合，多細胞の二倍体から一倍体細胞（卵と精子）が形成され，それらが受精することで新たな二倍体の個体が誕生する．一方，植物は，その生活環のなかに，2種類の多細胞段階が存在する（図 22・1）．植物の二倍体は**胞子体**（sporophyte）とよばれる．胞子体は減数分裂により配偶子をつくるのではなく，減数分裂で胞子をつくる❶．植物の胞子は動くことのできない細胞

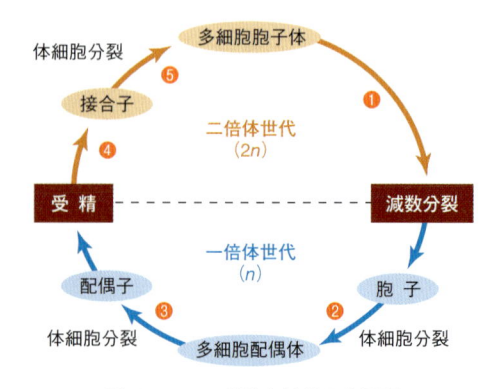

図 22・1 一般的な植物の生活環

で，体細胞分裂し，多細胞化する．その結果，一倍体の多細胞の**配偶体**（gametophyte）が形成される❷．配偶体は体細胞分裂し，配偶子である卵と精子を形成する❸．それらが受精し接合子をつくる❹．接合子が成長し，新たな胞子体が誕生する❺．

陸上植物の種類ごとに，胞子体や配偶体の大きさや構造が異なる．さらに，胞子体として成長する期間が長いものや短いものなど，その生活環もきわめて多様である．進化的に最も古い陸上植物のグループは**非維管束植物**（nonvascular plant）もしくは**コケ植物**（bryophyte）とよばれ，それらの生活環では，一倍体である配偶体の期間が二倍体である胞子体の期間よりも長い．そのほかの植物の生活環では，二倍体である胞子体の期間のほうが長い．

乾燥した陸上への適応

ほとんどのコケ植物とその他すべての植物は体表面にワックス（ろう）を含むクチクラを形成し，乾燥を防いでいる．気孔とよばれる小さな穴は，必要に応じて開閉することで水分バランスを均一に保ち，光合成のための二酸化炭素の取込みも行う．

コケ植物は，植物体を地面に固定するための構造をもっており，それらは一見根に似ているが，根ではない．より高等な植物の根は植物体を固定するだけではなく土壌から無機物や水を吸収するのに役立っている．このような根をもつ植物は維管束系をもっており，維管束系は，植物体内において，水や栄養分の輸送を司るパイプラインとして機能している．木部は水と栄養分を運ぶ維管束組織であり，師部は光合成によりつくられた糖質の輸送を担っている．約295,000種の現生植物の90％以上は木部と師部をもち，**維管束植物**（vascular plant）とよばれる．

さまざまな適応戦略により維管束植物が進化した．維管束組織は，有機物の一種である固い**リグニン**を沈着することで高い強度を誇る．この強固な維管束組織の構造体により，植物は大きく枝を広げながら100 mの高さにまで伸びることができる．このような維管束植物は形態的にも最も多様性に富んでいる．また，葉により，太陽光を効率よく受容し，効率的なガス交換を行っている．

繁殖と分布域の拡大

コケ植物や原始的な維管束植物は，受精に水を必要とする．鞭毛をもつ精子は，植物に付着した水滴を頼りに，卵に向かって泳いでいく．そして，受精後，胞子を形成し，その胞子を放出することで次の世代が始まる．

維管束植物である種子植物は，花粉を利用することで乾燥地域でも生殖活動が可能である．花粉は堅い細胞壁をもつ雄性配偶体で，風や動物などにより運ばれる．

コケ植物やシダ類は露出した胞子嚢で胞子を形成し放出する．種子植物はめしべの中で胚珠を形成し，種子を放出する．胞子は厚い外壁をもつ単細胞の一倍体である．一方，種子は，胞子体である胚と，その成長に必要な栄養源とからなり，種皮で守られている．

種子植物は2種類に分類できる．マツに代表されるような裸子植物が最初に進化した．その裸子植物から進化した被子植物は，いまや，最も多様な植物分類群となっている．被子植物は花を咲かせ，果実をつけ，果実の中に種子を形成する．主要な植物グループと，それぞれの系統関係を図22・2にまとめる．

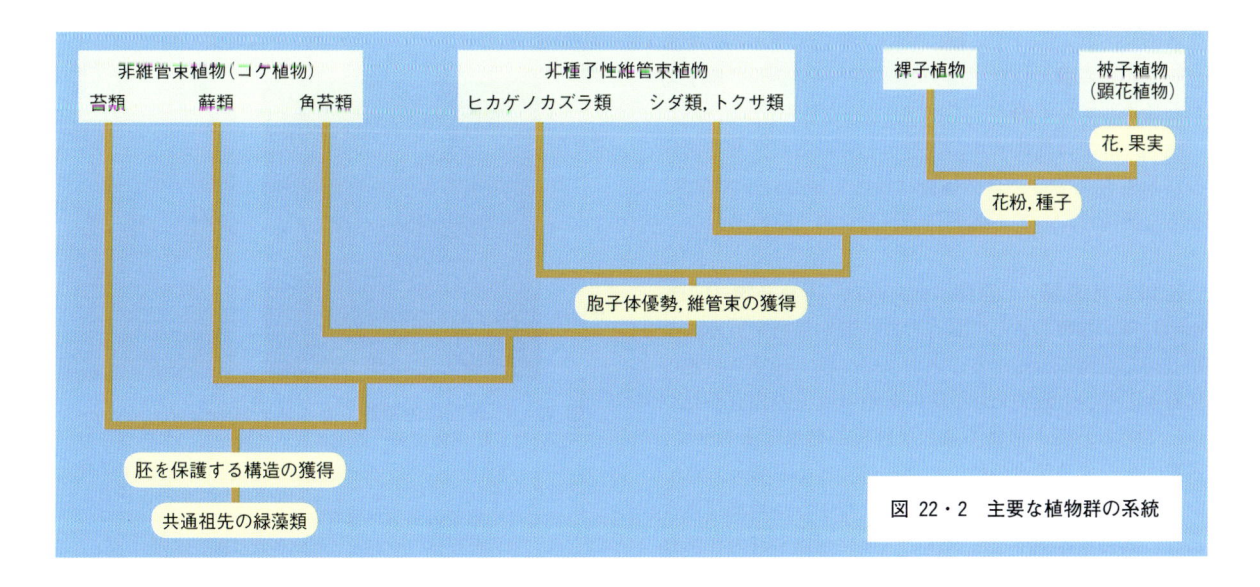

図22・2 主要な植物群の系統

22・3 陸上植物

非維管束植物

約24,000種の非維管束植物（コケ植物）は，蘚類，苔類，そして角苔類に分類される．蘚類には水や糖質を通す特殊な管を形成するものもあるが，維管束組織を分化することはない．それゆえに，20 cm以上の高さに成長するものはほとんどない．

蘚類 蘚類（moss）はコケ植物で最も多様性に富み，約14,000種が知られている．図22・3に，典型的な蘚類としてスギゴケの生活環を示す．スギゴケも，他のコケ類と同様に，一倍体の配偶体の期間のほうが長い．

配偶体は小さな葉様の構造を伴った茎様の構造体（茎葉体）を形成する❶．根のような構造体（仮根）には水や栄養分の吸収能力はなく，おもに地面に固着するために利用される．水や栄養分は葉様の構造から直接吸収される．

胞子体は蒴（さく）と柄からなる❷．胞子体は，基部で配偶体とつながっており，光合成産物などは配偶体に依存する．胞子は，減数分裂を経て蒴内でつくられ，風により飛散する❸．胞子は雄株か雌株へと成熟し，その配偶体の先端にあるチャンバーで精子か卵が形成される❹．雨によってそのチャンバーが開き，鞭毛性の精子が水中に泳ぎ出し，卵に到達する❺．受精は雌性配偶体のチャンバーで起こる❻．接合子はチャンバー内で新しい胞子体へと発生していく❼．

図22・3では雌雄異体の例を示しているが，雌雄同体の蘚類も存在する．コケ植物は無性生殖も行っており，小さな組織片からでも配偶体が容易に再生される．

苔類と角苔類 苔類（liverwort）と角苔類（hornwort）は，じめじめして日当たりの悪い場所を好み，蘚類と同じ場所に分布することが多い．陸上植物で最古の化石として，4億7千万年前の苔類の胞子の化石が見つかっている．陸上植物の遺伝子解析の結果とあわせて，苔類が現存する最古の陸上植物系統であると考えられている．苔類のゼニゴケは世界中に分布する．地面に這うように成長する扁平な配偶体の表面に形成される杯状体内にはたくさんの無性芽が形成され，無性生殖を行う（図22・4a）．無性芽は雨粒などが当たると飛び出し，新たな配偶体に成長する．有性生殖に適した条件になると，配偶体表面に傘状の構造が形成され，卵もしくは精子がつくられる．ゼニゴケは雌雄異体なので，精子は雄の配偶体から雌の配偶体まで泳がなければならない．卵

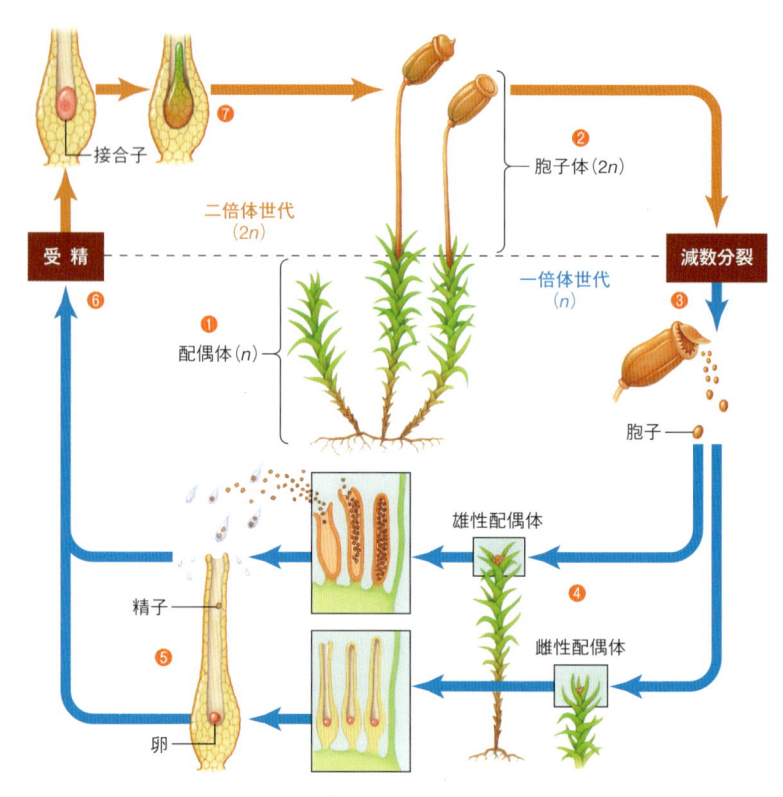

図22・3 蘚類（スギゴケ *Polytrichum*）の生活環

図22・4 苔類の生殖器．ゼニゴケ *Marchantia polymorpha* は，配偶体表面に形成される無性芽器で無性芽を形成し，無性的に増殖する．一方，傘状の生殖器を用いて有性生殖を行い増殖することもできる．(a) 無性生殖および有性生殖用の両方の器官をつくっている雄性配偶体．(b) 雌性配偶体の雌器托に形成される胞子体（胞子嚢）．

は受精後，光合成を行わない胞子体に成長するが，サイズは小さく，雌配偶体の傘のような部分に付着したまま胞子を形成し，散布する（図22・4b）．

角苔類の配偶体はリボン状の形態をしており，それに付属する角状の胞子体は数センチメートルの高さになることもある（図22・5）．これらの胞子体の形態的特徴と，遺伝子解析の結果から，角苔類は維管束植物に最も近縁な非維管束植物であると考えられている．

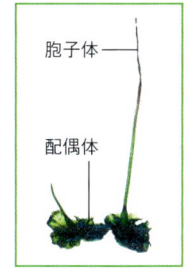

図22・5 角苔類

非種子性維管束植物

ヒカゲノカズラ類，シダ類，トクサ類は非種子性維管束植物として分類される．これらはコケ植物から進化し，さまざまな共通点をもつ．卵に向かって水中を泳ぐことができる鞭毛性精子の形成や，胞子の散布による世代交代・繁殖域の拡大様式である．

しかし，その生活環や構造にはコケ植物と決定的な違いがある．配偶体のサイズは小さくなり，また配偶体は比較的短命である．胞子体は配偶体上に形成されるが，胞子体の成長が完全に配偶体に依存しているコケ植物と異なり，配偶体が死んだ後は，胞子体が独立して生きていくことができる．リグニンが胞子体を補強し，維管束組織が水，糖質，無機物を運ぶ．このような補強と通道組織の進化により，シダ植物は大型化し，根や茎，葉のような複雑な構造体が進化した．

シ ダ 類　非種子性維管束植物のなかでも，最も大きな分類群である**シダ類**（fern）をみてみよう（図22・6）．シダ類と聞いて頭に浮かぶのは，胞子体である葉であろう❶．ほとんどのシダ類の根と葉は**根茎**（rhizome）から形成され，茎は地中で成長する．葉の裏側にある胞子嚢内で減数分裂が起こり，胞子が形成される．また，複数の胞子嚢が集まって発生し，**胞子嚢群**（sorus）を形成する❷．胞子嚢が開くと，胞子は風に乗り飛散する❸．地面に舞い降りた胞子は，発芽後，2〜3 cmの小さな配偶体へと成長し，その下部領域で卵と精子が形成される❹．精子は卵へと泳いで受精し，接合子ができる❺．その後，配偶体に付属した状態で新たな胞子体が成長する．それに伴って，親であった配偶体は死ぬが，胞子体はその後も独立して生育することができる❻．

ヒカゲノカズラ類とトクサ類　シダは現在，最も多様な非種子性維管束植物である．しかし，石炭紀の3億6千万年から3億年前は，**ヒカゲノカズラ類**（club moss）と**トクサ類**（horsetail）が湿地森林を支配する優

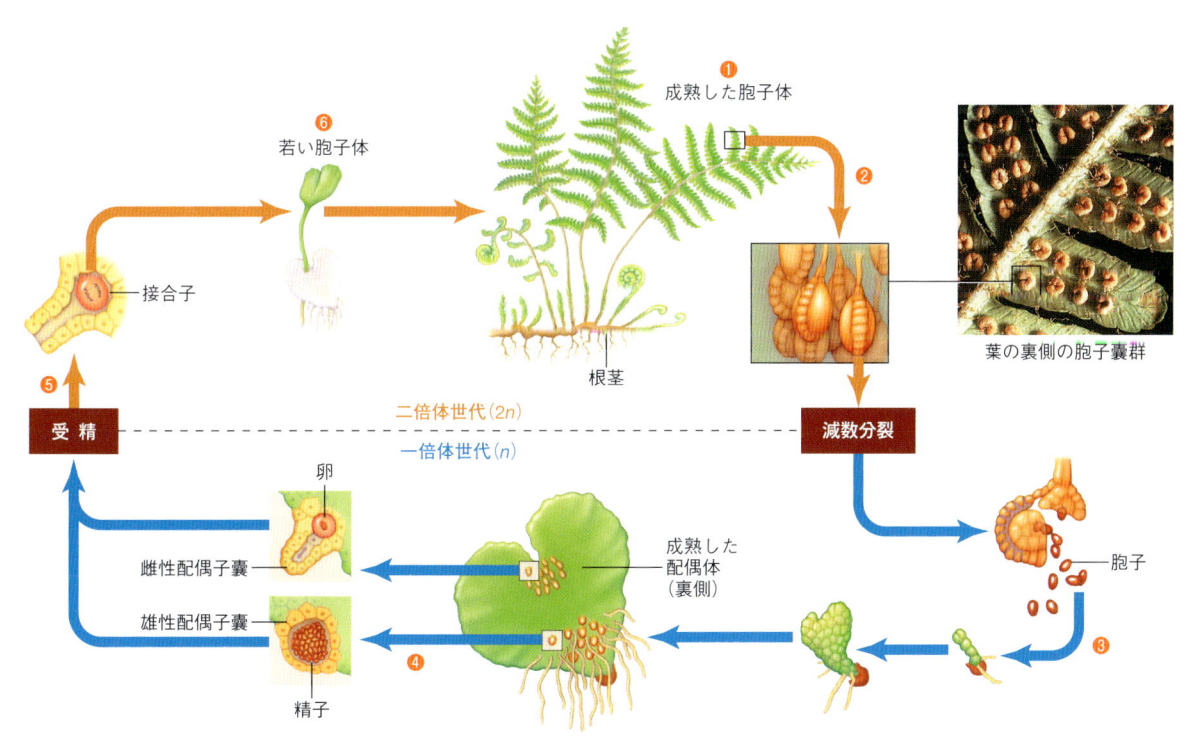

図22・6 シダ *Woodwardia* の生活環

図 22・7 古代の非種子性維管束植物．石炭紀の湿地林の想像図．現生の樹木のように大きいヒカゲノカズラ類❶やトクサ類❷の林床で生育するシダ類❸を示す．

図 22・8 現生の非種子性維管束植物．(a) 20 cm ほどの大きさになるヒカゲノカズラ類．先端にある円錐状の器官で胞子がつくられる．(b) 1 m ほどまで大きくなるトクサ類．

占種であった（図 22・7）．また，これらの植物の遺骸は堆積して石炭となった．ヒカゲノカズラ類は，林床によくみられ，その外観は小さな松の木のようでもある（図22・8a）．トクサ類は川沿いや道路沿いで繁殖する（図22・8b）．茎にシリカ（二酸化ケイ素）を含むため，研磨剤としても利用された．このシリカを含む堅い茎は，昆虫による食害を防ぐためだと考えられている．

種子植物

約4億年前のデボン紀に，非種子性維管束植物から種子植物が進化した．石炭紀後期まで，種子植物はコケ植物や非種子性維管束植物と同じような場所で生育していたが，その後，より乾燥した地域にも繁殖域を広げることが可能となった．種子植物の有利な点は，非種子性維管束植物よりも乾燥に強いことである．

非種子性維管束植物の配偶体は，保護されることなく環境にさらされ，外界で胞子から成長する．一方，種子植物の配偶体は，胞子体に形成される特殊な器官内部で成長することで乾燥に強くなっている．

裸子植物 裸子植物（gymnosperm）は，種子を胚珠表面に形成する維管束植物である．種子はむき出しで，被子植物のように果実の中にあるわけではない〔裸子植物を表す gymnosperm は，gymnos（むき出しの）と sperma（種）が組合わさった造語である〕．しかし，裸子植物といっても，種子が多肉質の構造体や薄い皮に覆われていて，種子が完全にむき出し状態ではない場合もある．裸子植物にはソテツ類，イチョウ類，マツ類などが含まれる．

被子植物（顕花植物） 維管束植物である**被子植物**（angiosperm）は，花と果実をつくる唯一の植物分類群であり，単子葉植物と真正双子葉植物に大別される．花をもつことから，**顕花植物**（flowering plant, phanerogram）ともよばれる．約 80,000 種に及ぶ**単子葉植物**（monocot）には，ラン，ヤシ，ユリだけでなく，ライムギ，コムギ，トウモロコシ，イネ，サトウキビのような有用植物を含むイネ科植物も含まれる．**真正双子葉植物**（eudicot）には，トマト，キャベツ，バラ，デイジーなどの草本性植物や，ほとんどの木本性植物が含まれる．単子葉植物と真正双子葉植物では，維管束組織の形

表 22・1 被子植物の組織

組　織	構成要素	おもな機能
単一組織		
柔組織	柔細胞	光合成，貯蔵，分泌，組織修復
厚角組織	厚角細胞	柔軟な構造の支持
厚壁組織	繊維細胞，厚壁異形細胞	構造の支持
複合組織		
表皮組織		
表　皮	表皮細胞，分泌物と副産物	クチクラ層の形成，防御，ガス交換と水の蒸発の調節
周　皮	コルク形成層，コルク，柔組織	古い茎や根を守る層の形成
維管束組織		
木　部	仮道管，道管，柔細胞，厚壁細胞	水の輸送，構造の支持
師　部	師管，柔細胞，厚壁細胞	糖質の輸送，支持細胞

成パターンや花弁の数などの形態が異なる．また，ある真正双子葉植物では二次成長を行い，木質化する．単子葉植物に木本性植物は存在しない（図22・9）．

表22・1に，被子植物のおもな組織，その構成細胞群，および機能についてまとめた．すべての被子植物が同じ組織を形成するが，その形成パターンは異なる．単子葉植物と真正双子葉植物の大きな違いの一つが**子葉**（cotyledon）である．真正双子葉植物は2枚の子葉を形成するが，単子葉植物は1枚の子葉しかつくらない．

22・4 植物の構造と発生

植物の組織と器官

被子植物は約260,000種が知られており，植物界のなかで最も多様な植物分類群である．ほとんどの被子植物は図22・10に示すような構造をもつ．地上部は**シュート**（shoot）とよばれ，おもに葉と茎で構成されている．茎は体の成長を支持する機能をもつだけでなく，内部には葉と根の間で水や栄養分を運ぶパイプラインが形成される．根は水や無機物を吸収し，地下深くに成長するとともに，地面に固着するための構造体でもある．根には，自身で利用する栄養分を貯蔵するための特殊な細胞も存在する．

図22・9 真正双子葉植物と単子葉植物の違い

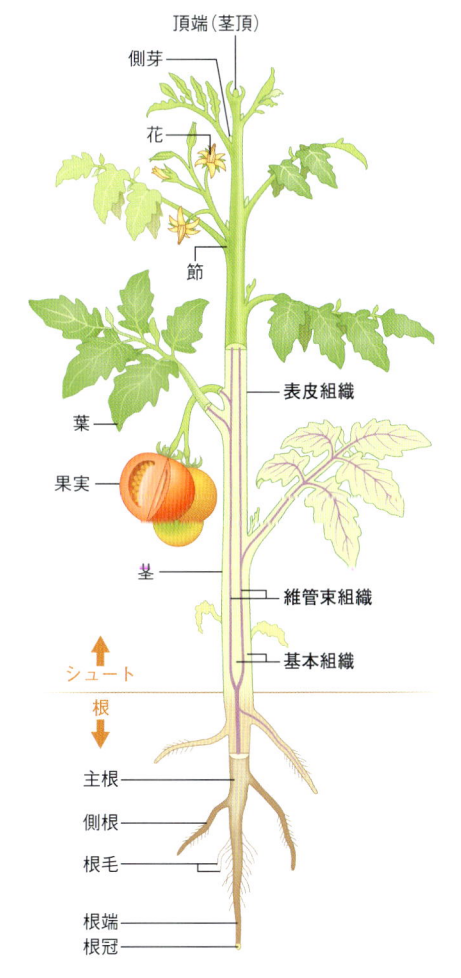

図22・10 トマトの植物体

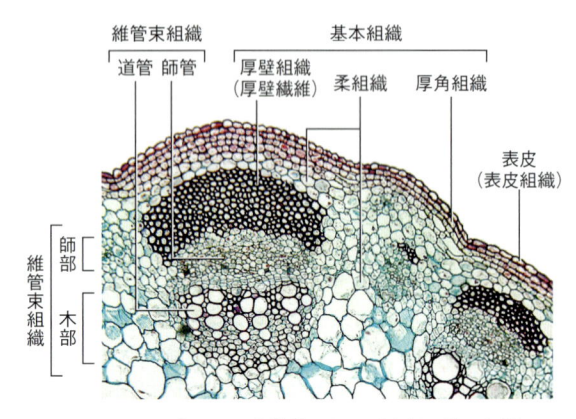

図 22・11 真正双子葉植物のキンポウゲの茎の組織

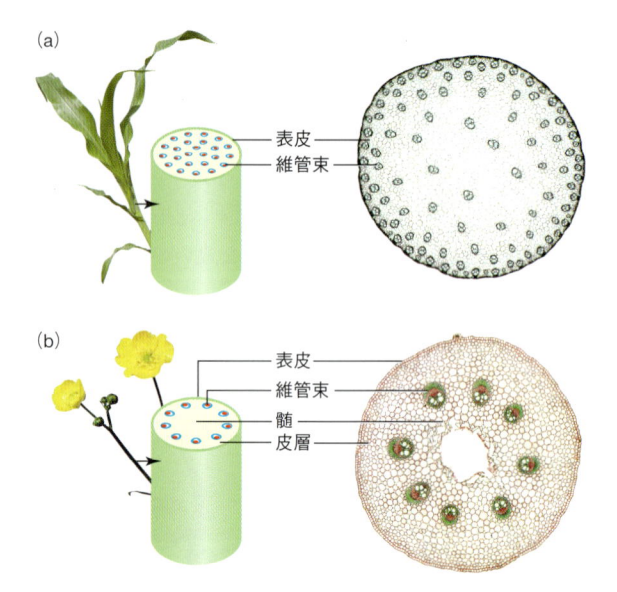

図 22・12 単子葉植物(a)と真正双子葉植物(b)の茎の比較. この図では, 異なる色素で染色しているので, 同じ組織, 細胞でも異なる色で表されている. (a) トウモロコシの茎の横断面. 維管束系が茎の基本組織系内で散在している. (b) キンポウゲの茎の横断面. 維管束系が茎の中で, 外側の皮層と内側の髄を分けるように, 環状に配置されている.

植物の三つの組織系 植物の体は大きく三つの組織系に分けられる (図 22・11). **表皮組織系** (dermal tissue system) は植物の表面を覆い, 植物を保護する組織系である. **維管束組織系** (vascular tissue system) は通道組織であり, 体中に配置され, 水や栄養分を送り届ける機能をもつ. **基本組織系** (ground tissue system) は植物のさまざまな組織の寄せ集めのことであり, 維管束組織系と表皮組織系以外の部分である. まとまった特徴はないが, 光合成や栄養貯蔵など, さまざまな必要不可欠な機能をもつ.

茎や葉の器官内部には, このような基本組織系, 維管束組織系, 表皮組織系が整然と配置されている. ほとんどの被子植物の木部や師部は束化した**維管束** (vascular bundle) を形成し, それが茎や葉, 根といったすべての組織系に縦横無尽に張り巡らされている. しかし, 維管束の配置は, 真正双子葉植物と単子葉植物では異なっている. 単子葉植物の維管束は, 茎全体に散らばるように配置されている (図 22・12a). 一方, ほとんどの真正双子葉植物の茎の維管束は円柱状で, 長軸に平行に, 表面に沿って配置されており, 維管束の外側には皮層が, 内側には髄が形成される (図 22・12b).

すべての植物組織系には, 柔組織, 厚角組織, 厚壁組織のような単一細胞種からなる単純な組織や, 多種類の細胞種から構成される木部, 師部, 表皮などのような複雑な組織も含まれる.

表皮組織 最初に形成される表皮組織は**表皮** (epidermis) である. 通常 1 細胞層で脂肪酸重合体であるクチンなどを分泌している. ワックス (ろう) を分泌, 蓄積させ, **クチクラ** (cuticle) を形成する. このクチクラは, 水分蒸発を抑え, 病原体の感染防御にも役立っている. 葉や若い茎の表皮には, 特殊な細胞も分化する.

たとえば, 唇状の 1 対の細胞からなる気孔は, 必要に応じて開閉し, 体内の水分量の調節, 酸素や二酸化炭素のガス交換などを行っている.

維管束組織 **木部** (xylem) と**師部** (phloem) は維管束組織系に含まれる. 木部と師部は, ともに長く伸長した通道組織で, 維管束繊維や維管束柔細胞とともに維管束組織を形成している.

木部は水や無機物を通道する維管束組織で, **道管** (vessel) と**仮道管** (tracheid) に大別される (図 22・13a). 両方とも成熟過程でプログラム細胞死により細胞自体は死亡し, 細胞内容物は消失している. 細胞壁が互いにつながり合うことでチューブ状の管が生じている. さらに, その細胞壁は**リグニン** (lignin) により防水性と強度を高められており, 植物体全体の構造的な補強にも寄与している. 接している細胞の細胞壁には穿孔があり, 水は上下方向だけでなく横方向にも移動することが可能である.

師部は, 糖質や有機物を通道する維管束組織で, 師管等からなる. 死滅して完全な管となっている道管と異なり, 師管は成熟しても生きたままの状態で機能する. 師管は先端部で師板を介して接続しており, 光合成産物を植物体全体に運搬するのに寄与している (図 22・13b).

22・4 植物の構造と発生

根

地上部のシュートと同様，地下部の根系は，植物の成長に必要不可欠である．根は土中から水や無機物，栄養素などを吸収する大事な器官で，その形状は大きく二つに分けられる（図22・14）．真正双子葉植物の根は，主根と側根が区別できる主根型根系を形成する．ニンジン，ブナ，コナラ，そしてポピーにも主根と側根がある．一方，ほとんどの単子葉植物の主根は茎の下端部の狭い領域から多数発生する不定根に覆われて区別がつかなくなっている．不定根から発生する側根は，太さや長さももとの不定根と区別がつかない．このような根系をひげ根型根系とよぶ．

根の構造を詳しくみてみよう．根の**維管束環**（vascular cylinder）は中心柱にある通道組織であり，真正双子葉植物では一次木部と師部でできている（図22・14a）．単子葉植物の維管束環では環状に一次木部と師部が整列し，その内側には髄が形成される（図22・14b）．維管束環は内鞘に囲まれているが，この内鞘細胞には分裂活性があり，側根はそこから形成される．根の長軸に対して垂直方向に活発に細胞分裂を起こし，内皮や表皮を突き破って側根は伸長していく．また，根の表皮細胞は土に接して水などを吸収する役目をもつ．なかでも**根毛**（root hair）は吸収細胞として特殊化している．表面積が大きく，土中から水や無機イオンなどを効率的に吸収することができる．また根の先端には根を保護するための根冠が形成される．

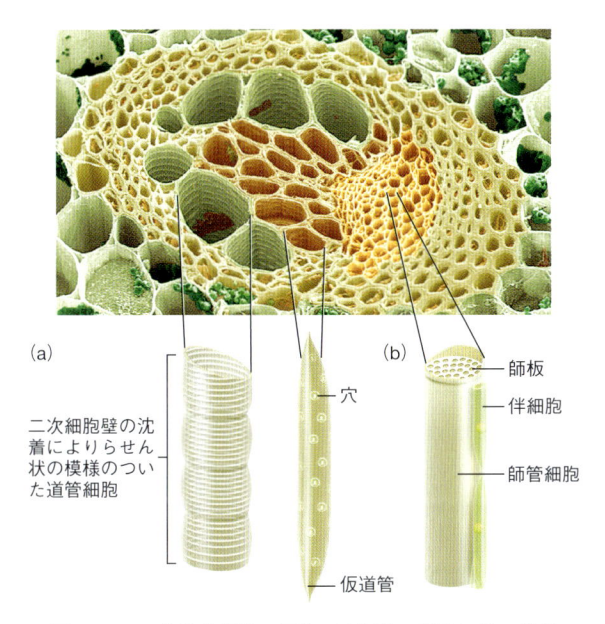

図22・13 維管束組織の細胞．柔細胞や厚壁組織の繊維細胞が観察できる．(a) 木部の細胞．成熟した道管細胞，仮道管細胞は死細胞で，細胞壁に穴をあけることで内容物を運ぶことができる．(b) 師部の細胞．師管細胞は生細胞で，先端に篩状の穴があることで，内容物を運ぶことができる．伴細胞は師管細胞に糖質や代謝物などを輸送し，師管細胞の機能を補助する．

師管に接している**伴細胞**（companion cell）は原形質に富んだ柔細胞で，糖質を師部へ積込むなど，師管の機能を支えている．

茎

茎は被子植物において，葉や花をつけるための棒状の基本構造である．葉は茎が伸びるに従って，頂端分裂組織から一つひとつ順番につくられ，順番に成熟する．葉がついている茎とのつなぎ目部分を**節**（node）とよび，節と節の間は節間とよばれる．茎は，節を1単位として，その節が積み重なってできている．

葉

葉は，光合成細胞を多く含む糖生産工場ともよべる器官である．典型的な葉は扁平で，単子葉植物の葉は，基部が茎を包み込むような鞘状になっている（図22・15a）．真正双子葉植物の場合は葉柄によって茎に接続している（図22・15b）．

葉の形や葉のつく角度は，効率的に太陽光を受け，効率的にガス交換を行うようになっている．ほとんどの葉

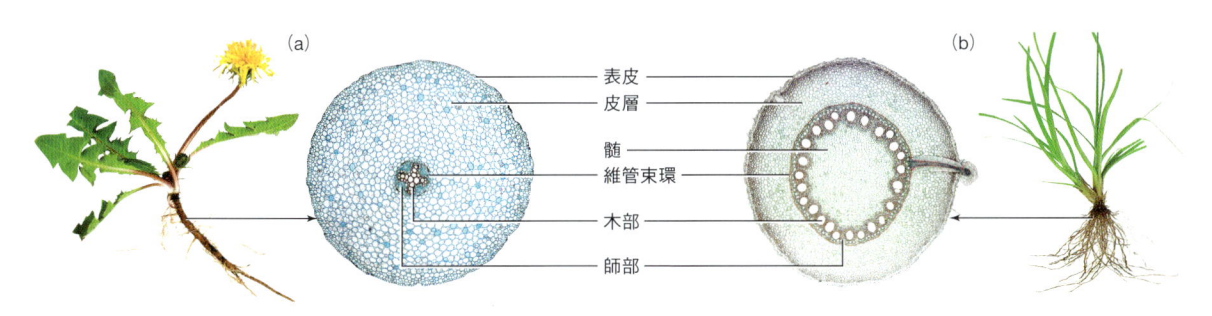

図22・14 被子植物の根．(a) 真正双子葉植物の主根型根系と横断面，(b) 単子葉植物のひげ根型根系と横断面．

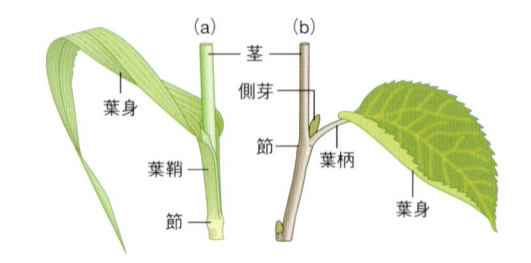

図 22・15 葉の構造．(a) 単子葉植物，(b) 真正双子葉植物．

は薄く，体積当たりの表面積が最大になるように工夫されている．また，葉は自分自身で葉の角度を太陽光に対して垂直になるように変えることで，太陽光を常に効率よく受け止める工夫もする．さらに，隣り合った葉が重なり合って太陽光を遮らないように葉が配置されており，すべての葉で均一に光合成ができるようになっている．一方，乾燥状態に適応した植物は，太陽光に対して平行に葉を配置することで熱吸収を減らし，乾燥を防いでいる．

表皮は，葉の最も外側に位置する組織である（図22・16 ❶）．表皮はすべすべしているものや毛の生えているものなど，さまざまな特徴をもつ．半透明でワックスを含む**クチクラ**（cuticle ❷），が乾燥を防ぐなどの機能をもっている．

葉の内部には，光合成を行う**葉肉**（mesophyll）が形成され，葉の裏側にはガス交換に必要な**気孔**（stoma, pl. stomata）がある❸．ほとんどの葉の気孔は裏側に形成される．気孔を構成する**孔辺細胞**（guard cell，図22・33，図22・34参照）は，葉の表皮細胞における唯一の光合成細胞である．§22・8で述べるように，植物は環境に応じて孔辺細胞の形を変化させ，気孔を開閉することで水分調節やガス交換を行っている．光合成に必要な二酸化炭素は，気孔を通して**海綿状組織**（spongy tissue）の空間に取込んでいる．逆に，光合成によりつくられた酸素は気孔を通して排出される．太陽光を受容する葉肉組織は2層に分かれている．葉の表側には**柵状組織**（palisade tissue）があり❹，これは裏側に位置し，ガス交換のための空間がある海綿状組織❺に比べ，葉緑体を多く含み光合成活性が高い．イネ科などの単子葉植物の葉は垂直方向に成長するが，これは太陽光をどの方向からでも効率的に受取るための工夫である．このような葉の葉肉には，柵状組織や海綿状組織の区別はない．

葉脈は維管束でできている❻．維管束内の道管は水をすばやく運搬し，イオンなどを葉肉細胞に送り届けている．師管は光合成産物（糖質）を葉肉細胞からすばやく運び出す役目を果たしている．ほとんどの真正双子葉植物の葉は，網目状の維管束パターンをとり，末端の維管束は葉肉細胞に埋込まれる形になっている．ほとんどの単子葉植物は平行脈であり，葉の長軸方向に沿って似た長さの維管束が形成される．

分 裂 組 織

植物では**分裂組織**（meristem）とよばれる特殊な組織が局所的に存在し，その細胞が継続的に分裂することで植物体全体が成長する．**一次成長**（primary growth）とは，シュートと根が垂直方向に成長することである．未分化で分裂速度の速い細胞群がシュートと根の先端にあり，それらを**頂端分裂組織**（apical meristem）とよ

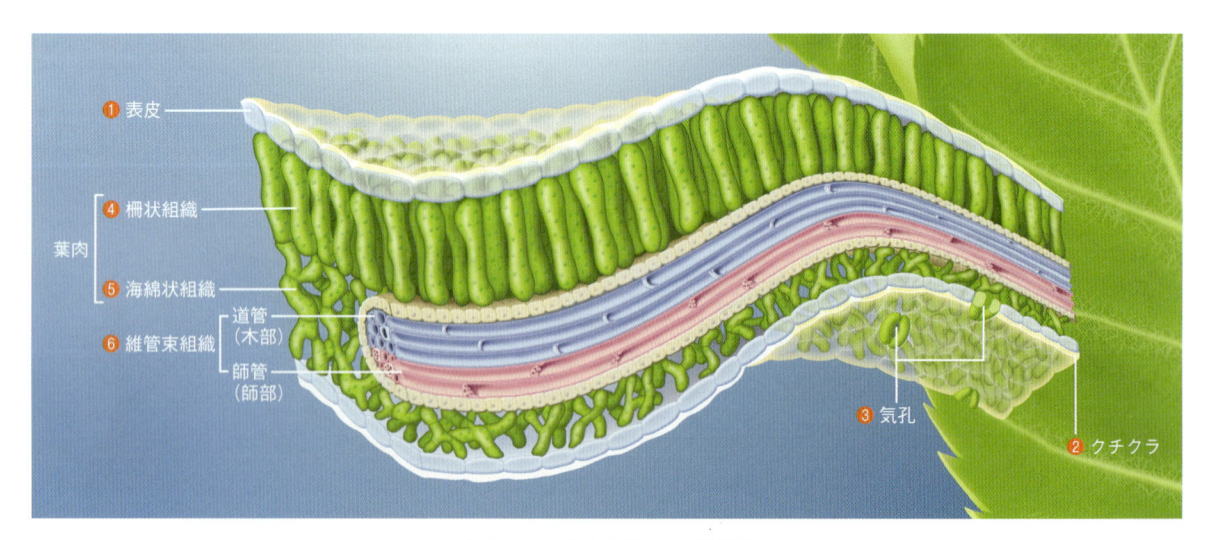

図 22・16 葉の横断面と内部構造

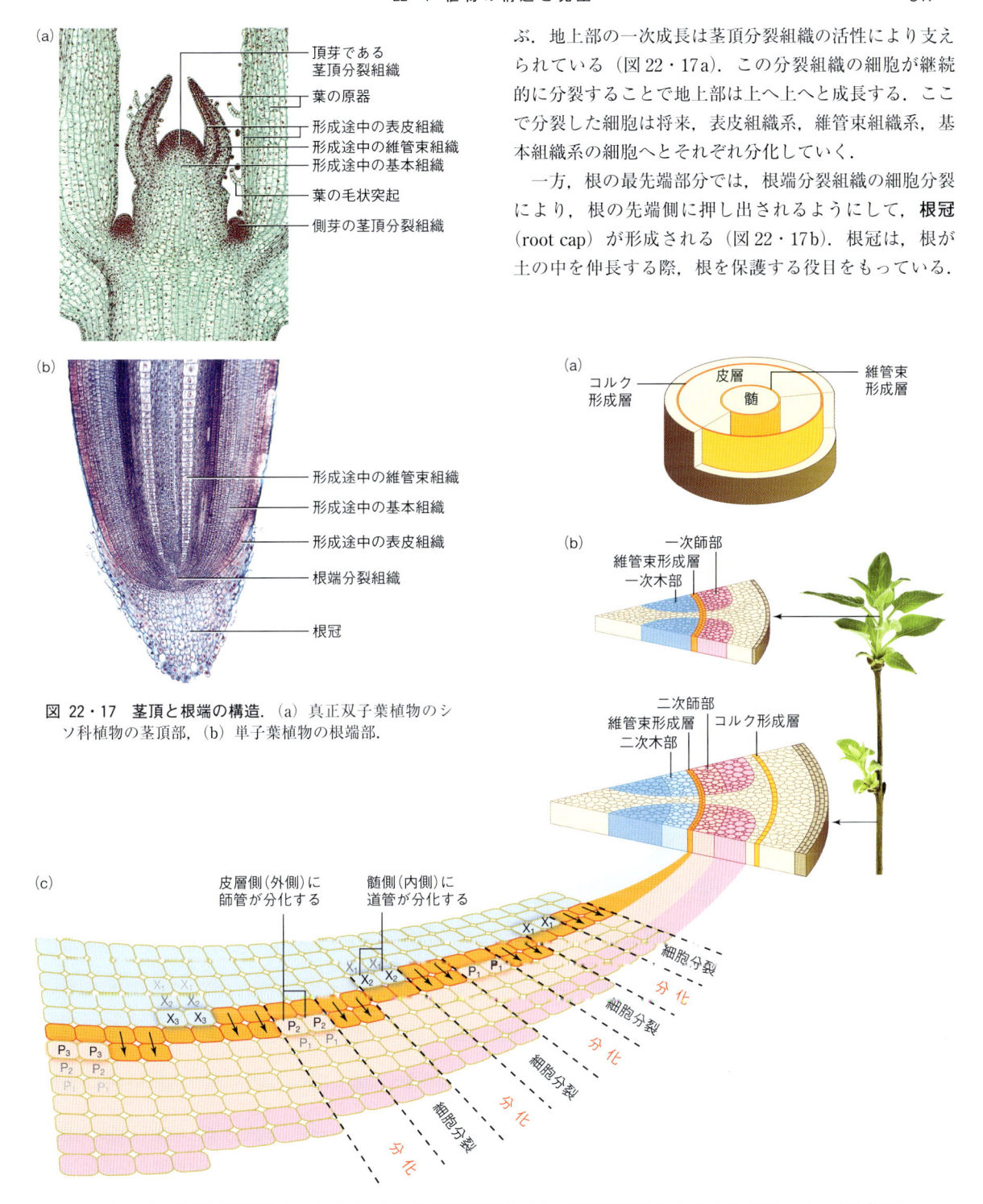

ぶ．地上部の一次成長は茎頂分裂組織の活性により支えられている（図22・17a）．この分裂組織の細胞が継続的に分裂することで地上部は上へ上へと成長する．ここで分裂した細胞は将来，表皮組織系，維管束組織系，基本組織系の細胞へとそれぞれ分化していく．

一方，根の最先端部分では，根端分裂組織の細胞分裂により，根の先端側に押し出されるようにして，**根冠**（root cap）が形成される（図22・17b）．根冠は，根が土の中を伸長する際，根を保護する役目をもっている．

図22・17 **茎頂と根端の構造**．(a) 真正双子葉植物のシソ科植物の茎頂部，(b) 単子葉植物の根端部．

図22・18 **真正双子葉植物の二次成長**．(a) 真正双子葉植物では，維管束形成層とコルク形成層により，茎や根が二次肥大化する．このことを二次成長という．維管束形成層は二次木部や二次師部を形成し，コルク形成層は周皮を形成する．(b) 春になると一次成長が再開し，頂芽や側芽が成長する．二次成長は維管束形成層で起こり，形成層の内側に道管を形成し，形成層はより外側に相対的に移動することで，茎や根が太くなる．(c) 細胞分裂のパターンと維管束細胞の分化．分裂した片方の細胞は分化し，もう片方の細胞は未分化状態のまま，分裂細胞（オレンジ色の細胞）としての性質を維持する．維管束形成層の内側に分裂すると木部(X)が，外側に分裂すると師部(P)が分化する．

根冠以外にもさまざまな細胞系がつくられ，表皮組織系，維管束組織系，基本組織系が分化する．

二 次 成 長

植物の根や茎は，成長するに従って，しだいに太くなり，木質化してくる．このような現象を**二次成長**（secondary growth）という．根や茎の中で，環状層構造をとる**側方分裂組織**（lateral meristem）の細胞分裂によって二次成長が起こる．木本性植物は維管束形成層とコルク形成層とよばれる2種類の側方分裂組織をもつ（図22・18a）．

維管束形成層（vascular cambium）は環状で，その内側と外側に数層からなる二次維管束組織を分化させる．二次維管束組織は，大きく二次木部と二次師部に分けられる．二次木部は分裂活性のある形成層の内側（表皮から遠い方）に，二次師部は形成層の外側（表皮に近い方）に分化する．それに伴い，一次木部，一次師部はそれぞれ形成層から遠ざかることとなる（図22・18b）．木部組織の層構造が肥厚するにつれ，形成層は，相対的に，茎や根のより外側に配置されることになる．このようにして，茎や根が二次成長を行い，太くなっていく（図22・18c）．

このような二次木部，または**木質部**（wood）は，植物の重量の90%を占めるようになる．木質部の肥厚は断続的に起こり，年を経るごとに，しだいに，内側から表皮に向かって圧力をかけることになる．やがて，その圧力により皮層や二次師部に亀裂が入る．そこに，もう1種類の側方分裂組織である**コルク形成層**（cork cambium）ができ，そのコルク形成層は**周皮**（periderm）を生じる．周皮は，柔細胞とコルク，そしてそれらを生み出すコルク形成層からなる表皮組織である．**樹皮**（bark）とよばれるものは，維管束形成層の外側にあたる二次師部と周皮のことである．樹皮に含まれる**コルク**（cork）は，ワックスなどで肥厚した細胞壁をもつ死細胞の塊である．このコルクにより，茎や根は守られている．コルクは傷口などにも形成される．たとえば，落葉後，その葉の葉柄が茎についていた部分が傷口となるが，その部分にもコルクが形成される．

樹皮の内側は材木として利用されるが，その材の部分は外側の辺材と内側の心材に分けられる（図22・19a）．心材は中心部ですでに機能していない古い木部組織からなるが，辺材はまだ生きている新しい木部領域で，心材と維管束形成層の間の領域に相当する．辺材は白っぽく，心材は赤っぽいために，それぞれ，白太，赤身ともよばれる．

維管束形成層は，寒い冬や乾季に活性が落ちる．春に

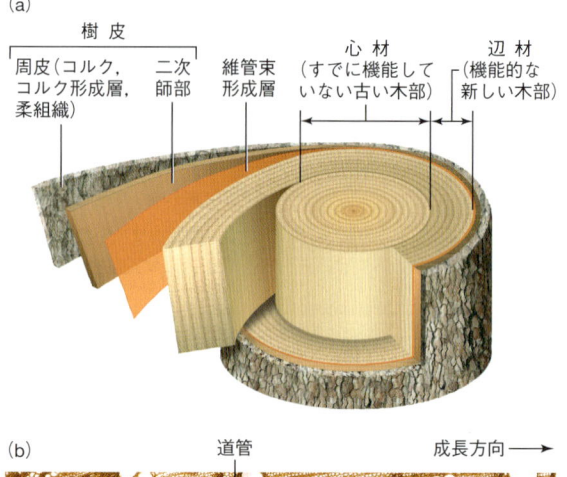

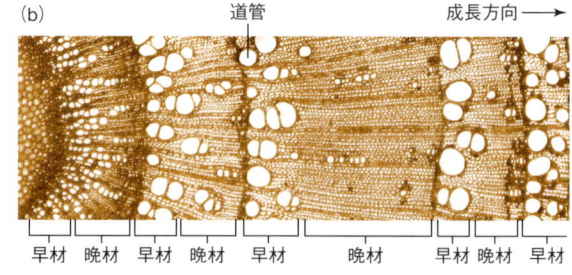

図 22・19 木の幹の構造．外側の辺材と内側の心材に分けられる．早材と晩材からなる年輪は，辺材，心材の両方にみられる．(a) 木化した木の幹．(b) トネリコの木の横断面．早材は暖かく湿潤な春に形成され，晩材は暖かく乾燥した夏に形成される．毎年，それらが繰返し形成され，年輪ができる．(c) 年輪の厚さなどにより，その年の雨季の長さなどがわかる．年輪の細い領域は，その年に干ばつが起こったことを示している．

なり暖かくなると，その活性は高まり，薄い細胞壁をもつ大きな細胞からなる早材が形成される．その後，夏から秋にかけて，肥厚した細胞壁をもつ小さな細胞からなる晩材が形成される．木の幹の横断面図を見ると，早材と晩材が繰返し形成され，それらがセットになり層構造をなしていることがわかる（図22・19b, c）．この層構造が"**年輪**（tree ring）"である．

四季のある気候で育った樹木は，1年の間に成長の違いが生まれるため年輪ができるが，熱帯地域のように1年中暖かい気候では，年輪はできない．

22・5 植物の生殖

被子植物の生活環

典型的な被子植物の生活環を図22・20に示す。花は胞子体上に形成される。葯の花粉嚢には二倍体の花粉母細胞があり❶，減数分裂により一つの花粉母細胞から四つの**小胞子**（microspore）が形成される❷．小胞子は**花粉粒**（pollen grain，未成熟な雄性配偶体）に分化する❸．花粉は泳ぐ必要がないので，乾燥した環境でも生殖が可能である．一方，めしべ（雌ずい）では，心皮の基部にある子房壁に胚珠が形成される❹．減数分裂により，胚珠内で4個の一倍体の胞子が形成される❺．そのうち三つの胞子は縮退し，残った**大胞子**（megaspore）一つが3回の核分裂をすることで1細胞8核になる❻．大胞子は，一倍体の卵，二核の中央細胞と，その他のいくつかの細胞からなる雌性配偶体へと分化する❼．

種子植物は卵を保持したまま花粉粒を放出する．風や動物により花粉粒が運ばれ柱頭に付着し，**受粉**（pollination）する❽．花粉粒は発芽し，花柱を通って伸長し心皮の基部にある子房の中の胚珠へと到達する．その伸長中の花粉管の中で二つの精細胞が形成される❾．

二つの精細胞が胚珠に運ばれて**重複受精**（double fertilization）が起こる❿．片方の精細胞は卵と受精し，接合子が形成される．もう一方の精細胞は二核をもつ中央細胞と受精し，三倍体となる．重複受精の結果，胚珠は

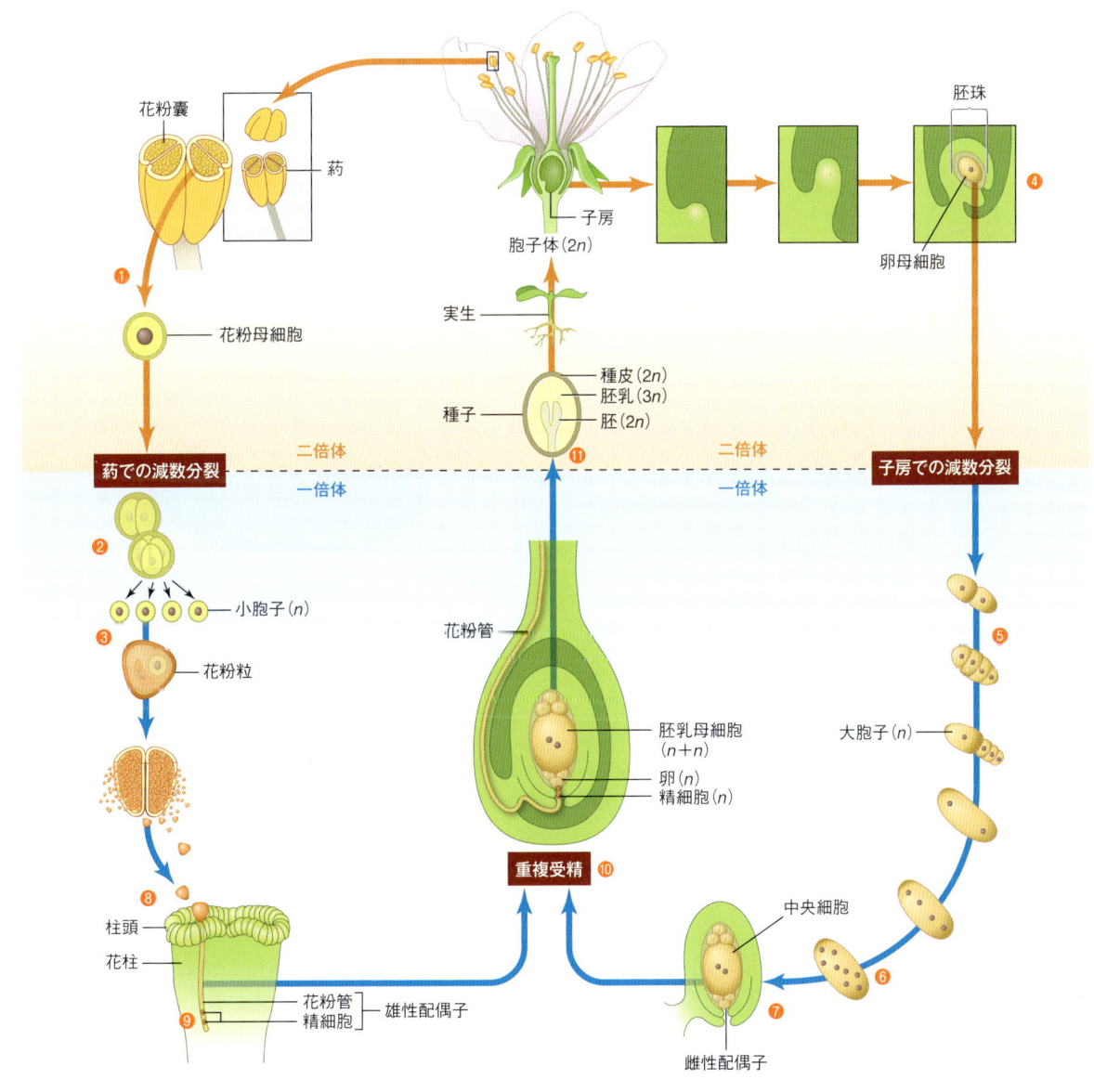

図 22・20 被子植物の生活環

種子へと成熟していく⓫．中央細胞は細胞分裂を経て，**胚乳**（endosperm）へと分化する．胚乳は被子植物に特有な栄養分に富む組織である．子房は種子を包込む果実へと分化し，種子が発芽し，新たな胞子体が誕生する．

種子の散布は胞子に比べ有利な点が多い．種子は多細胞の胚性胞子体に加え，栄養源も含まれている．そのため，種子植物の種子は，単細胞で栄養源のない非種子植物の胞子と比較して，初期発生が容易で，より生存確率が高い．

花

花（flower）は，特殊化した生殖器官である（図 22・21）．がく片は，通常，緑の葉のような器官で，花が咲くまで，花全体を包んでいる．がく片の内側には花弁が形成される．

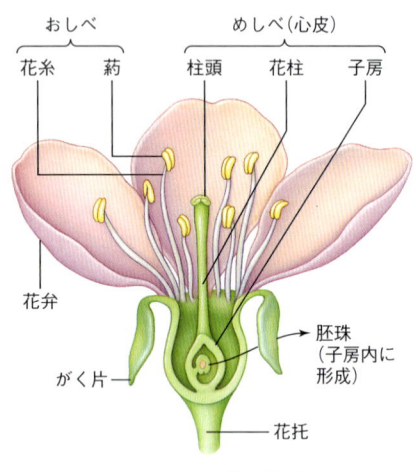

図 22・21　花の構造

おしべ（stamen，雄ずい）は，花粉をつくる器官であり，めしべを取囲んでいる．典型的なおしべは，花糸と，その先端にある二つの**葯**（anther）からできている．**めしべ**（pistil，雌ずい）は**心皮**（carpel）が融合してできた器官であり，心皮は花粉を受取るように特殊化した組織である粘着性の**柱頭**（stigma）を先端にもつ．柱頭は**花柱**（style）の上部に位置しており，花柱の基部には**子房**（ovary）があり，子房内には**胚珠**（ovule）が存在する．胚珠では，卵が形成される．受精後，胚珠は種子へ，子房は**果実**（fruit）へと分化する．

種子形成

被子植物では，重複受精により接合子と三倍体細胞ができる．体細胞分裂により，接合子は胚へ，三倍体細胞は胚乳へと分化する（図 22・22）．胚発生の進行中，親植物体は栄養分を胚珠に転流する．これらの栄養は，胚

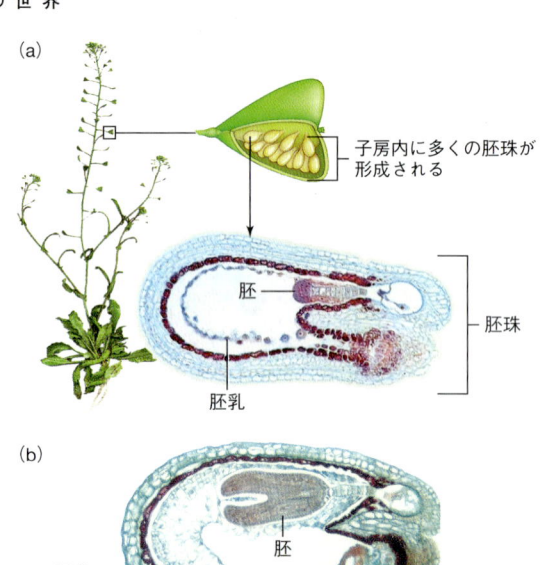

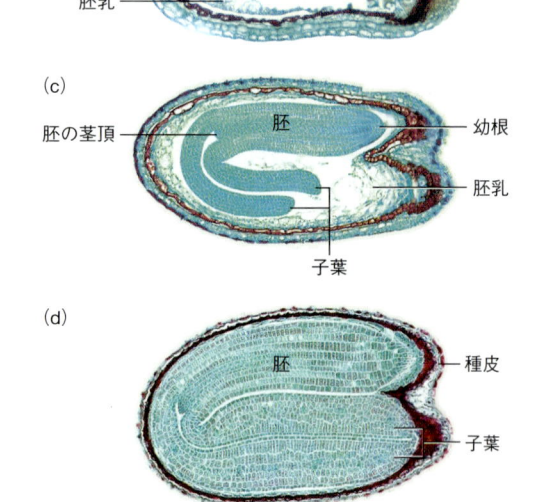

図 22・22　真正双子葉植物のナズナの胚発生．（a）受精後，子房は果実に分化する．胚は胚珠の中で成長する．（b）2 枚の子葉が形成されるに伴って，胚はハート型になる．胚乳が発達し，栄養分を蓄積する．（c）真正双子葉植物では，胚発生が進むに従って，胚乳から子葉に栄養が転流される．胚はハート型から魚雷型に変化し，最後は子葉の成長に伴って，子葉は折りたたまれる．（d）堅い種皮が胚のまわりに分化する．

乳にデンプン粒，脂質，タンパク質などの形でたくわえられる．真正双子葉植物の場合，胚乳の栄養分は種子が発芽する前に子葉に移されており，種子成熟までに胚乳はほぼなくなっているが，単子葉植物の場合，発芽後に胚乳が使われる．胚発生が進むにつれ，胚珠を取囲む珠皮は，頑強な種皮へと分化する．胞子体（胚）と栄養源としての胚乳，さらに種皮が分化し，**種子**（seed）が完成する．胚発生の間に茎頂分裂組織や根端分裂組織はつくられており，基本的な器官は胚発生時に完成してい

る．しかし，胚発生完了後，種子は休眠するので，基本的な生命活動は一時停止し，細胞分裂なども停止する．種子は，堅い種皮に守られて発芽に適した環境になるまで休眠し，活動を停止する．

胚乳や子葉の栄養は胞子体の発芽時に利用されるが，ヒトや他の動物の栄養源にもなる．コメ，コムギ，オオムギ，ライムギなど多くのイネ科植物が栽培され，栄養源として利用されている．胚は，タンパク質やビタミンが豊富で，種皮は無機物や繊維を多く含んでいる．ところが，ヒトが食用とする場合，脱穀・精米を行うので，タンパク質やビタミン，無機物や繊維質の多くは捨てられ，デンプンを多く含む胚乳だけが利用される場合も多い．

休眠打破

休眠（domancy）は，植物が環境に高度に適応した成長戦略である．環境変化があまりない赤道付近で生育する植物は休眠をする必要がないので，種子成熟とともに発芽する．一方，四季があるような環境で生育する植物で，秋に種子が放出されるような場合，即座に発芽すると冬を越せなくなってしまう．そこで，長日になり暖かくなる春まで発芽せず，休眠する必要がある．

それでは，種子はどのようにして発芽に適した環境になったことを感じとるのだろうか．発芽に必要な環境要因のうち，給水（水分の供給）以外の要因については，植物ごとに異なる．たとえば，ある植物の場合，種皮が大変堅いために，給水前に動物にある程度かみ砕かれる必要がある．また，レタスなどは発芽に光が必要である．ユーカリなどのように定期的に野火が起こるような環境で生育する種類は，種子が軽く焼かれることにより発芽が促進される．このように，実生の生存競争に勝てるように，植物の種類に応じた休眠戦略がある．

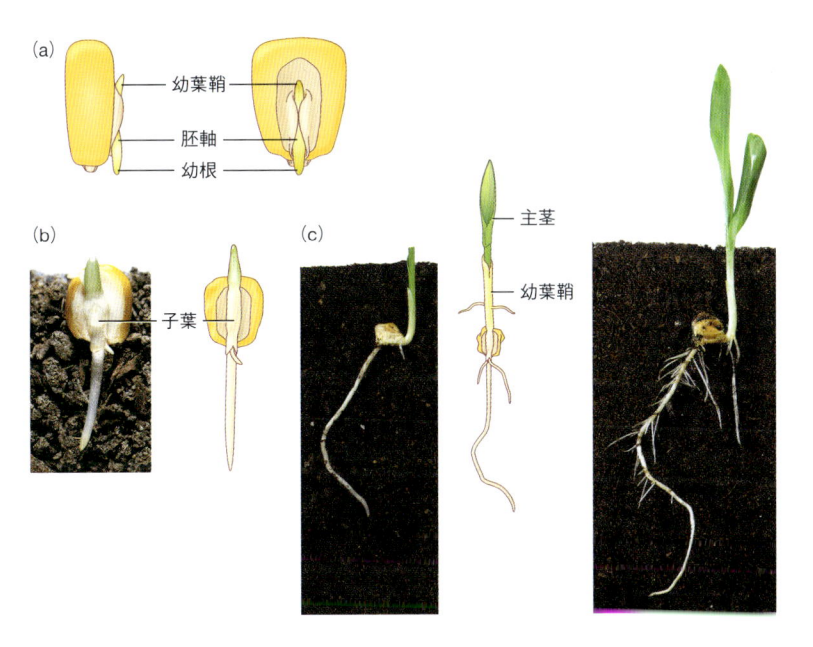

図 22・23　**単子葉植物のトウモロコシの初期発生と種子構造**．(a) 種子が発芽すると，幼根と幼葉鞘が種皮を破って成長する．(b) 幼根は主根(種子根)へ分化する．幼葉鞘は上に伸長し，土の表面まで穴を開ける．幼葉鞘は地上に出ると成長が止まる．(c) 幼葉鞘の中央から形成される胚芽は主茎へと分化し，光合成を開始する．

図 22・24　**真正双子葉植物のマメ科植物の初期発生**

発芽と初期発生

発芽（germination）とは成熟胚の成長が再開し，根が種皮を突き破って外に出てくることである．種子は給水後，デンプンを糖質に変える酵素を活性化し（§2・7），給水し膨張することで種皮が破れ，酸素にさらされ，呼吸を開始する．分裂組織の細胞は，素早く細胞分裂するために，糖質と酸素を必要とする．発芽後，活性化された分裂組織の細胞分裂と細胞分化により成長が促進される．

発芽が終わると初期発生が始まる．たとえば，トウモロコシのような単子葉植物は幼葉鞘とよばれる堅い鞘で子葉を守りながら，真上に成長する．1枚の子葉は通常，土中にとどまり，内胚乳の分解産物を胚に輸送する機能をもつ（図22・23）．真正双子葉植物の実生は，幼葉鞘に保護されていない．典型的な真正双子葉植物の発生過程（図22・24）では，まず，種子から幼根が出てきて❶，次に胚軸がフック状に曲がった状態で現れる❷．屈曲した胚軸は子葉を地表に引っ張り上げる❸．地表に出た子葉は日光を獲得する❹．最初の本葉は子葉の間から形成され，光合成を開始する❺．胚軸は真っすぐになり，子葉も枯れるまで光合成を行う❻．最終的に，子葉は胚軸から脱落し，すべての栄養は本葉でつくられるようになる．

発芽は植物の成長の第一段階である．胞子体は成長し成熟するにつれ，環境の影響を受けながらもさまざまな器官形成を行う．種々の遺伝子発現制御があり，その結果，葉をつくり，茎や根は伸長し，肥大し，適切な時期に花をつくり，種子形成を行う．

22・6 植物の生理

植物ホルモン

動物の場合，器官発生は出生前に完了し，生まれた後は基本的に伸長成長のみを行う．一方，植物の場合，発芽前は限られた器官のみがつくられ，発芽後は外的環境に応じてさまざまな器官が形成される．動物とは異なり，植物は移動できないために，温度や重力，日長や栄養条件，病害菌や植食者など，多様な環境に対応して生き延びなくてはならない．植物は，形作りを柔軟に調節することで，種々の環境に適応している．植物の形態形成において，各細胞は自律分散的に行動するのではなく，個々の細胞間で高度に協調し連絡をとり合うことで，多細胞個体をつくり上げていく．発芽後，根と茎が同時に伸長するのも，高度に協調して発生を行っていることを示している．

植物は細胞間コミュニケーションに**植物ホルモン**

表 22・2 主要な植物ホルモン

ホルモン	作用
アブシシン酸	気孔閉鎖 シュートの成長阻害 発芽抑制 環境からのストレスへの応答に関与 葉緑体の運動に関与
エチレン	休眠打破 果実成熟の促進 器官脱離の促進 ストレス応答
オーキシン	シュートや根の発生中に他の植物ホルモンの効果を調節 頂芽優勢 細胞伸長の促進 器官脱離抑制 屈性に関与 分裂組織の形成と活性維持
サイトカイニン	根端分裂組織の分化促進 茎頂分裂組織の分裂促進 側根形成の抑制
ジベレリン	細胞分裂，細胞伸長の促進 花成誘導

（plant hormone）を使っている（表22・2）．植物ホルモンはシグナル分子として機能し，発生過程を促進したり，抑制したりする．植物は，温度，重力，日長，水や栄養条件など，いろいろな環境要因を感受し，それに適応するために，さまざまな植物ホルモンを合成し，利用している．植物ホルモンは，目的の細胞に到達すると遺伝子発現パターンや酵素の活性を変化させたり，他の分子の活性化を起こしたり，溶質の濃度変化をひき起こしたりと，細胞質内でさまざまな現象を誘導する．

細胞は，植物ホルモンを受容体タンパク質が受容して認識し，シグナルを伝達する．その後，多くの場合，遺伝子発現の変化を伴う応答を起こす．細胞の応答は細胞の種類や受容体，ホルモンの濃度などによって異なり，高度に調節されている．さらに，同じ細胞内であっても，時と場合により全く逆の作用をもたらす場合もある．

オーキシン オーキシン（auxin）は細胞に直接的に作用し，他の植物ホルモンの作用にも影響を与える．ほとんどすべての組織に存在するが，均一に存在しているわけではない．オーキシンはおもに，茎頂分裂組織や若い葉でつくられ，オーキシンが必要な組織，器官へ輸送される．茎頂でつくられたオーキシンは師管を通って根までいき，根の細胞に分配される．近距離の移

22・6 植物の生理

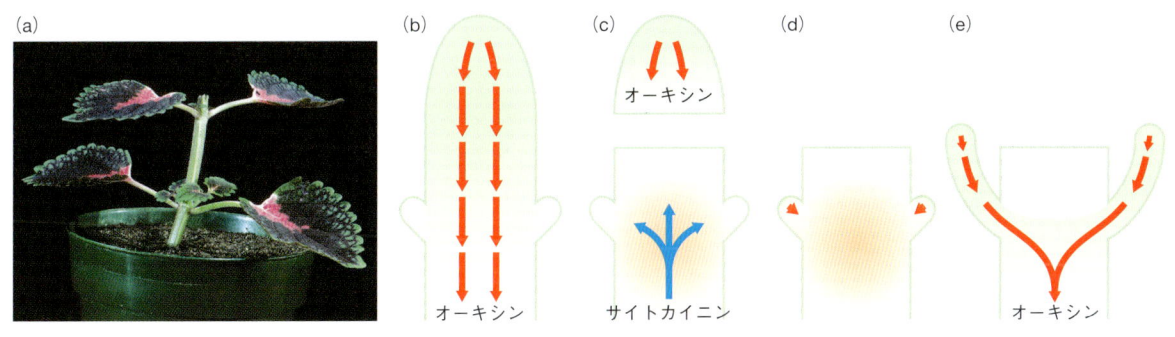

図 22・25 頂芽優勢におけるオーキシンとサイトカイニンの関係. (a) 茎頂部は成長し続けるが, オーキシンを合成する茎頂部がなくなると, 頂芽優勢が壊れ, 側芽が成長する. (b) 茎頂から供給されるオーキシンにより, 茎の中のサイトカイニン量は低く抑えられている. (c) 茎頂部を切除すると, オーキシンの供給がなくなる. その結果, オーキシン量が下がり, サイトカイニン量が上昇する. (d) サイトカイニンが細胞分裂を誘導し, 側芽の茎頂分裂組織の細胞分裂を誘導する. その側芽はオーキシンを合成するようになる. (e) 側芽で合成されるオーキシンにより, 側芽の伸長は促進される.

動にはオーキシンに特有の特殊な輸送方法が存在する. このことにより, 組織や器官内でオーキシンは濃度勾配を生じ, 細胞に位置情報を与えている. このような濃度勾配は他の植物ホルモンと協調して働くのにも重要である.

サイトカイニン サイトカイニン (cytokinin) は分裂組織の細胞分裂と分化のバランスを調節しており, 側芽の発生を促進したり, 側根形成を抑制したりする. オーキシンとサイトカイニンは, しばしば同じ細胞に働きかけ, 拮抗的に作用する. たとえば, 根端分裂組織では, オーキシンは分裂組織の未分化な状態を保ち, 細胞分裂活性を維持しているが, サイトカイニンは細胞分化を促進する. このように, 二つのホルモンは逆の働きをすることで, 細胞の分化状態を調節している. 一方, 茎頂分裂組織では, これら二つの植物ホルモンは協調して細胞の未分化状態を保ち, 細胞分裂の促進と分化抑制を行う.

茎の先端が伸長しているとき, 通常, 側芽の伸長は抑制されている. このことを**頂芽優勢** (apical dominance) という. オーキシンが茎頂分裂組織で生産され, 茎を通って側芽周辺まで移動し, サイトカイニンの合成を抑制する結果, 頂芽優勢が生じる (図 22・25a, b). 茎頂が傷を受けるなどして活性がなくなるとオーキシンの産生ができなくなるため, 側芽付近でサイトカイニンの合成が促進される. そのサイトカイニンは側芽の頂端部に移動し, 細胞分裂を誘導する (c). そこで新たにオーキシンが合成され (d), 側芽の頂端部からオーキシンが茎の根元方向に移動するようになる (e). このようなオーキシンとサイトカイニンの働きが側枝の発生を制御している.

ジベレリン 1926年ごろ, 黒澤英一は, 背丈が約2倍に伸長し, 倒れやすくなるなど, コメ農家に被害を与える馬鹿イネ病の研究を行っていた. この病気はイネにイネ馬鹿苗病菌 *Gibberella fujikuroi* が感染することでひき起こされる. 黒澤は, イネ馬鹿苗病菌の抽出物をイネの実生に与えることで伸長成長が誘導されることを発見した. その後, その原因物質が同定され, 他の植物にも伸長活性があることが確かめられ (図 22・26), ジベレリン (gibberellin) と名づけられた.

ジベレリンは, 被子植物だけでなく, 裸子植物, 蘚類, シダ類, そして, 一部の真菌類までが利用している. 細胞分裂を誘導したり, 茎の伸長を促進したりする.

図 22・26 ジベレリンによるキャベツの茎の伸長成長. ジベレリン処理 (右) と未処理 (左).

アブシシン酸 アブシシン酸 (abscisic acid: ABA) は, **器官脱離** (abscission) に関与することからその名がつけられたが, 現在では, 乾燥やその他のストレス抵抗性に寄与する植物ホルモンとして知られている.

植物はさまざまなストレスから逃げることができないので, 過酷な温度や, 水不足, その他の環境ストレスに対応するために, ABA の合成, 放出とそれに続く輸送を行う. 適切に体中に分配された ABA は, ストレスに対抗するための遺伝子群の発現を誘導する. たとえば,

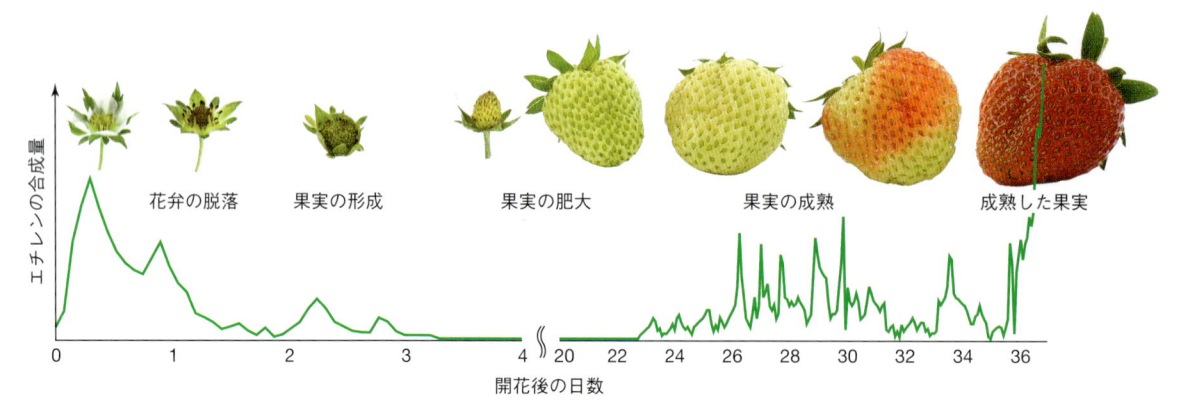

図 22・27 イチゴの形成，成熟とエチレンの合成量

乾燥状態にさらされた場合，ABA は気孔の閉鎖を誘導し，蒸散を防ぐ（§22・8）．また，その他の機能として，胚の成熟や種子の休眠，花粉の発芽や果実の成熟，さらにはサイトカイニンのように側根形成を抑制したりする．

胚発生段階で ABA は合成，蓄積され，種子の休眠を誘導するが，このとき，おもに細胞壁の再編成を伴う細胞伸長に関する遺伝子発現の抑制を行っている．さらに，ABA は発芽を促進するジベレリンの合成抑制も行うことで，発芽の抑制と休眠の促進をしている．このため，ABA 濃度が下がるまで，種子は発芽できない．

エチレン　エチレン（ethylene）は水に溶けやすい気体状の植物ホルモンで，脂質二重層を自由に通過できる．エチレンは発芽を含む植物の発生や，成長，器官脱離，成熟，ストレス応答など，さまざまな植物生理を調節する機能をもつ．

エチレン合成にかかわる酵素は 2 種類のフィードバックループによってその活性が調節されている．負のフィードバックループによりエチレン合成を低レベルで維持し，植物の成長や細胞伸長に役立っている．正のフィードバックループでは，非常に大量のエチレンを合成し，種子の発芽や病害応答，器官脱離，果実の成熟などに役立っている．たとえば，イチゴの果実はその発達段階で正のフィードバックループが起動し，大量のエチレンが放出され，成熟する（図 22・27）．エチレンは，そのほかにも，堅い細胞壁を分解したり，デンプンを糖に代謝したり芳香成分の放出の誘導も行う．柔らかく，おいしいイチゴは動物の餌となり，種子は動物により運ばれ拡散することで繁殖域を広げていく．

エチレンは気体であるため，ある果実が放散したら他の果実も成熟を始める．合成エチレンは人工的に果実を成熟させることにも広く使われている．堅く，熟していない果実は柔らかく熟した果実よりも傷をつけずに長距離を移動させることができる．最終目的地で，未熟な果実をエチレンにさらして正のフィードバックループで成熟させればよい．

屈　性

動くことのできない植物は，環境変化に対応するために，根や茎の成長調節を行うことで適応している．この応答のことを**屈性**（tropism）という．通常，この屈性はホルモンの働きにより行われる．

重　力　実生は上下逆にされても，主根は下方に，茎は上方に伸びる（図 22・28）．重力に応答した成長反応のことを**重力屈性**（gravitropism）という．根や茎はオーキシンの濃度変化により屈曲する．オーキシンが茎の片側に局在的に分布し，局所的に細胞伸長を促進することで，片側に茎を屈曲させている．根では逆の効果が

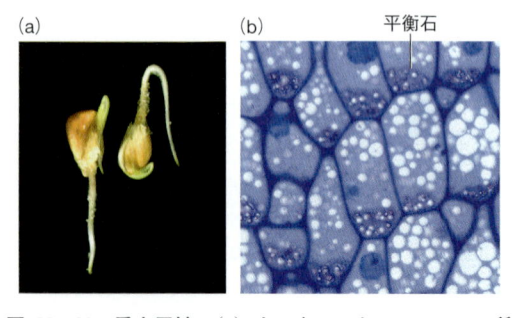

図 22・28　重力屈性．(a) 土の中で，トウモロコシの種子がどのような角度で播種されても，主根は常に重力方向に成長し，茎は地上に向けて成長する．(b) 植物の根冠細胞は重力感知細胞として機能し，平衡石としてデンプン粒が含まれている．

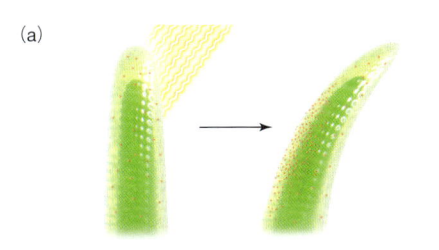

図 22・29 光屈性．オーキシンにより，細胞伸長に差が生じることで幼葉鞘が光の方向に屈曲する．クローバーに右側から光を当てると，オーキシン（赤点）が陰側に移動し(a)，細胞伸長を誘導し，幼葉鞘全体は光の方向に屈曲する(b)．

あり，オーキシンが根の細胞伸長を抑制することで，オーキシン濃度が高い側に根が屈曲する．

光　植物に一方向から光を当てると，茎は光の方向に曲がり，光を効率よく受取ろうとする．このような，光に応答した成長反応のことを**光屈性**（phototropism）という．光屈性は青色光で誘導され，フォトトロピンという非光合成系色素により受容される．この色素は，気孔の開口時にも使われている．茎や幼葉鞘の先端では，光によりオーキシンの極性輸送に変化が生じ，陰側の細胞でオーキシンが蓄積する（図22・29）．その結果，光の当たらない側の細胞伸長が促進され，光の方向に茎が屈曲する．

周期的な変化への応答

1日周期　**概日リズム**（circadian rhythm）は約24時間の間隔の周期的な植物応答である．たとえば，マメ科植物は日中は葉を水平にしているが夜になると閉じる．恒常的な明条件や暗条件に移しても，数日間は24時間のリズムを覚えており，この葉の開閉運動を続ける（図22・30）．そのほかにも，概日リズムによって決まった時間にのみ花を咲かせる植物がある．たとえば，夜行性のコウモリに花粉を媒介してもらう植物は，夜にのみ花を開き蜜を分泌し，香気を放つ．定期的に花を閉じているのは繊細な生殖器官を守るためである．

季節変化　赤道周辺以外の地域では，季節変化がある．**光周性**（photoperiodism）は昼間の長さの変化を感じて生物が応答する現象のことである．

花成は，多くの種で光周性を示す．このような植物では，長日や短日といった，季節に応じた日長を感じ取って花成を誘導する．しかし，なかには，暗期を感じて花成を誘導するものもある（図22・31）．アイリス，オートムギ，クローバーなどの長日植物では，夜の長さが短くなると花成が促進される．逆に，キク，イチゴ，イネなどの短日植物では，夜の長さが長くなる秋ごろに花成が促進され，秋に稲穂が実る．ヒマワリ，トマト，バラのように，花成に日長非感受性を示す植物も多く知られている．

日長だけが花成調節因子ではない．多年生植物の場合は，冬の寒さが重要な花成調節因子となる．寒い冬を経験した後にのみ花成が誘導されることを**春化**（vernalization）とよぶ．

22・7　植物栄養

植物栄養と土壌成分

植物の成長には16の栄養素が必要である．そのうちの9種類は多量栄養素とよばれ，そのなかでも炭素，酸素，水素は，植物の乾燥重量の0.5％を占める．そのほかの多量栄養素として，窒素，リン，硫黄，カルシウム，カリウム，マグネシウムが知られている．窒素，リン，硫黄は核酸合成に使われ，カルシウムやカリウムはシグナル伝達に必要である．そのほかの7種類（塩素，鉄，ホウ素，マンガン，亜鉛，銅，モリブデン）は微量栄養素とよばれ，乾燥重量の100万分の1程度含まれてい

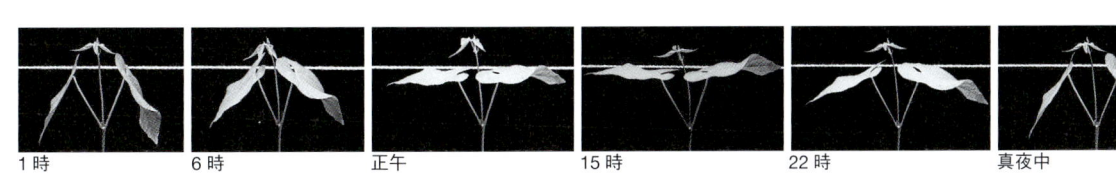

1時　　6時　　正午　　15時　　22時　　真夜中

図 22・30　概日リズム．マメ科植物の葉の概日運動．光刺激がない暗所でも，6時に葉をあげて，18時に葉を閉じるという，24時間周期の運動を起こす．

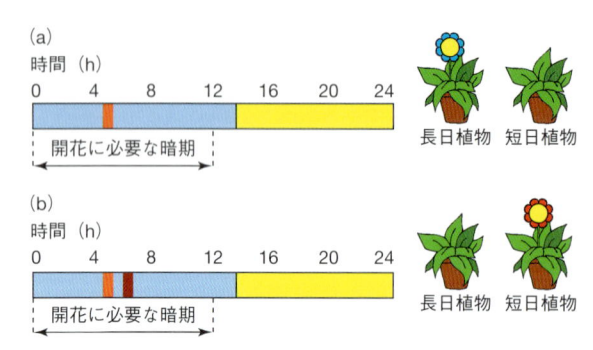

図 22・31 長日植物と短日植物の花成における暗期の影響. (a) 660 nm の赤色光の短期間照射により，植物は夜が分断されたと感じ，長日植物は開花し，短日植物は開花しない．(b) 730 nm の遠赤色光照射により，赤色光の効果が打消される．その結果，短日植物は開花し，長日植物は開花しない．

る．これらは，酵素の補因子としても機能している．炭素，酸素，水素は大気や水に含まれるが，他の要素は土壌中から水と同時に根から摂取する．土壌にもさまざまな種類があり，植物が腐って堆積してできた**腐植土**（humus）は，さまざまな栄養素を含むだけでなく水も含んでおり，植物の成長に適している．

栄養吸収と根の役割

根は，土壌や空気中から水や栄養分を効率よく吸収するためにさまざまな戦略を立てている．たとえば，根は，成長に伴って，数え切れないくらいの根毛を分化させ，水や栄養分を効率的に吸収する．

真菌類と共生関係をもつ根のことを**菌根**（mycorrhiza）という．ある種の真菌類が根のまわりに菌糸を張り巡らせたり，根に侵入する．菌糸全体をみると表面積が大変大きいので，植物は菌糸を介してより多くの無機物が吸収できる（図22・32a）．真菌類は，逆に根から糖質などを吸収する．このようにして，お互いが利益のある共生関係を築いている．

クローバーなどのマメ科植物に共生するある種の嫌気性細菌は特殊な性質をもっている．植物は成長に窒素を必要とするが，空気中に含まれる窒素ガス N_2 を直接利用することはできない．しかし，ある種の細菌は，ATPを使って窒素ガスからアンモニア NH_3 を合成し，利用している．この代謝系のことを**窒素固定**（nitrogen fixation）という．アンモニアから，硝酸イオン NO_3^- を合成する細菌もいるが，植物は，この硝酸イオンを根から吸収することができる．窒素固定を行う細菌は根に感染し，その感染場所はこぶ状にふくれ，**根粒**（root nodule，図22・32b）となる．細菌は，嫌気状態の根粒の

図 22・32 栄養吸収を促進する相利共生. (a) 菌根の菌糸は根に無機栄養を与え，根から糖を得る．(b) マメ科の根粒に生息する細菌は空気中から窒素を固定し，植物と共生している．

中で植物から糖質を摂取し，代わりに窒素源を供給する共生関係を築いている．

22・8 水や栄養分の輸送

水分量の調節機構

もし植物の表皮に形成されるクチクラがなかったら，植物はちょっとした乾燥ストレスを受けただけでも，すぐにしおれて，枯れてしまうだろう．植物は，この水を通さない層構造で体全体を覆うことで水ストレスから植物体を守っている（図22・33）．クチクラは表皮細胞から分泌された防水性の高いワックスで形成されている．なお，このクチクラは半透明なので，光合成に影響を与えることはない．

根から吸収された水の2％のみが，植物体内の代謝に使われる．植物には表面にクチクラがあるにもかかわらず，ほとんどの水は気孔から蒸散する．気孔は，1対の孔辺細胞でできている．この孔辺細胞が水分吸収により膨張すると細胞が湾曲し，その結果，気孔が開く（図22・34a）．孔辺細胞の水が失われていくと，しだいに

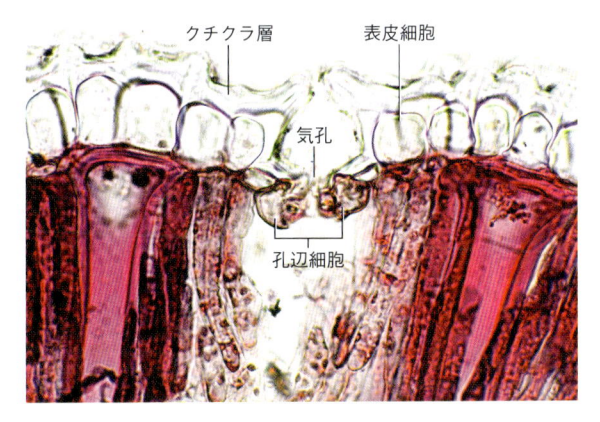

22・8 水や栄養分の輸送

図 22・33 クチクラと気孔による保水. ピンクッションの葉では, 孔辺細胞はクチクラ層の下に形成される. 気孔の外側で水を保持できるように, クチクラ層には, 小さな杯状の空間が形成されている.

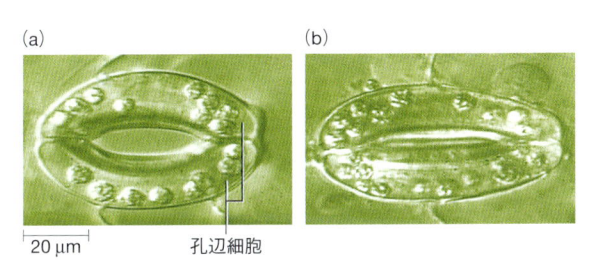

図 22・34 気孔の開閉. 気孔の開閉は孔辺細胞の水分量に依存する. 細胞内の丸い構造体は葉緑体であり, 表皮細胞で葉緑体をもつのは孔辺細胞のみである. (a) 気孔が開いた状態. 孔辺細胞の穴側の細胞壁が厚壁化しているために, 孔辺細胞が水を吸収し膨張すると, 孔辺細胞が穴側に屈曲し, 隙間(気孔)が開き, ガス交換が行われる. (b) 気孔が閉じた状態. 孔辺細胞が水を失うと, それぞれの孔辺細胞がつぶれ, 間の隙間は閉じる. このことにより水は保持できるが, ガスの交換は制限される.

は, その成熟過程において細胞死を起こしていて, リグニンを沈着した道管の細胞壁のみが, 水道管として残っている. 道管は, 細胞としてはすでに死んでいるので, 重力に逆らって水を吸い上げるためにエネルギーを使うことはできない. それでは, どのようにして根から葉へと, 場合によっては 100 m もの高さへと水をくみ上げることができるのだろうか. その問いに対して, **凝集力説** (cohesion-tension theory) が提唱されている (図 22・35).

植物における水の取込みは, 葉や茎にある気孔の開口による**蒸散** (transpiration) により誘導される❶. スト

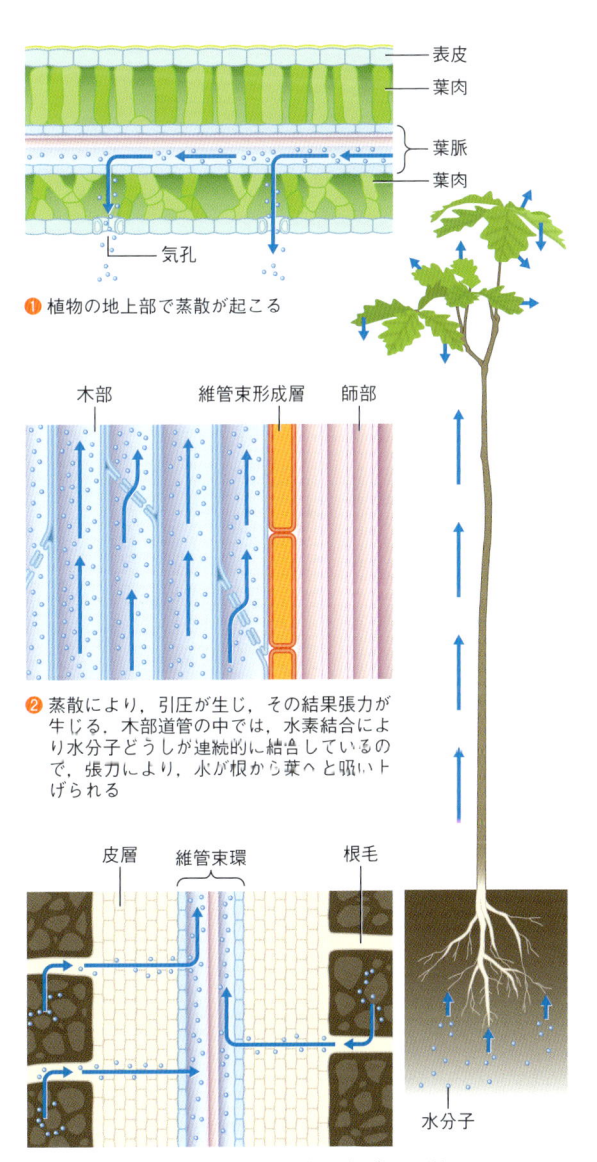

その形状がもとの直線的な形に戻り, 気孔が閉じる (図 22・34b).

気孔の開閉は, 葉の中の水分量, 二酸化炭素濃度や光の強さなどの環境要因により調節されている. これらの環境要因が孔辺細胞内の浸透圧を調整する. たとえば, 朝日が昇ると, その光により孔辺細胞の液胞膜上にあるカリウムポンプが駆動し, 細胞質内のカリウムイオン濃度が上昇する. このカリウムイオン濃度の上昇が, 細胞内への水分流入を促進し, 孔辺細胞が膨張する. その結果, 気孔が開き, 二酸化炭素を吸収できるようになり, 光合成が始まる.

水分の通路

根から吸収された水は, 維管束木部を通り, 体中に分配される. 木部組織の中で水の通り道である道管細胞

❶ 植物の地上部で蒸散が起こる

❷ 蒸散により, 引圧が生じ, その結果張力が生じる. 木部道管の中では, 水素結合により水分子どうしが連続的に結合しているので, 張力により, 水が根から葉へと吸い上げられる

❸ 蒸散が続く限り, 根で吸収した水は地上部へと送り続けられる

図 22・35 凝集力説

ローで水を飲むときのように，蒸散により道管の中に引圧がかかり，根から水をくみ上げる．さらに，道管は水分子で満たされている．水分子は水素結合でつながっているので，引圧に加えて，その水分子どうしの凝集力により，水をくみ上げるのである❷．水分子の凝集により，ときには100mにもなる空中の葉から茎を通って根にまで引圧がかかるため，土壌中の根毛から水を吸収することができる❸．

栄養分の分配機構

成熟過程でプログラム細胞死を起こす道管と異なり，師管は生細胞である．師管は，穴の開いた篩状の師板で隣どうし，または，縦方向につながっている．水溶性の有機物は，この師管を通って運搬される．光合成によってつくられた有機物を師管に積込むのは，伴細胞の役目である．

光合成産物が生産器官から貯蔵器官に移動することを**転流**（translocation）という．光合成の活発な葉がおもな生産器官となっており，根や成長中の果実がおもな貯蔵器官となっている．

どのようにして有機物を生産器官から貯蔵器官に輸送しているのだろうか．糖質の転流機構については，生産器官の師管における内圧が上昇し，その圧力によって貯蔵器官へと糖質を輸送するという**圧流説**（pressure flow theory）が提唱されている（図22・36）．まず，生産器官ではエネルギーを使って積極的に，もしくは原形質連絡を通して，葉脈の伴細胞から師管へと糖質を積込む❶．師管の中で糖質濃度が上昇し，その濃度上昇に伴って浸透圧により水も流入する❷．師管の細胞壁は堅いので，流入してきた水により師管内の圧力が上昇する．このときの圧力は自動車のタイヤの5倍以上にもなると試算されている．この高圧により，糖質が師管内圧の低い貯蔵器官へと輸送される❸．糖質は師管圧力の低い貯蔵器官に到達すると，師管から貯蔵器官へと積みおろされ，それに伴い水も師部から排出される❹．その結果，貯蔵器官領域の師部の圧力は低く保たれる．

22・9 植物と環境問題 再考

植林によりある程度森林を回復することができることがわかってきた．しかし，森林の土壌中にはさまざまな細菌や真菌類が生息しており，森林に生育する植物を支えてきた．一度森林伐採を行うと，これらの微生物がいなくなってしまうので，光合成をせず，栄養分を土壌中の真菌類に依存しているギンリョウソウモドキなどの腐生植物は森林再生後50年たっても生育することができないことがわかってきた．森林伐採により，生物間のコミュニケーションが断たれてしまい，完全にもとの森林を再生することは不可能に近く，生物多様性も激減すると考えられる．

このような植物を保護しながら，同時に食料や環境浄化などにも上手に利用することが求められている．鉛や水銀の浄化に植物が役立つこともわかってきた．このような重金属を土壌中から摂取し，地上部に蓄積するような植物も見つかっている．植物の亜鉛やカドミウム摂取とその植物体内での蓄積に関する研究も進んでいる．今後，細菌や動物の遺伝子を植物に組込んだり，植物自身の浄化作用のためのシグナル伝達系を強靱にしたりする

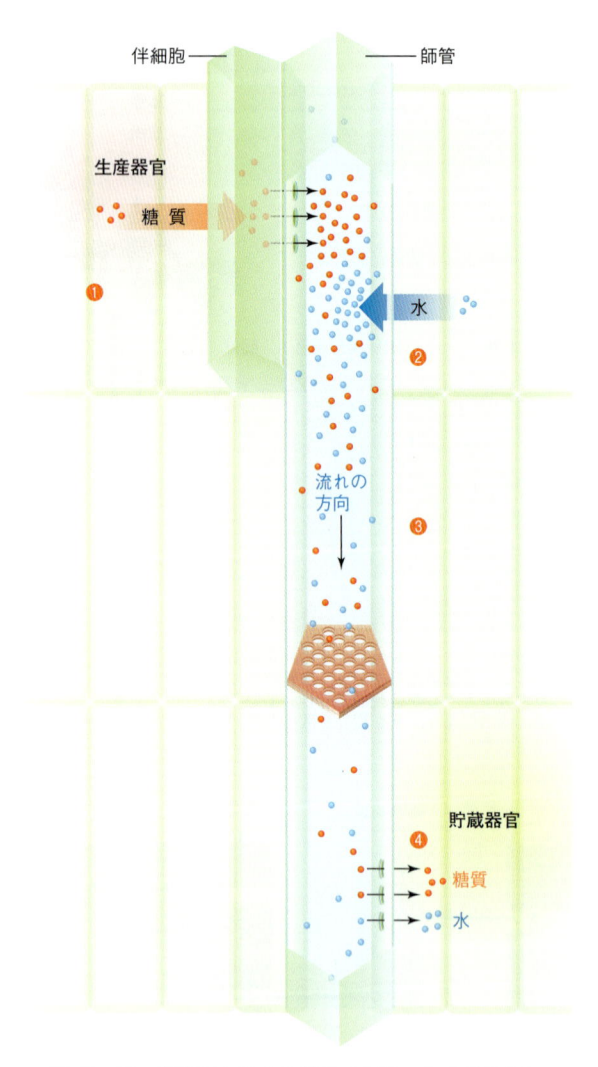

図22・36 師管における有機物の転流．生産器官（ピンク）から貯蔵器官（黄）へと転流が起こる．水（青）は細胞膜を通って拡散し，細胞間を移動する．糖質（赤）は，細胞膜を能動輸送により通過するか，原形質連絡を通って拡散する．

ことで，より環境浄化に適した植物の開発も活発化すると考えられる．

　もっと植物を知り，理解し，保護しながらも上手に利用することが，これからの環境保全と人類の生存・繁栄に必要不可欠であると考えられる．

まとめ

22・1 植物は二酸化炭素を吸収し，土壌中の水分を保持するなど，地球環境の保全に重要な役割を果たしている．また，有害な化学物質の分解を助けることもある．

22・2 植物は緑藻類から進化した．植物の生活環では，一倍体の配偶体と二倍体の胞子体の両方の期間において，多細胞としての形態がある．コケ植物では，配偶体世代が優勢で，胞子体の期間が短いが，維管束植物ではその性質が逆転する．

　維管束植物は，表面に気孔とクチクラを分化し，内部に木部と師部を形成し，乾燥した環境に適応している．リグニンによって強化された木部が骨組になって，維管束植物は大きく成長することができる．種子植物の種子と雄性配偶子（花粉）は水がなくても拡散できるように進化している．

22・3 コケ植物は，蘚類，苔類，角苔類に大別できる．それらは鞭毛をもつ精子を形成し，精子は水中を泳いで卵に到達し，受精する．コケ植物の胞子体は配偶体から形成され，多くの場合，胞子体は成熟しても配偶体に付随し，胞子体から栄養供給を受ける．

　シダ類は非種子性維管束植物である．生活環において，胞子体が優勢で，胞子囊内に胞子を形成する．配偶体は鞭毛をもつ精子を形成する．シダ類の胞子体は根茎から形成される．他の非種子性維管束植物には，ヒカゲノカズラ類，トクサ類がある．

　種子植物は2種類の胞子を形成する．小胞子は精子をつくるための雄性配偶体（花粉粒）へと分化する．この花粉粒により，水がなくても精子を卵に届けることが可能となった．胚珠内に存在する大胞子からは卵を形成する雌性配偶体ができる．胚珠は，胚性胞子体と栄養組織をもつ種子へと成熟する．種子植物としては，種子がむき出しの裸子植物と，種子が果実中にある被子植物（顕花植物）がある．被子植物は陸上植物のなかでの優勢種であり，被子植物だけが花を形成する．被子植物は真正双子葉植物と単子葉植物の2種類に大別できる．

22・4 多くの被子植物の地上部（シュート）には茎と葉，花が形成され，地下部には根が形成される．植物体の組織系は大きく3種類に分けられる．維管束組織系により水や栄養分が植物体全体に分配される．表皮組織系は植物体表面を保護する．基本組織系は植物体の大部分を占める．気孔は表皮につくられ，ガス交換を行う．維管束組織では木部により無機物などが溶解した水を運び，糖質は師部を利用して運搬する．伴細胞は糖質を師管に積み込む働きをもつ．

　維管束系は水や栄養分を運ぶ通道組織である．ほとんどの真正双子葉植物の維管束系は茎の中で，皮層と髄を分断するように環状に配置されている．単子葉植物の茎の中では，維管束系は基本組織系中に散在している．真正双子葉植物は主根型根系を形成し，単子葉植物はひげ根型根系を形成する．根毛は根の表面積を増やし，給水を行う．給水された水や栄養分は，内皮を通過して維管束系に入り，植物体全体に輸送される．茎の節につくられる葉には，葉肉と維管束組織からなる葉脈が形成される．気孔は葉の裏側に形成される傾向がある．

　すべての植物の組織，器官は，未分化で分裂し続ける分裂組織からつくられる．若い茎や根の頂端分裂組織から一次成長が起こる．二次成長は古い茎や根の側方分裂組織（維管束形成層とコルク形成層）により起こる．維管束形成層の細胞分裂により，二次木部や二次師部が形成され，コルク形成層の細胞分裂によりコルクを含む周皮がつくられる．樹皮は木化した茎の外皮と二次師部のことである．

22・5 被子植物では，おしべの先端にある葯の中で花粉が形成される．受粉後，花粉管がめしべを構成する心皮の花柱を通って胚珠へと伸長し，重複受精が起こる．子房は種子をもつ果実へと分化する．種子は胚性胞子体だけでなく，栄養組織として胚乳をもつ．

　接合子は胚へと分化し，胚乳は親から栄養を得て，その栄養を蓄積する．胚珠の表面は胚を守るための種皮へと分化する．胚珠が成熟すると種子になる．種子は胚性胞子体と胚乳などの栄養源を含む．胚発生が進むに従って，子房壁や他の組織が成熟し，果実になる．果実は風や水，動物によって種子を運んでもらうためにさまざまに特殊化している．

　成熟した種子は，発芽に適した環境になるまで休眠する．休眠打破には，水以外の環境要因も必要とする場合がある．発芽後，初期発生が始まる．

22・6 植物の成長過程において，植物ホルモンは，成長を停止させたり，促進したりする．植物ホルモンは細胞分裂や細胞分化，細胞伸長などを制御する．また，生殖に関与するものもあればストレス応答に寄与するものもある．植物ホルモンは複数種類が同時に協調的にあるいは拮抗的に働いて，植物生理のさまざまな現象を制御している．

　頂芽優勢は，茎頂部でつくられたオーキシンが茎の中を移動することで維持される．サイトカイニンはオーキシンと協調したり，拮抗したりして，頂端部で成長と分化のバランスを調節している．ジベレリンは茎の節間伸長を促進する．また，休眠打破にも用いられる．アブシシン酸は器官の脱離にも使われるが，種子の休眠やストレス応答に重要な機能を果たす．エチレンは器官の脱離や果実の成熟に機能する．

　屈性は植物が環境刺激に応答して成長方向を変えるしくみ

である．重力屈性により，根は重力方向に伸長し，茎は上方に成長する．光屈性により，茎や葉は，光の方向に屈曲する．青色光は，光屈性を誘導する．

概日リズムは約24時間の周期をもつ応答であり，暗期よりも明期の長さに応答する．また，ある植物は寒い冬を経験したときにのみ花成が誘導される．このことを春化とよぶ．

22・7 植物の成長にはさまざまな栄養素が必要である．空気中や水中から酸素，炭素，水素を取込み，他の栄養素は，土壌から取込む．特に腐植土は植物の成長に適している．また，根粒中に生育する真菌や共生菌により植物の栄養摂取は効率化されている．

22・8 クチクラは植物の表面からの水分蒸発を防ぐ．水の蒸散は気孔を通して行われる．根から葉への木部を介した水のくみ上げ機構に関しては，蒸散による引圧と連続的に存在する水分子間の水素結合を利用しているという凝集力説が提唱されている．糖質を生産器官から貯蔵器官に輸送するために必要な駆動力として，生産器官の師管内圧が上昇し，その圧力により糖質を輸送するという圧流説が提唱されている．

試してみよう（解答は巻末）

1. 次の記述のうち，誤っているものはどれか．
   a. 裸子植物は最も単純な維管束植物である
   b. コケ植物は非維管束植物である
   c. シダ類と被子植物は維管束植物である
   d. 被子植物だけが花を形成する
2. 次の記述のうち種子植物に対応しないものはどれか．
   a. 維管束組織をもつ b. 二倍体世代が優勢である
   c. 胞子が1種類である
   d. 泳ぐことのできる精子をつくる種類はない
3. コケ植物の＿＿は＿＿に依存して形成される．
   a. 胞子体，配偶体 b. 配偶体，胞子体
4. ＿＿は鞭毛性精子を形成する．
   a. シダ植物   b. 単子葉植物
   c. 真正双子葉植物 d. a と c
5. ＿＿はおもに水と無機イオンを輸送し，＿＿はおもに糖質を輸送する．
   a. 師部，木部 b. 木部，師部
6. 成熟したときに生細胞であるものはどれか．
   a. 伴細胞 b. 師管 c. 仮道管 d. 道管
7. 道管と師管は＿＿組織に含まれる．
   a. 基本 b. 維管束 c. 周皮 d. b と c
8. 根や茎の先端伸長は＿＿の活性により制御されている．
   a. 頂端分裂組織   b. 側方分裂組織
   c. 維管束形成層   d. コルク形成層
9. 雄性配偶体，雌性配偶体をつくる場所をそれぞれ，＿＿とよぶ．
   a. 花粉粒，花 b. おしべ，心皮
   c. 葯，柱頭   d. 大胞子，小胞子
10. 種子は成熟した＿＿で，果実は成熟した＿＿である．
    a. 子房，胚珠 b. 胚珠，おしべ
    c. 胚珠，子房 d. おしべ，子房
11. 植物ホルモンは＿＿
    a. 多くの機能をもつ
    b. 環境要因により影響される
    c. 種子内の胚で機能する
    d. 成長した植物体で機能する
    e. a～d のすべて
12. ある種の植物では，花成は＿＿応答である．
    a. 光屈性 b. 重力屈性 c. 光周性
13. 左側の植物ホルモンに関連のある現象を a～e から選び，記号で答えよ．

    ＿＿ エチレン   a. ホルモン処理により茎が長く伸長する
    ＿＿ サイトカイニン
    ＿＿ オーキシン   b. 窓の方に向かって（屈曲して）植物が成長する
    ＿＿ ジベレリン
    ＿＿ アブシシン酸   c. リンゴを放置すると腐ってくる
                 d. 種子がなかなか発芽しない．
                 e. 側芽が伸長する

章末問題（試してみよう） 解答

1章 1. b 2. c 3. d 4. a 5. c 6. c 7. d 8. a, d, e 9. a, b 10. b 11. b 12. b 13. 上から順に，c, f, b, d, e, a, g

2章 1. d 2. 水素 3. a 4. c, b, a 5. c 6. a 7. e 8. c 9. e 10. d 11. d 12. a 13. 上から順に，c, b, d, a, f, e 14. 上から順に，f, a, b, c, d, e, h, g

3章 1. c 2. c 3. c 4. c 5. b 6. a 7. c 8. c 9. a 10. a 11. c, b, d, a 12. a 13. 上から順に，c, g, e, d, a, h, f, b

4章 1. c 2. b 3. d 4. b 5. 高い，低い 6. c 7. b 8. a 9. b 10. d 11. 上から順に，c, e, f, b, a, g, h, d, i

5章 1. b 2. a 3. b 4. d 5. c 6. d 7. b 8. c 9. f 10. e 11. d 12. 上から順に，c, a, d, f, g, e, b

6章 1. b 2. c 3. b 4. c 5. d 6. d 7. d 8. d 9. 上から順に，e, c, d, a, f, b

7章 1. c 2. c 3. a 4. b 5. a 6. c 7. 15 8. c 9. e 10. b 11. b 12. c 13. 正しい 14. 上から順に，c, d, e, g, f, a, b 15. c, a, d, b

8章 1. e 2. a 3. b 4. a 5. d 6. c 7. a 8. b 9. b 10. c 11. d 12. b 13. b 14. d 15. b, d, a, c 16. 上から順に，c, f, a, g, b, e, d, h, i

9章 1. b 2. c 3. c 4. d 5. b 6. b 7. c 8. b 9. 母親からX染色体を，父親からY染色体を受け継ぐ． 10. b 11. b 12. c 13. 上から順に，b, d, a, c 14. 上から順に，b, a, e, c, d, g, f

10章 1. c 2. a 3. b 4. c 5. d 6. b 7. a 8. b 9. b, d, e, f 10. d 11. b 12. e, a, d, b, c 13. 上から順に，c, g, d, e, b, a, f

11章 1. d 2. d 3. ゴンドワナ超大陸 4. 6550万 5. d 6. d 7. b 8. e 9. 上から順に，j, i, e, f, c, b, g, d, h, a

12章 1. a 2. 個体群 3. a, c, b 4. d 5. b 6. b 7. a 8. b 9. c 10. c 11. 上から順に，c, e, g, b, h, f, a, d

13章 1. 酸素 2. b 3. d 4. b 5. c 6. b 7. 緑藻類 8. 襟鞭毛虫類 9. b 10. c 11. c 12. d 13. c 14. 上から順に，g, d, c, e, i, f, a, j, b, h

14章 1. 正しい 2. b 3. c 4. b 5. c 6. d 7. b 8. d 9. 上から順に，a, f, k, i, d, b, c, e, j, g, h 10. b, a, f, c, d, e

15章 1. a 2. c 3. b 4. a 5. b 6. a 7. b 8. a 9. a 10. d 11. c 12. 上から順に，c, b, d, e, a

16章 1. b, c, a, d 2. b 3. a 4. 上から順に，d, a, c, b 5. a 6. 上から順に，b, a, b, c 7. c 8. b 9. d 10. d 11. d 12. b

17章 1. d 2. d 3. b 4. c 5. a 6. 上から順に，e, d, b, c, a, f, g, h 7. b 8. c 9. d 10. d 11. c

18章 1. a 2. b 3. a 4. a 5. a 6. b 7. c 8. a 9. d 10. 軸索 11. b, h, a, f, e, c, g, i, d

19章 1. e 2. g 3. c 4. d 5. d 6. 生まれつき, 非特異的, 一生の間不変, 早い応答，など 7. 自己‐非自己の認識, 特異的, 多様性, 記憶，など 8. d 9. a 10. b 11. e 12. b 13. c 14. 上から順に，b, e, c, d, a 15. 上から順に，f, e, d, c, b, a, g

20章 1. a 2. c 3. b 4. a 5. c 6. c 7. b 8. c 9. c 10. b 11. d 12. c 13. 上から順に，j, c, i, b, h, f, e, g, d, a

21章 1. a 2. c 3. a 4. c 5. c 6. c 7. b 8. 3, 2, 1, 6, 4, 5 9. e 10. d 11. a 12. 上から順に，c, h, a, g, d, e, b, f

22章 1. a 2. c 3. a 4. a 5. b 6. a, b 7. b 8. a 9. b 10. c 11. e 12. c 13. 上から順に，c, e, b, a, d

掲載図出典

カバー　Biosphoto/Xavier Eichaker

1 章　図 1·1 上 Tim Laman/National Geographic Stock; 左下 ©Bruce Beehler/Conservation International; 右下 Tim Laman/National Geographic Stock.　図 1·4 ©Dr. Marina Davila Ross, University of Portsmouth.　図 1·5 左上 Dr. Richard Frankel; 右上 ©Susan Barnes; 下 ©Dr. Harald Huber, Dr. Michael Hohn, Prof. Dr. K. O. Stetter, University of Regensburg, Germany.　図 1·6 上段左 ©Lewis Trusty/Animals Animals, 上右 Allen W. H. Béand David A. Caron; 2段目左 JupiterImages Corporation, 右 ©Dr. Dennis Kunkel/Visuals Unlimited, Inc.; 3段目左 ©Tom & Pat Leeson, Ardea London Ltd., 右 ©Martin Zimmerman, *Science*, 1961, 133: 73, ©AAAS; 下段左 ©John Lotter Gurling/Tom Stack & Associates, 右 Lady Bird Johnson Wildflower Center.　図 1·7 左から ©xania. g, www.flickr.com/photos/52287712@N00; ©kymkemp.com; Nigel Cattlin/Visuals Unlimited, Inc.; Melissa S Green, www.flickr.com/photos/henkima; ©Grodana Sarkotic.　図 1·9 ©2006 Axel Meyer, "Repeating Patterns of Mimicry." *PLoS Biology* Vol. 4, No. 10, e341 doi: 10.1371/journal. pbio. 004034.　図 1·11 (a) ©Matt Rowlings, www.eurobutterflies.com; (b) ©Adrian Vallin; (c) ©Antje Schulte.

2 章　図 2·2 左 Theodore Gray/Visuals Unlimited, Inc.　図 2·3 Brookhaven National Laboratory.　図 2·7 (a) 左 ©Bill Beatty/Visuals Unlimited, Inc.　図 2·18 下 Tim Davis/Photo Researchers, Inc.　p.24 右段挿入図 "Structure of the Rotor of the V-Type Na$^+$-ATPase from *Enterococcus hirae*" by Murata, et al. *Science* 29 April 2005: 654. DOIL19.1126/science. 1110064.　図 2·19 ③〜⑤ 1BBB, A third quaternary structure of human hemoglobin A at 1.7-Å resolution. Silva, M. M., Rogers, P. H., Arnone, A., Journal: (1992) *J. Biol. Chem.* 267: 17248.　図 2·20 Sherif Zaki, MD PhD, Wun-Ju Shieh, MD PhD; MPH/CDC.

3 章　図 3·1 ©Stephanie Schuller/Photo Researchers, Inc.　図 3·4 ウイルス CDC; シラミ Edward S. Ross; アリ ©A Cotton Photo/Shutterstock; 小動物（左から, 除くヒト）©A Cotton Photo/Shutterstock, ©Pakhnyushcha/Shutterstock, ©Vasyl Helevachuk/Shutterstock, ©Piotr Marcinski/Shutterstock, ©Valerie Kalyuznnyy/Photos.com, ©Dorling Kindersley/the Agency Collection/Getty Images.　図 3·5 (a, b, d, e) Jeremy Pickett-Heaps, School of Botany, University of Melbourne; (c) ©Prof. Franco Baldi.　図 3·7 (a) Rocky Mountain Laboratories, NIAID, NIH; (b) ©R. Calentine/Visuals Unlimited, Inc.; (c) Cryo-EM image of *Haloquadratum walsbyi*, isolated from Australia. Zhuo Li (City of Hope, Duarte, California, USA), Mike L. Dyall-Smith (Charles Sturt University, Australia), and Grant J. Jensem (California Institute of Technology, Pasadena, California, USA); (d, e) K. O. Stetter & R. Rachel, Univ. Regensburg.　図 3·9 ©Dennis Kinkel Microscopy, Inc./Phototake.　図 3·11 ©Kenneth Bart.　図 3·12 顕微鏡写真 (a) Keith R. Porter; (b) Dr. Jeremy Burgess/Photo Researchers, Inc.　図 3·13 (c) ©Dylan T. Burnette and Paul Forscher. p.37 下写真 Astrid Hanns-FriederMichler/Photo Researchers, Inc./amanaimages.　図 3·15 George S. Ellmore.　図 3·16 下 ©ADVANCELL (Advanced In Vitro Cell Technologies; S. L.) www.advancell.com.

4 章　図 4·6 (d) PDB ID: 1GZX; Paoli, M., Liddington, R., Tame, J., Wilinson, A., Dodson, G.; Crystal Structure of T state hemoglobin with oxygen bound at all four haems. *J. Mol. Bio.*, v.256, p.775, 1996.　図 4·10 (a) ©JupiterImages Corporation.　図 4·13 (a, b, c) M. Sheetz, R. Painter, and S. Singer, *Journal of Cell Biology*, 70: 193 (1976) by permission of The Rockefeller University Press; (d, e) Claude Nuridsany & Marie Perennou/Photo Researchers, Inc.,　図 4·14 PDB files from NYU Scientific Visualization Lab.　図 4·18 Photo Researchers, Inc.

5 章　図 5·3 上 ©Dr. Ralf Wagner, www.dr-ralf-wagner.de.　図 5·7 (a) ©D. Kucharski & K. Kucharska/Shutterstock; (b) msuturfweeds.net; (c) ©Tamara Kulikova/Shutterstock.　図 5·11 (b) 上左 ©Elena Boshkovska/Shutterstock; 上右 ©optimarc/Shutterstock; 下 Dr. Dennis Kunkel/Visuals Unlimited, Inc.　図 5·12 (b) ©William MacDonald, M. D.

6 章　図 6·1 (b) Andrew Syred/Photo Researchers, Inc./amanaimages; (c) Patrick Landmann/Photo Researchers, Inc.　図 6·2 (a) ©University of Washington Department of Pathology; (b) With kind permission from Springer Science+Business Media: *Chromosome Research*, Vol. 17, No. 1, 99 113, DOI: 10.1007/s10577-009-9021-6; ニワトリ核型: *reciprocal chromosome painting between domestic chicken (Gallus gallus) and the stone curlew (Burhinus oedicnemus, Charadriiformes)— An a typical species with low diploid number*; Wenhui Nie, Patricia C. M. O'Brien, Bee L. Ng, Beiyuan Fu, Vitaly Volobouev, Nigel P. Carter, Malcolm A. Ferguson-Smith and Fengtang Yang; fig 2a.　図 6·4 NLM.　図 6·5 (a) PDB ID: 1BBB; Silva, M. M., Rogers, P. H., Arnone, A.: A Third Quaternary Structure of Human Hemoglobin at 1.7-Å resolution, *J. Biol. Chem.* 276 p.17248. ©1992 American Society for Biochemistry and Molecular Biology; (b) A. C. Barrington Brown, 1968 J. D. Watson; (c) nobelprize.org.　図 6·7 (a) O. Shovman, A. C. Riches, D. Adamson, and P. E. Bryant, "An improved assay for radiation-induced chromatid breaks using a colcemid block and calyculin-induced PCC combination," *Mutagenesis* (2008) 23(4): 267 first published online March 6, 2008 doi: 10.1093/mutage/genoo9, by permission of Oxford University Press.　図 6·8 Cyagra, Inc., www.cyagra.com.　図 6·9 Cyagra, Inc., www.cyagra.com.

7 章　図 7·3 O. L. Miller.　図 7·11 (b) Dr. Gopal Murti/SPL/Photo Researchers, Inc.　図 7·12 (b) 左 ©Visuals Unlimented, Inc.; 右 ©Jüren Berger, Max-Planck-Institut for Developmental Biology, Tübingen.　図 7·13 (a, b) David Schart/Photo Researchers, Inc.; (c) Eye of Science/Photo Researchers, Inc.; (d) 上 the Aniridia Foundation International, www.aniridia.net, 下 M. Bloch.　図 7·14 (a) ©Dr. William Strauss; (b) Patten, Carlson, & others.

8 章　図 8·1 Dr. Paul D. Andrews/University of Dundee.　図 8·2 Carolina Biological Supply Company/Phototake.　図 8·5 植物細胞 Michael Clayton/University of Wisconsin, Department of Botany; 動物細胞 ©ISM/Phototake.　図 8·8 ©*Expression of the epidermal growth factor receptor (EGFR) and the phosphorylated EGFR in invasive breast carcinomas.* http://breast-cancer research.com/content/10/3/R49 による.　図 8·9 ©Phillip B. Carpenter, Department of Biochemistry and Molecular Biology, University of Texas-Houston Medical School. 図8・11(a) Carl Zeiss MicroImaging, Thornwood, NY. 図8・12右写真 the John Innes Foundation Trustees, computer enhanced by Gary Head.

9章 p.100 メンデル The Moravian Museum, Brno. 図9・1(a)上 Jean M. Labat/ardea.com; 下 Jo Whitworth/Gap Photo/Visuals Unlimited, Inc. 図9・2 © Tamara Kulikova/Shutterstock. 図9・7 © Gary Roberts/worldwidefeatures.com. 図9・8上 © David Scharf/Peter Arnold, Inc. 図9・9(a) © JupiterImages Corporation. 図9・10上 © John Daniels/ardea.com. 図9・11(a)左 JupiterImages Corporation, 右 © age fotostock/SuperStock; (b) © Dr. Christian Laforsch; (c)上 © Pamela Harper/Harper Horticultural Slide Library. 図9・12 上左から © szefel, © Aaron Amat, © evantravels, © Andrey Armyagov, © Villedieu Christophe, © J. Helgason; 下左から © Tatiana Makotra, © Vaaka, © raw-captured, © Tischenko Irina, © lightpoet, © Tatiana Makotra, Shutterstock. 図9・13(a) Ray Carson, University of Florida News and Public Affairs. 図9・14 写真 Irving Buchbinder, DPM, DABPS, Community Health Services, Hartford CT. 図9・17(b, c) Gary L. Friedman, www.FriedmanArchives.com. 図9・19 L. Willatt, East Anglian Regional Genetics Service/Photo Researchers, Inc. 図9・20(a) en.wikipedia.org/wiki/File: Embryo_at_14_weeks _profile.jpg; (b) © LookatSciences/Phototake, Inc.; (c) © Howard Sochurek/The Medical File/Peter Arnold, Inc. 図9・21 © Lennart Nilsson/Bonnierforlagen AB. p.113 右段挿入図 Fran Heyl Associates © Jacques Cohen, computer-enhanced by © Pix Elation.

10章 図10・1 © Illumina, Inc., www.illumina.com. 図10・6 Patrick Landmann/Photo Researchers, Inc. 図10・8(a) The Sanger Institute. Wellcome Images; (b) Wellcome Trust Sanger Institute. 図10・10(d)左 © Lowell Georgis/Corbis; 右 Keith V. Wood. 図10・11 The Bt and Non-Bt corn photos were taken as part of field trial conducted on the main campus of Tennessee State University at the Institute of Agriculture and Environmental Research. The work was supported by a competitive grant from the CSREES, USDA titled "Southern Agricultural Biotechnology Consortium for Underserved Communities," (2000-2005). Dr. Fisseha Tegegne and D. Ahmad Aziz served as Principal and Co-principal Investigators respectively to conduct the portion of the study in the State of Tennessee. 図10・12(a) © Adi Nes, Dvir Gallery Ltd.; (b) © Dr. Jean Levit.

11章 図11・1(a) © Brad Snowder; (b) © David A. Kring, NASA/Univ. Arizona Space Imagery Center. 図11・2(a) © Earl & Nazima Kowall/Corbis; (b, c) © Wolfgang Kaehler/Corbis. 図11・3(a) © Richard J. Hodgkiss, www.succulent-plant.com; (b) © Marka/SuperStock. 図11・4(a) © Dr. John Cunningham/Visuals Unlimited, Inc.; (b) Gary Head. p.129左下挿入図 Daniel C. Kelley, Anthony J. Arnold, and William C. Parker, Florida State University Department of Geological Science. 図11・5(a) © Gordon Chancellor; (b) Painting by George Richmond; (c) Cambridge University Library. 図11・6(a) © John White; (b) 2004 Arent. 図11・7 Down House and The Royal College of Surgeons of England. 図11・8(a) Jonathan Blair; (b) © Dr. Michael Engel, University of Kansas; (c) Martin Land/Photo Researchers, Inc.; (d) © Louie Psihoyos/Getty Images; (e) Stan Celestian/Glendale Community College Earth Science Image Archive. 図11・9 © Louie Psihoyos/Getty Images. 図11・10(b) © PhotoDisc/Getty Images. 図11・11(a) W. B. Scott (1894); 図11・11(b)上 © P. D. Gingerich, University of Michigan. Museum of Paleontology, 写真上 Doug Boyer in P. D. Gingerich et al. (2001) © American Association for Advancement of Science, 写真下 John Klausmeyer, University of Michigan Exhibit of Natural History; (c) 上 © P. D. Gingerich and M. D. Uhen (1996), © University of Michigan. Museum of Paleontology. 図11・12上 USGS. 図11・13 © Ron Blakey and Colorado Plateau Geosystems, Inc. 図11・14(b) © Michael Pancier. 図11・16左から © Michael Durham/Minden Pictures/Getty Images, © Taro Taylor, www.flickr.com/photos/tjt195; © Panoramic Images/Getty Images. 図11・17(a)左から © Lennart Nilsson/Bonnierforlagen AB; Anna Bigas, IDIBELL-Institut de Recerca Oncologica, Spain; From "Embryonic staging system for the short-tailed fruit bat, *Carollia perspicillata*, a model organism for the mammalian order Chiroptera, based upon times pregnancies in captive-bred animals," C. J. Cretekos et al., *Developmental Dynamics* Vol. 233, Issue 3, July 2005, p.721. Reprinted with permission of Wiley-Liss, Inc. a subsidiary of John Wiley & Sons, Inc.; Prof. D. G. Elisabeth Pollerberg, Institut für Zoologie, Universität Heidelberg, Germany; USGS; (b) Ann C. Burke, Wesleyan University.

12章 p.144挿入図 © Rollin Verlinde/Vilda. 図12・2 J. A. Bishop, L. M. Cook. 図12・5上左 Peter Chadwick/Photo Researchers, Inc.; 上右 © Rui Ornelas. 図12・7 Thomas Bates Smith. 図12・8(a) © Ingo Arndt/Nature Picture Library; (b) Bruce Beehler; (c) Gerald Wilkinson. 図12・9 Ayala and others. 図12・10(a, b) S. S. Rich, A. E. Bell, and S. P. Wilson, "Genetic drift in small populations of Tribolium," *Evolution* 33: 579, Fig. 1, p.580 を改変. © 1979 by John Wiley & Sons. 出版社の許可を得て掲載; 右下 Peggy Greb/USDA. p.153右上挿入図 Alvin E. Staffan/Photo Researchers, Inc. 図12・12 © Jürgen Otto. 図12・13(a) © Ron Brinkmann, www.flickr.com/photos/ronbrinkmann; (b) © David Goodin. 図12・14右 © Arthur Anker. 図12・15 © J. Honegger, S. Stamp, E. Merz, www.sortengarten/ethz.ch 提供. 図12・16 Kevin Bauman, www.african-cichlid.com. 図12・17上 The Virtual Fossil Museum, www.fossilmuseum.net; 下 © Arnaz Mehta. 図12・18 © Jack Jeffrey Photography. 図12・19(a) © Jeremy Thomas/Natural Visions; (b) © Brian Raine, www.flickr.com/people/25801055@N00. p.159左下挿入図 © National Geographic/SuperStock. 図12・22(a) © Jack Jeffrey Photography; (b) © Lucas Behnke; (c) Bill Sparklin/Ashley Dayer.

13章 図13・1 NIBSC/Photo Researchers, Inc./amanaimages. 図13・4 the University of Washington. 図13・5左 © Janet Iwasa; 右 Hanczyc, Fujikawa, Szostak, "Experimental Models of Primitive Cellular Compartments: Encapsulation, Growth, and Division" による. www.sciencemag.org, *Science* 24 October 2003; 302; 529, Fig. 2, p.619. 図13・7上 Chase Studios/Photo Researchers, Inc.; 右 © Dr. J Bret Bennington/Hofstra University. 図13・9 © N. J. Butterfield, University of Cambridge. 図13・11(a) Stephen L. Wolfe; (b) © Dr. Richard Feldmann/National Cancer Institute; (c) © Russell Knightly/Photo Researchers, Inc. 図13・12 写真 Photo Researchers, Inc. 図13・17 © Dr. Dennis Kunkel/Visuals Unlimited, Inc. 図13・18(a) © R. Calentine/Visuals Unlimited, Inc.; (b) SciMAT/Photo Researchers, Inc. 図13・19左 Stem Jems/Photo Researchers, Inc.; 右 California Department of Health Services. 図13・21(a) © Dr. Dennis Kunkel/Visuals Unlimited, Inc.; (b) Oliver Meckes/Photo Researchers, Inc. 図13・22 Allen W. H. Bé and David A. Caron. 図13・23 Gary W. Grimes and Steven L'Hernault. 図13・24 © Dr. David Phillips/Visuals Unlimited, Inc. 図

13・25 "Genetic linkage and association analysis for trait mapping in Plasmodium falciparum," by Xinzhuan Su, Karen Hayton & Thomas E. Wellems, *Nature Reviews Genetics* 8, 497（2007）より作成．図 13・27 FGB-NMS/UNCW-NURC．図 13・28（a）© Wim van Egmond/Visuals Unlimited, Inc.;（b）© Kim Taylor/Bruce Coleman, Inc. Photoshot;（c）© Lawson Wood/Corbis．図 13・29 M I Walker/Photo Researchers, Inc．図 13・30 下 Carolina Biological Supply Company．図 13・31 Edward S. Ross．図 13・33 © Dr. Dennis Kunkel/Visuals Unlimited, Inc．図 13・34 T. Rost, et al., Botany, Wiley, 1979.

14 章　図 14・1（a）P. Morris/Ardea London．図 14・2（a）© Damian Zanette;（b）© Ana Signorovitch．図 14・5（b）© ultimathule/Shutterstock．図 14・6（b）© Boris Pamikov/Shutterstock;（c）© Brandon D. Cole/Corbis．図 14・9 写真 Andrew Syred/Photo Researchers, Inc．図 14・10 Solomon, 8th edition, p.624, figure 29-4, © Brooks/Cole Cengage Learning．図 14・11（a）J. Solliday/BPS;（b）Jon Kenfield/Bruce Coleman Ltd．図 14・12 J. A. L. Cooke/Oxford Scientific Films．図 14・13（b, d）Alex Kirstitch;（c）Frank Park/ANT Photo Library;（e）NURC/UNCW and NOAA/FGBNMS．図 14・15 Jane Burton/Bruce Coleman, Ltd．図 14・16（a, b）© Jacob Hamblin/Shutterstock;（c）© Laurie Barr/Shutterstock．図 14・17 © Satin/Shutterstock．図 14・18（a）© Eric Isselée/Shutterstock.com;（b）© Frans Lemmens/The Image Bank/Getty Images;（c）CDC/Dr. Christopher Paddock．図 14・19（b）© David Tipling/Photographer's Choice/Getty Images;（c）© Peter Parks/Imagequestmarine.com. p.193 右下挿入図 © Chris Howey/Shutterstock．図 14・20 © Eric Isselée/Shutterstock．図 14・21（b）Jack Dykinga, USDA, ARS;（c）Gregory G. Dimijian, M. D./Photo Researchers, Inc.;（d）Scott Bauer/USDA;（e）CDC/Piotr Naskrecki．図 14・22（a）Herve Chaumeton/Agence Nature;（b）© Derek Holzapfel/photos.com;（c）Andrew David, NOAA/NMFS/SEFSC Panama City, Lance Horn, UNCW/NURC-Phantom II ROV operator．図 14・23 写真 Runk & Schoenberger/Grant Heilman, Inc．図 14・24 写真 © California Academy of Sciences．図 14・26（a）Heather Angel/Natural Visions;（b）© Luiz A. Rocha/Shutterstock;（c）E. Solomon, L. Berg, and D. W. Martin, Biology, Seventh Edition, © Brooks/Cole Cengage Learning．図 14・27（a）© iStockphoto.com/GlobalP;（b）© Wernher Krutein/photovault.com．図 14・28①③ © P. E. Ahlberg;② © Kalliopi Monoyios．図 14・29（a）James Bettaso, US Fish and Wildlife Service;（b）Stephen Dalton/Photo Researchers, Inc.;（c）© iStockphoto.com/Tommounsey．図 14・30 Z. Leszczynski/Animals Animals．図 14・31（a）© S. Blair Hedges, Pennsylvania State University;（b）© Kevin Schafer/Corbis;（c）Kevin Schafer/Tom Stack & Associates．図 14・32 Gerard Lacz/ANTPhoto.com.au．図 14・33（a）Jean Phillipe Varin/Jacana/Photo Researchers, Inc.;（b）Jack Dermid;（c）© Minden Pictures/SuperStock．図 14・34 © Thomas Marent/ardea.com．図 14・36（a）© iStockphoto.com/Catharina van den Dikkenberg;（b）© iStockphoto.com/Robin O'Connel;（c）Photobucket;（d）© iStockphoto.com/JasonRWarren;（e）© Dallas Zoo, Robert Cabello;（f）Kenneth Garrett/National Geographic Image Collection．図 14・37（a）上 Louise M. Robbins, 下 © Kenneth Garrett/National Geographic Image Collection;（b）Dr. Donald Johanson, Institute of Human Origins．図 14・38 Science VU/NMK/Visuals Unlimited, Inc．図 14・40 @ Blaine Maley, Washington University, St. Louis.

15 章　図 15・1 Joel Peter．図 15・2（a）© Steve Bloom/stevebloom.com;（b）© Eric and David Hosking/Corbis;（c）Elizabeth A. Sellers/life.nbii.gov．図 15・3 © Cynthia Bateman, Bateman Photography．図 15・4 写真 Jeff Lepore/Photo Researchers, Inc．図 15・5 CNRI/Photo Researchers, Inc．図 15・7 下 © Jacques Langevin/Corbis Sygma．図 15・9（a）© Carly Rose Hennigan/Shutterstock;（b）© Richard Baker;（c）© holbox/Shutterstock;（d）Florida Fish and Wildlife Conservation Commission/NOAA．図 15・10（a）David Reznick/University of California-Riverside, computer enhanced by Lisa Starr;（b, c）Hippocampus Bildarchiv（d）© Cengage Learning based on data from Reznick D. A., Bryga H., Endler J. A. (1990) *Nature* 346: 357．図 15・11 NASA.

16 章　図 16・1（a）Alex Wild/Visuals Unlimited, Inc.;（b）© James Mueller．図 16・2 左 © Martin Harvey, Gallo Images/Corbis; 右 © Len Robinson, Frank Lane Picture Agency/Corbis．図 16・3 © John Mason/ardea.com．図 16・4 © Thomas W. Doeppner．図 16・5 © Pekka Komi．図 16・6 写真 Michael Abbey/Photo Researchers, Inc．図 16・7 Ed Cesar/Photo Researchers, Inc．図 16・8（a）Edward S. Ross;（b）© Nigel Jones．図 16・9（a）© Bob Jensen Photography;（b）W. M. Laetsch．図 16・10（a）© The Samuel Roberts Noble Foundation, Inc.;（b）E. R. Degginger/Photo Researchers, Inc.;（c）© Peter J. Bryant/Biological Photo Service．図 16・12（a）R. Barrick/USGS;（b）USGS;（c）P. Frenzen, USDA Forest Service．図 16・13 © Richard W. Halsey, California Chaparral Institute．図 16・14 上 © Nancy Sefton．図 16・15（a）Angelina Lax/Photo Researchers, Inc.;（b）Scott Bauer, USDA/ARS;（c）© Greg Lasley Nature Photography, www.greglasley.net．図 16・17 左から © Van Vives; © D. A. Rintoul; © D. A. Rintoul; © Lloyd Spitalnik/lloydspitalnikphotos.com．図 16・18 上段左から © Bryan & Cherry Alexander/Photo Researchers, Inc., © Dave Mech, © Tom & Pat Leeson, Ardea London Ltd., 2 段目左から © Tom Wakefield/Bruce Coleman, Inc., © Paul J. Fusco/Photo Researchers, Inc., © E. R. Degginger/Photo Researchers, Inc.; 3 段目左から © Tom J. Ulrich/Visuals Unlimited, Inc., © Dave Mech, © Tom McHugh/Photo Researchers, Inc., James Gathany, Centers for Disease Control, © Edward S. Ross; 下段左から © Jim Steinborn, © Jim Riley, © Matt Skalitzky, © Peter Firus, flagstaffotos.com.au．図 16・19 NASA．図 16・23 Fisheries & Oceans Canada, Experimental Lakes Area．図 16・26 NASA.

17 章　図 17・1 U. S. Navy photo by Chief Yeoman Alphanso Braggs．図 17・4 NASA graphic．図 17・6（a）© Frans Lanting;（b）© James Randklev/Corbis;（c）© Serg Zastavkin, Shutterstock.com より許可を得て掲載．図 17・7（a）© Danny Barron;（b）Jonathan Scott/Planet Earth Pictures;（c）Jack Wilburn/Animals Animals．図 17・8（a）© George H. Huey/Corbis;（b）© Darrell Gulin/Corbis．図 17・9 © Lindsay Douglas/Shutterstock．図 17・10 © John Easley, www.johneasley.com．図 17・11（a）左 NOAA, 右 NOAA and MBARI;（b）左 NOAA/Photo, Cindy Van Dover, Duke University Marine Lab, 右 © Peter Batson/imagequestmarine.com．図 17・12（a）© George M. Sutton/Cornell Lab of Ornithology;（b）© Ben Sullivan;（c）Joe Fries, U. S. Fish & Wildlife Service．図 17・13 上 Guido van der Werf, Vrije Universiteit Amsterdam; 下 NASA, the MODIS Rapid Response Team at Goddard Space Flight Center．図 17・14 © Geoeye Satellite Image．図 17・15（b）Frederica Georgia/Photo Researchers, Inc．図 17・16 NASA．図 17・17 From www.esrl.noaa.gov．図 17・18 National Snow and Ice Data center; 左 W. O. Field; 右 B. F. Molnia．図 17・19 David Patte, USFWS; 挿入図 USFWS．図 17・20 © Adolf Schmidecker/FPG/Getty Images．図 17・

21（a）Diane Borden-Bilot, U. S. Fish and Wildlife Service；（b）U. S. Fish and Wildlife Service. 図17・22 © Lee Prince, Shutterstock.com より許可を得て掲載. 図17・23 NASA.

18章 図18・2 心筋 Ed Reschke；ヒト © Yuri Arcurs, Shutterstockcom より許可を得て掲載. 図18・4（a）Ray Simmons/Photo Researchers, Inc.；（b）© Ed Reschki/Peter Arnold, Inc.；（c）© Don W. Fawcett. 図18・5（a）© John Cunningham/Visuals Unlimited, Inc.；（b, c）Ed Reschke；（d, g）Photo Researchers, Inc.；（e）© University of Cincinnati, Raymond Walters College, Biology；（f）Michael Abbey/Photo Researchers, Inc.；ヒト © Yuri Arcurs, Shutterstock.com より許可を得て掲載. 図18・6（a, b）Ed Reschke；（c）Biophoto Associates/Photo Researchers, Inc. 図18・12 NASA/JPL-Caltech/L. Hermans. 図18・13 写真 © Photoroller/Shutterstock.

19章 図19・1 Biomedical Imaging Unit, Southampton General Hospital/Photo Researchers, Inc. 図19・2 Dr. Richard Kessel and Dr. Randy Kardon/Tissues & Organs/Visuals Unlimited, Inc. 図19・3 © Antonio Zamora, www.scientificpsychic.com. 図19・4（a）© David Scharf, 1999. All rights reserved；（b）Juergen Berger/Photo Researchers, Inc. 図19・5 Veronika Burmeister/Visuals Unlimited, Inc. 図19・6（a）右 Robert R. Dourmashkin, Clinical Research Centre, Harrow, England；（b）Photo Researchers, Inc.；（c）© 2010, Papayannopoulos et al. Originally published in *J. Cell Biol.* 191: 677. doi: 10.1083/jcb.201006052（Image by Volker Brinkman and Abdul Hakkim）. 図19・8（a）Kwangshin Kim/Photo Researchers, Inc.；（b）© Dennis Kunkel Microscopy, Inc./Phototake. 図19・10（b）上 Dr. Fabien Garcon, The Babraham Institute. 図19・16 Dr. A. Liepins/Photo Researchers, Inc./amanaimages. 図19・17 © R. Dourmashkin/Wellcome Images. 図19・18 Eye of Science/Photo Researchers, Inc.

20章 図20・4 From Neuro Via Clinical Research Program, Minneapolis VA Medical Center. 図20・11 C. Yokochi and J. Rohen, *Photographic Anatomy of the Human Body*, 2nd Ed., Igaku-Shoin, Ltd., 1979. 図20・13（a）© Eric A. Newman；（b）Merlin D Tuttle, Bat Conservation International. 図20・16 Ablestock.com/photos.com. 図20・19 Bo Veisland/Photo Researchers, Inc./amanaimages. 図20・20（a）© Ophthalmoscopic image from Webvision http://webvision.med.utah.edu.；（b, c）Based on www.occipita.cfa.cmu.edu. 図20・21 ③ Medtronic Xomed.

21章 p.293 左下挿入図 Elizabeth Sanders. 図21・1 Biophoto Associates/Photo Researchers, Inc./amanaimages. 図21・3 上段, 中段 Carolina Biological Supply Company；下段左, 中央 © David M. Dennis/Tom Stack & Associates, Inc.；下段右 © John Shaw/Tom Stack & Associates. 図21・7 写真左 Dr. M. Jacques Donnez and Dr. Jean-Christophe. Lousse, Catholic University of Louvain, Belgium. *Fertility and Sterility*, "Laparoscopic observation of spontaneous human ovulation," Volume 90, Issue 3, p.833（2008）による；右 Ed Uthman. 図21・13 © Lennart Nilsson/Bonnierforlagen AB.

22章 図22・4（a）© Todd Boland/Shutterstock；（b）© Dr. Annkatrin Rose, Appalachian State University. 図22・5 © University of Wisconsin- Madison, Department of Biology, Anthoceros CD. 図22・6 写真 A. & E. Bomford/Ardea, London. 図22・8（a）© Martin LaBar, www.flickr.com/photos/martinlabar；（b）© William Ferguson. 図22・9 左段上から © Catalin Petolea/Shutterstock, © gresei/Shutterstock, Dr. Thomas L Rost, © Frans Holthuysen, Making the invisible visible, Electron Microscopist, Phillips Research；右段上から © Dr. Morley Read/Shutterstock, © ArjaKo's/Shutterstock, Gary Head, Janet Wilmhurst, Landcare Research, New Zealand. 図22・11 © Ross E. Koning, plantphys.info. 図22・12（a）左 © iStock-photo.com/ryasick, 右 © Ed Reschke/Peter Arnold/Photolibrary；（b）左 © age Exactostock/SuperStock, 右 © ISM/Phototake. 図22・13 上 Andrew Syred/Photo Researchers, Inc. 図22・14（a）左 © Tom Biegalski/Shutterstock, 右 © Brad Mogen/Visuals Unlimited, Inc.；（b）左 Michael Clayton/University of Wisconsin, Department of Botany, 右 © design56/Shutterstock. 図22・17（a）© Dale M. Benham, Ph. D., Nebraska Wesleyan University；（b）Biodisc/Visuals Unlimited, Inc. 図22・18（b）© SeDmi/Shutterstock.com. 図22・19（b）© Peter Gasson, Royal Botanic Gardens, Kew；（c）David W. Stahle, Department of Geosciences, University of Arkansas. 図22・22（a, c, d）Michael Clayton, University of Wisconsin；（b）© David T. Webb. 図22・23（b）Barry L. Runk/Grant Heilman, Inc.；（c）Nigel Cattlin/Visuals Unlimited, Inc. 図22・24 Nigel Cattlin/Visuals Unlimited, Inc. 図22・25（a）Jerome Wexler/Visuals Unlimited, Inc. 図22・26 Sylvan H. Wittwer/Visuals Unlimited, Inc. 図22・27 写真左から © Madlen/Shutterstock；Westend61/SuperStock；© Anest/Shutterstock；© Anest/Shutterstock；残り © Alena Brozova/Shutterstock. グラフ Dr. Frans J. M. Harren and Dr. Simona M. Cristescu, Radboud University Nijmegen, The Netherlands. 図22・28（a）Michael Clayton, University of Wisconsin；（b）Randy Moore from How Roots Respond to Gravity, M. L. Evans, R. Moore, and K. Hasenstein, Scientific American, December 1986. 図22・29（b）© Cathlyn Melloan/Stone/Getty Images. 図22・30 Frank B. Salisbury. 図22・32（a）Iowa State University Plant and Insect Diagnostic Clinic；（b）© Wally Eberhart/Visuals Unlimited, Inc. 図22・33 Dr. Keith Wheeler/Photo Researchers, Inc./amanaimages. 図22・34 E. Raveh.

索　引

あ　行

iPS 細胞　251
アウストラロピテクス属（*Australopithecus*）
　　　204
アーキア（archaeon, *pl.* archaea）　4, 32, 166,
　　　169, 173
顎（jaw）　196
アセチル CoA　58
アセチルコリン（acetylcholine）　279, 280
アセトアルデヒドデヒドロゲナーゼ　50
圧流説（pressure flow theory）　328
アデニン（adenine）　67
アデノシン三リン酸（adenosine triphos-
　　　phate）→ ATP
アドヘレンスジャンクション → 接着結合
アドレナリン　279, 282
アナフィラキシーショック（anaphylactic
　　　shock）　272
アピコプラスト（apicoplast）　163
アピコンプレックス類（apicomplexa）　178
アブシシン酸（abscisic acid）　322, 323
アフリカ単一起原モデル　205
アポトーシス（apoptosis）　295
アミノ酸（amino acid）　23, 24, 62
雨の蔭（rain shadow）　237
アメーボゾア類（amoebozoan）　180
rRNA　75
RNA　26, 74
RNA ポリメラーゼ（RNA polymerase）　75, 76
RNA ワールド仮説（RNA world hypothesis）
　　　165
アルコールデヒドロゲナーゼ　41, 50
アルコール発酵　60
r 選択種 → 日和見種
アルツハイマー病　280
RuBP　56
アレルギー（allergy）　271
アレルゲン（allergen）　271
アンチコドン（anticodon）　78
安定化選択（stabilizing selection）　148
暗反応（dark reaction）→ 光非依存性反応

ER → 小胞体
ES 細胞　251
イオン（ion）　15
イオン化　15

イオン結合（ionic bond）　16
維管束（vascular bundle）　314, 315
維管束環（vascular cylinder）　315
維管束形成層（vascular cambium）　317, 318
維管束植物（vascular plant）　309
維管束組織系（vascular tissue system）　314
閾値電位（threshold potential）　278
ECM → 細胞外基質
異種移植（xenotransplantation）　123
異所的種分化（allopatric speciation）　154
胃水管腔（gastrovascular cavity）　186
異数性（aneuploidy）　111
位相差顕微鏡　30
一遺伝子雑種交配（monohybrid cross）　102
一塩基多型（single-nucleotide polymorphism）
　　　→ SNP（スニップ）
一次構造（primary structure，タンパク質の）
　　　24
一次生産（primary production）　229, 230
一次成長（primary growth）　316
一次遷移（primary succession）　225
一倍体（haploid）　94
一様分布（個体群の）　209
遺伝（inheritance）　3
遺伝暗号（genetic code）　77
遺伝子（gene）　74
遺伝子拡散（gene flow）　152
遺伝子型（genotype）　100, 106
遺伝子組換え生物（genetically modified organ-
　　　ism）　121〜123
遺伝子工学（genetic engineering）　121
遺伝子調節　82, 83
遺伝子治療（gene therapy）　124
遺伝子導入生物（transgenic organism）　121
遺伝子発現（gene expression）　75
遺伝子プール（gene pool）　145
遺伝子流動 → 遺伝子拡散
遺伝子量補償（dosage compensation）　83
遺伝性疾患　108
　　X 連鎖——　110, 124
　　常染色体優性——　108
　　常染色体劣性——　110
遺伝的浮動（genetic drift）　151
遺伝的平衡（genetic equilibrium）　145
稲妻反応説　164
隕石飛来説　164
イントロン（intron）　76
インフルエンザウイルス　172

ウィルキンス（Wilkins, Maurice）　68

ウイルス（virus）　167, 168, 170
　　——の再構成　172
ウイルスエンベロープ（viral envelope）
　　　169〜171
ウィルマット（Wilmut, Ian）　72
ウォレス（Wallace, Alfred）　132
失われた環　134, 184
渦鞭毛藻類（dinoflagellate）　177, 178
ウラシル　75
鱗（scale）　197
運動ニューロン（motor neuron）　255, 276

AIDS → エイズ
永久凍土（permafrost）　241
エイズ　163, 171, 272
栄養段階（trophic level）　228
栄養分（nutrient）　2
ALDH → アセトアルデヒドデヒドロゲナー
　　　ゼ
エキソサイトーシス（exocytosis）　50
エキソン（exon）　76, 77
液胞（vacuole）　35
エコシステム → 生態系
エコロジカルフットプリント（ecological
　　　footprint）　217
SNP → SNP（スニップ）
S 期　88
STD → 性感染症
エストロゲン　23, 299
エチレン（ethylene）　322, 324
HIV　163, 171, 272
HCG → ヒト絨毛性ゴナドトロピン
HPV → ヒトパピローマウイルス
ADH → アルコールデヒドロゲナーゼ
ADP　45
ATP　25, 26, 45
ATP 合成酵素　33, 56, 59
NAD$^+$　45, 58, 59
NADP$^+$　56
NK 細胞 → ナチュラルキラー細胞
エネルギー（energy）　2, 3, 41, 42
エネルギーピラミッド（energy pyramid）
　　　229, 230
エピジェネティクス（epigenetics）　84, 107
エピスタシス（epistasis）　105
エピネフリン → アドレナリン
エフェクター細胞 → 実行細胞
FSH → 卵胞刺激ホルモン
FAD　58, 59
mRNA　75, 79

MHC マーカー(MHC marker)　267
襟鞭毛虫類(choanoflagellate)　181, 185
LH → 黄体形成ホルモン
塩(salt)　18
塩基(base)　19
塩基置換(base substitution)　80, 81
塩基配列 → DNA 塩基配列
塩基配列決定 → DNA 塩基配列決定
炎症(inflammation)　265
延髄(medulla oblongata)　284
エンドサイトーシス(endocytosis)　50
エンドルフィン(endorphin)　279, 280, 286

黄体(corpus luteum)　298, 299
黄体形成ホルモン(luteinizing hormone)　297, 299
オーキシン(auxin)　322, 323
おしべ(stamen)　320
汚染物質(pollutant)　245
オゾン層(ozone layer)　166, 245
オゾンホール(ozone hole)　245
オルガネラ → 細胞小器官
温血動物 → 内温動物
温室効果(greenhouse effect)　233
温室効果ガス(greenhouse gas)　233, 246
温帯落葉樹林(temperate deciduous forest)　238, 239
温度(temperature)　18
　　酵素活性と──　44
温度受容器(thermoreceptor)　285

か　行

科　5
界　5, 6
外温動物(ectotherm)　199, 258
海　溝　135
外骨格(exoskeleton)　192
介在ニューロン(interneuron)　276
海山(seamount)　242
概日リズム(circadian rhythm)　325
階　層
　　生命系の──　2
　　動物体の──　252
外適応(exaptation)　156
解糖(glycolysis)　59
外套膜(mantle)　190
外胚葉(ectoderm)　295
外皮(pellicle)　176
外　被　168, 170, 171
外分泌腺(exocrine gland)　253
海綿状組織(spongy tissue)　316
海綿動物(sponge)　187
海洋循環　237
外来種(exotic species)　219, 227
海　嶺　135
ガウゼ(Gause, G.)　222
科学(science)　6
化学結合(chemical bond)　16
化学シナプス(chemical synapse)　279
化学受容器(chemoreceptor)　285
科学的方法(scientific method)　7

科学的理論(scientific theory)　10
核(nucleus, 原子の)　13
核(nucleus, pl. nuclei, 細胞の)　4, 29, 34, 35
核型(karyotype)　66
拡散(diffusion)　46
核酸(nucleic acid)　25, 26
核酸ハイブリダイゼーション(nucleic acid hybridization)　118
獲得免疫 → 後天性免疫
核膜(nuclear envelope)　34, 35, 167
核膜孔　34, 35
学　名　5
殻模型(shell model)　14, 15, 17
核様体(nucleoid)　33
攪乱(disturbance)　226
確率(probability)　9
家系図(pedigree)　108
河口(estuary)　241
化合物(compound)　16
果実(fruit)　320
加水分解(hydrolysis)　20, 21
化石(fossil)　129, 132
　　紅藻類の──　167
仮説(hypothesis, 科学研究の)　6
仮足(pseudopodium, pl. pseudopodia)　37
カタツムリ管(cochlea)　290
花柱(style)　320
活性化エネルギー(activation energy)　43
活性部位(active site, 酵素の)　43, 44
褐藻類(brown algae)　179
活動電位(action potential)　278
仮道管(tracheid)　314
カブトガニ類(horseshoe crab)　192
花粉粒(pollen grain)　319
鎌状赤血球貧血　80, 81, 150, 151
CAM 植物(CAM plant)　57
カムフラージュ(camouflage)　223
カメ類(turtle)　200
カリウムチャネル　278
カルビン-ベンソン回路(Calvin-Benson cycle)　55, 56
がん(cancer)　92
がん遺伝子(oncogene)　92
感覚受容器(sensory receptor)　258, 285
感覚順応(sensory adaptation)　286
感覚ニューロン(sensory neuron)　276
間期(interphase)　88, 90
環境収容力(carrying capacity)　211, 212
環形動物(annelid)　187, 189
がん原遺伝子(proto-oncogene)　92
還元的ペントースリン酸回路(reductive pentose phosphate cycle) → カルビン-ベンソン回路
幹細胞(stem cell)　72, 251
緩衝液(buffer)　19
完全な消化管　186
桿体細胞(rod cell)　289
がん抑制因子(tumor suppressor)　92
冠輪動物(Lophotrochozoa)　194
記憶細胞(memory cell)　269
機械受容器(mechanoreceptor)　285
機械的隔離　153, 154
器官(organ)　252

器官系(organ system)　252, 258
　　脊椎動物の──　257
器官脱離(abscission)　323
気候(climate)　236
気孔(stoma, pl. stomata)　57, 309, 316, 327
基質(substrate)　43
キーストーン種(keystone species)　226
寄生者(parasite)　224
寄生動物　5
偽足 → 仮足
擬態(mimicry)　223
偽体腔(pseudocoelom)　187
キチン(chitin)　37
基底膜(basal lamina, basement membrane)　37, 38, 252, 253, 290
基本組織系(ground tissue system)　314
ギャップ結合(gap junction)　38
嗅　覚　286
旧口動物(protostome)　186
吸虫類(fluke)　189
球棒模型　20
休眠(dormancy)　321
キュビエ(Cuvier, Georges)　129
鋏角類(chelicerate)　192
凝集性(cohesion)　18
凝集力説(cohesion-tension theory)　327
共進化(coevolution)　157, 220
共生(symbiosis)　220
共生生物(symbiont)　220
競争的排除(competitive exclusion)　222
共有結合(covalent bond)　16, 17
共優性(codominance)　104
極性(polarity)　16
極相群集(climax community)　226
棘皮動物(echinoderm)　195
魚類(fish)　196, 197
均衡種　214
均衡生活史(equilibrial life history)　214
菌根(mycorrhiza)　326
菌糸(hypha)　181, 326
菌糸体(mycelium, pl. mycelia)　181
筋組織(muscle tissue)　255
菌類 → 真菌類

グアニン(guanine)　67
空間充填模型　20
偶蹄類(artiodactyl)　134, 135
クエン酸回路(citric acid cycle) → クレブス回路
茎　314, 315
クチクラ(cuticle)　37, 192, 309, 314, 316, 327
屈性(tropism)　324
組換え DNA(recombinant DNA)　117
クモ類(arachnid)　192, 193
クラインフェルター症候群　112
クラゲ型(medusa, pl. medusae)　188
グリア細胞 → ニューログリア
グリコーゲン(glycogen)　21, 22, 62
クリステ　36
グリセロール　23, 62
クリック(Crick, Francis)　67, 68, 165
グルコース(glucose)　20, 21, 42, 46, 55〜58, 62
グルコース輸送体　48

索　引

クレード(clade)　158, 159
クレブス回路(Krebs cycle)　58, 59
クロイツフェルト-ヤコブ病　25
クローニング　71
クローニングベクター(cloning vector)　117
クロロフィル a(chlorophyll a)　54
クロロプラスト → 葉緑体
クロロフルオロカーボン(chlorofluorocarbon)　245
クローン(clone)　65, 117
群集(community)　2, 219
群体説(colonial theory)　185

蛍光顕微鏡　30
警告色(warning coloration)　223
形質(character)　99, 145, 158
形質膜 → 細胞膜
珪藻類(diatom)　179
形態学的収斂(morphological convergence)　137, 140, 191
形態学的分岐(morphological divergence)　137, 140
系統(lineage)　129
系統樹
　　植物門の――　309
　　真核生物の――　176
　　脊索動物の――　197
　　動物門の――　186
　　霊長類の――　203
系統発生(phylogeny)　158
K 選択種 → 均衡種
血液(blood)　255
血液脳関門(blood-brain barrier)　283
月経(menstruation)　299
月経周期(menstrual cycle)　299
結合組織(connective tissue)　253, 254
欠失(deletion)　80, 81
血友病　111
K-T 境界層(K-T boundary)　127
ゲノミクス(genomics)　120
ゲノム(genome)　117
ゲノム DNA ライブラリー(genomic DNA library) → DNA ライブラリー
ケラチン(keratin)　256
原核生物(prokaryote)　4, 32, 33
　　――の細胞　32
顕花植物 → 被子植物
嫌気性(anaerobic)　59
原形質連絡(plasmodesma, pl. plasmodesmata)　38
原子(atom)　2, 13
原始細胞(protocell)　165
原子説(atomic theory)　10
原始地球　163, 164
原子番号(atomic number)　13, 14
減数分裂(reduction division, meiosis)　88, 94～96
原生生物(protist)　4, 176
原生動物(protozoan)　176
元素(element)　13, 14
原腸形成(gastrulation)　294, 295
原腸胚(gastrula)　294, 295
コイル構造(タンパク質の)　24

綱　5
好塩基球(basophil)　263
好塩性(halophile)　174
光化学系　56
光学顕微鏡　30
甲殻類(crustacean)　193
交感神経(sympathetic nerve)　282
後期(anaphase, 分裂期の)　90, 91
好気呼吸(aerobic respiration)　58, 59, 168
好気性(aerobic)　59
工業暗化(industrial melanism)　146
合計特殊出生率(total fertility rate)　216
抗原(antigen)　262
抗原-MHC 複合体　268
抗原提示　268, 270
光合成(photosynthesis)　2, 53, 59, 168
　　――の反応　55
光合成色素　54
硬骨魚類(bony fish)　197, 198
好酸球(eosinophil)　263
コウシチョウ(孔子鳥)　184
光周性(photoperiodism)　325, 326
恒常性維持 → ホメオスタシス
酵素(enzyme)　21, 43
紅藻類(red algae)　179
　　――の化石　167
酵素活性　44
抗体(antibody)　266
抗体依存性免疫応答(antibody-mediated immune response)　268, 270
好中球(neutrophil)　262～264
高張(hypertonic)　47
後天性免疫(adaptive immunity)　262, 267
後天性免疫不全症候群(acquired immunodeficiency syndrome) → エイズ
行動的隔離　153
好熱菌(Thermus aquaticus)　44, 118
好熱性(thermophile)　174
孔辺細胞(guard cell)　316, 327
酵母(Saccharomyces cerevisiae)　34, 60, 181, 182, 274
コケ植物(bryophyte) → 非維管束植物
苔類(liverwort)　310
古細菌 → アーキア
個体当たりの成長率(per capita growth rate)　210
個体群(population)　2, 144, 208
個体群サイズ(population size)　208
個体群統計学(demography)　208
個体群の指数成長モデル(exponential model of population growth)　210
個体群の分布(population distribution)　208
個体群のロジスティック成長モデル(logistic model of population growth)　211, 212
個体群密度(population density)　208
骨格筋組織(skeletal muscle)　255
骨組織(bone tissue)　254
コドン(codon)　77
コホート(cohort)　212
鼓膜(eardrum)　289, 290
固有種(endemic species)　243
コルク(cork)　318
コルク形成層(cork cambium)　317, 318
ゴルジ体(Golgi body)　35

コルチ器官(organ of Corti)　290
コレステロール(cholesterol)　23
根冠(root cap)　317
根茎(rhizome)　311
昆虫類(insect)　194
ゴンドワナ(Gondwana)　136
根毛(root hair)　315
根粒(root nodule)　326

さ　行

細菌(bacterium, pl. bacteria)　4, 32, 166, 169, 173, 175
　　――の細胞　29
細菌病　175
再生医療(regenerative medicine)　251
臍　帯　302～304
サイトカイニン(cytokinin)　322, 323
サイトカイン(cytokine)　262, 265, 270
細胞(cell)　2, 28, 29, 35
　　――の進化　166, 168
　　原核生物の――　32
　　細菌の――　29
　　真核生物の――　29, 34, 35
細胞依存性免疫応答(cell-mediated immune response)　268, 270
細胞外基質(extracellular matrix)　37, 252
細胞外マトリックス → 細胞外基質
細胞間結合(cell junction)　37, 38
細胞系譜(cell lineage)　82
細胞骨格(cytoskeleton)　35, 36
細胞質(cytoplasm)　29, 58
細胞質分裂　91
細胞周期(cell cycle)　88
細胞傷害性 T 細胞(cytotoxic T cell)　263, 270, 271
細胞小器官(organelle)　29, 36
細胞性粘菌類(cellular slime mold)　180
　　――の生活環　180
細胞性免疫(cell immunity) → 細胞依存性免疫応答
細胞説(cell theory)　10, 28, 29
細胞内共生(endosymbiosis)　167, 169
細胞内膜系(endomembrane system)　34
細胞板(cell plate)　91
細胞壁(cell wall)　33
細胞膜(cell membrane)　29, 31, 32, 35
鰓　裂　195
柵状組織(palisade tissue)　316
砂漠(desert)　239, 240
砂漠化(desertification)　244
サバンナ(savanna)　239, 240
左右相称(bilateral symmetry)　186
酸(acid)　19
酸化的リン酸化(oxidative phosphorylation)　56, 58, 59
サンゴ礁(coral reef)　241, 242
三次構造(tertiary structure, タンパク質の)　24
酸性雨(acid rain)　245
酸　素　58, 138, 166, 168
サンプリングエラー(sampling error)　9

索　引

シアノバクテリア　4, 166, 169, 175
CAM植物(CAM plant)　57
GnRH → 生殖腺刺激ホルモン放出ホルモン
CFC → クロロフルオロカーボン
GMO → 遺伝子組換え生物
視覚(visual sensation)　287
G_1期　88
G_2期　88
色覚異常　111
色素(pigment)　54
子宮(uterus)　297, 298, 300, 304
子宮頸がん　261
軸索(axon)　276, 277
試験管内受精(in vitro fertilization)　113, 293
資源の分割(resource partitioning)　222
歯垢(dental plaque)　266
自己免疫応答(autoimmune response)　272
C_3植物(C_3 plant)　57
脂質(lipid)　22
子実体(fruiting body)　181
脂質二重層(lipid bilayer)　23, 32, 47
四肢動物(tetrapod)　196, 198
視床下部(hypothalamus)　284
ジストロフィン(dystrophin)　111
歯舌(radula)　190
自然選択(natural selection)　131
　　——の様式　146
自然の法則(law of nature)　10
自然免疫 → 先天性免疫
持続可能な発展(sustainable development)
　　　　　　　　　　　　　248
四足動物 → 四肢動物
シソチョウ(始祖鳥)　184
シダ類(fern)　311
　　——の生活環　311
実験(experiment, 科学研究の)　7
実験群(experimental group)　7, 8, 214
実行細胞(effector cell)　269
質量数(mass number)　14
シート構造(タンパク質の)　24
シトシン(cytosine)　67
シナプス　279
シノサウロプテリクス　184
指標種 → 指標生物
指標生物(indicator species)　247
師部(phloem)　309, 314
ジベレリン(gibberellin)　322, 323
刺胞(nematocyst)　188
子房(ovary)　320
脂肪(fat)　23, 62
脂肪酸(fatty acid)　22, 62
脂肪組織(adipose tissue)　254
刺胞動物(cnidarian)　188
姉妹群(sister group)　159
姉妹染色分体(sister chromatid)　65, 89
シャルガフ(Chargaff, Erwin)　67
種(species)　5, 6
終期(telophase, 分裂期の)　90, 91
重合体(polymer)　20
終止コドン(stop codon)　77
収縮環(contractile ring)　91
収縮胞(contractile vacuole)　176
従属栄養生物(heterotroph)　174
集中分布(個体群の)　209

雌雄同体(hermaphrodite)　188, 294
周皮(periderm)　318
重複受精(double fertilization)　319
重力屈性(gravitropism)　324
種間競争(interspecific competition)　221, 222
縮合(condensation)　20, 21
種子(seed)　309, 320
種子形成　320
種子植物　312
樹状細胞(dendritic cell)　262
樹状突起(dendrite)　276, 277
受精(fertilization)　96, 294, 300
種多様性(species diversity)　219
十脚類(decapod)　193
出生前診断(prenatal diagnosis)　113
受動輸送(passive transport)　48
種の均等度(species evenness)　219
種の豊富さ(species richness)　219
樹皮(bark)　318
受粉(pollination)　320
種分化(speciation)　153
腫瘍(tumor)　92
受容体タンパク質(receptor protein)　31, 33
春化(vernalization)　325
純系　100
子葉(cotyledon)　312, 320, 321
硝化(nitrification)　232
条鰭類(ray-finned fish)　198
常在性微生物相(normal flora)　175, 263, 266
蒸散(transpiration)　327
小進化(microevolution)　145
常染色体(autosome)　66
条虫類(tapeworm)　189
　　——の生活環　189
小脳(cerebellum)　284
蒸発(evaporation)　19
上皮 → 上皮組織
消費者(consumer)　2, 3, 42, 227, 228
上皮組織(epithelial tissue)　252, 253
小胞(vesicle)　35, 49
小胞子(microspore)　319
小胞体(endoplasmic reticulum)　34, 35, 167
　　滑面——　34, 35
　　粗面——　34, 35
漿膜(chorion)　301
食作用(phagocytosis)　50, 262, 264
植食(herbivory)　224
植物(plant)　4
　　——の生活環　96, 308
植物ホルモン(plant hormone)　322
植物門の系統樹　309
食物網(food web)　228, 229
食物連鎖(food chain)　228
触角(antenna)　192
C_4植物(C_4 plant)　57
自律神経系(autonomic nervous system)　282
人為選択(artificial selection)　131
真猿類(anthropoid)　202
進化(evolution)　129
　　細胞の——　166
　　生活史の——　213, 214
　　ミトコンドリアの——　167, 169
　　葉緑体の——　167, 169
深海熱水孔説　164

真核生物(eukaryote)　4, 167, 169
　　——における翻訳　79
　　——の系統樹　176
　　——の細胞　29, 34, 35
進化説　10
進化的革新(key innovation)　157
心筋組織(cardiac muscle tissue)　255
真菌類(fungus, pl. fungi)　4, 181
　　——の生活環　181
神経(nerve)　281
神経管　195
神経系　257, 281〜283
神経膠細胞 → ニューログリア
神経細胞 → ニューロン
神経索　195, 196, 281
神経節(ganglion)　281
神経組織(nervous tissue)　255
神経伝達物質(neurotransmitter)　279
神経網(nerve net)　281
人工多能性幹細胞(induced pluripotent stem
　　　　　　　　　　　cell) → iPS細胞
新口動物(deuterostome)　186
親水性(hydrophilic)　18
真正双子葉植物(eudicot)　312, 313
新生物(neoplasm)　92
腎臓(kidney)　196
陣痛(labor)　302, 304
浸透(osmosis)　47
浸透圧(osmotic pressure)　47, 48
心皮(carpel)　320
真皮(dermis)　257
森林伐採(deforestation)　243, 244
随意筋(voluntary muscle)　255
水管系(water-vascular system)　195
水生菌類(water mold) → 卵菌類
水素結合(hydrogen bond)　17
錐体細胞(cone cell)　289
髄膜(menix, pl. meninges)　283
ステロイド(steroid)　23
ストロマ(stroma)　36, 55
ストロマトライト(stromatolite)　166
SNP(スニップ)　116, 121
スプライシング(splicing)　77
斉一説(theory of uniformity)　130
生活環(life cycle)　88, 96
　　細胞性粘菌類の——　180
　　シダ類の——　311
　　条虫類の——　189
　　植物の——　96, 308
　　真菌類の——　181
　　蘚類の——　310
　　動物の——　96
　　バクテリオファージの——　170
　　被子植物の——　319
　　マラリア原虫の——　178
生活史(life history)　212
　　——の進化　213, 214
性感染症(sexually transmitted disease)　305
制限酵素(restriction enzyme)　117
生産者(producer)　2, 3, 42, 227, 228
精子(sperm)　96
　　——形成　297

索　引

静止電位(resting potential)　277
生殖(reproduction)　3, 293
生殖隔離(reproductive isolation)　153
生殖クローニング(reproductive cloning)　71
生殖系　257, 296, 297
生殖細胞(germ cell)　96
生殖腺刺激ホルモン放出ホルモン(gonadotropin-releasing hormone)　297
生食連鎖　228, 241, 242
生成物(product)　42, 43
性染色体(sex chromosome)　66, 83
性選択(sexual selection)　149, 150
精巣(testis)　296
生息地　→　生息場所
生息場所(habitat)　220
生存曲線(survivorship curve)　212, 213
生態学(ecology)　208
生態系(ecosystem)　2, 227
生態遷移(ecological succession)　225
生態的隔離　153
生態的地位　→　ニッチ
生態的復元(ecological restoration)　248
成長(growth)　3
生物(organism)　2
生物学(biology)　1
生物学的種概念　6
生物圏(biosphere)　2, 236
生物多様性(biodiversity)　3, 247
生物地球化学的循環(biogeochemical cycle)　230
生物地理学(biogeography)　128
生物的防除　224, 225, 233
生物濃縮(biological magnification)　245
生物発光(bioluminescence)　178
生物繁栄能力(biotic potential)　211
生物膜　→　バイオフィルム
生命表　213
脊索(notochord)　195, 196
脊索動物(chordate)　195
　　──の系統樹　197
脊髄(spinal cord)　283
脊柱(vertebral column)　196
脊椎動物(vertebrate)　187, 196, 198
　　──の器官系　257
節(node)　315
接合(conjugation)　173
接合子(zygote)　96, 294
接合体　→　接合子
節足動物(arthropod)　191
接着結合(adherens junction)　38
接着タンパク質(adhesion protein)　31
絶滅(extinction)　156
絶滅危種(threatened species)　243
絶滅危惧種(endangered species)　243, 244, 247, 248
セルロース(cellulose)　21
セロトニン　279, 280
腺(gland)　253
繊維芽細胞(fibroblast)　254
前期(prophase, 分裂期の)　89, 90
全球気候変動(global climate change)　233, 246
先駆種(pioneer species)　225
線形動物(roundworm)　187, 191

染色体(chromosome)　65, 66
染色体数(chromosome number)　66
染色体不分離(chromosome nondisjunction)　111
選択的透過性　47
前庭器官(vestibular apparatus)　290
先天性免疫(innate immunity)　262, 264
セントロメア(centromere)　65, 89
全能性(totipotent)　251
線毛(pilus, pl. pili)　33, 173
繊毛(cilium, pl. cilia)　37
繊毛虫類(ciliate)　177
蘚類(moss)　310
　　──の生活環　310
相似(analogy, 形態学の)　137
創始者効果(founder effect)　152
草食動物　4
相同(homology, 形態学の)　137
相同染色体(homologous chromosome)　89
挿入(insertion)　80, 81
総排出腔(cloaca)　199
創発(emergence)　2
相利共生(mutualism)　221, 326
藻類ブルーム(algal bloom)　178, 231
属(genus, pl. genera)　4
側方分裂組織(lateral meristem)　318
組織(tissue)　186, 252
疎水性(hydrophobic)　18
疎性結合組織(loose connective tissue)　254

た　行

体液性免疫(humoral immunity)　→　抗体依存性免疫応答
タイガ(taiga)　→　北方林
体外受精　294
大気循環　237
体腔(coelom)　187, 256
体細胞核移植(somatic cell nuclear transfer)　72
体細胞分裂(somatic cell division, mitosis)　88, 90
胎児(fetus)　302
代謝(metabolism)　20, 21
代謝経路(metabolic pathway)　45
対照群(control group)　7, 8, 214
大食細胞　→　マクロファージ
大進化(macroevolution)　156
帯水層(aquifer)　230
体制
　環形動物の──　187
　硬骨魚類の──　197
　昆虫類の──　194
　刺胞動物の──　188
　線形動物の──　187, 191
　軟体動物の──　191
　貧毛類の──　189
　プラナリア類の──　188
　扁形動物の──　187
体性感覚(somatic sensation)　286
体性神経系(somatic nervous system)　282

体節(segment)　187
大腸菌(Escherichia coli)　28, 44
タイトジャンクション　→　密着結合
体内受精　294
大脳(cerebrum)　284
大脳皮質　284
胎盤(placenta)　301〜304
大胞子(megaspore)　319
大陸移動説(continental drift)　135
対立遺伝子(allele)　94
対立遺伝子頻度(allele frequency)　145
大量絶滅(mass extinction)　127, 138
多因子遺伝(polygenic inheritance)　105
ダーウィン(Darwin, Charles)　130
タクソン(taxon, pl. taxa)　5
ダウン症候群　112
托卵(brood parasite)　224
多型(polymorphism, 形質の)　145
多足類(myriapod)　194
多地域進化モデル　205
Taq ポリメラーゼ　118, 119
脱皮動物(Ecdysozoa)　194
多糖(polysaccharide)　→　複合糖質
ターナー症候群　112
多倍数体　→　倍数体
タバコモザイクウイルス　170, 171
多分化能性(pluripotent)　251
多面作用遺伝子(pleiotropic gene)　105
多毛類(polychaete)　190
多様性の大爆発　138, 167, 186
単為生殖(parthenogenesis)　293
単球(monocyte)　262, 263
単系統群(monophyletic group)　158
単孔類(monotreme)　201
短鎖縦列反復配列(short tandem repeat)　121
炭酸固定(carbon dioxide fixation)　→　炭素固定
単子葉植物(monocot)　312, 313
炭水化物　→　糖質
炭素固定(carbon fixation)　56
炭素14　134
炭素循環(carbon cycle)　232, 233
単体　14
単糖　62
タンパク質(protein)　23, 24, 62, 63
　　──の合成　78〜80
単量体(monomer)　20

チェックポイント遺伝子　89, 92
地下水(groundwater)　230
置換モデル　→　アフリカ単一起原モデル
地球温暖化　10, 246, 249
地質年代表(geologic time scale)　137〜139
致死突然変異(lethal mutation)　145
窒素固定(nitrogen fixation)　175, 232, 326
窒素循環(nitrogen cycle)　232
チミン(thymine)　67
チミン二量体　71
着床　300, 301
着床前診断(preimplantation diagnosis)　113
チャパラル(chaparral)　239, 240
中間径フィラメント(intermediate filament)　36
中期(metaphase, 分裂期の)　90, 91

中心窩(fovea)　287, 289
中心小体(centriole)　89
中心体(centrosome)　35, 89, 90, 95
中枢神経系(central nervous system)　281, 283
中性子(neutron)　13
柱頭(stigma)　320
中胚葉(mesoderm)　295
中立突然変異(neutral mutation)　145
聴覚　290
頂芽優勢(apical dominance)　323
調節分子　44
頂端分裂組織(apical meristem)　316, 317
重複受精(double fertilization)　319
鳥類(bird)　200
チラコイド膜(thylakoid membrane)　36, 55
　――における光依存性反応　56

痛覚(pain sensation)　286
角苔類(hornwort)　310, 311
ツンドラ(tundra)　240

Tiプラスミド(Ti plasmid)　122
tRNA　75, 78, 79
DNA　3, 26, 68, 74
　――のメチル化　71, 84
DNA塩基配列(DNA sequence)　69
DNA塩基配列決定(DNA sequencing)　119, 120
DNA鑑定(DNA profiling)　120
DNAクローニング(DNA cloning)　117, 118
DNAフィンガープリント法(DNA fingerprinting)　121
DNA複製(DNA replication)　69, 70
DNAポリメラーゼ(DNA polymerase)　69, 70
DNAライブラリー(DNA library)　118
DNAリガーゼ(DNA ligase)　70, 117
T細胞(T cell)　263
T細胞受容体(T cell receptor)　267
ティー・サックス病　110
停滞(stasis)　156
低張(hypotonic)　47
Tリンパ球(T lymphocyte)→T細胞
デオキシリボ核酸(deoxyribonucleic acid)→DNA
適応(adaptation)　131
適応度(fitness)　131
適応放散(adaptive radiation)　157
テストステロン　23, 296
データ(data, 科学研究の)　7
デュシェンヌ型筋ジストロフィー　110
転移(metastasis)　93
転移RNA(transfer RNA)→tRNA
転位因子→トランスポゾン
電荷(charge)　13
電気泳動(electrophoresis)　119
電子(electron)　13
電子顕微鏡　30
電子伝達系(electron transfer chain)　46, 56, 59
転写(transcription)　74〜76, 79
転写因子(transcription factor)　82
天然痘　273
デンプン(starch)　21
天変地異説(catastrophism)　129

転流(translocation)　328

同位体(isotope)　14
道管(vessel)　314
等脚類(isopod)　193
同系交配(inbreeding)　152
統計的有意(statistically significant)　9
頭索動物(cephalochordate)　195, 196
糖質(carbohydrate)　21
同所的種分化(sympatric speciation)　155
頭足類(cephalopod)　190
糖タンパク質　24
等張(isotonic)　47
動物(animal)　4, 185
　――の生活環　96
動物体の階層　252
動物門の系統樹　186
同齢集団→コホート
トカゲ類(lizard)　200
トクサ類(horsetail)　311
独立栄養生物(autotroph)　174
突然変異(mutation)　70, 71
ドーパミン　279, 280
ドメイン(タンパク質の)　24
ドメイン(分類学の)　5, 6, 166
トランス脂肪酸(trans fatty acid)　13, 22
トランスポゾン(transposable element)　82, 168
トリアシルグリセロール→トリグリセリド
トリグリセリド(triglyceride)　23
トリソミー(trisomy)　111, 112
トリプシン　44
トレーサー(tracer)　14, 30
貪食作用→食作用

な 行

内温動物(endotherm)　200, 258, 259
内骨格(endoskeleton)　195
内生共生者(endosymbiont)　220
内臓感覚(visceral sensation)　286
内胚葉(endoderm)　295
内分泌腺(endocrine gland)　253
ナチュラルキラー細胞(natural killer cell)　263, 271
ナトリウム-カリウムポンプ　49
ナトリウムチャネル　278
軟骨(cartilage)　254
軟骨魚類(cartilaginous fish)　197
軟骨形成不全症　108
軟体動物(mollusc, mollusk)　190, 191

二遺伝子雑種交配(dihybrid cross)　102, 103
肉鰭類(lobe-finned fish)　198
肉食動物　4
二型(dimorphism, 形質の)　145, 149
ニコチンアミドアデニンジヌクレオチド(nicotinamide adenine dinucleotide)→NAD$^+$
二酸化炭素　42, 46, 53〜58, 233, 246
二次構造(secondary structure, タンパク質の)　24

二次成長(secondary growth)　317, 318
二次遷移(secondary succession)　225
二次免疫応答　269, 273
二重らせん(double helix)　69
二足歩行(bipedalism)　204
ニッチ(niche)　220
二倍体(diploid)　66
二分裂(binary fission)　88, 173
二枚貝類(bivalve)　190
乳酸菌(Lactobacillus acidophilus)　61, 175
乳酸発酵(lactate fermentation)　61
ニューログリア(neuroglia)　255, 256, 277
ニューロン(neuron)　256, 276, 277
認識タンパク質(recognition protein)　31, 33

ヌクレオチド(nucleotide)　25, 67

根　315
ネアンデルタール人(Homo neanderthalensis)　205, 206
熱水孔(hydrothermal vent)　164, 242
熱帯多雨林(tropical rain forest)　238, 239
熱力学(thermodynamics)　41
熱力学第一法則(first law of thermodynamics)　41
熱力学第二法則(second law of thermodynamics)　42

脳幹(brain stem)　284
脳脊髄液(cerebrospinal fluid)　283
濃度(concentration)　19
能動輸送(active transport)　49
濃度勾配(concentration gradient)　46
嚢胞性繊維症(cystic fibrosis)　99
ノックアウト(knockout)　82
乗換え(crossing over)　94, 96
ノルアドレナリン　279, 280, 282
ノルエピネフリン→ノルアドレナリン

は 行

葉　315, 316
肺(lung)　196
バイオスフェア→生物圏
バイオフィルム(biofilm)　34, 266
バイオーム(biome)　238
配偶子(gamete)　96, 294
配偶体(gametophyte)　96, 309
胚珠(ovule)　320
倍数体(polyploid)　111, 155
胚性幹細胞(embryonic stem cell)→ES細胞
胚乳(endosperm)　320
灰白質(gray matter)　283
胚盤胞(blastocyst)　300, 301
排卵(ovulation)　298, 299
パーキンソン病　280
白化(coral bleaching)　241
白質(white matter)　283
バクテリア→細菌
バクテリオファージ(bacteriophage)　170
　――の生活環　170
白皮症　109

バー小体(Barr body) 83
派生形質(derived trait) 158, 159
爬虫類(reptile) 199, 200
波長(wavelength) 54
発芽(germination) 321, 322
白血球 262, 263
発酵(fermentation) 60
発生(development) 3, 294, 295
ハッチンソン-ギルフォード早老症 109
発熱(fever) 265
花(flower) 320
パネットの方形(Punnett square) 101
ハマダラカ(Anopheles) 178
半規管 290
パンゲア(Pangea) 135, 136
半減期(half-life) 133, 134
伴細胞(companion cell) 315
反射(reflex) 283
ハンチントン病 109
反応(reaction) 21
　光合成の―― 55
反応物(reactant) 42, 43
汎発性(pandemicity, 疾病の) 172
半保存的複製(semiconservative replication)
　　70
非維管束植物(nonvascular plant) 309, 310
PAMP → 病原体関連分子パターン
pH 19
　酵素活性と―― 44
比較形態学(comparative morphology) 128
ヒカゲノカズラ類(club moss) 311
光
　――の性質 53
光依存性反応(light-dependent reaction) 55
　チラコイド膜における―― 56
光屈性(phototropism) 325
光受容器(photoreceptor) 285
光非依存性反応(light-independent reaction)
　　55, 56
B 細胞(B cell) 263, 270
B 細胞受容体(B cell receptor) 267
尾索動物(urochordate) 195, 196
PCR 118, 119
PGA 56
被子植物(angiosperm) 309, 312
　――の生活環 319
　――の組織 312
微絨毛(microvillus, pl. microvilli) 253
非種子性維管束植物 311, 312
微小管(microtubule) 36
ヒスタミン 265
ヒストン(histone) 65
微生物 163
ヒト(human) 204
ヒトゲノム計画(human genome project) 119
ヒト絨毛性ゴナドトロピン(human chorionic
　　gonadotropin) 301
ヒト属(Homo) 204
ヒト族(hominin) 204
ヒトパピローマウイルス(human papillomavi-
　　rus) 92, 171, 261, 305
ヒト免疫不全ウイルス(human immunodefi-
　　ciency virus) → HIV

避妊(contraception) 304, 305
被嚢類(tunicate) 195
批判的思考(critical thinking) 6
肥満細胞(mast cell) 263
表現型(phenotype) 100, 106
病原体(pathogen) 163
病原体関連分子パターン(pathogen-associat-
　　ed molecular pattern) 262
病原媒介者(disease vector) 171, 175
標識再捕獲法 210
表皮(epidermis) 256, 314
表皮組織系(dermal tissue system) 314
日和見種 213, 214
日和見生活史(opportunistic life history) 213
HeLa 細胞 87
B リンパ球(B lymphocyte) → B 細胞
ピルビン酸(pyruvic acid) 58, 59
ヒル類(leech) 190
貧毛類(oligochaete) 189

ファゴサイトーシス → 食作用
フィードバック阻害(feedback inhibition)
　　45, 46
フィブリリン(fibrillin) 105
フェニルケトン尿症 112
フェロモン(pheromone) 286
不完全優性(incomplete dominance) 105
複眼(compound eye) 192
副交感神経(parasympathetic nerve) 282
複合糖質(complex carbohydrate) 21, 61, 62
腹足類(gastropod) 190
腐食性生物(detritivore) 227
腐食性動物 5, 222
腐植土(humus) 326
腐食連鎖 228, 241, 242
不随意筋(involuntary muscle) 255
付着末端(sticky end) 117
ブドウ糖 → グルコース
負のフィードバック(negative feedback)
　　258, 259
不飽和脂肪酸(unsaturated fatty acid) 22
プライマー(primer) 69, 70
プラスミド(plasmid) 117, 118, 173
プラスモデスム → 原形質連絡
プラナリア類(planarian) 188, 189
プランクトン(plankton) 177
フランクリン(Franklin, Rosalind) 67, 68
プリオン(prion) 25
フリーラジカル(free radical) 15, 58
プレートテクトニクス(plate tectonics) 10,
　　135, 136
フレームシフト 81
プレーリー(prairie) 239, 240
プロゲステロン 299
プロスタグランジン 265
プローブ(probe) 118
プロモーター(promoter) 75, 76
不和合性 153, 154
分化(differentiation) 71, 82, 295
分解者(decomposer) 2, 227
分岐図(cladogram) 159
分岐分類学(cladistics) 158
分子(molecule) 2, 16
分断性選択(disruptive selection) 148, 149

分類学(taxonomy) 5
分裂期(細胞周期の) 88
分裂溝(cleavage furrow) 91
分裂組織(meristem) 316
平滑筋組織(smooth muscle tissue) 255
閉経(menopause) 300
平衡多型(balanced polymorphism) 150
平板動物(placozoan) 185
βサラセミア 81
ヘテロ接合(heterozygous) 101
ヘビ類(snake) 200
ペプシン 44
ペプチド結合(peptide bond) 24, 79
ヘモグロビン 80, 81
ペルオキシソーム(peroxisome) 35
ヘルパー T 細胞(helper T cell) 269, 270
変形菌類(plasmodial slime mold) 180, 181
扁形動物(flatworm) 187, 188
変数(variable) 7
変性(denaturation) 24
変態(metamorphosis) 192
鞭毛(flagellum, pl. flagella) 33, 37, 173
鞭毛虫類(flagellated protozoan) 176, 177
片利共生(commensalism) 220, 221
補因子(cofactor) 45
膨圧(turgor) 48
方向性選択(directional selection) 146, 147
胞子体(sporophyte) 96, 308
胞子嚢群(sorus) 311
放射性壊変(radioactive decay) 14
放射性同位体(radioisotope) 14
　――による年代測定 133, 134
放射性トレーサー → トレーサー
放射相称(radial symmetry) 186
紡錘体(spindle) 90
胞胚(blastula) 294, 295
飽和脂肪酸(saturated fatty acid) 22
補酵素(coenzyme) 45
捕食(predation) 222, 223
捕食寄生者(parasitoid) 224, 225
3-ホスホグリセリン酸 → PGA
保全生物学(conservation biology) 247
補体(complement) 262, 264
ホットスポット(hotspot) 247
北方林(boreal forest) 238, 239
ボトルネック(bottleneck) 152
哺乳類(mammal) 201
ホメオスタシス(homeostasis) 3, 18, 252,
　　258
ホメオティック遺伝子 82, 140
ホモ・エレクトス(Homo erectus) 204
ホモ・サピエンス(Homo sapiens) 205
ホモ接合(homozygous) 100
ホモ・ハビリス(Homo habilis) 204
ポリ A 末端(poly-A tail) 76, 77
ポリプ型(polyp) 188
ポリペプチド(polypeptide) 24, 79
ポリマー → 重合体
ポリメラーゼ連鎖反応(polymerase chain
　　reaction) → PCR
翻訳(translation) 75, 77～79
　真核生物における―― 79

索引

ま 行

翻訳後修飾　76

マイア（Mayr, Ernst）　6
膜間腔　36
膜タンパク質　31, 33
膜電位（membrane potential）　277
マクロファージ（macrophage）　262, 264
マスター遺伝子（master gene）　82, 140
マスト細胞　→　肥満細胞
末梢神経系（peripheral nervous system）　281, 282
マトリックス　36, 59
マラリア　151, 163, 178
マラリア原虫（*Plasmodium*）　150, 178
　　――の生活環　178
マルサス（Malthus, Thomas）　130
マルファン症候群　105
蔓脚類（barnacle）　193

ミエリン鞘（myelin sheath）　277, 281
味覚　287
ミクロフィラメント（microfilament）　36
水
　　――の性質　17
水循環（water cycle）　230
水ストレス　326
ミッシングリンク　→　失われた環
密性結合組織（dense connective tissue）　254
密着結合（tight junction）　38
密度依存限定要因（density-dependent limiting factor）　211
密度独立限定要因（density-independent limiting factor）　211
ミトコンドリア（mitochondrion, *pl.* mitochondria）　35, 36, 58
　　――の進化　167, 169
ミトコンドリア内膜　59, 60
ミラー（Miller, Stanley）　164
味蕾　287

無顎類（jawless fish）　196
無性生殖（asexual reproduction）　88, 293
無脊椎動物（invertebrate）　187

眼（eye）　287
明反応（light reaction）　→　光依存性反応
めしべ（pistil）　320
メタン細菌（methanogen）　174
メチル化（DNAの）　71, 84
メッセンジャー RNA（messenger RNA）　→　mRNA

メラニン（melanin）　104, 107, 109, 256
免疫（immunity）　261
免疫感作　→　免疫付与
免疫付与（immunization）　273
メンデル（Mendel, Gregor）　99, 100, 145

盲点　287, 289
網膜（retina）　287～289
毛様体筋　287, 288
目　5
木質部（wood）　318
木部（xylem）　309, 314
モータータンパク質（motor protein）　37
モデル（model, 科学研究の）　7
モノソミー（monosomy）　111
モノマー　→　単量体
門　5

や～わ

葯（anther）　320
山中伸弥　251

有機物（organic substance）　20
有孔虫類（foraminiferan）　177
優性（dominant）　101
優生学（eugenics）　124
有性生殖（sexual reproduction）　88, 93, 293
有胎盤類（placental mammal）　201
有袋類（marsupial）　201
輸精管（vas deferen）　296
輸送タンパク質（transport protein）　31, 33
輸卵管　→　卵管
溶液（solution）　18
溶菌生活環（lytic pathway）　170
溶原生活環（lysogenic pathway）　170
陽子（proton）　13
溶質（solute）　18
幼生（larva, *pl.* larvae）　188
葉肉（mesophyll）　316
溶媒（solvent）　18
羊膜（amnion）　199, 301
羊膜卵（amniote egg）　199
羊膜類（amniote）　199, 294
葉緑体（chloroplast）　35, 36, 55
　　――の進化　167, 169
予言（prediction, 科学研究の）　7
四次構造（quaternary structure, タンパク質の）　24

ライエル（Lyell, Charles）　130

裸子植物（gymnosperm）　309, 312
ラマルク（Lamarck, Jean-Baptiste）　129
卵（egg）　96
卵（ovum）　300
卵黄（yolk）　294
卵割（cleavage）　294, 295, 301
卵管（oviduct）　297, 298, 300
卵菌類（oomycote）　178
卵巣（ovary）　296, 298, 300
ランダム分布　209
卵胞　→　沪胞
卵母細胞（oocyte）　298

リグニン（lignin）　309, 314
リソソーム（lysosome）　35
リゾチーム（lysozyme）　263
リブロース 1,5-ビスリン酸　→　RuBP
リブロース-ビスリン酸カルボキシラーゼ　→　ルビスコ
リボ核酸（ribonucleic acid）　→　RNA
リボザイム（ribozyme）　165
リボソーム（ribosome）　33, 78
リボソーム RNA（ribosomal RNA）　→　rRNA
リボタンパク質　24
硫化鉄ワールド仮説（iron-sulfur world hypothesis）　165
流行性（epidemicity, 疾病の）　172
流動モザイク（fluid mosaic）　31
両生類（amphibian）　199
緑藻類（green algae）　179, 180
リン酸化（phosphorylation）　45
リン脂質（phospholipid）　23, 32
リン循環（phosphorus cycle）　231
リンネ（Linnaeus, Carolus）　5
リンパ球（lymphocyte）　263
リンパ系　257, 267

類人猿（ape）　202
ルビスコ　56, 57

齢構成（age structure）　216
霊長類（primate）　202
　　――の系統樹　203
　　――の多様性　203
劣性（recessive）　101
連続変異（continuous variation）　107

沪胞（ovarian follicle）　298, 300
沪胞刺激ホルモン（follicle-stimulating hormone）　297, 299

ワクチン（vaccine）　261, 273
ワトソン（Watson, James）　67, 68, 119
ワニ類（crocodilian）　200

監 訳 者

八杉貞雄（やすぎ さだお）
1943年 東京に生まれる
1966年 東京大学理学部 卒
首都大学東京名誉教授
専攻 発生生物学
理学博士

訳 者

佐藤賢一（さとう けんいち）
1965年 北海道に生まれる
1988年 神戸大学理学部 卒
1991年 神戸大学大学院自然科学研究科 中退
現 京都産業大学総合生命科学部 教授
専攻 発生生物学，腫瘍生物学
博士（理学）

浜 千尋（はま ちひろ）
1957年 横浜に生まれる
1980年 東京大学理学部 卒
1985年 東京大学大学院理学系研究科 修了
現 京都産業大学総合生命科学部 教授
専攻 分子神経科学
理学博士

澤進一郎（さわ しんいちろう）
1971年 高知県に生まれる
1994年 名古屋大学理学部 卒
1999年 京都大学大学院理学研究科 修了
現 熊本大学大学院先端科学研究部 教授
専攻 植物分子発生遺伝学
博士（理学）

藤田敏彦（ふじた としひこ）
1961年 東京に生まれる
1984年 東京大学理学部 卒
1989年 東京大学大学院理学系研究科 修了
現 国立科学博物館動物研究部 グループ長
専攻 動物系統分類学，海洋生物学，棘皮動物学
理学博士

鈴木準一郎（すずき じゅんいちろう）
1963年 神奈川県に生まれる
1994年 東京都立大学大学院理学研究科 修了
現 首都大学東京大学院理工学研究科 准教授
専攻 植物生態学
博士（理学）

第1版第1刷 2013年10月30日 発行
第4刷 2017年 9月30日 発行

スター生物学（原著第4版）

Ⓒ 2013

監訳者　八 杉 貞 雄
発行者　小 澤 美 奈 子
発　行　株式会社 東京化学同人
東京都文京区千石3丁目36-7（〒112-0011）
電話 (03)3946-5311・FAX (03)3946-5317
URL: http://www.tkd-pbl.com/

印刷・製本　株式会社 アイワード

ISBN 978-4-8079-0836-3
Printed in Japan
無断転載および複製物（コピー，電子データなど）の配布，配信を禁じます．